全国高等医药院校药学类规划教材

分 析 化 学
第二版

主　编　郭兴杰　温金莲
副主编　白小红　熊志立
编　者　（以姓氏笔画为序）
　　　　邓海山　（南京中医药大学）
　　　　白小红　（山西医科大学）
　　　　朱开梅　（桂林医学院）
　　　　安　叡　（上海中医药大学）
　　　　李　宁　（沈阳药科大学）
　　　　郎爱东　（山东大学）
　　　　胡　新　（北京大学）
　　　　高金波　（佳木斯大学）
　　　　郭兴杰　（沈阳药科大学）
　　　　唐　睿　（广东药学院）
　　　　温金莲　（广东药学院）
　　　　熊志立　（沈阳药科大学）

中国医药科技出版社

内容提要

为适应药学学科对分析化学课程教学改革的要求,在《分析化学》第1版的基础上编辑出版了《分析化学》第2版。

本教材既考虑了我国药学专业对分析化学课程的基本概念、基本理论与基本技能的要求,也努力适应全国众多医药院校药学专业的教学需求,特别重视了在主要内容、名词术语、计量单位等方面的严谨规范,并根据学科发展前沿的特点,适当增加了在药学领域应用较多的新技术、新仪器的介绍。全书共分二十章。为方便教学,各章都附有一定数量的习题(含思考题、计算题及答案)。附录包括了使用本教材需要的分析化学常用数据和参考文献。

本教材可作为普通高等院校药学、药物制剂学、制药工程、生物化工、生物技术、中药学等专业分析化学课程的教科书,也可作为化学、化工、医学、环境等相关专业分析化学课程的教学参考书,并可作为科研单位、医药企业、药品管理机构从事分析化学工作的科技人员的专业参考用书。

图书在版编目（CIP）数据

分析化学/郭兴杰,温金莲主编.—2版.—北京:中国医药科技出版社,2012.9
全国高等医药院校药学类规划教材
ISBN 978 - 7 - 5067 - 5505 - 4

Ⅰ.①分…　Ⅱ.①郭…　②温…　Ⅲ.①分析化学 - 医学院校 - 教材　Ⅳ.①O65

中国版本图书馆 CIP 数据核字（2012）第 148379 号

美术编辑　陈君杞
版式设计　郭小平

出版　中国医药科技出版社
地址　北京市海淀区文慧园北路甲 22 号
邮编　100082
电话　发行：010 - 62227427　邮购：010 - 62236938
网址　www.cmstp.com
规格　$787 \times 1092 mm^{1}/_{16}$
印张　$31\frac{1}{2}$
字数　631 千字
初版　2006 年 2 月第 1 版
版次　2012 年 9 月第 2 版
印次　2012 年 9 月第 2 版第 1 次印刷
印刷　北京地泰德印刷有限责任公司
经销　全国各地新华书店
书号　ISBN 978 - 7 - 5067 - 5505 - 4
定价　**59.00 元**
本社图书如存在印装质量问题请与本社联系调换

出 版 说 明

　　全国高等医药院校药学类专业规划教材是目前国内体系最完整、专业覆盖最全面、作者队伍最权威的药学类教材。随着我国药学教育事业的快速发展，药学及相关专业办学规模和水平的不断扩大和提高，课程设置的不断更新，对药学类教材的质量提出了更高的要求。

　　全国高等医药院校药学类规划教材编写委员会在调查和总结上轮药学类规划教材质量和使用情况的基础上，经过审议和规划，组织中国药科大学、沈阳药科大学、广东药学院、北京大学药学院、复旦大学药学院、四川大学华西药学院、北京中医药大学、西安交通大学医学院、华中科技大学同济药学院、山东大学药学院、山西医科大学药学院、第二军医大学药学院、山东中医药大学、上海中医药大学和江西中医学院等数十所院校的教师共同进行药学类第三轮规划教材的编写修订工作。

　　药学类第三轮规划教材的编写修订，坚持紧扣药学类专业本科教育培养目标，参考执业药师资格准入标准，强调药学特色鲜明，体现现代医药科技水平，进一步提高教材水平和质量。同时，针对学生自学、复习、考试等需要，紧扣主干教材内容，新编了相应的学习指导与习题集等配套教材。

　　本套教材由中国医药科技出版社出版，供全国高等医药院校药学类及相关专业使用。其中包括理论课教材 82 种，实验课教材 38 种，配套教材 10 种，其中有 45 种入选普通高等教育"十一五"国家级规划教材。

全国高等医药院校药学类规划教材

编写委员会

2009 年 8 月 1 日

前　言

随着近年来我国国民经济、科学技术的日新月异，医药事业发展迅猛，药学教育的改革和发展出现了前所未有的大好形势。为适应药学学科对分析化学课程教学改革的要求，我们在《分析化学》第一版的基础上编辑出版了《分析化学》第二版。

本书由国内9所医药院校的12名教师通力合作，经过多次集体研究讨论，分工编写，精心修改后由主编统稿完成。在编写过程中，我们充分调研、总结了近年来各院校在分析化学课程体系、教学内容和实验教学方面所取得的成果，吸取了国内外化学和药学相关教材编写的经验。我们的目标是努力根据少而精、特色鲜明和利于教学的原则，编写一本内容充实、深浅适度、适合教学的高质量教材。为此，我们既考虑了我国药学专业对分析化学课程的基本概念、基本理论与基本技能的要求，也努力适应全国众多医药院校药学专业的教学需求，特别重视了在主要内容、名词术语、计量单位等方面的严谨规范，并根据学科发展前沿的特点，适当增加了在药学领域应用较多的新技术、新仪器的介绍。全书共分二十章。为方便教学，各章都附有一定数量的习题（含思考题、计算题及答案），附录包括了使用本教材需要的分析化学常用数据和参考文献。

本书编写分工如下：邓海山（第六、十章）、白小红（第十一、十二章）、朱开梅（第七章）、安睿（第九、十四章）、李宁（第三章）、郎爱东（第二十章）、胡新（第一、八章）、高金波（第五、十三章）、郭兴杰（第十五、十八章）、唐睿（第十六、十七章）、温金莲（第二、四章）、熊志立（第十九章）。全书成稿后由温金莲（第一至七章）、郭兴杰（第八至二十章）负责统稿审定。

本书可作为普通高等院校药学、药物制剂、制药工程、生物化工、生物技术、中药学等专业分析化学课程的教科书，也可作为化学、化工、医学、环境等相关专业分析化学课程的教学参考书，并可作为科研单位、医药企业、药品管理机构从事分析化学工作的科技人员的专业参考用书。

本书的编写工作得到了全体编者所在院校以及中国医药科技出版社的大力支持，特别是沈阳药科大学和山西医科大学承办了编写会议和定稿会议，在此一并致谢。

限于编者的水平与经验，书中难免存在错误与不当之处，恳请读者批评指正。

编　者
2012 年 5 月

目录 CONTENTS

9

绪 论

第一节 分析化学的任务和作用

　　分析化学（analytical chemistry）是研究物质的组成、含量、结构和形态等的一门科学，是建立和应用各种方法、仪器和策略获取关于物质在特定空间和时间方面的组成和性质信息的科学。分析化学是化学学科的重要分支，历史上曾促进和推动化学学科的发展。化学元素的发现、相对原子质量等物理化学常数的测定、化学定律的建立、大量化学物质的发现、性质研究和结构确证都离不开分析化学。

　　分析化学的特点是不直接提供或合成新的化合物和材料，而是提供化学物质静态或动态的组成与结构方面的相关信息以及获取这些信息的方法与手段，例如，化学家为了研究化学反应的机制，就要对反应过程和中间体进行跟踪测定，即通过化学测量来获得化学信息。因此分析化学的主要任务是鉴定物质的化学组成、测定有关成分的含量、确定体系中某种组分的结构和形态等。在现代社会分析化学发挥着更加至关重要的作用。分析化学的原理和方法的应用已远远超出化学领域，涉及到生物科学、材料科学、环境科学、资源和能源科学等众多领域以及人们的日常生活中，渗透到科学技术、经济建设和社会发展等各方面。如在农业方面土壤的成分和性质的研究、化肥与农药的分析、农作物生产的评价；在工业领域资源的勘探利用、油田、煤矿、钢铁基地的选定、工业原料的选择、工艺流程的控制、产品的质量检验以及三废处理和综合利用等，都要用到分析化学的理论、技术和方法。

　　生命活动的基本过程是一系列化学事件，分析化学与生物科学更加密切相关。在与生命科学的基础研究方面如生命的起源、进化的过程和遗传的奥秘，生物学家需要研究确定各种糖类、蛋白质、核酸等生物分子的结构、组成、活性和空间分布，这些都离不开分析化学的技术和手段。21世纪初人类基因组工程的提前完成分析化学发挥了决定性的作用。医学家对人体生理过程的了解、对疾病的预防和控制以及药物的作用机制等研究，很大一部分时间与精力是在获得人体定性定量信息及动态过程，即从事分析化学工作，其应用包括了疾病诊断、病因筛查、临床检验等各方面。

　　在药学领域分析化学是药学专业一门重要专业基础课，其理论知识和实验技能是药学各个学科的必备基础。原料药的合成、生产工艺的改进、药物构效关系的研究、处方设计和剂型的选择、制剂的制备与质量控制、药物的真伪优劣、杂质检查与含量测定、中草药有效成分的分离与测定、药物的稳定性、生物利用度、生物等效性等动力学性质和代谢规律、中药复方研究、药品上市后的不良反应监测等都要用到分析化学的理论知识和实践技能。该课程的主要目的是使学生全面、系统地掌握分析化学的基础理论、分析方法和基本实验技能，同时了解分析化学发展的前沿领域。

第二节 分析化学的方法分类和一般分析过程

一、分析化学的方法分类

分析化学的方法可根据分析任务（目的）、分析对象、测定原理、操作方法和试样用量进行分类。

1. 按照测定原理分类

按照测定原理分类，分析方法通常分为化学分析和仪器分析两大类。

（1）化学分析 化学分析（chemical analysis）是利用物质的化学反应及其计量关系确定被测物质的组成及其含量的分析方法。化学分析历史悠久，是最早用于定性和定量分析的方法，是分析化学的基础，又称为经典分析方法。分析化学反应的现象和特征鉴定物质的化学组成，称为化学定性分析；分析化学反应中试样和试剂的用量，测定物质中各组分的相对含量，称为化学定量分析。化学定量分析又分为重量分析（gravimetric analysis）和滴定分析（titrimetric analysis，也称为容量分析，volumetric analysis）。

重量分析是将试样经适当处理，使被测组分与试样中其他组分分离，通过称量物质的质量，计算出待测组分的量。滴定分析是将标准溶液滴加到试样溶液中，使其发生化学反应，根据到达化学计量点时所消耗的标准溶液的体积和浓度，计算待测组分的量。

化学分析所用仪器简单，结果准确，其中滴定分析测定的相对误差为 0.2% 左右，且操作简便、快捷，因而应用范围广泛。但化学分析一般只适用于常量组分的分析，且灵敏度较低。

（2）仪器分析 仪器分析（instrumental analysis）是使用较特殊仪器，以物质的物理或物理化学性质为基础的分析方法。根据物质的某种物理性质，如光谱特征、折射率、旋光度及相变温度等，直接进行定性、定量、结构和形态分析的方法，称为物理分析（physical analysis）。根据物质在化学反应中的某种物理性质，进行定性分析或定量分析的方法称为物理化学分析（physicochemical analysis）。仪器分析还可分为电化学分析（electrochemical analysis）、光学分析（optical analysis）、质谱分析（mass spectrometric analysis）、色谱分析（chromatographic analysis）、放射化学分析（radiochemical analysis）等多种方法。

仪器分析灵敏高、快速、检测限低，适用于微量或痕量组分分析，但准确度比化学分析低，一般不用于常量分析。仪器分析的选择性好，可通过改变条件不必分离干扰物而直接测定。同时仪器分析快速、操作简便，容易实现自动化。但绝大多数仪器分析都要有标准物作对照，且所需仪器设备往往比较昂贵。化学分析通常是常量分析，是分析化学的基础，结构确证只能采取仪器分析的办法，因此应将两者互相配合，取长补短。

2. 按照分析任务分类

根据分析任务的类型可分为定性分析、定量分析、结构分析等。

（1）定性分析（qualitative analysis） 分析试样由哪些元素、离子、基团或化合物组成，即确定物质的组成。

（2）定量分析（quantitative analysis） 测定试样中某一或某些组分的量，甚至是测定所有组分即全分析（total analysis）。

（3）结构分析（structural analysis） 研究物质的分子结构或晶体结构，即分子、原子、离子或功能基团的空间分布、结合状态以及元素的价态等。

一般情况下，先进行定性分析然后进行定量分析。在试样的成分已知时，可以直接进行定量分析。对于结构未知的化合物，首先进行结构分析，确定化合物的分子结构、晶型、原子的结合状态等。

3. 按照分析的对象分类

按照分析的对象分析化学的方法分为无机分析和有机分析两大类。

（1）无机分析（inorganic analysis） 分析的对象是无机物。无机物的组成元素种类多，因此无机分析包括鉴定试样的组成元素、离子、原子团或化合物，以及确定各组分的相对含量，即无机分析又可分为无机定性分析和无机定量分析。

（2）有机分析（organic analysis） 分析的对象是有机物。虽然组成有机物的元素种类并不多，主要是碳、氢、氧、氮、磷、硫和卤素等，但有机物的种类却有数百万之多，其化学结构也很复杂，因此，有机分析不仅包括元素分析（elemental analysis），还包括更重要的官能团分析和结构分析，此外，也要进行化合物的定量测定。有机分析也可分为有机定性分析和有机定量分析。

按照被分析的对象或者试样的不同，还可将分析方法进一步分类。例如分析对象为食品则称为食品分析（food analysis），分析对象为水、岩石、钢铁、药品等则分别称为水分析（water analysis）、岩石分析（rock analysis）、钢铁分析（steel and iron analysis）和药品分析（drug analysis）等。此外，根据研究的领域，还可将分析方法分类为药物分析（pharmaceutical analysis）、环境分析（environmental analysis）和临床分析（clinical analysis）等。

4. 按照试样的用量分类

根据试样用量的多少，分析方法可分为常量分析、半微量分析、微量分析和超微量分析。几种方法所需固体或液体试样量见表1－1。

表1－1 几种分析方法所需的试样量

分析方法	试样质量	试样体积
常量分析	>0.1g	>10ml
半微量分析	0.01g～0.1g	1ml～10ml
微量分析	0.1mg～10mg	0.01ml～1ml
超微量分析	<0.1mg	<0.01ml

3

无机定性分析一般为半微量分析；化学定量分析一般为常量分析；进行微量分析及超微量分析时，常常采用仪器分析方法。

5. 按照试样中被测组分的含量分类

根据试样中被测组分的含量高低，分析方法可分为常量组分分析、微量组分分析和痕量组分分析。几种方法被测组分含量见表 1 – 2。应该注意的是，这种分类法与试样用量分类法不同，两种概念不可混淆。

表 1 – 2 几种分析方法的试样含量

分析方法	试样含量
常量组分分析	>1%
微量组分分析	0.01% ~ 1%
痕量组分分析	<0.01%

二、分析化学的一般分析过程

一般分析过程在明确分析的目的和要求的基础上，通常经过分析方法的选择、取样与制样、测定和分析结果的计算与表达等几个环节。

1. 分析方法选择

需要根据分析任务和对分析结果的要求，结合方法的准确度、灵敏度、特异性和分析速度来确定合适的分析方法，同时还要考虑仪器设备条件、人员水平、样品的性质和量的大小等因素，最终确定合适可靠且满足要求的分析方法。

2. 取样和制样

实际上分析测定的对象是从总体中取出的能够代表整体的组成和质量的一部分物质，即样品。如需对 100kg 的原料药进行检查是否合格，实际的送检品可能只有 1g 或更少。取样可以分为选择性取样和随机取样。前者常根据投诉、举报等线索有针对性取样，为取得物证抓住机会，如对变质食品、失效药品的检查与核实所做的分析。在分析化学中通常都是随机取样，使分析总体的各个部分都有相同的机会被选中，因此取样的关键是样品要具有整体代表性。

采集后的样品一般不能直接用于测定，需要将其经过干燥、粉碎、研磨、过筛、混匀、溶解、过滤、分离、富集等步骤，直至获得能满足测量所要求的形式或状态，这一过程称为制样或预处理。如果样品中有共存组分对待测组分有干扰，还须设法消除，如加入掩蔽剂来排除干扰组分。对制样过程带来的系统误差可采用空白实验或回收实验来估计。

3. 测定

分析方法确定、样品被采集并制成合格试样后就进入到测定环节，是分析化学的主体。应根据化学反应原理和明确的计量关系进行定性与定量分析；仪器分析则根据仪器原理和待测组分的物理或物理化学性质来分析。在测定工作前需对所用的仪器进行校正，同时对方法的可靠性要考察准确度、精密度、检测限、定量限和线性范围等。

4. 结果的计算与表达

测定产生的数据要通过计算转变成分析结果，对结果进行表达并形成书面报告。

此过程需注意采用统计学理论给出结果的平均值、测量次数、标准偏差（或相对标准偏差）、置信度和置信区间及有效数字等。

第三节 分析化学的发展

分析化学的起源可以追溯到古代炼丹、冶金对物质的纯度、成色的判断。工业革命后由于采矿、纺织、印染、石油等产业的飞速发展，分析化学获得了前所未有的进步，这期间创制了一大批化学分析器具、发现了大量新元素、确立了许多基本化学定律。进入 20 世纪，分析化学的发展大致经历了三次巨大的变革。

在 20 世纪初到 30 年代，物理化学中的溶液热力学理论使分析反应过程中的平衡状态、各成分的浓度变化和反应的完全程度有了坚实的理论基础，化学分析法发展成为系统理论和方法，使分析化学从操作技术转变成真正的一门科学。

在 20 世纪 40~60 年代，物理学与电子技术的发展出现了以光谱分析、极谱分析为代表的简便、快速的各种仪器分析方法，分析化学从化学分析发展成以仪器分析为主的现代分析化学。

20 世纪 70 年代末开始了分析化学的第三次变革。主要标记为以计算机为代表的信息技术的迅速发展，为分析化学建立高灵敏性、高选择性、高准确性、高通量、自动化或智能化的新方法和技术奠定了良好的基础，这一时期，仪器分析的迅速发展，使分析化学发展为"以计算机为基础的分析化学"；智能色谱仪和智能光谱仪的出现，使实验条件优化及分析数据处理或分析结果解析的速度和正确性都大为提高；色谱与质谱及各种光谱联用技术日益完善和发展，成为对复杂体系中各组分进行定性、定量分析的最有力工具。各种光谱分析、色谱分析、电化学分析、联用技术、微型分析、生物分析等领域都有了迅速的进展。

进入 21 世纪，基因组学、蛋白组学、代谢组学和糖组学等组学研究的出现，向分析化学提出了更高、更严峻的挑战。现代分析化学已不能只限于测定物质的组成和含量，如对新材料的分析不再满足于测量所含元素的种类和数量，而要对材料的不同区域的微观结构（分子、原子的排布和空间分布）和物质的形态（如价态、配位态、晶型等）进行微区、薄层和无损分析；对化学活性和生物活性要由静态测量转变成瞬时跟踪监测和过程控制，特别是对于生物活体的分析要由解析型分析策略转变为整体型分析策略，即动态地综合分析完整的生物体内的基因、蛋白质、代谢物、通道等各类生物元素随时间、空间的变化和相互关联（网络）。现在各种传感器等分析技术日益广泛应用和"芯片实验室"的产生，集试样采集、处理、分离、测定等于一体，实现了分析的超微型化、集成化，为实现上述目标提供了可能。

可以预见，随着生物学、信息学、计算机学、物理学和数学等学科新成就的引入，分析化学将进入一个更新的发展阶段，在继续提高分析方法的选择性、灵敏度和智能化基础上，更激动人心的挑战是同步获取化学复杂体系的时空多维综合动态信息。医药领域中的分析化学的研究对象将逐渐转向生命活性相关物质和活体动态分析，即一方面进入到生物大分子、基因、各类活性物质的亚组成、亚结构的精细化分析，另一方面则从整体、综合和多维角度原位、瞬时分析各种生物要素的相互作用和时空改变。

5

习 题

1. 分析化学的任务和作用是什么?
2. 化学分析与仪器分析有何区别?
3. 什么是常量分析、半微量分析、微量分析和超微量分析? 什么是常量组分分析、微量组分分析和痕量组分分析?
4. 分析的一般过程和关键点有哪些?

(胡 新)

第二章 CHAPTER

误差和分析数据统计处理

定量分析结果是由分析工作者通过对试样进行实验测定和结果计算而获得。但由于受分析方法、测量仪器、试剂、分析工作者主观因素以及实验过程中存在偶然因素的影响，使得测量值不可能与真实值完全一致。这说明误差是客观存在且难以避免的。此外，一个定量分析实验要经过多个步骤，每步测量的误差都会影响分析结果的准确性。因此，为了提高分析结果的准确性，有必要探讨产生误差的原因和减免误差的方法。

由于误差的客观存在，在一定条件下，测量结果只能接近真实值，而不能达到真实值。因此，需对测量结果做出相对准确的估计。对测量数据进行统计处理可得到最佳的估计值并判断其可靠性。

本章将讨论分析实验中误差的来源和减免方法、实验数据的有效数字及运算规则，以及对实验数据进行统计处理的基本方法。

第一节 测量值的准确度和精密度

一、系统误差和偶然误差

误差是衡量测量值不准确性的尺度，反映测量准确性的高低。误差越小，测量的准确性越高。按照误差的性质和来源，通常将误差分为系统误差和偶然误差两大类。

（一）系统误差

系统误差（systematic error）也称为可定误差（determinate error），是由某种确定的原因引起的误差。系统误差主要包括方法误差、仪器误差、试剂误差及操作误差等。

方法误差是由于实验设计或分析方法选择不恰当所引起的误差，通常对测定结果影响较大。例如，进行重量分析时由于选择的方法不当，使沉淀的溶解度较大或共沉淀现象严重；滴定分析时由于终点的确定不当，与化学计量点不符；色谱分析时由于选择的色谱条件不当，待测组分峰与相邻峰未达到良好分离等。

仪器误差是由于实验仪器不符合要求所引起的误差。例如，在分析测定中称量试样的天平砝码被腐蚀；在滴定分析中使用未经校准的容量瓶、移液管和滴定管；紫外分光光度计波长读数不正确等。

试剂误差是由于试剂不合格所引起的误差。例如，实验中使用的试剂不纯或去离子水不合格等。

操作误差是在实验过程中由于分析工作者的主观原因在实验过程中所做的不正确判断而引起的误差。例如，分析工作者对滴定终点颜色的判断总是偏深或偏浅，对仪器所显示的读数确定总是偏大或偏小等。

在一个测定过程中上述四种误差都可能存在。如果在多次测定中系统误差的绝对值保持不变，但相对值随被测组分含量的增大而减小，则称为恒量误差（constant error）。滴定分析中的滴定终点误差便属于这种误差。如果系统误差的绝对值随试样量的增大而成比例增大，相对值不变，则称为比例误差（ratio error）。例如，在用重量法测定明矾中的铝含量时，若沉淀剂氨水中含有硅酸，便能与 $Al(OH)_3$ 共沉淀。明矾的取样量越大，需要的氨水越多，造成的绝对误差越大，但相对误差值基本不变。有时，系统误差的绝对值虽然随试样量的增大而增大，但不成比例。

系统误差一般有固定的大小和方向（正或负），重复测定时重复出现，所以可用加校正值的方法予以消除，但不能用增加平行测定次数的方法减免。

（二）偶然误差

偶然误差（accidental error）也称为随机误差（random error），是由于实验过程中不确定的因素引起的。如实验室温度、湿度或仪器的电压波动，以及操作者对平行样品处理的微小差异等，均可能产生偶然误差。

单次测量产生的偶然误差无固定的大小和方向（正或负）。因此，不能用加校正值的方法减免。多次测量产生的偶然误差的分布服从统计规律。即大偶然误差出现的概率小，小偶然误差出现的概率大，绝对值相同的正、负偶然误差出现的概率大体相等，它们之间往往能部分甚至完全抵消。所以，在消除系统误差的前提下，适当地增加平行测定次数，取平均值表示测定结果，可以减小偶然误差。

系统误差与偶然误差有时不能绝然区分。例如，观察滴定终点颜色的改变，有人总是偏深，产生属于操作误差的系统误差，但在多次测定观察滴定终点的深浅程度时，又不能完全一致，因而产生偶然误差。因此，在总的滴定误差中，这两种误差经常纠缠在一起，不能绝然分开。

二、准确度和精密度

分析结果的好坏一般用精密度和准确度来判断。精密度是测量值对平均值的分布，反应了测量结果中偶然误差的大小。准确度是测量结果中系统误差和偶然误差的总和，反映了测量值对真值的符合程度。

（一）准确度和误差

准确度（accuracy）表示测量值与真值（真实值）的接近程度。测量值与真值越接近，测量就越准确。准确度的高低，用误差表示。误差有绝对误差和相对误差两种表示方法：

绝对误差（absolute error）为测量值与真值之差。若以 x 代表测量值，以 μ 代表真值，则绝对误差 δ 为：

$$\delta = x - \mu \tag{2-1}$$

绝对误差的单位与测量值的单位相同，其数值有正有负。若绝对误差为正值，称正误差，表示测量值大于真值，若绝对误差为负值，称负误差，表示测量值小于真值。对同一样品的测量，绝对误差的绝对值越小，测量值越接近于真值，测量的准确度就越高。

相对误差（relative error）为绝对误差 δ 与真值 μ 的比值。相对误差反映误差在测量结果中所占的比例，用下式表示：

$$相对误差 = \frac{\delta}{\mu} \times 100\% \tag{2-2a}$$

相对误差同样可正可负，但无单位。有时相对误差也可用千分数（‰）表示，如 0.2% 也可表示为 2‰。如果不知道真值，可以用多次测量值的平均值 $\bar{x}$ 代替进行计算。

$$相对误差 = \frac{\delta}{\bar{x}} \times 100\% \tag{2-2b}$$

设单次测量值为 x_i，测量次数为 n，则有：

$$\bar{x} = \frac{\sum_{i=1}^{n} x_i}{n} \tag{2-3}$$

在分析工作中衡量分析结果，相对误差比绝对误差更常用。相对误差的大小还可作为正确选择分析方法的依据。

例 2-1　用同一分析天平称量两个试样，一个是 0.0051g，另一个是 0.5132g。两个测量值的绝对误差都是 0.0001g，但相对误差却有明显差别，前者是（1/51）×100% = 2%，后者是（1/5132）×100% = 0.02%，显然前者比后者大得多。

由例 2-1 可见，当使用的仪器其绝对误差一定时，测量值越大，相对误差就越小，准确度越高；反之，则准确度越低。因此，对常量分析的相对误差应要求小些，而对微量分析的相对误差可以允许大些。例如，用重量法或滴定法进行常量分析时，允许的相对误差仅为千分之几；而用光谱法、色谱法等仪器分析法进行微量分析时，允许的相对误差可为百分之几甚至更高。在相对误差相同的情况下，测定样品中常量组分可以选择灵敏度较低的仪器；而测定微量甚至痕量组分应选择灵敏度高的仪器。

由于任何测量都存在误差，因此实际测量不可能得到真值，而只能尽量接近真值。在分析化学工作中常用的真值有约定真值与标准值。

约定真值是由国际计量大会定义的单位（国际单位）及我国的法定计量单位。国际单位制的基本单位有 7 个：质量、长度、时间、电流强度、热力学温度、发光强度及物质的量。在 7 个基本单位中物质的量的单位（摩尔）与分析化学工作最密切。国际相对原子质量委员会每逢单年修订一次相对原子质量，因此各元素的相对原子质量也是约定真值。

标准值（或相对真值）是采用可靠的分析方法，在经相关部门认可的不同实验室，由不同分析人员对标准试样（或标准参考物质）进行反复多次测定所得的测定结果。标准值的精密度与准确度高，更加接近真值。在分析工作中，常以标准值代替真值来衡量测定结果的准确度。

标准试样（或标准参考物质）是用于测得标准值的试样。作为评价准确度的基准，标准试样必须具有很好的均匀性与稳定性；标准试样及其标准值需经权威机构认定并提供。

（二）精密度和偏差

精密度（precision）是指在相同的测定条件下，同一个均匀样品经平行测定所得测量值之间互相接近的程度。各测量值间越接近，测量的精密度越高。精密度的高低，一般用偏差、平均偏差、相对平均偏差、标准偏差与相对标准偏差表示。

偏差（deviation；d）是单个测量值与测量平均值之差。偏差表示数据的离散程度，偏差越大，数据越分散，精密度越低。反之，偏差越小，数据越集中，精密度就越高。若令 $\bar{x}$ 代表一组平行测定的平均值，则单个测量值 x_i 的偏差 d 为：

$$d = x_i - \bar{x} \tag{2-4}$$

偏差的单位与测量值的单位相同，其数值有正有负。

平均偏差（average deviation；$\bar{d}$）是各单个偏差绝对值的平均值，以 $\bar{d}$ 表示：

$$\bar{d} = \frac{\sum_{i=1}^{n} |x_i - \bar{x}|}{n} \tag{2-5}$$

应当注意，平均偏差只能为正值。

相对平均偏差（relative average deviation）是平均偏差与测量平均值的比值，表示为：

$$相对平均偏差 = \frac{\bar{d}}{\bar{x}} \times 100\% = \frac{\sum_{i=1}^{n} |x_i - \bar{x}| / n}{\bar{x}} \times 100\% \tag{2-6}$$

相对平均偏差无单位，有时亦用千分数（‰）表示。

标准偏差（或）标准差（standard deviation；S），对少量测量值（$n \leqslant 20$）而言，标准偏差的定义式如下：

$$S = \sqrt{\frac{\sum_{i=1}^{n} (x_i - \bar{x})^2}{n-1}} \quad 或 \quad S = \sqrt{\frac{\sum_{i=1}^{n} x_i^2 - \frac{1}{n}\left(\sum_{i=1}^{n} x_i\right)^2}{n=1}} \tag{2-7}$$

标准偏差的计算使用了偏差平方和取代平均偏差计算中的偏差绝对值，可突出较大偏差的存在对测量结果的影响。

相对标准偏差（relative standard deviation；RSD），曾称为变异系数（coefficient of variation；CV），定义式如下：

$$RSD = \frac{S}{\bar{x}} \times 100\% = \frac{\sqrt{\dfrac{\sum_{i=1}^{n} (x_i - \bar{x})^2}{n-1}}}{\bar{x}} \times 100\% \tag{2-8}$$

在实际工作中多用 S 或 RSD 表示分析结果的精密度。

例 2-2　5 次标定某溶液的浓度，结果为 0.2041、0.2049、0.2043、0.2039 和 0.2043mol/L。计算测定结果的平均值、平均偏差、相对平均偏差、标准偏差及相对标准偏差。

解：$\bar{x} = (0.2041 + 0.2049 + 0.2043 + 0.2039 + 0.2043)/5 = 0.2043(\text{mol/L})$

$\bar{d} = (0.0002 + 0.0006 + 0.0000 + 0.0004 + 0.0000)/5 = 0.00024(\text{mol/L})$

$\bar{d}/\bar{x} = (0.00024/0.2043) \times 100\% = 0.12\%$

$$S = \sqrt{\frac{(0.0002)^2 + (0.0006)^2 + (0.0000)^2 + (0.0004)^2 + (0.0000)^2}{5-1}}$$

$\qquad = 0.00037(\text{mol/L}) \approx 0.0004(\text{mol/L})$

$\text{RSD} = (0.00037/0.2043) \times 100\% = 0.2\%$

《中华人民共和国药典》（以下简称《中国药典》）2010 年版附录"药品质量标准分析方法验证指导原则"将精密度分为重复性（repeatability）、中间精密度（intermediate precision）和重现性（reproducibility）。在同样操作条件下，在较短时间间隔内，由同一分析人员对同一试样测定所得结果的接近程度称重复性；在同一实验室内，改变某些试验条件，如时间、分析人员、仪器设备等，对同一试样测定所得结果的接近程度称中间精密度；在不同实验室之间，由不同分析人员对同一试样测定所得结果的接近程度称重现性。若将药典等标准分析方法确定为法定标准，必须进行重现性试验。

（三）准确度与精密度的关系

测量值的准确度表示测量结果的正确性，精密度表示测量结果的重复性或重现性。现举例说明定量分析中的准确度与精密度的关系。有四个人对某一试样进行测定，每人测量 6 次。样品的真实含量为 10.00%，其结果如图 2-1 所示。由图 2-1 可见，甲所得结果的精密度很高，但准确度较低；乙的精密度、准确度都好，结果可靠；丙虽然测得平均值接近真值，但精密度很差，可能是由于大的正负误差相互抵消，纯属偶然；丁所得结果的精密度、准确度都不好。由此可见，精密度是保证准确度的前提条件，精密度好，准确度高才有意义。但精密度高不一定能保证准确度高，因为可能存在系统误差而使测量值偏高或偏低。对于精密度好的测量值，可以用加校正值的方法减免系统误差后，获得精密度与准确度都高的测量结果。

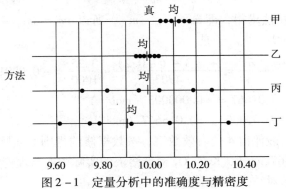

图 2-1 定量分析中的准确度与精密度

三、误差的传递

定量分析结果的获得通常要经过若干个测量步骤，每一个测量步骤都会产生误差，

11

并传递到后一个步骤中，即个别测量步骤中的误差将传递到最终结果中，这就涉及到误差传递（propagation of error）的问题。通过对误差传递的研究，有助于正确评价整个分析过程中各步测量误差对结果的影响，从而根据对分析结果的要求掌握各步测量允许的最大误差。

（一）系统误差的传递

设最后结果 R 与中间过程各测量值 x、y、z 之间的数学关系式如表 2 – 1 的第一列所示，则结果的误差传递规律如表 2 – 1 的第二列所示。这规律可概括为两条：

① 和、差的绝对误差等于各测量值绝对误差的和、差；

② 积、商的相对误差等于各测量值相对误差的和、差。

表 2 – 1 测量误差传递对计算结果的影响

运算式	系统误差	偶然误差	
		极值误差法	标准偏差法
$R = x + y - z$	$\delta R = \delta x + \delta y - \delta z$	$\Delta R = \mid \Delta x \mid + \mid \Delta y \mid + \mid \Delta z \mid$	$S_R^2 = S_x^2 + S_y^2 + S_z^2$
$R = x \cdot y/z$	$\dfrac{\delta R}{R} = \dfrac{\delta x}{x} + \dfrac{\delta y}{y} - \dfrac{\delta z}{z}$	$\dfrac{\Delta R}{R} = \left\lvert \dfrac{\Delta x}{x} \right\rvert + \left\lvert \dfrac{\Delta y}{y} \right\rvert + \left\lvert \dfrac{\Delta z}{z} \right\rvert$	$\left(\dfrac{S_R}{R} \right)^2 = \left(\dfrac{S_x}{x} \right)^2 + \left(\dfrac{S_y}{y} \right)^2 + \left(\dfrac{S_z}{z} \right)^2$

例 2 – 3 配制 1L 浓度为 $0.01667 mol/L$ $K_2Cr_2O_7$ 标准溶液，用减重法称得 $K_2Cr_2O_7$ 基准试剂 4.9033g，定量溶解于 1L 容量瓶中，稀释至刻度。若减重前的称量误差是 $+0.3mg$，减重后的称量误差是 $-0.2mg$；容量瓶的真实容积为 999.75ml。问配得的 $K_2Cr_2O_7$ 标准溶液浓度的相对误差、绝对误差和真实浓度各是多少？

解：$K_2Cr_2O_7$ 的浓度按下式计算：

$$c = \frac{m}{MV} \ (\text{mol/L})$$

上述计算属乘除法运算，因此应按相对误差的传递考虑，即：

$$\frac{\delta c}{c} = \frac{\delta m}{m} - \frac{\delta M}{M} - \frac{\delta V}{V}$$

因为 m 是由减重法求得，即 $m = m_{前} - m_{后}$，所以 $\delta m = \delta m_{前} - \delta m_{后}$。摩尔质量为约定真值，可以认为 $\delta M = 0$。于是

$$\frac{\delta c}{c} = \frac{\delta m_{前} - \delta m_{后}}{m} - \frac{\delta V}{V} = \frac{+0.3 - (-0.2)}{4903} - \frac{0.25}{1000} = -0.00015 \approx -0.02\%$$

$\delta c = -0.02\% \times 0.01667 = -0.000003 \ (\text{mol/L})$

$c = 0.01667 - (-0.000003) = 0.016667 \ (\text{mol/L})$

标准溶液浓度一般保留 4 位有效数字，按数据修约规则对实际浓度 0.016667mol/L 进行修约后为 0.01667mol/L，$K_2Cr_2O_7$ 标准溶液的实际浓度与理论值相同，即本例中称量及容量瓶容积误差对结果影响不大。

（二）偶然误差的传递

如果各步测量的误差都是不可定的，则无从知道它的确切值和正负，但可用极值误差法或标准偏差法对其影响进行推断和估计。

极值误差法认为一个测量结果中各步骤测量值的误差既是最大的，又是叠加的，

计算出结果的误差当然也是最大的。极值误差法计算法则如表 2 - 1 第三列所示。例如，用分析天平称量试样时，无论用减重法还是加重法，一般都需要称量两次，读取两次平衡点。设每次测量的最大误差是 ±0.0001g，则两次测量所得试样重的最大误差为 ±0.0002g，如不考虑正负，即为 0.0002g。

在实际工作中，由于各测量误差可能部分抵消，出现最大可能误差的情况并不很多，因而极值误差法处理方法不甚合理，但还是基本可行，因为各测量值的最大误差常是已知的。

标准偏差法基于测量值的偶然误差出现的大小、方向符合统计学规律，利用测量值的标准偏差估计测量值的偶然误差。标准偏差法计算法则如表 2 - 1 第四列所示，其规律可概括为两条：

①和、差结果的标准偏差的平方，等于各测量值的标准偏差的平方和；

②积、商结果的相对标准偏差的平方，等于各测量值的相对标准偏差的平方和。

对上述称量的例子，试样重 $m = m_1 - m_2$ 或 $m = m_2 - m_1$，读取称量 m_1 和 m_2 时平衡点的偏差，将反映到 m 中去。若天平称量的标准偏差为 0.1mg，则所称得试样质量的误差为：

$$S_m = \sqrt{S_1^2 + S_2^2} = \sqrt{2S^2} = 0.14(\text{mg})$$

由于标准偏差符合偶然误差的统计学规律，实际工作中多用标准偏差法研究偶然误差的传递。应该指出，定量分析各步测量的系统误差和偶然误差常是混在一起的，因而算得结果的误差一般包括这两部分误差。而标准偏差法只是处理偶然误差的传递问题，因此在用标准偏差法计算结果误差来判断分析结果的可靠性时，必须先消除系统误差后才有意义。

了解误差传递的规律，在定量分析中，对各步测量所应达到的准确程度，可以做到心中有数。在各个分析步骤中，误差大的步骤对结果准确度的影响举足轻重，因此，在分析测量中应尽量避免误差大的步骤，使各测定步骤的误差（或偏差）接近一致或保持相同的数量级。

四、提高分析结果准确度的方法

要想得到准确的分析结果，必须设法减免在分析过程中的各种误差。下面简单介绍减免分析误差的几种主要方法。

（一）选择恰当的分析方法

首先应该了解所选用的分析方法的特点与适用范围。化学分析法对于常量分析或常量组分的测定能获得比较准确的分析结果（相对误差≤0.2%），而对于微量或痕量组分的测定，由于灵敏度不高，则无法准确测定。仪器分析法灵敏度较高，对于微量或痕量组分测定，虽然其相对误差较大，但由于绝对误差小，结果能满足准确度的要求；对于常量分析或常量组分的测定，可能达不到所要求的准确度。另外，选择分析方法时不仅要考虑被测组分的含量，而且要考虑共存物质的干扰对分析结果的影响，即方法的专属性是否达到要求。总之，必须根据分析对象、样品情况及对分析结果的要求，选择适宜的分析方法。

13

（二）减小测量误差

为了保证分析结果的准确度，必须尽量减小各步骤的测量误差，使各测量步骤的准确度与分析方法的准确度相当。例如，在滴定分析法中，以基准物标定标准溶液的浓度，分析结果相对误差要求≤0.1%，则在测定步骤中称量相对误差和滴定体积相对误差均应小于0.1%。分析天平称量的绝对误差一般为±0.0001g，用减重法称量平衡两次的最大误差是±0.0002g。为了使称量的相对误差小于0.1%，称样量就需大于0.2g。一般滴定管读数的绝对误差是±0.01ml，一次滴定需两次读数，因此可能产生的最大误差是±0.02ml。为了使滴定体积的相对误差小于0.1%，消耗滴定剂的体积就需大于20ml。

又例如用比色法进行分析，分析结果相对误差要求≤2%，若取样量为0.5g，则称量的绝对误差应不大于0.01g（0.5g×2% = 0.01g），即读取至0.01g即可，则不必用万分之一分析天平称量。

（三）减小偶然误差

根据偶然误差的分布规律，增加平行测定次数可以减小偶然误差对分析结果的影响。在消除系统误差的前提下，平行测定次数越多，其平均值越接近于真值。在实际工作中，一般对同一试样平行测定3~4次，其精密度符合规定即可。

（四）检验和消除系统误差

1. 对照试验

对照试验是检查分析过程中有无系统误差的有效方法。用含量已知的标准试样或纯物质，以同一方法按完全相同的条件，平行测定，由分析结果与已知含量的误差对结果进行校正，可减免系统误差。

$$试样中某组分含量 = 试样中某组分测得含量 \times \frac{标准试样中某组分已知含量}{标准试样中某组分测得含量}$$

对于新建立的分析方法，一般要求与经典方法（药典或其他标准方法）对照，对同一试样进行测量，比较结果的精密度与准确度，以判断所建方法的可行性。若所建方法不够完善，应进一步改进方法或测出校正值以消除方法误差。

2. 校准仪器

对定量分析所用的仪器，如天平、移液管、滴定管等计量及其他测量仪器进行校准，可以减免仪器误差。由于计量及测量仪器的状态会随时间、环境条件等发生变化，因此校准仪器要定期进行。

3. 回收试验

当无法获得标准试样时，分析方法的准确度常用回收试验的结果来衡量。回收试验是先用所建方法测出试样中某组分含量，再取几份相同试样（$n \geq 5$），各加入适量待测组分的纯品，按相同条件进行测定，用下式计算回收率（recovery）：

$$回收率 = \frac{加入纯品后的测得量 - 加入纯品前的测得量}{纯品加入量} \times 100\%$$

回收率越接近100%，系统误差越小，方法准确度越高。回收率偏低可能是样品制备不当、提取不完全或方法本身的系统误差所致；回收率偏高则可能和方法选择性差、杂质干扰等因素有关。回收试验常在微量组分分析中应用。

4. 空白试验

空白试验是采用和测定试样完全相同的方法、仪器和试剂，但不加入试样的情况下进行的分析实验。所得结果称为空白值，从试样的分析结果中扣除空白值，可消除由试剂、溶剂及实验器皿等引入的杂质所造成的误差。空白值不宜过大，否则应通过提纯试剂、换用合格的溶剂或其他器皿等途径减小空白值。

第二节　有效数字及其运算规则

在分析化学测试中，为能反映客观测量结果的精确度，数据的记录应保留几位数字？在处理测量数据及其计算测量结果时，应遵循何种规则？这关系到十分重要的有效数字及其运算规则问题。

一、有效数字

有效数字（significant figure）是指在分析工作中实际上能测量到的数字。保留有效数字位数的原则是：在记录测量数据时，只允许保留一位可疑数（又称欠准数）。即只有数据的最后一位数欠准，其误差是最后一位数的 ± 1 个单位。

有效数字不仅表示数值的大小，还可以反映测量的精确程度。记录测量数据的位数，必须与所用的方法及仪器的准确程度相适应，绝不能随意增加或减少。例如，25ml 溶液，用常量滴定管量取，应记录为 25.00ml，有四位有效数字；用 100ml 量筒量取，应记录为 25ml，只有两位有效数字。对常量滴定管可准确读取到 0.1ml，而小数点后面第二位没有刻度，只能估计读数，有 ± 0.01ml 误差，但该数字并非臆造，故记录时应保留它，因此记录到小数点后两位。其中前三位为准确值，最后一位为欠准值，有 ± 1 的误差。由于 100ml 量筒只能准确读取到 10ml，而个位数没刻度，只能估计读数，因此记录个位数，即末位的 5 可能有 ± 1ml 的误差；又例如：0.5 g 的样品，用万分之一的分析天平进行称量时，可以准确称量到 0.001g，小数点后第四位有 ± 1 的误差，为欠准值，但记录时应保留它，记录为 0.5012g。用千分之一的分析天平进行称量时，可以准确称量到 0.01g，小数点后第三位有 ± 1 的误差，为欠准值，但记录时应保留它，记录为 0.501g。

从 0 至 9 这 10 个数字中，1 至 9 均为有效数字，0 则可能是有效数字，也可能是作为定位用的无效数字。如在数据 0.006050g 中，6 前面三个 0 表示数量级用于定位，不是有效数字；6 后面的 0 都是有效数字，该数据有 4 位有效数字。即一个数据的有效数位数应从数据中第一个不为 0 的数字算起。值得注意的是：①对于很小或很大的数字，可用指数形式表示，但有效数字位数不应改变。例如，离解常数 $K_a = 0.0000175$，可写成 $K_a = 1.75 \times 10^{-5}$；例如，10000L，若为两位有效数字，则可写成 1.0×10^4L；②变换单位时，有效数字的位数也须保持不变。例如，60.50mg 应写成 6.050×10^{-2}g；③首位数字 ≥ 8，其有效数字的位数可多计一位。例如86，其相对误差为 $\pm 1/86 = \pm 1.1\%$，与三位有效数字的相对误差相当，故可认为是 3 位有效数字；④pH 及 pK_a 等对数值，其有效数字仅取决于小数部分数字的位数，而其整数部分的数字只代表原值的幂次。

例如 pH = 2.35（有效数字 2 位），即 $[H^+] = 4.5 \times 10^{-3}$；⑤在分析化学计算中遇到的倍数或分数，可看作无误差数字，可认为其有效数字位数为无限位。

使用计算器计算时，在计算过程中可能保留了过多的位数，但最后计算结果必须恢复与准确度相适应的有效数字位数。

二、有效数字的运算规则

在计算分析结果时，每个测量值的误差都要传递到分析结果中去。应根据误差传递规律，按照有效数字的运算法则合理取舍，才能正确表达分析结果。

1. 加减法运算规则

加减法运算的和或差的误差是各个数值绝对误差的传递结果。因此，计算结果的绝对误差必须与各数据中绝对误差最大的数据相当。即几个数据相加或相减的和或差的有效数字的保留，应以小数点后位数最少（绝对误差最大）的数据为依据。例如：$0.5345 + 0.001 - 0.15 = 0.38$，0.15 的绝对误差最大，只有两位小数，计算结果的小数部分也只保留两位小数。也可先修约（多保留一位有效数字）再计算，最后结果小数部分修约成只含两位小数。

2. 乘除法运算规则

乘除法运算的积或商的误差是各个数据相对误差的传递结果。几个数据相乘或除时，积或商有效数字应保留的位数，以参加运算的数据中相对误差最大（有效数字位数最少）的那个数据为依据。例如，$0.012 \times 9.6782 \times 1.05 = 1.2$，其中，有效数字位数最少的 0.012 相对误差最大，故计算结果应修约为两位有效数字。

三、数字的修约规则

根据误差传递原理，计算结果的误差总比个别测量值的误差大，计算结果的有效数字位数要受测量值，尤其是误差最大的测量值的有效数字位数所限制。因此，有必要对有效数字位数较多（即误差较小）的测量值，舍弃多余的数字，以免误差累计，此称为数字修约。数字修约的基本原则如下：

1. "四舍六入五留双" 规则

当多余尾数的首位≤4 时，舍弃；多余尾数的首位≥6 时，进位。等于 5 时，若 5 后无数或数字为 0，则视 5 前数字是奇数还是偶数，若奇数则进位；若偶数（0 视为偶数）则舍弃。若 5 后数字不为 0，则进位。例如，将数据 4.12446、4.12486、4.12550、4.1205、4.12654 修约为四位有效数字，修约结果为：4.124、4.125、4.126、4.120、4.127。

2. 禁止分次修约

只允许对原测量值一次修约至所需位数，不能分次修约。例如将数据 4.1349 修约为三位，只能修约成 4.13；不能分次修约：4.1349→4.135→4.14。

3. 运算过程允许多保留一位有效数字

在大量运算中，为减少误差累积，提高运算速度，可将参加运算的所有数据先修约到比规定的位数多保留一位，运算后再将结果修约到应有的位数。例如，计算 $5.3547 + 2.3 + 0.055 + 3.356$ 的和。按加减法的运算法则，计算结果只应保留一位小数。但在计算过程中各数可先多保留一位小数，即 $5.35 + 2.3 + 0.06 + 3.36 = 11.07$，计算结果应修约成 11.1。

4. 对标准偏差的修约

通常标准偏差修约的结果应使准确度降低。例如，某计算结果的标准偏差为 0.123，取两位有效数字，宜修约成 0.13，取一位则为 0.2。在作统计检验时，标准偏差可多保留 1~2 位数参与运算，计算结果的统计量可多保留一位数字与临界值比较。根据标准偏差计算公式，标准偏差和 RSD 一般取 1~2 位有效数字。

5. 与标准限度值比较时不应修约

在分析测定中常需将测定结果与标准限度值进行比较，以确定样品是否合格。若标准中无特别注明，应采用全数值进行比较。例如药典规定药物肾上腺素中，肾上腺酮的含量≤0.06%（标准限度值）才合格。现测得肾上腺素试样的含量为 0.064%，与标准限度值比较，此样品肾上腺酮超标，判为不合格，此结论正确。若修约后为 0.06%，此样品肾上腺酮不超标，判为合格，结论错误。

第三节　有限量测量数据的统计处理

一、偶然误差的正态分布

根据数理统计理论，分析测试中同一样本的重复测定数据主要受偶然误差的影响而波动，当测量次数 n 很大时，偶然误差符合正态分布规律：

$$y = \frac{1}{\sigma\sqrt{2\pi}} e^{-(x-\sigma)^2/2\sigma^2} \tag{2-9}$$

式中，x——测量值；μ——真实值，可视为无限次测量数据 x 的平均值，又称为总体平均值（population mean），若没有系统误差，μ 就是真值；σ 为总体标准偏差（population standard deviation），区别于式（2-7）中有限次测量样本的标准偏差 S；y——为测量值出现的频率（概率密度）。根据式（2-9）绘制的 $y-x$ 曲线称为正态分布（normal distribution）曲线，见图 2-2a。正态分布曲线与横坐标所夹的总面积代表所有测量值出现的概率总和，其值为 1。在某一范围（$x_1 - x_2$）内测量值出现的概率以阴影部分面积/总面积表示。

正态分布曲线由 μ 和 σ 两个基本参数决定。μ 对应曲线的最高点，表示测量值的集中趋势。σ 表示数据的离散程度，当 σ 较小时，曲线高而锐，数据较集中；当 σ 较大时，曲线低而钝，数据较分散。已知 μ 与 σ，正态分布曲线的位置与形状就可确定下来，这种正态分布曲线用 $N(\mu, \sigma^2)$ 表示。由于 x、μ 和 σ 都是变量，为了计算方便，可作变量变换，令：

$$u = \frac{x-\mu}{\sigma} \tag{2-10}$$

式中，u——是以总体标准偏差 σ 为单位的（$x-\mu$）值。以 u 为横坐标，以概率密度 y 为纵坐标的正态分布曲线称为标准正态分布曲线，用 $N(0, 1)$ 表示，见图 2-2b。

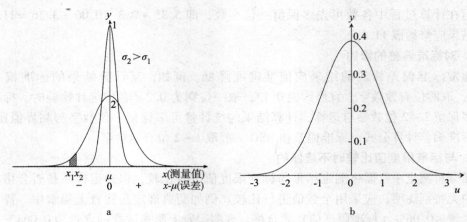

图2-2 正态分布曲线

a. 正态分布曲线；b. 标准正态分布曲线

二、t 分布

通常分析样品的测试仅为有限次数测量值，称为小样本试验值，由于平行测定的次数（n）较少，无法得到总体平均值 μ 和总体标准差 σ，此时，就需根据小样本试验值得到的样本平均值（sample mean；$\bar{x}$）和样本标准差（sample standard deviation；S）来估计测量数据的分散程度。由于 $\bar{x}$ 和 S 均为随机变量，因此这种估计必然会引进误差。特别是当测量次数较少时，引入的误差更大，此时采用 t 分布（t distribution）（即少量数据平均值的概率误差分布）对有限测量数据进行统计处理可减小误差。用 S 替代总体标准偏差 σ，用 t 替代 u，于是：

$$t = \frac{x - \mu}{S} \tag{2-11}$$

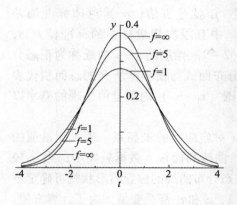

图2-3 t 分布曲线

t 是以样本标准偏差 S 为单位的（$x - \mu$）值。用 t 替代 u 绘制的 t 分布曲线（图2-3），纵坐标仍是概率密度 y，横坐标则是统计量 t。与正态分布曲线相似，t 分布曲线下一定范围内的面积，就是该范围内测量值出现的概率。

t 分布曲线随自由度 f（$f = n - 1$）而改变，当 f 趋于 ∞ 时，t 分布就趋于正态分布，此时，t 值等于 u 值。应当注意的是，对于正态分布曲线，只要 u 值一定，相应概率也就一定；但对于 t 分布曲线，当 t 值一定时，由于 f 值的不同，相应曲线所包括的面积不同，其概率也就不同。在某一 t 值时，测定值 x 落在 $\mu \pm tS$ 范围内的概率，称为置信水平（confidence level）（又称置信度或置信概率），用 P 表示；测定值 x 落在 $\mu \pm tS$ 范围之外的概率，称为显著性水平（significance level），用 α 表示，$\alpha = 1 - P$。由于 t 值与 α、f 有关，故引用时需加脚注，用 $t_{\alpha,f}$ 表示。不同 α、f 所相应的 t 值如表2-2所示。

表 2 - 2 t 分布临界值 ($t_{\alpha,f}$) 表

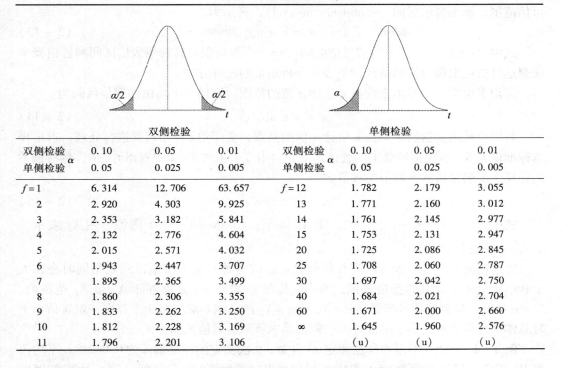

	双侧检验				单侧检验		
双侧检验 α	0.10	0.05	0.01	双侧检验 α	0.10	0.05	0.01
单侧检验	0.05	0.025	0.005	单侧检验	0.05	0.025	0.005
$f=1$	6.314	12.706	63.657	$f=12$	1.782	2.179	3.055
2	2.920	4.303	9.925	13	1.771	2.160	3.012
3	2.353	3.182	5.841	14	1.761	2.145	2.977
4	2.132	2.776	4.604	15	1.753	2.131	2.947
5	2.015	2.571	4.032	20	1.725	2.086	2.845
6	1.943	2.447	3.707	25	1.708	2.060	2.787
7	1.895	2.365	3.499	30	1.697	2.042	2.750
8	1.860	2.306	3.355	40	1.684	2.021	2.704
9	1.833	2.262	3.250	60	1.671	2.000	2.660
10	1.812	2.228	3.169	∞	1.645	1.960	2.576
11	1.796	2.201	3.106		(u)	(u)	(u)

由表 2 - 2 中可以看出，t 值随 f 的改变而改变。测定次数越多，t 值越小，当 $f=\infty$ 时，$t_{0.05,\infty}=1.96$，这与正态分布曲线得到的相应 u 值相同。因为 $f=\infty$ 时，$S=\sigma$，则 $t_{\alpha,f}=u$。而 f 减小则 t 增大，当 $f=1$ 时，$t_{0.05,1}$ 比 $\pm u_{0.05}$ （$t_{0.05,\infty}$）大 6.5 （12.706/1.960）倍。因此，少量数据只能用 t 分布处理。

三、平均值的精密度和置信区间

（一）平均值的精密度

平均值的精密度 （precision of mean）一般用平均值的标准偏差 $S_{\bar{x}}$ 表示。若 n 次测定结果的标准偏差为 S，则

$$S_{\bar{x}} = S/\sqrt{n} \qquad (2-12)$$

式 （2-12）说明了 n 次测量平均值的标准偏差是 1 次测量标准偏差的 $1/\sqrt{n}$ 倍，则 n 次测量的可靠性是 1 次测量的 $\sqrt{n}$ 倍。由此推算，4 次测量的可靠性是 1 次测量的 2 倍，9 次测量的可靠性是 1 次测量的 3 倍，25 次测量的可靠性是 1 次测量的 5 倍，可见测量次数的增加越多，在可靠性上的收效越不显著。所以，过多增加测量次数并不能使精密度显著提高。因此，在实际定量分析工作中，一般平行测定 3 ~ 4 次即可，较高要求时，可测 5 ~ 9 次。

（二）平均值的置信区间

以样本平均值 $\bar{x}$ 去估计真值 μ 是不可靠的，因为这是点估计，其置信概率为零。而实际上是先选定一个置信水平 P，推断在某个范围（区间）内包含总体平均值 μ 的概

率是多少。在一定的置信水平 P 时，以测定结果 x 为中心，包括总体平均值 μ 在内的可信范围，称为置信区间（confidence interval），表示为：

$$\mu = x \pm u\sigma \qquad (2-13)$$

式中，$x \pm u\sigma$——测量值的置信区间；$u\sigma$——置信限。这种用置信区间和置信概率来表达分析结果称为区间估计，是表达分析结果的较好方法。

若用多次测量的样本平均值 $\bar{x}$ 估计 μ 值的范围，则样本平均值的置信区间为：

$$\mu = \bar{x} \pm u\sigma / \sqrt{n} \qquad (2-14)$$

若用少量测量值的平均值 $\bar{x}$ 估计 μ 值的范围，必须用 t 分布对其进行处理，求出样本标准偏差 S，再根据所要求的置信水平及自由度，由表 2-2 中查出 $t_{\alpha,f}$ 值，然后按下式计算少量测量值的平均值的置信区间为：

$$\mu = \bar{x} \pm tS / \sqrt{n} \qquad (2-15)$$

式中，$\bar{x} + tS / \sqrt{n}$——上限值，用 X_U 表示；$\bar{x} - tS / \sqrt{n}$——下限值，用 X_L 表示；$tS / \sqrt{n}$——置信限。

置信区间分为双侧置信区间与单侧置信区间两种。双侧置信区间是指同时存在大于和小于总体平均值的置信范围，即在一定置信水平下，μ 存在于 X_L 至 X_U 范围内，$X_L < \mu < X_U$。单侧置信区间是指 $\mu < X_U$ 或 $\mu > X_L$ 的范围。除了指明求算在一定置信水平时总体平均值大于或小于某值外，一般都是求算双侧置信区间。

例 2-4 用 8-羟基喹啉法测定 Al 含量，9 次测定的标准偏差为 0.042%，平均值为 10.79%。（1）计算在 95% 和 99% 置信水平时平均值的置信区间；（2）计算在 95% 置信水平总体含量高于平均值的置信区间。

解：（1）应为求双侧置信区间，查表 2-2 中双侧检验的 α 对应的 t 值。

$P = 0.95$ 时；$\alpha = 1 - P = 0.05$；$f = 9 - 1 = 8$；$t_{0.05,8} = 2.306$

将数据代入式（2-15），得：$\mu = 10.79 \pm 2.306 \times 0.042 / \sqrt{9} = 10.79 \pm 0.03$（%）

$P = 0.99$；$\alpha = 1 - P = 0.01$；$f = 9 - 1 = 8$；$t_{0.01,8} = 3.355$。

将数据代入式（2-15）得：$\mu = 10.79 \pm 3.355 \times 0.042 / \sqrt{9} = 10.79 \pm 0.05$（%）

结论：总体平均值（真值）在 10.76~10.82（%）间的概率为 95%，在 10.74~10.84（%）间的概率为 99%。由此可见，增加置信水平需要扩大置信区间。

（2）应为单侧置信区间，查表 2-2 单侧检验 $\alpha = 0.05$，$f = 9 - 1 = 8$ 时，$t_{0.05,8} = 1.860$。

$$X_L = \bar{x} - tS / \sqrt{n} = 10.79 - 1.860 \times \frac{0.042}{\sqrt{9}} = 10.76 \,(\%)$$

$$X_U = \bar{x} + tS / \sqrt{n} = 10.79 + 1.860 \times \frac{0.042}{\sqrt{9}} = 10.82 \,(\%)$$

结论：总体平均值大于 10.76%（或小于 10.82%）的概率为 95%。

需要说明的是，在作统计判断时，置信水平定得越高，置信区间就越宽；反之则相反。但置信水平定得过高，判断失误的可能性很小，置信区间过宽而实用价值不大。分析化学中作统计推断时通常取 95% 的置信水平，有时也采用 90%、99% 等置信水平。

四、数据统计处理的基本步骤

(一) 可疑数据的取舍

在一组平行测量数据中有时会遇到个别的数据过高或过低,这种数据称为可疑数据,也称异常值或逸出值 (outlier)。可疑数据可能是实验中的过失所致,也可能是偶然误差波动性的极度表现。可疑数据对测定的精密度和准确度均有很大的影响,但决不能任意舍取。首先应寻找产生的原因,若是由明显过失引起,应当舍弃;否则应当用统计检验的方法,确定该可疑值与其他数据是否来源于同一总体,以决定取舍。对于有限次测量数据,不能对总体标准偏差正确估计,因此可疑数据检验通常多用 G 检验法与舍弃商法 (Q 检验法)。下面介绍 G 检验法。

G 检验法 (Grubbs test) 检验步骤:①计算包括可疑值在内的平均值 $\bar{x}$ 和标准偏差 S;②计算可疑值 $x_{可疑}$ 与平均值 $\bar{x}$ 之差的绝对值 $|x_{可疑} - \bar{x}|$;③按下式计算 G 值:

$$G = \frac{|x_{可疑} - \bar{x}|}{S} \qquad (2-16)$$

表 2-3 G 检验临界值 ($G_{\alpha, n}$) 表

置信水平	90%	95%	99%
$n = 3$	1.15	1.15	1.15
4	1.46	1.48	1.50
5	1.67	1.71	1.76
6	1.82	1.89	1.97
7	1.94	2.02	2.14
8	2.03	2.13	2.27
9	2.11	2.21	2.39
10	2.18	2.29	2.48

④查出 G 值的临界值 $G_{\alpha, n}$。若 $G > G_{\alpha, n}$,则该可疑值应当舍弃;若 $G < G_{\alpha, n}$,则应保留。

例 2-5 测量硼砂样品的含量结果如下:99.23%,99.35%,99.74%,99.45%,99.50% 和 102.4%。用 G 检验法检验可疑数据 102.4% 是否舍弃 ($P = 95\%$)。

解:计算包括可疑值在内的平均值 $\bar{x}$ 和标准偏差 S 得:

$\bar{x} = 99.94(\%)$,$S = 1.23(\%)$,

按下式计算 G 值: $G = \dfrac{|x_{可疑} - \bar{x}|}{S} = \dfrac{|102.4 - 99.94|}{1.23} = 2.03$

查表 2-3: $G_{0.05, 6} = 1.89$。$G > G_{0.05, 6}$,102.4% 应舍弃。

(二) 分析化学中常用的显著性检验

在定量分析中,由于误差的存在,常遇到样本测量的平均值 $\bar{x}$ 与真值 μ(或标准值)不一致或对同样的样品采用不同分析方法或不同分析人员等两个结果的平均值 $\bar{x}_1$ 和 $\bar{x}_2$ 不一致的情况。因此,常常需要对两个分析结果的准确度或精密度是否存在显著性差异做出判断,称为显著性检验。统计检验的方法很多,在定量分析中最常用 F 检验与 t 检验。

1. F 检验

F 检验（F – test）是通过比较两组数据的方差 S^2（标准偏差的平方），以确定两分析结果的精密度是否存在显著性差异。用于判断两组数据间是否存在显著不同的偶然误差。

F 检验的步骤：① 计算两个样本的方差 S_1^2 和 S_2^2；② 按下式计算方差比 F 值：

$$F = \frac{S_1^2}{S_2^2} \quad (S_1 > S_2) \tag{2-17}$$

③ 查出 F 值的单侧临界值 F_{α, f_1, f_2}。若 $F < F_{\alpha, f_1, f_2}$，说明两组数据的精密度不存在显著性差异，若 $F > F_{\alpha, f_1, f_2}$，则说明两组数据的精密度存在着显著性差异。

表 2-4 是在 95% 置信水平及不同自由度时的部分 F 值。F 值与置信水平及 S_1 和 S_2 的自由度 f_1、f_2 有关。使用该表时必须注意 f_1 为大方差数据的自由度，f_2 为小方差数据的自由度。

表 2-4　95% 置信水平（$\alpha = 0.05$）时单侧检验 F 值（部分）

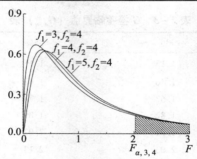

f_2/f_1	2	3	4	5	6	7	8	9	10	15	20	60	∞
2	19.0	19.2	19.2	19.3	19.3	19.4	19.4	19.4	19.4	19.4	19.4	19.5	19.5
3	9.55	9.28	9.12	9.01	8.94	8.89	8.85	8.81	8.79	8.70	8.66	8.57	8.53
4	6.94	6.59	6.39	6.26	6.16	6.09	6.04	6.00	5.96	5.86	5.80	5.69	5.63
5	5.79	5.41	5.19	5.05	4.95	4.88	4.82	4.77	4.74	4.62	4.56	4.43	4.36
6	5.14	4.76	4.53	4.39	4.28	4.21	4.15	4.10	4.06	3.94	3.87	3.74	3.67
7	4.74	4.35	4.12	3.97	3.87	3.79	3.73	3.68	3.64	3.51	3.44	3.30	3.23
8	4.46	4.07	3.84	3.69	3.58	3.50	3.44	3.39	3.35	3.22	3.15	3.01	2.93
9	4.26	3.86	3.63	3.48	3.37	3.29	3.23	3.18	3.14	3.01	2.94	2.79	2.71
10	4.10	3.71	3.48	3.33	3.22	3.14	3.07	3.02	2.98	2.85	2.77	2.62	2.54
15	3.68	3.29	3.06	2.90	2.79	2.71	2.64	2.59	2.54	2.40	2.33	2.16	2.07
20	3.49	3.10	2.87	2.71	2.60	2.51	2.45	2.39	2.35	2.20	2.12	1.95	1.84
60	3.15	2.76	2.53	2.37	2.25	2.17	2.10	2.04	1.99	1.84	1.75	1.53	1.39
∞	3.00	2.60	2.37	2.21	2.10	2.01	1.94	1.88	1.83	1.67	1.57	1.32	1.00

例 2-6　用两种方法测定同一试样中某组分。第 1 法，共测 6 次，$S_1 = 0.055$；第 2 法，共测 4 次，$S_2 = 0.022$。试问这两种方法的精密度有无显著性差别。

解：$f_1 = 6 - 1 = 5$；$f_2 = 4 - 1 = 3$。由表 2-4 查得 $F = 9.01$。用实验测得的标准差代入式（2-17）计算方差比：$F = 0.055^2 / 0.022^2 = 6.25$，$F < F_{0.05, 5, 3}$，因此，$S_1$ 与 S_2 无

显著性差异，即两种方法的精密度相当。

2. t 检验

t 检验（t–test）用于判断分析方法或操作过程是否存在较大的系统误差。

（1）样本平均值 $\bar{x}$ 与真值 μ（或标准值）的 t 检验　用基准物质、标准品或用理论真值评价分析方法或分析结果时，涉及样本平均值与标准值的比较，这种统计检验为已知标准值的 t 检验。

根据式（2 – 15），若样本均值的置信区间能将真值（或标准值）包括在内，即可作出 $\bar{x}$ 与 μ 之间不存在显著性差异的结论。因为按 t 分布规律，这些差异应是偶然误差造成的，而不属于系统误差。将式（2 – 15）改为：

$$t = \frac{|\bar{x} - \mu|}{S} \sqrt{n} \qquad\qquad (2-18)$$

已知标准值的 t 检验步骤：①计算样本平均值 $\bar{x}$ 与 S；②按式（2 – 18）计算 t 值；③由表 2 – 2 查出相应临界值 $t_{\alpha,f}$ 值。若 $t < t_{\alpha,f}$，说明 $\bar{x}$ 与 μ 之间不存在显著性差异；若 $t \geq t_{\alpha,f}$，说明 $\bar{x}$ 与 μ 间存在着显著性差异。由此可对分析结果是否正确、新方法是否可行等进行评价。

例 2 – 7　某药厂生产的维生素丸剂，要求铁含量为 4.800%。今从该厂的某一批号的产品，抽样进行 5 次分析，测得铁量为 4.744%，4.790%，4.790%，4.798% 及 4.822%。试问这批产品是否合格？

解：计算上述数据的平均值与标准偏差：$\bar{x} = 4.879\%$，$S = 0.028\%$。已知 $\mu = 4.800\%$，代入式（2 – 18）：

$$t = \frac{|4.789 - 4.800|}{0.028} \sqrt{5} = 0.878$$

由于丸剂中铁含量大于或小于 4.800% 皆不合格，故属双侧检验。查表 2 – 2 双侧检验，得 $t_{0.05,4} = 2.776$。$t < t_{0.05,4}$。说明铁含量平均值与要求值无显著性差异，产品合格。

例 2 – 8　为了检验测定微量 Cu(Ⅱ) 的新方法，取 Cu(Ⅱ) 标准试样，已知其含量是 1.17×10^{-2} g/L。测量 5 次，得含量平均值为 1.08×10^{-2} g/L，其标准偏差 S 为 7×10^{-4} g/L。问该新方法在 95% 的置信水平上是否可靠？

解：题意为双侧检验。将数据代入式（2 – 18）：

$$t = \frac{|1.08 \times 10^{-2} - 1.17 \times 10^{-2}|}{7 \times 10^{-4}} \sqrt{5} = 2.875$$

查表 2 – 2 双侧检验，得 $t_{0.05,4} = 2.776$。$t > t_{0.05,4}$。说明平均值与标准值之间有显著性差别，新方法可能存在某种系统误差。

例 2 – 9　用相同的分析方法测定某一样品中某组分的含量，熟练分析人员测得含量均值为 6.65%。新分析人员平行测定 6 次，含量均值为 6.84%，$S = 0.25\%$。问新分析人员的分析结果是否显著高于前者。

解：题意为单侧检验。将数据代入式（2 – 18）：

$$t = \frac{|6.84 - 6.65|}{0.25} \times \sqrt{6} = 1.862$$

查表 2 – 2 得单侧检验 $t_{0.05,5} = 2.015$。$t < t_{0.05,5}$，说明在 95% 的置信水平下，新分

析人员与熟练分析人员的含量均值间无显著性差异。

（2）两个样本均值的 t 检验 两个样本均值的 t 检验主要用于检验同一个试样由不同分析人员或同一分析人员采用不同方法、不同仪器或不同分析时间的分析结果是否存在显著性的差别；或者用于检验两个试样中同一成分，用相同分析方法所得的结果是否存在显著性的差别。

两个样本均值的 t 检验步骤：①计算两组数据的平均值 $\bar{x}_1$ 和 $\bar{x}_2$ 及标准偏差 S_1 与 S_2；②按式（2-19a）或（2-19b）计算合并标准偏差 S_R，又称组合标准差（pooled standard deviation），若已知 S_1 与 S_2 大小没有统计意义上的区别，即精密度相当，可由误差传递公式得出：

$$S_R = \sqrt{\frac{(n_1 - 1)S_1^2 + (n_2 - 1)S_2^2}{n_1 + n_2 - 2}} \qquad (2-19a)$$

或由两组数据的平均值求 S_R：

$$S_R = \sqrt{\frac{\sum_{i=1}^{n_1}(x_1 - \bar{x}_1)^2 + \sum_{i=1}^{n_2}(x_2 - \bar{x}_2)^2}{(n_1 - 1) + (n_2 - 1)}} \qquad (2-19b)$$

③按式（2-20）计算 t 值：

$$t = \frac{|\bar{x}_1 - \bar{x}_2|}{S_R}\sqrt{\frac{n_1 \times n_2}{n_1 + n_2}} \qquad (2-20)$$

④查表2-2得临界值 $t_{\alpha,f}$（注：此时 $f = n_1 + n_2 - 2$）。若 $t < t_{\alpha,f}$，说明两组数据的平均值不存在显著性差异，可以认为两个均值属于同一总体，即 $\mu_1 = \mu_2$；若 $t \geq t_{\alpha,f}$，说明两个均值不属于同一总体，两组数据间存在显著性差异，可能存在系统误差。

例 2-10 用同一方法分析样品中的 Mg 含量。样本 1 为：1.23%、1.25% 及 1.26%；样本 2 为：1.31%、1.34% 及 1.35%。试问这两个试样的 Mg 含量是否存在显著性差异？

解：计算：$n_1 = 3$，$\bar{x}_1 = 1.25$，$S_1 = 0.015$（%）；$n_2 = 3$，$\bar{x}_2 = 1.33$，$S_2 = 0.021$（%）。

（1）F 检验

$$F = \frac{S_1^2}{S_2^2} = \frac{(0.021)^2}{(0.015)^2} = 1.96,\ f_1 = 3 - 1 = 2,\ f_2 = 3 - 1 = 2,\ 查表2-4得\ F_{0.05,2,2} = 19.0。$$

$F < F_{0.05,2,2}$，说明两种方法精密度无显著性差异，可进行 t 检验。

（2）t 检验

$$S_R = \sqrt{\frac{(3-1) \times 0.015^2 + (3-1) \times 0.021^2}{3+3-2}} = 0.018$$

$$t = \frac{|1.25 - 1.33|}{0.018}\sqrt{\frac{3 \times 3}{3+3}} = 5.443$$

$f = n_1 + n_2 - 2 = 4$，查表2-2得双侧检验 $t_{0.05,4} = 2.776$。由于 $t > t_{0.05,4}$，所以两个样品的镁含量有显著性差异。

（三）数据统计处理的几点注意事项

1. 实验数据检验顺序

对于两组实验数据检验顺序是先进行可疑数据的取舍（G 检验或 Q 检验），而后确认两组数据的精密度（或偶然误差）有无显著性差异（F 检验），如果精密度无统计意义上的差别，方可检验两组数据的准确度有无差异（t 检验）。因为精密度好是准确度高的前提，只有当两组数据的精密度或偶然误差无显著性差异时，进行准确度或系统误差的检验才有意义，否则会判断错误。

例 2－11　用 Karl – Fischer 法与气相色谱法测定同一冰醋酸样品的微量水分。试用统计检验评价气相色谱法可否用于微量水分的含量测定。测得数据如下：

方法	含量/%					
Karl – Fischer 法	0.754	0.746	0.742	0.743	0.748	0.748
气相色谱法	0.749	0.730	0.749	0.751	0.747	0.752

解：（1）求统计量

① Karl – Fischer 法：$n_1 = 6$，$\bar{x}_1 = 0.747$（%），$S_1 = 4.3 \times 10^{-3}$（%）；

②气相色谱法：$n_2 = 6$，$\bar{x}_2 = 0.746$（%），$S_2 = 8.1 \times 10^{-3}$（%）。

（2）G 检验

① Karl – Fischer 法：可疑值为 0.754（%），$G = \dfrac{|x_{可疑} - \bar{x}|}{S} = \dfrac{0.754 - 0.747}{4.3 \times 10^{-3}} = 1.63$

查表 2－3 得 $G_{0.05,6} = 1.89$。$G < G_{0.05,6}$，故 0.754（%）应保留。

②气相色谱法：可疑值为 0.730（%），$G = \dfrac{|0.730 - 0.746|}{8.1 \times 10^{-3}} = 1.98$

查表 2－3 得 $G_{0.05,6} = 1.89$。$G > G_{0.05,6}$，故 0.730（%）应舍弃。

舍弃可疑值 0.730 后，应重新计算平均值与标准偏差：

$n_2 = 5$，$\bar{x}_2 = 0.750$（%），$S_2 = 2.0 \times 10^{-3}$（%），

检验另一可疑值 0.752（%）：$G = \dfrac{|0.752 - 0.750|}{2.0 \times 10^{-3}} = 1.00$

查表 2－3 得 $G_{0.05,5} = 1.71$。$G < G_{0.05,5}$，故 0.752（%）应保留。

（3）F 检验

$F = \dfrac{S_1^2}{S_2^2} = \dfrac{(4.3 \times 10^{-3})^2}{(2.0 \times 10^{-3})^2} = 4.62$，$f_1 = 6 - 1 = 5$，$f_2 = 5 - 1 = 4$，查表 2－4 得 $F_{0.05,5,4} = 6.26$。$F < F_{0.05,5,4}$，说明两种方法精密度无显著性差异，可进行 t 检验。

（4）t 检验

将 S_1、S_2、n_1 及 n_2 代入式（2－19a）及式（2－18），求合并标准差 S_R 进行 t 检验：

$$S_R = \sqrt{\dfrac{(6-1)(4.3 \times 10^{-3})^2 + (5-1)(2.0 \times 10^{-3})^2}{6 + 5 - 2}} = 3.5 \times 10^{-3}（\%）$$

$$t = \dfrac{|0.747 - 0.750|}{3.5 \times 10^{-3}} \times \sqrt{\dfrac{6 \times 5}{6 + 5}} = 1.416$$

查表 2 - 2 双侧检验，$f = 6 + 5 - 2 = 9$（合并自由度），$t_{0.05,9} = 2.262$。$t < t_{0.05,9}$，说明这两种方法测得的均值无显著性差别。由上述检验说明两种方法的精密度相当，且不存在系统误差，因此气相色谱法可替代 Karl - Fischer 法用于微量水分测定。

2. 单侧与双侧检验

检验两个分析结果间是否存在显著性差异时，用双侧检验；若检验某分析结果是否明显大于（或小于）某值，则用单侧检验。

t 分布曲线为对称形，双侧检验与单侧检验临界值都常见。F 分布曲线为非对称形，虽然也分单侧与双侧检验的临界值，但在分析化学中 F 检验多用单侧检验，很少用双侧检验。

3. 置信水平 P 或显著性水平 α 的选择

由于 t、F 与 G 等统计量的临界值随 α 值的不同而不同，因此 α 的选择必须适当。如例 2 - 10，分析结果的 $t = 5.443$，在 $\alpha = 0.05$ 时，查表 2 - 2 双侧检验得 $t_{0.05,4} = 2.776$，则 $t > t_{0.05,4}$，说明在 95% 置信水平上，两个样品的均值存在着显著性差异；若选 $\alpha = 0.001$，查数学手册（双侧）$t_{0.001,4} = 8.610$。则 $t < t_{0.001,4}$，便可以认为在 99.9% 的置信水平上，两个样品的均值无显著性差异。由此可见，置信水平 α 一定要选择恰当。P 过大或 α 过小，则放宽对差别要求的限度，容易把本来有差别的情况判定为无差别；P 过小或 α 过大，则提高对差别要求的限度，容易把本来没有差别的情况判定为有差别。在分析化学中，通常选择显著性水平 $\alpha = 0.05$ 或置信水平 $P = 95\%$ 作为判断是否显著或是否有逸出值的标准。

五、相关分析和回归分析

在实验数据处理中经常需要确定各变量之间的相互关系。相关与回归（correlation and regression）是研究变量之间相互关系的数理统计方法。回归分析是建立变量间的数学模型，如两变量间的线性方程 $y = a + bx$；相关分析评价两变量间的相关程度。回归分析的计算在数理统计分析课程中学习，这里仅简单介绍分析化学中应用较多的线性回归分析的基本方法和计算公式。

（一）相关系数

相关系数 r 在统计学中用于定量描述两个变量的相关性。设两个变量 x 和 y 的 n 次测量值为 (x_1, y_1)，(x_2, y_2)，(x_3, y_3)，…，(x_n, y_n)，可按下式计算相关系数 r 值：

$$r = \frac{\sum_{i=1}^{n}(x_i - \bar{x})(y_i - \bar{y})}{\sqrt{\sum_{i=1}^{n}(x_i - \bar{x})^2 \times \sum_{i=1}^{n}(y_i - \bar{y})^2}} \tag{2-21}$$

相关系数 r 是一个介于 0 和 ± 1 之间的数值，即 $|r| \leqslant 1$。r 越接近 ± 1，二者的相关性越好；当 $r = +1$ 或 -1 时，表示 (x_1, y_1)，(x_2, y_2)，…，(x_n, y_n) 各点处于一条直线上，完全线性相关；当 $r = 0$ 时，表示 (x_1, y_1)，(x_2, y_2)，(x_3, y_3)，……，(x_n, y_n) 各点排列杂乱无章，不存在相关性；$r > 0$ 时，为正相关；$r < 0$ 时，为负相关。相关系数的大小反映了 x 与 y 两个变量间相关的密切程度。当 r 较小

时，仅能说明线性关系不相符，但还可能存在高次、对数或指数等其他函数关系。

（二）回归分析

设 x 为自变量，y 为因变量。对于某一 x 值，y 的多次测量值允许有偏差，但总是服从正态分布，x 在统计意义上无偏差。回归分析就是要找出 y 的平均值 $\bar{y}$ 与 x 之间的函数关系。通过相关系数大小，若知道 $\bar{y}$ 与 x 之间呈线性函数关系，就可用最小二乘法求出回归系数 a（截距）与 b（斜率）：

$$a = \frac{\sum\limits_{i=1}^{n} y_i - b \sum\limits_{i=1}^{n} x_i}{n} \quad \text{及} \quad b = \frac{n \sum\limits_{i=1}^{n} x_i y_i - \sum\limits_{i=1}^{n} x_i \cdot \sum\limits_{i=1}^{n} y_i}{n \sum\limits_{i=1}^{n} x_i^2 - \left(\sum x_i\right)^2} \tag{2-22}$$

由此可得出线性回归方程式：

$$\bar{y} = a + bx \tag{2-23}$$

利用计算机及相关软件，或具有线性回归功能的计算器，可迅速得出 a、b 及 r 值。

例 2-12 用分光光度法测定亚铁离子含量的工作曲线。实验数据如下：

c（$\times 10^{-3}$ mol/L）： 1.00　2.00　3.00　4.00　6.00　8.00

A： 　　　　0.114　0.212　0.335　0.434　0.670　0.868

求 $A-c$ 回归方程式和相关系数。

解：将数据代入式（2-22）及式（2-21）或输入计算器，算出 $a = 0.0022$，$b = 1.09 \times 10^4$，$r = 0.9996$。将 a、b 代入式（2-23）得回归方程：$A = 0.0022 + 1.09 \times 10^4 c$。相关系数接 r 近于 1，说明在该测量范围内，浓度 c 与吸光度 A 呈良好的线性关系。

通常，$0.90 < r < 0.95$ 是一条平滑的直线；$0.95 < r < 0.99$ 是一条良好的直线；$r > 0.99$ 表示线性关系很好。

习　题

1. 指出下列各种误差是系统误差还是偶然误差？如果是系统误差，请区别方法误差、仪器误差、试剂误差或操作误差，并给出它们减免的办法。

（1）砝码受腐蚀；（2）容量瓶与移液管不配套；（3）在重量分析中，试样的非被测组分被共沉淀；（4）试样在称量过程中吸湿；（5）化学计量点不在指示剂的变色范围内；（6）在分光光度法测定中，波长读数与实际波长不符；（7）试样在称量过程中受室外施工地噪音的影响；（8）试剂含被测组分；（9）滴定分析中滴定管的体积读数，最后一位数字估计不准。

2. 与平均偏差相比，为什么标准偏差能更好地表示一组数据的离散程度？

3. 说明误差与偏差、准确度与精密度的区别和联系。在何种情况下可用精密度来衡量测量结果的准确程度？

4. 在定量测定时，如何检验和消除系统误差？如何衡量分析结果的准确性？

5. 什么是误差传递？为什么在测量过程中要尽量避免大误差环节？

6. t 分布与正态分布有何关系？统计量 u 与 t 有何异同？

7. 什么是置信水平？在进行有限量测定数据的统计检验时，如何正确选择置信水平？

8. 在定量分析报告中如何表示分析结果？

9. 说明分析结果统计检验的顺序及原因。

10. 说明双侧检验与单侧检验的区别，举例说明其使用范围？

11. 进行下述运算，并给出适当位数的有效数字。

(1) $\dfrac{2.52 \times 4.10 \times 15.14}{6.16 \times 10^4}$　　(2) $\dfrac{2.2856 \times 2.51 + 5.42 - 1.8940 \times 7.50 \times 10^{-3}}{3.5462}$

(3) $\dfrac{0.0324 \times 8.1 \times 2.12 \times 10^2}{1.050}$　　(4) pH = 2.10，求 $[H^+]$ = ?

$$[2.54 \times 10^{-3}；3.142；53.0；7.9 \times 10^{-3} mol/L]$$

12. 测定某铁矿样品中铁的含量，五次结果如下：38.48%；38.36%；38.45%；38.40%；38.44%。（1）求平均值、平均偏差、平均相对偏差、标准偏差和相对标准偏差；（2）求置信水平95%和99%时平均值的置信区间。

$$[（1）38.43\%，0.036\%，0.094\%，0.047\%，0.13\%；（2）38.43\% \pm 0.06\%，$$
$$38.43\% \pm 0.09\%]$$

13. 在测定样品时，若样本标准偏差为 S，要使在置信度95%时平均值的置信区间不超过 $\bar{x} \pm S$，问至少应平行测定几次？

$$[7 次]$$

14. 现用光电比色法测定水样中铁的含量。用邻二氮菲作显色剂测定 5 次，吸光度为：0.212、0.228、0.219、0.220、0.225。为提高灵敏度，改用新的显色剂，对同一溶液测定 4 次，吸光度为：0.284，0.268，0.270，0.292。两法均无可疑值。问两显色剂方法灵敏度是否有明显差异？

$$[邻二氮菲作显色剂：\bar{x}_1 = 0.221，S_1 = 0.0062；新的显色剂：\bar{x}_2 = 0.278，S_2 =$$
$$0.0115；F = 3.55 < F_{0.05,3,4}，两组数据的精密度无明显差别。S_R = 8.83 \times 10^{-3}；t =$$
$$9.622 > t_{0.05,7}。两组数据之间存在显著性差别。新的显色剂测定铁的灵敏度有明显$$
$$提高。]$$

15. 甲、乙两人用同一方法，同时对同一硼砂样品进行测定。测得样品中硼砂的含量分别如下：甲（%）：99.95，99.87，99.98 和 100.1。乙（%）：99.23，99.35，99.74，99.45，99.50 和 102.4。（1）两人的分析结果是否有逸出值？（2）两者精密度是否有显著性差异？何者精密度较高？（3）甲的平均值是否高于乙？

$$[（1）甲无逸出值，乙逸出值102.4\%应舍弃。（2）F = 3.92 < F_{0.05,4,3}，$$
$$两者精密度无显著性差异。甲的标准偏差或 RSD 较小，精密度较高。$$

（3）$t = 5.03 > t_{0.05,7}$（单侧），两者分析结果有显著性差异，甲的平均值高于乙的平均值。]

16. 用化学法和高效液相色谱法（HPLC）测定同一样品——复方乙酰水杨酸（APC）片剂中乙酰水杨酸的含量，测得的标示量如下：

HPLC（%）：97.2，98.1，99.9，99.3，97.2 及 98.1。

化学法（%）：97.8，97.7，98.1，96.7 及 97.3。

问：（1）数据中有无逸出值；（2）两种方法分析结果的精密度与平均值是否存在

显著性差别？（3）在该项分析中 HPLC 法可否代替化学法？

[（1）无逸出值。（2）$F = 4.15 < F_{0.05, 5, 4}$，
两种方法的精密度无显著性差异。（3）$t = 1.47 < t_{0.05, 9}$（双侧检验），
两种方法的平均值不存在显著性差异，HPLC 法可代替化学法。]

17. 已知苦参碱对照品的含量为 99.89%，用 HPLC 法，在一定的色谱条件下测得其含量为：98.78%，97.69%，99.92%，99.98%，99.02% 和 98.23%。（1）检验是否有逸出值。（2）问该 HPLC 法分析结果是否存在显著的系统误差？

[（1）无逸出值；（2）$t = 2.315 < t_{0.05, 5}$（双侧检验），
分析结果不存在显著的系统误差。]

18. 用邻二氮菲比色法测定水样中的含铁量，配制一系列亚铁离子标准溶液，以溶剂为空白，在波长 510nm 处测定溶液的吸光度 A，所得数据如下：

c（Fe, mg/50ml）	0.050	0.100	0.150	0.200	0.250
A	0.096	0.191	0.275	0.376	0.474

试求：（1）吸光度 – 浓度的回归方程式；（2）相关系数；（3）$A = 0.231$ 时，样品溶液中亚铁离子的浓度。

[（1）$A = 1.00 \times 10^{-4} + 1.88c$；（2）$r = 0.9996$；（3）$0.123\,mg/50ml$]

（温金莲）

第三章 CHAPTER

滴定分析法概论

滴定分析法（titrimetric analysis）又称为容量分析法，是化学分析中非常重要的定量分析方法。它是将一种已知准确浓度的溶液（标准溶液）滴加到待测物质溶液中，直到两种物质按化学计量关系定量反应完全为止，然后根据加入的标准溶液的体积和浓度来计算待测物质的量的方法。

根据滴定过程中化学反应的类型，滴定分析法可分为酸碱滴定法、配位滴定法、氧化还原滴定法及沉淀滴定法，它们的基本原理、方法和应用将分别在第四、五、六、七章中讨论。另外，大多数滴定分析都在水溶液中进行，但有时也需要用其他溶剂，在水以外的溶剂中进行的滴定分析法则称为非水滴定法。本章主要介绍滴定分析法的基本概念、理论和相关计算等问题。

第一节　滴定分析法和滴定方式

一、滴定分析法

滴定分析法主要用于组分含量在 1% 以上的试样测定即常量组分分析中，其优点有：①准确度高，测定的相对误差一般不高于 0.1%；②仪器简单、价廉；③操作简便、快速。因此，滴定分析法是药物分析等生产实践和科学研究中被广泛使用的方法。

（一）基本概念

滴定（titration）是将标准溶液通过滴定管逐滴加入待测物质溶液中的过程。当加入的标准溶液与待测物质的量之间正好符合化学反应式中的计量关系时，称反应到达了化学计量点（stoichiometric point；sp），简称计量点，它是一个理论值。而滴定过程中溶液可能没有任何外部特征变化，因此通常要加入另一种试剂，借助其在滴定过程中颜色的改变来判断计量点的到达（或根据仪器检测信号的变化判断），加入的这种试剂称为指示剂（indicator）。在指示剂颜色改变时停止滴定，这一点称为滴定终点（titration end point），简称终点（end point；ep），它是一个实际测量值。滴定终点与化学计量点往往不完全一致，由这种不一致引起的误差称为滴定终点误差（titration end point error），简称滴定误差（titration error；TE）或终点误差。终点误差是滴定分析误差的主要来源之一，其大小取决于滴定反应的完全程度和指示剂的选择是否恰当，这将在后续各章中进一步阐述。

（二）滴定曲线

在滴定过程中，随着标准溶液的加入，待测物质的浓度不断降低，这种变化可以用滴定曲线来描述。以加入的标准溶液的体积（或滴定百分数）为横坐标，溶液中与组分（待测物质或标准溶液）浓度相关的参数为纵坐标，作图即得滴定曲线，典型的滴定曲线如图3-1所示。在化学计量点前后 ±0.1%（滴定分析允许误差）范围内，与组分浓度相关参数的急剧变化称为滴定突跃，突跃所在的范围称为突跃范围。突跃范围是选择指示剂的依据，在滴定分析中有重要的实际意义。

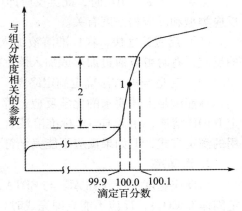

图3-1 滴定曲线
1. 化学计量点；2. 滴定突跃

（三）指示剂

常用指示剂是有机化合物，在溶液中以两种（或两种以上）型体存在，且两种型体具有明显不同的颜色。当发生滴定突跃时，与组分浓度相关的参数急剧变化，指示剂由一种型体转变为另一种型体，溶液颜色发生明显变化，从而指示滴定终点。一般情况下，两种型体浓度之比大于等于 10 时，人眼可观察到浓度较大的型体的颜色。指示剂由一种型体颜色变为另一种型体颜色时，溶液中与组分浓度相关的参数变化的范围称为指示剂的变色范围。两种型体浓度相等时，溶液呈现指示剂的中间过渡颜色，这一点称为指示剂的理论变色点。变色点和变色范围是指示剂的重要性质，在选择指示剂时有重要意义。

31

二、滴定方式

滴定方式包括直接滴定、返滴定、置换滴定和间接滴定。

1. 直接滴定

直接滴定是用标准溶液直接滴定待测物质溶液。采用这种方式的化学反应必须具备以下几个条件：

（1）反应按一定的化学反应式进行，即反应具有确定的化学计量关系，且不发生副反应。如在下列化学反应中：

$$tT + bB = cC + dD$$

t mol 的 T 物质恰与 b mol 的 B 物质完全作用，生成 c mol 的 C 物质与 d mol 的 D 物质，则此化学反应具有确定的化学计量关系。

（2）反应定量进行，滴定分析通常要求化学反应完全程度达到99.9%以上。对于上述反应，假设 t、b、c、d 均为1，滴定前 T 和 B 的浓度均为 c mol/L，反应完全即有99.9%的反应物转化为生成物，此时

$$[T] = [B] = 0.001c, \quad [C] = [D] = 0.999c$$

则反应平衡常数为：

$$K_t = \frac{[C][D]}{[T][B]} = \frac{0.999c \times 0.999c}{0.001c \times 0.001c} = 10^6$$

可见，当 $K_t \geqslant 10^6$ 时，此类反应即可定量进行完全。但实际上，反应完全程度还与反应类型和反应物浓度有关。

（3）反应速度快，在标准溶液加入后与待测物质应立即完成反应。对于速度较慢的反应，有时可以通过加热或加入催化剂等方法来加快反应速度。

（4）有适当的方法确定滴定终点。

凡能满足上述要求的化学反应，都可进行直接滴定，例如用 HCl 标准溶液直接滴定 NaOH 溶液，用 $K_2Cr_2O_7$ 标准溶液直接滴定 Fe^{2+} 溶液等。直接滴定是最基本和最常用的滴定方式，但如果反应不能完全符合上述要求则需采用以下几种滴定方式。

2. 返滴定

当反应速度很慢（如 Al^{3+} 与 EDTA 的反应），或者滴定的是固体试样（如用 HCl 滴定固体 $CaCO_3$），反应不能立即完成时，则不能用直接滴定方式。此时可先加入定量且过量的标准溶液，使其与待测物质溶液或固体试样进行反应，待反应完全后，再用另一种标准溶液滴定剩余的标准溶液，这种滴定方式称为返滴定或剩余滴定。如对于 Al^{3+} 的滴定，可加入定量且过量的 EDTA 标准溶液，加热待反应完全后，用 Zn^{2+} 或 Cu^{2+} 标准溶液滴定剩余的 EDTA 标准溶液；对于固体 $CaCO_3$ 的滴定，可先加入定量且过量的 HCl 标准溶液，待反应完全后，用 NaOH 标准溶液滴定剩余的 HCl 标准溶液。

有时由于某些反应没有合适的指示剂，也采用返滴定方式。如在酸性溶液中用 $AgNO_3$ 滴定 Cl^-，没有合适的指示剂，可先加入定量且过量的 $AgNO_3$ 标准溶液使其与 Cl^- 反应完全后，再以 Fe^{3+} 作指示剂，用 NH_4SCN 标准溶液滴定剩余的 Ag^+，出现 $[Fe(SCN)]^{2+}$ 淡红色即为终点。

3. 置换滴定

当反应没有确定的化学计量关系或伴有副反应时，可用适当物质与待测物质反应，将其定量地置换为另一种物质，再用适当的标准溶液滴定置换出来的物质，这种滴定方式称为置换滴定。例如，$Na_2S_2O_3$ 不能直接滴定 $K_2Cr_2O_7$ 等强氧化剂，因为在酸性溶液中这些强氧化剂可将 $S_2O_3^{2-}$ 氧化为 $S_4O_6^{2-}$、SO_4^{2-} 等的混合物，反应没有确定的化学计量关系。但 $Na_2S_2O_3$ 与 I_2 的反应却能定量完成，而 $K_2Cr_2O_7$ 在酸性溶液中能与 KI 定量反应生成 I_2。因此可在 $K_2Cr_2O_7$ 酸性溶液中加入过量的 KI，置换出定量的 I_2 后，再用 $Na_2S_2O_3$ 标准溶液滴定生成的 I_2。

4. 间接滴定

当待测物质不能与标准溶液直接反应时，可借助另外的化学反应以滴定法进行测定，称为间接滴定。如 Ca^{2+} 在溶液中没有可变价态，不能直接用氧化还原法滴定。但可加入过量的草酸将其沉淀为 CaC_2O_4，滤过洗净后溶解于硫酸中，再用 $KMnO_4$ 标准溶液滴定生成的草酸，从而间接测定 Ca^{2+} 的含量。

第二节　标准溶液

一、标准溶液及其配制方法

标准溶液（standard solution）是已知准确浓度的溶液，在滴定分析中用作滴定剂。根据所用标准溶液的浓度和体积可以计算待测物质的量，因此，正确配制和使用标准溶液，确定其准确浓度（这个过程称为标定），对于保证滴定分析的准确度至关重要。

1. 基准物质

基准物质是用于直接配制标准溶液或标定标准溶液浓度的物质。它必须符合以下要求：

（1）组成与化学式完全相符，若含结晶水，例如 $H_2C_2O_4 \cdot 2H_2O$、$Na_2B_4O_7 \cdot 10H_2O$ 等，则其含结晶水的量也应与化学式相符。

（2）纯度高（应在99.9%以上），且所含杂质不影响滴定分析的准确度。

（3）性质稳定，例如：不易吸收空气中的 H_2O 和 CO_2、不易被空气氧化等。

（4）有较大的摩尔质量，以减小称量时的相对误差。

（5）与待测物质或标准溶液的反应应定量进行，且不发生副反应。

纯金属和纯化合物以适宜的方法进行干燥处理并妥善保存可作为基准物质，常用的基准物质及其干燥条件和标定对象列于表3-1。

表3-1　常用的基准物质及其干燥条件和标定对象

名　称	化学式	干燥条件	干燥后组成	标定对象
无水碳酸钠	Na_2CO_3	270℃~300℃	Na_2CO_3	酸
十水合碳酸钠	$Na_2CO_3 \cdot 10H_2O$	270℃~300℃	Na_2CO_3	酸
硼砂	$Na_2B_4O_7 \cdot 10H_2O$	放入装有 NaCl 和蔗糖饱和溶液的干燥器中	$Na_2B_4O_7 \cdot 10H_2O$	酸
二水合草酸	$H_2C_2O_4 \cdot 2H_2O$	室温空气干燥	$H_2C_2O_4 \cdot 2H_2O$	碱或 $KMnO_4$
邻苯二甲酸氢钾	$KHC_8H_4O_4$	105℃~110℃	$KHC_8H_4O_4$	碱或 $HClO_4$
重铬酸钾	$K_2Cr_2O_7$	140℃~150℃	$K_2Cr_2O_7$	还原剂
溴酸钾	$KBrO_3$	150℃	$KBrO_3$	还原剂
碘酸钾	KIO_3	130℃	KIO_3	还原剂
草酸钠	$Na_2C_2O_4$	130℃	$Na_2C_2O_4$	氧化剂
三氧化二砷	As_2O_3	室温干燥器中保存	As_2O_3	氧化剂
锌	Zn	室温干燥器中保存	Zn	EDTA
氧化锌	ZnO	800℃	ZnO	EDTA
氯化钠	NaCl	500℃~600℃	NaCl	$AgNO_3$
苯甲酸	$C_7H_6O_2$	硫酸真空干燥器中干燥	$C_7H_6O_2$	CH_3ONa
对氨基苯磺酸	$C_6H_7O_3NS$	120℃	$C_6H_7O_3NS$	$NaNO_2$

2. 标准溶液的配制

标准溶液的配制方法有两种：直接法和标定法。

（1）直接法 精密称取一定质量的基准物质，用适当溶剂溶解后，定量地转移至容量瓶中，稀释至刻度。根据基准物质的质量和溶液的体积，计算出标准溶液的准确浓度。

（2）标定法 不符合基准物质条件的试剂，不能用于直接配制标准溶液。但可将其先配制成一种近似于所需浓度的溶液，然后用基准物质或另一种标准溶液来确定它的准确浓度。例如，欲配制 0.1mol/L HCl 标准溶液，不能用浓盐酸直接稀释得到，因为浓盐酸易挥发。但可将浓盐酸稀释成浓度大约是 0.1mol/L 的 HCl 溶液，然后利用基准物质硼砂（$Na_2B_4O_7 \cdot 10H_2O$）标定该 HCl 标准溶液的准确浓度。

二、标准溶液浓度的表示方法

1. 物质的量浓度

物质的量浓度是指单位体积溶液中所含溶质 B 的物质的量，简称浓度，以符号 c_B 表示。即

$$c_B = \frac{n_B}{V} \qquad (3-1)$$

因为

$$n_B = \frac{m_B}{M_B} \qquad (3-2)$$

所以

$$c_B = \frac{m_B}{M_B \cdot V} \qquad (3-3)$$

式中，B——溶质的化学式；n_B——溶质 B 的物质的量，mol；V——溶液的体积，L；c_B——溶质 B 的浓度，mol/L；m_B——溶质 B 的质量，g；M_B——溶质 B 的摩尔质量，分析化学中常用 g/mol，以此为单位时，任何原子或分子的摩尔质量在数值上就等于其相对原子质量、相对分子质量。

例 3-1 已知浓盐酸的 ρ（m/V）为 1.18kg/L，其中 HCl 含量为 37.5%（m/m），求浓盐酸中所含 HCl 的物质的量浓度。

解：根据式（3-3）得

$$c_{HCl} = \frac{m_{HCl}}{M_{HCl} \cdot V_{HCl}} = \frac{1.18 \times 1000 \times 37.5\%}{36.46 \times 1} = 12.1 \ (mol/L)$$

2. 滴定度

滴定度是指每毫升标准溶液相当于待测物质的质量，以符号 $T_{T/B}$ 表示，其下标中的 T 和 B 分别表示标准溶液中的溶质和待测物质的化学式。即

$$T_{T/B} = \frac{m_B}{V_T} \qquad (3-4)$$

式中，$T_{T/B}$——滴定度，g/ml（或 mg/ml）；m_B——待测物质的质量，g（或 mg）；V_T——与 m_B 作用消耗的标准溶液的体积，ml。

例如，每毫升 $K_2Cr_2O_7$ 标准溶液恰能与 5.000×10^{-3}g Fe^{2+} 反应，则其滴定度可表示为 $T_{K_2Cr_2O_7/Fe^{2+}} = 5.000 \times 10^{-3}$g/ml。如果在滴定中消耗该 $K_2Cr_2O_7$ 标准溶液 22.18ml，则溶液中铁的质量为 $m_{Fe} = T_{K_2Cr_2O_7/Fe^{2+}} \cdot V_T = 5.000 \times 10^{-3} \times 22.18$g $= 0.1109$g。在常规分析中，使用同一标准溶液测定批量样品时，利用滴定度计算非常简便、快速。

第三节 滴定分析中的计算

一、计算依据

在直接滴定中，滴定剂 T 与待测物质 B 按下列化学反应式进行反应：

$$tT + bB = cC + dD$$

当反应定量完成到达化学计量点时：

$$\frac{n_T}{n_B} = \frac{t}{b}$$

因此

$$n_T = \frac{t}{b} \cdot n_B \text{ 或 } n_B = \frac{b}{t} \cdot n_T \tag{3-5}$$

依据以上的化学计量关系可进行下列相关的计算。

1. 标准溶液浓度的计算

（1）直接法　用基准物质 B 直接配制的标准溶液的浓度可用式（3-3）计算。

值得注意的是，计算物质的量浓度时必须指明基本单元（如 Fe、Fe_2O_3 或 Fe_3O_4），因为基本单元不同，摩尔质量不同，浓度也就不同。

（2）标定法　以基准物质 B 标定标准溶液 T，根据式（3-1）、（3-2）和（3-5）可推出标准溶液的浓度计算式：

$$c_T = \frac{t}{b} \cdot \frac{m_B}{M_B V_T} \tag{3-6}$$

式中，c_T——标准溶液的浓度，mol/L；m_B——基准物质 B 的质量，g；M_B——基准物质 B 的摩尔质量，g/mol；V_T——所消耗标准溶液的体积，L。

由于在实际操作中标准溶液的体积 V_T 常以 ml 为单位，因此代入数值计算时，应注意将体积的单位由 ml 转化为 L。

如以浓度为 c_T（mol/L）的标准溶液标定另一标准溶液 B，根据式（3-1）和式（3-5）可求出 c_B：

$$c_B = \frac{b}{t} \cdot \frac{c_T V_T}{V_B} \tag{3-7}$$

该式还可用于稀释或增浓后溶液浓度的计算，这时 $b/t = 1$。

2. 物质的量浓度与滴定度之间的换算

根据物质的量浓度和滴定度的定义，可以得到两者的换算关系：

由于

$$\frac{n_T}{n_B} = \frac{G \times 10^{-3}}{T_{T/B}/M_B} = \frac{t}{b}$$

因此
$$G = \frac{t}{b} \times \frac{10^3 \times T_{T/B}}{M_B} \text{ 或 } T_{T/B} = \frac{b}{t} \times \frac{GM_B}{10^3} \qquad (3-8)$$

3. 待测物质质量和含量的计算

根据式（3-6）可计算待测物质的质量为：

$$m_B = \frac{b}{t} \cdot c_T V_T M_B \qquad (3-9)$$

在分析中，待测物质的含量常用两种表示方法：当试样为固体时（称样量为 m_S，单位与 m_B 相同），结果以质量分数表示，即：

$$w_B = \frac{m_B}{m_S} = \frac{b}{t} \cdot \frac{c_T V_T M_B}{m_S} \qquad (3-10)$$

若用百分数表示，则乘以 100% 即可；如待测物质含量很低，也可以用不同的两个单位之比，如 mg/g，μg/g 等表示。

当试样为溶液时（体积为 V，单位为 ml），则结果以质量体积比表示，即：

$$w_B = \frac{m_B}{V} = \frac{b}{t} \cdot \frac{c_T V_T M_B}{V} \qquad (3-11)$$

实际工作中也常乘以 100%，用百分数表示，即 100ml 试样中所含待测物质的质量（g）。

以上各式仅适用于直接滴定。在返滴定、置换滴定和间接滴定中，只要按照化学反应式找出计量关系，均可进行类似的计算。

二、计算示例

例 3-2 称取 $K_2Cr_2O_7$ 基准物质 0.6042g，用水溶解后定量转移至 100ml 容量瓶中，稀释至刻度，求此 $K_2Cr_2O_7$ 溶液的浓度。

解：
$$c_{K_2Cr_2O_7} = \frac{m_{K_2Cr_2O_7}}{V \cdot M_{K_2Cr_2O_7}} = \frac{0.6042}{0.1000 \times 294.19} = 0.02054 \text{（mol/L）}$$

例 3-3 用基准物质 $Na_2B_4O_7 \cdot 10H_2O$ 标定 HCl 标准溶液，称取 0.4942g 基准物质，滴定至终点时消耗 22.46ml HCl，计算 HCl 标准溶液的浓度。

解：$Na_2B_4O_7 \cdot 10H_2O$ 与 HCl 的化学反应式为：

$$Na_2B_4O_7 + 2HCl + 5H_2O = 4H_3BO_3 + 2NaCl$$

$$c_{HCl} = \frac{2 \times m_{Na_2B_4O_7 \cdot 10H_2O}}{V_{HCl} \cdot M_{Na_2B_4O_7 \cdot 10H_2O}} = \frac{2 \times 0.4942}{22.46 \times 10^{-3} \times 381.37} = 0.1154 \text{（mol/L）}$$

例 3-4 现有 400.0ml 浓度为 0.4000mol/L 的 HCl 溶液，问需加入多少体积的水可使稀释后的 HCl 标准溶液对 $CaCO_3$ 的滴定度 $T_{HCl/CaCO_3} = 0.01001$g/ml？

解：HCl 与 $CaCO_3$ 的化学反应式为：

$$CaCO_3 + 2HCl = CaCl_2 + H_2O + CO_2 \uparrow$$

将稀释后 HCl 标准溶液的滴定度换算为物质的量浓度：

$$c_{HCl} = \frac{2 \times 1000 \times T_{HCl/CaCO_3}}{M_{CaCO_3}} = \frac{2 \times 1000 \times 0.01001}{100.09} = 0.2000 \text{（mol/L）}$$

设稀释时加入水的体积为 V,
$$0.4000 \times 400.0 = 0.2000 \times (400.0 + V)$$
$$V = 400.0 ml$$

例 3-5 用氧化还原滴定法测定铁矿石试样中的总铁含量。由于含铁试样中的铁以 Fe^{2+}、Fe^{3+} 等多种价态存在,在滴定之前可预先处理为 Fe^{2+},然后用 $K_2Cr_2O_7$ 标准溶液测定总铁含量。已知 $K_2Cr_2O_7$ 标准溶液的滴定度 $T_{K_2Cr_2O_7/Fe} = 5.022 \times 10^{-3} g/ml$,测定 0.5000g 含铁试样时,用去该标准溶液 23.10ml。计算 $T_{K_2Cr_2O_7/Fe_3O_4}$ 和试样中铁以 Fe、Fe_3O_4 表示时的质量分数。

解: Fe^{2+} 与 $Cr_2O_7{}^{2-}$ 的化学反应式为:
$$6Fe^{2+} + Cr_2O_7{}^{2-} + 14H^+ = 6Fe^{3+} + 2Cr^{3+} + 7H_2O$$

因为
$$n_{Fe_3O_4} = \frac{1}{3} n_{Fe}$$

所以
$$T_{K_2Cr_2O_7/Fe_3O_4} = T_{K_2Cr_2O_7/Fe} \cdot \frac{M_{Fe_3O_4}}{3M_{Fe}} = 5.022 \times 10^{-3} \times \frac{231.53}{3 \times 55.845} = 6.940 \times 10^{-3} \ (g/ml)$$

$$w_{Fe} = \frac{m_{Fe}}{m_S} \times 100\% = \frac{T_{K_2Cr_2O_7/Fe} \cdot V_{K_2Cr_2O_7}}{m_S} \times 100\%$$

$$= \frac{5.022 \times 10^{-3} \times 23.10}{0.5000} \times 100\% = 23.20\%$$

$$w_{Fe_3O_4} = \frac{m_{Fe_3O_4}}{m_S} \times 100\% = \frac{T_{K_2Cr_2O_7/Fe_3O_4} \cdot V_{K_2Cr_2O_7}}{m_S} \times 100\%$$

$$= \frac{6.940 \times 10^{-3} \times 23.10}{0.5000} \times 100\% = 32.06\%$$

例 3-6 精密移取食用醋 25.00ml,加水稀释定容至 250ml,再精密移取稀释后的溶液 25.00ml,用 0.1012mol/L 的 NaOH 标准溶液滴定,至终点时消耗 25.44ml,试计算食用醋中 HAc 的含量。

解: NaOH 与 HAc 的化学反应式为:
$$NaOH + HAc = NaAc + H_2O$$

$$w_{HAc} = \frac{0.1012 \times 25.44 \times 10^{-3} \times 60.05}{25.00} \times 100 \times \frac{250.0}{25.00} = 6.184 \ (g/100ml)$$

例 3-7 称取含铝试样 0.2035g,溶解后加入浓度为 0.02069mol/L 的 EDTA 标准溶液 50.00ml,控制条件使 Al^{3+} 与 EDTA 反应完全。然后以浓度为 0.02002mol/L 的 $ZnSO_4$ 标准溶液滴定剩余的 EDTA,消耗 $ZnSO_4$ 标准溶液 27.20ml。试计算试样中 Al_2O_3 的质量分数。

解: 此题为返滴定法的计算示例,与 Al^{3+} 反应的 EDTA 的量等于所加入的 EDTA 的总量减去返滴定时与 $ZnSO_4$ 标准溶液反应的 EDTA 的量。

EDTA (用 Y 表示) 与 Al^{3+} 的化学反应式 (忽略电荷) 为:
$$Al + Y = AlY$$

因此
$$n_{Al_2O_3} = \frac{1}{2} n_{Al} = \frac{1}{2} n_{EDTA}$$

$$w_{Al_2O_3} = \frac{1}{2} \times \frac{(0.02069 \times 50.00 - 0.02002 \times 27.20) \times 101.96}{0.2035 \times 1000} \times 100\% = 12.27\%$$

例 3 – 8 在酸性溶液中 $KMnO_4$ 与 Fe^{2+} 反应时，若 1.00ml $KMnO_4$ 溶液相当于 0.1117g Fe，而 10.00ml $KHC_2O_4 \cdot H_2C_2O_4$ 溶液在酸性介质中恰好和 2.00ml 上述$KMnO_4$ 溶液完全反应，问需要多少毫升浓度为 0.2000mol/L 的 NaOH 溶液才能将 20.00ml $KHC_2O_4 \cdot H_2C_2O_4$ 溶液完全滴定至 $C_2O_4^{2-}$？

解：此题为氧化还原滴定和酸碱滴定综合应用的计算题，可分步计算：

（1）$MnO_4^- + 5Fe^{2+} + 8H^+ = Mn^{2+} + 5Fe^{3+} + 4H_2O$

根据物质的量浓度与滴定度的关系：

$$c_{KMnO_4} = \frac{1000 \times T_{KMnO_4/Fe}}{5M_{Fe}} = \frac{1000 \times 0.1117}{5 \times 55.845} = 0.4000 \ (mol/L)$$

（2）$4MnO_4^- + 5HC_2O_4 \cdot H_2C_2O_4 + 17H^+ = 4 Mn^{2+} + 20 CO_2 \uparrow + 16H_2O$

$$n_{KHC_2O_4 \cdot H_2C_2O_4} = \frac{5}{4}n_{KMnO_4}$$

$$c_{KHC_2O_4 \cdot H_2C_2O_4} = \frac{5 \times (cV)_{KMnO_4}}{4 \times V_{KHC_2O_4 \cdot H_2C_2O_4}} = \frac{5 \times 0.4000 \times 2.00}{4 \times 10.00} = 0.1000 \ (mol/L)$$

（3）$HC_2O_4^- \cdot H_2C_2O_4 + 3NaOH = 2C_2O_4^{2-} + 3H_2O + 3Na^+$

$$n_{NaOH} = 3n_{KHC_2O_4 \cdot H_2C_2O_4}$$

$$V_{NaOH} = \frac{3 \times (cV)_{KHC_2O_4 \cdot H_2C_2O_4}}{c_{NaOH}} = \frac{3 \times 0.1000 \times 20.00}{0.2000} = 30.00 \ (ml)$$

第四节 滴定分析中的化学平衡

溶液中的化学平衡是滴定分析的理论基础，通过化学平衡计算可以判断反应是否能用于滴定分析，评价各种副反应对滴定的干扰，选择适当的滴定条件。本节讨论溶液中的平衡处理方法和平衡体系中溶质各种型体的分布。

一、溶液中平衡的处理方法

在酸碱平衡、配位平衡、氧化还原平衡和沉淀平衡体系中，一种溶质往往以多种型体存在于溶液中。平衡状态下，每种型体各自的浓度称为平衡浓度，以符号 [ ] 表示；各种型体平衡浓度的总和称为分析浓度，以符号 c 表示，单位为 mol/L。

例如，0.1000mol/L 的 NaCl 和醋酸（HAc）溶液，它们各自的分析浓度 c_{NaCl} 和 c_{HAc} 均为 0.1000mol/L。在平衡状态下，NaCl 完全离解，$[Cl^-] = [Na^+] = 0.1000mol/L$；而 HAc 是弱酸，在溶液中部分离解，存在着离解平衡：$HAc \rightleftharpoons H^+ + Ac^-$，因此有两种型体存在，即 HAc 和 Ac^-，平衡浓度分别为 [HAc] 和 $[Ac^-]$，二者之和为分析浓度，即：

$$c_{HAc} = [HAc] + [Ac^-]$$

又如，$c$mol/L 的 Zn^{2+} 在 $NH_3 - NH_4Cl$ 缓冲溶液中，逐级生成四种配合物，因此 Zn^{2+} 在此溶液中存在五种型体，其平衡浓度分别为 $[Zn^{2+}]$、$[Zn(NH_3)^{2+}]$、$[Zn(NH_3)_2^{2+}]$、

$[Zn(NH_3)_3^{2+}]$ 和 $[Zn(NH_3)_4^{2+}]$，它们与分析浓度有如下关系：

$$c_{Zn^{2+}} = [Zn^{2+}] + [Zn(NH_3)^{2+}] + [Zn(NH_3)_2^{2+}] + [Zn(NH_3)_3^{2+}] + [Zn(NH_3)_4^{2+}]$$

溶液中的平衡处理方法包括质量平衡、电荷平衡和质子平衡。

（一）质量平衡

在平衡状态下某一组分的分析浓度等于该组分各种型体的平衡浓度之和，这种关系称为质量平衡或物料平衡。其数学表达式为质量平衡方程。质量平衡方程将平衡浓度与分析浓度联系起来，在溶液平衡计算中经常用到这个关系。

例如　c mol/L Na_2CO_3 溶液的质量平衡方程为：

$$[Na^+] = 2c$$

$$[H_2CO_3] + [HCO_3^-] + [CO_3^{2-}] = c$$

又如含有 2×10^{-3} mol/L $AgNO_3$ 和 0.2mol/L NH_3 的混合溶液的质量平衡方程为：

$$[NO_3^-] = 2 \times 10^{-3} \text{mol/L}$$

$$[Ag^+] + [Ag(NH_3)^+] + [Ag(NH_3)_2^+] = 2 \times 10^{-3} \text{mol/L}$$

$$[NH_3] + [Ag(NH_3)^+] + 2[Ag(NH_3)_2^+] = 0.2 \text{mol/L}$$

需要注意的是上式中 $[Ag(NH_3)_2^+]$ 前的系数为 2，表示每个 $Ag(NH_3)_2^+$ 中含有 2 个 NH_3。

（二）电荷平衡

处于平衡状态的水溶液是电中性的，即溶液中荷正电质点所带正电荷的总数等于荷负电质点所带负电荷的总数，这种关系称为电荷平衡。其数学表达式为电荷平衡方程。

例如　c mol/L Na_2CO_3 溶液的电荷平衡方程为：

$$[Na^+] + [H^+] = [OH^-] + [HCO_3^-] + 2[CO_3^{2-}]$$

或　　　　　　$$2c + [H^+] = [OH^-] + [HCO_3^-] + 2[CO_3^{2-}]$$

由于 1molCO_3^{2-} 带有 2mol 负电荷，因此 $[CO_3^{2-}]$ 前面乘以系数 2，即离子平衡浓度前的系数等于它所带电荷数的绝对值。电荷平衡方程中不包括中性分子。

（三）质子平衡

根据酸碱质子理论，酸碱反应的实质是质子转移。当酸碱反应达到平衡时，酸失去的质子数与碱得到的质子数相等，这种关系称为质子平衡。其数学表达式为质子平衡式，又称质子条件式。

由酸碱反应得失质子的等衡关系可以直接写出质子条件式，这种方法也称零水准法，其要点如下：

（1）从酸碱平衡体系中选择质子参考水准（又称零水准），它们是溶液中大量存在并参与质子转移反应的物质。由于水溶液中的酸碱反应都有水参与质子传递，所以水可作为零水准之一。

（2）根据零水准判断得失质子的产物及其得失质子的物质的量，绘出得失质子图。

（3）得质子产物写在等式的左边，失质子产物写在等式的右边，根据得失质子数相等的原则写出质子条件式。质子条件式中不应包括零水准和与质子转移无关的组分。

例 3 –9　写出 $Na(NH_4)HPO_4$ 水溶液的质子条件式。

解：Na^+ 不参与质子转移，选择 H_2O、NH_4^+ 和 HPO_4^{2-} 作为零水准，得失质子图如下：

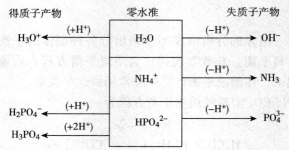

质子条件式为：

$$[H_3O^+] + [H_2PO_4^-] + 2[H_3PO_4] = [OH^-] + [NH_3] + [PO_4^{3-}]$$

式中的 $[H_3O^+]$ 一般可简写为 $[H^+]$；此外需要注意的是，由 HPO_4^{2-} 变成 H_3PO_4 时需得到 2 个 H^+，因此在 $[H_3PO_4]$ 前应乘以系数 2。

此外，也可根据质量平衡和电荷平衡导出质子条件式。

例 3 –10　写出 c mol/L Na_2CO_3 水溶液的质子条件式。

解：质量平衡式　　$[Na^+] = 2c$　　　　　　　　　　　　　　　　　　　　　　　(1)

$$[H_2CO_3] + [HCO_3^-] + [CO_3^{2-}] = c \qquad\qquad\qquad\qquad (2)$$

电荷平衡式　　$[Na^+] + [H^+] = [HCO_3^-] + 2[CO_3^{2-}] + [OH^-]$　　　　(3)

将式（1）和式（2）代入式（3）得质子条件式：

$$[H^+] + 2[H_2CO_3] + [HCO_3^-] = [OH^-]$$

例 3 –11　写出含有 c_a mol/L 的 HAc 和 c_b mol/L 的 NaAc 水溶液的质子条件式。

解：质量平衡式　　$[HAc] + [Ac^-] = c_a + c_b$　　　　　　　　　　　　　　(1)

$$[Na^+] = c_b \qquad\qquad\qquad\qquad\qquad\qquad\qquad (2)$$

电荷平衡式　　$[Na^+] + [H^+] = [OH^-] + [Ac^-]$　　　　　　　　　　　　(3)

由式（2）和式（3）得质子条件式　　$[H^+] + c_b = [OH^-] + [Ac^-]$

或由式（1）+（3）得质子条件式　　$[HAc] + [H^+] = c_a + [OH^-]$

这两个质子条件式实际上是一样的，因为 $c_a + c_b = [HAc] + [Ac^-]$。

质子条件式反映了酸碱平衡体系中得失质子的量的关系，因此常用于计算各类酸碱溶液中氢离子的浓度。将质子条件式中各项以 $[H^+]$、$c_酸$（或 $c_碱$）和有关平衡常数表示，就可推导出酸、碱溶液中氢离子浓度的计算式。

二、溶液中各型体的分布

分布系数是溶液中某型体的平衡浓度占分析浓度的分数，以 δ 表示，并用下标 i 说明它所属型体，即：$\delta_i = [i]/c$。分布系数的大小能定量说明平衡体系中各型体的分布情况，由分布系数可求得溶液中各种型体的平衡浓度，这在滴定分析中有重要的意义。

（一）一元弱酸（碱）溶液各型体的分布

设一元弱酸 HA 的浓度为 c（mol/L），两种存在型体的平衡浓度分别为 $[HA]$ 和

$[A^-]$，根据分布系数的定义得：

$$\delta_{HA} = \frac{[HA]}{c} = \frac{[HA]}{[HA]+[A^-]} = \frac{1}{1+[A^-]/[HA]}$$

由一元弱酸的离解平衡常数式可知 $\dfrac{[A^-]}{[HA]} = \dfrac{K_a}{[H^+]}$

因此
$$\delta_{HA} = \frac{1}{1+K_a/[H^+]} = \frac{[H^+]}{[H^+]+K_a} \tag{3-12}$$

同理
$$\delta_{A^-} = \frac{K_a}{[H^+]+K_a} \tag{3-13}$$

且
$$\delta_{HA} + \delta_{A^-} = 1 \tag{3-14}$$

根据分析浓度和分布系数，就可算出在任何酸度时一元弱酸溶液中两种存在型体的平衡浓度。

为了方便，在酸碱溶液中还常用 δ_0、δ_1、δ_2……δ_n 表示电荷数为 0、1、2……n 的型体的分布系数，如 $\delta_0 = \delta_{HAc}$，$\delta_1 = \delta_{Ac^-}$。

例 3 - 12　计算 0.10 mol/L HAc 溶液在 pH = 5.00 时各型体的分布系数和平衡浓度。

解：已知 $K_a = 1.75 \times 10^{-5}$，$[H^+] = 1.00 \times 10^{-5}$ mol/L：

$$\delta_0 = \frac{[H^+]}{[H^+]+K_a} = \frac{1.00 \times 10^{-5}}{1.00 \times 10^{-5} + 1.75 \times 10^{-5}} = 0.36$$

$$\delta_1 = 1 - \delta_0 = 1 - 0.36 = 0.64$$

$$[HAc] = \delta_0 c_{HAc} = 0.36 \times 0.10 = 0.036 \text{（mol/L）}$$

$$[Ac^-] = \delta_1 c_{HAc} = 0.64 \times 0.10 = 0.064 \text{（mol/L）}$$

按照同样的方法可以计算出不同 pH 值时溶液中 HAc 和 Ac⁻ 两种型体的分布系数。以 pH 为横坐标，以分布系数为纵坐标作图，可得到图 3 - 2 醋酸溶液中各型体的分布曲线（δ_i - pH 曲线）。从图中可知，随着溶液 pH 值的升高，δ_0 逐渐减小，δ_1 则逐渐增大。当溶液的 pH = pK_a（4.76）时，$\delta_0 = \delta_1 = 0.5$，$[HAc] = [Ac^-]$。当 pH < p$K_a$ 时，HAc 为主要存在型体（$\delta_0 > \delta_1$）；反之，当 pH > pK_a 时，Ac⁻ 为主要存在型体（$\delta_1 > \delta_0$）。当 pH < pK_a - 2 时，δ_0 趋近于 1，δ_1 接近于零；而当 pH > pK_a + 2 时，δ_1 趋近于 1。

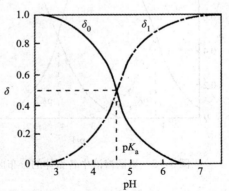

图 3 - 2　醋酸溶液中各型体的分布曲线

由此可见，一元弱酸各型体分布系数的大小与其本身酸性的强弱（K_a 的大小）有关，还与溶液中 $[H^+]$ 有关，而与总浓度无关。因此，可通过控制溶液的 pH 值得到需要的型体。

一元弱碱溶液各型体的分布系数可用同样的方法求得。

（二）多元弱酸（碱）溶液各型体的分布

草酸为二元弱酸，在水溶液中以 $H_2C_2O_4$、$HC_2O_4^-$ 和 $C_2O_4^{2-}$ 三种型体存在，其分析浓度为 $c_{H_2C_2O_4}$。

$$c_{H_2C_2O_4} = [H_2C_2O_4] + [HC_2O_4^-] + [C_2O_4^{2-}]$$

根据分布系数的定义：

$$\delta_0 = \delta_{H_2C_2O_4} = \frac{[H_2C_2O_4]}{c_{H_2C_2O_4}} = \frac{1}{1 + \frac{[HC_2O_4^-]}{[H_2C_2O_4]} + \frac{[C_2O_4^{2-}]}{[H_2C_2O_4]}}$$

由相应的离解平衡常数可知：

$$\frac{[HC_2O_4^-]}{[H_2C_2O_4]} = \frac{K_{a_1}}{[H^+]} \qquad \frac{[C_2O_4^{2-}]}{[H_2C_2O_4]} = \frac{K_{a_1}K_{a_2}}{[H^+]^2}$$

因此

$$\delta_0 = \frac{[H^+]^2}{[H^+]^2 + [H^+]K_{a_1} + K_{a_1}K_{a_2}} \tag{3-15}$$

同理，得到

$$\delta_1 = \delta_{HC_2O_4^-} = \frac{[H^+]K_{a_1}}{[H^+]^2 + [H^+]K_{a_1} + K_{a_1}K_{a_2}} \tag{3-16}$$

$$\delta_2 = \delta_{C_2O_4^{2-}} = \frac{K_{a_1}K_{a_2}}{[H^+]^2 + [H^+]K_{a_1} + K_{a_1}K_{a_2}} \tag{3-17}$$

且

$$\delta_{H_2C_2O_4} + \delta_{HC_2O_4^-} + \delta_{C_2O_4^{2-}} = 1$$

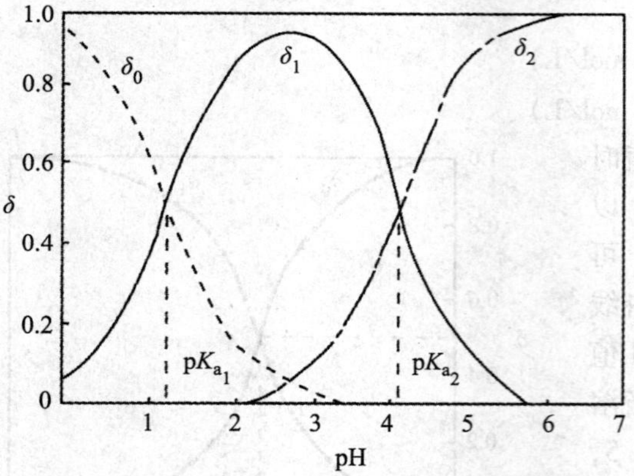

图 3-3 草酸溶液中各型体的分布曲线

图 3-3 是草酸溶液中各型体的分布曲线。其中，$\delta_0 = \delta_1 = 0.5$ 和 $\delta_1 = \delta_2 = 0.5$ 对应的 pH 分别等于草酸的 pK_{a_1}（1.25）和 pK_{a_2}（4.19）。在 pH = 2.3 ～ 3.3 范围内有 3 种型体共存，以 $HC_2O_4^-$ 为主，$H_2C_2O_4$ 和 $C_2O_4^{2-}$ 的浓度很低，但不可忽略。这是因为草酸的 pK_{a_1} 和 pK_{a_2} 相差较小的缘故。

同样，对于二元弱酸 H_2A，当 pH < pK_{a_1} 时，溶液中 H_2A 是主要型体；当 pK_{a_1} < pH < pK_{a_2} 时，HA^- 是主要型体；当 pH > pK_{a_2} 时，A^{2-} 是主要型体。若二元弱酸的 pK_{a_1} 与 pK_{a_2} 的值越接近，以 HA^- 型体为主的 pH 范围就越窄，其 δ 的最大值亦越小。

磷酸为三元酸，在溶液中有 4 种型体：H_3PO_4、$H_2PO_4^-$、HPO_4^{2-} 和 PO_4^{3-}，各型体的分布系数如下：

$$\delta_0 = \delta_{H_3PO_4} = \frac{[H^+]^3}{[H^+]^3 + [H^+]^2K_{a_1} + [H^+]K_{a_1}K_{a_2} + K_{a_1}K_{a_2}K_{a_3}} \tag{3-18}$$

$$\delta_1 = \delta_{H_2PO_4^-} = \frac{[H^+]^2K_{a_1}}{[H^+]^3 + [H^+]^2K_{a_1} + [H^+]K_{a_1}K_{a_2} + K_{a_1}K_{a_2}K_{a_3}} \tag{3-19}$$

$$\delta_2 = \delta_{HPO_4^{2-}} = \frac{[H^+]K_{a_1}K_{a_2}}{[H^+]^3 + [H^+]^2K_{a_1} + [H^+]K_{a_1}K_{a_2} + K_{a_1}K_{a_2}K_{a_3}} \qquad (3-20)$$

$$\delta_3 = \delta_{PO_4^{3-}} = \frac{K_{a_1}K_{a_2}K_{a_3}}{[H^+]^3 + [H^+]^2K_{a_1} + [H^+]K_{a_1}K_{a_2} + K_{a_1}K_{a_2}K_{a_3}} \qquad (3-21)$$

图 3-4 是磷酸溶液中各型体的分布曲线。由图可知，在 pH2.16（pK_{a_1}）~7.20（pK_{a_2}）范围内，$H_2PO_4^-$ 为主要存在型体；当 pH = $\frac{1}{2}$（pK_{a_1} + pK_{a_2}）= 4.68 时，$H_2PO_4^-$ 浓度达到最大，其他型体的浓度极小；而且 pK_{a_1} 和 pK_{a_2} 相差较大，$H_2PO_4^-$ 占主体的区域宽，因此可用 NaOH 将 H_3PO_4 滴定到 $H_2PO_4^-$。同样在 pH7.20（pK_{a_2}）~12.32（pK_{a_3}）范围内，HPO_4^{2-} 为主要型体；当 pH = $\frac{1}{2}$（pK_{a_2} + pK_{a_3}）= 9.76 时，HPO_4^{2-} 浓度达到最大，其他型体的浓度极小；而且 HPO_4^{2-} 占主体的区域也较宽，可用 NaOH 将 $H_2PO_4^-$ 滴定到 HPO_4^{2-}。磷酸的 pK_{a_1}、pK_{a_2} 和 pK_{a_3} 之间相差较大，$H_2PO_4^-$ 和 HPO_4^{2-} 存在的 pH 范围较宽，这是磷酸分步滴定的基础。

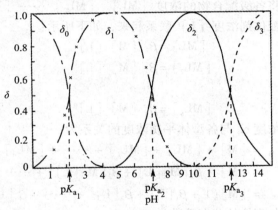

图 3-4 磷酸溶液中各型体的分布曲线

多元弱酸 H_nA 在水溶液中有 n+1 种可能存在的型体，即 H_nA，$H_{n-1}A^-$，……$HA^{(n-1)-}$ 和 A^{n-}。根据以上的推导可知，多元弱酸 H_nA 各型体分布系数的计算式中，分母均为 $[H^+]^n + [H^+]^{n-1}K_{a_1} + \cdots\cdots + [H^+]K_{a_1}K_{a_2}\cdots\cdots K_{a_{n-1}} + K_{a_1}K_{a_2}\cdots\cdots K_{a_n}$，而分子依次为分母中相应的各项。例如，配位滴定剂 EDTA 在较低 pH 的溶液中可形成六元酸 H_6Y^{2+}（见第五章），因此 EDTA 有 7 种存在型体，即 H_6Y^{2+}，H_5Y^+，H_4Y，H_3Y^-，H_2Y^{2-}，HY^{3-} 和 Y^{4-}。Y^{4-} 的分布系数为 $\delta_{Y^{4-}}$，常省略电荷写成 δ_Y：

$$\delta_Y = \frac{K_{a_1}K_{a_2}K_{a_3}K_{a_4}K_{a_5}K_{a_6}}{[H^+]^6 + [H^+]^5K_{a_1} + [H^+]^4K_{a_1}K_{a_2} + \cdots\cdots + [H^+]K_{a_1}K_{a_2}K_{a_3}K_{a_4}K_{a_5} + K_{a_1}K_{a_2}K_{a_3}K_{a_4}K_{a_5}K_{a_6}}$$

（三）配位平衡体系中各型体的分布

金属离子 M 与配位剂 L 发生逐级配位反应，各级配位平衡及其平衡常数（稳定常数）如下：

$$M + L = ML \qquad\qquad K_1 = \frac{[ML]}{[M][L]}$$

43

$$ML + L = ML_2 \qquad K_2 = \frac{[ML_2]}{[ML][L]}$$

$$\cdots\cdots \qquad\qquad \cdots\cdots$$

$$ML_{(n-1)} + L = ML_n \qquad K_n = \frac{[ML_n]}{[ML_{n-1}][L]}$$

各级累积稳定常数（β）为：

第一级累积稳定常数 $\qquad \beta_1 = K_1 = \dfrac{[ML]}{[M][L]}$

第二级累积稳定常数 $\qquad \beta_2 = K_1 \cdot K_2 = \dfrac{[ML_2]}{[M][L]^2}$

$\cdots\cdots$

第 n 级累积稳定常数 $\qquad \beta_n = K_1 \cdot K_2 \cdots\cdots K_n = \dfrac{[ML_n]}{[M][L]^n}$

第 n 级累积稳定常数 β_n 又称为总稳定常数。

累积稳定常数可将各级配合物的浓度 $[ML]$、$[ML_2]$ …… $[ML_n]$ 直接与游离金属离子浓度 $[M]$ 和配位剂浓度 $[L]$ 联系起来，如下所示：

$$[ML] = \beta_1 [M][L]$$

$$[ML_2] = \beta_2 [M][L]^2$$

$$\cdots\cdots$$

$$[ML_n] = \beta_n [M][L]^n$$

金属离子的分析浓度 c_M 与各型体平衡浓度的关系为：

$$c_M = [M] + [ML] + [ML_2] + \cdots\cdots + [ML_n]$$

$$= [M] + \beta_1[M][L] + \beta_2[M][L]^2 + \cdots\cdots + \beta_n[M][L]^n$$

$$= [M](1 + \beta_1[L] + \beta_2[L]^2 + \cdots\cdots + \beta_n[L]^n) \tag{3-22}$$

因此，金属离子各型体的分布系数为：

$$\delta_0 = \delta_M = \frac{[M]}{c_M} = \frac{1}{1 + \beta_1[L] + \beta_2[L]^2 + \cdots\cdots + \beta_n[L]^n}$$

$$\delta_1 = \delta_{ML} = \frac{[ML]}{c_M} = \frac{\beta_1[L]}{1 + \beta_1[L] + \beta_2[L]^2 + \cdots\cdots + \beta_n[L]^n} = \delta_0\beta_1[L]$$

$$\cdots\cdots$$

$$\delta_n = \delta_{ML_n} = \frac{[ML_n]}{c_M} = \frac{\beta_n[L]^n}{1 + \beta_1[L] + \beta_2[L]^2 + \cdots\cdots + \beta_n[L]^n} = \delta_0\beta_n[L]^n$$

$$\tag{3-23}$$

这里的 δ_0、δ_1、$\cdots\cdots\delta_n$ 分别是游离金属离子及其一级至 n 级配合物的分布系数。由上述各式可知，δ_i 的大小与配合物本身的性质（即稳定常数）及配位剂的平衡浓度 $[L]$ 有关。对于某配合物，β_i 值是一定的，因此，δ_i 值仅是 $[L]$ 的函数。如果 c_M 和 $[L]$ 已知，那么，M 离子各型体的平衡浓度可由下式求得：

$$[ML_i] = \delta_i c_M \tag{3-24}$$

例 3-13　某 Zn^{2+}–NH_3 溶液中锌的分析浓度 $c_{Zn^{2+}} = 0.020mol/L$，游离氨的浓度

44

[NH$_3$] =0.10mol/L，计算溶液中锌－氨配合物各型体的浓度。（锌－氨配合物各级累积稳定常数的对数 lgβ_1~lgβ_4 分别为2.27，4.61，7.01 和9.06）

解：$\delta_0 = \delta_{Zn^{2+}} = \dfrac{1}{1+\beta_1[NH_3]+\beta_2[NH_3]^2+\beta_3[NH_3]^3+\beta_4[NH_3]^4}$

$= \dfrac{1}{1+10^{2.27}\times10^{-1}+10^{4.61}\times10^{-2}+10^{7.01}\times10^{-3}+10^{9.06}\times10^{-4}} = 10^{-5.10}$

$\delta_1 = \delta_{Zn(NH_3)^{2+}} = \delta_0\beta_1[NH_3] = 10^{-5.10}\times10^{2.27}\times10^{-1} = 10^{-3.83}$

$\delta_2 = \delta_{Zn(NH_3)_2^{2+}} = \delta_0\beta_2[NH_3]^2 = 10^{-5.10}\times10^{4.61}\times10^{-2} = 10^{-2.49}$

同理得：$\delta_3 = \delta_{Zn(NH_3)_3^{2+}} = 10^{-1.09}$，$\delta_4 = \delta_{Zn(NH_3)_4^{2+}} = 10^{-0.04}$

$c_{Zn^{2+}} = 0.02$mol/L $= 10^{-1.70}$mol/L，各型体的浓度为：

$[Zn^{2+}] = \delta_0 c_{Zn^{2+}} = 10^{-5.10}\times10^{-1.70} = 10^{-6.80}$ （mol/L）

$[Zn(NH_3)^{2+}] = \delta_1 c_{Zn^{2+}} = 10^{-3.83}\times10^{-1.70} = 10^{-5.53}$ （mol/L）

$[Zn(NH_3)_2^{2+}] = \delta_2 c_{Zn^{2+}} = 10^{-2.49}\times10^{-1.70} = 10^{-4.19}$ （mol/L）

$[Zn(NH_3)_3^{2+}] = \delta_3 c_{Zn^{2+}} = 10^{-1.09}\times10^{-1.70} = 10^{-2.79}$ （mol/L）

$[Zn(NH_3)_4^{2+}] = \delta_4 c_{Zn^{2+}} = 10^{-0.04}\times10^{-1.70} = 10^{-1.74}$ （mol/L）

可见上述溶液中锌－氨配合物的主要型体是 $Zn(NH_3)_4^{2+}$ 和 $Zn(NH_3)_3^{2+}$。实际上，当游离配位剂的浓度 [L] 一定时，由 δ_0 计算式分母中各项数值的相对大小，就可以判断出配位平衡体系中配合物的主要存在型体。

在酸碱或者配位平衡体系中，溶质各种型体的分布系数取决于酸或碱或配合物的性质、溶液的酸度或游离配位剂的浓度等因素，与总浓度无关。在酸碱滴定中，要考虑不同酸度时酸（碱）各种存在型体的分布情况；在配位滴定中讨论金属离子配位效应时要考虑配合物的型体分布。

习 题

1. 解释下列概念：滴定、化学计量点、指示剂、滴定终点、滴定误差、标准溶液、标定、分析浓度、平衡浓度、分布系数。

2. 什么是滴定曲线、突跃范围、指示剂变色范围？三者有何作用？

3. 滴定方式有哪些？采用直接滴定方式进行滴定分析的化学反应必须符合哪些条件？

4. 基准物质应满足哪些要求？如何配制标准溶液？

5. 标准溶液浓度的表示方法有哪些？

6. 下列哪些标准溶液不能用直接法配制，为什么？
HCl、NaOH、H$_2$SO$_4$、K$_2$Cr$_2$O$_7$、KMnO$_4$、AgNO$_3$、NaCl、Na$_2$S$_2$O$_3$

7. 用基准物质 H$_2$C$_2$O$_4$·2H$_2$O 标定 NaOH 溶液时，如果 H$_2$C$_2$O$_4$·2H$_2$O 因保存不当而部分风化，则所得结果是偏低还是偏高？用此 NaOH 溶液测定某有机酸的摩尔质量时，结果如何？

8. 溶液中常用的平衡处理方法有哪些？

9. 写出下列水溶液中的质量平衡式。

（1）c mol/L 的 $Ag(NH_3)_2^+$；　　　（2）c mol/L 的 $Zn_2[Fe(CN)_6]$。

10. 写出下列水溶液中的电荷平衡式。

（1）H_3AsO_4；（2）$MgBr_2$。

11. 写出下列水溶液中的质子条件式。

（1）$(NH_4)H_2PO_4$；

（2）H_2SO_4（c_1）$+ HCOOH$（c_2）；

（3）$NaOH$（c_1）$+ NH_3$（c_2）；

（4）HCN（c_1）$+ NaOH$（c_2）。

12. 写出 0.1000mol/L 的 HCl 滴定 0.1000mol/L $NH_3 \cdot H_2O$ 化学计量点时的质子条件式。

13. 配制下列物质浓度为 0.100mol/L 的溶液各 500ml，应取其浓溶液多少毫升？

（1）氨水（密度 $0.89g/cm^3$，含 NH_3 29.0%，$M_{NH_3} = 17.03g/mol$）；

（2）冰醋酸（密度 $1.05g/cm^3$，含 HAc 100%，$M_{HAc} = 60.05g/mol$）；

（3）H_2SO_4（密度 $1.84g/cm^3$，含 H_2SO_4 96.0%，$M_{H_2SO_4} = 98.08g/mol$）。

[3.30ml，2.86ml，2.78ml]

14. 以邻苯二甲酸氢钾标定浓度约为 0.1mol/L 的 NaOH 标准溶液，欲使消耗的 NaOH 溶液体积在 20～30ml 之间，应称取邻苯二甲酸氢钾的质量范围是多少？（$M_{KHC_8H_4O_4} = 204.22g/mol$）

[0.41～0.61g]

15. 已知每毫升盐酸标准溶液中含 HCl $4.054 \times 10^{-3}g$，分别计算该盐酸标准溶液对 NaOH 和 CaO 的滴定度。（$M_{HCl} = 36.46g/mol$，$M_{NaOH} = 40.00g/mol$，$M_{CaO} = 56.08g/mol$）

[$4.448 \times 10^{-3}g/ml$，$3.118 \times 10^{-3}g/ml$]

16. 某试样中含有 $Na_2C_2O_4$ 和 KHC_2O_4，称取 0.2608g 后，用 0.01600mol/L 的 $KMnO_4$ 溶液滴定消耗 50.00ml。若称取同样质量的试样，用 0.1000mol/L 的 NaOH 溶液滴定，需消耗多少毫升？（$M_{Na_2C_2O_4} = 134.00g/mol$，$M_{KHC_2O_4} = 128.13g/mol$）

[12.33ml]

17. 已知 $CaCO_3$ 试样中杂质不干扰测定，称取该试样 0.2532g，加入 25.00ml 浓度为 0.3016mol/L 的 HCl 溶解，煮沸除去 CO_2，再用 0.1005mol/L 的 NaOH 标准溶液滴定过量的盐酸，消耗 25.85ml。计算试样中 $CaCO_3$ 的质量分数。（$M_{CaCO_3} = 100.09g/mol$）

[97.7%]

18. 某二元弱酸的 $pK_{a_1} = 2.00$，$pK_{a_2} = 5.50$，计算 pH4.0 时各型体的分布系数。

[$\delta_0 = 0.01$，$\delta_1 = 0.96$，$\delta_2 = 0.03$]

19. 某溶液中 $c_{Ag^+} = 0.010mol/L$，游离氨浓度 $[NH_3] = 0.020mol/L$，求该溶液中 $Ag(NH_3)_2^+$ 的浓度。（银 - 氨配合物的 $lg\beta_1$ 和 $lg\beta_2$ 分别为 3.40 和 7.40）

[$9.95 \times 10^{-3}mol/L$]

（李　宁　熊志立）

第四章 CHAPTER

酸碱滴定法

酸碱滴定法（acid-base titration）是以质子转移反应为基础的滴定分析方法。该法操作简便、应用范围广泛，一般酸或碱以及能与酸碱直接或间接发生质子转移反应的物质都可以用酸碱滴定法进行测定，是重要的滴定分析方法之一。

在酸碱滴定过程中，随滴定剂的加入，溶液中的氢离子浓度不断变化，而化学计量点、滴定突跃和酸碱指示剂的变色点及变色范围都与溶液中的氢离子浓度有关。因此，只有了解酸碱滴定过程中溶液的氢离子浓度变化规律和指示剂选择原则，才能正确选择指示剂或选择其他指示终点的方法，获得准确的分析结果。

本章首先学习各种溶液中的氢离子浓度计算方法，从而讨论各种酸碱滴定过程中溶液的氢离子浓度变化规律，以及酸碱滴定法的有关理论及应用。

第一节 酸碱水溶液中的氢离子浓度

一、质子理论的酸碱概念

（一）酸碱定义和共轭酸碱对

在 1923 年，布朗斯台德（J. N. Brönsted）和劳莱（T. M. Lowry）提出酸碱质子理论，指出凡是能给出质子（H^+）的物质是酸，如 HAc、HCO_3^-、NH_4^+ 等；凡是能接受质子的物质是碱，如 Ac^-、HCO_3^-、NH_3 等。酸（HA）失去一个质子转化为它的共轭碱（A^-），碱（A^-）得到一个质子转化为它的共轭酸（HA），这种相互依存又相互转化的一对酸碱称为共轭酸碱对。例：

$$H_3PO_4 \rightleftharpoons H_2PO_4^- + H^+$$
$$H_2PO_4^- \rightleftharpoons HPO_4^{2-} + H^+$$
$$NH_4 \rightleftharpoons NH_3 + H^+$$

酸　　　碱　　　质子
└── 共轭 ──┘

可见，酸、碱可以是中性分子，也可以是阳离子或阴离子。能给出多个质子的物质称为多元酸，如 H_3PO_4、H_2CO_3 等；能接受多个质子的物质称为多元碱，如 PO_4^{3-}、

CO_3^{2-} 等；即能给出质子，又能接受质子的物质称为两性物质，如 $H_2PO_4^-$、HPO_4^{2-}、HCO_3^- 和 H_2O 等。同一物质在某些场合是酸，而在另一场合是碱，其原因是共存物质彼此间给出质子能力相对强弱不同。因此同一物质在不同的环境（介质或溶剂）中，常会引起其酸碱性的改变。

（二）酸碱反应

酸碱质子理论认为，酸碱反应的实质是质子的转移，而质子转移是通过溶剂合质子来实现的。并一定涉及两对共轭酸碱对。

例：水溶液中盐酸与氨的反应

$$HCl + H_2O \Longrightarrow H_3O^+ + Cl^-$$

$$NH_3 + H_3O^+ \Longrightarrow NH_4^+ + OH^-$$

$$H_3O^+ + OH^- \Longrightarrow H_2O + H_2O$$

$$总式 \quad HCl + NH_3 \Longrightarrow NH_4^+ + Cl^-$$

$$酸_1 \quad 碱_2 \quad 酸_2 \quad 碱_1$$

共轭

（三）水的质子自递反应

溶剂水是两性物质，在两水分子之间也发生质子转移反应，即一个水分子作为碱接受另一个水分子给出的质子，形成水合质子（H_3O^+）。

$$H_2O + H_2O \Longrightarrow H_3O^+ + OH^-$$

$$酸_1 \quad 碱_2 \quad 酸_2 \quad 碱_1$$

这种在水分子之间发生的质子转移反应，称为水的质子自递反应（autoprotolysis reaction），反应的平衡常数称为水的质子自递常数，又称为水的离子积，以 K_w 表示。

$$K_w = [H_3O^+][OH^-] \tag{4-1}$$

H_3O^+ 简写为 H^+，$K_w = [H^+][OH^-] = 1.0 \times 10^{-14}$ 或 $pK_w = pH + pOH$（25℃）。

除水之外的溶剂分子之间发生的质子转移反应，称为溶剂的质子自递反应。反应的平衡常数称为溶剂的质子自递常数，以 K_s 表示。如乙醇的 $K_s = 7.9 \times 10^{-20}$（25℃）。

（四）酸碱的强度及共轭酸碱对的 K_a 与 K_b 的关系

在水溶液中，酸或碱强度取决于酸给出质子予溶剂分子的能力或碱从溶剂分子中获得质子的能力，用酸或碱在溶剂中的反应平衡常数（离解常数）K_a 或 K_b 表示，K_a 又称酸度常数，K_b 又称碱度常数。K_a 越大，酸性越强；K_b 越大，碱性越强。如 HAc 的酸度常数和 Ac^- 的碱度常数：

$$HAc + H_2O \Longrightarrow H_3O^+ + Ac^- \qquad K_a = \frac{[H_3O^+][Ac^-]}{[HAc]} \tag{4-2}$$

$$Ac^- + H_2O \Longrightarrow HAc + OH^- \qquad K_b = \frac{[HAc][OH^-]}{[Ac^-]} \tag{4-3}$$

由式（4－2）×式（4－3），H_3O^+ 简写为 H^+：

$$K_a \times K_b = \frac{[H_3O^+][Ac^-]}{[HAc]} \times \frac{[HAc][OH^-]}{[Ac^-]} = [H^+][OH^-]$$

可见：$K_a \times K_b = K_w$ 或 $pK_a + pK_b = pK_w$。

多元酸（碱）在水中存在逐级离解，情况较复杂。以 H_3PO_4 和 PO_4^{3-} 为例，H_3PO_4 作为酸，逐级给出质子，PO_4^{3-} 作为碱，逐级接受质子：

$$H_3PO_4 \underset{K_{b_3}}{\overset{K_{a_1}}{\rightleftharpoons}} H_2PO_4^- \underset{K_{b_2}}{\overset{K_{a_2}}{\rightleftharpoons}} HPO_4^{2-} \underset{K_{b_1}}{\overset{K_{a_3}}{\rightleftharpoons}} PO_4^{3-}$$

按上述方法推导，共轭酸碱对的离解常数关系为：

$$K_{a_1} \times K_{b_3} = K_{a_2} \times K_{b_2} = K_{a_3} \times K_{b_1} = K_w \qquad (4-4)$$

从式（4－4）中可以看出，共轭酸碱对的 K_a 和 K_b 只要知道其中一个就可导出另一个。因此可以统一地用 pK_a 值来表示酸或碱的强度，在化学文献中常常只给出酸的 pK_a 值。附录四列出了常用酸、碱在水中的离解常数（25℃）。

例 4－1　已知 H_2CO_3 的 $K_{a_1} = 4.5 \times 10^{-7}$，$K_{a_2} = 4.7 \times 10^{-11}$，求 HCO_3^- 的 K_b 值。

解：HCO_3^- 是两性物质，作为碱的离解常数是 K_{b_2}。

$$HCO_3^- + H_2O \rightleftharpoons H_2CO_3 + OH^-$$

$$K_{b_2} = \frac{K_w}{K_{a_1}} = \frac{1.0 \times 10^{-14}}{4.5 \times 10^{-7}} = 2.2 \times 10^{-8}$$

二、一元酸（碱）溶液的氢离子浓度计算

（一）强酸（碱）溶液的氢离子浓度计算

1. 一元强酸溶液

一元强酸在水中全部离解，以 HCl（浓度为 c_a mol/L）为例：

质子条件式为：　　　　　　　$[H^+] = [OH^-] + c_a$

它表示溶液中总的氢离子浓度来自 HCl 和 H_2O 的离解。由式（4－1）得 $[OH^-]$ $= \dfrac{K_w}{[H^+]}$，代入上式：

$$[H^+] = \frac{K_w}{[H^+]} + c_a \quad 即 \quad [H^+]^2 - c_a[H^+] - K_w = 0$$

解一元二次方程得：$[H^+] = \dfrac{c_a + \sqrt{c_a^2 + 4K_w}}{2}$ 　　　　　　　　　(4-5a)

式（4－5a）为计算强酸溶液 $[H^+]$ 的精确式。

当 HCl 的浓度不很稀时，即 $c_a > 20[OH^-]$①，即 $c_a > 10^{-6}$ mol/L，可忽略 $[OH^-]$，则可得计算强酸溶液 $[H^+]$ 的近似式：

$$[H^+] \approx c_a$$

---

① 有关条件判断式，按分析化学平衡计算的要求相对误差 <5% 进行处理。

或

$$pH = -\lg[H^+] = -\lg c_a \qquad (4-5b)$$

2. 一元强碱溶液

对于强碱（$c_b \, \text{mol/L}$）在水中也全部解离，可采用强酸同样方法处理得：

计算强碱溶液 $[OH^-]$ 的精确式（$c_b < 10^{-6} \, \text{mol/L}$ 时）：

$$[OH^-] = \frac{c_b + \sqrt{c_b^2 + 4K_w}}{2} \qquad (4-6a)$$

计算强碱溶液 $[OH^-]$ 的近似式（$c_b \geqslant 10^{-6} \, \text{mol/L}$ 时）：

$$[OH^-] \approx c_b \qquad (4-6b)$$

（二）一元弱酸（碱）溶液中氢离子浓度计算

1. 一元弱酸

一元弱酸 HA（$c_a \, \text{mol/L}$）溶液的质子条件式为：

$$[H^+] = [A^-] + [OH^-]$$

利用平衡常数式将上式中各项写成 $[H^+]$ 的函数，则有

$$[H^+] = \frac{K_a[HA]}{[H^+]} + \frac{K_w}{[H^+]} \qquad (4-7)$$

由 $[HA]$ 的分布系数得 $[HA] = \delta_0 \cdot c_a = \dfrac{c_a[H^+]}{K_a + [H^+]}$，代入式（4-7），得一元三次方程：

$$[H^+]^3 + K_a[H^+]^2 - (c_aK_a + K_w)[H^+] - K_aK_w = 0 \qquad (4-8a)$$

式（4-8a）为计算一元弱酸溶液 $[H^+]$ 的精确式。解此方程比较麻烦，实际工作中常常不用精确计算，可根据具体情况对式（4-8a）做合理的近似处理。

（1）当 $c_a \cdot K_a \geqslant 20K_w$，$\dfrac{c_a}{K_a} < 500$ 时，可忽略水的离解（忽略 $[OH^-]$）：

$$[H^+] = [A^-] = \frac{K_a[HA]}{[H^+]} = \frac{c_aK_a}{K_a + [H^+]}$$

$$[H^+] = \frac{-K_a + \sqrt{K_a^2 + 4c_aK_a}}{2} \qquad (4-8b)$$

式（4-8b）为计算一元弱酸溶液 $[H^+]$ 的近似式1。

（2）当 $c_a \cdot K_a \geqslant 20K_w$，并且 $c_a/K_a \geqslant 500$ 时，不仅可以忽略水的离解，而且弱酸的离解 $[H^+]$ 对其总浓度的影响也可以忽略，即 $[HA] = c_a - [H^+] \approx c_a$，所以：

$$[H^+] = [A^-] = \frac{K_a[HA]}{[H^+]} = \frac{c_aK_a}{[H^+]}$$

$$[H^+] = \sqrt{c_aK_a} \qquad (4-8c)$$

式（4-8c）为计算一元弱酸溶液 $[H^+]$ 的最简式，也是计算一元弱酸 pH 最常用的公式。

（3）当 $c_a \cdot K_a < 20K_w$，$c_a/K_a \geqslant 500$ 时，此时水的离解不能忽略，但酸的离解可忽略，即 $[HA] = c_a - [H^+] \approx c_a$，所以：

$$[H^+] = [A^-] + [OH^-] = \frac{c_a K_a}{[H^+]} + \frac{K_w}{[H^+]}$$

$$[H^+] = \sqrt{c_a K_a + K_w} \qquad (4-8d)$$

式（4-8d）为计算一元弱酸溶液 $[H^+]$ 的近似式2。

例4-2　计算 0.020mol/L C_6H_5COOH 溶液的 pH。（$K_a = 6.5 \times 10^{-5}$）

解：因 $c_a \cdot K_a > 20K_w$，且 $c_a/K_a > 500$；故可用最简式计算：

$$[H^+] = \sqrt{c_a K_a} = \sqrt{0.020 \times 6.5 \times 10^{-5}} = 1.1 \times 10^{-3}(mol/L)$$

$$pH = 2.96$$

2. 一元弱碱

采用与一元弱酸相似的方法处理，可得到一元弱碱（c_b mol/L）溶液在不同条件下的 $[OH^-]$ 的计算式，即

（1）当 $c_b \cdot K_b \geqslant 20K_w$，$\dfrac{c_b}{K_b} < 500$ 时，近似式：

$$[OH^-] = \frac{-K_b + \sqrt{K_b^2 + 4c_b K_b}}{2} \qquad (4-9a)$$

（2）当 $c_b \cdot K_b \geqslant 20K_w$，$\dfrac{c_b}{K_b} \geqslant 500$ 时，最简式

$$[OH^-] = \sqrt{c_b K_b} \qquad (4-9b)$$

（3）当 $c_b \cdot K_b < 20K_w$，$\dfrac{c_b}{K_b} \geqslant 500$ 时，近似式：

$$[OH^-] = \sqrt{c_b K_b + K_w} \qquad (4-9c)$$

例4-3　计算 0.10mol/L $NH_3 \cdot H_2O$ 溶液的 pH。

51

解：查附录四 $NH_3 \cdot H_2O$ 的 $K_a = 5.6 \times 10^{-10}$，则 $NH_3 \cdot H_2O$ 的 $K_b = \dfrac{K_w}{K_a} = \dfrac{1.0 \times 10^{-14}}{5.6 \times 10^{-10}} = 1.8 \times 10^{-5}$。因为 $c_b K_b \geqslant 20K_w$，并且 $\dfrac{c_b}{K_b} \geqslant 500$，可用最简式计算：

$$[OH^-] = \sqrt{c_b K_b} = \sqrt{0.10 \times 1.8 \times 10^{-5}} = 1.3 \times 10^{-3} \ (mol/L)$$

$$pOH = 2.89 \qquad pH = 14.00 - pOH = 11.11$$

三、多元酸（碱）溶液的氢离子浓度计算

1. 多元酸

二元弱酸 H_2A（c_a mol/L）溶液的质子条件式为

$$[H^+] = [OH^-] + [HA^-] + 2[A^{2-}]$$

当二元弱酸的 $K_{a_1} \gg K_{a_2}$ 时，一般要求 $\dfrac{2K_{a_2}}{\sqrt{c_a K_{a_1}}} \leqslant 0.05$，$H_2A$ 第二步离解出的 $[H^+]$ 可忽略，即：

$$[H^+] = [OH^-] + [HA^-]$$

此时，可按一元弱酸近似处理，得到计算二元弱酸 $[H^+]$ 的近似式和最简式：

（1）当 $c_aK_{a_1} \geqslant 20K_w$，$\dfrac{c_a}{K_{a_1}} < 500$ 时，得近似式：

$$[H^+] = \dfrac{-K_{a_1} + \sqrt{K_{a_1}^2 + 4c_aK_{a_1}}}{2} \tag{4-10a}$$

（2）当 $c_aK_{a_1} \geqslant 20K_w$，并且 $\dfrac{c_a}{K_{a_1}} \geqslant 500$ 时，得最简式：

$$[H^+] = \sqrt{c_aK_{a_1}} \tag{4-10b}$$

（3）当 $c_aK_{a_1} < 20K_w$，$\dfrac{c_a}{K_{a_1}} \geqslant 500$ 时，得近似式：

$$[H^+] = \sqrt{c_aK_{a_1} + K_w} \tag{4-10c}$$

2. 多元碱

采用与二元弱酸相似的方法处理，可得到二元弱碱（c_b mol/L）溶液在不同条件下的 $[OH^-]$ 的计算式，即

（1）当 $c_bK_{b_1} \geqslant 20K_w$，$\dfrac{c_b}{K_{b_1}} < 500$ 时，得近似式：

$$[OH^-] = \dfrac{-K_{b_1} + \sqrt{K_{b_1}^2 + 4c_bK_{b_1}}}{2} \tag{4-11a}$$

（2）当 $c_bK_{b_1} \geqslant 20K_w$，并且 $\dfrac{c_b}{K_{b_1}} \geqslant 500$ 时，得最简式：

$$[OH^-] = \sqrt{c_bK_{b_1}} \tag{4-11b}$$

（3）当 $c_bK_{b_1} < 20K_w$，$\dfrac{c_b}{K_{b_1}} \geqslant 500$ 时，得近似式：

$$[OH^-] = \sqrt{c_bK_{b_1} + K_w} \tag{4-11c}$$

例 4-4 计算 0.10mol/L $H_2C_2O_4$ 水溶液的 pH。

解：$H_2C_2O_4$ 的 $K_{a_1} = 5.9 \times 10^{-2}$，$K_{a_2} = 6.5 \times 10^{-5}$。由于 $c_aK_{a_1} \geqslant 20K_w$，$\dfrac{c_a}{K_{a_1}} < 500$，$\dfrac{2K_{a_2}}{\sqrt{c_aK_{a_1}}} \leqslant 0.05$，所以用式（4-10a）计算。

$$[H^+] = \dfrac{-K_{a_1} + \sqrt{K_{a_1}^2 + 4c_aK_{a_1}}}{2}$$

$$= \dfrac{-5.9 \times 10^{-2} + \sqrt{(5.9 \times 10^{-2})^2 + 4 \times 0.10 \times 5.9 \times 10^{-2}}}{2}$$

$$= 0.053 \ (mol/L)$$

$$pH = 1.28$$

四、两性物质溶液的氢离子浓度计算

两性物质（amphoteric substance）在溶液中有两种离解方式，既可得到质子又可失去质子。两性物质溶液中的酸碱平衡较复杂，根据具体情况，进行近似处理。

以 HA^-（c mol/L）为例：

酸式离解：$HA^- \rightleftharpoons H^+ + A^{2-}$

碱式离解：$HA^- + H_2O \rightleftharpoons H_2A + OH^-$

其溶液质子条件式为：$[H^+] + [H_2A] = [A^{2-}] + [OH^-]$

将 $[H_2A] = \dfrac{[H^+][HA^-]}{K_{a_1}}$、$[A^{2-}] = \dfrac{K_{a_1}[HA^-]}{[H^+]}$ 及 $[OH^-] = \dfrac{K_w}{[H^+]}$ 代入质子条件式得：

$$[H^+] + \frac{[H^+][HA^-]}{K_{a_1}} = \frac{K_{a_2}[HA^-]}{[H^+]} + \frac{K_w}{[H^+]}$$

整理得精确式：

$$[H^+] = \sqrt{\frac{K_{a_1}(K_{a_2}[HA^-] + K_w)}{K_{a_1} + [HA^-]}} \tag{4-12a}$$

（1）一般情况下，两性物质的 K_{a_2}、K_{b_2} 较小，HA^- 离解消耗甚少，$[HA^-] \approx c$，代入式（4-12a）得到近似式：

$$[H^+] = \sqrt{\frac{K_{a_1}(K_{a_2}c + K_w)}{K_{a_1} + c}} \tag{4-12b}$$

（2）当 $cK_{a_2} \geqslant 20K_w$，$c \leqslant 20K_{a_1}$ 时，忽略式（4-12b）中 K_w，得到近似式：

$$[H^+] = \sqrt{\frac{K_{a_1}K_{a_2}c}{K_{a_1} + c}} \tag{4-12c}$$

（3）当 $cK_{a_2} \geqslant 20K_w$，$c \geqslant 20K_{a_1}$ 时，简化式（4-12c）得到最简式：

$$[H^+] = \sqrt{K_{a_1}K_{a_2}} \tag{4-12d}$$

或

$$pH = \frac{1}{2}(pK_{a_1} + pK_{a_2})$$

对于其他两性物质，如 Na_2HPO_4，上述各式中只需将 K_{a_1} 和 K_{a_2} 分别用 K_{a_2} 和 K_{a_3} 代替即可。对于类似两性物质的一元弱酸弱碱盐，如 NH_4Ac、NH_4CN 等，上述各式中以两性物质中碱（Ac^-、CN^-）的共轭酸（HAc、HCN）的 K_a 代替 K_{a_1}，以酸（NH_4^+）的 K_a 代替 K_{a_2} 即可。

例 4-5 计算 0.1mol/L 酒石酸氢钠溶液的 pH。

解：酒石酸（$CHOHCOOH)_2$ 的 $K_{a_1} = 6.8 \times 10^{-4}$，$K_{a_2} = 1.2 \times 10^{-5}$，由于 $c > 20K_{a_1}$，$cK_{a_2} > 20K_w$，可用最简式计算：

$$[H^+] = \sqrt{K_{a_1}K_{a_2}} = \sqrt{6.8 \times 10^{-4} \times 1.2 \times 10^{-5}} = 9.0 \times 10^{-5} \ (mol/L)$$
$$pH = 4.04$$

或 $pK_{a_1} = 3.17$，$pK_{a_2} = 4.92$。$pH = \dfrac{1}{2}(pK_{a_1} + pK_{a_2}) = \dfrac{1}{2}(3.17 + 4.92) = 4.04$

五、缓冲溶液的氢离子浓度计算

缓冲溶液通常是由弱酸及其共轭碱或弱碱及其共轭酸、高浓度的强酸或强碱、两性物质等组成。在缓冲溶液中加入少量的酸或碱，或将溶液稍加稀释，或因溶液中发生化学反应而产生少量的酸或碱，溶液的酸度都不会发生明显的变化，因此能对溶液的酸度起稳定的作用。

标准缓冲溶液的 pH 由实验准确测定。作为一般控制酸度用的缓冲溶液，由于缓冲剂本身的浓度较大，对计算结果也不要求十分准确，所以可采用近似方法进行计算。现以弱酸 HA（浓度为 c_a mol/L）及其共轭碱 A^-（浓度为 c_b mol/L）组成的缓冲溶液为例：

溶液的质子条件式为：$[H^+] = [OH^-] + ([A^-] - c_b)$

由质子条件式得 $[A^-] = c_b + [H^+] - [OH^-]$ (1)

由质量平衡式得 $c_a + c_b = [HA] + [A^-]$ (2)

式（1）+式（2）得 $[HA] = c_a - [H^+] + [OH^-]$

由弱酸 HA 的离解常数可得计算缓冲溶液氢离子浓度的精确式：

$$[H^+] = K_a \frac{[HA]}{[A^-]} = K_a \frac{c_a - [H^+] + [OH^-]}{c_b + [H^+] - [OH^-]}$$ (4-13a)

（1）当溶液呈酸性（pH<6）时，可忽略 $[OH^-]$，上式可简化为近似式 1：

$$[H^+] = K_a \frac{c_a - [H^+]}{c_b + [H^+]}$$ (4-13b)

（2）当溶液呈碱性（pH>8）时，可忽略 $[H^+]$，上式可简化为近似式 2：

$$[H^+] = K_a \frac{c_a - [OH^-]}{c_b + [OH^-]}$$ (4-13c)

（3）当溶液中缓冲剂的浓度较大，即 c_a（c_b）$\geq 20 [H^+]$（$[OH^-]$）时，可忽略离解部分作近似处理，得到 Henderson 公式：

$$[H^+] = K_a \frac{c_a}{c_b}$$ (4-13d)

或

$$pH = pK_a + \lg \frac{c_b}{c_a}$$

例 4-6 0.20mol/L 吡啶溶液与 0.10mol/L HCl 溶液等体积混合，计算此溶液的 pH。

解：$C_5H_5N + HCl \rightleftharpoons C_5H_5NH^+ + Cl^-$

等体积混合后，生成 $C_5H_5NH^+$ 的浓度为 0.10/2 = 0.050（mol/L）

剩余的吡啶浓度为：$\frac{0.20 - 0.10}{2} = 0.050$（mol/L）

$C_5H_5NH^+$ 的 $pK_a = 5.23$，因此，吡啶与吡啶盐组成缓冲溶液的 pH 按式（4-13d）计算：

$$pH = pK_a + \lg \frac{c_{C_5H_5N}}{c_{C_5H_5NH^+}} = 5.23 + \lg \frac{0.050}{0.050} = 5.23$$

第二节　酸碱指示剂

一、指示剂的变色原理

酸碱指示剂（acid – base indicator）一般是有机弱酸或弱碱，它们的共轭酸碱对具有不同结构，因而呈现不同颜色。当溶液的 pH 改变时，指示剂失去质子成为碱式结构，或得到质子成为酸式结构，同时引起溶液颜色的变化。酸式结构的颜色称酸式色，碱式结构的颜色称碱式色。例如甲基橙（methyl orange – MO）是一种双色指示剂，其结构为有机弱碱，其在溶液中的离解平衡及颜色变化如下：

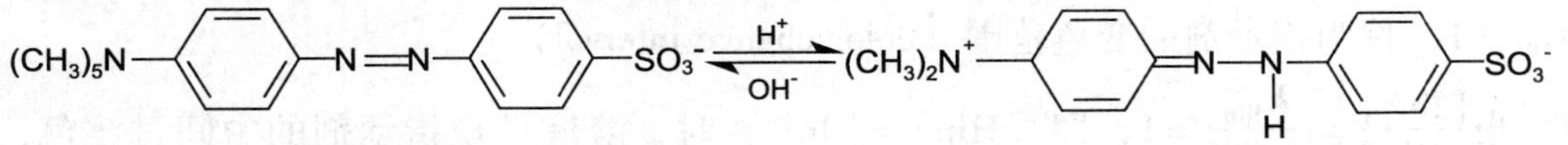

黄色（碱式色）　　　　　　　　　　　红色（酸式色）

当溶液中［H^+］浓度增大时，平衡向右移动，甲基橙主要以醌式结构存在，溶液由黄色转变为红色；反之，平衡向左移动，甲基橙主要以偶氮式结构存在，溶液由红色转变为黄色。

又如酚酞（phenolphthalein – PP）是一种单色指示剂，其结构为有机弱酸，其在溶液中的离解平衡式如下：

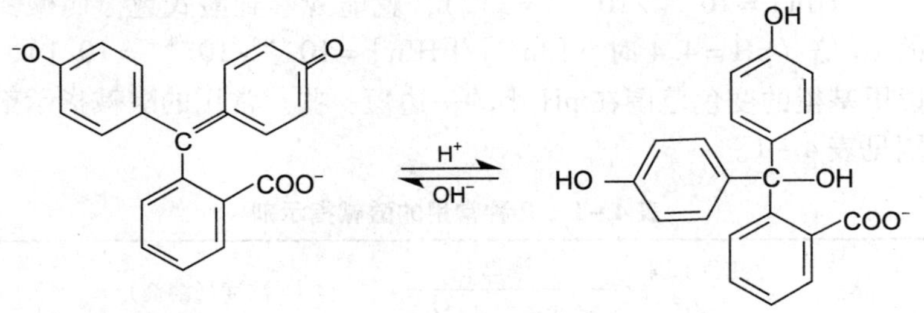

红色（碱式色）　　　　　　　　　　　无色（酸式色）

现以 HIn 表示指示剂的酸式型体，In⁻ 表示指示剂的碱式型体，指示剂在溶液中有下列平衡：

$$HIn \rightleftharpoons H^+ + In^-$$

酸式色　　　　　　碱式色

$$K_{HIn} = \frac{[H^+][In^-]}{[HIn]} \tag{4 – 14a}$$

或

$$\frac{[In^-]}{[HIn]} = \frac{K_{HIn}}{[H^+]} \tag{4 – 14b}$$

碱式色与酸式色浓度的比值（［In⁻］／［HIn］）大小决定了溶液的颜色。当指示剂一定时，在一定的实验条件下，K_{HIn} 是一个常数，因此溶液颜色只与［H^+］有关。

55

二、指示剂的变色范围及其影响因素

(一)指示剂的变色范围

由式(4-14b)可知,指示剂溶液中的颜色是酸式色和碱式色的混合色。而溶液具体呈现的颜色由碱式色与酸式色浓度的比值($[In^-]/[HIn]$)大小决定。在一般情况下,当$\dfrac{[In^-]}{[HIn]} = \dfrac{K_{HIn}}{[H^+]} \geqslant 10$,即 pH $\geqslant pK_{HIn} + 1$ 时,看到的是 In^- 颜色;当$\dfrac{[In^-]}{[HIn]} = \dfrac{K_{HIn}}{[H^+]} \leqslant \dfrac{1}{10}$,即 pH $\leqslant pK_{HIn} - 1$ 时,看到的是 HIn 颜色。由此可见,当溶液的 pH 从 $pK_{HIn} - 1$ 改变到 $pK_{HIn} + 1$ 时,能明显看到指示剂由酸式色变到碱式色,因此 pH = $pK_{HIn} \pm 1$,称为指示剂的变色范围(color change interval)。

当$\dfrac{[In^-]}{[HIn]} = \dfrac{K_{HIn}}{[H^+]} = 1$,即 $[HIn] = [In^-]$ 时,溶液呈现指示剂的中间过渡色,此时 pH = pK_{HIn},称为指示剂的理论变色点。

根据理论上推算,指示剂的变色范围是两个 pH 单位,但由于人眼对不同颜色的敏感程度不同,实际观察到的变色范围常与理论推算略有不同。例如:甲基橙 pK_{HIn} = 3.4,理论变色范围是 2.4~4.4,实测范围是 3.1~4.4。这是因为人眼对红色比对黄色更为敏感的缘故,即酸式色(红色)的浓度只要大于碱式色(黄色)的 2 倍(pH = 3.1 时,$[In^-]/[HIn] = 10^{-3.4}/10^{-3.1} = 1/2$),就能观察到酸式色,而碱式色的浓度要大于酸式色的 10 倍(pH = 4.4 时,$[In^-]/[HIn] = 10^{-3.4}/10^{-4.4} = 10/1$),才能观察到碱式色,所以甲基橙的变色范围在 pH 小的一边短一些。常用的酸碱指示剂及由实验测得的变色范围见表 4-1。

56

表 4-1 几种常用的酸碱指示剂

指示剂	pK_{In}	变色范围 pH	颜色 酸式色	颜色 碱式色	浓度(溶剂)	用量,滴/10ml
百里酚蓝	1.65	1.2~2.8	红	黄	0.1%(20%乙醇)	1~2
甲基黄	3.25	2.9~4.0	红	黄	0.1%(90%乙醇)	1
甲基橙	3.45	3.1~4.4	红	黄	0.1%(水)	1
溴酚蓝	4.1	3.0~4.6	黄	紫	0.1%(20%乙醇或其钠盐水)	1
溴甲酚绿	4.9	3.8~5.4	黄	蓝	0.1%(乙醇)	1
甲基红	5.1	4.4~6.2	红	黄	0.05%(钠盐水)	1
溴百里酚蓝	7.3	6.2~7.6	黄	蓝	0.1%(20%乙醇或其钠盐水)	1
中性红	7.4	6.8~8.0	红	黄橙	0.5%(水)	1
酚红	8.0	6.7~8.4	黄	红	0.1%(乙醇)	1
酚酞	9.1	8.0~10.0	无	红	0.5%(90%乙醇)	1~3
百里酚酞	10.0	9.4~10.6	无	蓝	0.1%(90%乙醇)	1~2

(二)影响指示剂变色范围的因素

影响指示剂变色范围的因素主要有两方面:一是影响指示剂常数 K_{HIn} 的数值,因而引起变色范围区间的移动。如温度、溶剂的极性等,其中以温度的影响较大;二是对变色范围宽度的影响，如指示剂的用量。

1. 温度

指示剂的变色范围和 K_{HIn} 有关，而 K_{HIn} 与温度有关，故温度改变，指示剂的变色范围也随之改变。例如在 18℃ 时，酚酞的变色范围为 8.0~10.0，而 100℃ 时，则为 8.0~9.2。

2. 溶剂

指示剂在不同的溶剂中，pK_{HIn} 值不同，因此指示剂的变色范围也不同。例如甲基橙在水溶液中 $pK_{HIn} = 3.4$，而在甲醇中 $pK_{HIn} = 3.8$。

3. 指示剂的用量

溶液中指示剂用量的大小不仅影响变色的敏锐程度，还会消耗标准溶液，因此指示剂的用量（或浓度）是一个重要因素。如果溶液中指示剂的量少，加入少量标准溶液即可使之几乎完全变为 In^-，因此颜色变化灵敏。反之，溶液中指示剂的量大时，发生同样的颜色变化所需的标准溶液的量也较多，致使终点时颜色变化不敏锐，而且指示剂本身也会多消耗一些滴定剂从而带来误差。这种影响对单色指示剂或双色指示剂是共同的。因此指示剂用量少一点为佳。对单色指示剂（如酚酞、百里酚酞等）指示剂的用量还会影响指示剂的变色范围。例如酚酞的酸式为无色，碱式为红色。设人眼观察碱式的红色的最低浓度为 a，可认为它是一个固定值。设溶液中指示剂的总浓度为 c，由指示剂的离解平衡式：

$$[H^+] = K_{HIn}\frac{[HIn]}{[In^-]} = K_{HIn}\frac{c-a}{a}$$

整理可得：

$$a = \frac{cK_{HIn}}{[H^+] + K_{HIn}} \tag{4-15}$$

由式（4-15）可以看出，因为 K_{HIn}、a 都是定值，如果 c 增大，$[H^+]$ 也要相应地增大，也就是说，指示剂会在较低的 pH 时显粉红色。例如在 50~100ml 溶液中加入 2~3 滴 0.1% 酚酞，在 pH≈9 时出现微红，而在同样情况下加 10~15 滴酚酞，则在 pH≈8 时出现微红。

三、混合指示剂

在某些酸碱滴定中，滴定突跃很窄，需要把终点限制在很窄的 pH 范围，以达到一定的准确度。单一的指示剂的变色范围约有 2 个 pH 单位，难以达到要求，此时可采用混合指示剂（mixed indicator）。

混合指示剂是利用颜色互补的原理使终点变色敏锐，其配制方法有两种：

（1）在某种指示剂中加入一种惰性染料。利用颜色互补使颜色变化敏锐，但变色范围不变。例如，甲基橙和靛蓝组成的混合指示剂，靛蓝在滴定过程中不变色（蓝色），只作甲基橙变色的背景。在滴定过程中，随 $[H^+]$ 变化而发生如下颜色变化：

溶液的酸度	甲基橙的颜色	甲基橙 + 靛蓝的颜色
pH > 4.4	黄色	绿色（黄 + 蓝）
pH = 4.0	橙色	浅灰色（橙 + 蓝）
pH < 3.1	红色	紫色（红 + 蓝）

可见，用酸滴定碱时，单一甲基橙作指示剂终点由黄到橙色较难辨别；而混合指

示剂由绿变到几乎是无色的浅灰色，变色敏锐，易于辨别。

（2）由两种或两种以上的指示剂混合。因颜色互补使变色范围变窄，颜色变化敏锐。例如甲基红（pK_{HIn}5.1，红→黄）和溴甲酚绿（pK_{HIn}4.9，黄→蓝）按2:3混合后，溶液在pH<5.0时显暗红色（黄与红），在pH>5.2条件下显绿色（蓝与黄），而在pH5.1时二者颜色发生互补，产生灰绿色。溶液pH由5.0变至5.2时，颜色突变，由暗红色变为绿色，变色十分敏锐。常用的酸碱混合指示剂见表4-2。

表4-2 几种常用的酸碱混合指示剂

混合指示剂的组成	变色点 pH	变色情况		备注
		酸色	碱色	
一份0.1%甲基黄乙醇溶液 一份0.1%次甲基蓝乙醇溶液	3.25	蓝紫	绿	pH3.4绿色，3.2蓝紫色
一份0.1%甲基橙水溶液 一份0.25%靛蓝二磺酸水溶液	4.1	紫	黄绿	pH4.1灰色
三份0.1%溴甲酚绿乙醇溶液 一份0.2%甲基红乙醇溶液	5.1	酒红	绿	变色明显
一份0.1%溴甲酚绿钠盐水溶液 一份0.1%氯酚红钠盐水溶液	6.1	黄绿	蓝紫	pH5.4蓝绿色，5.8蓝色，6.0蓝带紫，6.2蓝紫
一份0.1%中性红乙醇溶液 一份0.1%次甲基蓝乙醇溶液	7.0	蓝紫	绿	pH7.0紫蓝
一份0.1%甲酚红钠盐水溶液 三份0.1%百里酚蓝钠盐水溶液	8.3	黄	紫	pH8.2玫瑰色，8.4清晰的紫色
一份0.1%百里酚蓝50%乙醇液液 三份0.1%酚酞50%乙醇溶液	9.0	黄	紫	从黄到绿再到紫，pH9.0绿色
二份0.1%百里酚酞乙醇溶液 一份0.1%茜素黄乙醇溶液	10.2	黄	紫	

第三节 酸碱滴定法的基本原理

在酸碱滴定过程中，要获得准确的测定结果，最重要的是选择合适的指示剂。酸碱指示剂的颜色变化与溶液的pH有关，所以必须了解滴定过程中溶液的pH变化规律和指示剂的选择原则，以便选择合适的指示剂确定终点。本节主要讨论几种类型的酸碱滴定曲线，说明被测物质的酸度（碱度）常数、浓度等因素对滴定突跃的影响以及正确选择指示剂的方法等。

一、强酸（碱）的滴定

滴定的基本反应为：

$$H^+ + OH^- = H_2O$$

（一）滴定曲线

现以NaOH（0.1000mol/L）滴定20.00ml HCl（0.1000mol/L）为例，讨论强酸滴

定强碱的滴定曲线。滴定过程分为四个阶段：

（1）滴定前 溶液中的 $[H^+]=c_{HCl}=0.1000mol/L$
$$pH=1.00$$

（2）滴定开始至化学计量点前 溶液的 $[H^+]=c_{HCl(剩余)}$。

例如当滴入 NaOH 溶液 19.98ml（滴定百分数为 $19.98/20.00\times100\%=99.9\%$，即化学计量点前 0.1%）时：
$$[H^+]=\frac{0.1000\times0.02}{20.00+19.98}=5\times10^{-5}（mol/L）$$
$$pH=4.3$$

（3）化学计量点 滴入 NaOH 溶液 20.00ml，溶液呈中性。
$$[H^+]=[OH^-]=1.0\times10^{-7}mol/L$$
$$pH=7.00$$

（4）化学计量点后 溶液的 $[OH^-]=c_{NaOH(过量)}$，$pH=14.00-pOH$。

例如当滴入 NaOH 溶液 20.02ml（滴定百分数为 $20.02/20.00\times100\%=100.1\%$，化学计量点后 0.1%）时：
$$[OH^-]=\frac{0.1000\times0.02}{20.00+20.02}=5\times10^{-5}（mol/L）$$
$$pOH=4.3 \qquad pH=14.00-pOH=9.7$$

如此逐一计算滴定过程中的 pH，列于表 4-3。

表 4-3 NaOH（0.1000mol/L）滴定 20.00ml HCl（0.1000mol/L）溶液的 pH 变化（25℃）

加入 NaOH 体积 V（ml）	被滴定 HCl 的百分数	剩余 HCl 的体积 V（ml）	过量 NaOH 的体积 V（ml）	溶液中 $[H^+]$（mol/L）	pH
0.00	0.00	20.00		1.0×10^{-1}	1.00
18.00	90.00	2.00		5.3×10^{-3}	2.28
19.80	99.00	0.20		5.0×10^{-4}	3.30
19.98	99.90	0.02		5×10^{-5}	4.3
20.00	100.00	0.00		1.0×10^{-7}	7.00
20.02	100.1		0.02	2×10^{-10}	9.7
20.20	101.0		0.20	2.0×10^{-11}	10.70
22.00	110.0		2.00	2.1×10^{-12}	11.68
40.00	200.0		20.00	2.0×10^{-13}	12.70

（突跃范围）

如果以 NaOH 加入量（或滴定百分数）为横坐标，以溶液的 pH 为纵坐标作图，所得曲线为强碱滴定强酸的滴定曲线（titration curve），见图 4-1a。如果用 HCl（0.1000mol/L）滴定 NaOH（0.1000mol/L）20.00ml，将得到一条与图 4-1a 滴定曲线的形状相同，但变化方向相反的滴定曲线，如图 4-1b 所示。

由表 4-3 和图 4-1 可以看出，从滴定开始到加入 NaOH 溶液 19.98ml，溶液 pH 仅改变 3.30 个 pH 单位。但在化学计量点附近加入 1 滴 NaOH 溶液（从剩余 0.02ml HCl 到过量 NaOH 0.02ml），就使溶液的 pH 由 4.30 急剧改变为 9.70，增大了 5.40 个 pH 单位。即 $[H^+]$ 降低了 25 万倍，溶液由酸性突变到碱性，这种在化学计量点附近

pH 的突变称为酸碱滴定突跃（abrupt change in titration curve），突跃所在的 pH 范围称为酸碱滴定突跃范围。此后再继续滴加 NaOH 溶液，溶液的 pH 变化又愈来愈小。滴定突跃是选择指示剂的重要依据。

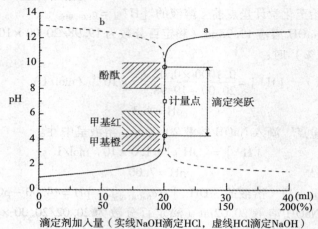

图 4 - 1　强酸和强碱的滴定曲线

a. NaOH（0.1000mol/L）滴定 20.00ml HCl（0.1000mol/L）

b. HCl（0.1000mol/L）滴定 20.00ml NaOH（0.1000mol/L）

（二）指示剂的选择

指示剂若恰好在化学计量点变色是最理想的，但实际上这样的指示剂很难找到，而且也没有必要。因为只要能在突跃范围内发生颜色变化的指示剂，基本都能满足滴定分析结果所要求的准确度。因此，应选择变色范围全部或部分落在滴定突跃范围内的指示剂来指示滴定终点，这是指示剂的选择原则。从图 4 - 1 可以看出，NaOH（0.1000mol/L）与 HCl（0.1000mol/L）相互滴定时的突跃范围是 pH4.30 ~ 9.70，所以甲基橙、甲基红、酚酞都可用作这类滴定的指示剂。

在实际工作中，选择指示剂还应考虑人眼对不同颜色变化的敏感度。在用强碱滴定强酸时，虽然有多种指示剂可选择，但常选择酚酞，因为在滴定突跃范围内，溶液由无色变为红色，极易观察。如果用强酸滴定强碱，则选用甲基橙较好。

（三）滴定突跃范围的影响因素

酸（碱）的浓度可改变酸碱滴定突跃范围的大小。若用 0.01000mol/L、0.1000mol/L、1.000mol/L 三种浓度的 NaOH 标准溶液滴定与之相同浓度的 HCl，它们的突跃范围分别为：pH 5.3 ~ 8.7、pH 4.3 ~ 9.7、pH 3.3 ~ 10.7，如图 4 - 2 所示。

由图 4 - 2 可见，强酸强碱间的滴定，其突跃范围的大小与浓度有关，酸（碱）的浓度增大 10 倍，突跃范围增加 2 个 pH 单位。浓度越大，突跃范围越大，可选择的指示剂愈多；反之，突跃范围越小，指示剂的选择就受到限制。例如用 0.01000mol/L NaOH 滴定 0.01000mol/L HCl，由于其突跃范围减小到 pH 5.3 ~ 8.7，就不能采用甲基橙作指示剂了。因此，在一般测定中，不使用浓度太小的标准溶液，试样溶液的浓度也不能太小。但也不可使用太浓的溶液，否则滴定误差增大。在实际工作中，酸碱滴定常用的浓度为 0.1mol/L。

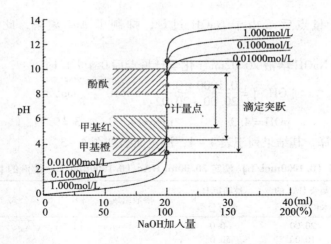

图 4-2 不同浓度的强碱滴定强酸的滴定曲线

二、一元弱酸（弱碱）的滴定

（一）滴定曲线

现以 NaOH（0.1000mol/L）滴定 20.00ml HAc（0.1000mol/L）为例讨论强碱滴定弱酸的滴定曲线。滴定反应为：

$$HAc + OH^- = Ac^- + H_2O$$

滴定过程可分四个阶段：

（1）滴定前 溶液中组成为 HAc。HAc 为一元弱酸。$c_a K_a > 20 K_w$，$c_a/K_a > 500$，最简式计算：

$$[H^+] = \sqrt{K_a c_a} = \sqrt{1.7 \times 10^{-5} \times 0.1000} = 1.3 \times 10^{-3}\ (mol/L)$$

pH = 2.89

（2）滴定开始至化学计量点前 溶液为 HAc–NaAc 缓冲体系，溶液的 $[H^+] = K_a \dfrac{c_a}{c_b}$。例如当滴入 NaOH 溶液 19.98ml（化学计量点前 0.1%）时：

$$c_b = \frac{c_{NaOH} \times V_{NaOH}}{V_{HAc} + V_{NaOH}} = \frac{0.1000 \times 19.98}{20.00 + 19.98} = 5.000 \times 10^{-2}\ (mol/L)$$

$$c_a = \frac{c_{HAc} V_{HAc} - c_{NaOH} V_{NaOH}}{V_{HAc} + V_{NaOH}} = \frac{0.1000 \times (20.00 - 19.98)}{20.00 + 19.98} = 5 \times 10^{-5}\ (mol/L)$$

$$[H^+] = K_a \frac{c_a}{c_b} = 1.7 \times 10^{-5} \times \frac{5 \times 10^{-5}}{5.000 \times 10^{-2}} = 1.7 \times 10^{-8}\ (mol/L)$$

$$pH = 7.8$$

（3）化学计量点时 HAc 全部被反应生成 NaAc，Ac^- 为一元弱碱，$c_b = 0.1000/2 = 0.05000$（mol/L）。$c_b K_b > 20 K_w$，$c_b/K_b > 500$，最简式计算：

$$[OH^-] = \sqrt{K_b c_b} = \sqrt{\frac{K_w}{K_a} c_b} = \sqrt{\frac{1.0 \times 10^{-14}}{1.7 \times 10^{-5}} \times 5.00 \times 10^{-2}} = 5.4 \times 10^{-6}\ (mol/L)$$

$$pOH = 5.27 \qquad pH = 8.73$$

61

（4）化学计量点后　由于 NaOH 过量，抑制了 Ac⁻ 离解，此时溶液的 pH = 14.00 − pOH。

例如当滴入 NaOH 溶液 20.02ml （化学计量点后 0.1%）时：

$$[OH^-] = \frac{0.1000 \times 0.02}{20.00 + 20.02} = 5 \times 10^{-5} \ (mol/L)$$

$$pOH = 4.3 \qquad pH = 14.00 - 4.3 = 9.7$$

如此逐一计算，其结果列于表 4−4，滴定曲线如图 4−3。

表 4−4　NaOH （0.1000mol/L）滴定 20.00ml HAc （0.1000mol/L）溶液的 pH 变化 （25℃）

加入 NaOH 体积 V（ml）	剩余 HAc 的体积 V（ml）	被滴定 HAc 的百分数	溶液组成	［H⁺］计算公式	pH
0.00	20.00	0.0	HAc	$[H^+] = \sqrt{K_a c_a}$	2.89
10.00	10.00	50.0			4.77
18.00	2.00	90.0	HAc + NaAc	$[H^+] = K_a \dfrac{c_a}{c_b}$	5.72
19.80	0.20	99.0			6.77
9.98	0.02	99.9			7.8
20.00	0	100.0	NaAc	$[OH^-] = \sqrt{K_b c_b}$	8.73
	过量的 NaOH				
20.02	0.02	100.1			9.7
20.20	0.20	101.0	NaOH + NaAc	$[OH^-] = c_{NaOH(剩余)}$	10.70
22.00	2.00	110.0			11.68
40.00	20.00	200.0			12.70

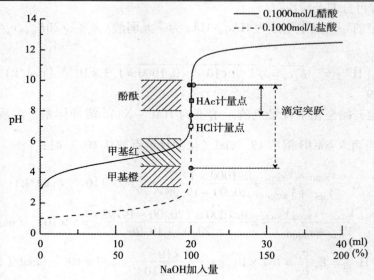

图 4−3　NaOH （0.1000mol/L）滴定 HAc （0.1000mol/L）的滴定曲线

从表 4−4 和图 4−3，可以看出强碱滴定一元弱酸有如下特点：

（1）滴定曲线起点高。这是因为 HAc 是弱酸，其离解程度比 HCl 小，所以同浓度的 HAc 溶液 ［H⁺］浓度低，pH 高（2.89）。

（2）滴定开始至化学计量点前的曲线变化速率较大。这一阶段，溶液均为 HAc +

NaAc 缓冲系统。但在滴定开始时生成的 NaAc 较少，缓冲剂比很小（小于 1/10），近计量点前剩余的 HAc 较少，缓冲剂比很大（大于 10/1），因而缓冲容量小，溶液的 pH 随 NaOH 溶液的加入变化大，曲线两端斜率大；而曲线中段，由于缓冲比接近于 1，缓冲容量大，曲线变化平缓。

（3）化学计量点的 pH 大于 7。这是因为在化学计量点，HAc 已全部与 NaOH 反应生成 NaAc，而 Ac^- 是弱碱，所以溶液呈弱碱性（pH 8.73）而不是中性。计量点后，溶液 pH 的变化与强碱滴定强酸相同。

（4）滴定突跃小。与浓度相同的强酸强碱滴定的突跃范围（pH 4.3 ~ 9.7）相比，其突跃范围小得多，并在碱性区间（pH 7.8 ~ 9.7）。此类滴定应选择在碱性区域变色的指示剂作为这类滴定的指示剂，如酚酞、百里酚兰等。在酸性区域变色的指示剂则完全不适用，如甲基橙、甲基红。

强酸滴定一元弱碱时，pH 的变化情况可采用类似方法处理。如用 HCl（0.1000mol/L）滴定 20.00ml $NH_3 \cdot H_2O$ 溶液（0.1000mol/L），其滴定曲线如图 4 - 4 所示。滴定曲线与强碱滴定一元弱酸相似，但溶液的 pH 变化方向相反，滴定曲线的形状刚好相反。在化学计量点时，因 NH_4^+ 呈现酸性，pH 也不在 7，而在偏酸性区域（pH 5.23），滴定突跃在酸性区间（pH 6.3 ~ 4.3）。因此，只能选用酸性区域变色的指示剂，如甲基橙、甲基红等指示滴定终点。

63

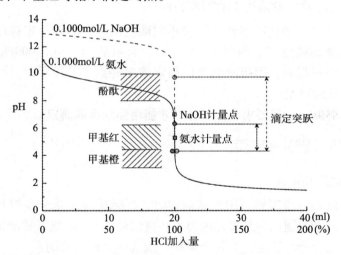

图 4 - 4　HCl（0.1000mol/L）滴定 $NH_3 \cdot H_2O$（0.1000mol/L）的滴定曲线

（二）滴定突跃范围的影响因素

影响弱酸（弱碱）滴定突跃范围的因素主要有两方面：

（1）弱酸（弱碱）的浓度。当一元弱酸（弱碱）的 $K_a (K_b)$ 值一定时，浓度越大，滴定突跃范围越大；浓度越小，突跃范围越小。

（2）弱酸（弱碱）的强度。用 NaOH（0.1000mol/L）滴定不同强度的一元弱酸（0.1000mol/L）的滴定曲线，如图 4 - 5 所示。

由图 4 - 5 可见，当酸的浓度一定，酸离解平衡常数 K_a 越大，滴定突跃范围越大；K_a 越小，突跃范围越小。同理，碱离解平衡常数 K_b 越大，滴定突跃范围越大；K_b 越小，突跃范围越小。

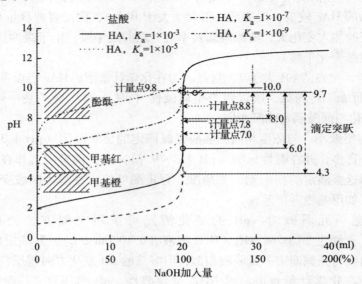

图 4 - 5 NaOH（0.1000mol/L）滴定不同强度一元弱酸（0.1000mol/L）的滴定曲线

（三）弱酸（弱碱）准确滴定的判断条件

如果弱酸（弱碱）的离解平衡常数很小或浓度很小，小到一定程度时，滴定突跃不明显，就不能准确滴定了。由图 4 - 5 可见，当弱酸的 $c = 0.1000$mol/L，$K_a \leqslant 10^{-7}$ 时，其滴定突跃已不明显，用指示剂难以确定滴定终点。对于弱酸，一般要求 $K_a c_a \geqslant 10^{-8}$ 才能用强碱准确滴定。

同理，对于弱碱，一般要求 $K_b c_b \geqslant 10^{-8}$ 才能用强酸准确滴定。

三、多元酸（碱）的滴定

（一）多元酸的滴定滴

多元酸在溶液中分步离解，用强碱滴定时，酸碱反应也是分步进行的。故在多元酸的滴定中涉及两个问题：一是多元酸每一步离解的 [H^+] 能否被准确滴定，能滴定到哪一步？二是能否分步滴定？有几个突跃？应选择何种指示剂？

判断多元酸能否准确滴定、能否分步滴定，通常根据以下两个原则来确定：

（1）若多元酸的 $K_{a_n} c_a \geqslant 10^{-8}$，则 n 级离解的 [$H^+$] 能用强碱准确滴定。

（2）若多元酸相邻两级的离解平衡常数 $K_{a_n} / K_{a_{n+1}} \geqslant 10^4$，则第 n 级离解的 H^+ 可分步滴定，不受第 n + 1 级离解的 H^+ 干扰，有一个滴定突跃。

用强碱滴定 H_2A，有下列几种情况：①若 $K_{a_2} c_a \geqslant 10^{-8}$，且 $K_{a_1} / K_{a_2} \geqslant 10^4$，则可分步滴定，两级离解的 [$H^+$] 都可准确滴定，形成两个突跃，可选指示剂分别指示第一和第二计量点。②若 $K_{a_2} c_a \geqslant 10^{-8}$，但 $K_{a_1} / K_{a_2} \leqslant 10^4$，两级离解的 [$H^+$] 都可准确滴定，但不可分步滴定，滴定时两个突跃将合并在一起，形成一个突跃，可选指示剂指示第二计量点。③若 $K_{a_1} c_a \geqslant 10^{-8}$，$K_{a_2} c_a \leqslant 10^{-8}$，且 $K_{a_1} / K_{a_2} \geqslant 10^4$，则可分步滴定，第一级离

解的 [H^+] 可准确滴定，形成一个突跃，可选指示剂指示第一计量点，第二级离解的 [H^+] 不可准确滴定。④若 $K_{a_1}c_a \geqslant 10^{-8}$，$K_{a_2}c_a \leqslant 10^{-8}$，但 $K_{a_1}/K_{a_2} \leqslant 10^4$，虽然第一级离解满足准确滴定要求，但第二级离解的 [H^+] 会干扰，故最终两级离解都不能准确滴定。⑤若 $K_{a_1}c_a \leqslant 10^{-8}$，两级离解都不能准确滴定。

例如，用 NaOH（0.1000mol/L）滴定 20.00ml H_3PO_4（0.1000mol/L）。H_3PO_4 是三元酸，分三步离解如下：

$$H_3PO_4 \Longleftrightarrow H_2PO_4^- \qquad K_{a_1} = 6.9 \times 10^{-3}$$
$$H_2PO_4^- \Longleftrightarrow H^+ + HPO_4^{2-} \qquad K_{a_2} = 6.2 \times 10^{-8}$$
$$HPO_4^{2-} \Longleftrightarrow H^+ + PO_4^{3-} \qquad K_{a_3} = 4.8 \times 10^{-13}$$

由于 H_3PO_4 的 $c_aK_{a_1} > 10^{-8}$，$c_aK_{a_2} \approx 10^{-8}$，$c_aK_{a_3} < 10^{-8}$，并且 $K_{a_1}/K_{a_2} > 10^4$，$K_{a_2}/K_{a_3} > 10^4$，故 H_3PO_4 的第一步与第二步离解的 [H^+] 可准确滴定，且能分步滴定，形成两个突跃。而第三步离解的 [H^+] 不可准确滴定。滴定反应有：

$$H_3PO_4 + NaOH \Longleftrightarrow NaH_2PO_4 + H_2O$$
$$NaH_2PO_4 + NaOH \Longleftrightarrow Na_2HPO_4 + H_2O$$

滴定曲线见图 4-6。

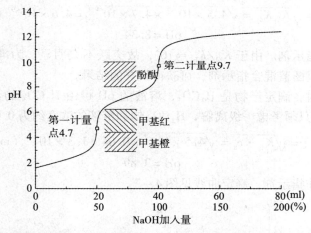

图 4-6 NaOH（0.1000mol/L）滴定 H_3PO_4（0.1000mol/L）20.00ml 的滴定曲线

多元酸的滴定曲线计算起来比较复杂，在实际工作中，为了选择指示剂，通常只须计算化学计量点时的 pH，然后选择在此 pH 附近变色的指示剂指示滴定终点。

上例中，第一化学计量点时，滴定产物是 NaH_2PO_4，pH 用两性物质溶液最简式计算：

$$[H^+] = \sqrt{K_{a_1} \cdot K_{a_2}}$$

$$pH = \frac{1}{2}(pK_{a_1} + pK_{a_2}) = \frac{1}{2}(7.12 + 2.16) = 4.64$$

可选甲基红作指示剂。

第二化学计量点时，滴定产物是 Na_2HPO_4，pH 用两性物质溶液最简式计算：

$$[H^+] = \sqrt{K_{a_2} \cdot K_{a_3}}$$

65

$$pH = \frac{1}{2}(pK_{a_2} + pK_{a_3}) = \frac{1}{2}(7.12 + 12.32) = 9.72$$

可选用酚酞作指示剂。

上述二个计量点由于突跃范围比较小，如若分别用溴甲酚绿和甲基橙（变色点pH4.3），酚酞和百里酚酞（变色点 pH9.9）混合指示剂，则滴定终点变色更明显。

（二）多元碱的滴定

与滴定多元酸的处理方法类似，判断多元碱能否准确滴定、能否分步滴定的条件：

（1）用 $K_{b_n}c_b \geqslant 10^{-8}$ 这一标准判断 n 级离解的 $[OH^-]$ 能否用强酸准确滴定，能滴定到哪一步；

（2）根据 $K_{b_n}/K_{b_{n+1}} \geqslant 10^4$，判断能否分步滴定。

例如用 HCl（0.1000mol/L）标准溶液滴定 20.00ml Na₂CO₃ 溶液（0.1000mol/L）。Na₂CO₃ 是二元弱碱。CO_3^{2-} 的 $K_{b_1} = 2.1 \times 10^{-4}$，$K_{b_2} = 2.2 \times 10^{-8}$。由于 $K_{b_1}c_b > 10^{-8}$，$K_{b_2}c_b \approx 10^{-8}$，且 $K_{b_1}/K_{b_2} \approx 10^4$，因此这个二元碱两步反应有一定交叉，滴定的准确性没有 NaOH 滴定 H₃PO₄ 高。

第一化学计量点时，滴定产物是 NaHCO₃，为两性物质，溶液的 $[H^+]$ 计算：

$$[H^+] = \sqrt{K_{a_1}K_{a_2}} = \sqrt{4.5 \times 10^{-7} \times 4.7 \times 10^{-11}} = 4.6 \times 10^{-9} \ (mol/L)$$
$$pH = 8.34$$

可选酚酞作指示剂。由于 $K_{b_1}/K_{b_2} \approx 10^4$，故突跃不太明显。为准确判定第一终点，选用甲酚红和百里酚蓝混合指示剂，可获得较好的结果。

第二计量点时，滴定产物是 H₂CO₃，溶液的 pH 可由 H₂CO₃ 的离解平衡计算。因 $K_{a_1} > > K_{a_2}$，所以只须考虑一级离解，H₂CO₃ 饱和溶液的浓度约为 0.04mol/L。

$$[H^+] = \sqrt{K_{a_1} \cdot c_a} = \sqrt{4.5 \times 10^{-7} \times 0.04} = 1.3 \times 10^{-4} \ (mol/L)$$
$$pH = 3.89$$

可选甲基橙作指示剂，滴定曲线见图 4-7。

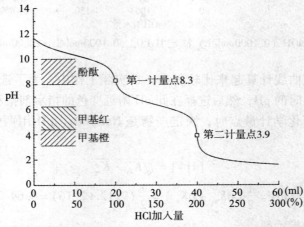

图 4-7 HCl（0.1000mol/L）滴定 Na₂CO₃（0.1000mol/L）的滴定曲线

应注意，由于接近第二计量点时容易形成 CO₂ 过饱和溶液，而使溶液酸度稍稍增大，终点稍有提前，因此接近终点时应剧烈振摇溶液或将溶液煮沸以除去 CO_2，冷却后再滴定。

四、酸碱标准溶液

酸碱滴定法中最常用的酸标准溶液是 HCl，碱标准溶液是 NaOH。也可用 H_2SO_4、KOH 等其他强酸和强碱。这些标准溶液通常都是用标定法配制，浓度一般在 $0.01 \sim 1\,mol/L$ 之间，最常用的浓度是 $0.1\,mol/L$。

（一）酸标准溶液

配制酸标准溶液的强酸有盐酸和硫酸。浓盐酸具有挥发性，浓硫酸吸湿性强，应先配制成近似所需浓度的溶液，再用基准物质标定。

标定 HCl 溶液的基准物质有无水碳酸钠（Na_2CO_3）及硼砂（$Na_2B_2O_7 \cdot 10H_2O$）。

无水碳酸钠易得纯品，价廉，但有吸湿性，能吸收 CO_2，所以用前必须在 $270 \sim 300\,℃$ 干燥至恒重，置于干燥器中备用。

硼砂的摩尔质量大，可以减小称量误差，无吸湿性，也易得纯品，但在空气中易风化失去结晶水，因此需要保存在含有饱和 NaCl 和蔗糖溶液、相对湿度为 60% 的密闭容器中。用硼砂标定 HCl 溶液可选用甲基红作指示剂，标定反应为：

$$Na_2B_4O_7 + 2HCl + 5H_2O = 4H_3BO_3 + 2NaCl$$

（二）碱标准溶液

配制碱标准溶液的强碱常用 NaOH 和 KOH，因 KOH 较贵，故 NaOH 最为常用。NaOH 易吸空气中的 CO_2 和水，导致常含有 Na_2CO_3，不能直接配制。为了配制不含 Na_2CO_3 的 NaOH 标准溶液，一般先配成 NaOH 饱和溶液，Na_2CO_3 在浓碱溶液中溶解度很小而沉淀下来，取上清液稀释成近似所需浓度的溶液，再用基准物质标定。

标定 NaOH 溶液的基准物质有邻苯二甲酸氢钾（$KHC_8H_4O_4$）、草酸（$H_2C_2O_4 \cdot 2H_2O$）等。邻苯二甲酸氢钾易制得纯品，摩尔质量大，不潮解，加热至 $135\,℃$ 不分解，是一种很好的标定碱标准溶液的基准物质。用邻苯二甲酸氢钾标定 NaOH 溶液可用酚酞作指示剂，标定反应为：

$$KHC_8H_4O_4 + NaOH = KNaC_8H_4O_4 + H_2O$$

五、酸碱滴定的终点误差

滴定终点误差是由于指示剂不在化学计量点变色，从而滴定终点与化学计量点不相符合引起的相对误差，也称终点误差，简写 TE。误差的大小可表示为：

$$TE = \frac{滴定剂过量或不足物质的量（mol）}{被测量的酸（碱）物质的量（mol）} \times 100\% \qquad (4-16)$$

（一）强酸（强碱）滴定的终点误差

现以 NaOH 滴定 HCl（$c_0\,mol/L$，$V_0\,ml$）为例进行讨论。滴定终点误差应为：

$$TE = \frac{NaOH\,过量或不足物质的量（mol）}{HCl\,物质的量（mol）} \times 100\% \qquad (4-17)$$

以 HCl、H_2O 和加入的 NaOH 为零水准，滴定过程中溶液的质子条件式为：

$$[H^+] + c_{NaOH} = [OH^-] + c_{HCl}$$

$$c_{NaOH} - c_{HCl} = [OH^-] - [H^+]$$

则在终点附近　　　$c_{NaOH(ep)} - c_{HCl(ep)} = [OH^-]_{ep} - [H^+]_{ep}$

设化学计量点时溶液的总体积为 V_{sp}，盐酸的总浓度为 c_{sp}，滴定到终点时溶液的总体积为 V_{ep}。在滴定终点时，NaOH 过量或不足的物质的量为 $[c_{NaOH(ep)} - c_{HCl(ep)}] V_{ep}$，代入式（4-17）得：

$$TE = \frac{[c_{NaOH(ep)} - c_{HCl(ep)}] \cdot V_{ep}}{c_0 V_0} \times 100\% \qquad (4-18)$$

若终点与化学计量点接近，误差在要求范围内，则 $V_{ep} \approx V_{sp}$。因 $c_0 V_0 = c_{sp} V_{sp}$，代入式（4-18）得

$$TE = \frac{[c_{NaOH(ep)} - c_{HCl(ep)}] \cdot V_{ep}}{c_{sp} V_{sp}} \times 100\% = \frac{[OH^-]_{ep} - [H^+]_{ep}}{c_{sp}} \times 100\% \quad (4-19a)$$

式中，c_{sp}——化学计量点时强酸的总浓度。$c_{sp} = \dfrac{c_0 V_0}{V_{sp}}$。

由式（4-19a）可见，用强碱滴定强酸时，若滴定终点在化学计量点之前，酸剩余，则 $[H^+]_{ep} > [OH^-]_{ep}$，TE < 0；终点与化学计量点一致时，$[H^+]_{ep} = [OH^-]_{ep}$，TE = 0；若滴定终点在化学计量点之后，NaOH 过量，则 $[OH^-]_{ep} > [H^+]_{ep}$，TE > 0。

同理，如果用强酸滴定强碱时，滴定误差可按上述方法处理得到：

$$TE = \frac{[H^+]_{ep} - [OH^-]_{ep}}{c_{sp}} \times 100\% \qquad (4-19b)$$

式中，c_{sp}——化学计量点时强碱的总浓度。

例 4-7　用 NaOH（0.1000mol/L）滴定 20.00ml HCl（0.1000mol/L），求滴定至 pH = 4.0（用甲基橙作指示剂）和 pH = 9.0（用酚酞作指示剂）时的终点误差。

解：依题意化学计量点时，消耗 NaOH 标准溶液应为 20.00ml，溶液组成 NaCl，pH = 7.00。

（1）滴定终点 pH = 4.0，则 NaOH 用量不足，误差为负。

此时 $[H^+]_{ep} = 1.0 \times 10^{-4}$ mol/L，$[OH^-]_{ep} = 1.0 \times 10^{-10}$ mol/L

$$c_{sp} = \frac{c_0 V_0}{V_{sp}} = \frac{0.1000 \times 20.00}{20.00 + 20.00} = 0.05000 \ (mol/L)$$

$$TE = \frac{[OH^-]_{ep} - [H^+]_{ep}}{c_{sp}} \times 100\% = \frac{1.0 \times 10^{-10} - 1.0 \times 10^{-4}}{0.05000} \times 100\% = -0.20\%$$

（2）滴定终点 pH = 9.00，NaOH 已过量，误差为正。

此时 $[H^+]_{ep} = 1.0 \times 10^{-9}$ mol/L，$[OH^-]_{ep} = 1.0 \times 10^{-5}$ mol/L

$$TE = \frac{[OH^-]_{ep} - [H^+]_{ep}}{c_{sp}} \times 100\% = \frac{1.0 \times 10^{-5} - 1.0 \times 10^{-9}}{0.05000} \times 100\% = 0.020\%$$

上述计算结果说明：用 NaOH 滴定 HCl 时，用酚酞指示剂比用甲基橙作指示剂确定终点的误差小。

（二）弱酸（碱）的滴定误差

现以 NaOH 滴定一元弱酸 HA（c_0 mol/L，V_0 ml）为例进行讨论。滴定误差为：

$$TE = \frac{NaOH\ 过量或不足物质的量（mol）}{HA\ 物质的量（mol）} \times 100\% \qquad (4-20)$$

以 HA、H_2O 和加入的 NaOH 为零水准，滴定过程中溶液的质子条件式为：

$$[H^+] + c_{NaOH} = [OH^-] + [A^-]$$

由物料平衡式得：$c_{HA} = [HA] + [A^-]$

两式相减，整理得：$c_{NaOH} - c_{HA} = [OH^-] - [H^+] - [HA]$

则在终点附近：$c_{NaOH(ep)} - c_{HA(ep)} = [OH^-]_{ep} - [H^+]_{ep} - [HA]_{ep}$

设化学计量点时溶液的总体积为 V_{sp}，一元弱酸的总浓度为 c_{sp}，滴定到终点时溶液的总体积为 V_{ep}。在滴定终点时，NaOH 过量或不足的物质的量为 $[c_{NaOH(ep)} - c_{HA(ep)}] \cdot V_{ep}$，代入式（4-20）得：

$$TE = \frac{[c_{NaOH(ep)} - c_{HA(ep)}] \cdot V_{ep}}{c_0 V_0} \times 100\% \qquad (4-21)$$

若终点与化学计量点接近，误差在要求范围内，则 $V_{ep} \approx V_{sp}$。因 $c_0 V_0 = c_{sp} V_{sp}$，代入式（4-21）得

$$TE = \frac{[c_{NaOH(ep)} - c_{HA(ep)}] \cdot V_{ep}}{c_{sp} V_{sp}} \times 100\% = \left\{ \frac{[OH^-]_{ep} - [H^+]_{ep}}{c_{sp}} - \delta_{HA} \right\} \times 100\%$$

实际上强碱滴定弱酸的终点多为碱性，上式中的 $[H^+]_{ep}$ 可略去，即

$$TE = \left\{ \frac{[OH^-]_{ep}}{c_{sp}} - \delta_{HA} \right\} \times 100\% \qquad (4-22a)$$

式中，c_{sp}——化学计量点时一元弱酸的总浓度。

同理，如果用强酸滴定一元弱碱（B）时，滴定误差用类似方法处理得到：

$$TE = \left\{ \frac{[H^+]_{ep}}{c_{sp}} - \delta_B \right\} \times 100\% \qquad (4-22b)$$

69

式中，c_{sp}——化学计量点时一元弱碱的总浓度。

例 4-8 用 NaOH（0.1000mol/L）滴定 20.00ml HAc（0.1000mol/L）溶液，用酚酞作指示剂。计算分别滴定至（1）pH=8.0，（2）pH=9.0 为终点时的滴定终点误差。

解： 滴定到化学计量点时，生成 NaAc。溶液 pH=8.73（参见表 4-4）。

（1）滴定终点为 pH=8.0，未到化学计量点，溶液中尚有未中和的 HAc。

此时 $[H^+] = 1.0 \times 10^{-8}$ mol/L，$[OH^-]_{ep} = 1.0 \times 10^{-6}$ mol/L，

$$c_{sp} = \frac{c_0 V_0}{V_{sp}} = \frac{0.1000 \times 20.00}{20.00 + 20.00} = 0.05000\ (mol/L)$$

$$\delta_{HA} = \frac{[H^+]}{[H^+] + K_a} = \frac{1.0 \times 10^{-8}}{1.0 \times 10^{-8} + 1.7 \times 10^{-5}} = 5.9 \times 10^{-4}$$

$$TE = \left\{ \frac{[OH^-]_{ep}}{c_{sp}} - \delta_{HA} \right\} \times 100\% = \left(\frac{1.0 \times 10^{-6}}{0.05000} - 5.9 \times 10^{-4} \right) \times 100\% = -0.057\%$$

（2）滴定终点为 pH=9.0 时，超过了化学计量点。此时 $[H^+] = 1.0 \times 10^{-9}$ mol/L，$[OH^-]_{ep} = 1.0 \times 10^{-5}$ mol/L。

$$TE = \left(\frac{1.0 \times 10^{-5}}{0.05000} - \frac{1.0 \times 10^{-9}}{1.0 \times 10^{-9} + 1.7 \times 10^{-5}} \right) \times 100\% = 0.014\%$$

第四节　非水溶液中的酸碱滴定

非水酸碱滴定法（nonaqueous acid – base titration）是指在水以外的溶剂（非水溶剂）中进行的酸碱滴定法。前面所讲的酸碱滴定是在水溶液中进行的。水具有安全、价廉、易得等特点，是常用的溶剂。但以水为介质进行酸碱滴定有一定的局限性，例如：一些在水中 $cK < 10^{-8}$ 的弱酸或弱碱，由于没有明显的滴定突跃而不能准确滴定；有些有机酸或碱在水中溶解度小，也使滴定产生困难。此外，一些 K_a 或 K_b 值较接近的多元酸或碱、混合酸或碱，也难于在水溶液中分步或分别滴定。如果采用非水溶剂作为滴定介质，不仅能增大有机化合物的溶解度，能改变物质的化学性质（例如酸碱性及其强度），还可以使在水中不能完全反应的滴定得以顺利进行，从而扩大了滴定分析的应用范围。

非水滴定除溶剂较特殊外，还具有一般滴定分析的准确、快速、设备简单等特点，为各国药典和其他常规分析所采用。本节对非水酸碱滴定法作简单介绍。

一、非水酸碱滴定法原理

（一）溶剂的分类

根据酸碱质子理论，非水溶剂可分为两大类。

1. 质子性溶剂

能接受质子或能给出质子的溶剂称为质子性溶剂（protonic solvent）。其特点是在溶剂分子间有质子的转移，能发生质子自递反应。根据它们酸碱性的强弱，又可分为三类：

（1）两性溶剂　既易接受质子又易给出质子的溶剂称为两性溶剂（amphoteric solvent），又称为中性溶剂。大多数醇（如甲醇、乙醇和异丙醇）属于两性溶剂，两性溶剂酸碱性与水相近，有与水相似的质子自递反应。适用于不太弱的酸（碱）的滴定。

（2）酸性溶剂　给出质子能力较强的溶剂称为酸性溶剂（acid solvent），其酸性明显大于水，如甲酸、冰醋酸、丙酸等属于酸性溶剂。酸性溶剂适用于弱碱性物质的滴定。

（3）碱性溶剂　接受质子能力较强的溶剂称为碱性溶剂（basic solvent），其碱性明显大于水，如乙二胺、乙醇胺、丁胺等属于碱性溶剂。碱性溶剂适用于弱酸性物质的滴定。

2. 非质子溶剂

没有给出质子能力的溶剂称为无质子溶剂（aprotic solvent）。其特点是溶剂分子间不能发生质子自递反应，但有接受质子的能力。可分为两类：

（1）偶极亲质子溶剂　分子中无可转移质子，但却有较弱的接受质子和形成氢键的能力的溶剂称为偶极亲质子溶剂。如酰胺类、酮类、腈类、吡啶等。

（2）惰性溶剂　几乎没有接受质子和形成氢键的能力的溶剂称为惰性溶剂，如苯、三氯甲烷、四氯化碳、正己烷等。

为了使样品易于溶解，增大滴定突跃，并使终点指示剂变色敏锐，还可将质子性溶剂和惰性溶剂混合使用，如冰醋酸－醋酐、苯－甲醇、苯－冰醋酸等混合溶剂。

（二）溶剂的性质

1. 溶剂的离解性

在溶剂中，除惰性溶剂外均有不同程度的离解性，存在下列平衡：

$$SH \rightleftharpoons H^+ + S^- \qquad K_a^{SH} = \frac{[H^+][S^-]}{[SH]} \qquad (4-23)$$

$$SH + H^+ \rightleftharpoons SH_2^+ \qquad K_b^{SH} = \frac{[SH_2^+]}{[H^+][SH]} \qquad (4-24)$$

式中，K_a^{SH} 和 K_b^{SH}——分别为溶剂的固有酸度常数和固有碱度常数，分别用于衡量溶剂给出质子和接受质子的能力。

溶剂的质子自递反应为：$2SH \rightleftharpoons SH_2^+ + S^-$

质子自递反应平衡常数为：$K = \dfrac{[SH_2^+][S^-]}{[SH]^2} = K_a^{SH} \cdot K_b^{SH}$ (4-25)

由于溶剂自身离解极少，且溶剂是大量的，故 [SH] 可看做定值，于是定义：

$$K_s = [SH_2^+][S^-] = K_a^{SH} K_b^{SH}[SH]^2 \qquad (4-26)$$

式中，K_s——称为溶剂的质子自递常数。对于 H_2O 来说，就是水的离子积常数。

在一定温度下，不同溶剂的质子自递常数不同。表 4-5 中列出几种常用溶剂的 pK_s。

表 4-5　常用溶剂的质子自递常数（pK_s）及介电常数（ε）（25℃）

溶　剂	pK_s	ε	溶　剂	pK_s	ε
水	14.00	78.5	乙腈	28.5	36.6
甲醇	16.7	31.5	甲基异丁酮	>30	13.1
乙醇	19.1	24.0	二甲基甲酰胺	—	36.7
甲酸	6.22	58.5 (16℃)	二氧六环	—	2.21
冰醋酸	14.45	6.13	苯	—	2.3
醋酐	14.5	20.5	三氯甲烷	—	4.81
乙二胺	15.3	14.2	吡啶	—	12.3

溶剂的 K_s 值的大小对酸碱滴定的突跃范围有一定的影响。例如：在水溶液中，以 NaOH（0.1000mol/L）滴定相同浓度的一元强酸。当滴定到化学计量点前 0.1% 时，pH = 4.3；继续滴定到化学计量点后 0.1% 时，pOH = 4.3，pH = 14 - 4.3 = 9.7。滴定的 pH 突跃范围为 4.3~9.7，即有 5.4 个 pH 单位的变化（见本章第三节）。在乙醇中，以 C_2H_5ONa（0.1000mol/L）滴定相同浓度的一元强酸，当滴定到化学计量点前 0.1% 时，$pC_2H_5OH_2 = 4.3$；继续滴定到化学计量点后 0.1% 时，$pC_2H_5O = 4.3$，$pC_2H_5OH_2 = 19.1 - 4.3 = 14.8$。滴定的 $pC_2H_5OH_2$ 突跃范围为 4.3~14.8，有 10.5 个 pH 单位的变化。由此可见，滴定相同浓度的同一强酸，在乙醇中比水中滴定的突跃范围大得多。

由以上讨论可知，溶剂的 pK_s 值越大，滴定突跃范围越大。因此，在水中不能被准确滴定的酸（或碱），在 pK_s 值大的溶剂中就有可能被滴定。

2. 溶剂的酸碱性

若将酸 HA 溶于质子溶剂 SH 中，则发生下列质子转移反应：

$$\overset{\longleftarrow}{HA + SH} \rightleftharpoons SH_2^+ + A^-$$

反应的平衡常数，即溶质 HA 在溶剂 SH 中的表观离解常数为：

$$K_{HA} = \frac{[A^-][SH_2^+]}{[HA][SH]} = K_a^{HA} \cdot K_b^{SH} \qquad (4-27)$$

式（4-27）表明，酸 HA 在溶剂 SH 中的表观酸度决定于 HA 的酸的强度和溶剂 SH 的碱的强度，即决定于酸给出质子的能力和溶剂接受质子的能力。

同理，若将碱 B 溶于溶剂 SH 中，质子转移反应式为：

$$\overset{\longleftarrow}{B + SH} \rightleftharpoons BH^+ + S^-$$

反应的平衡常数 K_B 为：

$$K_B = \frac{[BH^+][S^-]}{[B][SH]} = K_b^B \cdot K_a^{SH} \qquad (4-28)$$

因此，碱 B 在溶剂 SH 中的表观离解常数决定于碱 B 的碱的强度和溶剂 SH 的酸的强度，即决定于碱接受质子的能力和溶剂给出质子的能力。

由上讨论可知，物质表现出来的酸（或碱）的强度，不仅与该物质的固有酸（碱）强度有关，也与溶剂的酸碱性质有关。弱酸溶解在碱性溶剂中，酸性增强；弱碱溶解在酸性溶剂中碱性增强。

溶剂的酸碱性对酸碱滴定有重要的影响。一些在水溶液中因酸性或碱性太弱而不能准确滴定的弱酸或弱碱（$c \cdot K_b < 10^{-8}$），可更换碱性或酸性比水强的溶剂，增强弱酸或弱碱的酸性或碱性，从而使之能够准确滴定。如某弱碱 B 在水溶液中 $c \cdot K_b < 10^{-8}$，则在水中不能被 $HClO_4$ 滴定，这是由于其质子反应进行得很不完全：

$$B + H_2O \rightleftharpoons BH^+ + OH^-$$

若更换溶剂为冰醋酸，因为冰醋酸的酸性比水强，则其质子转移反应向右进行得很完全：

$$B + HAc \rightarrow BH^+ + Ac^-$$

高氯酸溶于 HAc 时，进行下列反应：

$$HClO_4 + HAc \rightarrow ClO_4^- + H_2Ac^+$$

滴定时，醋酸合质子和醋酸阴离子发生以下反应：

$$H_2Ac^+ + Ac^- \rightarrow 2HAc$$

反应进行很完全，因此可以进行滴定。这里，溶剂（HAc）起到传递质子的作用，其本身未起变化。整个滴定反应为：

$$B + HClO_4 \rightarrow BH^+ + ClO_4^-$$

3. 溶剂的极性

溶剂的极性介电常数 ε 能反映溶剂极性的强弱。极性强的溶剂介电常数较大，反之，介电常数较小。根据库仑定律，两个带相反电荷的离子间的静电吸引力 f 与溶剂的介电常数 ε 成反比，即：

$$f = \frac{e_+ e_-}{\varepsilon \gamma^2}$$

式中：e^+——正电荷；e^-——负电荷；r——两电荷中心之间的距离。所以，在介电常数大的溶剂中有利于溶质离解。

溶质酸（碱）在非水溶剂中的离解分两步进行。

$$HAc + SH \xrightleftharpoons[]{电离} [SH_2^+ \cdot Ac^-] \xrightleftharpoons[]{离解} SH_2^+ + Ac^-$$

第一步溶质与溶剂分子发生质子转移，在静电引力作用下形成离子对；第二步离子对再部分解离，形成溶剂合质子和溶剂阴离子。同一溶质在不同介电常数的溶剂中离解难易不同。例如：溶剂水与乙醇的碱性相近，但因水介电常数大于乙醇，所以HAc 在水中易离解，酸性比在乙醇中的强。

4. 均化效应和区分效应

在水溶液中，$HClO_4$、H_2SO_4、HCl、HNO_3 的酸强度几乎相等。这是因为它们溶于水后，几乎全部离解，生成水合质子 H_3O^+。

$$HClO_4 + H_2O \rightarrow H_3O^+ + ClO_4^-$$
$$H_2SO_4 + H_2O \rightarrow H_3O^+ + HSO_4^-$$
$$HCl + H_2O \rightarrow H_3O^+ + Cl^-$$
$$HNO_3 + H_2O \rightarrow H_3O^+ + NO_3^-$$

以上各种不同强度的酸在水溶液中都被均化到 H_3O^+ 的强度水平，H_3O^+ 是水中能够存在的最强酸。这种能将各种不同强度的酸（碱）均化到溶剂合质子（或溶剂阴离子）水平的效应称均化效应（leveling effect）。具有均化效应的溶剂称均化性溶剂（leveling sovent）。

如果将 $HClO_4$、HCl 溶解在冰醋酸溶液中，酸碱平衡反应为：

$$HClO_4 + HAc \rightleftharpoons H_2Ac + + ClO_4^- \qquad K = 1.310^{-5}$$
$$HCl + HAc \rightleftharpoons H_2Ac + + Cl^- \qquad K = 2.8 \times 10^{-9}$$

由于醋酸的碱性比水弱，$HClO_4$ 和 HCl 就不能将其质子全部转移给 HAc 分子，在离解程度上存在着一定的差别，K 值显示 $HClO_4$ 比 HCl 的酸性强。这种能区分酸（碱）强弱的效应称区分效应（differentiating effect）。具有区分效应的溶剂称区分性溶剂（differentiating solvent）。冰醋酸是 $HClO_4$ 和 HCl 的区分性溶剂。

溶剂的均化效应和区分效应与溶质和溶剂的酸碱相对强度有关。例如水是 $HClO_4$ 和 HCl 的均化性溶剂，但它是 HCl 和 HAc 的区分性溶剂，这是由于醋酸酸性比较弱，在水中质子转移反应不完全。而 NH_3 是 HCl 和 HAc 的均化性溶剂，那是因为液氨的碱性比水强，接受质子的能力较强，使 HAc 在液氨表现为强酸，HCl 和 HAc 都被均化到 NH_4^+ 的水平。

一般来说，酸性溶剂是酸的区分性溶剂，是碱的均化性溶剂；碱性溶剂是碱的区分性溶剂，是酸的均化性溶剂。在非水滴定中，往往利用均化效应测定混合酸（或碱）的总量，利用区分效应测定混合酸（或碱）中各组分的含量。

非质子溶剂本身不参与质子转移反应，没有明显的酸碱性，因此没有均化效应，是一种很好的区分性溶剂。例如高氯酸、盐酸、水杨酸、醋酸、苯酚五种酸的分别滴定，常以甲基异丁酮为溶剂，用氢氧化四丁基铵的异丙醇溶液作滴定剂，以电位法（见第八章）确定终点，在滴定曲线上 5 个转折点能明显地区分开来，如图 4-8 所示。

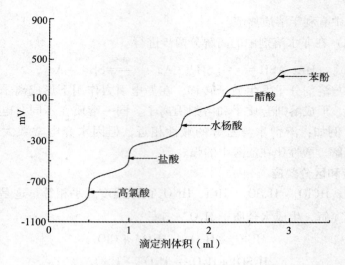

图 4 - 8　5 种混合酸的区分滴定曲线

（三）溶剂的选择

在非水酸碱滴定中，溶剂的选择十分重要。首先要考虑的是溶剂的酸碱性，因为它对滴定反应能否进行完全、终点是否明显起决定性作用。例如，滴定某种弱酸（HA），通常用溶剂阴离子（S^-）进行滴定，其反应如下：

$$HA + S^- \rightleftharpoons HS + A^-$$

滴定反应的完全程度，可由滴定反应的平衡常数（K_t）看出：

$$K_t = \frac{[HS][A^-]}{[HA][S^-]} = \frac{[H^+][A^-]}{[HA]}\frac{[HS]}{[H^+][S^-]} = K_a^{HA}/K_a^{HS} \qquad (4-29)$$

从式（4 - 29）可见 HA 的固有酸度（K_a^{HA}）越大，溶剂的固有酸度（K_a^{HS}）越小，K_t 越大，滴定反应越完全。因此对于酸的滴定，溶剂的酸性越弱越好，通常用碱性溶剂或偶极亲质子溶剂。

同理，对于弱碱 B 的滴定，通常用溶剂化质子（H_2S^+）进行滴定，其反应如下：

$$B + H_2S^+ \rightleftharpoons HB^+ + HS$$

滴定反应的平衡常数为：

$$K_t = \frac{[HB^+][HS]}{[B][H_2S^+]} = K_b^B/K_b^{HS} \qquad (4-30)$$

故所选择溶剂的碱性越弱，滴定反应越完全，通常选用酸性溶剂或惰性溶剂。

混合酸（碱）的分步滴定，可选择酸（碱）性都弱的溶剂，通常选择惰性溶剂及 pK_s 大的溶剂，能提高终点的敏锐性。

此外，选择溶剂时，还应考虑以下要求：

①溶剂应有一定的纯度、黏度小、挥发性低，易于精制、回收、价廉、安全。存在于溶剂中的水分能严重干扰滴定终点，应采用精制或加入能和水作用的试剂等方法除去。

②溶剂应能溶解试样及滴定反应的产物。一种溶剂不能溶解时，可采用混合溶剂。

③溶剂应不引起副反应。

二、非水溶液中酸和碱的滴定

（一）碱的滴定

1. 溶剂的选择

在水溶液中不能直接滴定的弱碱，在非水滴定中可选择酸性溶剂，增强弱碱的强度，使滴定突跃明显，然后用酸标准溶液滴定。

滴定弱碱最常用的溶剂是冰醋酸。市售冰醋酸含有少量水分，水的存在常会影响滴定突跃，使指示剂变色不敏锐。为避免水分存在对滴定的影响，一般需要加入一定量的乙酸酐，使其与水反应转变成冰醋酸，反应如下：

$$(CH_3CO)_2 + H_2O \rightleftharpoons 2CH_3COOH$$

根据以上反应式可计算所需加入的醋酐的量。若一级冰醋酸含水量为 0.2%，相对密度为 1.05，则除去 1000ml 冰醋酸中的水应加相对密度 1.08，含量为 97.8% 的醋酐的体积为：

$$V = \frac{0.2\% \times 1.05 \times 1000 \times 102.1}{97.8\% \times 1.08 \times 18.02} = 11 \ (ml)$$

2. 标准溶液

高氯酸在冰醋酸中有较强的酸性，且绝大多数有机碱的高氯酸盐易溶于有机溶剂，有利于滴定反应。因此，滴定碱的标准溶液常采用高氯酸的冰醋酸溶液。

（1）配制　市售高氯酸为含 $HClO_4$ 70.0% ~ 72.0%，相对密度为 1.75 的水溶液。其水分应加入醋酐除去。

在配制高氯酸的冰醋酸溶液时，应先用冰醋酸将高氯酸稀释后，再在不断搅拌下缓缓滴加适量乙酸酐，不能把醋酐直接加到高氯酸溶液中。因高氯酸与乙酸酐混合时发生剧烈反应，并放出大量热。

在测定一般样品时，醋酐量稍多不影响测定结果。但对容易乙酰化的样品，如芳香伯胺或仲胺，所加醋酐不宜过量，否则测定结果偏低。因此测定易乙酰化的样品，需用水分测定法测定标准溶液含水量，再用醋酐调节。

（2）标定　标定高氯酸标准溶液的浓度常用邻苯二甲酸氢钾为基准物质，结晶紫为指示剂，标定反应如下：

（3）校正　多数有机溶剂的体积膨胀系数较大，如冰醋酸的体膨胀系数为 $1.1 \times 10^{-3}/℃$，是水（$2.1 \times 10^{-4}/℃$）的 5.2 倍。体积随温度变化较大。药典规定若高氯酸冰醋酸标准溶液滴定样品和标定时的温度差别超过 10℃，应重新标定，未超过 10℃，则可按下式将高氯酸冰醋酸标准溶液的浓度加以校正：

$$c_1 = \frac{c_0}{1 + 0.0011(t_1 - t_0)} \tag{4-31}$$

式中，0.0011——冰醋酸的体膨胀系数；t_0——标定时的温度；t_1——测定时的温度；c_0——标定时的浓度；c_1——测定时的浓度。

3. 滴定终点的确定

非水酸碱滴定终点的确定方法主要有电位法（见第八章）和指示剂法。用指示剂确定终点时，一般是在电位滴定同时观察指示剂的颜色变化，选择变色点与电位法的终点相符合的指示剂。下面简单介绍几种常用的指示剂。

（1）结晶紫　结晶紫（crystal violet）是以冰醋酸作溶剂，用高氯酸滴定碱时最常用的指示剂。结晶紫分子中的氮原子能键合多个质子而表现为多元碱，在滴定中，随着溶液酸度的增加，结晶紫颜色变化如下：

紫色（碱式色）→蓝紫→蓝→蓝绿→绿→黄绿→黄色（酸式色）

在滴定不同强度的碱时，其终点颜色变化不同。滴定较强碱时应以蓝色或蓝绿色为终点，滴定极弱碱时应以蓝绿色或绿色为终点，终点颜色应以电位法的滴定突跃为准，并作空白试验校正，以减少滴定误差。

（2）α-苯酚苯甲醇　α-苯酚苯甲醇（α-naphthalphenil benzyl alcohol）适用于在冰醋酸-四氯化碳、冰醋酸-乙酸酐等溶剂中使用，常用0.5%的冰醋酸溶液，其酸式色为绿色，碱式色为黄色。

（3）喹那啶红　喹那啶红（quinaldine red）适用于在冰醋酸中滴定大多数胺类化合物，常用0.1%的甲醇溶液，其酸式色为无色，碱式色为红色。

4. 应用范围

具有碱性基团的化合物，如胺类、氨基酸类、含氮杂环化合物、某些有机碱的盐及弱酸盐等，大都可用高氯酸标准溶液进行滴定。

（1）有机弱碱　有机弱碱如胺类、生物碱类等，只要其在水溶液中的 $K_b > 10^{-10}$，都能在冰醋酸介质中用高氯酸标准溶液进行定量测定。对 $K_b < 10^{-12}$ 的极弱碱，需使用冰醋酸-乙酸酐的混合溶液为介质，且随着乙酸酐用量的增加，滴定范围显著增大。如咖啡因（$K_b = 4.0 \times 10^{-14}$）在不同比例的乙酸酐-冰醋酸中进行滴定，其滴定突跃随着乙酸酐含量的增加而加大。这是因为乙酸酐离解生成 $(CH_3CO)_2^+O$ 比冰醋酸中的 $CH_3COOH_2^+$ 酸性更强，因此在乙酸酐中有更明显的滴定突跃。

（2）有机酸的碱金属盐　由于有机酸的酸性较弱，其共轭碱（有机酸根）在冰醋酸中显较强的碱性，故有机酸的碱金属盐可用高氯酸的冰醋酸溶液滴定。若以 NaA 代表有机酸的碱金属盐，其滴定反应可表示如下：

$$HClO_4 + HAc \rightleftharpoons H_2Ac^+ + ClO_4^-$$
$$NaA + HAc \rightleftharpoons HA + Ac^- + Na^+$$
$$H_2Ac^+ + Ac^- \rightleftharpoons 2HAc$$

总式　　　$$HClO_4 + NaA \rightleftharpoons HA + ClO_4^- + Na^+$$

由反应式可知，只要生成的酸 HA 比醋酸合质子 H_2Ac^+ 的酸性弱，反应就能进行，两者酸强度相差越大，反应越完全。

在冰醋酸中，以高氯酸直接滴定的有机酸的碱金属盐有水杨酸钠、苯甲酸钠、醋酸钠、乳酸钠、枸橼酸钠（钾）和邻苯二甲酸氢钾等。

（3）有机碱的氢卤酸盐　大多数有机碱难溶于水，且不太稳定，故常与氢卤酸成盐后药用，其通式以 B·HX 表示，如盐酸麻黄碱、氢溴酸东莨菪碱等。由于氢卤酸的酸性较强，因此当 B·HX 溶于冰醋酸时，必须消除 HX 的干扰。一般加入过量的醋酸汞冰醋酸溶液，使之形成难电离的卤化汞，而氢卤酸盐转变成醋酸盐，以结晶紫或其他适宜的指示剂指示终点，用高氯酸进行滴定。反应式可表示如下：

$$2B \cdot HX + Hg(Ac)_2 \Longleftrightarrow 2B \cdot HAc + HgX_2$$

$$B \cdot HAc + HClO_4 \Longleftrightarrow B \cdot HClO_4 + HAc$$

但由此会产生汞的环境污染问题，应尽量少用。

（4）有机碱的有机酸盐　这一类盐在冰醋酸或冰醋酸-醋酐的混合溶剂能增强碱性，因此可以结晶紫为指示剂，用高氯酸冰醋酸溶液定量滴定。滴定反应如下：

$$B \cdot HA + HClO_4 \Longleftrightarrow B \cdot HClO_4 + HA$$

马来酸氯苯那敏、重酒石酸去甲肾上腺素、枸橼酸喷托维林等常见药物都属于有机碱的有机酸盐，故可作此法滴定。

（二）酸的滴定

1. 溶剂的选择

当酸性物质 $c_aK_a < 10^{-8}$ 时，不能用氢氧化钠标准溶液进行直接滴定。若选用碱性比水强的溶剂，使其酸性增强，便可获得明显的滴定突跃和准确的结果。滴定不太弱的羧酸时，可用醇类作溶剂，如甲醇、乙醇等；对弱酸和极弱酸的滴定则碱性溶剂乙二胺或偶极亲质子溶剂二甲基甲酰胺较为常用；混合酸的区分滴定以甲基异丁酮为区分性溶剂。也经常使用混合溶剂甲醇-苯、甲醇-丙酮。

2. 标准溶液

常用的标准溶液为甲醇钠的苯-甲醇溶液。甲醇钠由甲醇与金属钠反应制得，反应式为：

$$2CH_3OH + Na \Longleftrightarrow 2CH_3ONa + H_2 \uparrow$$

有时也用氢氧化四丁基铵为滴定剂。氢氧化四丁基铵用碘化四丁基铵和氧化银反应制成，其反应式为：

$$2(C_4H_9)_4NI + Ag_2O + CH_3OH \Longleftrightarrow (C_4H_9)_4NOH + 2AgI \downarrow + (C_4H_9)_4NOCH_3$$

（1）（0.1mol/L）甲醇钠溶液的配制　取无水甲醇（含水量少于 0.2%）150ml，置于冷水冷却的容器中，分次少量加入新切的金属钠 2.5g，完全溶解后，加适量的无水苯（含水量少于 0.2%），使成 1000ml 即得。

（2）标定　甲醇钠标准溶液常用的基准物质为苯甲酸，其反应式为：

$$\text{（苯环）}-COOH + CH_3ONa \Longleftrightarrow \text{（苯环）}-COO^- + CH_3OH + Na^+$$

3. 指示剂

（1）百里酚蓝　百里酚蓝（thymol blue）适用于在苯、丁胺、二甲基甲酰胺、吡啶、叔丁醇中滴定中等强度的酸，变色敏锐，其碱式色为蓝色，酸式色为黄色。

（2）偶氮紫　偶氮紫（azo violet）适用于在碱性溶剂或偶极亲质子性溶剂中滴定较弱的酸，其碱式色为蓝色，酸式色为红色。

（3）溴酚蓝　溴酚蓝（bromophenol blue）适用于在甲醇、苯、三氯甲烷等溶剂中滴定羧酸、磺胺类。巴比妥类等样品，其碱式色为蓝色，酸式色为红色。

滴定过程中注意防止溶剂和碱滴定液吸收 CO_2 和水分，以及滴定液中溶剂的挥发。

4. 应用范围

（1）羧酸类　不太弱的酸可在醇中以酚酞作指示剂，用 KOH 滴定；一些高级羧酸在水中 pK_a 约为 5～6，但由于滴定时产生泡沫，使终点模糊，在水中无法滴定，可在苯–甲醇混合溶剂中用甲醇钠滴定；对更弱的羧酸可以二甲基甲酰胺为溶剂，以百里酚蓝为指示剂，用甲醇钠标准溶液滴定。滴定反应如下：

$$RCOOH + CH_3ONa \Longrightarrow RCOONa + CH_3OH$$

（2）酚类　酚的酸性比羧酸弱，如在水中苯甲酸的 pK_a 为 4.19，而苯酚的 pK_a 为 9.89。若以水为溶剂，二者的滴定曲线如图 4-9 所示。由于苯酚碱性太弱，在水中滴定无明显的滴定突跃。若以乙二胺为溶剂，酚可强烈地进行质子转移，形成能被强碱滴定的离子对。用氨基乙醇钠（$NH_2CH_2CH_2ONa$）作标准溶液滴定苯酚，可获得明显的滴定突跃，如图 4-10 所示。在乙二胺中，苯甲酸和苯酚的滴定突跃均明显增大，而苯甲酸表现为强酸，滴定突跃与水中强酸强碱的滴定相似，苯酚亦有明显的滴定突跃，可用于定量测定。

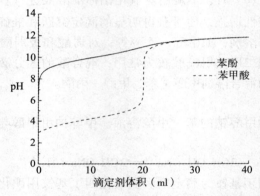

图 4-9　在水中以 NaOH 滴定苯酚和苯甲酸的滴定曲线

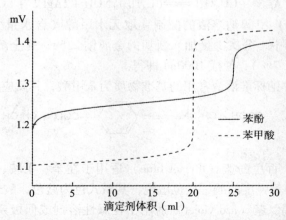

图 4-10　在乙二胺中以氨基乙醇钠滴定苯酚和苯甲酸的滴定曲线

若酚的邻位和对位有—NO_2、—CHO、—Cl、—Br 等取代基时，酸的强度增强，可在二甲基甲酰胺中以偶氮紫作指示剂，用甲醇钠滴定。如《中国药典》2010 年版氯硝柳胺的测定。

（3）磺酰胺类 磺酰胺类化合物分子中具有酸性的磺酰胺基（—SO$_2$NH$_2$）和碱性的氨基（—NH$_2$），在适当的溶剂中可用酸滴定，也可用碱滴定。

$$H_2N \underset{}{\overset{}{\bigcirc}} SO_2-NHR$$

这类化合物的酸性强弱与 R 基团有关，若 R 为芳香烃基或杂环基则酸性较强，若 R 为脂肪烃基则酸性较弱。例如磺胺嘧啶、磺胺噻唑的酸性较强，可用甲醇 – 丙酮或甲醇 – 苯作溶剂，以百里酚蓝为指示剂，用甲醇钠标准溶液滴定。又如磺胺酸性较弱，可在碱性溶剂如丁胺或乙二胺中，以偶氮紫为指示剂，用标准碱溶液进行滴定。如《中国药典》2010 年版中磺胺异噁唑的测定。

另外，氨基酸、巴比妥酸及某些铵盐也可在碱性溶液中滴定。

第五节 应用实例

一、药用 NaOH 的测定

药用 NaOH 易吸收空气中的 CO$_2$，使部分 NaOH 变成 Na$_2$CO$_3$，形成 NaOH 和 Na$_2$CO$_3$ 的混合碱，欲测定 NaOH 和 Na$_2$CO$_3$ 的含量，有双指示剂法和氯化钡法。

《中国药典》2010 年版采用双指示剂法。操作步骤：准确称取一定量试样，溶解后，以酚酞为指示剂，用 H$_2$SO$_4$ 标准溶液滴定至红色消失，记录消耗 H$_2$SO$_4$ 的体积（V_1ml）。这时 Na$_2$CO$_3$ 被中和形成 NaHCO$_3$，而 NaOH 全部被中和。再向溶液中加入甲基橙指示剂，继续用 H$_2$SO$_4$ 滴至橙色，记录消耗 H$_2$SO$_4$ 的体积（V_2ml）。显然 V_2 是滴定 NaHCO$_3$ 所消耗的。

由于 Na$_2$CO$_3$ 被中和到 NaHCO$_3$ 与 NaHCO$_3$ 被中和到 H$_2$CO$_3$ 所消耗的 HCl 的物质的量相等，所以滴定 Na$_2$CO$_3$ 用去体积为 $2V_2$，滴定 NaOH 用去的体积为 $V_1 - V_2$。

$$w_{NaOH} = \frac{2c_{H_2SO_4}(V_1 - V_2) \times \frac{M_{NaOH}}{1000}}{m_s} \times 100\%$$

$$w_{Na_2CO_3} = \frac{c_{H_2SO_4} \times 2V_2 \times \frac{M_{Na_2CO_3}}{1000}}{m_s} \times 100\%$$

双指示剂法操作简便，但因第一计量点时溶液由红色转变为无色，误差在 1% 左右，若要求提高测定的准确度，可用氯化钡法。

二、铵盐和有机氮测定

1. 铵盐中氮的测定

由于 NH$_4^+$ 是弱酸（$K_a = 5.6 \times 10^{-10}$），无机铵盐如 NH$_4$Cl、(NH$_4$)$_2SO_4$ 等，不能用碱标准溶液直接滴定，常用下述两种方法测定其含氮量。

（1）蒸馏法 在铵盐试样溶液中加入过量的 NaOH，加热把 NH$_3$ 蒸馏出来。

$$NH_4^+ + OH^- \xrightleftharpoons{\triangle} NH_3 \uparrow + H_2O$$

蒸馏出的 NH_3 用一定量的 H_2SO_4 或 HCl 标准溶液吸收，再以甲基橙或甲基红作指示剂，用 NaOH 标准溶液滴定过量的酸；也可将 NH_3 用 2% H_3BO_3 吸收，生成的 $H_2BO_3^-$ 是较强的碱，可以用甲基红或甲基红和溴甲酚绿混合指示剂指示终点，用盐酸标准溶液滴定。其反应过程为：

$$NH_3 + H_3BO_3 \rightleftharpoons NH_4H_2BO_3$$

$$HCl + NH_4H_2BO_3 \rightleftharpoons H_3BO_3 + NH_4Cl$$

H_3BO_3 起固定氮的作用，由于 H_3BO_3 是极弱酸，它的存在不干扰滴定。氮含量的计算公式如下：

$$w_N = \frac{c_{HCl} \cdot V_{HCl} \times \dfrac{M_N}{1000}}{m_s} \times 100\%$$

用 H_3BO_3 吸收只需准备一种标准溶液，目前使用较多。

（2）甲醛法　铵盐与甲醛作用，生成质子化六次甲基四铵和 H^+：

$$4NH_4^+ + 6HCHO = (CH_2)_6N_4H^+ + 3H^+ + 6H_2O$$

以选用酚酞作指示剂，用 NaOH 标准溶液滴至微红色。按下式计算氮的含量。

$$w_N = \frac{c_{NaOH} V_{NaOH} \times \dfrac{M_N}{1000}}{m_s} \times 100\%$$

为了提高测定的准确性，也可以加入过量的标准碱溶液，再用标准酸溶液返滴定。

2. 含氮有机物中氮的测定

食品、药品中的蛋白质、生物碱的含量常由测得的氮含量换算得到。而含氮有机物常采用凯氏（Kjeldahl）定氮法测定氮含量。将试样与浓 H_2SO_4 共煮，使有机化合物被转化为 CO_2 和 H_2O，其中的氮转变为 NH_4^+。常加入 $CuSO_4$ 或汞盐作催化剂，加入 K_2SO_4 提高沸点，以促进消化分解过程。

$$C_mH_nN \xrightarrow{CuSO_4, H_2SO_4, K_2SO_4} CO_2 \uparrow + H_2O + NH_4^+$$

然后用上述蒸馏法测定氮的含量。

三、硼酸的测定

硼酸（H_3BO_3）是一种极弱的酸（$K_{a_1} = 5.4 \times 10^{-10}$），不能用 NaOH 标准溶液直接滴定。但硼酸与甘油或甘露醇等多元醇生成配位酸后能增加酸的强度，如 H_3BO_3 与甘油按下列反应生成的配位酸的 $pK_a = 4.26$，可用 NaOH 的标准溶液直接滴定。

$$2 \begin{array}{l} H_2C-OH \\ HC-OH \\ H_2C-OH \end{array} + H_3BO_3 \rightleftharpoons \left[\begin{array}{l} H_2C-O \quad O-CH_2 \\ HC-O\diagdown B \diagup O-CH \\ H_2C-OH \ HO \ CH_2 \end{array} \right]^- + H^+ + 3H_2O$$

甘油　　　　　　　　　　　甘油硼酸

硼酸含量的计算式为：

$$w_{H_3BO_3} = \frac{c_{NaOH} V_{NaOH} \times \dfrac{M_{H_3BO_3}}{1000}}{m_s} \times 100\%$$

四、萘普生钠的含量测定

《中国药典》2010 年版的测定方法：精密称定样品，加冰醋酸 30ml 溶解后，加结晶紫指示液 1 滴，用高氯酸滴定液（0.1mol/L）滴定至溶液显蓝绿色，并将滴定结果用空白试验校正。

滴定反应：

习   题

1. 判断下列物质哪些是酸？哪些是碱？哪些是两性物质？试写出它们的共轭酸或共轭碱。

（1）HAc　　（2）CO_3^{2-}　　（3）HCO_3^-　　（4）HPO_4^{2-}　　（5）$C_2O_4^{2-}$　　（6）NH_4^+

2. 某酸碱指示剂 HIn 的 $K_{HIn} = 1 \times 10^{-5}$，则该指示剂的理论变色点和变色范围的 pH 为多少？

[5，4~6]

3. 试判断下列酸（碱）（0.1mol/L）能否准确滴定或分步滴定？滴定到哪一级？有几个突跃？计算计量点的 pH，选择指示剂指示终点（酚酞、甲基橙、甲基红）。

（1）草酸　　（2）甲酸钠　　（3）砷酸　　（4）水杨酸　　（5）马来酸　　（6）硼砂

4. 有一碱液，可能是 NaOH，Na_2CO_3，$NaHCO_3$ 或它们的混合物，若用盐酸标准溶液滴定到酚酞变色时，用去酸 V_1ml，继续以甲基橙为指示剂滴至终点，又用去 V_2ml，由 V_1 和 V_2 的关系判断碱液的组成。

（1）$V_1 > V_2 > 0$　　（2）$V_2 > V_1 > 0$　　（3）$V_1 = V_2$

（4）$V_2 > 0$　　$V_1 = 0$　（5）$V_1 > 0$　　$V_2 = 0$

[（1）$NaOH + Na_2CO_3$；（2）$NaHCO_3 + Na_2CO_3$；（3）Na_2CO_3；（4）$NaHCO_3$；（5）NaOH）]

5. 拟定下列混合物的测定方案（方法原理、指示剂、操作步骤、计算公式）

（1）$HCl + NH_4Cl$　　（2）$Na_3PO_4 + Na_2HPO_4$　　（3）$HCl + H_3PO_4$

6. 在下列何种溶剂中，硝酸、硫酸、盐酸及高氯酸的强度相度？

（1）纯水　　（2）醋酸　　（3）甲基异丁酮　　（4）苯甲酸

[（1）纯水]

7. 用非水滴定法测定下列物质，哪些宜选碱性溶剂，哪些宜选酸性溶剂，为什么？

（1）醋酸钠　　（2）苯甲酸　　（3）苯酚　　（4）吡啶　　（5）枸橼酸钠

8. 取某一元弱酸（HA）纯品 1.250g，制成 50ml 水溶液。用 NaOH 溶液

（0.0900mol/L）滴定至化学计量点，消耗 41.20ml。在滴定过程中，当滴定剂加到 8.24ml 时，溶液的 pH 为 4.30。计算：（1）HA 的相对分子质量；（2）HA 的 K_a 值；（3）化学计量点的 pH；（4）选何种指示剂？

$$[（1）337.1；（2）1.26 \times 10^{-5}；（3）8.76，（4）酚酞]$$

9. 用 NaOH（0.1000mol/L）滴定某 HA（$K_a = 6.31 \times 10^{-5}$）25.00ml，滴定至 20.70ml 时达到终点，此时溶液的 pH 为 6.20。计算：（1）滴定终点误差；（2）计量点的 pH；（3）HA 溶液的浓度。

$$[（1）-0.99\%；（2）8.43；（3）0.08362]$$

10. 现配制 0.05000mol/L 的高氯酸 – 冰醋酸溶液 1000ml，需用 70% $HClO_4$ 4.2ml，所用的冰醋酸含量为 99.8%，相对密度 1.05，应加含量为 98%，相对密度 1.087 的醋酐多少毫升，才能完全除去其中的水分？

$$[22.88ml]$$

11. 称取食品试样 0.5000g，经消化处理后，加碱蒸馏，用 4% 硼酸溶液吸收释出的氨，然后用 0.1020mol/L HCl 滴定至终点，消耗 23.46ml。计算该试样中氮的质量分数。

$$[6.705\%]$$

12. 称取工业硼砂 $Na_2B_4O_7 \cdot 10H_2O$ 1.000g，用 HCl（0.2000mol/L）滴定至甲基红变色消耗体积为 24.50ml，计算试样中 $Na_2B_4O_7 \cdot 10H_2O$ 的百分含量和以 B_2O_3 及 B 表示的质量分数。

$$[Na_2B_4O_7 \cdot 10H_2O\% = 93.4\%；B_2O_3\% = 34.11\%；B\% = 10.59\%]$$

13. 在 0.2810g 含 $CaCO_3$ 及惰性杂质的石灰石中加入 0.1180mol/L HCl 溶液 20.00ml，滴定过量的酸用去 5.40ml NaOH 溶液，1ml NaOH 溶液相当于 1.075ml HCl，计算石灰石中 $CaCO_3$ 及 CO_2 的质量分数。

$$[29.83\%；13.12\%]$$

14. 一试样中含有 NaOH 和 Na_2CO_3。现称取 1.806g 溶解后定容至 250ml。取 25.00ml 试样溶液，以酚酞作指示剂，用 0.1135mol/L 的 HCl 标准溶液滴定至终点，用去 29.00ml。另取 20.00ml 试样溶液，以甲基橙作指示剂，用 HCl 标准溶液滴定至终点，用去 32.66ml。计算该试样中 NaOH 和 Na_2CO_3 的质量分数。

$$[NaOH\ 63.70\%，Na_2CO_3\ 24.38\%]$$

15. 已知试样可能含有 Na_3PO_4，Na_2HPO_4，NaH_2PO_4 或它们的混合物，以及不与酸作用的物质。称取试样 2.000g，溶解后以酚酞作指示剂，用 0.5000mol/L HCl 标准溶液滴定至红色消失，消耗 HCl 溶液 12.00ml。向溶液加入甲基红指示剂，继续用 HCl 滴定至橙色，又消耗 HCl 溶液 20.00ml。求试样的组成及各组分的含量。

$$[Na_3PO_4，49.17\%；Na_2HPO_4，28.40\%]$$

16. 精密称取盐酸麻黄碱（$M = 201.70$）0.1800g，加冰醋酸 10ml 与醋酸汞 4ml 溶解后，加结晶紫指示剂 1 滴，用高氯酸（0.1008mol/L）滴定消耗 9.12ml，空白溶液消耗 0.06ml，计算盐酸麻黄碱的质量分数。

$$[102.3\%]$$

（温金莲）

第五章

配位滴定法

配位滴定法（complexometric titration）是以配位反应为基础的滴定分析方法。

配合物是由金属离子与配位剂反应生成。配位剂可分为无机配位剂和有机配位剂两类。无机配位剂与金属离子形成的配合物，大多不够稳定，有分级配位现象，而且各级配合物的稳定性差别不大。因此，用无机配位剂进行的滴定不能用于滴定分析。20 世纪 40 年代，许多有机配位剂，特别是氨羧配位剂出现，使配位滴定法迅速发展，并成为广泛应用的分析方法之一。

氨羧配位剂是一类以氨基二乙酸 $[—N（CH_2COOH）_2]$ 为基体的配位剂。它们以 N、O 为键合原子，与金属离子配位生成具有环状结构的螯合物。常用的几种氨羧配位剂有：氨三乙酸（ATA）、乙二胺四乙酸（EDTA）、环己烷二胺基四乙酸（DCTA），其中乙二胺四乙酸（ethylenediamine tetraacetic acid；EDTA）是目前应用最广泛的一种。以乙二胺四乙酸为标准溶液的配位滴定法称为 EDTA 法。本章主要介绍 EDTA 法。

乙二胺四乙酸是四元酸，用 H_4Y 表示。由于分子中两个羧基上的 H^+ 可以转移到两个 N 原子上，形成双偶极离子，结构如下：

$$^-OOCCH_2 \quad H^+ \qquad\qquad H^+ \quad CH_2COOH$$
$$\underset{HOOCCH_2}{\diagup}N—CH_2—CH_2—N\underset{CH_2COO^-}{\diagdown}$$

其在酸性较强的溶液中还可以再得到两个 H^+，所以常常把它看作六元酸，用 H_6Y^{2+} 表示。

EDTA 具有六个可供配位的键合原子，可与金属离子形成多个五元螯合环，例如 FeY^-（图 5-1）。所以，配位比简单，多为 1:1；配合物也相当的稳定；大多易溶于水；与无色的金属离子配位形成无色的配合物；与少数有色金属离子形成颜色更深的配合物。例如

NiY^{2-}	CuY^{2-}	CoY^{2-}	MnY^{2-}
蓝绿	深蓝	紫红	紫红

应该指出的是：EDTA 与金属离子生成配合物

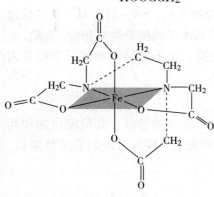

图 5-1　FeY^- 螯合物的立体结构式

83

的离子主要是 Y^{4-}。

第一节　配位滴定法基市原理

一、配位平衡

（一）EDTA 配合物的稳定常数

EDTA 与金属离子 M 的配位反应通式为（为讨论方便，下面章节均省去电荷）：

$$M + Y \rightleftharpoons MY$$

当反应达到平衡时，稳定常数 K_{MY} 可用下式表示：

$$K_{MY} = \frac{[MY]}{[M][Y]} \tag{5-1}$$

式中，K_{MY}——一定温度时金属－EDTA 配合物的稳定常数。K_{MY} 的大小可以衡量 MY 配合物稳定性的大小。K_{MY} 值越大，表示生成 MY 配合物的倾向越大，离解倾向越小，即配合物越稳定。由于多数 MY 配合物的 K_{MY} 值均很大。所以，常用 lgK_{MY} 来表示配合物的稳定性。常见配合物的 lgK_{MY} 值如表 5-1 所示。

表 5-1　MY 配合物的 lgK_{MY} 值

配合物	lgK_{MY}	配合物	lgK_{MY}	配合物	lgK_{MY}
NaY^{3-}	1.66	FeY^-	14.33	CuY^{2-}	18.70
LiY^{3-}	2.79	AlY^-	16.30	HgY^{2-}	21.80
AgY^{3-}	7.32	CoY^{2-}	16.31	SnY^{2-}	22.11
BaY^{2-}	7.78	CdY^{2-}	16.46	CrY^-	23.40
MgY^{2-}	8.69	ZnY^{2-}	16.50	FeY^-	24.23
CaY^{2-}	10.69	PbY^{2-}	18.30	BiY^-	27.94
MnY^{2-}	13.87	NiY^{2-}	18.56	CoY^-	36.00

由表 5-1 可见，EDTA 与不同金属离子形成配合物的稳定性差别很大，碱金属离子的配合物最不稳定，$lgK_{MY} < 8$；碱土金属离子的配合物 $lgK_{MY} = 8 \sim 11$；Al^{3+} 及二价过渡元素的离子的配合物 $lgK_{MY} = 14 \sim 19$；Hg^{2+} 及三价金属离子的配合物最稳定，$lgK_{MY} > 20$。配合物稳定性的差别，主要决定于金属离子的电荷、电子层结构和离子半径等内在因素。

（二）EDTA 配位反应的副反应系数

配位化合物的稳定性除与本身的性质有关外，还与溶液的酸度、其他配位剂和共存离子等因素有关，这些因素都会引起一系列副反应的发生，使配合物的稳定性降低。总的平衡关系表示如下：

$$M \quad + \quad Y \quad \rightleftharpoons \quad MY$$

（反应图示）

| 辅助配位效应 | 羟基配位效应 | 酸效应 | 共存离子效应 | 混合配位效应 |

ML、ML_2……ML_n；MOH、M(OH)_2……M(OH)_n；HY、H_2Y……H_6Y；NY；MHY、MOHY

$$M \quad + \quad Y \quad \rightleftharpoons \quad MY$$

L、OH；H、N；H、OH

辅助配位效应　羟基配位效应　酸效应　共存离子效应　混合配位效应

（或干扰离子效应）

在上述反应中，金属离子 M 与配位剂 Y 反应生成 MY 是主反应，其他反应都称为副反应。与反应物（M、Y）发生的副反应不利于主反应的进行，而与反应产物（MY）发生的副反应，则有利于主反应的进行。副反应对主反应的影响程度用副反应系数 α 来衡量。

1. 配位剂 Y 的副反应系数

配位剂（Y）的副反应系数以 α_Y 来表示，常被定义为：

$$\alpha_Y = \frac{[Y']}{[Y]} \qquad\qquad (5-2)$$

[Y'] 是在平衡体系中参加主反应之外的 EDTA 的总浓度，即在溶液中未与金属离子配位的 EDTA 的各种型体浓度的总和。[Y] 是平衡体系中 EDTA 以有效离子 Y^{4-} 存在时的平衡浓度，即游离态配位剂的平衡浓度。配位剂 Y 的副反应主要包括酸效应和共存离子效应两方面。其相应的副反应系数分别称为酸效应系数和共存离子效应系数。

（1）酸效应系数　当溶液的酸度增高时，生成 H_4Y 等酸式型体的倾向增大，MY 的稳定性降低。这种由于 H^+ 离子的存在使 Y 参与主反应的能力降低的现象称为酸效应。其大小用酸效应系数来衡量，用 $\alpha_{Y(H)}$ 表示。

因为 EDTA 相当于六元酸，所以在溶液中有六级离解平衡存在，这六级平衡及其对应的常数如下

$$H_6Y^{2+} \rightleftharpoons H^+ + H_5Y^+ \qquad K_{a_1} = \frac{[H^+][H_5Y^+]}{[H_6Y^{2+}]} = 10^{-0.9}$$

$$H_5Y^+ \rightleftharpoons H^+ + H_4Y \qquad K_{a_2} = \frac{[H^+][H_4Y]}{[H_5Y^+]} = 10^{-1.6}$$

$$H_4Y \rightleftharpoons H^+ + H_3Y^- \qquad K_{a_3} = \frac{[H^+][H_3Y^-]}{[H_4Y]} = 10^{-2.0}$$

$$H_3Y^- \rightleftharpoons H^+ + H_2Y^{2-} \qquad K_{a_4} = \frac{[H^+][H_2Y^{2-}]}{[H_3Y^-]} = 10^{-2.67}$$

$$H_2Y^{2-} \rightleftharpoons H^+ + HY^{3-} \qquad K_{a_5} = \frac{[H^+][HY^{3-}]}{[H_2Y^{2-}]} = 10^{-6.16}$$

$$HY^{3-} \rightleftharpoons H^+ + Y^{4-} \qquad K_{a_6} = \frac{[H^+][Y^{4-}]}{[HY^{3-}]} = 10^{-10.26}$$

85

从以上离解平衡可看出 EDTA 在水溶液中，总是以 H_6Y^{2+}、H_5Y^+、H_4Y、H_3Y^-、H_2Y^{2-}、HY^{3-} 和 Y^{4-} 七种型体存在，但在不同酸度的溶液中，这些型体的浓度不同。pH < 0.90 时，主要存在型体为 H_6Y^{2+}；pH = 0.90 ~ 1.6 时，主要存在型体为 H_5Y^+；pH 1.6 ~ 2.0 时，主要存在型体为 H_4Y；pH = 2.00 ~ 2.67 时，主要存在型体为 H_3Y^-；pH = 2.67 ~ 6.16 时，主要存在型体为 H_2Y^{2-}；pH = 6.16 ~ 10.26 时，主要存在型体为 HY^{3-}；pH > 10.26 时，主要存在型体为 Y^{4-}。在只考虑酸效应时（为了讨论方便，以下对 EDTA 各形体的表示均省略电荷）：

$$[Y'] = [Y] + [HY] + [H_2Y] + [H_3Y] + [H_4Y] + [H_5Y] + [H_6Y]$$

可由 EDTA 的六级离解常数求出：

$$\alpha_{Y(H)} = \frac{[Y']}{[Y]} = \frac{[Y] + [HY] + [H_2Y] + [H_3Y] + [H_4Y] + [H_5Y] + [H_6Y]}{[Y]} = \frac{1}{\delta_{Y(H)}}$$

$$\alpha_{Y(H)} = 1 + \frac{[H^+]}{K_{a_6}} + \frac{[H^+]^2}{K_{a_6}K_{a_5}} + \frac{[H^+]^3}{K_{a_6}K_{a_5}K_{a_4}} + \frac{[H^+]^4}{K_{a_6}K_{a_5}K_{a_4}K_{a_3}} + \frac{[H^+]^5}{K_{a_6}K_{a_5}K_{a_4}K_{a_3}K_{a_2}}$$
$$+ \frac{[H^+]^6}{K_{a_6}K_{a_5}K_{a_4}K_{a_3}K_{a_2}K_{a_1}} \tag{5-3}$$

从式（5-3）可以看出，溶液的酸度越大，$\alpha_{Y(H)}$ 值也越大，副反应就越严重；当 $\alpha_{Y(H)} = 1$ 时，$[Y'] = [Y]$，表示 EDTA 未发生副反应，即未与 M 配位的 EDTA 全部以 Y^{4-} 形式存在。根据式（5-3）可计算出不同酸度下的 $\alpha_{Y(H)}$，为了应用方便，现将不同 pH 条件下的 $\lg\alpha_{Y(H)}$ 列于表5-2中。

表5-2 EDTA 在不同 pH 下的 $\lg\alpha_{Y(H)}$

pH	$\lg\alpha_{Y(H)}$	pH	$\lg\alpha_{Y(H)}$	pH	$\lg\alpha_{Y(H)}$
0.0	23.64	4.5	7.50	8.5	1.77
0.8	19.08	5.0	6.45	9.0	1.29
1.0	17.13	5.4	5.69	9.5	0.83
1.5	15.55	5.5	5.51	10.0	0.45
2.0	13.79	6.0	4.65	10.5	0.20
2.5	11.11	6.4	4.06	11.0	0.07
3.0	10.63	6.5	3.92	11.5	0.02
3.4	9.71	7.0	3.32	12.0	0.01
3.5	9.48	7.5	2.78	13.0	0.00
4.0	8.44	8.0	2.26		

例5-1 计算 pH = 10 时，EDTA 的酸效应系数。

解： pH = 10 时，$[H^+] = 10^{-10}$ mol/L。

$$\alpha_{Y(H)} = 1 + \frac{10^{-10}}{10^{-10.26}} + \frac{10^{-20}}{10^{-16.24}} + \frac{10^{-30}}{10^{-19.09}} + \frac{10^{-40}}{10^{-21.09}} + \frac{10^{-50}}{10^{-22.69}} + \frac{10^{-60}}{10^{-23.59}} = 10^{-0.45}$$

$$\lg\alpha_{Y(H)} = 0.45$$

（2）共存离子效应 当溶液中除 M 外还存在其他金属离子 N 时，且当 N 也能与 Y 形成1:1的配合物 NY 时，会使 Y 参与主反应的能力降低，这种现象称为共存离子效应。用符号 $\alpha_{Y(N)}$ 表示，只考虑共存离子效应时

$$\alpha_{Y(N)} = \frac{[Y']}{[Y]} = \frac{[Y] + [NY]}{[Y]} = 1 + K_{NY}[N] \tag{5-4}$$

式中，K_{NY}——配合物 NY 的稳定常数。

（3）配位剂 Y 的总副反应系数　当反应平衡体系中既有共存离子 N，又有酸效应影响时，配位剂 Y 的总副反应系数为：

$$\alpha_Y = \frac{[Y']}{[Y]} = \frac{[Y] + [HY] + [H_2Y] + [H_3Y] + [H_4Y] + [H_5Y] + [H_6Y] + [NY]}{[Y]}$$

$$= \frac{[Y] + [HY] + [H_2Y] + [H_3Y] + [H_4Y] + [H_5Y] + [H_6Y]}{[Y]} + \frac{[NY] + [Y]}{[Y]} - \frac{[Y]}{[Y]}$$

$$= \alpha_{Y(H)} + \alpha_{Y(N)} - 1 \tag{5-5}$$

在处理实际问题时，如果 $\alpha_{Y(H)}$ 和 $\alpha_{Y(N)}$ 相差为 2 个数量级以上时，可以只考虑一项而忽略另一项。例如：$\alpha_{Y(H)} = 10^5$，$\alpha_{Y(N)} = 10^3$，这时 $\alpha_Y \approx \alpha_{Y(H)}$。

2. 金属离子 M 的副反应及副反应系数

（1）其他配位剂的影响　在实际滴定中，为了消除干扰离子，常需加入一定量的其他配位剂将干扰离子掩蔽起来，另外为了控制溶液的酸度，需加缓冲溶液，而有些缓冲溶液中的一些成分也具有配位作用，都可能与被测金属离子配位而产生一系列配合物，使溶液中游离态的被测金属离子浓度降低，MY 离解倾向增大，从而降低 MY 的稳定性。

这种由于其他配位剂的存在而引起的金属离子的副反应，使 M 参与主反应能力降低的现象，称为金属离子的配位效应。配位效应的大小以配位效应系数 $\alpha_{M(L)}$ 来衡量，其定义式如式（5-6）。

$$\alpha_{M(L)} = \frac{[M']}{[M]} \tag{5-6}$$

式中，[M]——溶液中游离态的金属离子的平衡浓度，[M']——没有与 Y 配位的金属离子的总浓度，即除了 MY 之外 M 的各种存在型体的总浓度。若 M 与 L 发生 n 级配位时，则

$$[M'] = [M] + [ML] + [ML_2] + \cdots\cdots + [ML_n]$$

$$= [M] + \beta_1[M][L] + \beta_2[M][L]^2 + \cdots\cdots + \beta_n[M][L]^n$$

$$\alpha_{M(L)} = 1 + \beta_1[L] + \beta_2[L]^2 + \cdots\cdots + \beta_n[L]^n$$

$\alpha_{M(L)}$ 值越大，表明 M 与其他配位剂 L 配位的程度越严重，对主反应影响的程度也越大。如果 $\alpha_{M(L)} = 1$ 时，说明在体系中没有与 M 配位的其他配位剂存在。

（2）金属离子的总副反应系数　实际上金属离子在溶液中往往同时与多个配位剂作用，如溶液中的 OH^-、缓冲溶液 NH_3、掩蔽剂 F^- 等，均可同金属离子发生副反应，其影响可用 M 的总副反应系数 α_M 表示。设有 P 种配位剂与金属离子发生副反应，则

$$\alpha_M = \frac{[M']}{[M]} = \alpha_{M(L_1)} + \alpha_{M(L_2)} + \cdots\cdots + \alpha_{M(L_p)} + (1 - P) \tag{5-7}$$

α_M 与 α_Y 一样，可根据实际情况简化处理。

例 5-2　计算在 $NH_3H_2O - NH_4Cl$ 的缓冲溶液中，当 $[NH_3] = 0.1 \text{mol/L}$，pH = 11 时 α_{Zn}。

解：从附表 5-1 查得，$Zn(NH_3)_4^{2+}$ 的 $\lg\beta_1 \sim \lg\beta_4$ 分别是 2.27、4.61、7.01、9.06。

$$\alpha_{Zn(NH_3)} = 1 + \beta_1[NH_3] + \beta_2[NH_3]^2 + \beta_3[NH_3]^3 + \beta_4[NH_3]^4$$

$$= 1 + 10^{2.27} \times 0.1 + 10^{4.61} \times (0.1)^2 + 10^{7.01} \times (0.1)^3 + 10^{9.06} \times (0.1)^4$$
$$= 10^{5.10}$$

从附表 5 – 2 查得，pH = 11 时，$\lg\alpha_{Zn(OH)} = 5.4$

故 $\alpha_{Zn} = \alpha_{Zn(NH_3)} + \alpha_{Zn(OH)} - 1 = 10^{5.1} + 10^{5.4} - 1 \approx 10^{5.6}$

3. 配合物 MY 的副反应系数

配合物的副反应主要与溶液的 pH 有关。

当溶液中的酸度较大时，MY 能与 H^+ 发生副反应，生成酸式配合物 MHY。若以 K_{MHY} 表示 MY 与 H^+ 反应形成 MHY 的稳定常数，则副反应系数为：

$$\alpha_{MY(H)} = 1 + K_{MHY}[H^+]$$

当溶液中的碱度较大时，MY 能与 OH^- 发生副反应，生成碱式配合物 MOHY。若以 K_{MOHY} 表示 MY 与 OH^- 反应形成 MOHY 的稳定常数，则副反应系数为：

$$\alpha_{MY(OH)} = 1 + K_{MOHY}[OH^-]$$

事实上 MHY 和 MOHY 大多不稳定，一般计算时均可忽略不计。

（三）EDTA 配合物的条件稳定常数

由于酸效应和配位效应等副反应影响了主反应进行的程度，当达到平衡时，溶液中的 $[M'] \neq [M]$、$[Y'] \neq [Y]$。此时，EDTA 配合物（MY）对应的稳定常数（实际稳定常数）可用下式表示

$$K'_{MY} = \frac{[MY']}{[M'][Y']} \tag{5-8}$$

由于 $[M'] = \alpha_M[M]$，$[Y'] = \alpha_Y[Y]$，$[MY'] = \alpha_{MY}[MY]$

所以 $K'_{MY} = \dfrac{\alpha_{MY}[MY]}{\alpha_M[M]\ \alpha_Y[Y]} = K_{MY}\dfrac{\alpha_{MY}}{\alpha_M\alpha_Y}$

两边取对数 $\lg K'_{MY} = \lg K_{MY} - \lg\alpha_Y - \lg\alpha_M + \lg\alpha_{MY}$ $\tag{5-9}$

在一定条件下（酸度一定，试剂一定），α_M、α_Y 和 α_{MY} 均为定值，所以 K'_{MY} 在一定条件下是一个常数，是对绝对稳定常数 K_{MY} 的一种校正，这种校正了副反应影响的实际稳定常数称为条件稳定常数。它表示在一定条件下，有副反应发生时的主反应进行的程度。

如忽略配合物 MY 的副反应对主反应的影响，即 $\alpha_{MY} = 1$ 时：

$$\lg K'_{MY} = \lg K_{MY} - \lg\alpha_Y - \lg\alpha_M \tag{5-10}$$

在有副反应的条件下，α_Y 或 α_M 总是大于 1，所以 $K'_{MY} < K_{MY}$。K_{MY} 的数值在一定温度下为一常数，可从表 5 – 1 中查到，而 K'_{MY} 的大小则与实验条件有关，是表示在实际条件下配合物的稳定程度。只有在没有副反应发生时，$\lg K'_{MY} = \lg K_{MY}$，因此，$\lg K'_{MY}$ 是判断配合物 MY 实际稳定性的最重要的数据之一。

例 5 – 3 试分别计算在 pH = 2.0 和 10.0 时 ZnY^{2-} 的条件稳定常数。

解：从表 5 – 1 查到 $\lg K_{ZnY} = 16.50$

从表 5 – 2 查到 pH = 2.0 时，$\lg\alpha_{Y(H)} = 13.79$

pH = 10.0 时，$\lg\alpha_{Y(H)} = 0.45$

从附表 5 – 2 查到 pH = 2.0 时，$\lg\alpha_{Zn(OH)} = 0.00$

pH = 10.0 时，$\lg\alpha_{Zn(OH)} = 2.4$

所以 pH = 2.0 时，$\lg K'_{ZnY} = \lg K_{ZnY} - \lg\alpha_{Y(H)} - \lg\alpha_{Zn(OH)}$

$$= 16.50 - 13.79 - 0.00 = 2.71$$

pH $= 10.0$ 时，$\lg K'_{ZnY} = \lg K_{ZnY} - \lg\alpha_{Y(H)} - \lg\alpha_{Zn(OH)} = 16.50 - 0.45 - 2.4 = 13.6$

通过计算可知，ZnY^{2-} 在 pH $= 10.0$ 比在 pH $= 2.0$ 的溶液中稳定得多。

例 5 - 4　计算 pH $= 11$，$[NH_3] = 0.1mol/L$ 时的 $\lg K'_{ZnY}$。

解：查表知：$\lg K_{ZnY} = 16.5$；pH $= 11$ 时，$\lg\alpha_{Y(H)} = 0.07$；$\lg\alpha_{Zn(OH)} = 5.4$

由例 5 - 2 计算知：pH $= 11$，$[NH_3] = 0.1mol/L$ 时，$\lg\alpha_{Zn} = 5.6$

$$\lg K'_{ZnY} = \lg K_{ZnY} - \lg\alpha_{Zn} - \lg\alpha_{Y(H)} = 16.50 - 5.6 - 0.07 = 10.8$$

二、EDTA 配位滴定曲线

与酸碱滴定情况相似，在配位滴定中，被滴定的是金属离子，随着滴定剂 EDTA 的不断加入，金属离子不断与 EDTA 配合，浓度逐渐减少，在化学计量点附近，溶液的 pM'（$-\lg[M']$）发生突变，产生滴定突跃。根据滴定突跃所在的 pM' 范围可选择合适的指示剂指示滴定终点。

（一）滴定曲线的计算

如果待测的金属离子 M 的初始浓度为 c_M，体积为 V_M，用浓度为 c_Y 的 EDTA 标准溶液滴定，在滴定过程中加入 EDTA 的体积为 V_Y。在此条件下，滴定过程中的任何时刻，滴定液中 M 和 Y 的总浓度均有如下关系：

$$\begin{cases} [M'] + [MY'] = \dfrac{V_M}{V_M + V_Y}c_M \\[2mm] [Y'] + [MY'] = \dfrac{V_Y}{V_M + V_Y}c_Y \\[2mm] K'_{MY} = \dfrac{[MY']}{[M'][Y']} \end{cases}$$

在滴定的任一阶段，K'_{MY}、c_M、c_Y、V_M、V_Y 都是已知的。故可计算出 $[M']$，从而求得 pM'。图 5 - 2 及图 5 - 3 分别为不同 c_M 及不同 K'_{MY} 时，计算所得的滴定曲线（即滴定过程中的 pM'）。

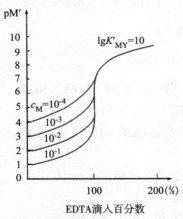

图 5 - 2　EDTA 滴定不同浓度的
金属离子的滴定曲线图

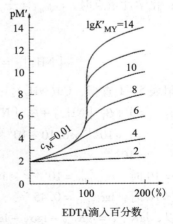

图 5 - 3　不同 K'_{MY} 时的滴定曲线

89

由图 5 - 2 及图 5 - 3 可见，配位滴定的滴定突跃大小取决于以下两个因素：

1. 金属离子浓度对 pM′ 突跃大小的影响

由图 5 - 2 可以看出，c_M 越大，滴定曲线的起点越低，pM′ 突跃就越大；反之，pM′ 突跃就越小。

2. K'_{MY} 对 pM′ 突跃大小的影响

由图 5 - 3 可知，K'_{MY} 是影响 pM′ 突跃的重要因素。而 K'_{MY} 取决于 K_{MY}、α_M 和 $\alpha_{Y(H)}$。

（1）K_{MY} 越大，K'_{MY} 相应也越大，pM′ 突跃也越大，反之就小。

（2）滴定体系的酸度越大，pH 越小，$\alpha_{Y(H)}$ 越大，K'_{MY} 越小，使 pM′ 突跃变小。

（3）当缓冲剂和辅助配位剂与金属离子 M 配位时，缓冲剂和辅助配位剂的浓度越大，$\alpha_{M(L)}$ 越大，K'_{MY} 越小，使 pM′ 突跃变小。

（二）化学计量点 pM′$_{sp}$ 的计算

计算化学计量点的 pM′$_{sp}$ 是很重要的，因为它是选择指示剂和计算滴定终点误差的主要依据。由于配合物 MY 的副反应系数近似为 1，可以认为 [MY′] = [MY]。

化学计量点时，[M′]$_{sp}$ = [Y′]$_{sp}$（不是 [M] = [Y]）。若所形成的配合物比较稳定，[MY′] = $c_{M(sp)}$ - [M′]$_{sp}$ ≈ $c_{M(sp)}$。将其代入式 $K'_{MY} = \dfrac{[MY']}{[M'][Y']}$，整理得：

$$[M']_{sp} = \sqrt{\frac{c_{M(sp)}}{K'_{MY}}}$$

取对数形式：$pM'_{sp} = \dfrac{1}{2}(pc_{M(sp)} + \lg K'_{MY})$ (5 - 11)

式中，$c_{M(sp)}$——化学计量点时金属离子的总浓度。若滴定剂与被滴定物浓度相等，即为金属离子原始浓度的一半。

例 5 - 5 用 EDTA 溶液（2.0×10^{-2} mol/L）滴定相同浓度的 Cu^{2+}，若溶液 pH = 10，游离氨浓度为 0.20mol/L，计算化学计量点时的 pCu′$_{sp}$。

解： 化学计量点时，$c_{Cu(sp)} = \dfrac{1}{2} \times (2.0 \times 10^{-2}) = 1.0 \times 10^{-2}$（mol/L）

$$pc_{Cu(sp)} = 2.00$$

$$[NH_3]_{sp} = \frac{1}{2} \times 0.20 = 0.10 \text{（mol/L）}$$

从附表 5 - 1 查得，$Cu(NH_3)_4^{2+}$ 的 $\lg\beta_1 \sim \lg\beta_4$ 分别是 4.13、7.61、10.48、12.59。

$\alpha_{Cu(NH_3)} = 1 + \beta_1[NH_3] + \beta_2[NH_3]^2 + \beta_3[NH_3]^3 + \beta_4[NH_3]^4$

$= 1 + 10^{4.13} \times 0.10 + 10^{7.61} \times 0.10^2 + 10^{10.48} \times 0.10^3 + 10^{12.59} \times 0.10^4$

$\approx 10^{8.62}$

pH = 10 时，$\alpha_{Cu(OH)} = 10^{1.7} < 10^{8.62}$，故 $\alpha_{Cu(OH)}$ 可以忽略，$\alpha_{Cu} \approx 10^{8.62}$

pH = 10 时，$\lg\alpha_{Y(H)} = 0.45$

所以，$\lg K'_{CuY} = \lg K_{CuY} - \lg\alpha_Y - \lg\alpha_{Cu} = 18.70 - 0.45 - 8.62 = 9.63$

$pCu'_{sp} = \dfrac{1}{2}(pc_{Cu(sp)} + \lg K'_{CuY}) = \dfrac{1}{2} \times (2.00 + 9.63) = 5.82$

三、金属指示剂

在配位滴定中，通常利用一种能与金属离子生成有色配合物的有机染料，来指示滴定过程中金属离子浓度的变化。我们通常把这种随金属离子浓度的变化而变色的有机染料称为金属离子指示剂，简称金属指示剂。

（一）金属指示剂的作用原理

1. 原理

金属指示剂具有两大特性：①在不同 pH 溶液中呈现不同的颜色；②它能与金属离子发生配位反应，且生成的配合物的颜色（颜色乙）与其本身的颜色（颜色甲）不同。因此，在一定 pH 条件下，先在被测定溶液中加入指示剂，使其与少量的金属离子配位，溶液呈其配合物的颜色（颜色乙），当用 EDTA 标准溶液滴定时，EDTA 首先与溶液中大量游离金属离子配位，溶液的颜色仍呈颜色乙，计量点附近时，滴入的 EDTA 就会把金属指示剂从其配合物中置换出来，从而使溶液由颜色乙转变为颜色甲，以指示滴定终点的达到。

现以 In 代表指示剂的阴离子，其反应方程式如下：

滴定前　　M + In $\rightleftharpoons$ MIn
　　　　　　颜色甲　颜色乙

终点前　　Y + M $\rightleftharpoons$ MY

终点时　　MIn + Y $\rightleftharpoons$ MY + In
　　　　　颜色乙　　　　　颜色甲

2. 条件

为了使滴定终点时溶液的颜色变化明显，金属指示剂应具备以下条件。

（1）MIn 与 In 的颜色应显著不同　因颜色显著不同才能使终点时溶液颜色变化明显。要求颜色的变化要灵敏、迅速、有良好的可逆性。

金属指示剂大多是有机弱酸，本身的颜色会随 pH 的变化而变化，因此酸度的控制是十分必要的。例如铬黑 T（eriochrome black T；EBT），又名埃罗黑 T，它在溶液中有以下平衡：

$$H_2In^- \xrightleftharpoons{pK_{a1}=6.3} HIn^{2-} \xrightleftharpoons{pK_{a2}=11.6} In^{3-}$$

pH <6.3　　pH $=6.3 \sim 11.6$　　pH >11.6

紫红色　　　　　蓝色　　　　　橙色

由于 EBT 与大多数金属离子所生成的化合物均为红色或紫红色，故不能在 pH <6.3 或 pH >11.6 条件下使用。为使终点变化明显，使用 EBT 的酸度应在 pH $=6.3 \sim 11.6$ 范围内，在实际工作中，最常使用的范围是 pH $=9 \sim 10.5$。

（2）MIn 的稳定性要适当　MIn 既要有足够的稳定性（$K_{MIn} > 1 \times 10^4$），否则近计量点时会由于它的离解，游离出 In，而使终点提前到达；又要比 MY 配合物的稳定性小，要求 $K_{MY}/K_{MIn} > 1 \times 10^2$，否则近计量点时，Y 将难以从 MIn 中夺取 M，而使终点推迟，甚至不发生颜色改变。

（3）MIn 应易溶于水　MIn 不能为胶体溶液或沉淀，否则会使终点时置换速度减慢或影响颜色变化的可逆性。

（4）指示剂本身应比较稳定　指示剂应不易被氧化或变质，应便于储存和使用。

3. 金属指示剂的封闭现象

滴入过量的 EDTA 不能从金属指示剂配合物中置换出指示剂的现象称为封闭现象。

产生封闭现象的主要原因是：指示剂与某些金属离子生成极稳定的配合物，其稳定性超过了 MY 配合物的稳定性，使其在计量点时不能立刻发生置换反应，因此终点的颜色不变化或变化不敏锐，而使滴定终点不出现或发生滞后。

如果封闭现象是由被测定离子本身引起的，则可采用剩余滴定的方式滴定被测定离子。如果封闭现象是因为溶液中其他金属离子的存在引起的，就需要根据不同的情况，加入适当的掩蔽剂来掩蔽这些封闭离子，以消除封闭现象。

（二）金属指示剂颜色转变点 pM'_t 的计算

若忽略其他副反应，只考虑指示剂的酸效应，金属离子与指示剂生成配位化合物在溶液中有下列平衡关系：

$$M \; + \; In \; \rightleftharpoons \; MIn$$
$$\updownarrow H^+$$
$$HIn$$
$$\updownarrow H^+$$
$$H_2In$$
$$\vdots$$

$$K' = \frac{[MIn']}{[M'][In']} = \frac{[MIn]}{[M][In]}\frac{1}{\alpha_{In(H)}} = \frac{K_{MIn}}{\alpha_{In(H)}}$$

$$\lg K'_{MIn} = pM' + \lg\frac{[MIn']}{[In']} = \lg K_{MIn} - \lg\alpha_{In(H)}$$

在 $[MIn'] = [In']$ 时，溶液呈现混合色，此时为变色点 $\lg\frac{[MIn']}{[In']} = 0$，$pM' = \lg K'_{MIn}$

以 pM'_t 表示指示剂颜色转变点的 pM' 值，即：

$$pM'_t = \lg K_{MIn} - \lg\alpha_{In(H)} \tag{5-12}$$

若同时考虑其他副反应的存在时，

$$pM'_t = \lg K_{MIn} - \lg\alpha_{In} - \lg\alpha_M \tag{5-13}$$

因此，只要知道金属离子指示剂配合物的稳定常数 K_{MIn}，再计算得到一定条件下的 $\lg\alpha_{In}$ 和 $\lg\alpha_M$，就可求出指示剂颜色转变点的 pM'_t 值。

注意：在配位滴定的讨论时，常常将 pM'_t 值看作是滴定终点 pM'_{ep} 值。

例 5－6　EBT 与 Mg^{2+} 配位化合物的 $\lg K_{MIn}$ 为 7.0，EBT 作为弱酸的二级离解常数分别 $K_{a_1} = 10^{-6.3}$，$K_{a_2} = 10^{-11.6}$，试计算 pH＝10 时的 pMg'_t 值。

解：$\alpha_{In(H)} = 1 + \dfrac{[H^+]}{K_{a_2}} + \dfrac{[H^+]^2}{K_{a_1}K_{a_2}} = 1 + 10^{-10+11.6} + 10^{-20+11.6+6.3} \approx 10^{1.6}$

$$pMg'_t = \lg K_{MgIn} - \lg\alpha_{In(H)} = 7.0 - 1.6 = 5.4$$

常用金属指示剂的 $\lg\alpha_{In(H)}$ 及变色点的 pM'（即 pM'_t）列于附表 5-3。

（三）常用金属指示剂

常用的金属指示剂有：铬黑 T［化学名称为 1-（1-羟基-2-萘偶氮基）-6-硝基-2-萘酚-4-磺酸钠，EBT］、钙指示剂［化学名称为 2-羟基-1-（2-羟基-4-磺酸-1-萘偶氮基）-3-萘甲酸，NN］、吡啶偶氮萘酚［化学名称为 1-（2-吡啶偶氮）-2-萘酚，PAN］和二甲酚橙［缩写为 XO］。它们的应用范围、颜色变化、直接测定的离子、封闭离子及掩蔽剂的选择情况见表 5-3。

表 5-3　常用金属指示剂

指示剂	pH 范围	颜色变化		直接测定离子	封闭离子	掩蔽剂
		In	MIn			
EBT	7~10	纯蓝	红	Mg^{2+}、Zn^{2+}、Pb^{2+}、Mn^{2+}、Cd^{2+}、稀土	Al^{3+}、Fe^{3+}、Cu^{2+}、Co^{2+}、Ni^{2+}、Fe^{3+}	三乙醇胺 NH_4F
XO	<6	亮黄	红紫	pH<1 ZrO^{2+}	Fe^{3+}	NH_4F
				pH1~3 Bi^{3+}、Th^{4+}	Al^{3+}	返滴定法
				pH5~6 Zn^{2+}、Pb^{2+}、Cd^{2+}、Hg^{2+}、稀土	Cu^{2+}、Co^{2+}、Ni^{2+}	邻二氮菲
PAN	2~12	黄	红	pH2~3 Bi^{3+}、Th^{4+} pH4~5 Cu^{3+}、Ni^{2+}		
NN	10~13	纯蓝	酒红	Ca^{2+}		与铬黑 T 相似

四、配位滴定的标准溶液

（一）EDTA 溶液的配制与标定

通常应用的 EDTA 标准溶液的浓度是 0.01~0.05mol/L。EDTA 酸在水中溶解度小，所以常用其二钠盐（$Na_2H_2Y \cdot H_2O$）制备 EDTA 标准溶液。制备时可以用纯 $Na_2H_2Y \cdot H_2O$ 直接准确称量制备，但纯 $Na_2H_2Y \cdot H_2O$ 需事先在 80℃时烘干过夜，以除去所吸附的水分，耗时长；另外所用的蒸馏水中常含有一些杂质，这些杂质会与 $Na_2H_2Y \cdot H_2O$ 作用，使配制的 EDTA 标准溶液的浓度发生变化。因此常采用标定法配制。配制的标准溶液应储存在硬质玻璃瓶中，待准确标定后使用。

标定 EDTA 标准溶液的基准物质有金属 Zn、ZnO、$CaCO_3$、$ZnSO_4 \cdot 7H_2O$ 等。一般多采用 Zn 或 ZnO 为基准物质，EDTA 溶液既能在 pH=9~10、NH_3-NH_4Cl 缓冲溶液中用铬黑 T 作指示剂进行标定，又能在 pH=5~6 的 HAc-NaAc 缓冲溶液中，用二甲酚橙为指示剂进行标定，终点均很敏锐。

（二）锌标准溶液的制备

锌标准溶液既可准确称取新制备的纯锌粒直接制备，也可称取一定量的分析纯 $ZnSO_4 \cdot 7H_2O$ 先配成近似浓度的溶液，然后再进行标定。锌溶液的准确浓度通常是与 EDTA 标准溶液进行比较而求得。

93

第二节 配位滴定条件的选择

一、配位滴定的终点误差及判别式

与酸碱滴定相似，配位滴定的终点误差与终点时被滴定溶液中加入配位剂的量和被测金属的量有关。以下式表示：

$$TE = \frac{[Y']_{ep} - [M']_{ep}}{c_{M(sp)}} \times 100\% \qquad (5-14)$$

配位滴定的终点误差用林邦（Ringbom）误差公式计算，具体推导如下：

假如滴定终点与化学计量点完全一致，加入配位剂与被测金属离子的量正好相等，则 $[Y']_{ep} = [M']_{ep}$，终点误差为 0。否则终点误差不为 0。

设滴定终点（ep）与化学计量点（sp）的 pM′ 之差为 ΔpM′，即

$$\Delta pM' = pM'_{ep} - pM'_{sp}$$

则有：$[M']_{ep} = [M']_{sp} \cdot 10^{-\Delta pM'}$ \qquad\qquad (1)

同理得：$[Y']_{ep} = [Y']_{sp} \cdot 10^{-\Delta pY'}$ \qquad\qquad (2)

将式（1）和（2）代入式（5-14），则

$$TE = \frac{[Y']_{sp} \cdot 10^{-\Delta pY'} - [M']_{sp} \cdot 10^{-\Delta pM'}}{c_{M(sp)}} \times 100\% \qquad (3)$$

由配合物条件稳定常数可知，在化学计量点时：

$$K'_{MY} = \frac{[MY']_{sp}}{[M']_{sp}[Y']_{sp}}$$

在滴定终点时：

$$K'_{MY} = \frac{[MY']_{ep}}{[M']_{ep}[Y']_{ep}}$$

分别取对数后为：

$$pM'_{sp} + pY'_{sp} = \lg K'_{MY} - \lg[MY']_{sp} \qquad (4)$$

$$pM'_{ep} + pY'_{ep} = \lg K'_{MY} - \lg[MY']_{ep} \qquad (5)$$

当滴定终点与化学计量点接近时，$[MY']_{sp} \approx [MY']_{ep}$。将式（4）与（5）两式相减，得：

$$\Delta pM' + \Delta pY' = 0$$

即推出

$$\Delta pM' = -\Delta pY' \qquad (6)$$

因为，在化学计量点时

$$[Y']_{sp} = [M']_{sp} = \sqrt{\frac{c_{M(sp)}}{K'_{MY}}} \qquad (7)$$

所以将式（6）和（7）代入式（3）中，整理后可得：

$$TE = \frac{10^{\Delta pM'} - 10^{-\Delta pM'}}{\sqrt{c_{M(sp)} K'_{MY}}} \times 100\% \qquad (5-15)$$

由式（5-15）可知，终点误差与 $c_{M(sp)}$、K'_{MY} 和 $\Delta pM'$ 有关。$\Delta pM'$ 一定时，K'_{MY} 和 $c_{M(sp)}$ 越大，终点误差越小，K'_{MY} 和 $c_{M(sp)}$ 一定时，$\Delta pM'$ 越大，即终点离化学计量点越远，终点误差也越大。

在配位滴定中，通常采用指示剂指示滴定终点，化学计量点与指示剂的变色点不可能完成一致。即使相近，由于人眼对颜色判断有一定的局限性，仍然可能使 $\Delta pM'$ 有 $\pm 0.2 \sim \pm 0.5$ 的误差。假设 $\Delta pM' = \pm 0.2$，用等浓度的 EDTA 滴定初始浓度为 c 的金属离子 M。则 $\lg c_{M(sp)} K'_{MY}$ 为 8、6、4 时，代入式（5-15）计算终点误差分别为 0.01%、0.1% 和 1%。

可见当 $\lg c_{M(sp)} K'_{MY} \geq 6$ 或 $c_{M(sp)} K'_{MY} \geq 10^6$ 时，滴定终点误差在 0.1% 左右，这种误差在滴定分析中是允许的。假设 $c_{M(sp)} = 10^{-2} mol/L$ 左右时，必须使 $K'_{MY} \geq 10^8$ 才能用配位滴定的分析方法测定金属离子。因此，通常将 $\lg c_{M(sp)} K'_{MY} \geq 6$ 或 $\lg K'_{MY} \geq 6 - \lg c_{M(sp)}$ 作为判断能否准确滴定的条件。

例 5-7　在 pH = 10 的氨性溶液中，以铬黑 T（EBT）为指示剂，用 0.020mol/L EDTA 滴定 0.020mol/L Ca^{2+}，计算滴定终点误差。如果滴定的是 0.020mol/L Mg^{2+}，滴定终点误差为多少？

解：pH = 10，$\lg\alpha_{Y(H)} = 0.45$，$\lg\alpha_{Ca(OH)} = 0.0$

$c_{Ca(sp)} = c_{Ca}/2 = 0.020/2 = 0.010$（mol/L），同理 $c_{Mg(sp)} = 0.010$（mol/L）

$\lg K'_{CaY} = \lg K_{CaY} - \lg\alpha_{Y(H)} - \lg\alpha_{Ca(OH)} = 10.69 - 0.45 - 0.0 = 10.24$

$$[Ca']_{sp} = \sqrt{\frac{c_{Ca(sp)}}{K'_{CaY}}} = \sqrt{\frac{0.010}{10^{10.24}}} = 10^{-6.12}$$

$$pCa'_{sp} = 6.12$$

EBT 的 $pK_{a_1} = 6.3$，$pK_{a_2} = 11.6$，故 pH = 10，

$$\alpha_{EBT(H)} = 1 + \frac{[H^+]}{K_{a_2}} + \frac{[H^+]^2}{K_{a_1}K_{a_2}} = 1 + 10^{11.6-10} + 10^{6.3+11.6-20} = 40$$

$$\lg\alpha_{EBT(H)} = 1.6$$

已知：$\lg K_{Ca-EBT} = 5.4$，则 $pCa'_t = \lg K_{Ca-EBT} = \lg K_{Ca-EBT} - \lg\alpha_{EBT(H)} = 5.4 - 1.6 = 3.8$，此值也可直接查附表 5-3 得到。

$pCa'_{ep} = pCa'_t = 3.8$

$\Delta pCa' = pCa'_{ep} - pCa'_{sp} = 3.8 - 6.12 = -2.3$

故：$$TE = \frac{10^{\Delta pCa'} - 10^{-\Delta pCa'}}{\sqrt{c_{Ca(sp)} K'_{CaY}}} \times 100\% = \frac{10^{-2.3} - 10^{2.3}}{\sqrt{0.01 \times 10^{10.24}}} \times 100\% = -1.5\%$$

如果滴定的是 Mg^{2+}，则

$\lg K'_{MgY} = \lg K_{MgY} - \lg\alpha_{Y(H)} - \lg\alpha_{Mg(OH)} = 8.69 - 0.45 - 0.0 = 8.24$

$$[Mg']_{sp} = \sqrt{\frac{c_{Mg(sp)}}{K'_{MgY}}} = \sqrt{\frac{0.01}{10^{8.24}}} = 10^{5.1}$$

$$pMg'_{sp} = 5.1$$

已知：$\lg K_{Mg-EBT} = 0.7$，$\lg K'_{Mg-EBT} = \lg K_{Mg-EBT} - \lg\alpha_{EBT(H)} = 7.0 - 1.6 = 5.4$，

$pMg'_{ep} = \lg K'_{Mg-EBT} = 5.4$

95

$$\Delta pMg' = pMg'_{ep} - pMg'_{sp} = 5.4 - 5.1 = 0.3$$

故：$TE = \dfrac{10^{\Delta pMg'} - 10^{-\Delta pMg'}}{\sqrt{c_{Mg(sp)} K'_{MgY}}} \times 100\% = \dfrac{10^{0.3} - 10^{-0.3}}{\sqrt{0.01 \times 10^{8.24}}} \times 100\% = 0.11\%$

计算结果表明，采用铬黑 T 为指示剂，尽管 CaY 较 MgY 稳定，但由于 $\lg K_{Mg-EBT} > \lg K_{Ca-EBT}$，所以滴定 Ca^{2+} 时误差较大。

二、配位滴定中酸度的选择和控制

（一）酸度的选择

由于 EDTA 几乎能与所有的金属离子形成配合物，这既提供了广泛测定金属元素的可能性，也给实际测定带来一定困难。在待测溶液中往往含有几种金属离子，同时可能含有能与金属离子和 EDTA 产生副反应的 H^+、OH^-、其他配位剂（缓冲溶液、掩蔽剂）等组分，因此，选择一定的滴定条件以测定某种特定金属离子，是配位滴定分析中最为重要的问题。

选择适宜的滴定条件主要依据的是 $\lg c_{M(sp)} K'_{MY} \geq 6$。由于在配位滴定分析中酸度对金属离子、EDTA 和指示剂都可能产生影响，所以酸度的选择和控制在配位滴定中尤为重要。

1. 单一离子滴定允许的最低 pH

为使滴定误差约 $\leq 0.10\%$，就得要求所形成的配合物的 $\lg K'_{MY}$ 至少为 $6 - \lg c_{M(sp)}$。在只考虑酸度影响的前提下：

$$\lg \alpha_{Y(H)} = \lg K_{MY} - \lg K'_{MY} = \lg K_{MY} - [6 - \lg c_{M(sp)}] \tag{5-16}$$

当 $c_{M(sp)} = 10^{-2}$ mol/L 时：$\lg \alpha_{Y(H)} = \lg K_{MY} - 8$。由表 5-1 查得各金属离子的 EDTA 配合物的 $\lg K_{MY}$ 值，代入式（5-16）即可求得 $\lg \alpha_{Y(H)}$ 值，再由表 5-2 查得 $\lg \alpha_{Y(H)}$ 所对应的 pH 值，这个 pH 值就是滴定这种金属离子时所允许的最低 pH 值。

例 5-8 试分别求出 EDTA 滴定同浓度为 0.02mol/L 的 Ca^{2+} 及 Fe^{3+} 的最低 pH 值。

解：$c_{M(sp)} = 0.01$mol/L，$\lg \alpha_{Y(H)} = \lg K_{MY} - [6 - \lg c_{M(sp)}] = \lg K_{MY} - 8$

（1）滴定 Ca^{2+} 时，$\lg \alpha_{Y(H)} = \lg K_{CaY} - 8 = 10.69 - 8 = 2.69$，则 $pH \approx 7.6$。

（2）滴定 Fe^{3+} 时，$\lg \alpha_{Y(H)} = \lg K_{FeY} - 8 = 24.23 - 8 = 16.23$，则 $pH \approx 1.3$。

2. 单一离子滴定允许的最高 pH

必须指出，实际滴定时所采用的 pH，要比允许的最低 pH 高一些，这样可以使被滴定的金属离子与 EDTA 配位更完全。但是，过高的 pH 会引起金属离子的水解，生成多羟基配合物，从而降低了金属离子的配位能力，甚至会生成氢氧化物的沉淀而妨碍 MY 配合物的形成。

至于滴定的最高 pH，则以不产生氢氧化物沉淀和其他离子不干扰为准。若不考虑其他离子的干扰，则具体数值可根据所产生的氢氧化物的溶度积而求得。

如果 $M(OH)_n$ 的溶度积为 K_{sp}，为了防止滴定时形成 $M(OH)_n$ 沉淀，必须使 $[OH^-] \leq \sqrt[n]{K_{sp}/c_M}$，以 $[OH^-] = \sqrt[n]{K_{sp}/c_M}$，可计算出 $[OH^-]$，从而进一步求出最低酸度（即最高 pH）。

例 5-9 用 2.00×10^{-2}mol/L EDTA 溶液滴定 2.00×10^{-2}mol/L Fe^{3+} 溶液时允许的

最高 pH 是多少？

解：已知 $K_{sp[Fe(OH)_3]} = [Fe^{3+}][OH^-]^3 = 4.0 \times 10^{-38}$，$[Fe^{3+}] = 2.00 \times 10^{-2} mol/L$

所以　$[OH^-] = \sqrt[3]{\dfrac{4.0 \times 10^{-38}}{2.00 \times 10^{-2}}} = 1.3 \times 10^{-12} mol/L$

$pOH = -lg[OH^-] = -lg1.3 \times 10^{-12} = 11.9$

$pH = 14.00 - pOH = 14.00 - 11.9 = 2.1$

故滴定允许的最高 pH 值为 2.1。

3. 用指示剂确定终点时单一离子滴定的最佳酸度

从滴定反应本身考虑，滴定某一金属离子的允许最低 pH 与允许最高 pH 范围，称为滴定该金属离子的适宜酸度范围。从例 5-8 与例 5-9 可知滴定 Fe^{3+} 时，pH = 1.3 ~ 2.1 为适宜酸度范围。此外，从指示剂角度考虑，由于指示剂也存在酸效应，指示剂颜色转变点 $pM'_t = lgK'_{MIn} = lgK_{MIn} - lg\alpha_{In(H)}$，因此 pM'_t 同样与酸度有关系。同时终点时指示剂变色是否明显也与酸度有关。因此，选择指示剂时希望指示剂变色点 pM'_t 与化学计量点 pM'_{sp} 基本一致，变色明显；滴定误差在允许范围内，这时的酸度范围即为用某一指示剂确定终点时滴定该金属离子的最佳的酸度范围。一般在最佳的 pH 范围内滴定，均能获得较准确的结果。例用 $2.0 \times 10^{-2} mol/L$ EDTA 滴定同浓度的 Zn^{2+}，适宜的 pH 范围是 4 ~ 7.1。用二甲酚橙作指示剂，要求在 pH < 6 使用指示剂变色才明显。在 pH 4 ~ 6 范围内，取不同 pH 计算滴定误差可知，在 pH5 ~ 6 范围内 TE ≤ 0.20%。故用二甲酚橙作指示剂，用 EDTA 滴定 Zn^{2+} 的最佳酸度是 pH5 ~ 6。

（二）滴定体系酸度的控制

在以 EDTA 二钠盐溶液进行滴定的过程中，由于发生如下反应：

$$M + H_2Y \Longrightarrow MY + 2H^+$$

随着配位化合物的生成，不断有 H^+ 释放，使溶液的酸度增大，K'_{MY} 变小，造成 pM' 突跃减小，同时配合滴定所用的指示剂的变色点也随 pH 而变，导致较大误差。因此，在配位滴定中需加入缓冲溶液来控制溶液的 pH 值。

在 pH = 5 ~ 6 时常用醋酸-醋酸盐缓冲溶液，在 pH = 9 ~ 10 时常用氨性缓冲溶液，但缓冲溶液中的 NH_3 能与金属离子作用引起副反应，在计算时必须考虑。并具体问题具体分析，以便选择合适的缓冲溶液。

三、提高滴定选择性

（一）选择滴定的可能性判断

当溶液中同时存在几种金属离子时，就有可能同时与 EDTA 反应而被滴定。最简单的情况是溶液中同时含有金属离子 M 和 N，若 $lgK'_{MY} > lgK'_{NY}$，首先被滴定的是 M 离子，那么能否在 M 离子被定量滴定之后，N 离子再与 EDTA 作用呢？考虑到混合离子选择滴定的允许误差可以大些，所以设 $\Delta pM' = 0.2$，TE = 0.3%，由式（5-15）可知准确滴定 M 离子的条件是：

$$lgc_{M(sp)}K'_{MY} \geq 5 \tag{5-17}$$

根据式（5-10）：$lgK'_{MY} = lgK_{MY} - lg\alpha_Y - lg\alpha_M$，若金属离子 M 无副反应，则有：

97

$\lg K'_{MY} = \lg K_{MY} - \lg \alpha_Y$。而 $\alpha_Y = \alpha_{Y(H)} + \alpha_{Y(N)} - 1$，若酸度条件合适，且 $\alpha_{Y(N)} >> \alpha_{Y(H)}$，这时 $\alpha_Y \approx \alpha_{Y(N)} \approx c_{N(sp)} K_{NY}$。则有：

$$\lg c_{M(sp)} K'_{MY} = \lg c_{M(sp)} K_{MY} - \lg \alpha_{Y(N)} = \lg c_{MY(sp)} K_{MY} - \lg c_{NY(sp)} K_{NY} \qquad (5-18)$$

由式（5-17）和式（5-18）可得：

$$\Delta \lg cK = \lg c_{M(sp)} K_{MY} - \lg c_{N(sp)} K_{NY} \geqslant 5 \qquad (5-19)$$

若 M、N 离子浓度相等，则有：

$$\Delta \lg K = \lg K_{MY} - \lg K_{NY} \geqslant 5 \qquad (5-20)$$

因此，当溶液中 M 和 N 共存时，式（5-19）或式（5-20）可作为能否选择滴定 M 的判断式。

为满足上述条件，在滴定有共存离子的混合溶液时，设法降低 $\lg K'_{NY}$ 或干扰离子浓度是提高配位滴定选择性的重要途径。在实际工作中根据不同的情况可采取不同的方法，其中较为常用的方法有控制溶液酸度和加入掩蔽剂。

（二）控制酸度进行分步滴定

溶液中同时存在两种或两种以上的金属离子时，如果满足式（5-19）或式（5-20），即可通过控制溶液酸度的方法，从而达到选择性滴定的目的。

1. 分步滴定的最高酸度

溶液中同时含有金属离子 M 和 N，若不考虑金属离子 M 的副反应，则有：$\lg K'_{MY} = \lg K_{MY} - \lg \alpha_Y$。而 $\alpha_Y = \alpha_{Y(H)} + \alpha_{Y(N)} - 1$，由式（5-3）和式（5-4）可知 $\alpha_{Y(H)}$ 是 $[H^+]$ 的函数，$\alpha_{Y(N)}$ 不随酸度改变。$\lg \alpha_Y$、$\lg \alpha_{Y(H)}$、$\lg \alpha_{Y(N)}$ 及 $\lg K'_{MY}$ 与 pH 的关系如图 5-4、图 5-5 所示。

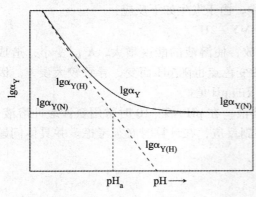

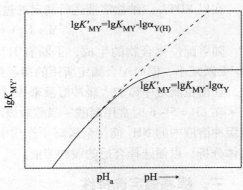

图 5-4　$\lg \alpha_Y$、$\lg \alpha_{Y(H)}$ 及 $\lg \alpha_{Y(N)}$ 与 pH 的关系　　　图 5-5　$\lg K'_{MY}$ 与 pH 的关系

从图可看出，$\lg \alpha_{Y(N)}$ 与 $\lg \alpha_{Y(H)}$ 两线相交于一点：$\alpha_{Y(H)} = \alpha_{Y(N)}$。设此时对应的 $pH = pH_a$。当 $pH < pH_a$ 时，$\alpha_{Y(H)} >> \alpha_{Y(N)}$，$\alpha_Y \approx \alpha_{Y(H)}$，则有：$\lg K'_{MY} = \lg K_{MY} - \lg \alpha_{Y(H)}$。此时 $\alpha_{Y(N)}$ 完全可忽略，与单独滴定 M 情况相同，$\lg K'_{MY}$ 随 pH 增大而增大。当 $pH > pH_a$ 时，$\alpha_{Y(N)} >> \alpha_{Y(H)}$，$\alpha_Y = \alpha_{Y(N)}$，则有：$\lg K'_{MY} = \lg K_{MY} - \lg \alpha_{Y(N)}$。此时忽略的是 $\alpha_{Y(H)}$，只要 M、N 不水解也不发生其他副反应，$\lg K'_{MY}$ 就不受 pH 影响，并保持最大值。

在大多数情况下，分步滴定在 $\lg K'_{MY}$ 达到最大时进行是有利的，此最低 pH 可认为

是在 $\alpha_{Y(H)} = \alpha_{Y(N)}$②时的 pH。即 $pH = pH_a$。为准确地分步滴定 M，化学计量点时 [NY] 应当很小。若又没有其他配位剂与 N 反应，则

$$[N]_{sp} = c_{N(sp)} - [NY] \approx c_{N(sp)}$$

故

$$\alpha_{Y(N)} = 1 + c_{N(sp)}K_{NY} \approx c_{N(sp)}K_{NY}$$

因此，由 $\alpha_{Y(H)} = \alpha_{Y(N)} \approx c_{N(sp)}K_{NY}$ 可求出 $\alpha_{Y(H)}$，查 $\alpha_{Y(H)}$ 等于此值所相应的 pH 即为混合离子分步滴定的最低 pH。

2. 分步滴定的最低酸度

混合离子分步滴定的最低酸度（最高 pH）与单一离子测定一样由 $M(OH)_n$ 的 K_{sp} 决定。以 $[OH^-] = \sqrt[n]{K_{sp}/c_M}$，计算出 $[OH^-]$，从而进一步求出最低酸度（即最高 pH）。

3. 用指示剂确定终点的最佳酸度

为使终点误差小，pM'_{ep} 应与化学计量点 pM'_{sp} 尽可能一致。在分步滴定的最高酸度与最低酸度范围，$\lg K'_{MY}$ 恒定，故 pM'_{sp} 也为一定值，仅指示剂变色点 pM'_t 随酸度变化。当 $pM'_{ep} = pM'_t = pM'_{sp}$ 时，$\lg K'_{MY}$ 最大，滴定误差最小。因此，此时对应的 pH 是最佳 pH。

例如，用 0.020mol/L 的 EDTA 标准溶液滴定浓度均为 0.020mol/L Pb^{2+} 和 Ca^{2+} 的混合溶液时，若要 Ca^{2+} 在存在条件下选择滴定 Pb^{2+}，问

（1）能否控制酸度进行分步滴定？

（2）求滴定的酸度范围。

（3）求二甲酚橙为指示剂的最佳 pH。若在此 pH 滴定，由于确定终点有 ±0.2 单位的出入，所造成的终点误差是多少？若在 pH = 5 下滴定，终点误差又是多少？

解：（1）$c_{Pb(sp)} = c_{Ca(sp)} = 0.010mol/L$

$\Delta\lg K = \lg K_{PbY} - \lg K_{CaY} = 18.30 - 10.69 = 7.61 \geqslant 5$

可以在 Ca^{2+} 存在下通过控制酸度分步滴定 Pb^{2+}。

（2）最高酸度

根据：$\alpha_{Y(H)} = \alpha_{Y(Ca)} = c_{Ca(sp)}K_{CaY} = \dfrac{0.020}{2} \times 10^{10.69} = 10^{8.69}$，$\lg\alpha_{Y(H)} = 8.69$

查表 5-2 $\lg\alpha_{Y(H)} = 8.69$ 时对应的 pH ≈ 3.9，此为最高酸度（最低 pH）。

最低酸度 已知 $K_{sp(Pb(OH)_2)} = [Pb^{2+}][OH^-]^2 = 10^{-14.93}$，$[Pb^{2+}] = 0.020mol/L$

$$[OH^-] = \sqrt[2]{\dfrac{10^{-14.93}}{0.020}} = 2.4 \times 10^{-7} \ (mol/L)$$

$$pOH = -\lg[OH^-] = -\lg(2.4 \times 10^{-7}) = 6.62$$

$$pH = 14.00 - pOH = 14.00 - 6.62 = 7.38$$

故滴定的 pH 范围是 3.9~7.4。

（3）在 pH = 3.9~7.4，$\lg K'_{PbY}$、pPb'_{sp} 为定值。

$\lg K'_{PbY} = \lg K_{PbY} - \lg\alpha_{Y(Ca)} = 18.30 - 8.69 = 9.61$

$$pPb'_{sp} = \dfrac{1}{2}(pc_{Pb(sp)} + \lg K'_{PbY}) = \dfrac{1}{2}(2.00 + 9.61) = 5.80$$

99

②实际此时 $\alpha_Y = 2\alpha_{Y(N)}$，$\lg K'_{MY}$ 比最大值还小 0.3 单位，但作为近似值是可以的。

查附表 5 - 3，当 $pPb'_{ep} = pPb'_t = pPb'_{sp} = 5.80$ 时，$pH \approx 4.4$。故最佳 $pH = 4.4$。在此酸度下滴定：

$$TE = \frac{10^{\Delta pPb'} - 10^{-\Delta pPb'}}{\sqrt{c_{Pb(sp)} K'_{PbY}}} \times 100\% = \frac{10^{0.2} - 10^{-0.2}}{\sqrt{0.010 \times 10^{9.61}}} \times 100\% = 0.015\%$$

若在 $pH = 5$ 条件下滴定，查附表 5 - 3 得 $pPb'_{ep} = pPb'_t = 7.0$，则有：

$$\Delta pPb' = pPb'_{ep} - pPb'_{sp} = 7.0 - 5.80 = 1.2$$

$$TE = \frac{10^{1.2} - 10^{-1.2}}{\sqrt{0.010 \times 10^{9.61}}} \times 100\% = 0.25\%$$

少数高价离子极易水解，而其配合物相当稳定，常常选在酸度较高的情况下滴定。如 Bi^{3+}、Pb^{2+} 混合溶液中，若化学计量点时 $c_{Pb(sp)} = 0.010mol/L$，则：

$$\alpha_{Y(H)} = \alpha_{Y(Pb)} = 0.010 \times 10^{18.30} = 10^{16.30}$$

相应的 pH 是 1.4。若从条件常数考虑，应当选择 $pH > 1.4$ 滴定，但 pH1.4 时 Bi^{3+} 已会生成沉淀影响终点的确定。一般选择在 $pH = 1$ 时滴定。尽管此时 $lgK'_{BiY} = 9.6$，虽未达最大值，但已可准确滴定。Pb^{2+} 离子可在 pH4 ~ 6 间滴定。因此，可用二甲酚橙作指示剂，在 $pH = 1$ 时滴定 Bi^{3+} 离子，然后加入六次甲基四胺提高 pH 至 5 ~ 6，继续滴定 Pb^{2+}。

（三）使用掩蔽剂提高滴定选择性

在配位滴定中，当 $\Delta lgcK$ 不满足式（5 - 19）时，就不能用控制酸度的办法消除干扰离子的影响。此时，常加入掩蔽剂降低干扰离子 N 的浓度，使 N 不与 EDTA 配位，或是使 N 的 EDTA 配合物的条件稳定常数减至很小。常用的掩蔽方法有配位掩蔽法、沉淀掩蔽法及氧化还原掩蔽法等，其中以配位掩蔽法应用最多。

（1）配位掩蔽法　是在被滴定溶液中加入某种配位剂，使其与干扰离子生成更为稳定的配合物，从而消除干扰。例如滴定 Mg^{2+} 时，用铬黑 T 为指示剂，若溶液中同时存在 Fe^{3+}，因其对铬黑 T 有封闭作用而干扰 Mg^{2+} 的滴定，故可在滴定前先加入少量的三乙醇胺以掩蔽 Fe^{3+}。又如 Zn^{2+} 与 Al^{3+} 共存时，用 EDTA 滴定 Zn^{2+}，必须将 Al^{3+} 掩蔽，掩蔽时可在调节溶液的 $pH = 10$ 时，用 NH_4F 为掩蔽剂，使 Al^{3+} 与 NH_4F 形成更为稳定的 AlF_6^{3-} 配合物，而此时 F^- 并不与 Zn^{2+} 配位，从而消除 Al^{3+} 对 Zn^{2+} 测定的干扰。常用的配位掩蔽剂见表 5 - 4。

（2）沉淀掩蔽法　加入某种沉淀剂，使干扰离子生成沉淀，从而降低其浓度，以消除干扰。例如，用 EDTA 滴定 Ca^{2+}，而有 Mg^{2+} 干扰，可以在强碱性溶液中用 EDTA 滴定 Ca^{2+}。由于强碱与 Mg^{2+} 可形成 $Mg(OH)_2$ 沉淀，可使 Mg^{2+} 不干扰 Ca^{2+} 的滴定。此时的 OH^- 就是 Mg^{2+} 的沉淀剂。由于沉淀反应往往进行得不够完全，且有共沉淀及吸附等现象，所以沉淀掩蔽剂不是理想的方法。

（3）氧化还原掩蔽法　通过加入一种氧化剂或还原剂与干扰离子发生氧化还原反应，改变干扰离子的价态，以降低其 K'_{NY} 值，从而达到消除干扰离子的目的。例如在测定 Bi^{3+} 时，若同时存在 Fe^{3+} 就会产生干扰，在不考虑浓度或认为浓度等同的前提条件下，因为 $lgK_{BiY} = 27.94$，而 $lgK_{FeY} = 24.23$，$lgK < 5$，故 Fe^{3+} 干扰 Bi^{3+} 的测定。若加入维生素 C 等还原剂，使 Fe^{3+} 还原成 Fe^{2+}，就不会对 Bi^{3+} 的滴定产生干扰了。其原因

是：$\lg K_{FeY} = 14.33$，Bi^{3+} 与 Fe^{2+} 的 $\lg K > 5$ 的缘故。

表 5 - 4　常用的配位掩蔽剂

名称	pH 范围	被掩蔽离子
氰化钾	pH > 8	Co^{2+}、Ni^{2+}、Cu^{2+}、Zn^{2+}、Hg^{2+}、Cd^{2+}、Ag^+
	pH = 6	Cu^{2+}、Co^{2+}、Ni^{2+}
氟化铵	pH4 ~ 6	Al^{3+}、Sn^{4+}、Zr^{4+}
	pH = 10	Al^{3+}、Ag^+、Sr^{2+}、Ba^{2+}
三乙醇胺	pH = 10	Al^{3+}、Sn^{4+}、Fe^{3+}
	pH11 ~ 12	Fe^{3+}、Al^{3+}
二巯基丙醇	pH = 10	Hg^{2+}、Ca^{2+}、Zn^{2+}、Bi^{3+}、Pb^{2+}、Ag^+、As^{3+}、Sn^{4+}
酒石酸	pH = 1.2	Sb^{3+}、Sn^{4+}、Fe^{3+}
	pH = 2	Fe^{3+}、Sn^{4+}、Mn^{2+}
	pH = 5.5	Fe^{3+}、Al^{3+}、Sn^{4+}、Ca^{2+}
	pH6 ~ 7.5	Mg^{2+}、Cu^{2+}、Fe^{3+}、Al^{3+}、Mo^{4+}、Sb^{3+}
	pH = 10	Al^{3+}、Sn^{4+}
草酸	pH = 2	Sn^{2+}、Cu^{2+}
	pH = 5.5	Fe^{3+}、Fe^{2+}、Al^{3+}、Zr^{4+}

第三节　应 用 实 例

一、配位滴定方式

在配位滴定中，直接滴定法、返滴定法、置换滴定法和间接滴定法 4 种类型的滴定均有应用，使元素周期表中的大多数元素能够用配位滴定方法来测定。

1. 直接滴定法

用 EDTA 标准溶液直接滴定被测离子是配位滴定中常用的滴定方式。直接滴定法方便、快速、引入误差较小。只要配位反应符合滴定分析的要求，有合适的指示剂，应尽量采用直接滴定法。能直接滴定的常见离子有：Ca^{2+}、Mg^{2+}、Cu^{2+}、Zn^{2+}、Co^{2+}、Ni^{2+} 等。

2. 返滴定法

在下列情况下可采用返滴定法。①待测离子（如 Ba^{2+}、Sr^{2+} 等）虽能与 EDTA 形成稳定的配合物，但缺少变色敏锐的指示剂。②待测离子（如 Al^{3+}、Cr^{3+} 等）与 EDTA 的反应速度很慢、或本身易水解、或对指示剂有封闭作用的离子如 Fe^{3+}、Al^{3+} 等。

返滴定法是在待测溶液中先加入定量且过量的 EDTA，使待测离子完全配合。然后用其他金属离子标准溶液回滴过量的 EDTA。根据两种标准溶液的浓度和用量，求得被测物质的含量。

例如：测定 Al^{3+} 时，因 Al^{3+} 与 EDTA 反应慢，且易水解，对铬黑 T 有封闭作用不能直接滴定，可采用返滴定的方式进行滴定。过程是：先加入定量过量的EDTA标准溶液，煮沸10min使反应完全，冷却后，用 Cu^{2+} 或 Zn^{2+} 的标准溶液返滴定剩余的EDTA。

注意事项：返滴定剂（如标准锌溶液）与 EDTA 所生成的配合物应有足够的稳定性，但不宜超过被测离子与 EDTA 所生成配合物的稳定性太多。否则在滴定过程中，返滴定剂会置换出被测离子，引起误差，而且终点不敏锐。

3. 间接滴定法

有些金属离子和非金属离子不与 EDTA 发生配位反应或生成的配合物不稳定，这时可采用间接滴定法进行测定。其措施是：通常加入过量的内含能与 EDTA 形成稳定配合物的金属离子的化合物作沉淀剂，以沉淀待测离子，过量沉淀剂用 EDTA 滴定。或将沉淀分离、溶解后，再用 EDTA 滴定其中的金属离子。例如，测定 K^+ 时，可将 K^+ 沉淀为 $K_2NaCo(NO_2)_6 \cdot 6H_2O$，沉淀滤过溶解后，用 EDTA 滴定其中的 Co^{2+}，从而间接测定 K^+；测定 Na^+ 时，可将 Na^+ 沉淀为 $NaZn(UO_2)_3Ac_9 \cdot 9H_2O$，沉淀过滤溶解后，用 EDTA 滴定其中的 Zn^{2+}。

间接法也用于测定阴离子（PO_4^{3-}、SO_4^{2-}、$C_2O_4^{2-}$）。例如 PO_4^{3-} 可沉淀为 $MgNH_4PO_4 \cdot 6H_2O$，沉淀滤过，溶解于 HCl，加入定量过量的 EDTA 标准溶液，调节溶液 pH 值至氨性，用 Mg^{2+} 标准溶液返滴定过量的 EDTA，从而间接求得 PO_4^{3-} 的含量。

4. 置换滴定法

置换滴定是利用置换反应，置换出等物质量的另一金属离子或置换出 EDTA，然后滴定。置换滴定的方式灵活多样。

（1）置换出金属离子　如果被测离子 M 与 EDTA 反应不完全或所形成的配合物不稳定，可让 M 与另一配合物（NL）反应置换出等物质量的 N，用 EDTA 滴定 N，然后求出 M 的含量。

例如，Ag^+ 与 EDTA 的配合物很不稳定，不能用 EDTA 直接滴定，但将 Ag^+ 加入到 $Ni(CN)_4^{2-}$ 溶液中，则有下列反应：

$$2Ag^+ + Ni(CN)^{2-} \rightleftharpoons 2Ag(CN)_2^- + Ni^{2+}$$

在 $pH = 10$ 的氨性溶液中，以紫脲酸铵作指示剂，用 EDTA 滴定置换出来的 Ni^{2+}，即可求得 Ag^+ 的含量。

（2）置换出 EDTA　将被测 M 与干扰离子全部用 EDTA 配合，然后加入选择性高的配合剂 L，以夺取 M。

$$MY + L \rightleftharpoons ML + Y$$

同时释放出与 M 等物质的量的 EDTA，用金属盐类标准溶液滴定释放出来的EDTA，即可测得 M 的含量。

例如，测定合金中的 Sn 时，可于试液中加入过量的 EDTA，将可能存在的 Pb^{2+}、Zn^{2+}、Cd^{2+}、Ba^{2+} 等与 Sn^{4+} 一起发生配位反应，用 Zn^{2+} 标准溶液回滴过量的 EDTA 后，再加入 NH_4F 使 SnY 转变成更稳定的 SnF_6^{2-}，释放出的 EDTA，再用 Zn^{2+} 标准溶液滴定，即可求得 Sn^{4+} 的含量。

（3）利用置换滴定的原理还可以改善指示剂终点的敏锐性。例如，EBT 与 Mg^{2+} 显色很灵敏，但与 Ca^{2+} 显色的灵敏度较差，为此，在 $pH = 10$ 的溶液中用 EDTA 滴定

Ca^{2+} 时，常于溶液中先加入少量 MgY，此时发生置换反应：

$$MgY + Ca^{2+} \rightleftharpoons Mg^{2+} + CaY$$

置换出来的 Mg^{2+} 与 EBT 显很深的红色。滴定时，EDTA 先与 Ca^{2+} 配合，当达到滴定终点时，EDTA 夺取 Mg – EBT 配合物中的 Mg^{2+}，形成 MgY，游离出指示剂而显纯蓝色，颜色变化很明显。

二、应用实例

1. 血清钙的测定

用配位法测定血清钙，常以钙指示剂（NN）为指示剂，在 pH 12～13 的碱性溶液中进行，此时 Mg^{2+} 被沉淀为氢氧化物，不干扰测定，可用 EDTA 标准溶液直接滴定血清中的 Ca^{2+}，溶液由红色变为蓝色即为滴定终点。

2. 水的总硬度测定

硬度是水质的重要指标，水的硬度是指溶解于水中钙盐和镁盐的总含量。含量越高，表示水的硬度越大。测定水的硬度，就是测定水中钙、镁离子的总量。

水硬度的表示法，各国有所不同。目前我国常以每升水中含有钙、镁离子的总量折合成 $CaCO_3$ 的质量（mg），单位表示为 mg/L。

在测定时，可准确吸取一定的水样，用 $NH_3 – NH_4Cl$ 缓冲液调节 pH 到 10，以铬黑 T 为指示剂，用 EDTA 标准溶液滴至溶液由酒红色变为蓝色即为终点。金属离子如 Cu^{2+}、Ni^{2+}、Co^{2+}、Al^{3+}、Fe^{3+} 及高价锰等对铬黑 T 指示剂有封闭现象，使得指示剂不褪色或终点延长，硫化钠及氰化钾可掩蔽重金属的干扰，盐酸羟胺可使高价铁离子及高价锰离子还原为低价离子而消除其干扰。

103

习　题

1. 氨羧配位剂与其金属离子配合物的特点是什么？

2. 何谓副反应系数？何谓条件稳定常数？它们之间有何关系？

3. 金属指示剂的作用原理是什么？它应具备的条件是什么？

4. 影响配位滴定突跃范围的因素是什么？

5. 何谓指示剂的封闭现象？怎样消除？

6. 假定 Fe^{3+} 和 EDTA 的浓度皆为 1×10^{-2} mol/L，$lgK_{FeY} = 25.1$，$K_{sp,Fe(OH)_3} = 3.5 \times 10^{-38}$。计算 EDTA 滴定 Fe^{3+} 的适宜酸度范围。

[pH = 1.3～2.2]

7. 今有 Zn^{2+} 溶液及 EDTA 溶液，浓度均为 0.01mol/L。试问：（1）pH = 6.0 时，Zn^{2+} 和 EDTA 配合物的条件稳定常数是多少？（2）在此条件下能否用 EDTA 溶液准确滴定 Zn^{2+}？（已知 $lgK_{ZnY} = 16.50$；pH = 6.0 时，$lgK_{Y(H)} = 4.65$；$lg\alpha_{Zn(OH)} = 0$）

[11.85，能准确滴定]

8. 称取 0.1005g 纯 $CaCO_3$，溶解后，用容量瓶配成 100ml 溶液，吸取 25.00ml，在 pH > 12 时，用钙指示剂指示终点，用 EDTA 标准溶液滴定，用去 24.90ml，试计算：

（1）EDTA 溶液的浓度（mol/L）；（2）每毫升 EDTA 相当于 ZnO、Fe_2O_3 的质量（g）。

[0.01008mol/L，0.8204g，0.8048 g]

9. 待测溶液含 2×10^{-2} mol/L 的 Zn^{2+} 和 2×10^{-3} mol/L 的 Ca^{2+}，能否在不加掩蔽剂的情况下，只用控制酸度的方法选择滴定 Zn^{2+}？若能用控制酸度的方法选择滴定 Zn^{2+}，求最高酸度是多少？为防止生成 $Zn(OH)_2$ 沉淀，最低酸度为多少？这时可选用何种指示剂？

[能，pH = 4.3，pH = 7.0，可选用二甲酚橙在 pH = 4.3 ~ 6 滴定]

10. 在 pH = 10 的氨性溶液中，以铬黑 T（EBT）为指示剂，用 0.020mol/L EDTA 滴定 0.020mol/L Zn^{2+}，终点时游离氨的浓度为 0.20mol/L。计算滴定终点误差。

[-0.02%]

11. 用 2×10^{-3} mol/L 的 EDTA 标准溶液滴定同浓度的 Pb^{2+}。（1）求滴定 Pb^{2+} 的最高酸度（即最低 pH）是多少？（2）若在 pH = 5.0 的醋酸 – 醋酸钠缓冲溶液中，[HAc] = 0.1mol/L，$[Ac^-]$ = 0.20mol/L，问在此情况下能否准确滴定 Pb^{2+}？[$Pb(Ac)_2$ 的 $lg\beta_1$、$lg\beta_2$ 分别为 1.9 和 3.3；$lg\beta_{PbIn}$ = 7.0]。（3）若在上述情况下能准确滴定 Pb^{2+}，现选用二甲酚橙作指示剂，问终点误差是多少？

[（1）pH = 3.6；（2）能；（3）-0.32%]

12. 取 100ml 水样，用氨性缓冲溶液调节至 pH = 10，以铬黑 T 为指示剂，EDTA 标准溶液（0.008826mol/L）滴定至终点，共消耗 12.58ml，计算水的总硬度，如果将上述水样再取 100ml，用 NaOH 调节 pH = 12.5，加入钙指示剂，用上述 EDTA 标准溶液滴定至终点，消耗 10.11ml，试计算水用中 Ca^{2+} 和 Mg^{2+} 的各自含量（mg/L）。

[111.1$CaCO_3$ mg/L，Ca^{2+}：5.69 mg/L，Mg^{2+}：5.300 mg/L]

13. 称取葡萄糖酸钙试样 0.5500g，溶解后，在 pH = 10 的氨性缓冲溶液中 EDTA 滴定（铬黑 T 为指示剂），滴定用去 EDTA 液（0.4985mol/L）24.50ml，试计算葡萄糖酸钙的含量。（分子式 $C_{12}H_{22}O_{14} - Ca \cdot H_2O$）

[99.57%]

14. 称取干燥的 $Al(OH)_3$ 凝胶 0.3986g，于 250ml 容量瓶中溶解后，吸取 25ml，精确加入 EDTA 标准溶液（0.05140mol/L）25.00ml，过量的 EDTA 溶液用标准锌溶液（0.04998mol/L）回滴，用去 15.02ml，求样品中 Al_2O_3 的含量。

[68.28%]

（高金波）

氧化还原滴定法

氧化还原滴定法（oxidation – reduction titration）是以溶液中氧化剂与还原剂之间的电子转移为基础的一种滴定分析方法。通常，氧化还原反应机制比较复杂，反应过程分步进行，常伴有副反应，反应速度较慢，需要控制反应条件。用作滴定分析的氧化还原反应需符合快速、完全、有化学计量关系和易于确定滴定终点的要求。

氧化还原滴定法的应用范围比其他几种滴定分析法更广泛，既可用于无机物的分析，也可用于有机物的分析；主要应用于测定具有氧化性或还原性的物质的含量，也可以间接地测定某些不能被氧化或还原的物质的含量。

第一节 氧化还原平衡

一、条件电位及其影响因素

（一）条件电位

氧化剂和还原剂的氧化还原能力的强弱可以用相关电对的电极电位（简称电位，electrode potential）来衡量。电对的电极电位越高，其氧化态的氧化能力越强；反之，电对的电极电位越低，其还原态的还原能力就越强。此外，氧化还原反应进行的方向和次序取决于相关电对的电极电位大小，氧化剂与还原剂之间自发的反应，总是向着高电位电对中的氧化态物质氧化低电位电对中的还原态物质的方向进行；氧化还原反应进行的完全程度取决于相关电对的电极电位差。因此，电对的电极电位是讨论物质的氧化还原性质的重要参数。

可逆电对能迅速建立起氧化还原平衡，其电极电位可以运用 Nernst 方程式来计算。如果以 Ox 表示氧化态，Red 表示还原态，则可逆氧化还原电对 Ox/Red 的氧化还原半反应可表示为：

$$Ox + ne \Longrightarrow Red$$

该电对的电极电位用 Nernst 方程式表示为：

$$\varphi_{Ox/Red} = \varphi_{Ox/Red}^{\ominus} + \frac{2.303RT}{nF}\lg\frac{a_{Ox}}{a_{Red}} \tag{6-1}$$

$$\varphi_{Ox/Red} = \overset{\ominus}{\varphi}_{Ox/Red} + \frac{0.059}{n}\lg\frac{a_{Ox}}{a_{Red}} \quad (25℃) \qquad (6-2)$$

式中，$\overset{\ominus}{\varphi}_{Ox/Red}$——Ox/Red 电对的电极电位，简写成 φ，单位 V；$\overset{\ominus}{\varphi}_{Ox/Red}$——Ox/Red 电对的标准电极电位 （standard electrode potential），简写成 $\varphi^{\ominus}$，单位 V；R——摩尔气体常数，8.314J/（K·mol）；T——热力学温度，单位 K；F——法拉第常数，96487C/mol；n——氧化还原半反应中转移的电子数；a_{Ox}——氧化态的活度；a_{Red}——还原态的活度。

不可逆电对在氧化还原反应的任一瞬间，不能迅速建立起氧化还原平衡，用 Nernst 方程式计算的理论电位与实际电位不完全一致，但仍可将 Nernst 方程式的计算结果作为初步判断的依据。

实际工作中，通常只知道电对氧化态和还原态的浓度，不知道其活度。为了用浓度代替活度进行计算，必须引入相应的活度系数 γ_{Ox}、γ_{Red}。此外，考虑到溶液体系中可能有各种副反应存在，还必须引入相应的副反应系数 α_{Ox}、α_{Red}。而活度与浓度之间的关系为：

$$a_{Ox} = c_{Ox}\gamma_{Ox}/\alpha_{Ox} \qquad (6-3)$$

$$a_{Red} = c_{Red}\gamma_{Red}/\alpha_{Red} \qquad (6-4)$$

代入式（6-2），得：

$$\begin{aligned}
\varphi_{Ox/Red} &= \overset{\ominus}{\varphi}_{Ox/Red} + \frac{0.059}{n}\lg\frac{c_{Ox}\cdot\gamma_{Ox}\cdot\alpha_{Red}}{c_{Red}\cdot\gamma_{Red}\cdot\alpha_{Ox}} \\
&= \overset{\ominus}{\varphi}_{Ox/Red} + \frac{0.059}{n}\lg\frac{\gamma_{Ox}\cdot\alpha_{Red}}{\gamma_{Red}\cdot\alpha_{Ox}} + \frac{0.059}{n}\lg\frac{c_{Ox}}{c_{Red}} \qquad (6-5) \\
&= \overset{\ominus'}{\varphi}_{Ox/Red} + \frac{0.059}{n}\lg\frac{c_{Ox}}{c_{Red}}
\end{aligned}$$

其中：

$$\overset{\ominus'}{\varphi}_{Ox/Red} = \overset{\ominus}{\varphi}_{Ox/Red} + \frac{0.059}{n}\lg\frac{\gamma_{Ox}\cdot\alpha_{Red}}{\gamma_{Red}\cdot\alpha_{Ox}} \qquad (6-6)$$

$\overset{\ominus'}{\varphi}_{Ox/Red}$ 称为电对 Ox/Red 的条件电位 （conditional potential）。$\overset{\ominus'}{\varphi}_{Ox/Red}$ 是在特定条件下，校正了溶液离子强度以及副反应等各种因素影响后得到的电位，是电对的氧化态和还原态分析浓度相等（即浓度比为 1）时的实际电位。用条件电位来处理氧化还原滴定中的有关问题，不仅方便，而且更符合实际情况。当实验条件一定时，活度系数和副反应系数均为固定值，故条件电位在该条件下也为固定值。

常见氧化还原电对的标准电极电位和部分电对的条件电位见附录六。实际工作中，反应条件多种多样，难免有查不到相应条件下条件电位的情况，此时可选择相近条件的条件电位。例如，需要 3.5mol/L HCl 溶液中 $Cr_2O_7^{2-}/Cr^{3+}$ 电对的条件电位时，可选用 3.0mol/L HCl 溶液中该电对的条件电位。

例 6-1　在 1mol/L HCl 溶液中，已知 $\overset{\ominus'}{\varphi}_{Cr_2O_7^{2-}/Cr^{3+}} = 1.00V$。计算用固体 $FeSO_4$ 将 0.100mol/L $K_2Cr_2O_7$ 还原至一半时的电极电位。

解：$Cr_2O_7^{2-}/Cr^{3+}$ 电对的半反应为：

$$Cr_2O_7^{2-} + 6e + 14H^+ \rightleftharpoons 2Cr^{3+} + 7H_2O$$

0.100mol/L $K_2Cr_2O_7$ 还原至一半时，

$$c_{Cr_2O_7^{2-}} = 0.0500mol/L, \quad c_{Cr^{3+}} = 2 \times (0.100 - c_{Cr_2O_7^{2-}}) = 0.100mol/L$$

$$\varphi = \varphi_{Cr_2O_7^{2-}/Cr^{3+}}^{\ominus\prime} + \frac{0.059}{n}\lg\frac{c_{Cr_2O_7^{2-}}}{c_{Cr^{3+}}^2}$$

$$= 1.00 + \frac{0.059}{6}\lg\frac{0.0500}{0.0100}$$

$$= 1.01 \ (V)$$

（二）影响条件电位的因素

凡是影响电对氧化态与还原态的活度系数和副反应系数的各种因素都会使条件电位的大小发生变化，这些因素主要包括离子强度、溶液酸度以及生成沉淀和生成配合物的副反应等。

1. 离子强度的影响

溶液中的离子强度对条件电位的影响称为盐效应。溶液中电解质的浓度变化引起离子强度的改变，进而改变氧化态和还原态的活度系数，最终对氧化还原电对的条件电位产生影响。

单纯离子强度对条件电位的影响按下式计算：

$$\varphi_{Ox/Red}^{\ominus\prime} = \varphi_{Ox/Red}^{\ominus} + \frac{0.059}{n}\lg\frac{\gamma_{Ox}}{\gamma_{red}} \quad (25℃) \tag{6-7}$$

在氧化还原反应中，电解质的浓度往往较高，溶液的离子强度较大，氧化态和还原态的价态大多也较高，故盐效应比较显著。但离子活度系数的精确值不易得到，因而离子强度的影响通常难以精确校正。同时，氧化还原体系中的各种副反应对条件电位的影响远比离子强度的影响大，因此，在估算条件电位时，常忽略离子强度的影响，即近似地认为离子活度系数均为1。此时，式（6-2）中的活度可用平衡浓度代替，简化为：

$$\varphi_{Ox/Red} = \varphi_{Ox/Red}^{\ominus} + \frac{0.059}{n}\lg\frac{[Ox]}{[Red]} \tag{6-8}$$

而式（6-6）则可简化为：

$$\varphi_{Ox/Red}^{\ominus\prime} = \varphi_{Ox/Red}^{\ominus} + \frac{0.059}{n}\lg\frac{\alpha_{Red}}{\alpha_{Ox}} \tag{6-9}$$

2. 溶液酸度的影响

溶液酸度对条件电位的影响（称酸效应）包含两个方面：①如果电对的半反应中有 H^+ 或 OH^- 参加，条件电位的计算式中有 H^+ 或 OH^- 的浓度，溶液酸度的变化将直接影响相关电对的条件电位；②如果电对的氧化态或还原态是弱酸或弱碱，其存在形式会受到溶液酸度的影响，溶液酸度的变化将间接引起条件电位的变化。

例6-2 计算25℃时，$H_3AsO_4/HAsO_2$ 电对在 $[H^+] = 5mol/L$ 和 pH = 8.0 两种条件下的条件电位，并判断在这两种条件下，下列反应进行的方向：

$$H_3AsO_4 + 2I^- + 2H^+ \rightleftharpoons HAsO_2 + I_2 + 2H_2O$$

解：$H_3AsO_4/HAsO_2$ 电对的半反应为：

$$H_3AsO_4 + 2H^+ + 2e \Longrightarrow HAsO_2 + 2H_2O \qquad \varphi^{\ominus}_{H_3AsO_4/HAsO_2} = 0.56V$$

忽略离子强度的影响，以平衡浓度代替活度，$H_3AsO_4/HAsO_2$ 电对的电极电位可按式（6-8）进行计算：

$$\varphi_{H_3AsO_4/HAsO_2} = \varphi^{\ominus}_{H_3AsO_4/HAsO_2} + \frac{0.059}{2}\lg\frac{[H_3AsO_4][H^+]^2}{[HAsO_2]}$$

$$= \varphi^{\ominus}_{H_3AsO_4/HAsO_2} + \frac{0.059}{2}\lg\frac{c_{H_3AsO_4}\alpha_{HAsO_2}[H^+]^2}{\alpha_{H_3AsO_4}c_{HAsO_2}}$$

$$= \varphi^{\ominus}_{H_3AsO_4/HAsO_2} + \frac{0.059}{2}\lg\frac{\alpha_{HAsO_2}[H^+]^2}{\alpha_{H_3AsO_4}} + \frac{0.059}{2}\lg\frac{c_{H_3AsO_4}}{c_{HAsO_2}}$$

$$= \varphi^{\ominus'}_{H_3AsO_4/HAsO_2} + \frac{0.059}{2}\lg\frac{c_{H_3AsO_4}}{c_{HAsO_2}}$$

故 $H_3AsO_4/HAsO_2$ 电对的条件电位为：

$$\varphi^{\ominus'}_{H_3AsO_4/HAsO_2} = \varphi^{\ominus}_{H_3AsO_4/HAsO_2} + \frac{0.059}{2}\lg\frac{\alpha_{HAsO_2}[H^+]^2}{\alpha_{H_3AsO_4}}$$

式中，H_3AsO_4 和 $HAsO_2$ 的副反应系数可根据分布系数 δ_0 的倒数求得：

$$\alpha_{H_3AsO_4} = \frac{[H^+]^3 + [H^+]^2 K_{a_1} + [H^+] K_{a_1}K_{a_2} + K_{a_1}K_{a_2}K_{a_3}}{}$$

$$\alpha_{HAsO_2} = \frac{[H^+] + K_a}{[H^+]}$$

由此，可求得 $[H^+] = 5mol/L$ 时，$\varphi^{\ominus'}_{H_3AsO_4/HAsO_2} = 0.60V$；$pH = 8.0$ 时，$\varphi^{\ominus'}_{H_3AsO_4/HAsO_2} = -0.10V$。

I_2/I^- 电对的半反应为：

$$I_2 + 2e \Longrightarrow 2I^- \qquad \phi^{\ominus}_{I_2/I^-} = 0.545V$$

此半反应没有 H^+ 和 OH^- 参加，故 I_2/I^- 电对的条件电位几乎不受 $[H^+]$ 的影响。

当 $[H^+] = 5mol/L$（强酸性）时，$\varphi^{\ominus'}_{H_3AsO_4/HAsO_2} > \varphi^{\ominus}_{I_2/I^-}$，反应向右进行。利用此反应，可以在强酸性溶液中用间接碘量法测定 H_3AsO_4 的含量。

当 $pH = 8.0$（弱碱性）时，$\varphi^{\ominus'}_{H_3AsO_4/HAsO_2} < \varphi^{\ominus}_{I_2/I^-}$，反应向左进行。利用此反应，可以在弱碱性溶液中用 As_2O_3 作为基准物质标定 I_2 标准溶液的浓度。

3. 其他副反应的影响

除酸效应外，氧化还原滴定中常见的副反应是生成沉淀和生成配合物的反应。

（1）生成沉淀　在氧化还原反应体系中，若有与电对的氧化态或还原态生成沉淀的沉淀剂存在，将会改变电对的条件电位。如果氧化态生成沉淀，条件电位将降低；如果还原态生成沉淀，条件电位将升高。

例如，用碘量法测定 Cu^{2+} 时，反应的方程式为：

$$2Cu^{2+} + 4I^- \Longrightarrow 2CuI\downarrow + I_2$$

$$\varphi^{\ominus}_{Cu^{2+}/Cu^+} = 0.159V, \quad \varphi^{\ominus}_{I_2/I^-} = 0.545V$$

如果从电对的标准电极电位来看，该反应不能自发地向右进行。但实际上，由于反应生成了 CuI 沉淀，Cu^{2+}/Cu^+ 电对的电极电位可表示为：

$$\varphi_{Cu^{2+}/Cu^+} = \varphi_{Cu^{2+}/Cu^+}^{\ominus} + 0.059 \lg \frac{[Cu^{2+}]}{[Cu^+]}$$

$$= \varphi_{Cu^{2+}/Cu^+}^{\ominus} + 0.059 \lg \frac{[Cu^{2+}][I^-]}{K_{sp(CuI)}}$$

$$= \varphi_{Cu^{2+}/Cu^+}^{\ominus} + 0.059 \lg \frac{[I^-]}{K_{sp(CuI)}} + 0.059 \lg [Cu^{2+}]$$

$[Cu^{2+}] = 1.000 mol/L$ 时的 φ_{Cu^{2+}/Cu^+} 即为 Cu^{2+}/Cu^+ 电对的条件电位。为了便于与 I_2/I^- 电对的标准电极电位相比较，假定 $[I^-] = 1.000 mol/L$，则：

$$\varphi_{Cu^{2+}/Cu^+}^{\ominus\prime} = \varphi_{Cu^{2+}/Cu^+}^{\ominus} + 0.059 \lg \frac{[I^-]}{K_{sp(CuI)}}$$

$$= 0.159 + 0.059 \lg \frac{1.000}{1.1 \times 10^{-12}} = 0.86 \ (V)$$

可以看出，Cu^{2+}/Cu^+ 电对的条件电位明显升高，超过了 $\varphi_{I_2/I^-}^{\ominus}$，因此，上述反应得以向右进行。

（2）生成配合物　氧化还原电对中的金属离子可与溶液中的某些配位剂发生配位反应，配合物的生成会影响电对的条件电位。如果氧化态的配合物比还原态的配合物稳定，条件电位降低；反之，条件电位升高。

在氧化还原滴定中，常利用这一规律，通过加入可与干扰离子生成稳定配合物的配位剂来消除对测定的干扰。例如，上述用碘量法测定 Cu^{2+} 的溶液体系中，如果存在 Fe^{3+}，就会干扰 Cu^{2+} 的测定。这是因为 $\varphi_{Fe^{3+}/Fe^{2+}}^{\ominus} = 0.771V$，$\varphi_{Fe^{3+}/Fe^{2+}}^{\ominus} > \varphi_{I_2/I^-}^{\ominus}$，在没有副反应发生的情况下，$Fe^{3+}$ 能够将溶液中的 I^- 氧化成 I_2：

$$2Fe^{3+} + 2I^- \rightleftharpoons 2Fe^{2+} + I_2$$

109

为了消除 Fe^{3+} 的干扰，可向溶液中加入 F^-。由于 F^- 能够与 Fe^{3+} 形成稳定的 FeF_3 配合物，而与 Fe^{2+} 不能形成稳定的配合物，根据式（6-9）可以计算 Fe^{3+}/Fe^{2+} 电对的条件电位：

$$\varphi_{Fe^{3+}/Fe^{2+}}^{\ominus\prime} = \varphi_{Fe^{3+}/Fe^{2+}}^{\ominus} + 0.059 \lg \frac{\alpha_{Fe^{2+}(F)}}{\alpha_{Fe^{3+}(F)}}$$

$$= \varphi_{Fe^{3+}/Fe^{2+}}^{\ominus} + 0.059 \lg \frac{1}{1 + \beta_1[F^-] + \beta_2[F^-]^2 + \beta_3[F^-]^3}$$

假定 $[F^-] = 1.000 mol/L$，并将附录中查到的 FeF_3 配合物稳定常数代入上式，计算得 $\varphi_{Fe^{3+}/Fe^{2+}}^{\ominus\prime} = 0.07V$。$Fe^{3+}/Fe^{2+}$ 电对的条件电位显著降低，且远低于 $\varphi_{I_2/I^-}^{\ominus}$，此时，$Fe^{3+}$ 不能将 I^- 氧化成 I_2，从而消除了 Fe^{3+} 对 Cu^{2+} 测定的干扰。

二、氧化还原反应进行的程度

氧化还原反应进行的程度可以用相关反应的平衡常数 K 来衡量。平衡常数 K 越大，表示反应进行得越完全。对于以下氧化还原反应：

$$mOx_1 + nRed_2 \rightleftharpoons nOx_2 + mRed_1$$

反应的平衡常数为：

$$K = \frac{a_{Red_1}^m a_{Ox_2}^n}{a_{Ox_1}^m a_{Red_2}^n} \tag{6-10}$$

如果考虑溶液中各种副反应的影响，引入条件电位，并以浓度代替相应的活度，所得平衡常数为条件平衡常数：

$$K' = \frac{c_{Red_1}^m c_{Ox_2}^n}{c_{Ox_1}^m c_{Red_2}^n} \tag{6-11}$$

25℃时，与上述氧化还原反应相关的氧化还原半反应和电对的电极电位分别为：

$$Ox_1 + pe \Longrightarrow Red_1 \qquad \varphi_{Ox_1/Red_1} = \varphi_{Ox_1/Red_1}^{\ominus'} + \frac{0.059}{p}\lg\frac{c_{Ox_1}}{c_{Red_1}}$$

$$Ox_2 + qe \Longrightarrow Red_2 \qquad \varphi_{Ox_2/Red_2} = \varphi_{Ox_2/Red_2}^{\ominus'} + \frac{0.059}{q}\lg\frac{c_{Ox_2}}{c_{Red_2}}$$

当氧化还原反应达到平衡时，$\varphi_{Ox_1/Red_1} = \varphi_{Ox_2/Red_2}$，即：

$$\varphi_{Ox_1/Red_1}^{\ominus'} + \frac{0.059}{p}\lg\frac{c_{Ox_1}}{c_{Red_1}} = \varphi_{Ox_2/Red_2}^{\ominus'} + \frac{0.059}{q}\lg\frac{c_{Ox_2}}{c_{Red_2}}$$

等式两边同时乘以 p 和 q 的最小公倍数 l，整理后得到：

$$\lg K' = \lg\frac{c_{Red_1}^m c_{Ox_2}^n}{c_{Ox_1}^m c_{Red_2}^n} = \frac{l(\varphi_{Ox_1/Red_1}^{\ominus'} - \varphi_{Ox_2/Red_2}^{\ominus'})}{0.059} \tag{6-12}$$

由式（6-12）可知，两个氧化还原电对的条件电位之差（$\Delta\varphi^{\ominus'} = \varphi_{Ox_1/Red_1}^{\ominus'} - \varphi_{Ox_2/Red_2}^{\ominus'}$）以及两个氧化还原半反应转移电子数的最小公倍数 l 越大，反应的条件平衡常数 K' 越大，反应进行得越完全。

若将上述氧化还原反应用于滴定分析，要求反应的完全程度应达到 99.9% 以上。这就意味着，达到化学计量点时，应有以下浓度关系：

$$\frac{c_{Red_1}}{c_{Ox_1}} \geq 10^3 \qquad\qquad \frac{c_{Ox_2}}{c_{Red_2}} \geq 10^3$$

即条件平衡常数应满足 $K' \geq 10^{3m} \times 10^{3n}$ 或 $\lg K' \geq 3(m+n)$，代入式（6-12）得，$\Delta\varphi^{\ominus'} \geq 0.059 \times 3(m+n)/l$。

当 $p = q = 1$ 时，$m = n = 1$，$l = 1$，故要求 $\lg K' \geq 6$，$\Delta\varphi^{\ominus'} \geq 0.35V$。

当 $p = 1$，$q = 2$（或 $p = 2$，$q = 1$）时，$m = 2$，$n = 1$（或 $m = 1$，$n = 2$），$l = 2$，则要求 $\lg K' \geq 9$，$\Delta\varphi^{\ominus'} \geq 0.27V$。

当 $p = q = 2$ 时，$m = n = 1$，$l = 2$，因此条件平衡常数仍应满足 $\lg K' \geq 6$，但两电对的条件电位之差应有 $\Delta\varphi^{\ominus'} \geq 0.18V$。

一般认为，不论什么类型的氧化还原反应，若仅考虑反应进行的完全程度，则只需 $\Delta\varphi^{\ominus'} \geq 0.4V$，就可以满足滴定分析的要求。

例 6-3　计算在 1.00mol/L H_2SO_4 溶液中，Fe^{3+} 与 Sn^{2+} 反应的条件平衡常数，并判断反应能否进行完全？

解：反应的方程式为：

$$2Fe^{3+} + Sn^{2+} \Longrightarrow 2Fe^{2+} + Sn^{4+}$$

相关的氧化还原半反应和电对的条件电位（附录六）分别为：

$$Fe^{3+} + e \rightleftharpoons Fe^{2+} \qquad \varphi_{Fe^{3+}/Fe^{2+}}^{\ominus'} = 0.68V$$

$$Sn^{4+} + 2e \rightleftharpoons Sn^{2+} \qquad \varphi_{Sn^{4+}/Sn^{2+}}^{\ominus'} = 0.14V$$

因此，

$$lgK' = \frac{l\ (\varphi_{Fe^{3+}/Fe^{2+}}^{\ominus'} - \varphi_{Sn^{4+}/Sn^{2+}}^{\ominus'})}{0.059} = \frac{2 \times (0.68 - 0.14)}{0.059} = 18$$

$lgK' \geqslant 9$，所以此反应能进行完全。

三、氧化还原反应的速率

氧化还原反应的机制大多较复杂，因此，一些仅从条件平衡常数上判断能够进行完全的反应，却可能因为反应速率太小而不能满足滴定分析的要求。

不同的氧化剂和还原剂，反应速率可以相差很大，这与它们的电子层结构以及反应历程等因素有关。除此之外，氧化还原反应的速率还受到反应物的浓度、反应的温度以及催化剂的作用等外界条件因素的影响。

1. 反应物的浓度

虽然许多氧化还原反应是分步进行的，不能直接根据质量作用定律得出反应速率与反应物浓度的乘积成正比的定量关系，但通常仍然符合反应物的浓度越大，反应速率越快的规律。

在滴定分析中，浓度过高的滴定剂可能会增大测定的误差，故不宜采用提高滴定剂浓度的方法来加快反应速率。但对于有 H^+ 参加的反应，例如：

$$Cr_2O_7^{2-} + 6I^- + 14H^+ \rightleftharpoons 2Cr^{3+} + 3I_2 + 7H_2O$$

可通过适当提高溶液的酸度来加快反应速率。

2. 反应的温度

温度升高，不仅可以增加反应物之间碰撞的几率，还能增加活化分子或离子的数目，从而加快反应速率。通常，反应的温度每升高 10℃，反应速率可增大 2～3 倍。例如，标定 $KMnO_4$ 溶液时，常采用 $KMnO_4$ 滴定酸性介质中 $Na_2C_2O_4$ 的方法，反应的方程式为：

$$2MnO_4^- + 5C_2O_4^{2-} + 16H^+ \rightleftharpoons 2Mn^{2+} + 10CO_2 \uparrow + 8H_2O$$

该反应在室温下进行得很慢，将溶液加热后，反应速率明显提高。但温度过高时，$H_2C_2O_4$ 易分解，故通常将温度控制在 75～85℃。如需进一步提高反应速率，就只能采取其他手段了。

3. 催化剂的作用

催化剂是改变反应速率的有效方法。催化剂分为正催化剂和负催化剂，正催化剂提高反应速率，负催化剂降低反应速率。分析化学中，通常采用正催化剂来使反应加快。上述 $KMnO_4$ 与 $Na_2C_2O_4$ 的反应就可以通过加入少量 Mn^{2+} 作为催化剂，使反应迅速进行。由于反应本身即有 Mn^{2+} 生成，故在不加催化剂的情况下，该反应将表现出先慢后快的特点，初始阶段反应较慢，一旦有少量 Mn^{2+} 生成，反应就可迅速进行。这种生成物本身起催化作用的反应，称为自动催化反应。

第二节　氧化还原滴定的基本原理

一、氧化还原滴定曲线

在氧化还原滴定过程中，随着滴定剂的加入和反应的进行，被滴定物质的氧化态和还原态的浓度逐渐改变，有关电对的电极电位也相应发生变化。以加入滴定剂的体积或百分数为横坐标，以电对的电极电位为纵坐标作图，即得氧化还原滴定曲线。

氧化还原滴定曲线一般通过实验测绘，但对于可逆的氧化还原体系，用 Nernst 方程式从理论上计算得出的滴定曲线与实测所得的可以较好地吻合。

现以 $1mol/L$ H_2SO_4 溶液中，用 $0.1000mol/L$ $Ce(SO_4)_2$ 标准溶液滴定 $20.00ml$ $0.1000mol/L$ $FeSO_4$ 溶液为例，讨论氧化还原滴定曲线的理论计算方法。滴定反应为：

$$Ce^{4+} + Fe^{2+} \rightleftharpoons Ce^{3+} + Fe^{3+}$$

相关电对的氧化还原半反应为：

$$Ce^{4+} + e \rightleftharpoons Ce^{3+} \qquad \varphi^{\ominus'}_{Ce^{4+}/Ce^{3+}} = 1.44V$$

$$Fe^{3+} + e \rightleftharpoons Fe^{2+} \qquad \varphi^{\ominus'}_{Fe^{3+}/Fe^{2+}} = 0.68V$$

滴定开始前，由于空气中氧气和介质的氧化作用，$FeSO_4$ 溶液中会生成少量 Fe^{3+}，组成 Fe^{3+}/Fe^{2+} 电对，但 Fe^{3+} 的浓度难以确定，故此时的电极电位无法用 Nernst 方程式进行计算。

滴定开始后，溶液中同时存在两个氧化还原电对。作为可逆的氧化还原体系，滴定过程中，两电对的电极电位可以瞬间达到平衡，所以整个滴定体系的电极电位等于其中任一电对的电极电位，即：

$$\varphi = \varphi^{\ominus'}_{Fe^{3+}/Fe^{2+}} + 0.059\lg\frac{c_{Fe^{3+}}}{c_{Fe^{2+}}} = \varphi^{\ominus'}_{Ce^{4+}/Ce^{3+}} + 0.059\lg\frac{c_{Ce^{4+}}}{c_{Ce^{3+}}}$$

因此，对于滴定过程中的不同阶段，可以选择便于计算的电对，利用 Nernst 方程式来计算体系的电极电位。

1. 化学计量点前

加入的 Ce^{4+} 几乎全部被还原为 Ce^{3+}，溶液中未反应的 Ce^{4+} 浓度很低且难以确定，而 Fe^{3+} 与 Fe^{2+} 的浓度比却可以根据加入 Ce^{4+} 标准溶液的体积或百分数来确定，故利用 Fe^{3+}/Fe^{2+} 电对计算该阶段体系的电极电位较为方便。

（1）当加入 Ce^{4+} 标准溶液 $10.00ml$ 时，加入滴定剂的百分数为 50%，有 50% 的 Fe^{2+} 被氧化成 Fe^{3+}，体系的电极电位为：

$$\varphi = \varphi^{\ominus'}_{Fe^{3+}/Fe^{2+}} + 0.059\lg\frac{50.0\%}{50.0\%} = 0.68 （V）$$

（2）当加入 Ce^{4+} 标准溶液 $19.98ml$ 时，加入滴定剂的百分数为 99.9%，有 99.9% 的 Fe^{2+} 被氧化成 Fe^{3+}，体系的电极电位为：

$$\varphi = \varphi^{\ominus'}_{Fe^{3+}/Fe^{2+}} + 0.059\lg\frac{99.9\%}{0.1\%} = 0.86 （V）$$

2. 化学计量点时

此时，加入滴定剂的百分数为 100%，Ce^{4+} 和 Fe^{2+} 分别定量地转变成 Ce^{3+} 和 Fe^{3+}，

溶液中未反应的 Ce^{4+} 和 Fe^{2+} 浓度很低，不易求得。所以，单独利用其中的任一电对都无法计算体系的电极电位。但此时，体系中存在如下关系：

$$c_{Ce^{4+}} = c_{Fe^{2+}} \qquad c_{Ce^{3+}} = c_{Fe^{3+}}$$

故可将两电对的 Nernst 方程式联立进行计算。

以 φ_{sp} 表示化学计量点时体系的电极电位，则：

$$\varphi_{sp} = \varphi^{\ominus\prime}_{Ce^{4+}/Ce^{3+}} + 0.059 \lg \frac{c_{Ce^{4+}}}{c_{Ce^{3+}}}$$

$$\varphi_{sp} = \varphi^{\ominus\prime}_{Fe^{3+}/Fe^{2+}} + 0.059 \lg \frac{c_{Fe^{3+}}}{c_{Fe^{2+}}}$$

两式相加，得：

$$2\varphi_{sp} = \varphi^{\ominus\prime}_{Ce^{4+}/Ce^{3+}} + \varphi^{\ominus\prime}_{Fe^{3+}/Fe^{2+}} + 0.059 \lg \frac{c_{Ce^{4+}}c_{Fe^{3+}}}{c_{Ce^{3+}}c_{Fe^{2+}}} = 1.44 + 0.68 = 2.12 \ (V)$$

所以 $\qquad\qquad\qquad \varphi_{sp} = 1.06 \ (V)$

3. 化学计量点后

此阶段溶液中的 Fe^{2+} 几乎全部被氧化成 Fe^{3+}，虽然可能尚有少量 Fe^{2+} 存在，但其浓度难以确定。但根据加入 Ce^{4+} 标准溶液的体积或百分数可以确定 Ce^{4+} 与 Ce^{3+} 的浓度比，故可利用 Ce^{4+}/Ce^{3+} 电对计算该阶段体系的电极电位。

（1）当加入 Ce^{4+} 标准溶液 20.02ml 时，滴定剂过量 0.1%，体系的电极电位为：

$$\varphi = \varphi^{\ominus\prime}_{Ce^{4+}/Ce^{3+}} + 0.059 \lg \frac{0.1\%}{100\%} = 1.26 (V)$$

（2）当加入 Ce^{4+} 标准溶液 22.00ml 时，滴定剂过量 10%，体系的电极电位为：

$$\varphi = \varphi^{\ominus\prime}_{Ce^{4+}/Ce^{3+}} + 0.059 \lg \frac{10\%}{100\%} = 1.38 (V)$$

用同样的方法可计算出滴定过程中其他各点相应的电极电位（部分结果列于表 6-1）。

113

表 6-1 在 1mol/L H_2SO_4 溶液中，用 0.1000mol/L $Ce(SO_4)_2$ 标准溶液滴定 20.00ml 0.1000mol/L $FeSO_4$ 溶液的电极电位变化

$V_{Ce(SO_4)_2}$ (ml)	滴定分数 (%)	φ (V)
1.00	5.0	0.60
2.00	10.0	0.62
4.00	20.0	0.64
8.00	40.0	0.67
10.00	50.0	0.68
18.00	90.0	0.74
19.80	99.0	0.80
19.98	99.9	0.86
20.00	100.0	1.06
20.02	100.1	1.26
22.00	110.0	1.38
40.00	200.0	1.44

突跃范围（19.98~20.02）

以加入 Ce^{4+} 标准溶液的百分数为横坐标，体系的电极电位为纵坐标作图，即得如图 6 - 1 所示的滴定曲线。

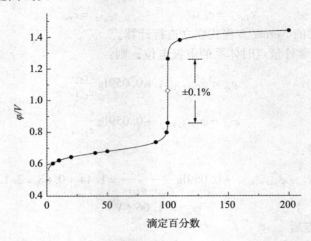

图 6 - 1　$Ce(SO_4)_2$ 标准溶液滴定 $FeSO_4$ 溶液的滴定曲线

由表 6 - 1 和图 6 - 1 可看出，从化学计量点前 0.1% 到化学计量点后 0.1%，体系的电极电位由 0.86V 突变至 1.26V，$\Delta\varphi$ 为 0.40V。氧化还原滴定中，体系电极电位的突变即为滴定突跃，突跃所在的电位范围为氧化还原滴定突跃范围。

对于两电对都是对称电对，即氧化态与还原态的系数相同的电对，其氧化还原反应为：

$$mOx_1 + nRed_2 \Longrightarrow nOx_2 + mRed_1$$

若反应可逆，则可得化学计量点时的电极电位一般公式为：

$$\varphi_{sp} = \frac{n\overset{\ominus'}{\varphi}_{Ox_1/Red_1} + m\overset{\ominus'}{\varphi}_{Ox_2/Red_2}}{n + m} \tag{6 - 13}$$

滴定突跃范围为：

$$\overset{\ominus'}{\varphi}_{Ox_2/Red_2} + \frac{3 \times 0.059}{m}(V) \sim \overset{\ominus'}{\varphi}_{Ox_1/Red_1} - \frac{3 \times 0.059}{n}(V) \tag{6 - 14}$$

根据式 (6 - 13) 和式 (6 - 14) 可知，氧化还原滴定中，如果两个氧化还原电对的电子转移数相等 ($n = m$)，如用 Ce^{4+} 滴定 Fe^{2+}，则 φ_{sp} 恰好位于滴定突跃的正中间；如果 $n \neq m$，如用 $Cr_2O_7^{2-}$ 滴定 Fe^{2+}，则 φ_{sp} 偏向电子转移数多的电对一方。

式 (6 - 14) 还反映出影响氧化还原滴定突跃范围的两个主要因素：①两个电对的条件电位之差 $\Delta\varphi^{\ominus'}$。$\Delta\varphi^{\ominus'}$ 越大，突跃范围越大；②两个电对的电子转移数 n 和 m。n 和 m 越大，突跃范围越大。滴定突跃范围越大，越便于选择指示剂，越易于准确滴定。

图 6 - 2 直观地说明了 $\Delta\varphi^{\ominus'}$ 对滴定突跃范围大小的影响。图中假设以不同条件电位的氧化性滴定剂滴定某还原性被测物质，其中被测物质的条件电位为 0.6V，当滴定剂的条件电位为 1.0V (即 $\Delta\varphi^{\ominus'} = 0.4V$) 时，滴定突跃为 0.046V；当滴定剂的条件电位为 0.8V (即 $\Delta\varphi^{\ominus'} = 0.2V$) 时，基本上看不出明显的滴定突跃。可见，为了得到准确的滴定结果，两个氧化还原电对的条件电位之差 $\Delta\varphi^{\ominus'}$ 应不小于 0.4V，这与前述氧化还原反应完全程度的讨论结果是一致的；如果 $\Delta\varphi^{\ominus'} < 0.2V$，就不宜进行滴定分析了。至于

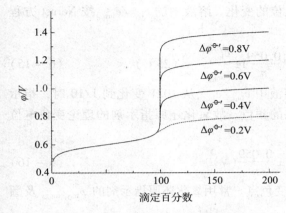

图 6－2　$\Delta\varphi^{\ominus'}$ 对滴定突跃范围大小的影响

$\Delta\varphi^{\ominus'}$ 在 $0.2 \sim 0.4$V 之间的情况，由于滴定突跃范围较小，不适宜采用指示剂确定终点，但如果允许误差在 1% 以内，尚可以借助一些仪器分析的方法确定终点，如电位滴定法（见第八章）。

此外，氧化还原滴定不同于酸碱滴定等其他滴定分析法的是：对于两个对称电对之间的可逆氧化还原反应来说，滴定的化学计量点电位以及突跃范围大小与两个电对相关离子的浓度无关。不过，如果氧化还原反应中有不对称电对参加，即电对的氧化态与还原态的系数不相等，如 I_2/I^-，$Cr_2O_7^{2-}/Cr^{3+}$ 等，则滴定的化学计量点电位以及突跃范围大小与该电对相关离子的浓度是有关的。

二、氧化还原滴定的指示剂

氧化还原滴定中常用的指示剂有自身指示剂、特殊指示剂和氧化还原指示剂等。

（一）自身指示剂

在氧化还原滴定中，有些标准溶液或被滴定的物质本身有颜色，而滴定后生成无色或浅色的物质，故滴定时无需另加指示剂，利用其自身的颜色变化即可指示滴定的终点，称之为自身指示剂（self indicator）。如 $KMnO_4$ 标准溶液是高锰酸钾法中的滴定剂，$KMnO_4$ 本身为紫红色，其还原产物 Mn^{2+} 几乎无色，在用 $KMnO_4$ 标准溶液滴定无色或浅色还原物质时，只要稍过量的 $KMnO_4$ 浓度达到 2×10^{-6}mol/L，就能显示粉红（浅紫）色，从而指示滴定终点的到达。

（二）特殊指示剂

有些物质本身不具有氧化还原性质，但能与氧化剂或还原剂作用产生特殊的颜色，故可根据颜色的出现或消失指示滴定终点，称之为特殊指示剂（specific indicator）。可溶性淀粉就属于这种指示剂。可溶性淀粉遇 I_3^- 时即可发生显色反应，生成深蓝色的吸附化合物；该显色反应是可逆的，当 I_3^- 被全部还原为 I^- 后，深蓝色即消失。因此，在碘量法中，就可以根据溶液中蓝色的出现或消失指示滴定终点。

（三）氧化还原指示剂

氧化还原指示剂（oxidation - reduction indicator）本身是一种弱氧化剂或弱还原剂，其氧化态和还原态具有明显不同的颜色，在滴定过程中，因指示剂被氧化或被还原而发生颜色的变化，以此指示滴定的终点。

1. 氧化还原指示剂的变色范围

现分别用 In_{Ox}、In_{Red} 表示氧化还原指示剂的氧化态和还原态，指示剂的氧化还原半反应为：

$$In_{Ox} + ne \rightleftharpoons In_{Red}$$

115

随着氧化还原滴定过程中体系电极电位的变化,溶液中的 $c_{In_{Ox}}/c_{In_{Red}}$ 按 Nernst 方程式的关系改变:

$$\varphi_{In_{Ox}/In_{Red}} = \varphi_{In_{Ox}/In_{Red}}^{\ominus'} + \frac{0.059}{n}\lg\frac{c_{In_{Ox}}}{c_{In_{Red}}} \quad (25℃) \tag{6-15}$$

与酸碱指示剂的变色情况类似,当溶液中 $c_{In_{Ox}}/c_{In_{Red}}$ 从 10/1 变化到 1/10 时,指示剂的颜色将从氧化态的颜色过渡到还原态的颜色。故氧化还原指示剂的理论变色电位范围为:

$$\varphi_{In_{Ox}/In_{Red}}^{\ominus'} \pm \frac{0.059}{n}(V) \tag{6-16}$$

$\varphi = \varphi_{In_{Ox}/In_{Red}}^{\ominus'}$ 为氧化还原指示剂的理论变色点。常用氧化还原指示剂的 $\varphi_{In_{Ox}/In_{Red}}^{\ominus'}$ 及颜色变化见表 6-2。

表 6-2 常用氧化还原指示剂的 $\varphi_{In_{Ox}/In_{Red}}^{\ominus'}$ ([H^+]=1mol/L) 及颜色变化

指示剂	$\varphi_{In_{Ox}/In_{Red}}^{\ominus'}$ (V)	颜色变化 氧化态	还原态
亚甲基蓝	0.36	蓝色	无色
二苯胺	0.76	紫色	无色
二苯胺磺酸钠	0.84	紫红色	无色
邻苯氨基苯甲酸	0.89	紫红色	无色
羊毛罂红	1.00	红色	绿色
邻二氮菲-亚铁	1.06	浅蓝色	红色
硝基邻二氮菲-亚铁	1.25	浅蓝色	紫红色

2. 氧化还原指示剂的选择原则

氧化还原指示剂的变色电位范围应在滴定突跃范围之内,并尽可能使指示剂的 $\varphi_{In_{Ox}/In_{Red}}^{\ominus'}$ 与化学计量点时的电极电位 φ_{sp} 一致,以保证终点误差不超过 0.1% 。例如,用 Ce^{4+} 标准溶液滴定 Fe^{2+} 溶液,电位突跃范围为 0.86~1.26V,φ_{sp}=1.06V,显然羊毛罂红和邻二氮菲-亚铁均可作为合适的指示剂。

有时,可能遇到供选择的指示剂只有部分变色范围在滴定突跃范围内的情况。此时,可设法改变滴定突跃范围,使所选用的指示剂成为适宜的指示剂。例如,欲选择二苯胺磺酸钠 ($\varphi_{In_{Ox}/In_{Red}}^{\ominus'}$ = 0.84V) 作为 Ce^{4+} 滴定 Fe^{2+} 的指示剂,其变色范围为 0.84±0.059/2 (V),即 0.81~0.87V,仅有一小部分在滴定突跃范围内。为了减小滴定误差,可向溶液中加入适量稀磷酸,H_3PO_4 可与 Fe^{3+} 发生配位作用,生成稳定的配合物,从而降低 Fe^{3+}/Fe^{2+} 电对的电极电位,滴定突跃范围变为 0.78~1.26V,就使二苯胺磺酸钠的变色范围落在滴定突跃范围内了。

三、滴定前的试样预处理

氧化还原滴定前常常需要对试样进行一定的预处理,使待测组分转变成适合滴定的状态。如果采用还原剂的标准溶液进行滴定,通常先将待测组分氧化成高价态;如果采用氧化剂的标准溶液进行滴定,则先将待测组分还原为低价态。

　　例如，测定试样中 Mn^{2+} 的含量，由于 MnO_4^-/Mn^{2+} 电对的标准电极电位很高（$\varphi^{\ominus} = 1.51V$），标准电极电位比 $\varphi^{\ominus}_{MnO_4^-/Mn^{2+}}$ 高的少数强氧化剂〔如 $(NH_4)_2S_2O_8$〕大多稳定性差或反应速率慢，不适宜作为滴定剂。但如果将 $(NH_4)_2S_2O_8$ 作为预氧化剂，则可将 Mn^{2+} 氧化成 MnO_4^-，剩余的 $(NH_4)_2S_2O_8$ 通过加热破坏后，就可以用还原剂（如 Fe^{2+}）的标准溶液滴定生成的 MnO_4^-。

　　氧化还原滴定前的预处理称为预氧化或预还原，所用的氧化剂或还原剂称为预氧化剂或预还原剂，它们应满足下列条件：①能将被测组分定量地氧化或还原；②反应要迅速；③剩余的预氧化剂或预还原剂应易于除去；④反应具有一定的选择性，避免其他组分的干扰。

　　常用的预氧化剂和预还原剂列于表6-3。

表6-3　常用的预氧化剂和预还原剂

预处理剂	反应条件	主要应用	过量试剂除去方法
预氧化剂　$(NH_4)_2S_2O_8$	酸性	$Mn^{2+} \longrightarrow MnO_4^-$ $Cr^{3+} \longrightarrow Cr_2O_7^{2-}$ $VO^{2+} \longrightarrow VO_3^-$	煮沸分解
$NaBiO_3$	HNO_3 介质	同上	过滤
$KMnO_4$	酸性	$VO^{2+} \longrightarrow VO_3^-$	用 NO_2^-
H_2O_2	碱性	$Cr^{3+} \longrightarrow CrO_4^{2-}$	煮沸分解
Cl_2，Br_2（1）	酸性或中性	$I^- \longrightarrow IO_3^-$	煮沸或通空气
$HClO_4$	H_3PO_4	$Cr^{3+} \longrightarrow Cr_2O_7^{2-}$	稀释
KIO_4	热酸性介质	$Mn^{2+} \longrightarrow MnO_4^-$	
预还原剂　$SnCl_2$	酸性加热	$Fe^{3+} \longrightarrow Fe^{2+}$ As（V）$\longrightarrow$ As（III） Mo（VI）$\longrightarrow$ Mo（V）	加 $HgCl_2$ 氧化
$TiCl_3$	酸性	$Fe^{3+} \longrightarrow Fe^{2+}$	稀释，Cu^{2+} 催化空气氧化
SO_2	中性或弱酸性	$Fe^{3+} \longrightarrow Fe^{2+}$	煮沸或通 CO_2
联胺		As（V）$\longrightarrow$ As（III）	加浓 H_2SO_4 煮沸
锌汞齐还原器	酸性	$Fe^{3+} \longrightarrow Fe^{2+}$ Sn（IV）$\longrightarrow$ Sn（II） Ti（IV）$\longrightarrow$ Ti（III）	

117

第三节　常用氧化还原滴定法

　　可以用于滴定分析的氧化还原反应很多，习惯上根据氧化剂的名称不同，将氧化还原滴定法分为碘量法（iodimetry）、高锰酸钾法（potassium permanganate method）、亚硝酸钠法（sodium nitrite method）、重铬酸钾法（potassium dichromate method）、溴酸钾法（potassium bromate method）和溴量法（bromimetry）等。

一、碘量法

(一) 碘量法的基本原理

碘量法是利用 I_2 的氧化性或 I^- 的还原性进行滴定分析的方法。相关的氧化还原半反应为：

$$I_2\ (s)\ +2e \Longrightarrow 2I^- \qquad \varphi^{\ominus}_{I_2/I^-} = 0.5345V$$

由标准电极电位 $\varphi^{\ominus}_{I_2/I^-}$ 可以看出，I_2 是一种较弱的氧化剂，只能与具有较强还原性的物质反应；而 I^- 是一种中等强度的还原剂，可以与许多具有氧化性的物质反应。利用直接滴定、置换滴定和返滴定等多种滴定方式，碘量法成为应用广泛的重要的氧化还原滴定法之一。

由于碘在水中的溶解度很小，且易挥发，所以在配制碘溶液时，通常将固体碘溶于 KI 溶液中，使 I_2 与 I^- 形成 I_3^- 配合离子，从而增大 I_2 的溶解度，同时也减少 I_2 的挥发。I_3^-/I^- 电对的标准电极电位 $\varphi^{\ominus}_{I_3^-/I^-} = 0.545V$，与 $\varphi^{\ominus}_{I_2/I^-}$ 相差不大，为方便起见，I_3^- 一般仍简写为 I_2。

1. 滴定方式

(1) 直接碘量法　电极电位比 $\varphi^{\ominus}_{I_2/I^-}$ 低的电对，其还原态可直接用 I_2 标准溶液进行滴定，这是采用直接滴定方式的碘量法，称为直接碘量法或碘滴定法。可用直接碘量法测定的物质包括硫化物、亚硫酸盐、亚砷酸盐、硫代硫酸盐及含有烯二醇基的物质 (如维生素 C) 等。

(2) 间接碘量法　电极电位比 $\varphi^{\ominus}_{I_2/I^-}$ 高的电对，其氧化态可用 I^- 还原，定量置换出 I_2 后，用 $Na_2S_2O_3$ 标准溶液滴定置换出来的 I_2，这种采用置换滴定方式的碘量法称为置换碘量法。有些还原性物质溶解性较差或与 I_2 的反应速率较慢，可先使之与定量过量的 I_2 标准溶液反应，待反应完全后，再用 $Na_2S_2O_3$ 标准溶液滴定剩余的 I_2，这是采用返滴定方式的碘量法，称为剩余碘量法或回滴碘量法。置换碘量法和剩余碘量法习惯上统称为间接碘量法或滴定碘法。滴定反应方程式为：

$$I_2 +2S_2O_3^{2-} \Longrightarrow S_4O_6^{2-} +2I^-$$

间接碘量法用途非常广泛，其中置换碘量法可以用来测定 $KMnO_4$、$K_2Cr_2O_7$、$K_3[Fe(CN)_6]$、$KBrO_3$、$KBrO$、KIO_3、KIO、KIO_4、Cl_2、Br_2、H_2O_2、MnO_2、PbO_2、O_2、O_3、$CuSO_4$、枸橼酸铁铵、漂白粉、氯胺 T 等氧化性的物质；剩余碘量法则可以测定葡萄糖、甲醛、丙酮及硫脲等还原性的物质，也可用于测定能与 I_2 发生取代反应的有机酸、有机胺类 (如酚酞) 以及某些能与 I_2 定量生成难溶性化合物的生物碱类 (如盐酸小檗碱)。

2. 滴定条件

(1) 直接碘量法的滴定条件　该法只能在酸性、中性或弱碱性溶液中进行。

在 pH > 9 的碱性溶液中，会发生如下歧化反应：

$$3I_2 +6OH^- \Longrightarrow IO_3^- +5I^- +3H_2O$$

(2) 间接碘量法的滴定条件　$Na_2S_2O_3$ 滴定 I_2 的反应一般要求在中性或弱酸性条件下进行。

在碱性溶液中，除发生 I_2 的歧化反应外，还发生如下副反应：

$$4I_2 + S_2O_3^{2-} + 10OH^- \rightleftharpoons 8I^- + 2SO_4^{2-} + 5H_2O$$

在强酸性溶液中，$Na_2S_2O_3$ 会被酸分解，I^- 也易被空气中的 O_2 缓慢氧化：

$$S_2O_3^{2-} + 2H^+ \rightleftharpoons S\downarrow + H_2SO_3$$

$$4I^- + O_2 + 4H^+ \rightleftharpoons 2I_2 + 2H_2O$$

而 H_2SO_3 与 I_2 则发生如下反应：

$$H_2SO_3 + I_2 + H_2O \rightleftharpoons SO_4^{2-} + 4H^+ + 2I^-$$

这就使得部分 I_2 与 $Na_2S_2O_3$ 反应的物质的量之比变成 1:1，影响了二者的计量关系而造成误差。如果必须在酸性较强的溶液中进行滴定，滴加 $Na_2S_2O_3$ 标准溶液的速度不宜太快，并需充分搅拌，勿使 $S_2O_3^{2-}$ 局部过浓。由于 I_2 与 $Na_2S_2O_3$ 的反应较快，所以按上述操作尚能在酸度高达 3~4mol/L 的条件下得到满意的结果。但相反用 I_2 滴定 $Na_2S_2O_3$，则不能在酸性条件下进行。

3. 误差控制

碘量法的误差主要来源于两个方面：①I_2 的挥发；②I^- 被空气中的 O_2 氧化。为了获得准确的结果，应采取以下措施：

（1）控制溶液的酸度　置换碘量法中，$KMnO_4$、$K_2Cr_2O_7$、KIO_3 等氧化剂与 KI 反应时，通常在酸度较高的条件下进行，在用 $Na_2S_2O_3$ 标准溶液滴定 I_2 之前，应适当稀释溶液，使 $[H^+] = 0.2~0.4mol/L$，并立即滴定。

（2）防止 I_2 的挥发　加入比理论量多 2~3 倍的 KI，使 I_2 形成 I_3^- 配合离子；析出碘的反应宜在碘量瓶中进行，密塞避光放置，待反应完全；在碘量瓶中进行滴定，滴定时溶液温度不能太高，不要剧烈摇动。

（3）防止 I^- 被空气氧化　溶液的酸度不宜过高，酸度增大会加快 I^- 被 O_2 氧化的速率；消除对 O_2 氧化 I^- 起催化作用的因素，包括避免光线直接照射和除去 Cu^{2+}、NO_2^- 等离子；当 I_2 完全析出后立即滴定，快滴慢摇。

（二）碘量法的指示剂

1. 自身指示剂

在 100ml 水中加入 1 滴碘液（0.05mol/L），即显可察觉的黄色，所以 I_2 标准溶液可作为自身指示剂，用于指示直接碘量法的滴定终点。

2. 淀粉指示剂

淀粉是碘量法中应用最多的指示剂。淀粉遇 I_3^- 显深蓝色，反应灵敏且可逆性好，溶液中 I_2 的浓度低至 $10^{-6}~10^{-5}mol/L$ 仍能观察到蓝色，故可根据蓝色的出现或消失确定滴定终点。

使用淀粉指示剂时应注意：

（1）淀粉指示剂的溶液应取可溶性直链淀粉于临用前配制　支链淀粉只能松动的吸附 I_2，显红紫色，且显色反应不敏锐，不宜用作碘量法的指示剂。此外，淀粉溶液不宜久置，否则会腐败、失效。

（2）淀粉指示剂在弱酸性介质中最灵敏　pH>9 时，I_2 易发生歧化反应，生成 IO_3^-，遇淀粉不显蓝色；pH<2 时，淀粉会水解为糊精，糊精遇 I_2 显红色，该显色反应

119

可逆性差。

（3）溶液中存在醇类物质会降低淀粉指示剂的灵敏度　在 50% 以上乙醇溶液中，I_2 与淀粉甚至不发生显色反应。

（4）淀粉指示剂适宜在常温下使用　温度升高会使指示剂的灵敏度下降。

（5）应注意加入淀粉指示剂的时间　直接碘量法，在酸度不高的情况下，可于滴定前加入；间接碘量法应在近终点时加入，若加入过早，则溶液中存在的大量的碘会被淀粉牢牢地吸附，导致终点滞后。

（三）碘量法的标准溶液

1. I_2 标准溶液

用升华法可制得符合直接配制标准溶液纯度要求的碘，但因碘有挥发性和腐蚀性，不宜在分析天平上准确称量，故通常 I_2 标准溶液采用间接法进行配制。

（1）0.05mol/L I_2 标准溶液的配制　称取 13.0g 碘，加入 36g 碘化钾，一并置于玻璃研钵中，加少量蒸馏水（约 50ml）研磨，待 I_2 全部溶解后转移至 2000ml 烧杯中，加盐酸 3 滴，加蒸馏水使成 1000ml，摇匀，过滤，转入玻璃塞的棕色试剂瓶中，密塞，暗处保存。

说明：①加入适量 KI 可增大 I_2 的溶解度，并减少 I_2 的挥发。②加入少量盐酸，可使碘中微量 KIO_3 杂质与 KI 作用生成 I_2，从而消除 KIO_3 对滴定的影响，并可在滴定时中和配制 $Na_2S_2O_3$ 标准溶液时加入的少量稳定剂 Na_2CO_3，以免滴定反应在碱性条件下进行。③为防止少量未溶解的碘影响浓度，需在标定前用垂熔玻璃滤器滤过。④保存过程中，应避免见光、遇热以及与橡皮等有机物接触，以防浓度发生变化。

（2）0.05mol/L I_2 标准溶液的标定　标定碘标准溶液的准确浓度常用基准物质 As_2O_3，也可用已标定的 $Na_2S_2O_3$ 标准溶液。

As_2O_3 难溶于水，一般先加 NaOH 溶液使其溶解：

$$As_2O_3 + 2OH^- \rightleftharpoons 2AsO_2^- + H_2O$$

标定前将溶液酸化，再用 $NaHCO_3$ 调节溶液 pH 为 8～9，以待标定的 I_2 溶液进行滴定。有关的反应方程式为：

$$HAsO_2 + I_2 + 2H_2O \rightleftharpoons HAsO_4^{2-} + 2I^- + 4H^+$$

2. $Na_2S_2O_3$ 标准溶液

市售的硫代硫酸钠（$Na_2S_2O_3 \cdot 5H_2O$）常含有少量 S、S^{2-}、SO_3^{2-}、CO_3^{2-}、Cl^- 等杂质，且易风化、潮解，故 $Na_2S_2O_3$ 标准溶液只能用间接法配制。

（1）0.1mol/L $Na_2S_2O_3$ 标准溶液的配制　在 500ml 新煮沸放冷的蒸馏水中加入 0.1g Na_2CO_3，溶解后加入 13g 硫代硫酸钠结晶（$Na_2S_2O_3 \cdot 5H_2O$），充分混合溶解后转入棕色试剂瓶中，于暗处放置 7～10 天后再进行标定。

说明：$Na_2S_2O_3$ 会与水中溶解的 CO_2 作用而分解：

$$S_2O_3^{2-} + CO_2 + H_2O \rightleftharpoons S\downarrow + HSO_3^- + HCO_3^-$$

$Na_2S_2O_3$ 可被水中溶解的 O_2 氧化而分解：

$$2S_2O_3^{2-} + O_2 \rightleftharpoons 2S\downarrow + 2SO_4^{2-}$$

水中存在的嗜硫细菌等微生物也可使 $Na_2S_2O_3$ 发生转化，光照可促进该反应：

$$S_2O_3^{2-} \rightleftharpoons S\downarrow + SO_3^{2-}$$

因此，配制 $Na_2S_2O_3$ 标准溶液时，应注意：①使用新煮沸放冷的蒸馏水，以除去水中的 CO_2 和 O_2，并杀灭细菌；②加入少量 Na_2CO_3，使溶液呈弱碱性，抑制微生物生长，并防止 $Na_2S_2O_3$ 分解；③溶液保存在棕色瓶中，暗处放置一段时间，待浓度稳定后再进行标定。如果发现 $Na_2S_2O_3$ 标准溶液变混浊，说明有 S 析出，应过滤后重新标定或另行配制。

（2）$Na_2S_2O_3$ 标准溶液的标定 $Na_2S_2O_3$ 溶液的准确浓度，可用 $K_2Cr_2O_7$、KIO_3、$KBrO_3$ 等基准物质，以置换碘量法进行标定，其中最常用的是 $K_2Cr_2O_7$。

标定时，先准确称取一定量的 $K_2Cr_2O_7$，在酸性溶液中与过量的 KI 作用，置换出来的 I_2 用待标定的 $Na_2S_2O_3$ 溶液进行滴定。有关的反应方程式为：

$$Cr_2O_7^{2-} + 6I^- + 14H^+ \rightleftharpoons 3I_2 + 2Cr^{3+} + 7H_2O$$
$$I_2 + 2S_2O_3^{2-} \rightleftharpoons S_4O_6^{2-} + 2I^-$$

说明：①$Cr_2O_7^{2-}$ 与 I^- 的反应较慢，可通过加入过量的 KI 并适当提高酸度来加快反应速率，但酸度太高时 I^- 易被 O_2 氧化，故一般控制酸度为 0.8mol/L 左右。②$K_2Cr_2O_7$ 与 KI 作用时，应将溶液贮存于碘量瓶中，暗处放置一段时间，待反应完全后再进行滴定。③KI 溶液中不得含有 KIO_3 和 I_2，如果 KI 溶液显黄色，可用 $Na_2S_2O_3$ 溶液滴定至无色再使用。④开始滴定前，先将溶液稀释，以降低酸度，并使 Cr^{3+} 的亮绿色变浅，便于观察滴定终点。⑤淀粉指示剂在近终点时再加入。

二、其他氧化还原滴定法

（一）高锰酸钾法

1. 高锰酸钾法的基本原理

高锰酸钾法是以高锰酸钾为标准溶液的氧化还原滴定法。高锰酸钾是一种强氧化剂，其氧化能力与溶液的酸度有关。

在强酸性介质（$[H^+]$ 为 $1\sim2$mol/L）中，MnO_4^- 与还原剂作用被还原为 Mn^{2+}：

$$MnO_4^- + 8H^+ + 5e \rightleftharpoons Mn^{2+} + 4H_2O \qquad \varphi^{\ominus}_{MnO_4^-/Mn^{2+}} = 1.51V$$

在弱酸性、中性或弱碱性介质中，MnO_4^- 被还原为 MnO_2：

$$MnO_4^- + 2H_2O + 3e \rightleftharpoons MnO_2 + 4OH^- \qquad \varphi^{\ominus}_{MnO_4^-/MnO_2} = 0.588V$$

在强碱性溶液中，MnO_4^- 被还原为 MnO_4^{2-}：

$$MnO_4^- + e \rightleftharpoons MnO_4^{2-} \qquad \varphi^{\ominus}_{MnO_4^-/MnO_4^{2-}} = 0.564V$$

由此可以看出，在应用高锰酸钾法时，可根据被测物的性质而采用不同的酸度条件和滴定方式，同时也说明反应必须控制溶液的酸度，使之按要求的方向进行。

（1）直接滴定法 可用于测定多种还原性的物质，如 Fe^{2+}、Sb^{3+}、AsO_2^-、H_2O_2、$C_2O_4^{2-}$、NO_2^-、W^{5+}、U^{4+} 等。例如：

$$5H_2O_2 + 2MnO_4^- + 6H^+ \rightleftharpoons 2Mn^{2+} + 5O_2\uparrow + 8H_2O$$

（2）返滴定法 可用于测定某些氧化性的物质，如 MnO_2、$Cr_2O_7^{2-}$、CrO_4^{2-}、PbO_2、$S_2O_8^{2-}$、ClO_3^-、IO_3^- 等。以测定 MnO_2 为例，可在 MnO_2 的 H_2SO_4 溶液中加入定量过量的 $Na_2C_2O_4$ 标准溶液，待 MnO_2 与 $C_2O_4^{2-}$ 反应完全后，再用 $KMnO_4$ 标准溶液滴定剩余

121

的 $C_2O_4^{2-}$，从而间接测定 MnO_2 含量。

（3）间接滴定法　可用于测定某些非氧化还原性的物质，如 Ca^{2+}、Ba^{2+}、Ni^{2+}、Cd^{2+} 等。以测定 Ca^{2+} 为例，可向 Ca^{2+} 的溶液中加入过量的 $Na_2C_2O_4$ 标准溶液，使 Ca^{2+} 全部沉淀为 CaC_2O_4，沉淀经过滤洗涤后，再用稀 H_2SO_4 溶解，最后用 $KMnO_4$ 标准溶液滴定溶解后的 $C_2O_4^{2-}$，从而间接求得 Ca^{2+} 的含量。

高锰酸钾在酸性溶液中的氧化能力最强，故高锰酸钾法常在酸性溶液中进行。通常用 H_2SO_4 调节酸度，并控制酸度为 $[H^+] = 1 \sim 2mol/L$。HCl 有一定的还原性，可被高锰酸钾氧化，HNO_3 有一定的氧化性，能氧化被测物质，均不宜使用。高锰酸钾在碱性溶液中氧化有机物的速度比在酸性溶液中快，所以高锰酸钾法也用于碱性条件下测定有机物。

2. 高锰酸钾法的指示剂

高锰酸钾法通常用 $KMnO_4$ 作为自身指示剂。若其浓度低于 $0.002mol/L$，终点颜色不明显，则可选用二苯胺、二苯胺磺酸钠等氧化还原指示剂。

3. 高锰酸钾法的标准溶液

高锰酸钾中常混有少量 MnO_2 及其他杂质，蒸馏水中含有微量还原性物质，它们都能与 $KMnO_4$ 反应析出 MnO_2 沉淀，MnO_2 具有催化作用，能使更多的 $KMnO_4$ 分解，因此不能用直接法配制 $KMnO_4$ 标准溶液。

为了配制较为稳定的 $KMnO_4$ 溶液，需注意以下几个方面：①称取稍多于理论量的 $KMnO_4$ 溶解在规定体积的蒸馏水中。②将 $KMnO_4$ 溶液加热至沸，并保持微沸约 1h，于棕色瓶中密闭放置 7~10 天，可使溶液中的还原性物质完全氧化。③用垂熔玻璃滤器滤除 MnO_2 等杂质。④配制的 $KMnO_4$ 溶液置于棕色瓶中，阴暗处保存。

标定 $KMnO_4$ 的基准物质很多，其中最常用的是 $Na_2C_2O_4$。$KMnO_4$ 与 $Na_2C_2O_4$ 在酸性溶液中反应的方程式为

$$2MnO_4^- + 5C_2O_4^{2-} + 16H^+ \rightleftharpoons 2Mn^{2+} + 10CO_2\uparrow + 8H_2O$$

标定时应注意以下条件：

（1）温度　室温时反应速率较慢，常预先加热到 $75 \sim 85℃$ 进行滴定。但温度不能过高，若高于 $90℃$，$Na_2C_2O_4$ 会部分分解。

（2）酸度　应保持适宜、足够的酸度，一般控制开始滴定时 $[H^+]$ 约为 $1mol/L$。酸度太低，$KMnO_4$ 会分解为 MnO_2；酸度太高，$H_2C_2O_4$ 会发生分解。

（3）催化剂　Mn^{2+} 可提高反应速率，故在滴定前可加几滴 $MnSO_4$ 溶液。

（4）滴定速度　如果未使用催化剂，该反应的初始速率较慢，在反应本身生成 Mn^{2+} 之后，反应速率可加快。故开始滴定时速度不宜太快，否则会使来不及反应的 $KMnO_4$ 在热酸性溶液中分解：

$$4MnO_4^- + 12H^+ \rightleftharpoons 4Mn^{2+} + 5O_2\uparrow + 6H_2O$$

（5）滴定终点　用 $KMnO_4$ 滴定至终点后，溶液中出现的粉红色不能持久，空气中的还原性气体和灰尘都能使 $KMnO_4$ 还原，使溶液的红色消失。所以只需溶液的粉红色 1min 内不褪色即可认为到达滴定终点。

（二）亚硝酸钠法

1. 亚硝酸钠法的基本原理

亚硝酸钠法是以亚硝酸钠为标准溶液的氧化还原滴定法。其中，以亚硝酸钠标准溶液滴定芳伯胺类化合物的方法称为重氮化滴定法（diazotization titration），其原理是芳伯胺类化合物在酸性介质中与亚硝酸钠发生重氮化反应，生成芳伯胺的重氮盐，反应的方程式为：

$$ArNH_2 + NaNO_2 + 2HCl \rightleftharpoons [Ar-N^+\equiv N]\ Cl^- + NaCl + 2H_2O$$

以亚硝酸钠标准溶液滴定芳仲胺类化合物的方法称为亚硝基化滴定法（nitrozation titration），其原理是芳仲胺类化合物在酸性介质中与亚硝酸钠发生亚硝基化反应，反应的方程式为：

$$ArNHR + NaNO_2 + HCl \rightleftharpoons Ar-\underset{\underset{NO}{|}}{N}-R + NaCl + 2H_2O$$

重氮化滴定法主要用于芳伯胺类药物的测定，如磺胺类药物、盐酸普鲁卡因、盐酸普鲁卡因胺、氨苯砜等；有些经化学处理能转化为芳伯胺的化合物，如对乙酰氨基酚等芳酰胺化合物以及芳香族硝基化合物，也可以用重氮化滴定法进行含量测定；亚硝基化滴定法主要用于测定芳仲胺类药物，如盐酸丁卡因、磷酸伯氨喹等。

亚硝酸钠法滴定时应注意以下事项：

（1）酸的种类和浓度　亚硝酸钠法的滴定反应在 HBr 溶液中最快，HCl 溶液中次之，硫酸或硝酸中最慢。由于 HBr 较贵，故常用 HCl 溶液作为反应介质，但同时还会加入适量溴化钾以加快反应速率。适宜的酸度不仅可以加快反应速率，还可以提高重氮盐的稳定性。一般以 $1\sim2\text{mol/L}$ 的 HCl 介质为宜。

（2）反应温度和滴定速度　反应速率随温度的升高而加快，但温度过高会使 HNO_2 以及生成的重氮盐分解和挥发，一般在 15℃ 以下进行滴定。

$$3HNO_2 \rightleftharpoons HNO_3 + H_2O + 2NO\uparrow$$

$$[Ar-N^+\equiv N]\ Cl^- + H_2O \rightleftharpoons ArOH + HCl + N_2\uparrow$$

为了减少分解和挥发的损失，可采取"快速滴定法"，即滴定时将滴定管尖端插入液面下约 2/3 处，在搅拌条件下，一次将大部分亚硝酸钠标准溶液迅速加入，可使在液面下生成的 HNO_2 来不及分解和挥发，就迅速扩散而与被测物质作用。然后，将滴定管尖端提离液面，用少量蒸馏水淋洗尖端，再缓缓滴定至终点。

（3）苯环取代基的影响　苯环上若有吸电子基团，如—NO_2、—SO_3H、—COOH、—X 等，将加快反应速率；若有斥电子基团，如—CH_3、—OH、—OR 等，则将减慢反应速率。

2. 亚硝酸钠法的指示剂

（1）外指示剂　当滴定达到化学计量点后，稍过量的亚硝酸钠在酸性环境中与碘化钾反应，生成的碘遇淀粉显蓝色，可指示滴定终点。

$$2NO_2^- + 2I^- + 4H^+ \rightleftharpoons I_2 + 2NO\uparrow + 2H_2O$$

但这种指示剂不能直接加到被滴定的溶液中，因为滴入的亚硝酸钠溶液在与芳伯胺作用前优先与 KI 作用，使终点无法观察，故只能在近终点时用玻棒蘸取少量溶液，在反应体系之外与指示剂接触看颜色是否变化来判断终点。以这种方式使用的指示剂称为外指示剂。

（2）内指示剂　由于外指示剂需要多次取液确定终点，不仅操作麻烦，样品溶液损耗，结果不准确，而且终点难以掌握。故近年来，亦有采用常规的内指示剂指示终点的。可用橙黄Ⅳ－亚甲蓝、中性红、二苯胺和亮甲酚蓝等，以橙黄Ⅳ－亚甲蓝应用较多。使用内指示剂虽然简便，但有时变色不够敏锐，尤其是重氮盐有颜色时更难判断终点。

为使分析结果更为可靠，可采取某些仪器分析的方法确定终点，例如现行版药典采用永停滴定法（见第八章）指示滴定终点。

3. 亚硝酸钠法的标准溶液

一般用间接法配制亚硝酸钠标准溶液。亚硝酸钠水溶液不稳定，久置浓度明显下降，若在配制时加入少量碳酸钠作为稳定剂，保持溶液呈弱碱性（pH $\approx$ 10），则可使溶液浓度保持稳定。亚硝酸钠溶液遇光易分解，配制的标准溶液应贮存在带塞的棕色瓶里，密封保存。

标定亚硝酸钠溶液的基准物质常用对氨基苯磺酸，有关的反应方程式为：

$$HO_3S\!-\!\!\!\bigcirc\!\!\!-NH_2 + NaNO_2 + 2HCl \rightleftharpoons$$

$$\left[HO_3S\!-\!\!\!\bigcirc\!\!\!-N^+ \atop N\right] Cl^- + NaCl + 2H_2O$$

（三）溴酸钾法和溴量法

1. 溴酸钾法

溴酸钾法是以溴酸钾为标准溶液的氧化还原滴定法。$KBrO_3$ 在酸性溶液中可被还原为 Br^-，相关的氧化还原半反应为：

$$BrO_3^- + 6H^+ + 6e \rightleftharpoons Br^- + 3H_2O \qquad \varphi^{\ominus}_{BrO_3^-/Br^-} = 1.44V$$

溴酸钾法可用于测定亚砷酸盐、亚铜盐、亚铁盐、亚胺盐、碘化物、异烟肼等能与溴酸钾迅速反应的还原性物质。

$KBrO_3$ 标准溶液通常采用直接法配制。若需标定，可选用 As_2O_3 为基准物质，也可用置换滴定法进行标定。

HCl 溶液中的甲基橙可作为溴酸钾法的指示剂。在化学计量点之前，甲基橙呈其酸式色（红色）；达到化学计量点后，稍过量的 $KBrO_3$ 与反应生成的 Br^- 作用，生成 Br_2，甲基橙被 Br_2 氧化而褪色，指示滴定终点。这种指示剂与常规指示剂有所不同，其颜色变化是不可逆的，为不可逆指示剂。

2. 溴量法

溴量法是以溴的氧化作用或溴代作用为基础的氧化还原滴定法。某些还原性物质与溴酸钾反应较慢或存在副反应，但与过量的溴可定量反应，可以采用溴量法进行滴定，如苯酚、盐酸去氧肾上腺素、重酒石酸间羟胺等酚类和芳胺类药物。但是，溴易挥发，并有腐蚀性，故常用一定量的 $KBrO_3$ 与过量的 KBr 按 $KBrO_3 : KBr = 1 : 5$ 配成标准溶液，这样配制而成的溶液习惯上称为溴液。溴液的浓度可用置换碘量法进行标定。

测定样品时，在样品溶液中加入定量过量的溴液，酸化后，溴液中的 $KBrO_3$ 与 KBr 反应，定量生成 Br_2：

$$BrO_3^- + 5Br^- + 6H^+ \rightleftharpoons 3Br_2 + 3H_2O$$

Br_2 与被测物质反应完全后，再加入定量过量的 KI，将剩余的 Br_2 还原，同时置换出 I_2：

$$2I^- + Br_2 \rightleftharpoons 2Br^- + I_2$$

最后，用 $Na_2S_2O_3$ 标准溶液滴定析出的 I_2。

（四）重铬酸钾法

重铬酸钾法是以重铬酸钾为标准溶液的氧化还原滴定法。$K_2Cr_2O_7$ 是一种常用的强氧化剂，在酸性介质中与还原性物质作用时，本身被还原为 Cr^{3+}，相关的氧化还原半反应为：

$$Cr_2O_7^{2-} + 14H^+ + 6e \rightleftharpoons 2Cr^{3+} + 7H_2O \qquad \varphi^{\ominus}_{Cr_2O_7^{2-}/Cr^{3+}} = 1.33V$$

重铬酸钾法与高锰酸钾法比较，有如下特点：

（1）$K_2Cr_2O_7$ 易提纯而且稳定　纯品在 120℃ 干燥至恒重后可直接配制标准溶液，无需再行标定。

（2）$K_2Cr_2O_7$ 标准溶液非常稳定　长期放置浓度不变。

（3）重铬酸钾法受还原性物质干扰较少　$K_2Cr_2O_7$ 的氧化能力比 $KMnO_4$ 弱，故受还原性物质的干扰较少，特别是在室温下不会与 Cl^- 作用，可在盐酸介质中进行滴定，被测试样中含有较多 Cl^- 也不影响测定。

重铬酸钾法中，指示剂常用二苯胺磺酸钠、邻苯氨基苯甲酸等。虽然 $K_2Cr_2O_7$ 本身显橙色，但其还原产物 Cr^{3+} 显绿色，致使终点时稍过量的 $K_2Cr_2O_7$ 的橙色难以辨别，故不宜用作自身指示剂。

125

重铬酸钾法最重要的应用是测定试样中铁的含量，也可以测定盐酸小檗碱等药物。

（五）铈量法

铈量法也称为硫酸铈法，是以四价铈 Ce^{4+} 作为标准溶液的氧化还原滴定法。Ce^{4+} 是一种强氧化剂，相关的氧化还原半反应为：

$$Ce^{4+} + e \rightleftharpoons Ce^{3+} \qquad \varphi^{\ominus}_{Ce^{4+}/Ce^{3+}} = 1.61V$$

Ce^{4+} 在中性和碱性条件下易水解，故铈量法要求在酸性溶液中进行。

Ce^{4+} 为橙黄色，Ce^{3+} 无色，因此可以用自身作为指示剂，但是灵敏度不高。通常采用邻二氮菲－亚铁作为指示剂。

Ce^{4+} 的标准溶液可由易于提纯的 $Ce(SO_4)_2 \cdot 2(NH_4)_2SO_4 \cdot 2H_2O$ 直接配制，溶液非常稳定，经长期放置、加热都不致引起浓度的变化，一般不需要进行标定。如需标定 Ce^{4+} 标准溶液的浓度，可用 As_2O_3 作为基准物，在硫酸中进行。

铈量法可直接测定一些金属的低价化合物、过氧化氢、甘油醛等，常用于硫酸亚铁片、硫酸亚铁糖浆等药物的含量测定。铈量法不会受到 Cl^- 及大多数有机物的干扰，故片剂中的淀粉、糖类等辅料均不干扰测定，并且滴定可在较高浓度的 HCl 溶液中进行。

第四节　应用实例

一、碘量法

1. 直接碘量法测定维生素 C

维生素 C（$C_6H_8O_6$）分子结构中含有烯二醇基，有较强的还原性，能被 I_2 定量地氧化为二酮基。

$$\underset{\substack{|\!\!-\!\!-O-\!\!-|\quad\ H\ OH}}{\overset{}{C-C=C-C-C-CH}} + I_2 \rightleftharpoons \underset{}{\overset{}{C-C-C-C-C-CH}} + 2HI$$

从反应式看，在碱性介质中进行滴定更有利于反应向右进行，但在碱性条件下，维生素 C 容易被空气中的 O_2 氧化，所以，通常在乙酸酸性条件下进行滴定，以减少维生素 C 与 I_2 以外的氧化剂作用。另外，维生素 C 易被光、热破坏，操作中应注意避光、避热。

操作步骤：取维生素 C 试样约 0.2g，精密称定，溶解在 100ml 新煮沸的蒸馏水中，用稀醋酸 10ml 酸化，加淀粉指示剂 1ml，立即用 0.05mol/L 的 I_2 标准溶液滴定至溶液显蓝色并在 30s 内不褪色，即为终点。

2. 置换碘量法测定漂白粉中的有效氯

漂白粉的主要成分是 CaCl（OCl）。漂白粉的质量是以在酸性条件下能释放出的 Cl_2 的量，即有效氯来衡量的，测定结果常以 Cl 的质量分数来表示。

测定漂白粉中的有效氯时，先将试样溶解并用盐酸酸化，再加入过量 KI，样品酸化后释放出的游离氯将 I^- 氧化为 I_2，析出的 I_2 用 $Na_2S_2O_3$ 标准溶液滴定。有关的反应方程式为：

$$CaCl（OCl）+2H^+ \rightleftharpoons Cl_2\uparrow + Ca^{2+} + H_2O$$

$$Cl_2 + 2I^- \rightleftharpoons 2Cl^- + I_2$$

$$I_2 + 2S_2O_3^{2-} \rightleftharpoons 2I^- + S_4O_6^{2-}$$

由反应方程式可看出，1mol CaCl（OCl）相当于 2mol $Na_2S_2O_3$，故 1mol $Na_2S_2O_3$ 相当于 1mol Cl。

操作步骤：取漂白粉试样 5g，在研钵中加蒸馏水研细，转至 500ml 容量瓶中。精密吸取 50.00ml 置于 250ml 碘量瓶中，加 2g KI 和 15ml 稀硫酸，用 0.1mol/L 的 $Na_2S_2O_3$ 标准溶液滴定，近终点时，加 2ml 淀粉指示剂，继续滴定至蓝色消失。

3. 置换碘量法测定中药胆矾中的 $CuSO_4 \cdot 5H_2O$

在弱酸性介质中（pH 3.0~4.0）溶解试样胆矾并加入过量 KI，则会发生如下反应：

$$2Cu^{2+} + 4I^- \rightleftharpoons 2CuI\downarrow + I_2$$

反应生成的 I_2 以淀粉为指示剂，用 $Na_2S_2O_3$ 标准溶液滴定。

加入的过量 KI 不仅是还原剂，也是 Cu^+ 的沉淀剂以及 I_2 的配位剂（与 I_2 生成

I_3^-）；同时，增大 I^- 浓度，亦可提高 φ_{Cu^{2+}/Cu^+}、降低 φ_{I_2/I^-}，使反应向右进行完全。

反应虽无 H^+ 参加，但溶液酸度却很重要，酸度太高，空气中 O_2 氧化 I^- 导致测定误差；酸度太低（$pH > 4$），Cu^{2+} 易水解，用 $Na_2S_2O_3$ 标准溶液滴定时会有终点回蓝现象。为此，常向溶液中加入 $HAc-NaAc$ 或 $HAc-NH_4Ac$ 缓冲溶液，使被滴溶液保持弱酸性。

反应生成的 CuI 沉淀对 I_2 有吸附作用，可导致滴定终点提前而造成误差，故滴定过程中应注意充分振摇，使 I_2 能够快速解吸附。亦可在近终点时加入适量 NH_4SCN 或 KSCN，使 CuI 沉淀转化为对 I_2 吸附作用很弱的 CuSCN 沉淀。

操作步骤：取胆矾试样约 0.5g，精密称定，置于碘量瓶中，加蒸馏水 50ml，溶解后加 4ml 醋酸，2g KI，立即密塞摇匀。用 0.1mol/L $Na_2S_2O_3$ 标准溶液滴定，滴至淡黄色（近终点）时加入淀粉指示剂 2ml，继续滴定至淡蓝色时，加 KSCN 溶液 5ml，摇动，此时溶液蓝色变深，再用 $Na_2S_2O_3$ 标准溶液继续滴定至蓝色消失。

4. 剩余碘量法测定葡萄糖的含量

葡萄糖分子中的醛基具有还原性，为了使被测定的葡萄糖与 I_2 充分作用并反应完全，先在碱性条件下加入定量过量的 I_2 标准溶液，再用 $Na_2S_2O_3$ 标准溶液回滴剩余的 I_2。应用本法时，一般在同等条件下做空白试验，可以消除一些由仪器、试剂等引起的系统误差，同时还可以从空白滴定与回滴的差值求出葡萄糖的含量，而无需知道 I_2 标准溶液的浓度。有关的反应方程式为：

$$I_2 + 2OH^- \rightleftharpoons I^- + IO^- + H_2O$$

$$CH_2OH(CHOH)_4CHO + IO^- + OH^- \rightleftharpoons CH_2OH(CHOH)_4COO^- + I^- + H_2O$$

剩余的 IO^- 转变为 IO_3^- 和 I^-：

$$3IO^- \rightleftharpoons 2I^- + IO_3^-$$

溶液酸化后析出 I_2：

$$5I^- + IO_3^- + 6H^+ \rightleftharpoons 3I_2 + 3H_2O$$

用 $Na_2S_2O_3$ 标准溶液回滴剩余的 I_2：

$$I_2 + 2S_2O_3^{2-} \rightleftharpoons 2I^- + S_4O_6^{2-}$$

操作步骤：精密量取适量试样溶液（约含葡萄糖 100mg），置于 250ml 碘量瓶中，精密加入 0.05mol/L I_2 标准溶液 25.00ml，不断振摇的同时滴加 0.1mol/L NaOH 溶液 40ml，密塞后在暗处放置 10min。然后加入 0.5mol/L H_2SO_4 溶液 6ml，摇匀，用 0.1mol/L $Na_2S_2O_3$ 标准溶液滴定。近终点时，加 2ml 淀粉指示剂，继续滴定至蓝色消失。同时做空白滴定进行校正。

从反应方程式可知，1mol I_2 相当于葡萄糖（$C_6H_{12}O_6$）180.2g，即 1.00ml I_2 标准溶液（0.05000mol/L）相当于 9.008mg 的 $C_6H_{12}O_6$，故试样中葡萄糖的质量浓度（g/100ml）为：

$$w_{C_6H_{12}O_6} = \frac{(V^0_{Na_2S_2O_3} - V^S_{Na_2S_2O_3}) \times 9.008 \times 10^{-3} \times \dfrac{c_{Na_2S_2O_3}}{0.05000}}{V} \times 100\%$$

二、高锰酸钾法

1. 硫酸亚铁的测定

在硫酸溶液中，$KMnO_4$ 能将亚铁盐按下式氧化为三价铁：

$$5Fe^{2+} + MnO_4^- + 8H^+ \rightleftharpoons Mn^{2+} + 5Fe^{3+} + 4H_2O$$

Fe^{2+} 易被空气氧化，故滴定反应要在常温下迅速进行。Fe^{3+} 呈黄色，对终点观察略有影响，可以加入适量磷酸与 Fe^{3+} 反应生成无色的配合物，同时也降低了 $\varphi^{\ominus}_{Fe^{3+}/Fe^{2+}}$，有利于反应进行完全。可用 $KMnO_4$ 自身作为指示剂，也可以利用邻二氮菲－亚铁作为指示剂。

操作步骤：取硫酸亚铁试样 0.5g，精密称定，加稀硫酸和新沸过的冷蒸馏水各 15ml，溶解后立即用 0.02mol/L $KMnO_4$ 标准溶液滴定至溶液呈持续的淡红色。试样中硫酸亚铁的质量分数为：

$$w_{FeSO_4 \cdot 7H_2O} = \frac{5c_{KMnO_4} V_{KMnO_4} M_{FeSO_4 \cdot 7H_2O}}{m \times 1000} \times 100\%$$

2. 过氧化氢的测定

H_2O_2 可用 $KMnO_4$ 标准溶液在酸性条件下直接进行滴定，反应方程式为：

$$5H_2O_2 + 2MnO_4^- + 6H^+ \rightleftharpoons 2Mn^{2+} + 5O_2\uparrow + 8H_2O$$

反应在室温下进行。开始时 MnO_4^- 与 H_2O_2 反应速率较慢，故滴定速度不宜太快。但随着 Mn^{2+} 的生成，反应速率逐渐加快。亦可预先加入少量 Mn^{2+} 作为催化剂。

操作步骤：吸取 30% H_2O_2 水溶液，精密称重，置于 100ml 容量瓶中，加蒸馏水稀释至刻度，摇匀。精密量取 10.00ml 置于锥形瓶中，加稀硫酸 20ml，用 0.02mol/L $KMnO_4$ 标准溶液滴定至显微红色。

由滴定反应可知，1mol $KMnO_4$ 相当于 5/2mol H_2O_2，故试样中 H_2O_2 的质量浓度（g/100ml）为：

$$w_{H_2O_2} = \frac{\frac{5}{2} \times c_{KMnO_4} V_{KMnO_4} M_{H_2O_2} \times \frac{100.0}{10.00}}{1000 \times V} \times 100\%$$

三、亚硝酸钠法

磺胺甲噁唑的分子结构中含有芳伯胺基（图 6-3），可用重氮化滴定法测定其含量。

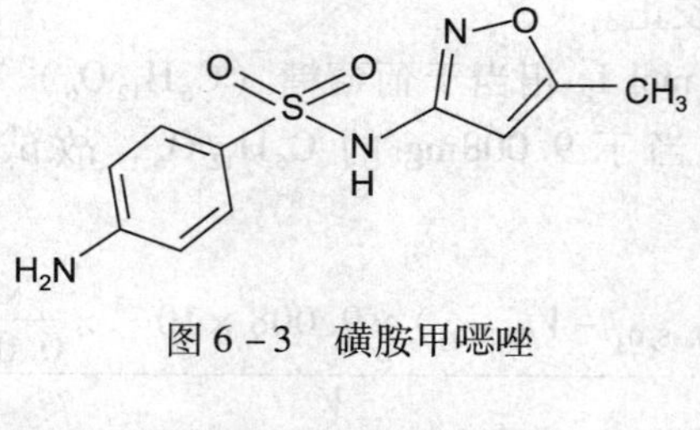

图 6-3　磺胺甲噁唑

操作步骤：取磺胺甲噁唑试样约 0.5g，精密称定，加盐酸溶液（1→2）25ml，再加 25ml 蒸馏水，振摇使溶解，用 0.1mol/L 亚硝酸钠标准溶液滴定，以永停滴定法确定终点。

四、溴酸钾法和溴量法

溴量法常用于测定苯酚。在苯酚的酸性溶液中，加入定量过量的溴液，生成的 Br_2 可与苯酚发生溴代反应：

反应产物三溴苯酚为一种浅黄色结晶，难溶于水，易溶于三氯甲烷等有机溶剂。

待反应完全后，向溶液中加入定量过量的 KI，与剩余的 Br_2 反应：

$$2I^- + Br_2 \rightleftharpoons 2Br^- + I_2$$

析出的 I_2 用 $Na_2S_2O_3$ 标准溶液滴定，近终点时加入淀粉指示剂 2ml，滴定至蓝色消失即为终点。

五、重铬酸钾法

重铬酸钾法是铁矿石中全铁含量测定的标准方法。一般用浓盐酸加热溶解铁矿石样品：

$$Fe_2O_3 + 6H^+ \rightleftharpoons 2Fe^{3+} + 3H_2O$$

再趁热用 $SnCl_2$ 溶液将 Fe^{3+} 全部转化为 Fe^{2+}：

$$2Fe^{3+} + Sn^{2+} \rightleftharpoons 2Fe^{2+} + Sn^{4+}$$

剩余的 $SnCl_2$ 溶液用 $HgCl_2$ 氧化除去：

$$SnCl_2 + 2\,HgCl_2 \rightleftharpoons SnCl_4 + Hg_2Cl_2（白色丝状）\downarrow$$

然后在硫酸–磷酸介质中，以二苯胺磺酸钠为指示剂，用 $K_2Cr_2O_7$ 标准溶液滴定 Fe^{2+} 至终点：

$$Cr_2O_7^{2-} + 6Fe^{2+} + 14H^+ \rightleftharpoons 2Cr^{3+} + 6Fe^{3+} + 7H_2O$$

加入硫酸的作用是为了调节酸度，加入磷酸的作用是：①可降低 Fe^{3+}/Fe^{2+} 电对的电极电位，使二苯胺磺酸钠的变色范围落入滴定突跃范围内；②消除 Fe^{3+} 的黄色，有利于终点的观察。

此法简单、快速、准确，但近年来，为了保护环境，提倡用无汞法进行测定，采用 $SnCl_2 - TiCl_3$ 联合还原法，即试样溶解后用 $SnCl_2$ 将大部分的 Fe^{3+} 还原，再用 $TiCl_3$ 还原剩余的 Fe^{3+}。最后，用 $K_2Cr_2O_7$ 标准溶液滴定生成的 Fe^{2+}。

习　题

1. 名词解释：标准电极电位、条件电位、条件平衡常数、自身指示剂、特殊指示剂、氧化还原指示剂、预氧化剂和预还原剂、直接碘量法、间接碘量法。

2. 影响条件电位的主要因素有哪些？

3. 酸性溶液中，Fe^{2+} 可明显加快 MnO_4^- 与 Cl^- 的反应，但用 $KMnO_4$ 标准溶液滴定溶液中的 Cl^- 时，加入 Fe^{2+} 却不能得到准确的结果，为什么？为了加快该滴定反应，可采取哪些恰当的措施？

4. 氧化还原滴定的电位突跃范围大小受到哪些因素的影响？

5. 淀粉是碘量法中常用的指示剂，在使用淀粉指示剂时应注意哪些问题？

6. 能否用直接法配制 $KMnO_4$ 标准溶液？配制和保存 $KMnO_4$ 标准溶液，需要注意哪些问题？

7. 试列举常用的氧化还原滴定法，并说明其原理及特点。

8. 根据下表所给数据，判断用 Ce^{4+} 滴定 Fe^{2+} 时，表中各点的 φ（V）。

浓度	化学计量点前0.1%	化学计量点	化学计量点后0.1%
0.10mol/L	0.86		1.26
0.010mol/L		1.06	

9. 在 1.00mol/L HCl 溶液中，用 Fe^{3+} 滴定 Sn^{2+}，试计算化学计量点时的电极电位以及滴定的电位突跃范围。

[0.32V，0.23~0.50V]

10. Fe^{3+}、Fe^{2+} 的混合溶液中加入 NaOH 时，有 $Fe(OH)_3$ 和 $Fe(OH)_2$ 沉淀生成（假设没有其他的反应发生）。当沉淀反应达到平衡时，保持 $c_{OH^-} = 1.0$mol/L，试计算 $\varphi_{Fe^{3+}/Fe^{2+}}^{\ominus'}$（25℃）。

[-0.54V]

11. 在 0.100mol/L NH_3 溶液中，$Zn(NH_3)_4^{2+}$ 的浓度为 1.00×10^{-4}mol/L，计算此时 $Zn(NH_3)_4^{2+}/Zn$ 电对的电极电位。

[-1.03V]

12. 维生素 C（$C_6H_8O_6$）是一种还原剂，能被 I_2 氧化，其氧化还原半反应为：$C_6H_6O_6 + 2H^+ + 2e \Longleftrightarrow C_6H_8O_6$。如果 10.00ml 柠檬水果汁样品用醋酸酸化，并加 20.00ml 0.02500mol/L I_2 标准溶液，待反应完全后，剩余的 I_2 用 10.00ml 0.0100mol/L $Na_2S_2O_3$ 标准溶液滴定至终点，计算每毫升柠檬水果汁中维生素 C 的质量。

[7.925mg]

13. 一定量的 KHC_2O_4 基准物质，用待标定的 $KMnO_4$ 标准溶液在酸性条件下滴定至终点，用去 15.24ml；同样量的该 KHC_2O_4 基准物质，恰好被 0.1200mol/L 的 NaOH 标准溶液中和完全时，用去 15.95ml。求 $KMnO_4$ 标准溶液的浓度。

[0.05024mol/L]

14. 移取 20.00ml HCOOH 和 HAc 的混合液，以酚酞为指示剂，用 0.1000mol/L NaOH 标准溶液滴定至终点时，用去 NaOH 标准溶液 25.00ml。另移取 20.00ml 上述混合溶液，准确加入 0.02500mol/L $KMnO_4$ 的碱性溶液 75.00ml，混合后，在室温放置 30min，使 MnO_4^- 氧化 HCOOH 反应定量完成（HAc 不被 MnO_4^- 氧化）。随后用 H_2SO_4 将溶液调节至酸性，最后以 0.2000mol/L Fe^{2+} 标准溶液滴定至终点，用去 Fe^{2+} 标准溶液 40.63ml。计算试液中 HCOOH 和 HAc 的浓度各为多少？

[0.03122mol/L，0.09378mol/L]

15. 称取含银试样 1.000 g，溶解后将 Ag^+ 定量转化为 Ag_2CrO_4 沉淀，过滤洗涤后将沉淀溶于酸中，加入过量的 KI，释放出的碘以 0.1000mol/L $Na_2S_2O_3$ 溶液滴定至终点，消耗了 25.00ml。计算试样中银的质量分数。

[17.98%]

16. 今有不纯的 KI 试样 0.3523g，在 H_2SO_4 溶液中加入纯 K_2CrO_4 0.2323g 与之反应，煮沸逐出生成的 I_2。放冷后又加入过量 KI，使之与剩余的 K_2CrO_4 作用，析出的 I_2 用 0.1015mol/L $Na_2S_2O_3$ 标准溶液滴定，用去 11.02ml。求试样中 KI 的质量分数。

[89.39%]

17. 称取 2.5000g 含 As_2O_5 和 Na_2HAsO_3 及惰性物质的样品，用碱溶解后，用 $NaHCO_3$ 调 pH 至弱碱性，用 0.1496mol/L I_2 标准溶液滴定 As（Ⅲ）至终点，用去 12.40ml。此时，溶液中所有砷均为 As（Ⅴ），用盐酸酸化，加入过量 KI，析出的 I_2 用 0.1258mol/L $Na_2S_2O_3$ 标准溶液滴定，用去 42.35ml。试计算样品中 As_2O_5 和 Na_2HAsO_3 的质量分数。

[3.72%，12.61%]

18. 燃烧不纯的 Sb_2S_3 试样 0.1885g，将所得的 SO_2 通入 $FeCl_3$ 溶液中，使 Fe^{3+} 还原为 Fe^{2+}。然后，在稀酸条件下用 0.02010mol/L $KMnO_4$ 标准溶液滴定 Fe^{2+}，用去 20.65ml。求试样中 Sb_2S_3 的质量分数。

[62.34%]

19. 称取含有苯酚的试样 0.5000g，溶解后加入 0.1038mol/L $KBrO_3$ 溶液（其中含有过量 KBr）25.00ml，并加 HCl 溶液酸化，放置。待反应完全后，加入过量的 KI，滴定析出的 I_2 消耗了 0.1011mol/L $Na_2S_2O_3$ 标准溶液 28.85ml。请计算试样中苯酚的质量分数。

131

[39.69%]

20. 测血液中的 Ca^{2+}，一般是将 Ca^{2+} 沉淀为 CaC_2O_4，用 H_2SO_4 溶液溶解 CaC_2O_4，再用 $KMnO_4$ 溶液滴定游离出的 $C_2O_4^{2-}$。今将 2.00ml 血液样品稀释至 50.00ml，取此溶液 20.00ml，经上述处理后，用 0.00200mol/L 的 $KMnO_4$ 标准溶液滴定至终点，用去 2.15ml。求 50.00ml 血液中 Ca^{2+} 的质量。

[26.85mg]

（邓海山）

沉淀滴定法和重量分析法

第一节　沉淀滴定法

沉淀滴定法（precipitation titration）是以沉淀反应为基础的滴定分析法。沉淀反应虽然很多，但并不是所有的沉淀反应都能应用于滴定分析。能用于沉淀滴定的沉淀反应必须具备以下几个条件：

（1）反应能定量完成，进行迅速；

（2）反应生成的沉淀溶解度要很小（小于 10^{-6} g/ml）；

（3）能有适当的方法或指示剂指示反应的化学计量点；

（4）沉淀的吸附现象不影响滴定终点的确定。

由于条件的限制，能应用于沉淀滴定法的沉淀反应并不多，目前应用较多的是生成难溶银盐的反应：

$$Ag^+ + X^- = AgX\downarrow （X^- 代表 Cl^-、Br^-、I^-、SCN^-）$$

这种利用生成难溶性银盐沉淀反应的滴定分析法称为银量法（argentometric titration）。银量法主要用于测定含有 Cl^-、Br^-、I^-、SCN^- 和 Ag^+ 等离子的物质，也可用于测定经处理后能定量产生这些离子的有机化合物。

在沉淀滴定法中，除了银量法以外，还有利用其他沉淀反应的方法，例如，Ba^{2+}、Pb^{2+} 与 SO_4^{2-}、Zn^{2+} 与 $K_4[Fe(CN)_6]$、K^+ 与 $NaB(C_6H_5)_4$、Hg^{2+} 和 S^{2-}、Th^{4+} 与 F^- 等沉淀反应，都能应用于滴定分析。本章主要讨论银量法。

一、银量法的基本原理

（一）滴定曲线

在沉淀滴定法滴定过程中，随着标准溶液的加入，被滴定卤素离子的浓度不断地发生变化，其变化的情况和酸碱滴定相类似，在化学计量点附近表现出量变到质变的突跃规律，可用滴定曲线来描述。

现以 0.1000mol/L $AgNO_3$ 标准溶液滴定 20.00ml 0.1000mol/L NaCl 为例，讨论滴定

过程中 pCl 或 pAg 的变化情况，并绘制滴定曲线。

滴定反应式为：$Ag^+ + Cl^- \rightleftharpoons AgCl\downarrow$

1. 滴定前

溶液中的 $[Cl^-]$ 取决于 NaCl 的浓度。即

$[Cl^-] = c_{NaCl} = 0.1000$（mol/L）

$pCl = -lg[Cl^-] = -lg0.1000 = 1.00$

2. 滴定开始至化学计量点前

随着 $AgNO_3$ 溶液的不断滴入，溶液中的一部分 Cl^- 由于与 $AgNO_3$ 标准溶液作用生成 AgCl 沉淀而从溶液中析出。溶液中的 $[Cl^-]$ 则由剩余 NaCl 的量来确定。

$$[Cl^-] = \frac{c_{NaCl}V_{NaCl} - c_{AgNO_3}V_{AgNO_3}}{V_{NaCl} + V_{AgNO_3}}$$

例如滴入 $AgNO_3$ 19.98ml（相对误差为 0.1%），滴定百分率为 99.9% 时，溶液中 $[Cl^-]$ 为

$$[Cl^-] = \frac{0.1000 \times 20.00 - 0.1000 \times 19.98}{20.00 + 19.98} = 5.0 \times 10^{-5}$$

$pCl = -lg[Cl^-] = -lg5.0 \times 10^{-5} = 4.30$

$pAg = pK_{sp(AgCl)} - pCl = 9.74 - 4.30 = 5.44$

3. 化学计量点时

溶液为 AgCl 的饱和溶液，沉淀和溶液之间存在着动态平衡，且 $[Ag^+] = [Cl^-]$。

$[Ag^+] = [Cl^-] = \sqrt{K_{sp(AgCl)}} = \sqrt{1.80 \times 10^{-10}} = 1.34 \times 10^{-5}$（mol/L）

$pAg = pCl = -lg[Cl^-] = 4.87$

4. 计量点后

当所有的 NaCl 都与 $AgNO_3$ 作用完全后，再继续滴入 $AgNO_3$ 溶液时，此时 Ag^+ 过量，溶液中的 $[Ag^+]$ 决定于过量 $AgNO_3$ 的量。

$$[Ag^+] = \frac{c_{AgNO_3}V_{AgNO_3} - c_{NaCl}V_{NaCl}}{V_{AgNO_3} + V_{NaCl}}$$

例如，滴入 20.02ml（相对误差为 +0.1%）的 $AgNO_3$ 溶液时，则溶液中 $[Ag^+]$ 为：

$$[Ag^+] = \frac{0.1000 \times 20.02 - 0.1000 \times 20.00}{20.02 + 20.00} = 5.0 \times 10^{-5}mol/L$$

$pAg = -lg[Ag^+] = -lg5.0 \times 10^{-5} = 4.30$

$pCl = pK_{sp(AgCl)} - pAg = 9.74 - 4.30 = 5.44$

利用上述方法可求得一系列数据（表 7-1）；以 $AgNO_3$ 溶液滴入的百分数（或体积）为横坐标，用其相应的 pX 为纵坐标，绘制滴定曲线如图 7-1 和图 7-2 所示。

133

表 7 – 1　以 0.1000mol/L AgNO₃ 溶液滴定 20.00ml 0.1000mol/L
Cl⁻、Br⁻ 和 I⁻ 溶液时 pX 和 pAg 的变化情况

| 滴入 AgNO₃ 的量 | | 滴定 Cl⁻ | | 滴定 Br⁻ | | 滴定 I⁻ | |
体积（ml）	百分率%	pCl	pAg	pBr	pAg	pI	pAg
0.00	0.0	1.00	—	1.00	—	1.00	—
18.00	90.0	2.28	7.46	2.28	10.02	2.28	13.80
19.80	99.0	3.30	6.44	3.30	9.00	3.30	12.78
19.98	99.9	4.30	5.44	4.30	8.00	4.30	11.78
20.00	100.0	4.87	4.87	6.15	6.15	8.04	8.04
20.02	100.1	5.44	4.30	8.00	4.30	11.78	4.30
20.20	101.0	6.44	3.30	9.00	3.30	12.78	3.30
22.00	110.0	7.42	2.32	10.00	2.30	13.80	2.30
40.00	200.0	8.26	1.48	10.82	1.48	14.60	1.48

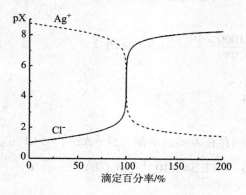

图 7 – 1　AgNO₃ 溶液滴定 NaCl
的滴定曲线

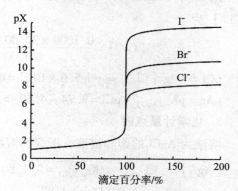

图 7 – 2　AgNO₃ 溶液滴定 Cl⁻、
Br⁻ 和 I⁻ 的滴定曲线

由图 7 – 1 可见：

（1）与酸碱滴定曲线相似，滴定开始时溶液中 Cl⁻ 浓度较大，滴入 Ag⁺ 所引起的 Cl⁻ 浓度改变不大，曲线比较平坦；近化学计量点时，溶液中 Cl⁻ 浓度已很小，再滴入少量的 Ag⁺ 即可引起 Cl⁻ 浓度发生很大的变化而形成滴定突跃。

（2）pCl 与 pAg 以化学计量点对称。这表示随着滴定的进行，溶液中 Ag⁺ 浓度增加时，Cl⁻ 浓度以相同的比例减小；而化学计量点时，两种离子浓度相等，即两条曲线在化学计量点相交。

（3）突跃范围的大小，既与溶液的浓度有关，更取决于沉淀的溶解度。由图 7 – 2 可知，溶液的浓度一定时，沉淀的溶解度越小，突跃范围越大。如 $S_{AgI} < S_{AgBr} < S_{AgCl}$，所以在相同浓度的 Cl⁻、Br⁻ 和 I⁻ 的滴定曲线上，突跃范围是 I⁻ 的最大，Cl⁻ 的最小；当沉淀的溶解度一定时，若溶液的浓度较低，则突跃范围变小，这与酸碱滴定法相类似。

（二）分步滴定

溶液中如果同时含有 Cl⁻、Br⁻ 和 I⁻ 且 Cl⁻、Br⁻ 和 I⁻ 浓度差别不大时，由于 AgI、

AgBr、AgCl 的溶度积差别较大，则可利用分步滴定的原理，用 AgNO₃ 标准溶液连续滴定，测出它们各自的含量。AgI 沉淀的溶度积最小，沉淀 I⁻ 所需的 [Ag⁺] 的浓度最小，因此 I⁻ 被最先滴定，AgCl 沉淀的溶度积最大，沉淀 Cl⁻ 所需的 [Ag⁺] 的浓度最大，Cl⁻ 被最后滴定。在滴定曲线上显示出 3 个突跃。但是，由于卤化银沉淀的吸附和生成混晶的作用，常会引起误差。因此，实际滴定的结果往往并不理想。

二、银量法的终点指示方法

根据指示终点时使用指示剂的不同，银量法又可分为铬酸钾法（Mohr method）、铁铵矾法（Volhard method）、吸附指示剂法（Fajans method），现分别介绍如下：

（一）铬酸钾指示剂法

铬酸钾指示剂法是以 K_2CrO_4 为指示剂的银量法。

1. 指示终点的原理

以滴定 Cl⁻ 为例，在含有 Cl⁻ 的溶液中，以 K_2CrO_4 为指示剂，用 AgNO₃ 为标准溶液进行滴定，化学反应方程式如下：

滴定反应　　$Ag^+ + Cl^- \rightleftharpoons AgCl \downarrow$　　　　　$K_{sp} = 1.8 \times 10^{-10}$
　　　　　　　　　（白色）

终点反应　　$2Ag^+ + CrO_4^{2-} \rightleftharpoons Ag_2CrO_4 \downarrow$　　　　$K_{sp} = 2.0 \times 10^{-12}$
　　　　　　　　　　　（砖红色）

由于 $[Cl^-] > [CrO_4^{2-}]$（铬酸钾法指示剂浓度约为 5×0^{-3} mol/L），沉淀 Cl⁻ 所需的 [Ag⁺] 的浓度小于沉淀 CrO_4^{2-} 所需的 [Ag⁺] 的浓度，所以在滴定时首先发生滴定反应，析出白色 AgCl 沉淀，待 Cl⁻ 被定量沉淀后，稍过量 Ag⁺ 就会与 CrO_4^{2-} 反应，生成砖红色的 Ag_2CrO_4 的沉淀而指示滴定终点。

135

2. 滴定条件

（1）指示剂的用量要适当　若 CrO_4^{2-} 的浓度过大，会使滴定终点提前到达，从而使滴定结果产生较大的负误差，且 CrO_4^{2-} 本身的黄颜色还会影响对终点的观察。若 CrO_4^{2-} 的浓度过小，则会使滴定终点推后，致使溶液中过量 Ag⁺ 的浓度增大，从而使测定结果产生正误差。为使滴定终点尽可能地接近化学计量点，终点时则要求铬酸钾溶液应有合适的浓度，理论计算如下。假如滴定到达终点时，溶液的总体积为 50ml，所消耗的 AgNO₃ 溶液（0.1mol/L）约 20ml，若终点时允许有 0.05% 的滴定剂过量，即多加入 0.01ml，此时过量的 $[Ag^+] = 2.0 \times 10^{-5}$mol/L，如想此时即开始产生 Ag_2CrO_4 沉淀，则 CrO_4^{2-} 的浓度应达到：

$$[CrO_4^{2-}] = \frac{K_{sp(Ag_2CrO_4)}}{[Ag^+]^2} = \frac{2.0 \times 10^{-12}}{(2.0 \times 10^{-5})^2} = 5.0 \times 10^{-3} \text{（mol/L）}$$

因此，为了获得比较准确的测定结果，则必须严格控制 CrO_4^{2-} 的浓度。在实际测定时，通常在反应液总体积为 50～100ml 溶液中加入 5% K_2CrO_4 1～2ml 即可。

以上计算未计入由于 AgCl 沉淀的溶解所产生的 Ag⁺，当 Ag⁺ 浓度达到 2.0×10^{-5}mol/L 时，实际约有 40% 的 Ag⁺ 离子来自 AgCl 沉淀的溶解，所需要过量 AgNO₃ 溶液也相应要少，即终点与化学计量点更接近一些。对于溶度积小的 AgBr，由沉淀溶解

产生的 Ag^+ 可以忽略不计。

值得注意的是，在滴定过程中 $AgNO_3$ 标准溶液的总消耗量应适当。若标准溶液的体积消耗太少或标准溶液的浓度太低，都会因为终点的过量使测定结果的相对误差较大。为此，需做指示剂的"空白校正"。校正的方法是：将 1ml 指示剂加到 50ml 蒸馏水中，或加到无 X^- 且含少许 $CaCO_3$ 的混悬液中，用 $AgNO_3$ 标准溶液滴定至同样的终点颜色，记下读数，然后从试样滴定所消耗的 $AgNO_3$ 标准溶液的体积中扣除。

（2）溶液的酸度 滴定应在中性或弱碱性溶液中进行，若在酸性溶液中，CrO_4^{2-} 与 H^+ 作用先生成 $HCrO_4^-$，酸度大时进而生成 $Cr_2O_7^{2-}$，从而降低了 CrO_4^{2-} 的浓度，导致 Ag_2CrO_4 沉淀出现过迟甚至不沉淀，产生正误差。

若溶液的碱性太强，则 Ag^+ 与 OH^- 生成 AgOH 沉淀，并进一步分解为褐色的 Ag_2O 沉淀，从而使 $AgNO_3$ 标准溶液用量增大，产生正误差，由于褐色的 Ag_2O 沉淀生成，又给滴定终点的观察带来困难。

因此，铬酸钾指示剂法应在 pH6.5～10.5 范围内滴定。如果溶液显酸性，应预先用 $CaCO_3$ 或 $NaHCO_3$ 中和；如果溶液的碱性太强，可先用 HAc 酸化，然后加入稍过量的 $CaCO_3$ 中和。

当试样溶液中有铵盐存在时，要求溶液的 pH6.5～7.2，因为当溶液的 pH 更高时，便有相当数量的 NH_3 释放出来，与 Ag^+ 形成 $Ag(NH_3)^+$、$Ag(NH_3)_2^+$ 配离子。而使 AgCl 及 Ag_2CrO_4 的溶解度增大，影响滴定的定量进行。若 NH_4^+ 的浓度大于 0.15mol/L 时，仅仅通过控制溶液酸度已不能消除其影响，此时须在滴定前将大量铵盐除去。

（3）在滴定 Cl^- 和 Br^- 的过程中应剧烈振摇，以减少吸附而引起的误差，由于 AgI 吸附 I^- 的能力很强，所以此法不能用于滴定 I^-。

（4）预先分离干扰性离子 凡与 Ag^+ 能生成沉淀的阴离子，如 PO_4^{2-}、AsO_4^{3-}、SO_3^{2-}、S^{2-}、CO_3^{2-} 及 $C_2O_4^{2-}$ 等；与 CrO_4^{2-} 生成沉淀的阳离子，如 Ba^{2+}、Pb^{2+} 等；大量的有色离子如 Cu^{2+}、Co^{2+}、Ni^{2+} 等（影响终点的观察）；在中性或微碱性溶液中易发生水解反应的离子，如 Fe^{3+}、Al^{3+}、Bi^{3+}、Sn^{4+} 等都应预先分离或掩蔽。

3. 应用范围

本法主要用于测定 Cl^- 和 Br^-，不能测定 I^- 和 SCN^-，因为 AgI 或 AgSCN 沉淀强烈地吸附 I^- 或 SCN^-，使终点过早出现，且终点不够明显，误差很大。如果要用此法测定试样中的 Ag^+，则应采用剩余滴定法。即在试液中加入定量过量的 NaCl 标准溶液，然后用 $AgNO_3$ 标准溶液滴定剩余的 Cl^-。不能用 NaCl 标准溶液滴定 Ag^+，因为 Ag_2CrO_4 沉淀转化为 AgCl 的速度很慢，致使终点很迟钝。

（二）铁铵钒指示剂法

铁铵钒指示剂法是以铁铵钒 $[NH_4Fe(SO_4)_2 \cdot 12H_2O]$ 为指示剂的银量法。本法又可分为直接滴定法和间接滴定法（返滴定法）。

1. 直接滴定法

（1）指示终点的原理 在硝酸酸性条件下，以铁铵钒为指示剂，用 NH_4SCN（或 KSCN）标准溶液直接滴定溶液中 Ag^+。滴定反应和指示终点反应如下：

终点前：$Ag^+ + SCN^- \rightleftharpoons AgSCN\downarrow$ （白色）　　　　$K_{sp} = 1.0 \times 10^{-12}$

终点时：$Fe^{3+} + SCN^- \rightleftharpoons [Fe(SCN)]^{2+} \downarrow$ （血红色）　　　　$K = 138$

（2）滴定条件　①滴定应在 $0.1 \sim 1 mol/L$ HNO_3 介质中进行。若酸度过低，Fe^{3+} 将水解形成颜色较深的 $[Fe(H_2O)_5OH]^{2+}$ 或 $[Fe_2(H_2O)(OH)_2]^{4+}$ 等配合物，影响终点的观察，甚至产生 $Fe(OH)_3$ 沉淀，以至于失去指示剂的作用。另外，在酸性介质中进行滴定，也可避免许多弱酸根离子如 PO_4^{2-}、AsO_4^{3-}、S^{2-}、CO_3^{2-} 等的干扰，因而提高了方法的选择性。同时也可以破坏胶体，减少吸附带来的误差。②为使终点时刚好能观察到 $Fe(SCN)^{2+}$ 明显的红色，所需 $Fe(SCN)^{2+}$ 的最低浓度为 $6.0 \times 10^{-6} mol/L$。要维持配位平衡，Fe^{3+} 的浓度应远远高于这一数值，但 Fe^{3+} 的浓度过大，其本身的黄色会干扰终点的观察。综合两方面的因素，终点时，Fe^{3+} 的浓度一般控制在 $0.015 mol/L$。③在滴定过程中，不断有 AgSCN 沉淀生成，由于 AgSCN 具有强烈的吸附作用，有部分 Ag^+ 被吸附在沉淀的表面上，使终点提前到达，测定结果偏低。因此，在滴定时应剧烈摇动，使被吸附的 Ag^+ 及时释放出来。

（3）应用范围　直接滴定法可测定 Ag^+ 等。

2. 间接滴定（返滴定）法

（1）指示终点的原理　在含有卤素离子的 HNO_3 溶液中，加入一定量过量的 $AgNO_3$ 标准溶液，以铁铵矾为指示剂，用 NH_4SCN（或 KSCN）标准溶液返滴定剩余的 $AgNO_3$。其化学反应方程式为：

滴定前反应：　　　Ag^+（定量，过量）$+ X^- \rightleftharpoons AgX \downarrow$

滴定反应：　　　　Ag^+（剩余量）$+ SCN^- \rightleftharpoons AgSCN \downarrow$　（白色）

终点反应：　　　　$Fe^{3+} + SCN^- \rightleftharpoons [Fe(SCN)]^{2+} \downarrow$　（血红色）

（2）滴定条件　①滴定在 $0.1 \sim 1 mol/L$ HNO_3 介质中进行。②强氧化剂、氮的低价氧化物、铜盐、汞盐等都能与 SCN^- 作用，因而干扰测定，必须预先除去。③用此法测定 Cl^- 时，由于 AgCl 的溶解度比 AgSCN 的溶解度大，当剩余的 Ag^+ 被滴定完之后，过量的 SCN^- 将与 AgCl 发生沉淀的转化反应：

$$AgCl \downarrow + SCN^- \rightleftharpoons AgSCN \downarrow + Cl^-$$

该反应使得本应产生的 $Fe(SCN)^{2+}$ 红色不能及时出现，或已经出现的红色随着振摇而又消失。因此要得到持久的红色就必须继续加入 SCN^-，直到 SCN^- 与 Cl^- 之间建立以下平衡为止。

$$\frac{[Cl^-]}{[SCN^-]} = \frac{K_{sp(AgCl)}}{K_{sp(AgSCN)}} = 156$$

无疑多消耗了 NH_4SCN 标准溶液，而造成很大的误差。因此在滴定氯化物时，为了避免由于沉淀的转化而造成的误差，通常采取以下措施之一：在试样溶液中加入一定量过量的 $AgNO_3$ 标准溶液后，将溶液煮沸，使 AgCl 凝聚，以减少 AgCl 沉淀对 Ag^+ 的吸附。滤去 AgCl 沉淀，并用稀 HNO_3 充分洗涤沉淀，然后用 NH_4SCN 标准溶液滴定滤液中剩余的 Ag^+。或者在滴定前加入有机溶剂，如硝基苯或 $1,2-$二氯乙烷 $1 \sim 2 ml$，用力摇动，使有机溶剂覆盖在 AgCl 沉淀的表面，避免了沉淀与滴定溶液接触，阻止了 NH_4SCN 标准溶液与 AgCl 沉淀的反应发生。或者提高 Fe^{3+} 的浓度，以减小终点时 SCN^- 的浓度，从而减小滴定误差。实验证明当溶液中 Fe^{3+} 的浓度为 $0.2 mol/L$ 时，滴定误差将小于 0.1%。④用此法测定 Br^- 和 I^- 时，由于 AgBr 及 AgI 的溶解度均比 AgSCN 小，不会发生沉淀的转化反应。但在滴定碘化物时，指示剂必须在加入一定量过量 $AgNO_3$ 标准溶液之后再加入，否则将发生下述反应而影响滴定的准确度。

$$2Fe^{3+} + 2I^- \Longleftrightarrow 2Fe^{2+} + I_2$$

（3）应用范围　返滴定法可测定含有或经过处理能够得到 Cl^-、Br^-、I^-、SCN^- 等离子的物质。

（三）吸附指示剂法

吸附指示剂法是以吸附指示剂指示终点的银量法。

1. 指示终点的原理

吸附指示剂（adsorption indicator）是一类有机染料，它的阴离子或阳离子在溶液中容易被带有正电荷或带负电荷的胶状沉淀所吸附，吸附后结构发生改变从而引起颜色的变化，从而指示滴定终点。吸附指示剂可分为两类：①酸性染料，如荧光黄及其衍生物，它们是有机弱酸，离解出指示剂阴离子；②碱性染料，如甲基紫、罗丹明 6G 等，能离解出指示剂阳离子。

例如，用 $AgNO_3$ 标准溶液滴定 Cl^- 时，用荧光黄作指示剂，由于荧光黄是一种有机弱酸，可用 HFIn 表示。它在溶液中的离解平衡如下。

$$HFIn \Longleftrightarrow H^+ + FIn^- \text{（黄绿色）} \qquad pK_a = 7.0$$

在化学计量点之前，溶液中 Cl^- 过量，这时 AgCl 沉淀吸附 Cl^- 而带负电荷（AgCl·Cl^-），AgCl·Cl^- 和 FIn^- 由于同核相斥，FIn^- 将不被吸附，溶液呈现 FIn^- 的黄绿色。当滴定达到计量点后，溶液中出现过量的 Ag^+，此时，AgCl 沉淀吸附 Ag^+ 而带正电荷（AgCl·Ag^+），它强烈吸附 FIn^-，致使荧光黄阴离子的结构发生改变，溶液的颜色由黄绿色变为微红色，指示滴定终点的到达。此过程可示意如下：

终点前 Cl^- 过量：AgCl·Cl^- + FIn^-（黄绿色）

终点时 Ag^+ 过量：AgCl·Ag^+ + FIn^-（黄绿色）$\Longleftrightarrow$ AgCl·Ag^+FIn^-（粉红色）

如果用 NaCl 滴定 Ag^+，则颜色的变化刚好相反。

2. 滴定条件

（1）沉淀必须保持胶体状态　由于颜色的变化发生在沉淀的表面，欲使终点的颜色变化明显，应尽量使沉淀的比表面积大一些，保持较强的吸附能力。为此，滴定时需在滴定溶液中加入胶体保护剂——淀粉或糊精，以免胶体凝聚。

（2）溶液的酸度要适当　溶液的酸度应有利于指示剂显色离子的存在，一般指示剂的酸离解常数越大，溶液的酸性可以越强一些。例如荧光黄的 $K_a = 1 \times 10^{-7}$，只能在 pH 7～10 的中性或碱性溶液中使用，若在 pH < 7 的溶液中使用，荧光黄主要以 HFIn 形式存在，它不被卤化银沉淀所吸附，无法指示滴定终点。二氯荧光黄的 $K_a \approx 1 \times 10^{-4}$，可以在 pH 4～10 范围使用。曙红的 $K_a = 10^{-2}$，可以在更强的酸性溶液中使用，即使 pH 低至 2，也可以用来指示终点。甲基紫为阳离子指示剂，它必须在 pH 1.5～3.5 的酸性溶液中使用。

（3）溶液的浓度不能太稀　如溶液太稀，沉淀很少，观察终点困难。例如用荧光黄为指示剂，以 $AgNO_3$ 标准溶液滴定 Cl^- 时，浓度要在 0.005mol/L 以上。用荧光黄指

示剂滴定 Br^-、I^-、SCN^- 时，灵敏度较高，浓度可降低至 $0.001mol/L$。

（4）滴定过程中应避免强光直射　因为卤化银胶体对光很敏感，遇光极易分解析出金属银，使沉淀变成灰黑色，影响终点的观察。

（5）吸附指示剂被吸附的强弱要适当　一般胶体微粒对指示剂的吸附能力应略小于对被测离子的吸附能力，否则指示剂将在计量点前变色，终点出现过早。但吸附能力也不能太小，否则终点出现过迟。卤化银对卤离子和几种吸附指示剂的吸附能力的次序如下：

I^- > 二甲基二碘荧光黄 > SCN^- > Br^- > 曙红 > Cl^- > 荧光黄

因此，滴定 Cl^- 时不能选用曙红，而应选用荧光黄指示剂。滴定 Br^-、SCN^- 时，应选用曙红作指示剂，方可得到满意的结果。

3. 应用范围

吸附指示剂法可用于 Cl^-、Br^-、I^-、SCN^-、SO_4^{2-} 和 Ag^+ 等离子的测定。

常用的几种吸附指示剂的使用范围和条件见表 7-2。

表 7-2　常用的吸附指示剂及应用范围

指示剂名称	待测离子	标准溶液	适用的 pH 范围
荧光黄	Cl^-、Br^-	Ag^+	pH7~10（常用7~8）
二氯荧光黄	Cl^-、Br^-	Ag^+	pH4~10（常用5~8）
曙红	Br^-、I^-、SCN^-	Ag^+	pH2~10（常用3~9）
溴甲酚绿	SCN^-	Ag^+	pH4~5
二甲基二碘荧光黄	I^-	Ag^+	中性
甲基紫	Ag^+，SO_4^{2-}	Cl^-，Ba^{2+}	pH1.5~3.5
罗丹明6G	Ag^+	Br^-	酸性

139

三、银量法的标准溶液和基准物质

（一）基准物质

银量法常用的基准物质是市售的一级纯硝酸银（或基准硝酸银）和氯化钠。市售的硝酸银若纯度不够，可以在稀硝酸中重结晶纯制。精制过程应避光并避免有机物（如滤纸纤维），防止 Ag^+ 被还原。所得结晶可在 100℃ 干燥除去表面水，在 200~250℃ 干燥 15min 除去包埋水。$AgNO_3$ 纯品不易吸潮，应密闭避光保存。

氯化钠也有基准品规格试剂，也可用一般试剂级规格的氯化钠进行精制。氯化钠极易吸潮，应置于干燥器中保存。

（二）标准溶液

银量法中使用的标准溶液有：$AgNO_3$、$NaCl$ 和 NH_4SCN 或 $KSCN$。

1. $AgNO_3$ 标准溶液的制备

（1）直接法制备　硝酸银标准溶液可用定重法精密称取基准硝酸银，用蒸馏水溶解后定容制成。具体方法是：先将基准 $AgNO_3$ 结晶置于烘箱内，在 110℃ 烘 2h，以除去吸湿水，然后称取一定量烘干的 $AgNO_3$，溶解后转移至一定体积的容量瓶中，加水稀释至标线，即得一定浓度的标准溶液。

（2）间接法制备 实际工作中，常使用分析纯或化学纯的 $AgNO_3$ 试剂，先配成近似一定浓度的溶液，再以基准物质 NaCl 进行标定。标定 $AgNO_3$ 溶液，可采用银量法三种方法中任何一种。为了消除方法误差，最好与测定方法一致。硝酸银标准溶液见光容易分解，应于棕色瓶中避光保存。但存放一段时间后，还应重新标定。

2. NH_4SCN 标准溶液的制备

NH_4SCN 和 KSCN 固体试剂一般含有杂质，而且易潮解，通常先配制成近似一定浓度的溶液，然后标定。NH_4SCN 溶液可按铁铵钒指示剂法用基准 $AgNO_3$ 或用 $AgNO_3$ 标准溶液进行比较而求得准确浓度。

第二节 重量分析法

重量分析（gravimetric analysis）法是根据称量重量来确定被测组分含量的分析方法。它是经典的定量分析方法之一。在重量分析中，一般是先用适当方法将被测组分与试样中的其他组分分离，然后称量其物质的质量（习惯上称为重量）来计算被测组分的含量。因此，在重量分析的过程中包括了分离和称量两个过程。

重量分析直接用分析天平称量测定，不需要标准试样或基准物作对比，不存在由于器皿不准确所引起的误差，所以分析结果的准确度较高。但操作比较繁琐，费时、灵敏度不高，不适用于微量和痕量组分的测定。然而，在仲裁分析和校准其他分析方法的准确度时，常用重量分析的结果作为标准。

此外，重量分析中的分离理论和基本操作技术，在其他分析方法中经常用到。因此，重量分析仍然是定量分析的基本内容之一。

重量分析根据被测组分与其他组分分离方法的不同，可分为挥发（volatilization）重量法、萃取（extraction）重量法、沉淀（precipitation）重量法三种方法。

（1）挥发重量法（又称为气化法） 利用物质的挥发性质，通过加热或其他方法使试样中的待测组分挥发逸出，然后根据试样质量的减少计算该组分的含量；或者当该组分挥发逸出时，选择适当的吸收剂将它吸收，然后根据吸收剂质量的增加计算该组分的含量。

（2）萃取重量法 萃取重量法是把待测组分从一个液相转移到另一个液相以达到分离的目的。如溶解在水中的样品溶液同与水不相溶的有机溶剂一起振荡，这时样品内待测组分进入有机溶剂中，另一些组分仍留在水相中。将有机溶剂相与水相分离，挥去有机溶剂后称量计算待测组分含量。

（3）沉淀重量法 沉淀重量法是利用沉淀反应将被测定的组分转化为难溶物而进行的重量分析法。

重量分析法中以沉淀法应用最广，本节将重点讨论。

一、沉淀重量分析法

沉淀重量法是利用沉淀反应，将被测组分转化成难溶物，以"沉淀形式"从溶液中分离出来，经过滤、洗涤、烘干或灼烧成"称量形式"后进行称量，根据称量的质量计算其含量的方法。

　　沉淀形式是指将被测组分从溶液中析出沉淀的化学组成。称量形式是沉淀经过滤、洗涤、干燥或灼烧后，成为组成固定可供称量的沉淀的化学组成。

　　沉淀形式与称量形式虽然概念不同，但它们的存在形式可以是相同的，也可以是不同的。例如测定 SO_4^{2-} 时，加入沉淀剂 $BaCl_2$，得到 $BaSO_4$ 沉淀，经过滤、洗涤、灼烧后仍是 $BaSO_4$，此时，沉淀形式与称量形式相同。但在测定 Fe^{3+} 时，在碱性溶液中沉淀，其沉淀形式为 $Fe(OH)_3 \cdot xH_2O$，经灼烧，失去水分后，成为组成固定的称量形式 Fe_2O_3，即沉淀形式与称量形式不同。

　　为获得准确的分析结果，沉淀重量法对沉淀有以下要求。

1. 对沉淀形式的要求

　　（1）沉淀的溶解度必须很小　通常要求沉淀的溶解损失的量不应超过分析天平的称量误差范围（ $\pm 0.2mg$ ）这样才能使被测组分完全沉淀下来。

　　（2）沉淀必须纯净　要求试剂或其他来源混入的杂质应极少，如果沉淀形式不纯，包含了杂质，经干燥或灼烧后的称量形式也必然含有杂质，使分析结果偏高。

　　（3）沉淀必须便于过滤和洗涤　为此，希望获得有较大的颗粒的晶形沉淀或紧密的无定形沉淀。

　　（4）易于转化为具有固定组成的称量形式。

2. 对称量形式的要求

　　（1）称量形式应有确定的化学组成　这样才能根据化学式计算分析结果。

　　（2）称量形式要有足够的稳定性　应不受空气中的 CO_2、H_2O、O_2 的影响而发生变化。

　　（3）称量形式应具有较大的摩尔质量　称量形式的摩尔质量越大，所得称量形式的质量越大，称量误差所占的比例就会越小，从而可提高分析结果的准确度。

　　例如测定铝时，称量形式可以是 Al_2O_3（摩尔质量为101.96g/mol），也可以是 8 - 羟基喹啉铝 $[Al(C_9H_6NO)_3$，摩尔质量为459g/mol]，如果在操作过程中同样损失沉淀1.0mg，铝的损失分别为：0.53mg 和 0.059mg。由此可见，称量形式的摩尔质量越大，则沉淀的损失对被测组分的影响越小，结果的准确度越高。同理，称量不准确引起的相对误差也会越小，如：0.1000g 铝可获得 0.1888g 的 Al_2O_3 和 1.704g 的 $Al(C_9H_6NO)_3$ 沉淀，分析天平的称量误差一般为 $\pm 0.2mg$，称量不准确而引起的相对误差分别为：

$$Al_2O_3\% = \frac{\pm 0.0002}{0.1888} \times 100\% = \pm 0.1\%$$

$$Al(C_9H_6NO)_3\% = \frac{\pm 0.0002}{1.704} \times 100\% = \pm 0.01\%$$

显然，用 8 - 羟基喹啉为沉淀剂，测定铝的准确度更高。

（一）沉淀形态和沉淀的形成

1. 沉淀的形态

　　根据沉淀的物理性质，沉淀的形态大致可分为晶形沉淀和无定形沉淀（又称非晶形沉淀）两种。晶形沉淀又可分为粗晶形沉淀（如 $MgNH_4PO_4$）和细晶形沉淀（如 $BaSO_4$）；无定形沉淀又可分为凝乳状沉淀（如 $AgCl$）和胶状沉淀（如 $Fe_2O_3 \cdot xH_2O$）。

它们之间的主要区别是沉淀颗粒大小不同。晶形沉淀颗粒直径最大（$0.1\sim1\mu m$），无定形沉淀颗粒直径最小（$<0.02\mu m$），凝乳状沉淀颗粒直径介于两者之间。

晶形沉淀颗粒较大，结构紧密，易于过滤、洗涤；无定形沉淀颗粒较小，沉淀疏松，体积庞大，不易于过滤、洗涤。在重量分析法中希望获得粗粒大的晶形沉淀。而制备过程中生成沉淀的类型，主要取决于物质的本性，与沉淀的制备条件密切相关。因此，必须了解沉淀的形成过程和沉淀条件对颗粒大小的影响，以便控制适宜的条件，获得符合重量分析要求的沉淀。

2. 沉淀的形成

由于沉淀的形成是一个非常复杂的过程。下面是沉淀形成过程的定性解释，主要包括：晶核的形成和晶核长大两个过程。

构晶离子 —成核作用→ 晶核 —长大过程→ 沉淀颗粒 —凝聚→ 无定形沉淀；—定向排列→ 晶形沉淀

（1）晶核的形成 组成沉淀的离子称为构晶离子，在溶液中构晶离子可以聚集成离子对或离子群等形式的聚集体。聚集体长到一定大小，便形成晶核。例如，$BaSO_4$的晶核由8个构晶离子组成；$AgCl$、Ag_2CrO_4的晶核由6个构晶离子组成；CaF_2的晶核由9个构晶离子组成。

晶核的形成有两种情况：一种是均相成核作用；另一种是异相成核作用。所谓均相成核作用是指构晶离子在过饱和溶液中，通过离子的缔合作用，自发地形成晶核过程。所谓异相成核作用是指在制备沉淀的溶液和容器中不可避免地存在有一些固体微粒，构晶离子或离子群扩散到这些微粒表面，诱导晶核的形成。固体微粒越多，异相成核的晶核数目越多，形成沉淀的颗粒越小。

（2）晶核的长大 在晶核形成之后，过饱和溶液中的构晶离子继续向晶核表面扩散，并沉积在晶核上，使晶核逐渐长大，到一定程度时，称为沉淀颗粒。

（3）沉淀的形成 生成的沉淀是晶形沉淀还是无定形沉淀，主要由两方面的因素决定：一是聚集速度，二是定向速度。沉淀颗粒聚集成更大聚集体的速度称为聚集速度。构晶离子在自己的晶核上按一定顺序定向排列的速度称为定向速度。在沉淀过程中，如果聚集速度远比定向速度小，构晶离子聚集成沉淀时，有足够的时间按一定的晶格有序排列，这时所得的沉淀则是晶形沉淀；如果聚集速度远比定向速度大，构晶离子来不及按一定的晶格有序排列，很快地聚集成更大的沉淀颗粒，这时得到的沉淀则为无定形沉淀。

定向速度的大小决定于沉淀物质本身的性质。极性较强的盐类如$BaSO_4$、CaC_2O_4等，一般具有较大的定向速度，易生成晶形沉淀。氢氧化物，特别是高价的氢氧化物，如$Fe(OH)_3$、$Al(OH)_3$，由于分子中包含大量的水分子，阻碍着离子的定向排列，因此定向速度较小，一般只生成无定形沉淀。

聚集速度的大小主要决定于沉淀条件。冯·韦曼（Von Weimarn）曾用经验公式描述了沉淀生成的聚集速度与溶液的相对过饱的关系：

$$v = K(Q-S)/S \tag{7-1}$$

式中，v——聚集速度；K——比例常数；Q——溶液中加入沉淀剂瞬间产生的沉淀物的总浓度；S——沉淀的溶解度；$Q-S$——沉淀开始时的过饱和度，$(Q-S)/S$—相对过饱和度。

从式（7-1）看出，溶液中相对过饱和度越大，聚集速度越大，易生成无定形沉淀；相对过饱和度越小，聚集速度越小，有利于晶形沉淀生成。相对过饱和度随着沉淀溶解度的增大而减小，所以溶解度较大的沉淀，聚集速度较小，易生成晶形沉淀；反之则易生成无定形沉淀。另外，聚集速度还与沉淀物的浓度 Q 有关，如 Q 小，则溶液的过饱和度小，聚集速度也就小，有利于形成晶形沉淀。因此，在沉淀法中，为获得纯净、粗大的晶形沉淀颗粒，总是创造适宜的条件，在相对过饱和度小的情况下进行沉淀反应。

（二）沉淀的完全程度及其影响因素

在沉淀重量法中，沉淀的溶解损失是误差的主要来源之一，因此，人们总是希望被测组分沉淀得越完全越好。但是绝对不溶解的物质是没有的，通常在重量分析中要求沉淀溶解损失不超分析天平的称量误差，即可认为沉淀已经完全。实际上一般的沉淀很少能达到这一要求。为此，了解沉淀的溶解度及其影响因素，并在实践中控制好沉淀条件，尽可能降低溶解损失，来满足沉淀重量法的基本要求。

1. 溶度积与溶解度

沉淀在水中的溶解有两步平衡，固定相与液相的平衡；溶液中未离解的分子与离子之间的平衡。如 1:1 型难溶化合物 MA 在水中的平衡关系如下：

$$MA（固）\Longleftrightarrow MA（水）\Longleftrightarrow M^+ + A^-$$

由此可见，固体 MA 的溶解部分以 M^+、A^- 和 MA（水）两种状态存在。其中 MA（水）可以是分子状态，也可以是离子对化合物。例如：

$$AgCl（固）\Longleftrightarrow AgCl（水）\Longleftrightarrow Ag^+ + Cl^-$$
$$CaSO_4（固）\Longleftrightarrow Ca^{2+} \cdot SO_4^{2-}（水）\Longleftrightarrow Ca^{2+} + SO_4^{2-}$$

根据 MA（固）和 MA（水）之间的沉淀平衡可得：

$$\frac{a_{MA(水)}}{a_{MA(固)}} = S° \tag{7-2}$$

因为 25℃时纯固体活度 $a_{MA(固)}=1$，所以 $a_{MA(水)}=S°$。说明溶液中分子状态或离子对化合物的活度为一常数，称为固有溶解度（intrinsic solubility），以 $S°$ 表示。其意义是：一定温度下，在有固相存在时，溶液中以分子状态（或离子对）存在的活度为一常数。

根据沉淀 MA 在水溶液中的平衡关系，得到：

$$\frac{a_{M^+} \cdot a_{A^-}}{a_{MA(水)}} = K \tag{7-3}$$

将 $S° = a_{MA(水)}$ 代入式（7-3）得：

$$a_{M^+} \cdot a_{A^-} = S° \cdot K = K_{ap}$$

式中，K_{ap}——离子活度积（activity product）。K_{ap} 是热力学常数，随温度的变化而变化。根据活度与浓度的关系有：

$$[M^+] \cdot [A^-] = \frac{K_{ap}}{\gamma_{M^+}\gamma_{A^-}} = K_{sp} \tag{7-4}$$

143

对于 M_mA_n 型沉淀：$K_{sp} = [M^{n+}]^m \cdot [A^{m-}]^n = \dfrac{K_{ap}}{(\gamma_{M^{n+}})^m \cdot (\gamma_{A^{m-}})^n}$ (7-5)

式中，K_{sp}——溶度积（solubility product）。K_{sp} 与温度和离子强度有关。部分难溶化合物的溶度积常数列于附录七中。

难溶盐溶解度小，在纯水中离子强度也就越小，活度系数可视为 1。故一般表中所列出的 K_{sp} 均为活度积，即 $K_{ap} = K_{sp}$。如果溶液中离子强度较大时，K_{ap} 与 K_{sp} 的差别就越大，应采用活度系数加以校正。

溶解度是指在平衡状态下所溶解的 MA 的总浓度。若溶液中存在其他平衡关系时，则 MA 的溶解度 S 应为固有溶解度 S° 和 M^+ 或 A^- 的浓度之和，即

$$S = S^\circ + [M^+] = S^\circ + [A^-]$$

但固有溶解度不易测得。已知的一些难溶盐，如 AgCl、AgBr、AgIO₃ 等固有溶解度约占总溶解度的 0.1%~1%；其他物质的固有溶解度也很小，因此，固有溶解度可忽略不计。

MA 的溶解度为： $S = [M^+] = [A^-] = \sqrt{K_{sp}}$ (7-6)

M_mA_n 型沉淀溶解度 S 的计算式为：

$$S = \frac{[M^{n+}]}{m} = \frac{[A^{m-}]}{n} = \sqrt[m+n]{\frac{K_{sp}}{m^m \cdot n^n}}$$ (7-7)

2. 条件溶度积

在沉淀的平衡过程中，除了被测离子与沉淀剂形成沉淀的主反应外，往往还存在着许多的副反应，如水解效应、配位效应、酸效应等。此时，构晶离子在溶液中以多种型体存在，其各种型体的总浓度分别为 [M'] 和 [A']（省略了各种离子的电荷）。引入相应的副反应系数后，对于 1:1 型的难溶盐来说：

$$K'_{sp} = [M'] \cdot [A'] = [M]\alpha_M \cdot [A]\alpha_A = K_{sp}\alpha_M\alpha_A$$ (7-8)

式中，K'_{sp}——条件溶度积（conditional solubility product）。由于副反应的存在，使 $K'_{sp} > K_{sp}$，沉淀溶解度将增大。此时溶解度为：

$$S = [M'] = [A'] = \sqrt{K'_{sp}}。$$ (7-9)

对于 M_mA_n 型难溶盐溶度积 K'_{sp} 与溶解度 S 为：

$$K'_{sp} = [M']^m[A']^n = ([M]\alpha_M)^m([A]\alpha_A)^n = K_{sp}\alpha_M^n \cdot \alpha_A^m$$ (7-10)

$$S = \frac{[M']}{m} = \frac{[A']}{n} = \sqrt[m+n]{\frac{K'_{sp}}{m^m \cdot n^n}}$$ (7-11)

相同沉淀的条件溶度积 K'_{sp} 随沉淀条件的变化而变化。K'_{sp} 能真实、客观地反映沉淀的溶解度及其影响因素。

3. 影响沉淀溶解度的因素

例 7-1 测定 Na₂SO₄·10H₂O 含量时，若称取试样 0.40g，加水溶解成 200ml 溶液，需加 5% 的氯化钡多少毫升？此时的溶解损失有多少？能否满足重量分析的要求？

解：设加入 5% 的氯化钡溶液 x ml。

$$\text{Na}_2\text{SO}_4 \cdot 10\text{H}_2\text{O} + \text{BaCl}_2 \cdot 2\text{H}_2\text{O} \Longrightarrow \text{BaSO}_4\downarrow + 2\text{NaCl} + 12\text{H}_2\text{O}$$

322.2	244.3
0.4	$x \times 5\%$

$$x = \frac{244.3 \times 0.40}{322.2 \times 5\%} = 6\text{ml}$$

加入 6ml（理论量）的沉淀剂时，$BaSO_4$ 的溶解度为：

$$S = [Ba^{2+}] = [SO_4^{2-}] = \sqrt{K_{sp}} = \sqrt{1.1 \times 10^{-10}} = 1.0 \times 10^{-5} \ (\text{mol/L})$$

在 200ml 溶液中 $BaSO_4$ 的溶解损失量为：

$$1.0 \times 10^{-5} \times 233.4 \times 0.2 = 0.0005\text{g} = 0.5\text{mg}$$

　　从以上计算可知，加入符合化学计量关系所需的沉淀剂时，$BaSO_4$ 沉淀的溶解损失量已超过了重量分析的允许误差，满足不了重量分析的要求。对其他溶解度较大的沉淀形式而言，则溶解损失必然更大。因此，在进行沉淀时，应了解影响沉淀溶解度的因素，以便获得符合要求的沉淀。

　　影响沉淀溶解度的因素很多，有同离子效应、盐效应、酸效应和配位效应等。此外，温度、介质、晶体结构及颗粒大小也对溶解度有影响。

　　（1）同离子效应　当沉淀反应达到平衡后，增加适量构晶离子的浓度而使沉淀的溶解度降低的现象，称为同离子效应。

　　例 7-1 中为使沉淀反应完全，必须加入适当过量的沉淀剂，利用同离子效应来降低沉淀的溶解度。若加入过量 5%（过量 2ml）的沉淀剂，则 $BaSO_4$ 的溶解损失量为：

$$[Ba^{2+}] = \frac{5\% \times 2 \times 1000}{244.3 \times 200} = 0.002 \ (\text{mol/L})$$

此时溶液中 SO_4^{2-} 离子的浓度为：

$$[SO_4^{2-}] = \frac{K_{sp}}{[Ba^{2+}]} = \frac{1.1 \times 10^{-10}}{2 \times 10^{-3}} = 5 \times 10^{-8} \ (\text{mol/L})$$

在 200ml 溶液中，$BaSO_4$ 沉淀的溶解损失为：

$$5 \times 10^{-8} \times 233.4 \times 0.2 = 2 \times 10^{-6}\text{g} = 2 \times 10^{-3}\text{mg}$$

145

　　由此可见，利用同离子效应可以降低沉淀的溶解度，使沉淀趋于完全。一般情况下，沉淀剂过量 50%~100% 是合适的，如果沉淀剂不是挥发性的，则以过量 20%~30% 为宜。沉淀剂过多，不仅会造成以后洗涤、过滤的困难，还会产生酸效应、盐效应或配位效应，使沉淀的溶解度增大。

　　（2）盐效应　沉淀的溶解度随着溶液中电解质浓度的增大而增大的现象，称为盐效应。发生盐效应的原因是溶液的离子强度增大而使离子的活度系数减小，从式（7-4）和式（7-5）中可以看出，在一定温度下，活度系数减小，K_{sp} 增大，溶解度必然增大。同样条件下，高价离子的活度系数受离子强度的影响较大，所以构晶离子的电荷越高，盐效应越严重。为减小盐效应的影响，在制备沉淀时应当尽量避免其他强电解质的存在。但对于溶解度很小的沉淀（如 $Fe_2O_3 \cdot nH_2O$）盐效应影响很小，常常可以忽略不计。当沉淀溶解度较大时，则必须注意盐效应的影响。

　　（3）酸效应　溶液中由于酸度的影响而引起沉淀溶解度增大的现象，称为酸效应。酸度对沉淀溶解度的影响是比较复杂的。对于不同类型的沉淀，其影响程度不同。强酸盐沉淀一般受酸度的影响较小，弱酸盐、多元酸盐、阳离子易水解的盐类沉淀受酸度的影响一般较大甚至沉淀完全溶解。

例 7-2　分别计算 CaC_2O_4 沉淀在 pH = 2.0 和 pH = 4.0 的溶液中溶解度。已知 CaC_2O_4 的 $K_{sp} = 2.0 \times 10^{-9}$，$H_2C_2O_4$ 的 $K_{a_1} = 5.6 \times 10^{-2}$，$K_{a_2} = 1.5 \times 10^{-4}$。

解：pH = 2 时，$C_2O_4^{2-}$ 的酸效应系数 $\alpha_{C_2O_4(H)}$ 为：

$$\alpha_{C_2O_4(H)} = 1 + \frac{[H]}{K_{a_2}} + \frac{[H]^2}{K_{a_1} \cdot K_{a_2}} = 1 + \frac{10^{-2}}{1.5 \times 10^{-4}} + \frac{10^{-4}}{5.6 \times 10^{-2} \times 1.5 \times 10^{-4}} = 10^{1.89}$$

$$S = \sqrt{K'_{sp}} = \sqrt{K_{sp} \cdot \alpha_{C_2O_4(H)}} = \sqrt{2.0 \times 10^{-9} \times 10^{1.89}} = 3.9 \times 10^{-4} \ (mol/L)$$

pH = 4 时，$C_2O_4^{2-}$ 的酸效应系数 $\alpha_{C_2O_4(H)}$ 为：

$$\alpha_{C_2O_4(H)} = 1 + \frac{[H]}{K_{a_2}} + \frac{[H]^2}{K_{a_1} \cdot K_{a_2}} = 1 + \frac{10^{-4}}{1.5 \times 10^{-4}} + \frac{10^{-8}}{5.6 \times 10^{-2} \times 1.5 \times 10^{-4}} = 1.65$$

$$S = \sqrt{2.0 \times 10^{-9} \times 1.65} = 5.7 \times 10^{-5} \ (mol/L)$$

由此可知，当酸度增大时，CaC_2O_4 沉淀的溶解度明显增大。pH = 2.0 时溶解损失已超出重量分析的要求；pH = 4.0 时，溶解损失可满足重量分析要求。因此在制备 CaC_2O_4 沉淀时应在 pH = 4.0～12 的溶液中进行。

（4）配位效应　构晶离子与溶液中的配位剂作用使沉淀的溶解度增加的现象，称配位效应。如用 Cl^- 沉淀 Ag^+ 时，若溶液中有 NH_3 存在，由于 $Ag(NH_3)_2^+$ 配位离子的生成，使得 AgCl 溶解度远大于在纯水中的溶解度。

例 7-3　分别计算 AgCl 在纯水中和在 $[NH_3] = 0.01mol/L$ 的溶液中的溶解度。设在没有强电解质存在的溶液中，离子活度系数为 1。已知 $K_{sp(AgCl)} = 1.8 \times 10^{-10}$，银氨配合物的累积稳定常数分别为：$\beta_1 = 10^{3.40}$，$\beta_2 = 10^{7.40}$。

解：AgCl 在纯水中溶解度为：

$$S = \sqrt{1.8 \times 10^{-10}} = 1.34 \times 10^{-5} \ (mol/L)$$

在 $[NH_3] = 0.01mol/L$ 的溶液中

$$\alpha_{Ag(NH_3)} = 1 + \beta_1 [NH_3] + \beta_2 [NH_3]^2$$
$$= 1 + 10^{3.40} \times 0.01 + 10^{7.40} \times (0.01)^2 = 2.54 \times 10^3$$

AgCl 在 $[NH_3] = 0.01mol/L$ 的溶液中的溶解度为：

$$S = \sqrt{K'_{sp}} = \sqrt{K_{sp} \cdot \alpha_{Ag(NH_3)}} = \sqrt{1.8 \times 10^{-10} \times 2.54 \times 10^3} = 6.76 \times 10^{-4} \ (mol/L)$$

此时 AgCl 的溶解度比在纯水中的溶解度大 50 多倍。

在某些沉淀反应中，沉淀剂本身就是配位剂，沉淀剂过量时，既有同离子效应，又有配位效应。例如在用 Cl^- 沉淀 Ag^+ 时，起初过量的 Cl^- 使 AgCl 沉淀的溶解度减小，当 Cl^- 浓度约为 0.003mol/L 时 AgCl 溶解度最小，这是同离子效应占优势的结果；再继续加入过量的 Cl^-，AgCl 与 Cl^- 离子形成 $AgCl_2^-$ 配离子，再继续加入 NaCl 沉淀剂，$AgCl_2^-$ 与 Cl^- 进一步形成 $AgCl_3^{2-}$，而使沉淀的溶解度增大，甚至沉淀消失。

（5）水解作用　由于构晶离子发生水解而使沉淀溶解度增大的现象，称水解作用。例如 $MgNH_4PO_4$ 的饱和溶液中，3 种离子均能发生水解：

$$Mg^{2+} + H_2O \Longrightarrow MgOH^+ + H^+$$

$$NH_4^+ + H_2O \Longrightarrow NH_4OH + H^+$$

$$PO_4^{3-} + H_2O \Longrightarrow HPO_4^{2-} + OH^-$$

为了抑制离子的水解，在沉淀时需加入适量的 $NH_3 \cdot H_2O$。

（6）胶溶作用 对无定形沉淀，若进行沉淀反应时，条件掌握不好，常会形成胶体溶液，甚至已经凝聚的胶体沉淀还会重新转变成胶体溶液，分散在溶液中，这种现象称为胶溶作用。胶体微粒小，易透过滤纸而引起损失，因此常加入适量电解质以防止胶溶作用，如 $AgNO_3$ 沉淀 Cl^- 时，需加适量 HNO_3，洗涤 $Al(OH)_3$ 沉淀需用含 NH_4NO_3 的水。

（7）其他影响因素 ①温度：溶解一般是吸热过程，绝大多数沉淀的溶解度是随温度升高而增大的。但无定形沉淀如 $Fe_2O_3 \cdot nH_2O$、$Al_2O_3 \cdot nH_2O$ 等，由于它们溶解度很小，且易产生胶溶作用，一般趁热滤过并采用热洗涤液洗涤。②溶剂：大部分无机沉淀，均是离子型晶体，它们的溶解度受溶剂极性影响较大，溶剂极性越强，无机沉淀的溶解度越大，改变溶剂极性可以改变沉淀的溶解度。对一些水中溶解度较大的沉淀，加入适量与水互溶的有机溶剂，可以降低溶剂的极性，减小沉淀的溶解度。如 $PbSO_4$ 在 30% 乙醇溶液中，溶解度比在水中小约 20 倍。③颗粒大小与形态：晶体内部的分子或离子都处于静电平衡状态，彼此的吸引力大，而处于表面上的分子或离子，尤其是晶体的棱上或角上的分子或离子，受内部的吸引力小，表面能显著增加，同时受溶剂分子的作用，易进入溶液，溶解度增大。同一种沉淀，在相同重量时，颗粒愈小，表面积愈大。因此，具有更多的棱和角，所以小颗粒沉淀比大颗粒沉淀溶解度大。有些沉淀初生成时是一种亚稳态晶型，有较大的溶解度，需待转化成稳定结构，才有较小的溶解度。如 CoS 沉淀初生成时为 α 型，$K_{sp} = 4 \times 10^{-21}$ 放置后转化为 β 自型，$K_{sp} = 2 \times 10^{-23}$。

（三）沉淀纯度的影响因素

重量分析不仅要求沉淀完全，而且希望得到纯净的沉淀，如果沉淀不纯，含有杂质，常常使分析结果偏高。因此，进一步研究哪些因素影响沉淀的纯度，以及如何得到尽可能纯净的沉淀也是沉淀法的一个重要问题。沉淀中引入杂质主要因素是表面吸附作用。引入杂质的途径有共沉淀和后沉淀。

1. 共沉淀

当一种难溶化合物从溶液中析出时，某些可溶性杂质同时被沉淀下来的现象，称共沉淀（coprecipitation）。产生共沉淀的原因有以下几种：

（1）表面吸附 表面吸附是在沉淀表面上吸附了杂质。这种现象的产生是由于晶体表面上离子电荷的不完全等衡所引起。在沉淀颗粒里，正负离子按一定的晶格顺序排列，处于内部的离子都被异电荷离子所包围，整个沉淀内部处于静电平衡状态，而处于表面的离子至少有一方没有被包围，由于静电引力作用，它们具有吸引异电荷离子的能力。沉淀颗粒愈小，表面积愈大，吸附溶液中异电荷离子的能力就愈大，吸附异电荷离子也就愈多。表面吸附作用具有选择性，遵从如下规律：①优先吸附沉淀中组成相同、大小相近、电荷相同的离子或能与沉淀中离子生成溶解度小的化合物的离子。例如用过量的 $BaCl_2$ 溶液与 SO_4^{2-} 溶液作用时，$BaSO_4$ 表面首先吸附 Ba^{2+} 离子，形成第一层，使沉淀表面带正电荷。然后又吸引溶液中带异电荷离子 Cl^-，构成中性的双电层。$BaCl_2$ 过量越多，共沉淀也就越严重，如果用 $Ba(NO_3)_2$ 代替 $BaCl_2$，并使二者过

147

量的程度一样时，则共沉淀的 $Ba(NO_3)_2$ 比 $BaCl_2$ 多，这是因为 $Ba(NO_3)_2$ 溶解度比 $BaCl_2$ 小的缘故。②浓度相同时，高价离子因静电引力强而先被吸附。③电荷相同的离子，浓度大的先被吸附。第二层不如第一层紧密，第二层的离子能够与溶液中其他离子交换。例如用 NH_4^+ 置换 K^+，可使钾盐变成铵盐，以便在以后的处理中易挥发除去。

（2）形成混晶　形成混晶时可形成同形混晶和异形混晶。当杂质离子与构晶离子的半径相近，生成沉淀的晶格结构相同或相似时，杂质离子可以进入晶格排列中形成混晶，这是同形混晶。例如 $BaSO_4$ 和 $KMnO_4$，由于 K^+ 与 Ba^{2+} 的离子半径（0.133nm 和0.135nm）相差不多，K^+ 便可进入到 $BaSO_4$ 的晶格排列中，与此同时 K^+ 又诱导 MnO_4^- 形成 $BaSO_4 \cdot KMnO_4$ 混晶。事先将杂质分离除去是减少或消除同形混晶的最好方法。

有时，杂质离子或原子并不位于正常晶格的离子或原子位置上，而是位于晶格空隙中，这是异形混晶。在沉淀时加入沉淀剂的速度慢或陈化可以减少或消除异形混晶。

（3）包埋或吸留　包埋是由于沉淀形成速度快，吸附在表面的杂质来不及离开，就被后来的沉淀所掩盖、包藏在沉淀内部。吸留是晶体成长过程中，由于晶面缺陷和晶面生长的各向不均性，也可将母液包埋在晶格内部的小孔穴中形成的共沉淀现象。将沉淀重结晶或陈化可减少或消除包埋共沉淀。

2. 后沉淀

在沉淀析出后，溶液中原本不能析出的组分，在放置的过程中也在沉淀表面逐渐沉积出来的现象，称此现象为后沉淀（postprecipitation）。后沉淀是由于沉淀表面的吸附作用引起的。例如，在含有少量 Mg^{2+} 的 Ca^{2+} 溶液中，用 $C_2O_4^{2-}$ 将 Ca^{2+} 沉淀为 CaC_2O_4 时，由于 CaC_2O_4 的溶解度比 MgC_2O_4 小，故先析出 CaC_2O_4 沉淀，如果沉淀与母液长时间接触，则由于沉淀表面的吸附作用，使沉淀表面的 $C_2O_4^{2-}$ 浓度增大，致使 $C_2O_4^{2-}$ 浓度与 Mg^{2+} 浓度的乘积大于 MgC_2O_4 的溶度积，于是在 CaC_2O_4 沉淀的表面上慢慢析出 MgC_2O_4 沉淀。沉淀在溶液中放置时间越长，后沉淀现象越严重。缩短沉淀和母液一起放置的时间可减少或消除后沉淀。

（四）沉淀条件的选择

在重量分析中，为了获得准确的分析结果，要求沉淀要完全、纯净、易于过滤和洗涤。为此，对不同类型的沉淀应采取的沉淀条件如下：

1. 晶形沉淀的沉淀条件

（1）沉淀作用应在适当稀的溶液中进行　溶液的浓度稀可减小沉淀物的浓度 Q，以降低其过饱和度，减小聚集速度，从而得到大颗粒的晶形沉淀。并且溶液稀，杂质的浓度也低，共沉淀现象减少，容易获得较纯净的沉淀。但是溶液也不能过稀，否则沉淀的溶解度 S 增大使溶解损失较多，影响分析结果。

（2）沉淀作用应在热的溶液中进行　在热的溶液中进行沉淀可增大沉淀的溶解度，降低溶液的相对过饱和度，减少成核的数量；同时还可减少杂质的吸附，以提高沉淀的纯度。为防止沉淀在温度较高时的溶解损失，应放冷后过滤。

（3）不断搅拌下缓慢加入沉淀剂　这样可避免局部过浓现象。

（4）进行陈化　沉淀析出后，让初生的沉淀和母液一起放置一段时间，这个过程称为陈化也称熟化。在同样条件下，小晶粒的溶解度比大晶粒的溶解度大。如果溶液对于大晶粒是饱和的，而对于小晶粒来说还未达到饱和，于是小晶粒溶解，溶解到一定程度时，溶液对大晶粒达到过饱和状态，溶液中离子就在大晶粒上沉淀。但溶液对大晶粒为饱和溶液时，对小晶粒又为不饱和状态，小晶粒又要继续溶解。这样，小晶粒不断地溶解，而大晶粒不断地长大，结果是晶粒变大。同时，在陈化过程中，吸附、吸留或包埋在小晶粒内部的杂质重新进入溶液中。因此，陈化可使沉淀晶粒变大、沉淀更完整、更纯净，陈化过程还可使溶解度较大的亚稳态的晶形转化为溶解度较小的稳态晶形，可减少溶解损失。

此外，加热和搅拌可以增大离子的扩散速度和沉淀的溶解度，促进陈化过程，缩短陈化时间。在室温下，陈化时间需数小时，而加热陈化则只需数十分钟至 $1 \sim 2h$ 即可。

2. 无定形沉淀的沉淀条件

无定形沉淀含水分较多体积庞大，质地疏松，吸附杂质多而且难以过滤和洗涤，甚至能形成胶体溶液，无法沉淀出来。因此，对无定形沉淀的沉淀条件，主要考虑的是：加速沉淀颗粒的聚集，减少水化作用，获得紧密沉淀，减少杂质吸附和防止胶体的生成。其主要条件是：

（1）沉淀作用应在较浓的热溶液中进行　高浓度和高温度都可降低沉淀的水化程度，减少沉淀的含水量，也有利于沉淀的凝聚，使沉淀结构紧密，便于过滤。提高温度还可减少对杂质的吸附，使沉淀纯净。

（2）在不断搅拌下，适当加快沉淀剂的加入速度　在搅拌下较快加入沉淀剂有利于生成紧密的沉淀。但吸附杂质的机会增多，所以在沉淀作用完毕后，立即用热水稀释。

（3）加入适当的电解质　加入电解质可以破坏胶体。一般多采用在高温灼烧时可挥发的盐类，例如铵盐等。

（4）不必陈化　沉淀完毕后，静置沉降，立即过滤洗涤。因为这类沉淀一经放置，将会失去水分而聚集得十分紧密，不易洗涤除去孔穴内所吸附的杂质。

3. 均匀沉淀

均匀沉淀是利用化学反应使溶液中缓慢而均匀地产生沉淀剂，待沉淀剂达到一定浓度时，即均匀地产生沉淀。在进行沉淀过程中，尽管沉淀剂是在不断搅拌下缓缓加入的，但沉淀剂在溶液中局部过浓的现象总是难以避免。为了消除这种现象，可以改用均匀沉淀的方法，能避免局部过浓的现象发生。由于产生沉淀剂的化学反应速度可控，不致骤然达到过大的相对过饱和度，因此可以获得颗粒粗大、结构紧密，更为纯净的沉淀。例如：利用尿素水解提高溶液的 pH 的方法沉淀 Ca^{2+}，在含 Ca^{2+} 的酸性溶液中加入草酸并无沉淀生成，若在溶液中加入尿素后，加热，尿素即发生水解反应：

$$(NH_4)_2CO + H_2O \Longrightarrow 2NH_3 + CO_2$$

产生的 NH_3 使溶液 pH 逐渐升高，$C_2O_4^{2-}$ 的浓度逐渐增大，当 pH4 $\sim$ 4.5 时，CaC_2O_4 沉淀基本完全。铁和铝的氢氧化物沉淀也可用此法。

（五）沉淀的过滤和干燥

1. 沉淀的过滤

以上制得的沉淀是与母液混在一起的。在母液中含有过量的沉淀剂和其他可溶性杂质。为了将沉淀与母液分离，必须进行过滤。采用何种滤器过滤取决于沉淀过滤后的处理方式。如果过滤后只需干燥即得到称量形式的沉淀，可用玻砂坩埚过滤。过滤前，玻砂坩埚需在测试干燥时所需的温度下干燥至恒重（连续两次干燥或灼烧操作后称量的质量差 <0.2mg，《中华人民共和国药典》2010 年版规定 <0.3 mg，即为恒重）。如果需高温灼烧才得到称量形式的沉淀（如 $BaSO_4$、$Fe(OH)_3 \cdot xH_2O$ 等），应使用滤纸加漏斗过滤。滤纸为定量滤纸，定量滤纸是经灼烧后其灰分质量应不超过 0.1mg 的滤纸。滤纸的疏密应根据沉淀的性质加以选择，以沉淀不易穿过并保持尽可能快的过滤速度为原则。一般细晶形沉淀如 $BaSO_4$ 需用致密的滤纸（慢速滤纸）；胶状沉淀如 $Fe(OH)_3$、$Al(OH)_3$ 可用质松孔大的滤纸（快速滤纸）。为了便于过滤和洗涤，要求晶形沉淀为 0.2～0.5g，无定形沉淀为 0.2g 以下为宜。

2. 沉淀的洗涤

为了除去母液并洗去沉淀表面吸附的杂质，必须进行洗涤。采用何种洗涤液，一般要求既能洗去杂质，使沉淀的溶解损失量不超过允许误差范围，又能在干燥或灼烧时可以除去。洗涤液选择的原则：①溶解度较小而又不易生成胶状沉淀的沉淀，可用蒸馏水洗涤；②溶解度较大的沉淀，可用沉淀剂的稀溶液来洗涤，也可用另配的沉淀饱和溶液洗涤；③溶解度较小的胶状沉淀需用挥发性电解质（如 NH_4NO_3）的稀溶液进行洗涤；④若不会因温度升高而显著溶解的沉淀，最好用热洗涤液洗涤。因为热洗涤液能提高洗涤效率；减少吸附；防止胶溶；加快过滤速度。

洗涤时，通常采用少量多次的洗涤原则，即每次洗涤时，洗涤液的用量要少，洗后要尽量沥尽，再加新的洗涤液，多洗几次，这样既可将沉淀洗净，又可减小沉淀溶解量。

过滤和洗涤通常采用倾泻法。沉淀是否洗净，必须经过检查。例如，以 $BaCl_2$ 沉淀 $NaSO_4$ 为 $BaSO_4$ 沉淀时，应洗涤到无氯离子为止。可取少量新滤液加入适量 $AgNO_3$ 试液检查，至无白色浑浊产生，即认为沉淀已经洗净。

3. 沉淀的干燥或灼烧

干燥或灼烧的目的是除去沉淀中的水分和其他挥发性杂质，并使沉淀形式转变为组成固定、性质稳定的称量形式。干燥温度和时间由沉淀的性质决定。一般是 110～120℃烘 40～60min 放冷后称量。当需要较高的温度才能除去水分成为称量形式时，可在高温度下烘干和灼烧。如 $BaSO_4$ 沉淀需在 800℃灼烧后才能完全除去内部的水分。干燥或灼烧的最后产物均需恒重。

（六）称量形式和结果计算

在重量分析中，多数情况下沉淀的称量形式和被测组分的表现形式不同，这时需要根据称量形式的质量计算出被测组分的质量。将称量形式的质量换算为被测组分的质量时，需将称量形式的质量（m）乘以换算因数（常用 F 表示）而得。换算因数的数学表达式如下：

$$F = \frac{a \times 被测组分的摩尔质量}{b \times 称量形式的摩尔质量} \qquad (7-12)$$

式中，a、b——使分子和分母中所含主体元素的原子个数相等而需要乘以的系数。

被测组分	称量形式	换算因数
Fe_3O_4	Fe_2O_3	$2M_{Fe_3O_4}/3M_{Fe_2O_3}$
Cl^-	$AgCl$	M_{Cl}/M_{AgCl}
Na_2SO_4	$BaSO_4$	$M_{Na_2SO_4}/M_{BaSO_4}$
Mg	$Mg_2P_2O_7$	$2M_{Mg}/M_{Mg_2P_2O_7}$
P_2O_5	$Mg_2P_2O_7$	$M_{P_2O_5}/M_{Mg_2P_2O_7}$
$K_2SO_4 \cdot Al_2(SO_4)_3 \cdot 24H_2O$	$BaSO_4$	$M_{K_2SO_4 \cdot Al_2(SO_4)_3 \cdot 24H_2O}/4M_{BaSO_4}$

沉淀重量法分析结果可按式（7-13）计算被测组分的百分质量分数。

$$w_B = \frac{m \cdot F}{m_S} \times 100\% \qquad (7-13)$$

式中，m——称量形式的质量；m_S——试样的质量。

例7-4　测定某含铁试样中铁的含量时，称取试样0.2500g，沉淀为$Fe(OH)_3$，然后灼烧为Fe_2O_3，称得其质量为0.2490g，求此试样中Fe的含量。若以Fe_3O_4表示结果时，其含量又为多少？

解：以Fe表示时：$F = \dfrac{2M_{Fe}}{M_{Fe_2O_3}} = \dfrac{2 \times 55.845}{159.69} = 0.6994$

$$w_{Fe} = \frac{m_{Fe_2O_3} \cdot F}{m_S} \times 100\% = \frac{0.2490 \times 0.6994}{0.2500} \times 100\% = 69.66\%$$

以Fe_3O_4表示时：

$$F = \frac{2M_{Fe_3O_4}}{3M_{Fe_2O_3}} = \frac{2 \times 231.53}{3 \times 159.69} = 0.9666$$

$$w_{Fe_3O_4} = \frac{m_{Fe_2O_3} \cdot F}{m_S} \times 100\% = \frac{0.2490 \times 0.9666}{0.2500} \times 100\% = 96.3\%$$

151

二、挥发重量分析法

挥发重量分析法（简称挥发法）是利用物质的挥发性或能转化为挥发性物质的性质进行的重量分析方法。挥发法分为直接挥发法和间接挥发法。

（一）直接挥发法

直接法是利用加热等方法使试样中挥发性组分逸出，然后利用适当的吸收剂将被测的挥发性物质全部吸收，测定吸收剂所增加的质量求出被测组分含量的方法。由于在最后的称量中有被测组分存在，故称为直接挥发法。例如，试样中水分的测定，是将试样加热到适当的温度，以高氯酸镁为吸收剂，将逸出的水分吸收，则高氯酸镁增加的质量就是试样中水分的质量。测定中若有几种挥发性物质并存时，应选用合适的吸收剂，以适当的吸收次序分别加以吸收，从而达到分别测量的目的。例如，有机化合物中的元素分析，取一定的试样，将其在氧气流中燃烧，其中的氢和碳分别生成H_2O和CO_2，用高氯酸镁吸收H_2O，用碱石灰吸收CO_2，最后分别称量各吸收剂的质量，根据各吸收剂增加的质量，即可计算出试样中的含氢量和含碳量。此外，在许多有机物的灰分和炽灼残渣的测定中，虽然测定是经高温灼烧后残留下来的不挥发性物质，但是由于称量的是被测物质，所以也属于直接挥发法。灰分、炽灼残渣和不挥发性物质的测定，是卫生检验、药物检验和环境监测的重要项目之一。

（二）间接挥发法

间接挥发法是测定某组分挥发前后试样质量的差值，求出被测组分含量的方法。因为在最后被称量的质量中没有被测物质，所以称为间接挥发法。例如，《中华人民共和国药典》2010 年版规定对某些药品要求检查"干燥失重"，就是测定药品干燥后减失的质量。

此法常用于测定试样中的水分。要注意的是测定试样中的水分时，其水分必须是试样中唯一可挥发的物质，而且脱水后的物质应该是稳定的。试样中水分挥发的难易程度取决于水在试样中的存在状态。其次取决于环境空间的干燥程度。

1. 固体试样中水存在的状态

（1）结晶水　结晶水是水合物内部的水，它有固定的量，如 $BaCl_2 \cdot 2H_2O$ 中有两个结晶水；$CuSO_4 \cdot 5H_2O$ 中有 5 个结晶水等。结晶水的数目随空气相对湿度的不同而不同。可以通过改变空气的相对湿度来除掉这部分水分。

（2）吸湿水　吸湿水是物质从空气中所吸收的水，存在于固体表面，其含量随空气湿度、表面积大小的变化而变化，当湿度越大时，固体的含水量也越大；固体的表面积越大，吸水性越强，则含水量越大。一般来讲，该状态的水在不太高的温度下即可失去。

（3）吸入水　一些具有亲水胶体性质的物质，如硅胶、纤维素、淀粉等，内部有很大的扩胀性，内表面积也很大，能大量吸收水分，这些水分称为吸入水。吸入水一般在 100～110℃下不易除尽。有时需采用 70～100℃真空干燥。

（4）包埋水　包埋水是指分子晶体内空穴中的水分。这种水分与外界不连通，很难除尽，要想除去这部分水分，可将晶体颗粒研细或用高温灼烧而除去。

（5）组成水　在某些物质中虽然没有水的分子，但受热分解能释放出水。例如 $KHSO_4$ 和 Na_2HPO_4 等。

$$2Na_2HPO_4 \longrightarrow Na_4P_2O_7 + H_2O$$

$$2KHSO_4 \longrightarrow K_2S_2O_7 + H_2O$$

2. 干燥失重测定中常用的干燥方式

在干燥失重测定中，应根据试样的性质和水在试样中存在的状态不同，采用不同的干燥方式。

（1）常压下加热干燥　常压下加热干燥所使用的仪器为干燥箱（烘箱），适用于性质稳定，受热不挥发、不氧化、不分解、不变质的试样。例如，硫酸钡、溴化钾、维生素 B_1 等的干燥失重，可在 105℃干燥至恒重。对于某些吸湿性强或水分不易除去的试样，可适当提高温度或延长加热时间，如测定氯化钠的干燥失重可在 130℃进行干燥。

某些试样受热不易变质，但因结晶水的存在而有较低的熔点，在加热干燥时未达规定的干燥温度时即发生熔化。测定这类物质的水分，应先在较低温度下干燥，当大部分水分除去后，再按规定温度进行干燥。例如测定 $NaH_2PO_4 \cdot 2H_2O$ 的干燥失重，先在60℃以下干燥1h，然后再于105℃干燥至恒重。

（2）减压加热干燥　那些在常压下因受热时间过长或温度过高而分解变质的试样（如硫酸新霉素等），可用减压加热干燥。减压加热干燥在减压电热干燥箱中进行。在减压的条件下，可降低干燥温度（通常在60～80℃），使干燥时间缩短，干燥效率提高。

（3）干燥剂干燥　对具有升华性，低熔点，受热易分解、氧化的物质，不能采用上述方法干燥时，可在盛有干燥剂的干燥器中干燥。例如，测定具有升华性的汞、氯化铵，低熔点的苯佐卡因和受热易分解、氧化的亚硝酸盐时，可置于用浓硫酸或五氧化二磷为干燥剂的干燥器中干燥。若常压下干燥，水分不易除去，可置于减压干燥器中干燥。使用干燥器时应注意干燥剂的性质及检查干燥剂是否失效。

盛有干燥剂的干燥器，在重量分析中经常被用作短时间存放刚从烘箱或高温炉取出的热的干燥器皿或试样。目的是在低湿度的环境中冷却，减少吸水，以便称量。但十分干燥的试样不宜在干燥器中长时间放置，尤其是很细的粉末，由于表面吸附作用，可吸收水分。

习　题

1. 写出莫尔法、佛尔哈德法和法扬斯法测定 Cl^- 的主要反应，并指出各种方法选用的指示剂和酸度条件。

2. 用银量法测定下列试样：（1）$BaCl_2$，（2）KCl，（3）NH_4Cl 各应选用何种方法确定终点？为什么？

3. 在下列情况下，测定结果是偏高、偏低，还是无影响？为什么？

（1）在 $pH = 4$ 的条件下，用莫尔法测定 Cl^-；

（2）用铁铵矾指示剂法测定 Cl^- 或 Br^-，既没有将 AgCl 或 AgBr 沉淀滤去，又没有加有机溶剂；

（3）以曙红为指示剂测定 Cl^-。

4. 活度积、溶度积、条件溶度积有何区别？

5. 影响沉淀溶解度的因素有哪些？

6. 称取 NaCl 试剂 0.1173g，溶解后加入 30.00ml $AgNO_3$ 溶液，过量的 Ag^+ 需用 3.20ml 的 NH_4SCN 溶液滴定至终点。已知20.00ml $AgNO_3$ 溶液和21.00ml NH_4SCN 溶液完全作用，计算 $AgNO_3$ 和 NH_4SCN 溶液的浓度各为多少？

$$[AgNO_3: 0.07447mol/L；NH_4SCN: 0.07092mol/L]$$

7. 计算下列各组的化学因数。

被测组分	称量形式	化学因数
Al	Al_2O_3	
Fe_3O_4	Fe_2O_3	
$MgSO_4 \cdot 7H_2O$	$Mg_2P_2O_7$	

153

被测组分	称量形式	化学因数
$(NH_4)_2Fe(SO_4)_2 \cdot 6H_2O$	Fe_2O_3	
$C_4H_{10}N_2H_3PO_4H_2O$	$C_4H_{10}N_2C_6H_3O_7N_3$	

$$[0.5293；0.9666；2.215；4.911；0.6412]$$

8. 称取 0.3675g $BaCl_2 \cdot 2H_2O$ 试样，将 Ba^{2+} 沉淀为 $BaSO_4$，需加过量 50% 的 0.50mol/L 的 H_2SO_4 溶液多少毫升？

$$[4.5ml]$$

9. 测定硅酸盐中 SiO_2 的质量分数，称取 0.4817g 试样，获得 0.2630g 不纯的 SiO_2（主要含有 Fe_2O_3、Al_2O_3）。将不纯的 SiO_2 用 $H_2SO_4 - HF$ 处理，使 SiO_2 转化为 SiF_4 除去，残渣经灼烧后重为 0.0013g，计算试样中纯 SiO_2 的质量分数；若不经 $H_2SO_4 - HF$ 处理，杂质造成的误差有多大？

$$[54.33\%；0.5\%]$$

10. 氯霉素的化学式为 $C_{11}H_{12}O_5N_2Cl_2$，有氯霉素眼膏试样 1.03g，在闭管中用金属钠共热以分解有机物并释放出氯化物，溶于水后，用 $AgNO_3$ 去沉淀氯化物得 0.0129g AgCl。计算试样中氯霉素的百分含量。

$$[1.40g]$$

11. 按下列数据计算某葡萄糖试样的干燥失重。空称量瓶的质量 19.3812g，称量瓶 + 试样总量 20.2406g，干燥后称量瓶 + 试样总量 20.1613g。

$$[9.227\%]$$

12. 测定 1.0239g 某试样中 P_2O_5 的含量时，用 $MgCl_2$、NH_4Cl、$NH_3 \cdot H_2O$ 使磷沉淀为 $MgNH_4PO_4$，过滤、洗涤，灼烧成 $Mg_2P_2O_7$，称得其质量为 0.2836g，计算试样中 P_2O_5 的含量（质量分数）。

$$[17.67\%]$$

13. 称取仅由 KCl 和 NaCl 组成的试样 0.1100g，溶解后以 $AgNO_3$ 为沉淀剂，最后得 AgCl 质量为 0.2450g。求试样中 KCl 和 NaCl 的质量。

$$[NaCl：0.0633g；KCl：0.0467g]$$

14. 计算 pH = 2.0 时 CaC_2O_4 的溶解度及在溶液总体积为 200ml 的沉淀损失量。

$$[3.9 \times 10^{-4} mol/L；10.1mg]$$

（朱开梅）

154

电位分析法和永停滴定法

第一节　电化学分析概述

电化学分析（electrochemical analysis）是最早发展的仪器分析的技术之一，是将电学与化学结合，通过测量电位、电流、电导、电量等电学参数来研究化学反应的热力学和动力学过程，了解反应的机制，同时对电活性组分进行分析。在电化学发展史上具有里程碑的发现有 1800 年意大利物理学家伏打（A. Volta）制造了伏打电池、1834 年法拉第（M. Faraday）提出了著名的法拉第电解定律、1889 年能斯特（W. Nernst）提出电极电势与离子活度（浓度）的关系式，即著名的能斯特方程式；1922 年海洛夫斯基（J. Heyrovsky）创立了极谱学等，这些都为电化学分析的发展奠定了基础。近几十年来，电化学分析的新方法不断涌现，在技术上日新月异，在理论上也不断深入。

电化学分析根据测得的电学参数一般可分为以下几类：

1. 电位分析法（potentiometry analysis method）

电位分析法测定的电学参数是电池电动势（或电极电位）。能斯特方程是电位分析法的理论基础，即利用指示电极的电极电位与电解质溶液中某种离子活度（或浓度）之间的函数关系来进行定量的分析方法。通常有直接电位法、电位滴定法。

2. 电导分析法（conductometry analysis method）

电导分析法以电解质溶液电导（实际测量的是电导率）为电学参数的定量分析方法，可分为直接电导法、电导滴定法。该方法灵敏度很高，通常用于水的纯净度检测。

3. 电解分析法（electrolytic analysis method）

此法基于对试样溶液进行电解，使被测成分析出并称量它的重量的分析方法，故也称"电重量法"。如：恒电流电解分析法、控制电位电解分析法、汞阴极电解分离法。

4. 库仑分析法（coulometry）

库仑分析法以测量电解过程中被测物质在电极上发生电化学反应所消耗的电量为基础的分析方法，待测物质可以不必沉积在电极上，但电流效率必须 100%，即测量所消耗的电量全部用于待测物参与的电化学反应，该法的理论基础是法拉第定律。

5. 伏安法 （voltammetry）

伏安法是一种特殊的电解法，以电解过程中电流－电位曲线为电学参数研究电极上发生的氧化还原过程。此法是研究电化学动力学和机制的有效手段，也是灵敏的分析技术，包括极谱法、溶出法、电流滴定法（包括永停滴定法）。

电化学分析准确度、灵敏度和选择性高，特别易于和计算机等仪器联用，做到实时、原位、在线和对活体的动态跟踪与分析，在生命科学和医药学中广泛使用，本章主要讨论电位分析法和永停滴定法。

第二节　电位分析法的基本原理

一、化学电池和电池电动势

化学电池是能够将化学能和电能互相转换的装置，能将化学能转变成电能的称为原电池（galvanic cell），需由外部提供电能使电池内发生化学反应的称为电解池（electrolytic cell）。简单的化学电池由电解质溶液和正负两电极组成。两个电极可插在同一电解质溶液中，也可以分别插在不同电解质溶液中，如是后者需用盐桥将其连接。盐桥的作用是避免两电解质溶液很快混合同时又能让离子发生迁移。

图8－1a 是一个典型的原电池——丹尼尔（Daniell）电池，由锌和硫酸锌溶液、铜和硫酸铜溶液组成两电极，两溶液以盐桥相连，外部用导线将两电极连接到电势差计上（A 位置），电势差计上的数字代表电池电动势。

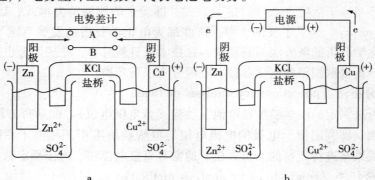

图8－1　化学电池的组成

a. 原电池；b. 电解池

电池可以用国际规定的表达式来表示，图8－1a 原电池可表示为：

$$(-)Zn \mid Zn^{2+}(a_1) \parallel Cu^{2+}(a_2) \mid Cu(+)$$

规定：电池负极写在左面，正极写在右面；要标明电极化学组成及物态，如气体注明压力，溶液要注明活度；用单竖线"｜"或逗号","表示有相界面存在；用双竖线"‖"表示盐桥。

图8－1a 原电池中由于锌的金属活泼性较铜强，锌原子失电子形成锌离子进入溶液，电子通过外部导线流到铜极，提供电子的锌极电位低，为负极，获得电子的铜极为正极，溶液中的铜离子获得电子析出铜沉积在正极上，两电极的电极反应是：

负极失电子发生氧化反应： $\qquad$ $Zn - 2e \rightleftharpoons Zn^{2+}$

正极得电子发生还原反应： $\qquad$ $Cu^{2+} + 2e \rightleftharpoons Cu$

电池反应： $\qquad$ $Zn + Cu^{2+} \rightleftharpoons Cu + Zn^{2+}$

在电化学平衡条件下，原电池的电动势（electromotive force，EMF 或 E）为：

$$E = \varphi_{(+)} - \varphi_{(-)} = \overset{\ominus}{\varphi}_{Cu^{2+}/Cu} - \overset{\ominus}{\varphi}_{Zn^{2+}/Zn} \qquad (8-1)$$

$$= (+0.337) - (-0.763) = 1.100 (V)$$

计算得到的电池电动势为正值，表示电池反应能自发进行，原电池能对外放电提供电能，是一种电源。相反，如果在 Daniell 电池的两极上外加一个与其电动势反方向且大于 1.100V 的电压，电极反应及电流方向均会发生改变，化学电池即成为电解池如图 8-1b。电解池的表达式、电极反应及电池反应如下：

电解池表达式： $\qquad$ $Cu \mid Cu^{2+} (a_2) \parallel Zn^{2+} (a_1) \mid Zn$

电极反应：

阴极得电子发生还原反应： $\qquad$ $Zn^{2+} + 2e \rightleftharpoons Zn$

阳极失电子发生氧化反应： $\qquad$ $Cu - 2e \rightleftharpoons Cu^{2+}$

电池反应： $\qquad$ $Zn^{2+} + Cu \rightleftharpoons Cu^{2+} + Zn$

电解池中发生的反应需要外部提供电能，是非自发的。在电解池中发生氧化反应的电极称为阳极，发生还原反应的电极称为阴极。

二、相界电位和液接电位

（一）相界电位

金属晶体由金属原子、金属正离子和自由电子组成，金属离子以点阵结构排列，电子在晶格中自由运动。将金属固体放入它的盐溶液中，如锌片在硫酸锌溶液中，金属锌表面的锌离子会不断进入溶液中。金属越活泼，溶液越稀，这种倾向越大。其结果是金属带负电，溶液带正电，即在金属与溶液两相之间形成双电层（double electric layer），见图 8-2，双电层所建立的电位差会阻止锌离子继续从金属进入溶液，金属表面的负电荷也会对锌离子产生静电吸引，最终达到动态平衡，平衡时的电极反应式为：

$$M \rightleftharpoons M^{n+} + ne$$

157

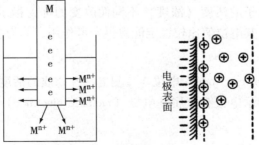

图 8-2 双电层的形成

由于双电层的存在使金属和溶液间形成了电位差，称相界电位（phase boundary potential），活泼金属 Zn、Al、Fe 等均属此类。

类似的情况，不活泼金属 Cu、Ag 等形成的双电层是金属表面带正电，溶液带负电，相界电位的符号与活泼金属相反。

（二）液接电位

电池内部含有两种不同的溶液，直接接触时在相界面上要产生相互扩散作用。在扩散过程中若正离子和负离子的扩散速率不同，速率较大的离子就会在前方积累较多的它所带的电荷，在接触界面上形成双电层，产生一定的电位差，称为液接电位（liquid junction potential，φ_j），也称扩散电位（diffusion potential）。例如，不同浓度的 $AgNO_3$ 溶液相接触时，因为 NO_3^- 比 Ag^+ 离子迁移速度快，如图 8-3a，使界面一侧 NO_3^- 离子过剩，带负电，而界面另一侧 Ag^+ 离子过剩，带正电，如图 8-3b；异号电荷的相吸作用，最终达平衡时，如图 8-3c，溶液界面上的双电层的微小电位差即液接电位。

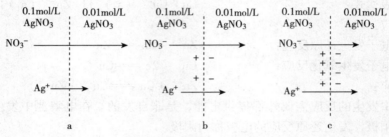

图 8-3　液接电位产生示意图

液接电位一般小于 30mV，但影响测量结果，需要设法消除或校正，但要完全校正或消除很困难，通常是将其减至最小。常用方法是在两溶液之间用盐桥相连。盐桥是将琼脂分散在饱和 KCl（或 KNO_3、NH_4NO_3）溶液中，浓度约 3%，然后装在 U 形管中构成。由于盐桥中正、负离子的扩散速率很接近且浓度很大，当与浓度不大的电解质溶液接触时主要是盐桥中的正负离子发生扩散，形成两个液接电位很小（1~2mV）且方向相反的双电层，可以基本消除液接电位。

三、指示电极和参比电极

在电位分析法中电极电位的测量需要构成化学电池，电池有两个电极，其中电极的电位随溶液中待测离子的活度（浓度）不同而改变的称为指示电极；另一种电极的电位与待测组分无关，其电位值比较稳定能提供参考作用，称为参比电极。

（一）指示电极

指示电极（indicator electrode）电位与待测电活性物质的活度（浓度）的关系符合能斯特方程。常见的指示电极有金属基电极（metallic electrode）和膜电极（membrane electrode）。

1. 金属基电极

是一种以金属为基体，在电极上有氧化还原反应的电极，常见的有：

（1）第一类电极（金属-金属离子电极）　由金属插在该金属离子溶液中组成的电极。可表示为 M│M^{n+}，只有一个界面。

电极反应通式为：　　　　　　　　$M^{n+} + ne \Longrightarrow M$

电极电位通式为：
$$\varphi = \varphi^{\ominus}_{M^{n+}/M} + \frac{RT}{nF}\ln a_{M^{n+}} \qquad (8-2)$$

25℃将自然对数换成常用对数，上式则为：
$$\varphi = \varphi^{\ominus}_{M^{n+}/M} + \frac{0.059}{n}\lg a_{M^{n+}} \qquad (8-3)$$

形成第一类电极的金属有银、铅、铜、锡、锌、汞等。

（2）第二类电极（金属–金属难溶盐电极） 由金属、该金属难溶盐和此难溶盐阴离子溶液组成的电极。可用通式 $M \mid MX \mid X^{n-}$ 表示，有两个界面。

电极反应：
$$MX + ne \rightleftharpoons M + X^{n-}$$

25℃电极电位：
$$\varphi = \varphi^{\ominus}_{MX/M} + \frac{0.059}{n}\lg\frac{1}{a_{X^{n-}}} = \varphi^{\ominus}_{MX/M} - \frac{0.059}{n}\lg a_{X^{n-}} \qquad (8-4)$$

该类电极的电位由难溶化合物的阴离子活度决定，电极电位稳定，电极反应可逆，且容易制备，最常用的是甘汞电极和银–氯化银电极。

①甘汞电极

电极组成：
$$Hg \mid Hg_2Cl_2 \ (s) \mid Cl^-$$

电极反应：
$$Hg_2Cl_2 + 2e \rightleftharpoons 2Hg + 2Cl^-$$

25℃电极电位：
$$\varphi = \varphi^{\ominus}_{Hg_2Cl_2/Hg} + \frac{0.059}{2}\lg\frac{1}{a^2_{Cl^-}} = \varphi^{\ominus}_{Hg_2Cl_2/Hg} - 0.059\lg a_{Cl^-} \qquad (8-5)$$

②银–氯化银电极

电极组成：
$$Ag \mid AgCl \ (s) \mid Cl^-$$

电极反应：
$$AgCl + e \rightleftharpoons Ag + Cl^-$$

25℃电极电位：
$$\varphi = \varphi^{\ominus}_{AgCl/Ag} - 0.059\lg a_{Cl^-} \qquad (8-6)$$

159

（3）零类电极（惰性金属电极） 这类电极是将铂、金等惰性金属材料浸入一种元素不同氧化态离子共存的溶液中构成的电极。如以铂为导体，可用通式 $Pt \mid M^{a+}$，$M^{(a-n)+}$ 表示。

电极反应：
$$M^{a+} + ne \rightleftharpoons M^{(a-n)+} \qquad (8-7)$$

25℃电极电位：
$$\varphi = \varphi^{\ominus}_{M^{a+}/M^{(a-n)+}} + \frac{0.059}{n}\lg\frac{a_{M^{a+}}}{a_{M^{(a-n)+}}} \qquad (8-8)$$

如 $Pt \mid Fe^{3+}$，Fe^{2+}；$Pt \mid Ce^{4+}$，Ce^{3+}；$Pt \mid I_3^-$，I^- 等。零类电极中惰性金属本身不参与电化学反应，仅起传导电子的作用。

2. 膜电极

这类电极是由对特定离子具有响应的膜所构成，也称离子选择性电极，电极一般由敏感膜、内参比电极和内参比溶液组成，产生的膜电位符合能斯特方程。pH 玻璃电极是最早应用的膜电极。

对指示电极的要求是：①电极电位与被测离子活度（浓度）的关系符合 Nernst 方程式；②对离子的响应速度快，可逆性与重现性好；③结构简单，性质稳定，使用方便。

（二）参比电极

参比电极（reference electrode）是指在化学测量过程中电极电位保持恒定的一类

电极。

对参比电极的要求是：①可逆性好，当有微电流通过时电极电位保持不变；②重现性好，采用标准方法制备的电极电位值恒定；③稳定性好，使用寿命长；④阻抗大，电流密度小，受温度的影响小。

1. 甘汞电极（calomel electrode）

甘汞电极制作容易，使用方便，能满足一般的使用要求。电极的内管上部是汞，插入金属丝引出导线，中部是汞－氯化亚汞的糊状混合物，下端用石棉或玻璃丝纤维塞紧，外管通常为 KCl 溶液，下部端口用多孔物质堵塞，起盐桥作用。甘汞电极为第二类电极，温度一定时电极电位决定于外管中的 KCl 浓度，故可作参比电极。常用的是饱和甘汞电极（saturated calomel electrode；SCE)），见图 8 - 4。

2. 银－氯化银电极（silver/silver chloride electrode）

银－氯化银电极（图 8 - 5）稳定性和重现性好，工作寿命长，电极平衡快，同时制备容易，使用方便，性能可靠，常用作内参比电极。该电极是由银丝、氯化银沉淀及氯离子（常用 KCl 溶液）组成的，也属于第二类电极，电极电位由内参比溶液中的氯离子活度决定。

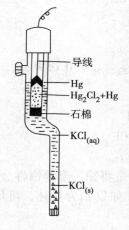

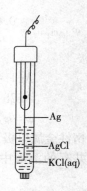

图 8 - 4　饱和甘汞电极　　　　　图 8 - 5　银－氯化银电极

第三节　直接电位分析法

电位分析法是以能斯特方程为基础，通过测量化学电池的电动势进行定量分析的方法。待测试液或组分作为化学电池的电解质溶液，两个电极分别是参比电极和指示电极。电位分析法有两类：一类是由指示电极的电位根据能斯特方程式计算待测物质的活度或浓度，称为直接电位法；另一类向电池电解质溶液中滴加与待测活性物起定量反应的已知浓度的试剂，观察电极电位的变化，确定滴定终点，再按滴定液的浓度和消耗的体积来计算待测物质的含量，称为电位滴定法。

直接电位法主要应用在测定溶液的 pH 和溶液中的离子活度。

一、溶液 pH 的测定

溶液 pH 的测定在生物学、医药学等领域具有重要的意义。玻璃电极与饱和甘汞电极组成的原电池是直接电位法最常用的体系。

（一）玻璃电极

1. 玻璃电极的构造

常见的为球形玻璃电极，构造如图 8-6 所示，由内参比电极、内参比溶液、玻璃传感膜等部分组成。内参比电极是银-氯化银电极，内参比溶液是一定 pH 及氯离子浓度的缓冲溶液，玻璃膜是由特殊成分的玻璃吹制成的球形薄膜，其厚度约为 $0.05 \sim 0.1 \text{mm}$，电极上端是高度绝缘的导线及引出线。

2. 玻璃电极的原理

玻璃电极对 H^+ 的选择性响应与玻璃膜的特殊组成有关，玻璃膜是玻璃电极的关键，其化学组成决定其电学性质。玻璃的主要成分是 SiO_2，纯 SiO_2 如石英无离子交换的位点，因此无离子响应的功能。当掺入 Na_2O 形

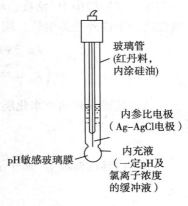

图 8-6　玻璃电极

成玻璃后一部分硅氧键断裂，形成带负电的硅氧骨架，Na^+ 可在硅氧骨架中活动并传递电荷（图 8-7），玻璃电极在水中浸泡后骨架中的 Na^+ 与水中的 H^+ 发生交换反应：$G^- Na^+ + H^+ \rightleftharpoons G^- H^+ + Na^+$，形成厚度为 $10^{-5} \sim 10^{-4} \text{mm}$ 的水化凝胶层。由于硅氧结构与 H^+ 离子的键合强度远大于 Na^+ 离子，水化层表面 Na^+ 离子的位点基本上被 H^+ 离子占据。在水化层中 H^+ 离子扩散速度较快，电阻较小，由溶液到水化层界面再到干玻璃层氢离子数目逐渐减少，未被取代的钠离子数目相应增加。水化层中的氢离子与溶液中的氢离子能进行交换，交换的结果是在玻璃膜内外相界面上形成两个相界电位 $\varphi_内$ 和 $\varphi_外$，见图 8-8。

161

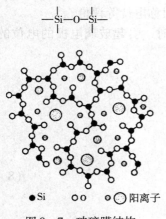

● Si　○ O　◎ 阳离子

图 8-7　玻璃膜结构

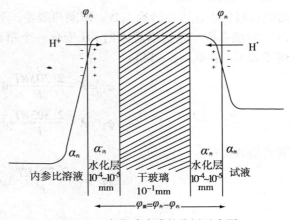

图 8-8　水化玻璃膜的分层示意图

$\varphi_内$ 和 $\varphi_外$ 相界电位值均符合 Nernst 方程式：

$$\varphi_外 = K_1 + \frac{2.303RT}{F}\lg\frac{a_外}{a'_外} \tag{8-9}$$

$$\varphi_内 = K_2 + \frac{2.303RT}{F}\lg\frac{a_内}{a'_内} \tag{8-10}$$

式中，$a_外$、$a_内$——分别为外部、内部溶液中 H^+ 活度；$a'_外$、$a'_内$——分别为外部、内部水化凝胶层中 H^+ 活度；K_1、K_2——分别为外、内水化层的结构参数。玻璃膜的膜电位决定于内外相界电位，用 $\varphi_膜$ 表示：

$$\varphi_膜 = \varphi_外 - \varphi_内$$

$$= \left(K_1 + \frac{2.303RT}{F}\lg\frac{a_外}{a'_外}\right) - \left(K_2 + \frac{2.303RT}{F}\lg\frac{a_内}{a'_内}\right) \tag{8-11}$$

若玻璃膜内外两个水化层相同，则 $K_1 = K_2$，$a'_外 = a'_内$，因此：

$$\varphi_膜 = \frac{2.303RT}{F}\lg\frac{a_外}{a_内} \tag{8-12}$$

由于内参比溶液 H^+ 离子活度 $a_内$ 是一定值，所以：

$$\varphi_膜 = K' + \frac{2.303RT}{F}\lg a_外 \tag{8-13}$$

整个玻璃电极的电极电位 φ 为：

$$\varphi = \varphi_{内参} + \varphi_膜 = \varphi_{AgCl/Ag} + \left(K' + \frac{2.303RT}{F}\lg a_外\right)$$

$$= (\varphi_{AgCl/Ag} + K') - \frac{2.303RT}{F}pH$$

$$= K - \frac{2.303RT}{F}pH \tag{8-14}$$

25℃时 $\qquad\qquad \varphi = K - 0.059pH \tag{8-15}$

式中，K 称电极常数，与玻璃电极性能有关。

3. 玻璃电极的性能

玻璃电极的性能可由转换系数、碱差与酸差、不对称电位等评价。

（1）转换系数　是指当溶液的 pH 变化一个单位时，引起玻璃电极的电位的变化值，用 S 表示。由式（8-14）：

$$\varphi_1 = K - \frac{2.303RT}{F}pH_1$$

$$\varphi_2 = K - \frac{2.303RT}{F}pH_2$$

两式相减得：

$$\Delta\varphi = -\frac{2.303RT}{F}\Delta pH \tag{8-16}$$

$$\frac{-\Delta\varphi}{\Delta pH} = \frac{2.303RT}{F} = S \tag{8-17}$$

转换系数也称电极系数或电极的响应斜率。从上式可知，当玻璃电极的 pH 变化一个单位时电位值变化 $2.303RT/F$ （V），25℃时为 59mV。若作玻璃电极的 φ – pH 曲线，S 即为直线的斜率。实际测得的转换系数 S 通常小于理论值（但不超过 2 mV），25℃时当 S 低于 52mV/pH 时就不宜使用。

（2）碱差和酸差　在 pH = 1～9 时玻璃电极的 φ 与 pH 呈线性关系。但玻璃膜除对氢离子有响应外对某些碱金属离子也会有响应，如在 pH > 9 时玻璃电极对 Na^+ 也有响应，测得的 H^+ 浓度高于真实值，pH 会低于真实值，产生负误差，称为碱差或钠差。在 pH < 1 的强酸或盐浓度很大溶液中，测得的 pH 高于真实值而产生的正误差，则称酸差。造成酸差的原因是由于酸性溶液使水分子的活度变小，水合氢离子活度也变小而引起的。

（3）不对称电位　如果玻璃电极的内充液与膜外待测液相同，从式（8 – 12）可知 $\varphi_膜$ 应等于零，但实际上仍有一个微小的电位存在，称为不对称电位（asymmetry potential），用 φ_{as} 表示。不对称电位产生的原因可能是玻璃制造工艺使膜内外两个表面产生的张力不同或由于外表面的侵蚀。不对称电位只要维持稳定就对测量 pH 无影响。用标准缓冲液进行校正和使用前将电极在水中浸泡一昼夜，可降低并稳定不对称电位。

（二）pH 测量原理和方法

1. 测量原理

直接电位法测量溶液的 pH，常以玻璃电极为指示电极，饱和甘汞电极为参比电极，浸入被测溶液组成原电池：

（ – ）Ag | AgCl(s)，内充液 | 玻璃膜 | 试液 ‖ KCl（饱和），$Hg_2Cl_2(s)$ | Hg(+)

原电池的电动势为：

$$E = \varphi_甘 - \varphi_玻 \tag{8 – 18}$$

将式（8 – 14）代入式（8 – 18）中得：

$$E = \varphi_甘 - \left(K - \frac{2.303RT}{F}pH\right)$$

在一定条件下，$\varphi_甘$ 是常数，因此：

$$E = K' + \frac{2.303RT}{F}pH \tag{8 – 19}$$

2. 测量方法

由式（8 – 19）可知，只要 K' 已知，测得电动势 E 后，便可求得被测溶液的 pH。但实际上，K' 不易准确测定，故实际工作中采用两次测量法测定溶液 pH，即先测量已知 pH 的标准缓冲液的电动势 E_S，然后再测量被测溶液的电动势 E_x，则：

$$E_S = K' + \frac{2.303RT}{F}pH_S$$

$$E_x = K' + \frac{2.303RT}{F}pH_x$$

两式相减，并移项即得：

$$pH_x = pH_S + \frac{E_x - E_S}{2.303RT/F} \tag{8 – 20}$$

这样相同温度下只要使用同一对玻璃电极和饱和甘汞电极，无须知道 K' 值就可求

163

得 pH_X，从而消除 K' 不确定性产生的误差。但饱和甘汞电极在标准缓冲溶液中及被测溶液中产生的液接电位未必相同，两者差值称残余液接电位，它会给测量带来误差。若标准液和未知液的 pH 极为接近，则残余液接电位的误差可忽略。所以，测量时选用标准缓冲液的 pH_S 值应尽量接近样品溶液的 pH_X 值。

3. 复合 pH 电极

将玻璃电极和甘汞电极组合成单一电极体，称为复合 pH 电极（combination pH electrode）。它具有使用方便、被测液用量少、可用于狭小空间中测试等优点。复合 pH 电极构造如图 8 – 9 所示。它由内外两个同心管构成，内管是常规的玻璃电极，即指示电极；外管用玻璃或高分子材料制成，内盛参比电极电解液和内参比电极，下端为微孔隔离材料层，外管相当于参比电极。把复合 pH 电极插入试样溶液中，即和待测液构成原电池。

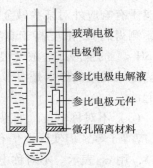

玻璃电极
电极管
参比电极电解液
参比电极元件
微孔隔离材料

图 8 – 9　复合 pH 电极

（三）pH 测量误差和注意事项

1. 测量误差

两次测量 pH 的准确度受标准缓冲液的影响，因此实际测量时应使标准缓冲溶液和待测试液的 pH 尽可能接近，同时尽可能降低液接电位。

2. 注意事项

玻璃电极对 H^+ 很敏感，达平衡快，可用于连续测定，不受氧化剂、还原剂的干扰，不沾污被测溶液，可用于浑浊、有色溶液的 pH 测定。使用玻璃电极测定溶液的 pH 时，应注意：

（1）玻璃电极对 H^+ 的影响应首先要形成稳定的水化层，使用前必须在蒸馏水中浸泡 24h 以上。不用时，浸在蒸馏水或缓冲溶液中保存。长期保存应仔细擦干放在保护装置内。

（2）测定前要用部分待测液清洗玻璃膜，测定中注意搅拌待测液，测定后要彻底清洗电极。测定时标准缓冲溶液和待测液的温度必须相同。

（3）玻璃电极用于非水条件下测定获得的结果是非水溶液的"表观 pH"（apparent pH），没有明确的含义，只作为指示 pH 变化使用。

（4）室温下当电极的转换系数低于 52mV/pH 时，不宜再使用。

（5）玻璃膜很薄，容易破碎，不得接触腐蚀玻璃的物质如 F^- 等。玻璃电极的使用温度为 0～50℃，不得过高或过低。

（四）pH 计

pH 计是专为使用玻璃电极测量溶液 pH 而设计的电子电位计，可将电池电动势转换成 pH，直接标示出来。玻璃电极的内阻很高，只允许有微小的电流通过，因而 pH 计具有很大的输入阻抗，测量通过电极的电流可低至 10^{-12} A 以下。pH 计上装有温度补偿器，测定前需将温度补偿器调至被测溶液的温度。pH 计上的定位调节器，当用标准缓冲溶液校准仪器时，可使仪器上标示的 pH 读数与标准缓冲溶液的 pH 一致，以消除不对称电位的影响。为使测定结果更可靠，用与被测溶液 pH 接近的标准缓冲溶液校准仪器后，应再用与此标准缓冲溶液相差约 3 个 pH 的另一标准缓冲溶液核对，两者之差不应超过 0.1pH。

二、其他离子浓度的测定

（一）离子选择电极

离子选择电极是一种电化学传感器，能有选择地
对某种离子产生响应，其电极电位与响应离子的活度
满足 Nernst 关系式。它与金属基电极不同，离子选择
电极的电位不是来源于氧化还原反应，而是来源于响
应离子在电极膜上的离子交换和扩散作用。前面提到
的 pH 玻璃电极是典型的离子选择电极。离子选择电
极选择性好，灵敏度高，分析速度快，操作方便，对
仪器的要求低，适用于难采样和难分离的场合。

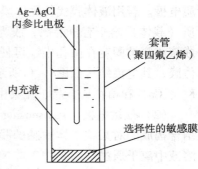

图 8 - 10　离子选择电极构造

1. 离子选择电极的基本构造和电极电位

离子选择电极即膜电极，一般由电极膜（敏感
膜）、电极管、内参比电极、内充液四部分组成，如图 8 - 10 所示。敏感膜对某种离子
有响应形成膜电位，内参比溶液离子活度恒定，因此内参比电极电位恒定。离子选择
电极电位仅取决于待测溶液中有关离子活度，满足 Nernst 方程式，即：

$$\varphi = K \pm \frac{2.303RT}{nF}\lg a_i = K' \pm \frac{2.303RT}{nF}\lg c_i \qquad (8-21)$$

式中，K——电极常数；a——响应离子活度；c——响应离子浓度；n——响应离
子电荷，响应离子为阳离子时取 "＋" 号，响应离子为阴离子时取 "－" 号。

2. 离子选择电极的分类

按敏感膜材料对离子选择电极进行分类如下：

离子选择电极（ISE）
　　原电极（基本电极）
　　　　晶体膜电极：均相膜电极、非均相膜电极
　　　　非晶体膜电极：刚性基质电极、流动载体电极
　　敏化离子选择电极（覆膜电极）：气敏电极、酶电极

（1）原电极（primary electrodes）　是指敏感膜直接与试液接触的离子选择电极。

晶体膜电极（crystalline membrane electrodes）：以难溶盐晶体膜为敏感膜，具有离
子导电功能。通常将金属难溶盐加压或拉制成单晶、多晶或混晶的活性膜，对构成晶
体的金属离子或难溶盐阴离子有响应且满足 Nernst 方程式。电极膜在水中溶解度极小，
不受氧化剂、还原剂的干扰，机械强度较大。又可分为均相膜电极（hemogeneous mem-
brane electrodes）和非均相膜电极（heterogeneous membrane electrodes）两类。均相膜是
由一种或几种化合物的均匀混晶体构成的，单晶膜电极有 LaF_3、$AgCl$、$AgBr$ 等，多晶
膜电极有 $AgCl/Ag_2S$、Ag_2S/Pb^{2+}、Ag_2S/Cu^{2+}、Ag_2S/Cd^{2+} 等。非均相膜是将电
活性物
质（如 Ag_2S、$AgCl$ 等）均匀地分布在憎水惰性材料（如硅橡胶、聚氯乙稀、聚苯乙
烯、石蜡等）中经热压后制成的。同一晶体的两类电极，除电极一般性能不同外，其

165

他电化学行为基本相同。

非晶体膜电极（noncrystalline membrane electrodes）：电极膜是由活性化合物（非晶体）均匀分布在惰性支持物中制成。由玻璃吹制的敏感膜组成不同，可用于测定 Na^+、K^+、Li^+、Ag^+、Cs^+ 等阳离子，这类玻璃电极结构与 pH 玻璃电极相似，称为刚性基质电极。若用液体膜代替固体膜，称为流动载体电极，也称液膜电极。它是将活性物质（载体）溶于有机溶剂，成为有机液体离子交换剂，由有机溶剂与水互不相溶而形成液体膜被固定在微孔中，可使用如素烧瓷片、烧结玻璃、聚乙烯等多孔材料支持液体膜，其电极结构如图8-11所示。流动载体电极用于测定血清、水、土、肥、矿物中 K^+、Ca^{2+} 和植物、食品、蔬菜中 NO_3^-。

（2）气敏电极（gas sensing electrodes）　以原电极为基础将离子电极与透气膜相结合构成的对某些气体敏感的膜电极。透气膜是疏水的，允许气体分子通过，不允许溶液中离子通过。图8-12是 NH_3 气敏电极的结构。电极顶端的透气膜可使 NH_3 通过并进入电极管内，管内插入作为指示电极的 pH 玻璃电极和外参比电极（Ag-AgCl）组成复合式电极。管内充有 0.1mol/L NH_4Cl（用 AgCl 饱和），称为中介液。实际上一个气敏电极就是一个电池。当试样中的 NH_3 通过透气膜进入中介液时，将引起中介液中离子活度的变化，可由气敏电极检测出。

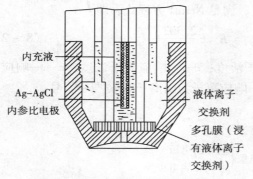

图8-11　流动载体电极的结构

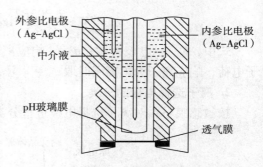

图8-12　NH_3 气敏电极

当氨气通过透气膜进入电极后，在中介液中有电离平衡：

$$NH_4^+ \rightleftharpoons NH_3 + H^+$$

其反应的平衡常数为：

$$K_b = \frac{p'_{NH_3} a_{H^+}}{a_{NH_4^+}}$$

或：

$$a_{H^+} = \frac{K_b a_{NH_4^+}}{p'_{NH_3}}$$

式中，p'_{NH_3}——为 NH_3 在中介液中的分压；$a_{NH_4^+}$——为中介液中 NH_4^+ 的活度，由于中介液中 NH_4^+ 大量存在，可视为常数。

pH 玻璃电极电位 φ_G 即为气敏电极的电位 φ_{NH_3}，根据式（8-14），则有：

$$\varphi_G = \varphi_{NH_3} = K + \frac{2.303RT}{F}\lg a_{H^+} = K' - \frac{2.303RT}{F}\lg p'_{NH_3}$$

电池的电动势：

$$E = \varphi_G - \varphi_{外} = K'' - \frac{2.303RT}{F}\lg p_{NH_3}$$

式中，P_{NH_3}——为试样中 NH_3 的分压；K''——为 K'、外参比电极电位 $\varphi_{外}$ 及平衡时透气膜内外 NH_3 压力的比例系数的代数和。

除了 NH_3 气敏电极外，还有 CO_2、NO_2、SO_2、O_2 等气敏电极。

（3）酶电极（enzyme electrodes）　将酶等具有高度选择性和识别能力的分子组装到敏感膜上制备成生物传感器，如将葡萄糖氧化酶固定在指示电极上能高度选择性识别葡萄糖分子，可对体液中的葡萄糖准确定量。

3. 离子选择电极的性能

（1）Nernst 响应线性范围　离子选择电极的电位服从能斯特方程的浓度范围称为 Nernst 响应线性范围。以电极电位对响应离子活度的负对数作图，见图 8 - 13。图中 CD 段即 Nernst 响应线性范围，通常在 $10^{-1} \sim 10^{-6}$ mol/L 之间。

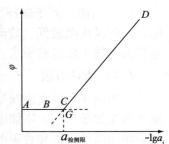

图 8 - 13　电极校正曲线

（2）检测限　是离子选择电极的主要性能指标之一，表明离子选择电极能够检测被测离子的最低浓度。当活度降低时，曲线逐渐与横轴平行，电极已无明显响应，见图 8 - 13 中 AB 段。AB 与 CD 延长线的交点 G 所对应的活度，即为检测限。

（3）选择性　离子选择电极对溶液中干扰离子也会有不同程度响应，可用选择性系数（selectivity coefficient）来量度（用 $K_{x,y}$ 表示）：

$$K_{x,y} = \frac{a_x}{(a_y)^{n_x/n_y}} \tag{8-22}$$

167

式中，x——为待测离子；y——为干扰离子；$K_{x,y}$——为引起离子选择电极的电位相同变化时被测离子的活度与干扰离子活度比。

当 y 也有响应时，总 $\varphi = K \pm \dfrac{2.303RT}{F}\lg\left[a_x + K_{xy}a_y^{n_x/n_y}\right]$　$\tag{8-23}$

式中，n_x、n_y——分别为被测离子和共存干扰离子的电荷数；a_x 和 a_y——为被测离子和共存干扰离子的活度。测定正离子时，取"＋"号，测定负离子时，取"－"号。

例如对一个 pH 玻璃电极，当 H^+ 活度为 10^{-11} mol/L 时的电极电位与活度为 1mol/L Na^+ 电极电位相当，那么选择性系数 $K_{H^+,Na^+} = 10^{-11}$，表明该电极对 H^+ 较对 Na^+ 灵敏 10^{11} 倍。因此选择系数 $K_{x,y}$ 越小，抗干扰能力越强，电极选择性越好。

选择性系数并非常数，它与试验条件有关。因此，$K_{x,y}$ 不能用于校正干扰值。

（4）响应斜率和转换系数　电极校正曲线中 CD 段直线的斜率称为响应斜率，也称级差。实验测得的斜率与理论斜率 S_t（$S_t = 2.303RT/nF$）不完全相同，此偏差常用转换系数（用符号 K_{tr} 来表示，定义为实际斜率 S' 与理论斜率的百分比。

$$K_{tr} = \frac{S'}{2.303RT/nF} \times 100\% \tag{8-24}$$

转换系数越接近100%，表示电极的性能越好，一般 K_{tr} 在90%以上可认为是合格电极。

（5）稳定性 电极在同一溶液中的电位随时间的变化称为漂移，反映电极的稳定性。性能良好的电极在 10^{-3}mol/L 溶液中 24h 电位漂移小于 2mV。电极稳定性直接影响电极的寿命。

（6）响应时间（响应速度） 指从离子选择电极和参比电极开始接触试液或由试液中离子活度改变时开始至电极电位达到稳定值（波动在 1mV 之内）所需的时间。性能良好的电极响应时间小于 1min。该值与离子活度、膜的结构、溶液组成、温度、搅拌等因素均有关系。

（7）内阻 离子选择性电极的内阻主要是膜内阻，还包括内参比电极和内充液内阻。晶体膜内阻较低，玻璃膜内阻较高，不同类型的电极数值不一，此值主要影响测量仪器对输入阻抗的要求。

（二）测量方法

利用离子选择电极测量待测离子的浓度，由于存在液接电位、不对称电位以及活度系数未知等原因，不能由能斯特方程直接计算得到待测组分的含量。以离子选择电极为指示电极，饱和甘汞电极为参比电极与待测液组成原电池，原电池可表示为：

（－）离子选择电极 | 试液 || KCl（饱和），Hg_2Cl_2（s）| Hg（＋）

原电池的电动势为：$E = \varphi_{SCE} - \varphi_{ISE}$

将式（8－21）代入上式得：

$$E = \varphi_{SCE} - \left(K' \pm \frac{2.303RT}{nF}\lg c_i\right) = K \mp \frac{2.303RT}{nF}\lg c_i \qquad (8-25)$$

注意，阳离子取"－"号，阴离子取"＋"号。

1. 两次测量法（标准对照测量法或直接比较法）

与 pH 的测定方法相似，测量时，将离子选择电极和饱和甘汞电极组成原电池，先用已知浓度 c_s 的标准溶液测定电动势 E_s，再测定待测溶液的电动势 E_x，用下式计算待测离子浓度：

$$E_x - E_s = \mp \frac{2.303RT}{nF}[\lg c_x - \lg c_s] \qquad (8-26)$$

注意，阳离子取"－"号，阴离子取"＋"号。

此法要求电极响应严格符合 Nernst 线性关系，且 $E_x - E_s$ 不能太小，否则会产生较大误差。

2. 标准曲线法

即配制一系列离子强度相同浓度不同的标准溶液，将同一离子选择电极和参比电极分别插入以上溶液构成电池，测得一系列电动势，将电动势 E 对 $\lg c$ 作图，在一定浓度范围内通常为一直线，即标准曲线。未知溶液的离子强度必须与标准溶液一致，在相同条件下测定未知液的电动势 E_x，在标准曲线上找出对应的 $\lg c_x$ 值。应用该方法可以将液接电位和不对称电位作为系统误差扣除掉，由于各个溶液的离子强度基本相同，因此活度系数也基本一致，测量时可用浓度代替活度。即使电极响应不完全服从 Nernst 关系式，也能得到较满意的结果。

3. 标准加入法

若样品溶液组成复杂，难以找到基质相同的标准溶液时，可采用标准加入法。先

测定浓度为 c_x 体积为 V_x 的样品溶液的电动势为 E_x，则：

$$E_x = K \mp \frac{2.303RT}{nF}\lg c_x$$

然后向样品溶液中加入小体积 V_s（比 V_0 小数十倍），高浓度 c_s（比 c_x 大数十倍）的标准溶液，搅拌均匀后，用同一对电极测得电动势 E_s。

$$E_s = K \mp \frac{2.303RT}{nF}\lg\left(\frac{c_xV_x + c_sV_s}{V_x + V_s}\right)$$

$$E_s - E_x = \mp \frac{2.303RT}{nF}\lg\frac{c_xV_x + c_sV_s}{(V_x + V_s)c_x}$$

令：
$$S = \mp \frac{2.303RT}{nF}$$

得：
$$\Delta E = E_s - E_x = S\lg\frac{c_xV_x + c_sV_s}{(V_x + V_s)c_x}$$

改为指数表达式：
$$10^{\Delta E/S} = \frac{c_xV_x + c_sV_s}{(V_x + V_s)c_x}$$

整理后得：

$$c_x = \frac{c_sV_s}{(V_x + V_s)10^{\Delta E/S} - V_x} \qquad (8-27)$$

由于加入的是高浓度、小体积标准溶液，使加入前后溶液的离子强度基本保持不变，因此无需配制标准溶液、绘制标准曲线，也不必调节离子强度，适用于基质复杂、变动性大的样品的测定。

（三）测量的准确性

直接电位法中相对误差的主要来源是电池电动势的测量误差。应用标准曲线法和标准加入法可以抵消大部分因不对称电位、液接电位和活度系数带来的系统误差，但测量过程中仍有温度、响应时间等因素以及偶然误差，最终表现为测得的电动势（电位）存在误差（ΔE）。ΔE 对浓度的测量误差的影响，可以由此造成的浓度相对误差，可由对式（8-25）微分导出：

$$\frac{\Delta c}{c}\% \approx 3900n\Delta E \qquad (8-28)$$

当 $\Delta E = \pm 1mV$ 时，对一价离子，浓度相对误差可达 3.9%，而对二价离子，则高达 7.8%。由此可见，采用电位分析法对高价离子的准确度较差。

三、超微电极、化学修饰电极和电化学生物传感器

电化学分析的一个重要方向是从宏观转向微观，从非生命体系转向活体，从静态转向实时动态，因而发展微型、快速、自动化程度高、对样品实现无损操作的实验技术和检测手段是重要内容，特别体现在新型电极和各类传感器的不断涌现。

（一）超微电极

超微电极（ultramicroelectrodes）是采用铂丝、碳纤维或敏感膜制作的直径在 $100\mu m$ 以下的电极。按电极的制作材料，超微电极分为超微铂、金、银、钨电极以及

超微碳纤维电极。按电极的形状，可分为超微圆盘、圆环、圆柱电极、超微球形电极以及组合式微电极。

当电极尺寸到达微米级甚至纳米级时，表现出许多优良的电化学特性，如比常规电极更能迅速建立稳态；超微电极表面上的双电层电容很低，大大提高了电极响应速度和检测灵敏度，同时还具有很小的溶液阻抗，这些因素更适用于对电化学反应过程的热力学和动力学研究。使用微电极所需样品少，大大降低有毒试剂消耗，减少环境污染，又使分析成本低。通常的超微电极半径在 $50\mu m$ 以下，甚至达到纳米级，在生物活体测量中可进入到单个细胞作无损分析，这对生命科学的研究也很有价值。如用微电极法研究脑，可定量测定脑内生物活性胺的含量，还可对单个神经细胞中多巴胺及5-羟酪胺进行活体分析，超微电极在电化学分析中的应用近些年来得到了快速的发展。

（二）化学修饰电极

利用物理和化学的方法将分子、离子或聚合物固定在电极表面，改变了原来电极的性质称为化学修饰电极（chemically modified electrode）。经修饰的电极能有选择地在电极上实现控制特定化学反应。

化学修饰电极的基底材料是碳、铂或半导体。经清洁处理后修饰分子可以共价型键合在电极表面，键合为单分子层，这样修饰的电极导电性好、性能稳定、寿命长，缺点是修饰繁琐，修饰分子的覆盖率低。若以表面吸附的方式进行修饰可以是单层的，也可以是多层的，特别是在电极上自组装成定向有序的膜结构为研究界面化学、膜生物学、主客体化学开辟了新的研究途径。另一方面电极经化学修饰后进一步提高了电极的选择性、稳定性和灵敏度，极大地开拓了电位分析的应用范围。

（三）电化学生物传感器

以电化学电极为信号转换器的生物传感器称为电化学生物传感器（electrochemical bio-sensor）。它由信号转换器和敏感元件组成，其中信号转换器主要是电化学电极和离子敏感场效应晶体管。如酶电极是一类电化学生物传感器。以微生物细菌作为信号转换器即微生物传感器，能实时分析微生物活体代谢情况，具有成本低、活性长等优点。以抗原抗体反应为基础的免疫传感器则利用了抗原与抗体之间的特异性相互作用，可将某些电活性物质标记抗原或抗体，根据反应过程中的电学参数的变化进行定性和定量分析。

第四节 电位滴定法

一、仪器装置和方法原理

电位滴定法（potentiometric titration）是根据滴定过程中电池电动势的变化来确定终点的滴定分析法。选择合适的指示电极和参比电极，电位滴定法可用于酸碱、沉淀、配位、氧化还原等各种滴定，特别在有色或浑浊体系中终点的判断比较困难或很难选择合适的指示剂时更有优势。

图8-14是电位滴定装置，在被测溶液中插入指示电极和参比电极，组成化学电

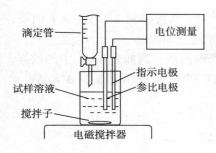

图 8 – 14　电位滴定装置

池。滴定过程中，随着滴定剂的不断加入，电池中发生化学反应，被测离子或与之有关的离子的活度不断变化，电池电动势也随之改变，由电动势的变化可以确定滴定终点，从而计算被测组分的含量。该法可用于指示剂的选择，还可用于弱酸或弱碱的离解常数、反应平衡常数等热力学常数的测定。

二、滴定终点的确定方法

在滴定过程中记录滴定液的体积和对应的电池电动势，并进行数据处理，见表 8 – 1。

表 8 – 1　典型的电位滴定部分数据

滴定剂加入量 V (ml)	电动势 E (mV)	ΔE	ΔV	$\Delta E/\Delta V$ (mV/ml)	$\overline{V}$ (ml)	$\Delta(\Delta E/(V))$	$\Delta^2 E/\Delta V^2$
10.00	168						
		34	1.00	34	10.50		
11.00	202						
		16	0.20	80	11.10		
11.20	218						
		7	0.05	140	11.225	120	2400
11.25	225						
		13	0.05	260	11.275	280	5600
11.30	238						
		27	0.05	540	11.325	−20	−400
11.35	265						
		26	0.05	520	11.375	−220	−440
11.40	291						
		15	0.05	300	11.425		
11.45	306						
		10	0.05	200	11.475		
11.50	316						

可以选择图解法或二阶微商内插法确定滴定终点。

1. $E – V$ 曲线法

以加入滴定液的体积为横坐标，以对应的电动势为纵坐标绘制 $E – V$ 曲线，见图 8 – 15a，滴定曲线的斜率最大处所对应的体积 V_e 即为滴定终点体积。$E – V$ 曲线法要求有很大滴定反应平衡常数和较高的被测物浓度，否则比较难判断终点。

2. $\Delta E/\Delta V – \overline{V}$ 曲线法

此法又称一阶微商法。为提高终点分辨率，作 $E – V$ 曲线的一阶导函数曲线，即以 $\Delta E/\Delta V$ 作纵坐标，相邻两次滴定体积的平均值 $\overline{V}$ [（$V_n + V_{n+1}$）/2] 作横坐标，绘制 $\Delta E/\Delta V – \overline{V}$ 曲线，见图 8 – 15b。曲线的最高点所对应的体积 V_e 即为滴定终点体积。

3. $\Delta^2 E/\Delta V^2 – V$ 曲线法

此法又称二阶微商法。即对 $\Delta E/\Delta V – \overline{V}$ 曲线再次以体

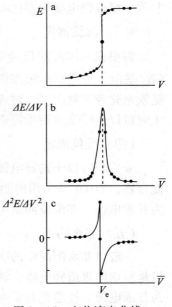

图 8 – 15　电位滴定曲线

积求导，实际上是 $E-V$ 曲线的二阶导数。以 $\Delta^2 E/\Delta V^2$ 对 V 作图得到 $\Delta^2 E/\Delta V^2 - V$ 曲线，如图 8-15c。$\Delta^2 E/\Delta V^2 = 0$ 处所对应的体积 V_e 即为滴定终点体积。

应用该法时也可用内插法确定终点，又称二阶微商内插法。例如表 8-1 中的数据，加入 11.30ml 标准溶液时，$\Delta^2 E/\Delta V^2 = 5600$，加入 11.35ml 标准溶液时，$\Delta^2 E/\Delta V^2 = -400$，按下图进行内插法计算：

设终点 $\Delta^2 E/\Delta V^2 = 0$ 时，消耗滴定剂为 x ml，有：

$$(11.35 - 11.30):(-400 - 5600) = (x - 11.30):(0 - 5600)$$

解得：$x = 11.347 \approx 11.35$（ml），终点体积为 11.35ml。

由于作图法比较繁琐，实际应用中常采用内插法来确定终点，因为仅需要准确测定终点附近的几组数据，方法简便。

三、各种类型的电位滴定

不同类型的滴定都可以采用电位滴定，关键是指示电极的选择。

（一）酸碱滴定

酸碱滴定时选用 pH 玻璃电极为指示电极，饱和甘汞电极为参比电极。用电位滴定法时，只要突跃范围有 0.2pH 以上，就能确定终点，因而它在弱酸弱碱、多元酸（碱）及混合酸（碱）的滴定中很有意义。

（二）氧化还原滴定

氧化还原滴定都可以用电位滴定来完成。一般以惰性金属 Pt 等为指示电极，饱和甘汞电极或钨电极为参比电极。铂电极表面应洁净，如有污垢可用热硝酸清洗。

（三）沉淀滴定

需根据不同沉淀反应选用不同的指示电极。如 $AgNO_3$ 滴定 Cl^-、Br^-、I^-、S^{2-}、CN^- 等时，可用银电极作指示电极；用 $Fe(CN)_6^{4-}$ 滴定 Zn^{2+}、Cd^{2+} 等时，生成相应的亚铁氰化钾复盐沉淀，可选用 Pt 电极。当滴定剂与几种离子形成的沉淀溶度积相差很大时可以连续滴定而无需事先分离。

（四）配位滴定

采用相应离子选择电极作指示电极，因 EDTA 能与大多数金属离子形成 M - EDTA 配合物，EDTA 是常用的滴定剂，可用 Hg∣Hg - EDTA 电极作指示电极，参比电极常为甘汞电极。在配位滴定中，要注意溶液的 pH、温度、干扰离子的掩蔽等滴定因素。

（五）非水滴定

一般以非水溶液中的酸碱滴定应用电位滴定法最多。滴定酸性物质常用的指示电极是玻璃电极或锑电极，滴定碱性物质的指示电极为玻璃电极或氯醌电极，参比电极为甘汞电极，注意此甘汞电极中的内参比液应为饱和 KCl 的无水乙醇液。

第五节 永停滴定法

一、永停滴定法的基本原理

永停滴定法（dead – stop titration）又称双安培滴定法（double amperometric titration）。它是在电解池内插入两个相同的 Pt 电极，在两电极间外加一很小直流电压（通常为几十毫伏），根据滴定过程中通过两个电极的电流变化确定滴定终点，该法属于电流滴定法。

永停滴定法的装置如图 8 – 16，图中 E 和 E′为两个 Pt 电极，G 为检流计。在电磁搅拌下，滴加滴定剂，观察滴定过程中电流的变化来确定滴定终点。

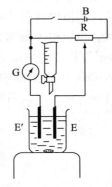

氧化还原电对有两种：可逆电对和不可逆电对。对可逆电对外加一小电压即能发生电解，能瞬时建立起氧化还原平衡，且外加电压与 Nernst 方程式相符。如 Fe^{3+}/Fe^{2+}、Ce^{4+}/Ce^{3+}、I_2/I^- 等电对，滴定过程中电流的大小由浓度小的氧化型或还原型的浓度（活度）来决定。不可逆电对则相反，外加电压若小于或等于 Nernst 方程的理论值不能发生电解，如 MnO_4^-/Mn^{2+}、$Cr_2O_7^{2-}/Cr^{3+}$、$S_4O_6^{2-}/S_2O_3^{2-}$ 等电对。

图 8 – 16 永停滴定装置

根据参加反应的电对的性质，有以下几种情况：

1. 滴定剂为不可逆电对，待测样为可逆电对

以硫代硫酸钠溶液滴定碘液为例，将 I_2 – KI 溶液置于一烧杯中，插入两个相同的 Pt 电极，组成一电池，由于两电极的电位值相等，电极间无电位差，$E = 0$。若在两电极间外加一小电压（10 ~ 15mV），则接电源正极的铂电极将发生氧化反应，I^- 失电子：

$$2I^- \Longleftrightarrow I_2 + 2e$$

接电源负极的铂电极将发生还原反应，I_2 得电子：

$$I_2 + 2e \Longleftrightarrow 2I^-$$

由于溶液中离子迁移和电极上进行氧化还原反应，因而有电流通过，产生电解。

当加入 $Na_2S_2O_3$ 标准溶液后，发生下列反应：

$$2\,S_2O_3^{2-} + I_2 \rightarrow S_4O_6^{2-} + 2I^-$$

随着 $Na_2S_2O_3$ 的加入，可逆电对 I_2/I^- 减少，电流减小，当达到化学计量点时，溶液中无可逆电对，电流趋于零，化学计量点之后，因 $Na_2S_2O_3$ 过量，溶液中的电对为 $S_4O_6^{2-}/S_2O_3^{2-}$，为不可逆电极：

阳极发生反应： $\qquad 2\,S_2O_3^{2-} - 2e \rightarrow S_4O_6^{2-}$

阴极不发生反应： $\qquad S_4O_6^{2-} + 2e \neq 2\,S_2O_3^{2-}$

外加小电压时不发生电解，无电流。以加入滴定剂体积为横坐标，电流为纵坐标作图，曲线如图 8 – 17a 所示。

2. 滴定剂为可逆电对，待测物为不可逆电对

即以 I_2 滴定 $Na_2S_2O_3$，化学反应式为

$$I_2 + 2\,S_2O_3^{2-} \rightleftharpoons 2I^- + S_4O_6^{2-}$$

化学计量点前溶液中只有不可逆电对 $S_4O_6^{2-}/S_2O_3^{2-}$ 存在，几乎没有可逆电对 I_2/I^- 存在，因此无电流产生。当到达化学计量点，若 I_2 稍过量溶液中就有了可逆电对 I_2/I^-，电极上产生电解反应，有电流通过，并且随着过量碘的加入可逆电对浓度增大，电流会不断增大。滴定的曲线如图 8-17b 所示。

3. 可逆电对滴定可逆电对

如 Ce^{4+} 标准溶液滴定 Fe^{2+} 液，反应如下：

$$Ce^{4+} + Fe^{2+} \rightleftharpoons Ce^{3+} + Fe^{3+}$$

滴定前，溶液中无电流通过，滴定开始后，随着 Ce^{4+} 的加入，一部分 Fe^{2+} 氧化成 Fe^{3+}，溶液中就有了可逆电对 Fe^{3+}/Fe^{2+}，即有电流通过，电对 Fe^{3+}/Fe^{2+} 的浓度不断增大，电流也不断增大，当 Fe^{3+} 浓度与 Fe^{2+} 相等时，电流最大；当继续加 Ce^{4+} 液，电对 Fe^{3+}/Fe^{2+} 的浓度下降，电流也逐渐减小，到化学计量点时电流降至最低点，再继续加入 Ce^{4+} 后，溶液中的可逆电对是 Ce^{4+}/Ce^{3+}，电流又开始增大，电流变化曲线见图 8-17c，注意电流由降至升的转折点是滴定终点。

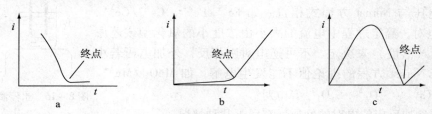

图 8-17 永停滴定的三种电流变化曲线

a. $Na_2S_2O_3$ 滴定 I_2；b. I_2 滴定 $Na_2S_2O_3$；c. Ce^{4+} 滴定 Fe^{2+}

174

二、永停滴定法的应用

永停滴定法简便易行，准确灵敏，一些不稳定的滴定剂无需制成标准液而由电解产生。

1. 芳伯胺类药物含量的测定

芳伯胺类药物一般用亚硝酸钠滴定法测定含量，当用标准溶液 $NaNO_2$ 滴定某芳伯胺，发生如下反应：

$$R-\!\!\!\!\!-\!\!\!\!\!-NH_2 + NaNO_2 + 2HCl \rightleftharpoons [R-\!\!\!\!\!-\!\!\!\!\!-N\equiv N]Cl^- + 2H_2O + NaCl$$

终点前溶液中不存在可逆电对，无电流产生，电流计指针停止在零位，达到终点并稍有过量的 $NaNO_2$，则溶液中便有 HNO_2/NO 可逆电对存在，两电极上反应：

阳极：$\qquad\qquad\qquad NO + H_2O \rightarrow HNO_2 + H^+ + e$

阴极：$\qquad\qquad\qquad HNO_2 + H^+ + e \rightarrow NO + H_2O$

电路中有电流通过，检流计指针突然偏转不再回零。

2. 卡尔·费休（Karl Fisher）法测定水

卡尔·费休试剂由吡啶、碘、二氧化硫和甲醇组成，因为 I_2 氧化 SO_2 需要定量的水，将卡尔·费休试剂加入到样品中，如样品中含水，将发生氧化还原反应（见第六章），终点前溶液中不存在可逆电对，无电流。终点时 I_2 稍过量，有可逆电对 I_2/I^- 存在，电极反应为：

阳极：　　　　　　　　　　$2I^- \rightarrow I_2 + 2e$

阴极：　　　　　　　　　　$I_2 + 2e \rightarrow 2I^-$

利用上述反应可定量测定样品中的水分。试剂中的吡啶中和反应生成的酸，使反应向右进行，加入的甲醇可防止副反应发生。

习   题

1. 何谓指示电极和参比电极？指示电极有哪些类型？试说明它们的组成、电极反应和电极电位。

2. 简述玻璃电极的基本构造和作用原理。玻璃电极在使用和保养上有何注意点？

3. 直接电位法的依据是什么？为什么用此法测定溶液 pH 时，必须使用标准 pH 缓冲溶液？

4. 一般的玻璃电极 pH 适用范围是多少？什么是碱差和酸差？

5. 名词解释：相界电位、液接电位、不对称电位、转换系数、选择性系数、Nernst 响应线性范围、可逆电对、不可逆电对。

6. 电位滴定法有哪几种确定终点的方法？分别是如何确定终点的？

7. 永停滴定法中，如何判断终点的到达？

8. 计算下列电极的电极电位（25℃），若用它们与饱和甘汞电极组成原电池，它们各应为何极？

（1）$Ag \mid Ag^+$ （0.00100mol/L）

（2）$Ag \mid AgBr(s) \mid Br^-$ （0.100mol/L）

（3）$Pt \mid Fe^{3+}$ （0.0100mol/L），Fe^{2+} （0.00100mol/L）

　　　　　　　　　　　　　[0.623 V，正极；0.133V，负极；0.830V，正极]

9. 计算并指明下列电池两个电极的正负。（已知 $\varphi^{\ominus}_{VO_2^+/VO^{2+}} = 1.00V$）

$Pt \mid VO_2^+$ （0.00100mol/L），VO^{2+} （0.0100mol/L），H^+ （0.100mol/L）$\parallel$

Fe^{3+} （0.0200mol/L），Fe^{2+} （0.00200mol/L），H^+ （0.100mol/L）$\mid Pt$

　　　　　　　　　　　　　[0.823V，0.830V，Fe^{3+}/Fe^{2+} 为正极]

10. 已知 $\varphi^{\ominus}_{Ag^+/Ag} = 0.7995V$，　$\varphi^{\ominus}_{AgCl/Ag} = 0.2223V$，由标准电极电位值计算在 25℃时 AgCl 的溶度积常数。

　　　　　　　　　　　　　　　　　　　　　　　　　　　　　　$[1.65 \times 10^{-10}]$

11.（1）已知 CuBr 的溶度积常数为 5.90×10^{-9}，计算反应 $CuBr + e \rightleftharpoons Cu + Br^-$ 的标准电极电位（25℃）；（2）写出一电池符号，其中有饱和甘汞电极（SCE）和铜指示电极，可用作测定 Br^- 的第二类电极；（3）写出上述电极的电动势与 pBr 的关系式（假定液接电位忽略不计）；（4）测得（2）中电池的电动势为 0.076V，计算与铜电极相接触溶液的 pBr 值。（已知 $\varphi^{\ominus}_{Cu^+/Cu} = 0.521V$，$\varphi_{SCE} = 0.2443V$）

$$[0.0355V；pBr=2.25]$$

12. 测得下列电池电动势为 0.972V（25℃）：

Cd｜CdX$_2$（s）｜X$^-$（0.0200mol/L）‖SCE

已知 $\varphi^{\ominus}_{Cd^{2+}/Cd}$ = -0.403V，忽略液接电位，计算 CdX$_2$ 的 K_{sp}。

$$[3.95\times10^{-15}]$$

13. 25℃时，下列电池电动势为 0.518V（忽略液接电位）：

Pt｜H$_2$（101325Pa），HA（0.0100mol/L），A$^-$（0.0100mol/L）SCE，计算弱酸 HA 的 K_a 值。

$$[2.30\times10^{-5}]$$

14. 用玻璃电极测定 pH 为 6.86 的磷酸盐溶液，其电池电动势为 -60.5mV；测定样品溶液时，电池电动势为 16.5mV。该电极的响应斜率为 59.0mV/pH，计算样品溶液的 pH。

$$[8.17]$$

15. 用离子选择电极测定海水中的 Ca^{2+}，由于大量 Mg^{2+} 离子存在，会引起测量误差。若海水中含有的 Mg^{2+} 为百万分之 1150，含有的 Ca^{2+} 为百万分之 450，钙离子选择电极对镁离子的电位选择性系数为 1.4×10^{-2}。计算用电位法测定海水中 Ca^{2+} 浓度，由于 Mg^{2+} 的存在，其方法的误差为多大？

$$[5.90\%]$$

16. 测定某样品溶液中的钾离子含量，取该试液 50.0ml，用钾离子选择电极测得电位值为 -104mV，添加 0.1000mol/L KCl 标准溶液 0.5ml，测得电位值为 -70mV。测量得到钾电极的响应斜率为 53.0mV，试计算样品中钾离子的浓度。

$$[2.92\times10^{-4}mol/L]$$

17. 为测定下列吡啶与水之间的质子转移反应的平衡常数

$$C_5H_5N + H_2O \rightleftharpoons C_5H_5NH^+ + OH^-$$

安装以下电池：

Pt，H$_2$（0.200atm）｜C$_5$H$_5$N（0.189mol/L）　C$_5$H$_5$NH$^+$（0.0536mol/L）‖Hg$_2$Cl$_2$（饱和）　KCl（饱和）｜Hg

若 25℃时，电池的电动势为 0.563V，上述反应的平衡常数是多少？

$$[1.60\times10^{-9}]$$

18. 以 0.1052mol/L NaOH 标准溶液滴定 25.00ml HCl 溶液，用玻璃电极作指示电极，饱和甘汞电极为参比电极，测得以下数据：

V_{NaOH}/ml	0.55	24.50	25.50	25.60	25.70	25.80	25.90	26.00
pH	1.70	3.00	3.37	3.41	3.45	3.50	3.75	7.50
V_{NaOH}/ml	26.10	26.20	26.30	26.40	26.50	27.00	27.50	
pH	10.20	10.35	10.45	10.52	10.56	10.74	10.92	

问：（1）用两次微商法确定滴定终点所需 NaOH 标准溶液的体积；
　　（2）计算 HCl 溶液的浓度。

[26.03ml；0.1095mol/L]

（胡　新）

第九章 CHAPTER

光谱分析法概论

根据物质发射的电磁辐射（electromagnetic radiation）或物质与电磁辐射的相互作用而建立起来的仪器分析方法，统称为光学分析法（optical analysis）。光学分析法包括三个主要过程：①能源提供能量；②被测物质与电磁辐射相互作用；③产生检测讯号。光学分析法是仪器分析的重要分支，种类很多，有许多不同的分析方法，应用范围非常广。原子发射光谱法或原子吸收光谱法常用于痕量金属的测定；紫外－可见吸收光谱法和荧光光谱法可用于无机物和有机物的测定；拉曼光谱法、红外吸收光谱法、核磁共振波谱法可测定纯化合物的性质和结构；旋光和圆二色光谱法可研究化合物的立体化学。近年来，随着光学、电子学、数学和计算机技术的发展，基于电磁辐射与物质的相互作用而建立的分析方法越来越多地应用于物理、化学和生命科学等各个领域。光学分析法是化学、化工、医药、生命科学、环保、食品、法医等诸多科研和生产领域中不可缺少的工具。以下将对电磁辐射的基本性质、光学分析法的分类以及常用的仪器部件和光谱分析法的进展进行简单介绍。

178

第一节 电磁辐射及其与物质的相互作用

一、电磁辐射和电磁波谱

（一）电磁辐射的特性

光是一种电磁辐射（也称电磁波），是以巨大的速度通过空间，而不需要任何物质作为传播媒介的光量子流。光同时具有波动性和微粒性，即波粒二象性。

1. 波动性

光波由互相垂直的、振荡的电场和磁场组成。简单说来，在三维空间中，若认为电场位于 xy 平面，则磁场位于 xz 平面（图 9－1）。光的波动性可以用波长 λ，频率 ν 和波数 σ 三个特征值作为表征。λ 是在光波的传播路径上具有相同振动相位的相邻两点之间的线性距离，可用光波上相邻两峰之间的距离表示，通常用 nm 作为单位（图 9－2）。ν 是每秒光波振动次数，单位为 Hz。σ 是每厘米长度中光波的数目，其国际单位为 m^{-1}，但文献中常用的单位为 cm^{-1}。

频率与波长的关系：

$$c = \lambda \cdot \nu \qquad\qquad (9-1)$$

式中，c——光子在真空中的速度，即光速。其值为：$2.997925 \times 10^8 \mathrm{m \cdot s^{-1}}$；$\lambda$——波长（nm）；$\nu$——频率（Hz）。

所有的电磁辐射在真空中的传播速度均相同。在其他介质中，由于电磁辐射与介质分子的相互作用，光速变为 c/n，其中 n 为介质的折光率。

波数与波长的关系：$\sigma = 1/\lambda$ $\qquad\qquad (9-2)$

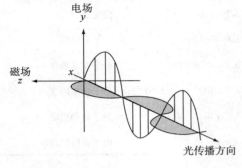

图 9 - 1　光波示意图　　　　图 9 - 2　波长示意图

2. 微粒性

从量子力学的观点看，光由一个个的光子组成。每个光子具有一定的能量，可以用 E 表示。

$$E = h\nu = hc/\lambda \qquad\qquad (9-3)$$

式中，E——能量，电子伏特（eV）或焦耳（J）；h——普朗克常数，其值为 $6.6262 \times 10^{-34} \mathrm{J \cdot s}$；$\nu$——频率（Hz）；$\lambda$——波长（m）。

由式（9-3）可以看出，频率越低，波长越短，能量越低。

例 9 - 1　计算波长为 400nm 的一个光子的能量。

$$E = hc/\lambda = \frac{6.6262 \times 10^{-34} \times 2.9979 \times 10^8}{400 \times 10^{-9}} = 4.97 \times 10^{-19} \ (\mathrm{J})$$

（二）电磁波谱

从 γ 射线一直到无线电波都是电磁辐射，我们肉眼可见的光以及可见光内部的各种色光，都是电磁辐射的一部分。它们在性质上是完全相同的，区别仅在于波长或频率不同，即光子具有的能量不同。若把电磁辐射按照波长顺序排列起来，可得到电磁波谱（electromagnetic spectrum）。表 9 - 1 表示电磁波谱的分区、能量范围及其引起化合物能级跃迁的类型。

二、电磁辐射与物质的相互作用

电磁辐射与物质的相互作用是普遍发生的复杂的物理现象。其中有的涉及物质内能的变化，比如产生荧光、磷光和拉曼散射等现象，也有的不涉及物质内能的变化，例如透射、折射、非拉曼散射、衍射和旋光等现象。

179

表 9-1 电磁波谱分区示意表

电磁波	波长范围	频率（Hz）	光子能量（eV）	量子跃迁类型
γ 射线	<0.005nm	>6.0×10¹⁹	>2.5×10⁵	核能级
X 射线	0.005~10nm	6.0×10¹⁹~3.0×10¹⁶	2.5×10⁵~1.2×10²	内层电子
真空紫外区	10~200nm	3.0×10¹⁶~1.5×10¹⁵	1.2×10²~6.2	价电子
近紫外光区	200~400nm	1.5×10¹⁵~7.5×10¹⁴	6.2~3.1	价电子
可见光区	400~800nm	7.5×10¹⁴~3.8×10¹⁴	3.1~1.6	价电子
近红外光区	0.8~2.5μm	3.8×10¹⁴~1.2×10¹⁴	1.6~0.50	分子振动能
中红外光区	2.5~25μm	1.2×10¹⁴~6.0×10¹²	0.50~2.5×10⁻²	分子振动能级
远红外光区	25~1000μm	6.0×10¹²~3.0×10¹¹	2.5×10⁻²~1.2×10⁻³	分子转动能级
微波区	1~300mm	3.0×10¹¹~1.0×10⁹	1.2×10⁻³~4.1×10⁻⁶	分子转动能级
无线电波区	>300mm	<1.0×10⁹	<4.1×10⁻⁶	电子和核的自旋

（一）电磁辐射与物质的相互作用

当电磁辐射透过固体、液体或气体等透明介质时，电磁辐射的交变电场会导致分子（或原子）的外层电子相对于其核的振荡，可造成这些分子（或原子）周期性的极化。如果入射电磁辐射的能量与分子（或原子）基态及激发态之间的能量差不同，则电磁辐射不被吸收，分子（或原子）极化所需的能量仅被介质分子（或原子）瞬间保留，然后再被发射，从而产生光的透射、非拉曼散射、反射、折射等物理现象。

如果入射的电磁辐射能量正好与分子（或原子）基态与激发态之间的能量差相等，分子（或原子）就会选择性地吸收这部分辐射能量，从基态跃迁到激发态（激发态的寿命很短，约 10^{-8}s）。跃迁至激发态的分子（或原子）对吸收的能量有不同的处理方式，通常以热的形式释放出能量，回到基态；某些情况下也可发生化学变化（光化学反应）；或以磷光的形式发射出所吸收的能量并回到基态。

（二）常用的电磁辐射与物质作用的术语

（1）吸收 原子、分子或离子吸收光子的能量后从基态跃迁到激发态的过程。

（2）发射 物质从激发态跃迁回至基态，并以光的形式释放出能量的过程。

（3）散射 光通过介质时会发生散射。散射中多数是光子与介质分子之间发生弹性碰撞所致，碰撞时没有能量交换，光频率不变，但光子的运动方向会发生改变。

（4）拉曼散射 光子与介质分子之间发生非弹性碰撞，碰撞时光子改变了运动方向并且伴有能量的交换，光频率发生变化。

（5）反射和折射 当光从介质1照射到介质2的界面时，一部分光在界面上改变方向返回介质1，称为光的反射；另一部分则改变方向，以一定的折射角度进入介质2，此现象称为光的折射。

（6）干涉和衍射 在一定条件下光波会相互作用，当其叠加时，将产生一个其强度视各波的相位而定的加强或减弱的合成波，称为干涉。当两个波长的相位差180°时，发生最大相消干涉。当两个波同相位时，则发生最大相长干涉。当光波绕过障碍物或通过狭缝时，以约180°的角度向外辐射，波前进的方向发生弯曲，此现象称为衍射。

第二节　光学分析法的分类

光学分析法是利用电磁辐射与物质相互作用时发生的一系列变化对物质性质、结构、含量进行分析的方法。由于各区段电磁辐射的能量不同，与物质相互作用遵循的机制不同，所产生的物理现象亦不同，由此建立各种不同的光学分析方法，见表9-2。

表9-2　常用的光学分析方法

辐射机制	分析方法
发射	发射光谱法（X-射线、紫外、可见），火焰光度法，荧光光谱法（X-射线、紫外、可见），分子荧光光谱法，磷光光谱法，放射化学法
吸收	分光光度法（γ-射线、X-射线、紫外、可见、红外），比色法，原子吸收光谱法，核磁共振波谱法，电子自旋共振波谱法
散射	比浊法、拉曼光谱法、散射浊度法
折射	折射法、干涉法、激光热投射镜光谱法、激光热偏转光谱法
衍射	X-射线衍射法、电子衍射法
旋转	偏振法、旋光色散法、圆二色谱法

根据电磁辐射与物质相互作用性质的不同，以上光学分析法通常又可分为光谱法和非光谱法。

（1）光谱法　当物质与电磁辐射发生相互作用时，物质分子、原子的内部发生量子化的能级跃迁。记录在此能级跃迁中所产生的发射、吸收或散射的波长和强度的变化而得的图谱，称为光谱。利用物质光谱进行定性、定量和结构分析的方法称为光谱分析法（简称光谱法）。常见的光谱法有紫外-可见光光谱法、红外光光谱法、分子荧光光谱法和分子磷光光谱法等。

（2）非光谱法　是指那些不涉及物质内部能级的跃迁，仅通过测量电磁辐射照射物质时所发生的传播方向、速度、偏振性或物理性质（如反射、干涉等）改变的分析方法。这类方法主要有折射法、偏振法、旋光法、浊度法、X-射线衍射法等。

光谱法按照研究对象可分为原子光谱法（atomic spectroscopy）与分子光谱法（molecular spectroscopy），按照物质能级跃迁的方向可分为发射光谱法（emission spectroscopy）与吸收光谱法（absorption spectroscopy）。

一、原子光谱法和分子光谱法

（一）原子光谱法

原子光谱：当物质中原子受外界能量激发时其最外层电子由基态跃迁至激发态。由于每种原子的结构和外层电子排布不同，对不同元素的原子只能激发到它特定的激发态，所以每种原子所能吸收的辐射的能量不同，即被吸收的光的波长不同。电子从基态跃迁至第一激发态所产生的吸收谱线称为共振吸收线。当电子由第一激发态跃迁回基态时，发射出同样波长的光，对应的谱线为共振发射线。原子光谱便是由一条条明锐且彼此分立的谱线组成的线状光谱，每条谱线对应于一定的波长，这种线状光谱反映了原子或离子的性质，但与原子或离子来源的分子状态无关，所以原子光谱可以确定物质的元素组成和含量。

原子光谱法是以测量气态原子或离子外层电子能级跃迁所产生的原子光谱为基础的成分分析方法。这种分析方法有原子发射光谱法、原子吸收光谱法、原子荧光光谱法以及 X 射线荧光光谱法等。

（二）分子光谱法

分子光谱与原子光谱相比要复杂得多，因为分子中电子和原子都处于运动状态中。分子内部的运动有三种形式，除了分子中价电子在围绕着分子轨道高速旋转之外，还有原子在平衡位置附近的振动和分子绕着其重心的转动。这样的运动方式决定了一个分子的能量也包括三部分，即分子的电子能级的能量、分子振动能级的能量和整个分子转动能级的能量。

能量对应着一定的能级，不同的能级之间是量子化的。当分子吸收了一定能量的电磁辐射时，分子就由较低的能级 E_0 跃迁到较高的能级 E'。分子所吸收的能量对应于分子的这两个能级差。其中电子能级间的能量差 ΔE_e 一般为 $1 \sim 20eV$，相当于紫外、可见及部分近红外光的能量；振动能级间的能量差 ΔE_v 一般在 $0.05 \sim 1eV$，比电子能级低 10 倍左右，相当于红外光的能量；转动能级间的能量差 ΔE_r 一般为 $0.005 \sim 0.05eV$，比振动能级差要小 $10 \sim 100$ 倍之多，相当于远红外光至微波的能量。在同一电子能级上还有许多能量差较小的振动能级，以及能量差更小的转动能级。

当物质与电磁辐射作用时，若能量符合条件，几种分子能级的跃迁可以同时发生。比如用紫外光照射时，不仅可以发生电子能级的跃迁，同时还可以有各振动能级和转动能级的跃迁。又如用适当波长的红外光照射时，由于物质吸收的辐射能较小，不能发生电子能级跃迁，但可以对应一定振动能级和转动能级的跃迁。只有用适当波长的远红外光或微波照射分子时才可能得到纯粹的转动光谱，但无法获得纯粹的振动光谱和电子光谱。

由于物质吸收辐射后能级跃迁有上述特征，当用紫外可见光照射，电子能级跃迁的同时，又有许多不同振动能级的跃迁和转动能级的跃迁（图 9-3）。在一对电子能级间发生跃迁时，会得到很多光谱带，这些光谱带对应于同一个 E_e（电子能级）值，但是它包含有许多不同的 E_v（振动能级）和 E_r（转动能级）值。所以电子的光谱实际上是不同的电子振动－转动光谱，是复杂的带状光谱。而对于一种分子，可以观察到相当于许多不同对电子能级跃迁的多个光谱带系。如四氮杂苯的紫外吸收光谱中，蒸气光谱有明显的振动和转动精细结构，非极性溶剂环己烷中为振动（含转动）效应的谱带，强极性溶剂水中精细结构完全消失，呈现宽的谱带包埋（图9-4）。

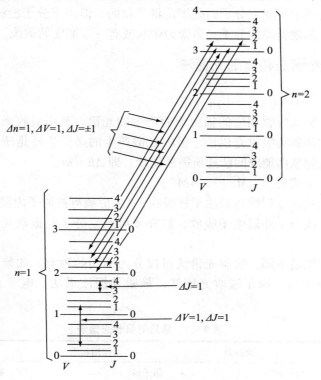

图9-3 分子能级跃迁示意图

n. 主量子数；V. 振动量子数；J. 转动量子数；$\Delta E_{分子} = \Delta E_{电子} + \Delta E_{振} + \Delta E_{转}$

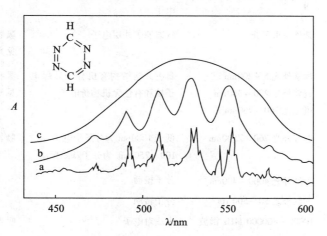

图9-4 四氮杂苯的吸收光谱

a. 四氮杂苯蒸气；b. 四氮杂苯溶于环己烷；c. 四氮杂苯溶于水

分子光谱法是以测量分子转动能级、分子中原子的振动能级（包括分子转动能级）和分子电子能级（包括振－转能级）而产生的分子光谱为基础的定性、定量和物质结构分析方法。分子光谱的能级跃迁包括吸收外来辐射和把吸收的能量以光发射形式放出而回到基态的两个过程。分子的能级是量子化的，但由于分子能级的精细结构关系，除转动光谱外，其他类型的分子光谱皆为带状或有一定宽度的谱线。

二、吸收光谱法和发射光谱法

(一) 吸收光谱法

吸收光谱是物质吸收相应的辐射能而产生的光谱。利用吸收光谱进行定性、定量及结构分析的方法称为吸收光谱法。吸收光谱产生的必要条件是所提供的辐射能量恰好满足与该吸收物质两能级间跃迁所需的能量，即 $\Delta E = h\nu$。

此过程可用下式表示：$M + h\nu \rightarrow M^*$。

具有较大能量的 γ 射线可被原子核吸收，X－射线可被原子内层电子吸收，紫外和可见光可被原子或分子外层电子吸收，红外光可产生分子的振动光谱，微波和射频可产生转动光谱。

根据吸收的能量不同，吸收光谱法可以分为不同的种类。如紫外－可见吸收光谱法，红外吸收光谱法，原子吸收光谱法，核磁共振波谱法，电子自旋共振波谱法等（表9－3）。

表9－3 常见的吸收光谱法

方法名称	辐射源	作用物质	检测信号
莫斯鲍尔（γ－射线）光谱	γ－射线	原子核	吸收后的 γ－射线
X－射线吸收光谱	X－射线放射性同位素	$Z > 10$ 的重金属原子的内层电子	吸收后透过的 X－射线
原子吸收光谱	紫外－可见光	气态原子外层电子	吸收后透过的紫外－可见光
紫外－可见吸收光谱	远紫外光 5~200nm 近紫外光 200~360nm 可见光 360~760nm	具有共轭结构有机分子外层电子核和有色无机物价电子	吸收后透过的紫外－可见光
红外吸收光谱	近红外光 760~2500nm 中红外光 4000~400cm^{-1} 远红外光 50~500μm	低于1000nm 为分子价电子 100~2500nm 为分子基团振动 分子振动 分子转动	吸收后透过的红外光
电子自旋共振波谱	10000~800000 MHz 微波	未成对电子	吸收
核磁共振波谱	60~900 MHz 射频	原子核磁量子	共振吸收

(二) 发射光谱法

发射光谱是指物质受到激发后产生的光谱。当物质的原子、离子或分子受到外界辐射能、热能、电能或化学能的激发时，跃迁至激发态，再由激发态回到基态或较低能态时可以产生此种光谱。此过程可表示为 $M^* \rightarrow M + hv$。利用发射光谱进行定性、定量和结构分析的方法称发射光谱法。据发射的谱线、能量和激发方法不同，激发光谱可以分为不同的种类，如原子发射光谱法、分子荧光光谱法、X – 射线荧光光谱法和化学发光分析法等。

物质发射的光谱有三种：线状光谱、带状光谱和连续光谱。气态或高温下物质在离解为原子或离子时被激发后而发射的光谱为线状光谱；分子被激发后而发射的光谱产生带状光谱；炽热的固体或液体所发射的光谱为连续光谱。

1. 原子发射光谱法

气态金属原子与高能量粒子碰撞受到激发，外层电子由基态跃迁至激发态。处于激发态的电子稳定性很差，在极短时间内便会返回到基态或其他较低的能级，同时特定元素的原子可发射出一系列不同波长的特征光谱线。这些谱线反映了特定元素的性质，可用来识别元素，并且通过测量谱线的活度可对元素进行定量，这就是原子发射光谱法。

2. 原子荧光光谱法

气态金属原子和物质分子受电磁辐射激发后，以发射荧光或磷光的形式释放能量返回基态。测量由原子发射的荧光、分子发射的荧光或磷光强度和波长建立的方法分别称为原子荧光光谱法、分子荧光光谱法和分子磷光光谱法。这三种方法与原子发射光谱法的不同之处是以辐射能作为激发源然后再以辐射跃迁形式返回基态。

第三节 光谱分析仪器

分光光度计是探测物质与电磁辐射相互作用时吸收或发射的电磁辐射强度和波长关系的仪器。这一类仪器都有三个最基本的组成部分：辐射源、单色器、检测器。

185

一、辐射源

辐射源的作用是提供与物质发生相互作用的电磁辐射。如紫外 – 可见分光光度计中的氢灯或氘灯，原子吸收光谱法中对应于特征谱线的各种空心阴极灯。

辐射源必须满足的首要条件是有足够的输出功率和稳定性。输出功率必须达到一定的强度才能使分析成为可能。另外，光学分析仪器一般都配有良好的稳压或稳流装置以提供稳定的电源电压，保证光强稳定不变。只有在满足此条件的基础上才能进行测定。

在光学分析中，连续光源和线光源均有应用。一般来说，连续光源要求在比较宽的光谱区域内发出的连续光谱强度足够，分布均匀，在一定时间内保持稳定，分子吸收光谱就多采用连续光源。原子吸收光谱常采用线光源。发射光谱采用电弧、火花、等离子体光源。

二、分光系统

可将复合光分解成单色光或者有一定波长范围的谱带的部件称为分光系统。常用分光系统为滤光片和单色器。滤光片能分离出一个波长带（带通滤光器）或只能保证消除给定波长以上或以下的所有辐射（截止滤光器）。需要较高纯度的辐射束时，必须使用单色器。单色器是将连续光分解为单色光的元件（如棱镜、光栅），通常由入射狭缝、准直镜和色散元件组成。单色器不仅可以产生谱带宽度很窄的单色光，而且单色光的波长可以在一个很宽的范围内任意改变。单色器放置的位置根据分光光度法测定的原理有所不同，比如紫外－可见分光光度计中单色器置于辐射源后，目的是提供单色光到达样品池供样品吸收；而原子吸收分光光度计中的分光系统置于原子化系统之后，目的将待测元素与邻近的谱线分开，便于测定。

（1）棱镜 棱镜对不同波长的光有不同的折射率，因此可将混合光中所包含的各个波长从长波到短波依次分散成一个连续光谱（图9－5）。棱镜分光得到的光谱按波长排列，但是疏密不均，如长波长区密，短波长区疏，即光距与各条波长之间的关系是非线性的。制造棱镜的材料主要有石英和玻璃两种，玻璃棱镜比石英棱镜色散率大，但玻璃吸收紫外光，故只可用于可见光区，而石英棱镜可用于紫外光区及可见光区。

（2）光栅 是一种在高度抛光的表面上刻有许多等宽度、等距离的平行条痕狭缝的色散元件（图9－5）。利用复色光通过条痕狭缝反射后，产生衍射和干涉作用，使不同波长的光因具有不同的投射方向而起到色散作用。光栅色散后的光谱从短波长到长波长各谱线距离相等，是均匀分布的连续光谱，这与棱镜相比是一个优点。光栅光谱是多级的（包括一、二、三级等谱线），多级光谱均匀地分布在零级光谱两边，但这时出现光谱线的重叠，例如波长为600nm的一级光谱，将与波长300nm的二级光谱和波长200nm的三级光谱相互重叠，这样就产生了干扰。在实际应用时应当设法消除各级光谱之间的部分重叠现象。光栅的另一优点是波长范围比棱镜宽，且色散近乎线性。光栅可以分为平面透射光栅和反射光栅。其中反射光栅又可分为平面反射光栅和凹面反射光栅。实用的光栅是一种称为闪耀光栅的反射光栅，其刻痕是有一定角度的斜面，刻痕的间距称为光栅常数，间距越小色散率越大，但不能小于辐射的波长。这种闪耀光栅，可使特定波长的有效光强度集中于一级衍射光谱上。

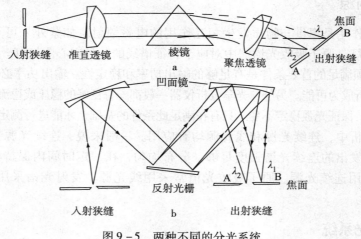

图9－5 两种不同的分光系统

a. 棱镜；b. 光栅

（3）干涉仪 图9－6为迈克尔逊干涉仪的光学示意图。定镜M_1与动镜M_2互相垂直，定镜 M_1 固定不动，动镜 M_2 可沿图示方向平行移动。在与 M_1 及 M_2 呈 45°角处的位置上放有半透膜 BS 光束分裂器（由半导体锗和 KBr 单晶组成），BS 可使入射光一半透过，一半被反射。辐射源发出的红外光进入干涉仪后，被 BS 光束分裂器分裂成两束光，它们分别被动镜和定镜反射至分束器，光束 I 再被反射到样品，光束 II 透过分束器同时到达样品。

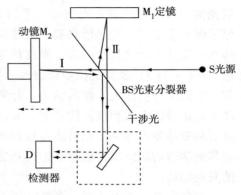

M_2 移动时，可使光束 I 和光束 II 的光程差发生变化，这就使光束 I 和光束 II 的相位也发生变化，两束光发生干涉，并可看到干涉条纹。当动镜连续匀速移动时实际上是匀速连续改变两束光的光程差，当光程差是半波长的整数倍时，发生相长干涉，产生明线；为半波长的奇数倍时，发生相消干涉，产生暗线；若光程差既不是半波长的偶数倍，也不是奇数倍时，则相互干涉的光强度介于两种情况之间。当多种频率的光进入干涉仪后叠加，便可以产生包括辐射源提供的所有光谱信息的干涉图。

图 9－6　迈克尔逊干涉仪示意图

（5）狭缝　由两片经过精密加工并且具有锐利边缘的金属片组成。对组成狭缝的两金属片的要求是必须保持相互平行，并处于同一平面。狭缝为光的进出口，其宽度直接影响分光质量。狭缝过宽，得到的单色光不纯，将使吸光度变值；狭缝过窄，则光通量变小，将降低灵敏度。因此狭缝宽度要适当。

（6）准直镜　准直镜是以狭缝为焦点的聚光镜，将进入进口狭缝的发散光变成平行光。又用作聚光镜，将色散后的平行单色光聚集于出口狭缝。

187

三、辐射的检测

在现代仪器中，辐射的检测由光电转换器完成。光电转换器一般分为两类：一类为对光产生响应的光检测器，利用光电效应使透过的光强度能转换成电流进行测量，如硅光电池、光电管、光电倍增管以及硅二极管；另一类为对热产生响应的热检测器，利用辐射引起的热效应来测量辐射的功率，如真空热电偶、热电检测器等。红外区辐射的能量比较低，很难引起光电子反射，便可采用这类光电转换器。光电转换器输出的信号可经放大器放大后显示或记录。

表 9－4　各种光学仪器的主要部件

波段	γ－射线	X－射线	紫外	可见	红外	微波	射频
辐射源	原子反应堆 粒子加速器	X－射线管	氢（氘灯）、氙灯	钨灯、氙灯	硅碳棒 Nernst 辉光器	速调管	电子振荡器
单色器	脉冲高度鉴别器	晶体光栅	石英棱镜光栅	玻璃棱镜光栅	盐棱镜、光栅 Michelson 干涉仪		单色辐射源
检测器	闪烁计数管 半导体计数管		光电管 光电倍增管	光电池 光电管	差热电偶、热辐射检测器	晶体二极管	二极管、晶体三极管

第四节　光谱分析法的发展概况

　　光谱分析方法一直是分析化学领域中最富活力的角色之一。20 世纪 40 年代中期，电子仪器中光电倍增管的出现，推动了紫外 – 可见吸收光谱、红外吸收光谱、原子发射光谱及 X – 射线荧光光谱等一系列光谱法的发展。随着 50 年代原子物理学的发展，原子吸收及原子荧光光谱兴起。同时，圆二色光谱仪进入了实验室。60 年代等离子体、傅立叶变换与激光技术引入，微弱信号检测技术提高，电感耦合等离子体原子发射光谱（ICP – AES）及激光拉曼光谱等一系列光谱分析技术诞生。70 年代激光拉曼针的出现，给微区分析注入了新的活力。计算机技术和化学计量学的深入发展，也进一步推动了光谱分析方法和仪器的发展。显微镜技术应用到傅立叶变换光谱仪，使微区成分分析和测量变得简便。光谱法在仪器硬件和操作处理软件方面都取得了长足进展。吸取其他学科的新成果，创立新的分析方法、一机多能或多机联用，已是光谱分析重要的发展趋势。

　　随着激光、微电子学、微波、半导体、自动化、化学计量学和计算机等科学技术的应用，使光学分析仪器在仪器性能指标的提高、仪器分析功能范围的扩展、自动化智能化程度的完善、运行可靠性的提高及样品非破坏性等方面，有了长足的进展：

　　（1）检测的灵敏度与选择性提高　如在原子发射光谱中，应用级联光源（如电感耦合高频等离子体 – 辉光放电、激光蒸发 – 微波等离子体）分别控制原子化与激发过程，可以减少基体干扰与背景影响，明显提高检测灵敏度。

　　（2）同步、同时检测能力的进步　电荷耦合阵列检测器光谱范围宽，量子效率高，可实现多通道同时采集数据，获得波长 – 强度 – 时间三维图谱，有可能取代光电倍增管成为光学仪器中有发展前途的检测器。光二极激光器代替空心阴极灯，可进行原子吸收多元素的同时测定。应用光电二极管阵列检测器与预选多色仪重组合光学系统和中阶梯光栅，可以进行多元素的同时测定与背景校正。

　　（3）新仪器发展　新仪器和部件的出现，使仪器自动化程度提高，可靠性增加。火焰原子吸收光谱分析仪器中，自动进样器已具备了自动稀释、添加试剂、自动清洗功能；流动注射微量系统的应用使分析可靠性提高。

　　（4）样品的非破坏性是分析技术发展的一个方向　衰减全反射技术促成了全反射傅立叶红外光谱仪的诞生，它不需透过样品，而通过样品表面的反射信号获得样品表层有机成分的结构信息，在实时在线跟踪研究方面应用广泛。

　　（5）软件技术和硬件技术协调发展　该技术的发展，使图谱解析更加简单快捷。如差谱技术（对存储的图谱进行数据处理的一种计算机功能），红外光谱谱图压缩数据库和网络传输技术的应用，将红外技术推上了新的高度。

　　（6）新的测试手段不断出现，可获得的分子结构的信息更加丰富。例如表面增强拉曼的散射截面比正常的散射截面提高 $1 \times 10^4 \sim 1 \times 10^8$ 倍，利用共振拉曼光谱的某些拉曼带的选择性增强，可以得到分子振动与电子运动相互作用和大分子结构的信息。超声喷射光谱结合使激光诱导荧光光谱与分子束技术形成，利用分子在超声分子束的急剧冷却，使分子复杂结构的光谱简化得像原子光谱，通过消除热转动轮廓，使光谱分辨率提高了 2~3 个数量级。

（7）联用技术的迅猛发展。色谱与红外光谱的联用，色谱与原子吸收光谱的联用，电感耦合高频等离子体与质谱联用都有应用。不同分析技术的联用，增加了仪器的复杂性和参数设置的多样性，提供了更多的有用信息。如拉曼光谱法与液相色谱，表面增强拉曼技术与薄层色谱，拉曼光谱与气相色谱，光导纤维技术与拉曼光谱仪的联用，均是通过仪器联用将高效分离方法与高灵敏度、高选择性的鉴定方法有机地结合起来，为解决复杂样品的分析与形态分析提供了有效的手段。

随着固体激光器、光导纤维、固态微电子器件与多通道固态检测器（如光电二极管阵列检测器，电感耦合检测器等）的应用。光学分析仪器的小型化、固态化与多功能化也是一个重要的发展方向。

习 题

1. 简述原子光谱法和分子光谱法的区别。
2. 简述光谱分析仪器的基本结构。
3. 简述下列术语的含义：（1）电磁波谱；（2）发射光谱；（3）吸收光谱。
4. 查阅有关文献，了解光谱分析方法的进展。
5. 光量子的能量正比于辐射的：
   A. 频率 B. 波长 C. 波数 D. 传播速度

$$[AC]$$

6. 试计算 0.25cm 微波的频率（Hz）和波数（cm^{-1}）。

$$[2 \times 10^{11}Hz, 4.0cm^{-1}]$$

189

（安 叡）

紫外 – 可见分光光度法

应用紫外 – 可见吸收光谱，对物质进行定性、定量分析的方法称为紫外 – 可见分光光度法（ultraviolet and visible spectrophotometry；UV – Vis）。紫外 – 可见吸收光谱的波长范围是 200 ~ 800nm，主要产生于分子内的价电子在电子能级间的跃迁，属于电子光谱。应用紫外 – 可见分光光度法，在定性分析方面可以鉴别具有共轭体系的官能团和化学结构的化合物；在定量分析方面可以进行单一组分或多组分样品的测定。此外，与其他分析方法配合，紫外 – 可见分光光度法还可用于推断有机化合物的分子结构。该法定量分析的准确度较高，相对误差约为 0.5%，用性能较好的仪器可达到 0.2%；灵敏度也较高，最低检测浓度一般可达到 $10^{-6} \sim 10^{-4}$ g/ml，部分可达到 10^{-7} g/ml。

第一节 紫外 – 可见分光光度法的基本原理

一、电子的跃迁类型

紫外 – 可见吸收光谱是由于分子内的价电子（外层电子）在不同的分子轨道之间的跃迁而产生。分子中的价电子有 σ 电子、π 电子和未成键的 n 电子（亦称 p 电子）。电子围绕分子或原子运动的概率分布叫做轨道，轨道不同，电子所具有的能量也不同。分子轨道可以认为是当两个原子靠近而结合成分子时，由两个原子的原子轨道线性组合而成。其中，能量低于相应原子轨道能量的分子轨道称为成键轨道，以 σ 或 π 表示；能量高于相应原子轨道能量的分子轨道称为反键轨道，以 σ* 或 π* 表示；未成键的 n 电子能量基本上保持原子轨道的能量，处于非键轨道。由于 π 电子轨道比 σ 电子轨道重叠少，故 π 成键轨道的能量高于相应 σ 成键轨道的能量，而 π* 反键轨道的能量则低于相应 σ* 反键轨道的能量。所以，分子中各类型分子轨道能量高低顺序为：

$$\sigma < \pi < n < \pi^* < \sigma^*$$

处于能量较低的轨道中的电子吸收一定的能量后，可以跃迁至能量较高的轨道。图 10 – 1 示意了各种不同类型的电子跃迁及其所需要的能量。

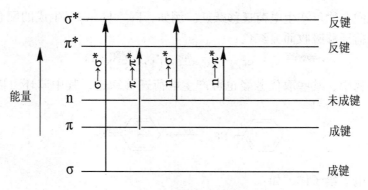

图 10－1　分子的电子跃迁类型

电子跃迁的基本类型有 $\sigma\rightarrow\sigma^*$ 跃迁、$\pi\rightarrow\pi^*$ 跃迁、$n\rightarrow\pi^*$ 跃迁、$n\rightarrow\sigma^*$ 跃迁、电荷迁移跃迁和配位场跃迁等。

（1）$\sigma\rightarrow\sigma^*$ 跃迁　处于成键轨道上的 σ 电子吸收电磁辐射的能量后跃迁到 σ^* 反键轨道，称为 $\sigma\rightarrow\sigma^*$ 跃迁。$\sigma\rightarrow\sigma^*$ 跃迁所需的能量是上述各类型电子跃迁中最大的，所吸收的辐射波长短，吸收峰在远紫外区（即真空紫外区）。饱和烃类化合物的分子中只含有 σ 键，只产生 $\sigma\rightarrow\sigma^*$ 跃迁，吸收峰的波长一般小于 150nm，在常规紫外－可见分光光度法的仪器测量范围之外。

（2）$\pi\rightarrow\pi^*$ 跃迁　处于成键轨道上的 π 电子跃迁到 π^* 反键轨道，称为 $\pi\rightarrow\pi^*$ 跃迁。该跃迁所需能量一般小于 $\sigma\rightarrow\sigma^*$ 跃迁所需的能量。孤立 π 键的 $\pi\rightarrow\pi^*$ 跃迁，吸收峰波长在 200nm 左右，其特征是吸收强度大，具有较大的摩尔吸收系数。例如，$CH_2=CH_2$ 的吸收峰在 165nm，摩尔吸收系数 ε 为 1×10^4。分子结构中若具有共轭双键，则 $\pi\rightarrow\pi^*$ 跃迁所需能量降低，吸收增强。如丁二烯的吸收峰在 217nm，摩尔吸收系数 ε 为 2.1×10^4。共轭体系愈长，$\pi\rightarrow\pi^*$ 跃迁所需能量愈小，吸收峰的波长可增大至 210nm 以上。

191

（3）$n\rightarrow\pi^*$ 跃迁　含有杂原子不饱和基团（如 $>C=O$、$>C=S$、$-N=N-$等）的化合物，其非键轨道上的 n 电子吸收电磁辐射的能量后，可跃迁到 π^* 反键轨道，称为 $n\rightarrow\pi^*$ 跃迁。这种跃迁所需能量较小，吸收峰波长一般在近紫外区（200～400nm），吸收强度弱，ε 约为 10～100。如丙酮的吸收峰在 279nm，ε 为 10～30，即属此种跃迁。

（4）$n\rightarrow\sigma^*$ 跃迁　含有$-OH$、$-NH_2$、$-X$ 和$-S$ 等基团的化合物，其杂原子中的 n 电子吸收电磁辐射的能量后向 σ^* 反键轨道跃迁，称为 $n\rightarrow\sigma^*$ 跃迁。这种跃迁的吸收峰波长在 200nm 附近。

（5）电荷迁移跃迁　配位化合物受电磁辐射的能量激发，其电荷可发生重新分布，电子从该化合物的一部分（给予体）向与另一部分（接受体）相联系的轨道上迁移，称为电荷迁移跃迁，相应的吸收光谱称为电荷迁移吸收光谱。

若配位化合物的中心离子和配位体分别用 M 和 L 表示，则一个电子由配位体 L 的轨道跃迁至与中心离子 M 相关的轨道上，可表示为：

$$M^{n+}\text{——}L^{b-}\xrightarrow{h\nu}M^{(n-1)+}L^{(b-1)-}$$

此时，M 是电子接受体，L 是电子给予体，这是配位化合物的电荷迁移跃迁中较常见的情况。

许多无机配合物可产生电荷迁移跃迁。例如，Fe^{3+} 与 SCN^- 生成的配合物在可见光区呈强烈的电荷迁移吸收而显红色：

$$[Fe^{3+}SCN^-]^{2+} \xrightarrow{h\nu} [Fe^{2+}SCN]^{2+}$$

有机化合物中，某些取代芳烃也可产生电荷迁移跃迁，其中苯环可以作为电子接受体，如：

亦可作为电子给予体，如：

电荷迁移跃迁的特点是吸收谱带较宽、吸收强度较大，一般吸收峰的 $\varepsilon > 1 \times 10^4$。

（6）配位场跃迁 在配体存在的情况下，过渡金属元素的 5 个能量相等的 d 轨道和镧系、锕系元素的 7 个能量相等的 f 轨道分别分裂成几组能量不同的 d 轨道和 f 轨道。当它们吸收电磁辐射的能量后，处于低能态的 d 轨道或 f 轨道上的电子分别可以跃迁到高能态的 d 轨道（d－d 跃迁）或 f 轨道（f－f 跃迁）。d－d 跃迁和 f－f 跃迁都需要在配体的配位场作用下才会发生，因此统称为配位场跃迁。配位场跃迁的吸收峰一般位于可见光区，吸收强度通常较弱，$\varepsilon < 1 \times 10^2$。

在紫外－可见光作用下，有机化合物的吸收光谱主要由 $\sigma \rightarrow \sigma^*$、$\pi \rightarrow \pi^*$、$n \rightarrow \sigma^*$、$n \rightarrow \pi^*$ 和电荷迁移跃迁产生，无机化合物的吸收光谱主要由电荷迁移跃迁和配位场跃迁产生。

192

二、紫外－可见吸收光谱的常用术语

1. 吸收光谱

吸收光谱（absorption spectrum）又称吸收曲线，是吸光度 A（或透光率 T）随波长 λ（nm）变化的曲线，如图 10－2 所示。

吸收光谱反映了吸光物质在不同的光谱区域内对光吸收能力的分布情况，其显示的波峰的数目、强度、位置和波形，提供了该物质内部结构的重要信息。吸收光谱的特征可用以下术语来描述。

（1）吸收峰 吸收曲线上呈极大值处称为吸收峰，对应的波长称为最大吸收波长（λ_{max}）。

（2）谷 峰与峰之间呈极小值处称为谷，对应的波长称为最小吸收波长（λ_{min}）。

（3）肩峰 吸收峰旁边的一个小曲折称为肩峰，对应的波长以 λ_{sh} 表示。

（4）末端吸收 在吸收曲线的短波端呈现强吸收而不成峰形的部分称为末端吸收。

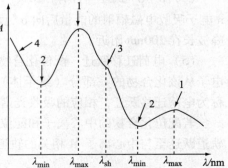

图 10－2 吸收光谱示意图
1. 吸收峰；2. 谷；3. 肩峰；4. 末端吸收

2. 生色团

生色团（chromophore）是指能吸收紫外－可见光而产生电子跃迁的原子基团，有机物的生色团主要是能产生 $\pi \to \pi^*$ 或 $n \to \pi^*$ 跃迁的基团，例如 $-\overset{|}{C}=\overset{|}{C}-$ 、$-\overset{|}{C}=O$ 、$-\overset{|}{C}=S$ 、$-N=N-$ 、$-NO_2$ 等。

3. 助色团

助色团（auxochrome）是指含有非键电子的杂原子饱和基团，如$-OH$、$-NH_2$、$-OR$、$-SH$、$-SR$、$-Cl$、$-Br$、$-I$ 等。助色团本身不能吸收近紫外区和可见光区的电磁辐射，但当它们与生色团或饱和烃相连时，能使该生色团或饱和烃的吸收峰向长波长方向移动，并使吸收强度增大。

4. 红移和蓝移

由于化合物的结构改变或受溶剂的影响等引起吸收峰的波长发生移动，向长波长方向移动的现象称为红移（red shift），亦称长移（bathochromic shift）；向短波长方向移动的现象称为蓝（紫）移（blue shift），亦称短移（hypsochromic shift）。

5. 增色效应和减色效应

因化合物的结构改变或其他原因，导致吸收强度增大的现象称为增色效应或浓色效应（hyperchromic effect）；反之，导致吸收强度减小的现象称为减色效应或淡色效应（hypochromic effect）。

6. 强带和弱带

在紫外－可见吸收光谱中，摩尔吸收系数大于 10^4 的吸收峰称为强带（strong band），摩尔吸收系数小于 10^2 的吸收峰称为弱带（weak band）。

三、吸收带及其与分子结构的关系

吸收带（absorption band）反映了吸收峰在紫外－可见光谱中的位置，与化合物的结构有关。根据电子跃迁和分子轨道的种类，吸收带分为以下 6 种类型。

1. R 带

从德文 radikal（基团）得名。R 带是由 $n \to \pi^*$ 跃迁引起的吸收带，是杂原子的不饱和基团（如 $-\overset{|}{C}=O$ 、$-NO_2$、$-N=O$ 、$-N=N-$ 等）的特征吸收。R 带的特点是位于较长的波长范围（$250 \sim 500nm$），吸收强度弱（$\varepsilon < 1 \times 10^2$）。当溶剂极性增加时，R 带蓝移；当附近有强吸收峰时，R 带有时红移，有时被掩盖。

2. K 带

从德文 konjugation（共轭作用）得名。K 带是由共轭双键中 $\pi \to \pi^*$ 跃迁引起的吸收带，其特点是吸收强度大（$\varepsilon > 1 \times 10^4$），为强带。如 1,3 - 丁二烯（$CH_2 = CH - CH = CH_2$）的 $\lambda_{max} = 218nm$，$\varepsilon = 2.1 \times 10^4$，属于 K 带。随着共轭体系的延长，K 带红移，吸收强度也有所增加。

3. B 带

从 benzenoid（苯的）得名。B 带是芳香族（包括杂芳香族）化合物的特征吸收带之一，由苯环的骨架伸缩振动与苯环内的 $\pi \to \pi^*$ 跃迁叠加而产生。

B 带主要位于 230～270nm 波长处，重心在 256nm 附近。在蒸气状态下，分子间相互作用弱，分子的振动、转动能级跃迁能够在图谱中得到反映。如图 10－3 所示，苯蒸气的 B 带呈现精细结构，亦称苯的多重吸收带。当苯溶解在溶剂中时，溶剂分子将溶质分子包围，限制了溶质分子的自由转动，导致 B 带的转动光谱精细结构消失（比较图 10－3a 和 b）。溶剂的极性越大，对 B 带精细结构的影响也越大，如四氮杂苯的 B 带精细结构在水溶液中完全消失而成一宽峰（参见第九章）。

4. E 带

E 带也是芳香族化合物的特征吸收带，分为 E_1 和 E_2 带（图 10－3），E_1 带由苯环上孤立乙烯基的 $\pi \rightarrow \pi^*$ 跃迁引起，E_2 带由苯环上共轭二烯基的 $\pi \rightarrow \pi^*$ 跃迁引起。E_1 带的 λ_{max} 约为 185nm（远紫外区），$\varepsilon_{max} = 4.7 \times 10^4$；$E_2$ 带的 λ_{max} 约为 200nm，$\varepsilon_{max} = 7 \times 10^3$，均为强吸收。

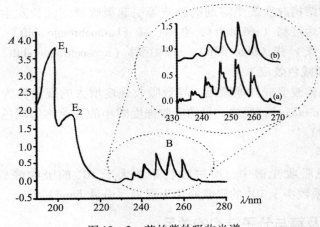

图 10－3　苯的紫外吸收光谱

a. 苯蒸气；b. 苯的乙醇溶液

5. 电荷转移吸收带

许多无机物（如碱金属卤化物）和某些有机物混合后可生成分子配合物，在电磁辐射激发下，可强烈地吸收紫外－可见光，从而呈现紫外－可见吸收带。例如，在乙醇介质中，醌与氢醌混合后可获得醌氢醌暗绿色结晶，其吸收峰在可见光范围内。

6. 配位体场吸收带

过渡金属的水合离子或过渡金属离子与显色剂（通常是有机化合物）所形成的配合物，能够吸收一定波长的紫外－可见光，呈现相应的吸收带。例如，$[Ti(H_2O)_6]^{3+}$ 水合离子在 490nm 波长处的吸收峰即属于该吸收带。

四、影响吸收带的主要因素

（一）位阻影响

分子结构中若有两个生色团产生共轭效应，可使吸收带长移。但由于空间位阻妨碍这两个生色团处于同一平面上，共轭效应就会受到影响，在光谱图上能反映出来。例如二苯乙烯，反式结构的 K 带 λ_{max} 比顺式明显长移，且 ε_{max} 也增大（反式，$\lambda_{max} = 295nm$，$\varepsilon = 29000$；顺式，$\lambda_{max} = 280nm$，$\varepsilon = 10500$）。原因是顺式结构存在空间位阻，苯环不能与乙烯双键在同一平面上，共轭能力降低。

（二）跨环效应

分子中两个非共轭生色团处于一定的空间位置，尤其是环状体系中，有利于生色团电子轨道间的相互作用，可使吸收带红移，并使吸收强度增大。这种非共轭基团之间的相互作用称为跨环效应。不同于共轭效应，产生跨环效应的两个生色团仍各自呈现吸收峰。例如，某些 β、γ－不饱和酮，由于适当的立体排列，使羰基氧的孤对电子和双键的 π 电子发生相互作用，导致由 n→π* 跃迁产生的 R 带红移，同时 ε_{max} 增大。例如：

在 214nm 处显示一个中等强度的吸收带，同时在 284nm 处出现一个 R 带。

此外，当 —C=O 基团的 π 轨道与一个杂原子的 p 轨道能够有效交盖时，也会出现跨环效应。例如：

$\lambda_{max} = 238nm$，$\varepsilon_{max} = 2535$。

（三）溶剂效应

溶剂影响吸收峰位置、吸收强度和光谱形状，化合物在溶剂中的紫外吸收光谱一般应注明所用溶剂。溶剂极性增加，一般使 π→π* 跃迁的吸收峰红移，而使 n→π* 跃迁的吸收峰蓝移，并且后者的移动一般比前者的移动大。如图 10-4 所示，原因在于：对于 π→π* 跃迁，分子激发态的极性比基态极性大，激发态与极性溶剂之间的静电作用更强，所以在极性溶剂中，激发态能量降低的程度比基态大，跃迁所需能量减小，吸收峰向长波长方向移动；对于 n→π* 跃迁，n 电子可与极性溶剂形成氢键，基态能量降低程度更大，故跃迁所需能量增大，吸收峰向短波长方向移动。

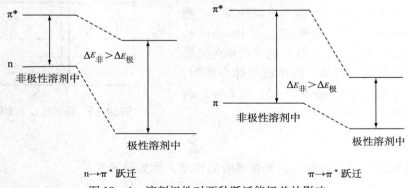

图 10-4 溶剂极性对两种跃迁能级差的影响

随着溶剂极性增大，溶剂效应更加显著。例如，异亚丙基丙酮：

$$H_3C-C-CH=C-CH_3$$

195

在不同极性溶剂中的溶剂效应见表 10－1。

表 10－1　溶剂极性对异亚丙基丙酮的两种跃迁吸收峰的影响

跃迁类型	正己烷	三氯甲烷	甲醇	水	迁移
$\pi\to\pi^*$	230nm	238nm	237nm	243nm	长移
$n\to\pi^*$	329nm	315nm	309nm	305nm	短移

（四）体系酸度的影响

体系的酸度（pH）会影响许多酸碱性物质的解离情况，从而影响其紫外－可见吸收光谱。例如，苯酚和苯胺在不同的 pH 下可产生不同的吸收光谱。

λ_{max}	210.5nm	270nm	235nm	287nm
ε_{max}	6200	1450	9400	2600

λ_{max}	230nm	280nm	203nm	254nm
ε_{max}	8600	1470	7500	160

体系酸度对紫外－可见吸收光谱的影响是比较普遍的，如酚酞、甲基橙等常用的酸碱指示剂，正是由于在不同的 pH 下解离情况不同而引起吸收光谱的变化，产生不同的颜色，因而可用于指示酸碱滴定的终点。

五、朗伯－比尔定律

朗伯－比尔（Lambert－Beer）定律是吸收光谱法的基本定律。其中，有两个重要的参数：透光率（transmittance，T）和吸光度（absorbance，A）。当一束波长为 λ、强度为 I_0 的平行单色光通过某均匀、非散射的固体、液体或气体介质时，光的强度由 I_0 减弱为 I，如图 10－5，则 I 与 I_0 的比值为透光率（一般用百分数表示）：

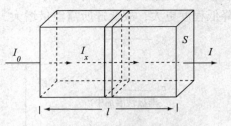

图 10－5　辐射吸收示意图

$$T = \frac{I}{I_0} \tag{10-1}$$

透光率的负对数可用于表示入射光被吸收的程度，称为吸光度：

$$A = -\lg T = -\lg\frac{I}{I_0} = \lg\frac{I_0}{I} \tag{10-2}$$

物质的透光率愈大，吸光度愈小，表示它对光的吸收愈弱；反之，透光率愈小，吸光度愈大，表示它对光的吸收愈强。

朗伯－比尔定律描述了物质对单色光的吸光度 A 与吸光物质的溶液浓度 c 和液层厚

度 l 的关系。其中，朗伯定律说明吸光度 A 与液层厚度 l 的关系，比尔定律说明吸光度 A 与溶液浓度 c 的关系。

取溶液中一个厚度无限小的断层来讨论，设此断层含有的吸光质点数为 dn，断层的截面积为 S，这些能捕获光子的质点可看作断层截面上被占去一部分不让光子通过的面积 dS，即：

$$dS = kdn$$

光子通过断层时，被吸收的概率为：

$$\frac{dS}{S} = \frac{kdn}{S}$$

故使照射于此断层的光强 I_x 被减弱至 dI_x，所以有：

$$-\frac{dI_x}{I_x} = \frac{kdn}{S}$$

由此得到光通过厚度为 l 的溶液时，有：

$$-\int_{I_0}^{I} \frac{dI_x}{I_x} = \int_{0}^{n} \frac{kdn}{S}$$

得：

$$-\ln \frac{I}{I_0} = \frac{kn}{S}$$

等式两边同乘以 $\lg e$，将自然对数转换为常用对数，得：

$$-\lg \frac{I}{I_0} = \lg e \cdot \frac{kn}{S}$$

令 $E = \lg e \cdot k$，则：

$$-\lg \frac{I}{I_0} = E \cdot \frac{n}{S} \tag{10 - 3}$$

由于截面积 S 与体积 V 存在以下关系：

$$S = \frac{V}{l}$$

而体积 V 与质点总数 n 及浓度 c 有以下关系：

$$V = \frac{n}{c}$$

因此：

$$\frac{n}{s} = lc$$

代入式（10 – 3），得：

$$-\lg \frac{I}{I_0} = Ecl \tag{10 - 4}$$

式（10 – 4）即为朗伯 – 比尔定律的数学表达式。

将式（10 – 2）代入式（10 – 4），得：

$$A = Ecl \tag{10 - 5}$$

式中，E——吸收系数（absorptivity）。式（10 – 5）表明吸光度 A 与溶液浓度 c 及液层厚度 l 之间成正比关系。

吸收系数 E 的物理意义为：一定波长下，吸光物质在单位浓度及单位厚度时的吸光度。

在一定单色光、溶剂和温度等条件下，吸收系数是物质的特征常数。吸收系数愈大，表示该物质的吸光能力愈强。吸收系数可作为定性分析的依据和定量分析灵敏度的估量。因采用不同的浓度单位，吸收系数有两种表示形式：摩尔吸收系数 ε 和百分吸收系数 $E_{1cm}^{1\%}$。

1. 摩尔吸收系数 ε

摩尔吸收系数（molar absorptivity）指在一定波长下，吸光物质溶液浓度为 1mol/L，液层厚度为 1cm 时的吸光度。摩尔吸收系数的单位是：$L \cdot mol^{-1} \cdot cm^{-1}$，实际应用中，为方便起见，常将单位略去不写。

摩尔吸收系数 ε 越大，表示吸光物质对该波长的光的吸收能力越强。因此，ε 是衡量分光光度法分析灵敏度的重要指标。ε 一般不超过 10^5 数量级，通常大于 10^4 为强吸收，小于 10^3 为弱吸收，介于两者之间的为中强吸收。

2. 百分吸收系数 $E_{1cm}^{1\%}$

百分吸收系数（percentage absorptivity），又称比吸收系数（specific absorptivity），指在一定波长时，吸光物质溶液浓度为 1%（g/100ml），液层厚度为 1cm 时的吸光度。

百分吸收系数特别适用于摩尔质量未知的被测组分，在药物的定性鉴别和含量测定中应用广泛，中国药典均采用百分吸收系数。

ε 和 $E_{1cm}^{1\%}$ 之间的换算关系是：

$$\varepsilon = E_{1cm}^{1\%} \cdot \frac{M}{10} \tag{10-6}$$

式中，M——吸光物质的摩尔质量。

需要指出，朗伯 - 比尔定律主要适用于稀溶液，故吸收系数一般不宜直接用浓度为 1mol/L 或 1g/100ml 的溶液测定，而需用已知准确浓度的稀溶液测得吸光度，经换算而得到。

例 10-1 氯霉素（$M = 323.15$g/mol）的水溶液在 278nm 处有吸收峰。用对照品配制 1.50mg/100ml 的溶液，以 1.00cm 厚的吸收池在 278nm 处测得透光率为 34.6%。求在 278nm 波长处，氯霉素的百分吸收系数和摩尔吸收系数。

解：

$$E_{1cm}^{1\%} = \frac{-\lg T}{lc} = \frac{-\lg 0.346}{1.00 \times 1.50 \times 10^{-3}} = 307$$

$$\varepsilon = E_{1cm}^{1\%} \cdot \frac{M}{10} = 307 \times \frac{323.15}{10} = 9.92 \times 10^3$$

六、偏离比尔定律的因素

按照比尔定律，当入射单色光的波长、强度和溶液的液层厚度一定时，吸光度 A 与吸光物质浓度 c 曲线应为一条通过原点的直线。但在实际工作中，特别是在溶液浓度较高时，往往会偏离线性而发生弯曲，如图 10-6。

$A-c$ 曲线在实验中是否保持一条直线，一方面取决于比尔定律赖以成立的基本条件在实验中是否满足，另一方面在于影响吸光度测量的因素能否得到控制。比尔定律成立的前提通常应是稀溶液，在溶液浓度较大（通常大于 0.01mol/L）时，吸光质点距

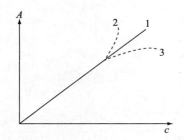

图 10－6　紫外－可见分光光度
法中的标准曲线
1. 遵守比尔定律；2. 产生正偏差；
3. 产生负偏差

离减小，彼此之间的相互作用改变了它们吸收给定波长辐射的能力，从而偏离 A 和 c 之间的线性关系。此外，影响吸光度测量的因素主要有化学因素和光学因素两大类。

（一）化学因素

溶液中的被测物质可因浓度或其他因素改变而有离解、缔合或与溶剂的相互作用等，引起偏离比尔定律的现象。例如，$K_2Cr_2O_7$ 水溶液存在以下平衡：

$$Cr_2O_7^{2-} + H_2O \Longrightarrow 2H^+ + 2CrO_4^{2-}$$

（橙色）　　　　　　　（黄色）

对于 $K_2Cr_2O_7$ 的中性水溶液，若加水将溶液稀释两倍，上述平衡将向右移动，受此影响，$Cr_2O_7^{2-}$ 离子的浓度不是恰好减少为原来的一半，而是减少多于原来的一半，结果偏离比尔定律而产生误差。

由化学因素引起的偏离，有时可通过严格控制实验条件，使被测物质保持在吸光能力相同的形式而减免误差。上例若在强酸性溶液中测定 $Cr_2O_7^{2-}$ 或在强碱性溶液中测定 CrO_4^{2-}，都可避免偏离现象。

（二）光学因素

1. 非单色光

比尔定律只适用于单色光，但在紫外－可见分光光度计中，使用的是连续光源，采用单色器把所需要的波长从连续光谱中分离出来，其波长宽度取决于单色器中的狭缝宽度和棱镜或光栅的分辨率。由于制作技术的限制，也为了保证检测器对透过的光强有明显的响应，狭缝不可能无限的小，所以实际测定所用的入射光不可能绝对单色，而是包含了所需波长的光和附近波长的光，这一宽度称为谱带宽度（band width），常用半峰宽来表示，即最大透光强度一半处曲线的宽度（图 10－7）。

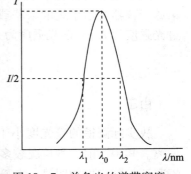

图 10－7　单色光的谱带宽度

定义谱带宽度 $S = \lambda_2 - \lambda_1$，则 S 愈小，入射光的单色性愈好。实际用于测量的是具有一定谱带宽度的复合光，而吸光物质对不同波长的光有不同的吸收系数，导致了对比尔定律的偏离。现以一种简化的方式进行定性的说明和讨论。

设吸光物质对波长为 λ_1 和 λ_2 的两种单色光吸收系数分别为 E_1 和 E_2，测定时，两种光分别以强度为 I_{0_1} 和 I_{0_2} 同时入射试样。根据朗伯－比尔定律，有：

$$A_1 = -\lg \frac{I_1}{I_{0_1}} = E_1 lc$$

$$A_2 = -\lg \frac{I_2}{I_{0_2}} = E_2 lc$$

199

因此：

$$I_1 = I_{0_1} \cdot 10^{-E_1 lc}$$

$$I_2 = I_{0_2} \cdot 10^{-E_2 lc}$$

故该复合光的透光率为：

$$T = \frac{I_1 + I_2}{I_{0_1} + I_{0_2}} = \frac{I_{0_1} \cdot 10^{-E_1 lc} + I_{0_2} \cdot 10^{-E_2 lc}}{I_{0_1} + I_{0_2}}$$

$$= 10^{-E_1 lc} \cdot \frac{I_{0_1} + I_{0_2} \cdot 10^{(E_1 - E_2) lc}}{I_{0_1} + I_{0_2}}$$

该复合光通过溶液后总的吸光度为：

$$A = -\lg T = E_1 lc - \lg \frac{I_{0_1} + I_{0_2} \cdot 10^{(E_1 - E_2) lc}}{I_{0_1} + I_{0_2}} \tag{10 - 7}$$

由式（10 - 7）得，当 $E_1 = E_2$ 时，$A = E_1 lc = E_2 lc$，符合比尔定律；而当 $E_1 \neq E_2$ 时，A 与 c 之间不是直线关系，与比尔定律不符。假设 λ_1 是测量所需的波长，那么，若 $E_1 < E_2$，则波长为 λ_2 的光将使吸光度偏大，产生正偏离；反之，若 $E_1 > E_2$，波长为 λ_2 的光将使吸光度偏小，产生负偏离。E_2 与 E_1 相差愈大，偏离愈显著。

在无法获得真正意义上的单色光的现实情况下，设法减小入射光谱带范围内吸收系数的差异可减小由非单色光引起的偏离，选择被测物质的最大吸收波长作为测量的入射光波长能够较好地满足这一要求。

2. 杂散光

从单色器所得的单色光中，还有一些不在谱带宽度范围内的光，称为杂散光。它来源于仪器光学系统的缺陷或光学元件受灰尘、霉蚀的影响。设入射光强度为 I_0，透过光强度为 I，杂散光强度为 I_s，假定试样不吸收杂散光，则测得的吸光度为：

$$A = \lg \frac{I_0 + I_s}{I + I_s}$$

由于

$$\frac{I_0 + I_s}{I + I_s} < \frac{I_0}{I}$$

故实际测得的吸光度小于理论值，造成负偏离。若试样吸收杂散光，则将引起正偏离。其中，前一种情况较多出现。杂散光可使吸收曲线变形，尤其在透射光很弱的情况下，影响更加明显。在接近末端吸收处，杂散光的比例相对较大，有时甚至会出现假峰。

3. 反射作用和散射作用

入射光通过吸收池内外界面时，界面可产生反射作用；入射光通过被测试液时，吸光质点在吸收一定强度光的同时亦产生散射作用。反射作用和散射作用都会减弱透射光的强度。因此，应用紫外－可见分光光度法进行测量时，通常将被测试液和空白溶液分别置于相同材料及厚度的吸收池中，先后（或同时）测量其透射光的强度，通过空白对比进行补偿，以抵消反射作用和散射作用的影响。但对于反射作用，若空白溶液与试样溶液的折射率有较大差异，则无法完全用空白对比补偿，可导致吸光度产生偏差；对于散射作用，若试液是胶体、乳浊液或含有悬浮物质，则相应的空白溶液不易制得，测得的吸光度常偏高。

4. 非平行光

因仪器性能限制，通过吸收池的光不是真正的平行光，倾斜光通过吸收池时，实际光程比垂直照射的平行光的光程长，相当于增大了液层厚度 l 而使吸光度增大。这是同一物质用不同仪器测定吸收系数时产生差异的主要原因之一。

第二节 紫外－可见分光光度计

利用紫外－可见分光光度计，在紫外－可见光区能任意选择不同波长的光测定吸光度。商品仪器的类型很多，性能差别悬殊，但其基本结构相似，一般由 5 个主要部件构成，方框图如下：

光源 ⟶ 单色器 ⟶ 吸收池 ⟶ 检测器 ⟶ 讯号处理及显示器

一、分光光度计的主要部件

（一）光源

用作紫外－可见分光光度计的光源应满足下列条件：①可以发射在仪器工作波长范围内的连续辐射；②发射的辐射具有足够的强度，而且稳定，辐射强度随波长变化尽可能小；③具有较长的使用寿命。

1. 钨灯和卤钨灯

钨灯属固体炽热发光的光源，又称白炽灯。发射光谱的波长范围较宽，但紫外光区很弱，通常取其大于 350nm 波长的光作为可见光区的光源。卤钨灯的灯泡内含碘和溴的低压蒸气，发光强度高于钨灯，并可延长钨丝的寿命。白炽灯的发光强度与供电电压的 3~4 次方成正比，所以要求供电电压应稳定。

2. 氢灯和氘灯

氢灯和氘灯均属气体放电发光的光源，可发射 150~400nm 波长范围的连续辐射。因玻璃吸收紫外光，故灯泡必须具有石英窗或用石英灯管制成。氘灯比氢灯昂贵，但发光强度比氢灯高约 2~3 倍，使用寿命也更长。现在的仪器多用氘灯。气体放电发光需先激发，并应控制电流的稳定，故均配有专用的电源装置。

（二）单色器

单色器是紫外－可见分光光度计的分光系统，将来自光源的连续辐射分解并分离出所需要的单色光。作为单色器的核心部件，色散元件常用的有棱镜和光栅。早期的仪器多用棱镜，棱镜材料有玻璃和石英，因玻璃吸收紫外光，故只用于可见光的色散。经棱镜分光后的光谱，分布是不均匀的，长波长区域分布较密，短波长区域分布较稀疏，因此近年来的仪器大多采用可获得分布均匀的连续光谱的光栅作为色散元件。铝面对紫外光的反射率比其他金属高，故光栅常用铝作反射面，但铝易受腐蚀，需注意保护。

（三）吸收池

在紫外－可见分光光度法中，测定的样品一般是液体，需盛装在吸收池（也称为比色皿）中并置于分光光度计的相应槽口。光学玻璃的吸收池只能用于可见光区；而石英吸收池既可用于紫外光区，也可用于可见光区。常用的吸收池厚度为 1cm。吸收池的两个光面易划伤，应注意保护。

（四）检测器

紫外－可见分光光度计中常用的检测器有光电池、光电管和光电倍增管，最近几年还出现了二极管阵列检测器和电子计算机组成的光学多道检测器。

1. 光电池

光电池可分为硒光电池和硅光电池。硒光电池只能用于可见光区，硅光电池同时适用于紫外光区和可见光区。光电池是一种光敏半导体，光照时产生光电流。一定范围内，光电流的大小与照射光强度成正比。光电池易"疲劳"，用强光长时间照射时，灵敏度会下降，一般仅在低端仪器中使用。

2. 光电管

光电管是由一个阳极和一个表面镀有光敏材料的阴极组成的二极管。当阴极被光照射时，能够发射出电子，照射光越强，发射的电子越多。两极间有一定电位差时，发射出的电子流向阳极而产生电流。光电管有很高内阻，产生的电流很容易被放大。目前国产光电管有紫（蓝）敏光电管和红敏光电管，前者用于波长 $200 \sim 625\,nm$，后者用于波长 $625 \sim 1000\,nm$。与光电池相比，光电管具有光敏范围宽、灵敏度较高和不易"疲劳"等优点。

3. 光电倍增管

光电倍增管的原理和光电管相似，结构上的差异是在阴极和阳极之间增加数个倍增极（一般是 $9 \sim 11$ 个），各倍增极的电压依次增高，如图 10-8 所示。阴极被光照射后发射出电子，电子被电位较高的第一倍增极吸引加速，撞击第一倍增极后，每个电子使该倍增极发射出数个新的电子，这个过程称为电子倍增。经第一倍增极倍增后的电子又被电位更高的第二倍增极吸引并加速，撞击第二倍增极发射出更多新的电子。如此反复的电子倍增过程，使发射的电子数大大增加，最后被阳极收集，产生较强的电流。因此，光电倍增管可显著提高仪器测量的灵敏度，是目前紫外－可见分光光度计中最常用的检测器。

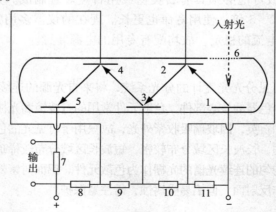

图 10-8 光电倍增管示意图

1. 光敏阴极；2, 3, 4. 倍增极；5. 阳极；6. 石英光学窗口；7, 8, 9, 10, 11. 电阻

4. 光二极管阵列检测器

光二极管阵列检测器（photo - diode array detector，PDA）是在晶体硅上紧密排列一系列光二极管的检测器，采用同时并行的数据采集方法。例如，HP 8453 型二极管阵列，在 190～820nm 范围内，由 1024 个二极管组成。当光透过时，二极管输出的电信号强度与光强度成正比。两个相邻二极管中心距离的波长单位称为采样间隔，二极管数目越多，分辨率越高。HP 8453 型二极管阵列中，每一个二极管可在 0.1s 内每隔 0.6nm 测定一次，在 0.1s 的极短时间内测得 1024 个数据，可获得 190～820nm 范围内的全光光谱。快速光谱采集是此类检测器的技术特点。

（五）讯号处理与显示器

讯号处理过程包括信号的数学运算，例如对数函数、浓度因素乃至微分、积分等处理。现代的分光光度计多用微型计算机控制，具备显示器显示、结果打印及吸收曲线扫描等功能。显示方式一般都有透光率 T 和吸光度 A，有的还可转换成浓度、吸收系数等显示。

二、分光光度计的光学性能和类型

（一）光学性能

分光光度计的厂家型号众多，仪器的质量、功能和自动化程度都在不断提高。各种型号的分光光度计均列出其光学性能和规格，供使用者参考。现以国产中档分光光度计为例，说明仪器的主要光学性能。

（1）波长范围　仪器能测量的波长范围为 190～1100nm。

（2）波长准确度　仪器显示的波长数值与单色光的实际波长之间的误差 ≤ ±0.5nm。

（3）波长重现(复)性　重复使用同一波长，单色光实际波长的变动≤0.5nm。

（4）狭缝宽度　是单色光纯度指标之一。棱镜仪器的狭缝连续可调，光栅仪器的狭缝常固定（1nm 或 2nm）或分档可调（0.5nm，1nm，2nm，5nm）。

（5）吸光度测量的范围　仪器能测量的吸光度范围为 -0.3～+3.0。

（6）透光率测量范围　仪器能测量的透光率范围为 0%～200%。

（7）光度准确度　以透光率测量值的误差表示，透光率满量程误差 ≤ ±0.5%。

（8）光度重复性　同样情况下重复测量透光率的变动性 ≤ ±0.2%。

（9）分辨率　单色器分辨两条邻近谱线的能力为 0.3nm（在 260nm 波长处）。

（10）杂散光　通常以测光讯号较弱的波长处所含杂散光的强度百分比为指标：220nm 处 10g/L NaI 溶液及 340nm 处 50g/L $NaNO_2$ 溶液的杂散光≤0.05%。

（二）光路类型

紫外-可见分光光度计的光路系统主要分为单光束、双光束和二极管阵列等类型。

1. 单光束分光光度计

在单光束光学系统中，采用一个单色器，获得选定波长的一束单色光，通过改变参比池和样品池的位置，使其依次进入光路，先后进行空白溶液和样品溶液的交替测量。空白溶液先进入光路，将吸光度调零，然后拉动吸收池架的拉杆，使样品溶液进入光路，测出其吸光度。

单光束分光光度计的优点是从光源到检测器只有一束单色光，光学、机械和电子线路结构简单，具有较高的信噪比，价格较便宜。由于测量结果易受光源波动的影响，对光源发光强度的稳定性要求较高，故需要配备稳压稳流电源。光路示意图如图 10-9 所示。

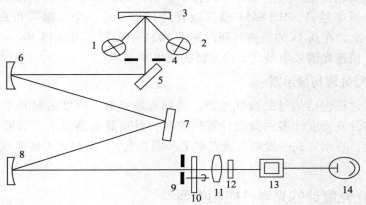

图 10-9 单光束分光光度计光路示意图

1. 溴钨灯；2. 氘灯；3. 凹面镜；4. 入光狭缝；5. 平面镜；6, 8. 准直镜；7. 光栅；9. 出光狭缝；

10. 调制器；11. 聚光镜；12. 滤色片；13. 吸收池；14. 光电倍增管

2. 双光束分光光度计

双光束光学系统的光路示意图如图 10-10。光源发出的光经单色器分光后，用同步旋转的扇面镜（斩光器）分成两束，分时交替地通过参比池和样品池，到达检测器。扇面镜以每秒几十转至几百转的速率匀速旋转，使单色光能在很短的时间内交替通过空白溶液和样品溶液。测得的信号是透过样品溶液和空白溶液的光信号强度之比，消除了光源强度的波动、放大器增益的变化等光学和电子元件的影响。测量中不需要移动吸收池，便于自动记录，可在较短时间内（0.5~2min）测得全波段的吸收光谱。

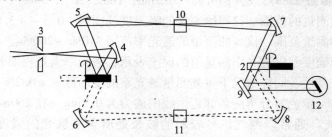

图 10-10 双光束分光光度计部分光路示意图

1, 2. 同步扇面镜；3. 出射狭缝；4, 5, 6, 7, 8. 凹面镜；

9. 平面镜；10. 参比池；11. 样品池；12. 光电倍增管

3. 二极管阵列检测器分光光度计

二极管阵列检测器分光光度计是近年来发展较快的光路系统，其光路原理示意图如图 10-11。由光源发出，经色差聚光镜聚焦后的复合光通过吸收池，再聚焦于多色仪的入口狭缝上。透过光经全息光栅色散并投射到二极管阵列检测器上。该系统可在极短时间内测得全波段的吸收光谱。

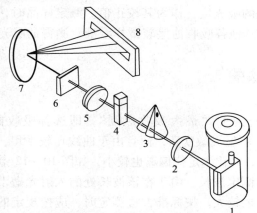

图 10-11 二极管阵列检测器分光光度计光路示意图

1. 光源；2, 5. 消色差聚光镜；3. 光闸；4. 吸收池；
6. 入口狭缝；7. 全息光栅；8. 二极管阵列检测器

（三）仪器的校正

使用分光光度计首先应按仪器的说明书进行操作，并应定期对仪器进行检查或校正其主要性能指标。此外，还应了解样品测定对仪器性能指标的要求，正确调节有关参数，才能获得可靠的分析结果。

1. 波长的校正

由于温度变化对机械部分的影响，仪器的波长经常会略有变化。除了应定期全面校正检定仪器外，还需在测定前校正波长。可利用仪器中氢灯的 379.79nm、486.13nm 和 656.28nm 谱线或氘灯的 486.02nm 和 656.10nm 谱线进行校正，还可利用苯在无水乙醇中的紫外特征吸收峰（峰位为 229.2nm、233.9nm、238.9nm、243.3nm、248.5nm、260.6nm 和 268.4nm）进行校正。

2. 吸光度的校正

《中国药典》2010 年版规定吸光度的准确度采用约 $60mg/L$ $K_2Cr_2O_7$ 的硫酸溶液（$0.005mol/L$），在规定的波长处测定并计算吸收系数，再与规定的吸收系数比较，应符合表 10-2 中的规定（相对偏差在 ±1% 以内）。

表 10-2 吸光度准确度的检查要求

波长（nm）	235（最小）	257（最大）	313（最小）	350（最大）
百分吸收系数的规定值	124.5	144.0	48.6	106.6
百分吸收系数的许可范围	123.0~126.0	142.8~146.2	47.0~50.3	105.5~108.5

3. 吸收池的校正

用于盛放试样溶液和空白溶液的吸收池应相互匹配，即厚度和透光性应一致，否则需进行校正。分析测定时，应首先对配套的吸收池进行透光率一致性的核对。将吸收池编号标记，装上空白溶液，在测量波长处比较各吸收池的透光率，配对的吸收池

205

透光率相差应不超过 0.5%，否则，应将吸收池洗涤后重新装上空白溶液，再次测试。若仍不能符合配对要求，则将透光率最大的吸收池调节为透光率100%（即吸光度 $A = 0$），测定其余各吸收池的吸光度，作为其校正值。测定样品时，以上述透光率最大的吸收池作为参比池，用其他各吸收池盛装试样溶液，测得的吸光度减去其相应的校正值即可。

（四）测量条件的选择

1. 测定波长的选择

测量波长的选择应遵循"最大吸收原则"，即选择吸收曲线的最大吸收波长（λ_{max}）作为测量波长，不但灵敏度高，而且由于曲线比较平坦，在入射光的谱带宽度内，吸收系数变动较小，对比尔定律偏离也较小，如图 10－12 谱带 A 所示。若选用该图示的较陡的谱带 B 作测定波长，由于在该波长处的入射光谱带宽度内，吸收系数变动较大，测定结果误差也较大。按标准方法测定时，应按规定的吸收峰波长 ±2nm 以内选择吸光度最大的波长进行测定。

如果 λ_{max} 处存在其他吸光物质干扰测定，而被测组分有不止一个吸收峰，则根据"吸收最大、干扰最小"的原则选择测量波长。例如，欲测定溶液中 $KMnO_4$，其最大吸收波长为 525nm，但若溶液中同时存在 $K_2Cr_2O_7$，由于其在该波长处也有一定吸收，故对 $KMnO_4$ 的测定造成干扰。为此，可选择 545nm 或 575nm 波长进行测定，虽然灵敏度有所降低，但可在很大程度上消除 $K_2Cr_2O_7$ 的干扰。

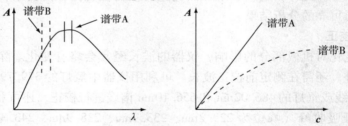

图 10－12　入射光波长选择示意图

2. 狭缝宽度

狭缝宽度影响测定的灵敏度和标准曲线的线性范围。对于给定仪器，增大狭缝的宽度就是增加入射光的谱带宽度，降低单色光的纯度，在一定范围内使测定灵敏度下降，并且使标准曲线的线性变差。但狭缝宽度也不是越小越好，狭缝宽度太小，入射光强太弱，仪器噪声所占比例增大，不利于测定。根据《中国药典》2010 年版，狭缝调节的原则为：仪器的狭缝谱带宽度应小于被测组分吸收带半高宽度的 1/10，以减小狭缝宽度时，被测组分的吸光度不再增大为准。

3. 吸光度的范围

任何仪器的测量结果都存在一定的误差，紫外－可见分光光度计也不例外。透光率 T 的测量误差 ΔT 对于同一台分光光度计而言为一固定值。但是，由朗伯－比尔定律可知，吸光度 A、待测溶液浓度 c 与透光率 T 为负对数关系，所以，不同的透光率 T 下，相同的测量误差 ΔT 引起的吸光度误差及浓度误差是不同的。因此，在紫外－可见分光光度法的测量过程中，应选择适宜的吸光度范围，以减小测量误差。

透光率测量误差所引起的测定结果的相对误差可由朗伯－比尔定律导出：

$$c = \frac{A}{E \cdot l} = -\frac{\lg T}{E \cdot l}$$

微分后并除以上式即得浓度的相对误差为：

$$\frac{\Delta c}{c} = \frac{\Delta A}{A} = \frac{0.434 \Delta T}{T \lg T} \qquad\qquad (10-8)$$

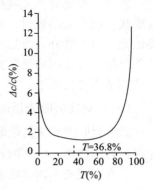

式（10－8）表明，吸光度或浓度测量的相对误差取决于透光率 T 和透光率测量误差 ΔT 的大小。一般中、低档分光光度计的 ΔT 为 $\pm 0.2\% \sim \pm 1\%$。设 $\Delta T = \pm 0.5\%$，以浓度的相对误差 $\Delta c/c$ 对透光率 T 作图，可得到图 10－13。由图可见，溶液的透光率 T 很大或很小时，浓度测量的相对误差都很大。只有透光率 T 在 $20\% \sim 65\%$ 范围内，即吸光度 A 在 $0.2 \sim 0.7$ 之间时，浓度测量的相对误差较小（$<2\%$），是测量的适宜范围。

式（10－8）对 T 求导，可得浓度相对误差的极小值，此时的透光率 $T = 36.8\%$，吸光度 $A = 0.434$。

图 10－13 浓度测量的相对误差（$\Delta c/c$）与透光率 T 的关系

实际工作中，没有必要去寻求 $T = 36.8\%$ 的最小误差点，只要测量的吸光度 A 在适宜的范围内即可。高精度的分光光度计，透光率的测量误差 ΔT 可低至 $\pm 0.01\%$，使适宜测量的吸光度范围扩大，应根据仪器性能说明和对测定结果准确度的要求确定适宜的测量范围。《中国药典》2010 年版规定，吸光度读数一般以在 $0.3 \sim 0.7$ 之间为宜。可通过调节被测溶液的浓度、选用适当厚度的吸收池等措施使吸光度 A 落在此区间内。

4. 参比溶液的选择

参比溶液也称为空白溶液。原则上来说，空白溶液的组成应是除不含被测组分外，其他成分与试样溶液完全一致。常见的空白溶液有如下几种，可根据具体情况加以选择。

（1）溶剂空白　若在入射光波长下，溶液中只有被测组分对光有吸收，而其他组分及显色剂几乎没有吸收，可用溶剂（如蒸馏水）作为空白溶液。

（2）试剂空白　若在测定波长下，显色剂有吸收，可不加试样溶液而完全按照显色反应的相同条件配制空白溶液。

（3）试样空白　若显色剂在测量波长处没有吸收，而被测溶液中存在有吸收的干扰物质，则可取与显色反应相同条件下的试样溶液，但不加显色剂，制得空白溶液。

除了上述几种常用的空白溶液之外，若显色剂和被测溶液中的干扰物质在测定条件下均有吸收，还可通过加入适当的掩蔽剂，使被测组分不与显色剂作用；或改变加入试剂的顺序，使被测组分不发生显色反应等来配制空白溶液。

207

第三节 紫外-可见分光光度分析方法

一、定性鉴别

紫外-可见分光光度法主要适用于不饱和共轭体系化合物的鉴定。吸收光谱的曲线形状、吸收峰的数目、各吸收峰的波长位置和相应的吸收系数是进行定性鉴别的主要依据。由于紫外-可见光区的吸收光谱比较简单，特征性不强，所以结构完全相同的化合物应有相同的吸收光谱，但吸收光谱相同的化合物不一定是同一个化合物。定性鉴别常用方法如下。

（一）对比吸收光谱的特征数据

最大吸收波长 λ_{max} 是最常用于鉴别的光谱特征数据。若样品化合物有多个吸收峰，并存在谷或肩峰，应同时作为鉴定依据。

具有相同或不同吸收基团的不同化合物，可能有相同的 λ_{max}，但由于它们的相对分子质量不同，所以吸收系数存在差别，可用作鉴别依据。例如安宫黄体酮和炔诺酮。

安宫黄体酮（$M=386.5$）
$\lambda_{max}=240\pm1nm$，$E_{1cm}^{1\%}=408$

炔诺酮（$M=298.4$）
$\lambda_{max}=240\pm1nm$，$E_{1cm}^{1\%}=571$

（二）对比吸光度（或吸收系数）的比值

有两个以上吸收峰的化合物，可在不同吸收峰（或谷）处测得吸光度的比值作为鉴别的依据。因为测定所用溶液的浓度相同，吸光度的比值即为吸收系数的比值：

$$\frac{A_1}{A_2}=\frac{E_1cl}{E_2cl}=\frac{E_1}{E_2}$$

例如《中国药典》2010 年版对维生素 B_{12} 原料药的鉴别方法为：将试样按规定方法配成 $25\mu g/ml$ 的溶液进行测定，规定 A_{361nm}/A_{278nm} 应为 1.70~1.88；A_{361nm}/A_{550nm} 应为 3.15~3.45。

（三）对比吸收光谱的一致性

若两个相同的化合物，吸收光谱应完全一致。将试样与已知对照品配制成相同浓度的溶液，在相同的测定条件下，比较它们的吸收光谱特征，还可以利用文献所载的标准图谱进行核对。若两者完全相同，则可能是同一种化合物，如两者有明显差别，则肯定不是同一种化合物。

二、单组分的定量分析方法

根据比尔定律，物质在一定波长处的吸光度与浓度成正比关系，这是定量计算的依据。许多溶剂本身在紫外 – 可见光区有吸收峰或末端吸收，选用溶剂时应考虑溶剂本身吸收的干扰。部分常用溶剂的截止波长列于表 10 – 3。选择溶剂时，被测组分的测量波长必须大于溶剂的截止波长。

表 10 – 3　溶剂的截止波长

溶剂	截止波长（nm）	溶剂	截止波长（nm）	溶剂	截止波长（nm）
乙醚	210	96% 硫酸	210	三氯甲烷	245
环己烷	200	乙醇	215	四氯化碳	260
正丁醇	210	2,2,4 – 三甲戊烷	220	甲酸甲酯	260
水	200	对 – 二氧六环	220	苯	260
异丙醇	210	正己烷	220	甲苯	285
甲基环己烷	210	甘油	230	吡啶	305
二硫化碳	385	1,2 – 二氧己烷	233	丙酮	330
甲醇	205	二氯甲烷	235	乙酸乙酯	260

（一）吸收系数法

许多化合物的吸收系数 ε 或 $E_{1cm}^{1\%}$ 可以从有关手册或文献中查到，中国药典中也收载有多种药物的百分吸收系数 $E_{1cm}^{1\%}$，可根据试样溶液测得的吸光度求出被测物质的浓度。

$$c_x = \frac{A_x}{E_{1cm}^{1\%} \cdot l} \text{ 或 } c_x = \frac{A_x}{\varepsilon \cdot l} \tag{10 – 9}$$

例 10 – 2　维生素 B_{12} 的水溶液在 361nm 波长处的 $E_{1cm}^{1\%} = 207$，测得供试品溶液的 $A = 0.414$（1cm 吸收池），求溶液中维生素 B_{12} 的浓度。

解：

$$c = \frac{0.414}{207 \times 1} = 0.00200 \text{（g/100ml）}$$

应注意计算结果中 c 的单位是 g/100ml，这是百分吸收系数的定义决定的。若用摩尔吸收系数 ε 代入计算，则所得结果 c 的单位为 mol/L。

如果查不到被测物质的吸收系数，或测定条件与手册、文献中不尽相同，则不能采用吸收系数法进行测定。此外，用吸收系数法进行定量分析，对仪器的精度要求较高，非单色光、非平行光等因素会导致物质的吸光度随仪器的不同而有不同程度的差异。因此，用吸收系数法进行定量分析，有时会产生较大的误差。

（二）标准曲线法

尽管物质的吸光度随所用仪器的不同而存在差异，但对于同一台仪器，在确定的工作状态和测定条件下，吸光度 A 与浓度 c 之间一般仍呈线性关系，即：

$$A = k'c$$

式中，k' 只是对于具体仪器、在个别具体条件下的比例系数，不是物质的常数，不能互相通用，但可以通过绘制标准曲线进行定量分析。

209

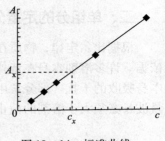

图 10－14 标准曲线

配制一系列不同浓度的对照品溶液，在相同条件下分别测定其吸光度。以浓度 c 为横坐标，吸光度 A 为纵坐标，绘制标准曲线（图 10－14），或求出线性回归方程。在同一条件下测定试样溶液的吸光度，根据标准曲线或线性回归方程求出被测组分的浓度。

绘制一条标准曲线或建立一个线性回归方程一般需要 5~7 个点，并且试样溶液的浓度必须落在标准曲线的浓度范围内，不得随意外推。理想的标准曲线应该是一条通过原点的直线，但实际所绘制的标准曲线往往并不通过原点。

标准曲线法对仪器的要求不高，是用紫外－可见分光光度法进行定量分析的较简便易行的方法，并适合于分析大批量的同类试样。

（三）标准对照法

如果绘制的标准曲线是通过原点的，测定试样时也可采用一种简化的方法，即标准对照法。

在相同条件下配制对照品溶液（s）和样品溶液（x），在选定波长处分别测定吸光度。

$$A_s = Elc_s$$
$$A_x = Elc_x$$

由于对照品溶液和样品溶液中的被测组分是同一种物质，在同一台仪器、相同实验条件下测定，吸收系数 E 和液层厚度 l 均相等，因此：

$$\frac{A_s}{A_x} = \frac{c_s}{c_x}$$

$$c_x = \frac{A_x c_s}{A_s} \tag{10－10}$$

需要注意，应用标准对照法时，一般要求对照品溶液与样品溶液的浓度尽量接近，否则将会引起较大的误差。

三、多组分的定量分析方法

若溶液中同时存在两种或两种以上的吸光物质对一定波长的单色光产生吸收，并且这些物质彼此之间不存在相互作用，即不因共存物质而改变自身的吸收系数，则溶液在该波长下的总吸光度为各吸光物质的吸光度之和：

$$A_{总} = A_1 + A_2 + \cdots + A_n = \sum_{i=1}^{n} A_i \tag{10－11}$$

这被称为吸光度的加和性。

根据吸光度的加和性，对于含有两种或两种以上组分的试样，可根据各组分吸收光谱相互重叠的程度选用不同的测定方法。

最简单的情况是各组分的吸收峰不重叠，如图 10－15a。可按单组分的测定方法，在组分 a 的 λ_{max} 处测定 a，在组分 b 的 λ_{max} 处测定 b。

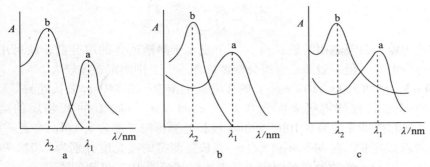

图 10-15　二组分混合样品吸收光谱的三种相关情况示意图

如果 a、b 两组分的吸收光谱有部分重叠，如图 10-15b，在组分 a 的吸收峰 λ_1 处组分 b 没有吸收，而在组分 b 的吸收峰 λ_2 处组分 a 有吸收峰。可先在 λ_1 处按单组分测定方法测得混合物溶液中组分 a 的浓度 c_a，再在 λ_2 处测得混合物的吸光度 A_2^{a+b}，按吸光度的加和性计算混合物溶液中组分 b 的浓度 c_b，即有：

$$A_2^{a+b} = A_2^a + A_2^b = E_2^a c_a l + E_2^b c_b l$$

$$c_b = \frac{1}{E_2^b \cdot l} \left(A_2^{a+b} - E_2^a c_a l \right)$$

在混合物测定中，最常见的情况是各组分的吸收曲线相互重叠，如图 10-15c。原则上只要混合物中各组分的吸收光谱有一定的差异，都可根据吸光度的加和性而设法测定。复杂体系多组分的分析需要运用计算分光光度法解决，计算分光光度法主要可分为数值计算法和数学变换法两大类。数值计算方法通过建立数学模型实现多组分样品的定量分析，最简单的数值计算方法是基于解线性方程组的方法：含 n 个组分的混合物，在 m 个波长处测定吸光度，可得到 m 个 n 元一次方程的线性方程组。通过计算处理，可同时得出所有共存组分各自的含量。比较实用的方法主要有图解法（等吸收双波长消去法、系数倍率法、三波长法等）、信号处理法（卡尔曼滤波法）和矩阵解法（最小二乘法、P 矩阵法、主成分回归法和偏最小二乘法等）。数学变换法是通过数学处理，对以比尔定律为基础的吸光度分析作一次数学的抽象，建立吸收曲线的数学信息与各组分的浓度之间的关系，并据此对物质进行定性、定量分析。主要的数学变换法有导数光谱法、正交函数法和褶合光谱法等。

下面概要介绍线性方程组法、等吸收双波长消去法和导数光谱法。

（一）线性方程组法

对于图 10-17c 所示的两组分混合物，若已分别测得组分 a、b 在 λ_1 和 λ_2 处的吸收系数，又在两波长处分别测得混合物溶液的吸光度 A_1^{a+b} 和 A_2^{a+b} 后，就可用解线性方程组法分别求出混合物溶液中两组分的浓度 c_a 和 c_b（设 $l = 1\,\mathrm{cm}$）。

因：

$$\begin{cases} A_1^{a+b} = A_1^a + A_1^b = E_1^a c_a + E_1^b c_b \\ A_2^{a+b} = A_2^a + A_2^b = E_2^a c_a + E_2^b c_b \end{cases}$$

故：

$$c_a = \frac{A_1^{a+b} \cdot E_2^b - A_2^{a+b} \cdot E_1^b}{E_1^a \cdot E_2^b - E_2^a \cdot E_1^b}$$

211

$$c_b = \frac{A_2^{a+b} \cdot E_1^a - A_1^{a+b} \cdot E_2^a}{E_1^a \cdot E_2^b - E_2^a \cdot E_1^b}$$

从理论上说，只要选用的波长点数等于或大于溶液所含的组分数，就可用于任意多混合组分的测定，但一般要求各组分的浓度相近，否则测定误差较大。

例 10 – 3 已知 5.00×10^{-4} mol/L 的 A 物质的溶液，在 440nm 波长处测得吸光度为 0.683，590nm 波长处测得吸光度为 0.139。8.00×10^{-5} mol/L 的 B 物质的溶液，在 440nm 波长处测得吸光度为 0.106，590nm 波长处测得吸光度为 0.470。今有一含 A、B 两种物质的未知溶液，在 440nm 和 590nm 波长处测得的吸光度分别为 1.022 和 0.414。以上吸光度均用 1cm 吸收池进行测定。试求该未知溶液中 A 和 B 的浓度。

解：

$$\varepsilon_{A,440} = \frac{A_{A,440}}{bc_A} = \frac{0.683}{1 \times 5.00 \times 10^{-4}} = 1.366 \times 10^3$$

$$\varepsilon_{A,590} = \frac{A_{A,590}}{bc_A} = \frac{0.139}{1 \times 5.00 \times 10^{-4}} = 0.278 \times 10^3$$

$$\varepsilon_{B,440} = \frac{A_{B,440}}{bc_B} = \frac{0.106}{1 \times 8.00 \times 10^{-5}} = 1.325 \times 10^3$$

$$\varepsilon_{B,590} = \frac{A_{B,590}}{bc_B} = \frac{0.470}{1 \times 8.00 \times 10^{-5}} = 5.875 \times 10^3$$

因此，

$$c_A = \frac{A_{440} \cdot \varepsilon_{B,590} - A_{590} \cdot \varepsilon_{B,440}}{\varepsilon_{A,440} \cdot \varepsilon_{B,590} - \varepsilon_{A,590} \cdot \varepsilon_{B,440}}$$

$$= \frac{1.022 \times 5.875 \times 10^3 - 0.414 \times 1.325 \times 10^3}{1.366 \times 10^3 \times 5.875 \times 10^3 - 0.278 \times 10^3 \times 1.325 \times 10^3} = 7.13 \times 10^{-4} \ (\text{mol/L})$$

$$c_B = \frac{A_{590} \cdot \varepsilon_{A,440} - A_{440} \cdot \varepsilon_{A,590}}{\varepsilon_{A,440} \cdot \varepsilon_{B,590} - \varepsilon_{A,590} \cdot \varepsilon_{B,440}}$$

$$= \frac{0.414 \times 1.366 \times 10^3 - 1.022 \times 0.278 \times 10^3}{1.366 \times 10^3 \times 5.875 \times 10^3 - 0.278 \times 10^3 \times 1.325 \times 10^3} = 3.68 \times 10^{-5} \ (\text{mol/L})$$

（二）等吸收双波长消去法

等吸收双波长消去法是在上述两波长测定的线性方程组法基础上提出的。如果可以从组分 b 的吸收曲线上选择两个吸光度相等的波长 λ_1 和 λ_2，即 $A_1^b = A_2^b$，那么，将上述方程组中的两式相减，可得在两波长处混合物溶液的吸光度之差为：

$$\Delta A = A_2^{a+b} - A_1^{a+b} = A_2^a - A_1^a = (E_2^a - E_1^a) \cdot c_a \cdot l \qquad (10-12)$$

故可根据 ΔA 计算混合物溶液中组分 a 的浓度。

现用作图法说明波长的选择方法。如图 10 – 16，a 为被测组分，可选择其吸收峰的波长 λ_2 作为测量波长，在 λ_2 波长位置作 x 轴的垂线，此直线与干扰组分 b 的吸收曲线相交，再从交点作一条平行于 x 轴的直线，此直线可能与组分 b 的吸收曲线相交于一点或数点，与这些交点相对应的波长即可作为参比波长 λ_1。

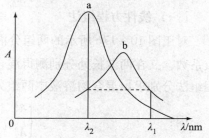

图 10 – 16 等波长双波长消去法选择波长示意图

等吸收双波长消去法的关键是能选择到合适的测定波长与参比波长，选择原则是必须同时符合两个基本条件：①干扰组分 b 在这两个波长处应具有相等的吸光度（或吸收系数），即 $\Delta A^b = A_2^b - A_1^b = 0$；②被测组分 a 在这两个波长处的 ΔA 应尽可能大，以保证测定结果的灵敏度。

应用等吸收双波长消去法，需要找到干扰组分 b 在两个不同波长处的等吸收点，为此，要求组分 b 的吸收光谱中至少有一个吸收峰或谷。

（三）导数光谱法

对吸收曲线进行一阶或高阶求导，把各阶导函数值对 λ 作图，便可得到各阶导数光谱曲线，简称导数光谱。

1. 基本原理

（1）定量依据　根据朗伯 - 比尔定律 $A = Ecl$，对波长 λ 进行 n 次求导得：

$$\frac{d^n A_\lambda}{d\lambda^n} = \frac{d^n E}{d\lambda^n} cl \tag{10-13}$$

经 n 次求导后，吸光度的导函数值与试样中被测组分的浓度成正比，这是导数光谱用于定量分析的理论依据。

（2）导数光谱对干扰吸收的消除　若将共存组分的干扰吸收表达为一个幂函数：

$$A_{干扰} = \alpha_0 + \alpha_1 \lambda + \alpha_2 \lambda^2 + \alpha_3 \lambda^3 + \cdots + \alpha_n \lambda^n$$

对上式求一阶导数，得：

$$A'_{干扰} = \alpha_1 + 2\alpha_2 \lambda + 3\alpha_3 \lambda^2 + \cdots + n\alpha_n \lambda^{n-1}$$

一次求导后，常数项 α_0 变成零消去，一次项 $\alpha_1 \lambda$ 变成常数 α_1。依此类推，n 次函数的 n 阶导数为常数，而 $n+1$ 阶导数则为零，即干扰背景将随求导阶次的增加而逐渐降幂乃至消除。

（3）导数光谱的波形特点　若用高斯曲线模拟一个吸收峰，其一至四阶导数光谱图如图 10-17，波形特征为：

①零阶光谱的峰在奇数阶导数光谱中为零；而在偶数阶导数光谱中是极值（极小和极大交替出现）。这有利于对吸收曲线峰值的精确测定。

②零阶光谱的拐点在奇数阶导数光谱中是极值；而在偶数阶导数光谱中为零。这对鉴别肩峰非常有利。

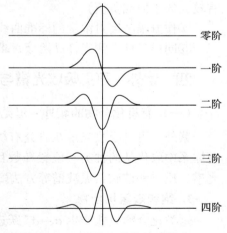

图 10-17　导数光谱的波形特点

③导数阶数增加，极值的数目也增加（极值数 = 导数阶数 + 1）。这就使得谱带变窄，特征性增强，从而有助于谱带的分辨。

2. 定量分析方法

根据式（10-13），被测组分的导函数值与浓度成正比，故可通过直接测量导数光谱数据进行定量分析，如图 10-18，常用的测量方法有以下几种：

①基线法（正切法）　对两个邻近的极大（峰）或极小（谷）值作切线，然后测量中间极值到切线的距离 d。

213

②峰谷法　测量两相邻峰谷之间的距离 P_1 或 P_2。

③峰零值　测量极值到零线之间的垂直距离 z。

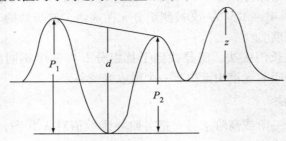

图 10 - 18　导数光谱振幅测量示意图

由于仪器的性能与精度所限，测定中，波长、谱带宽度和吸光度等数值都有一定的波动，其引起导数光谱的变异十分灵敏，尤其对高阶导数光谱。因此，导数光谱中的 $\dfrac{d^n E}{d\lambda^n}$ 不是一个通用的常数，用导数光谱法进行定量分析，一般均需采用标准曲线法，其过程如下：

①选择求导条件（$\Delta\lambda$，求导的阶次）；

②配制 5~7 个不同浓度的标准溶液，测定导数光谱图（$\dfrac{d^n A}{d\lambda^n} \sim \lambda$ 图）；

③用几何法量取一定波长处的振幅（此处干扰背景的振幅为零，被测组分的振幅有较大的正值或负值）；

④作振幅高度对浓度的标准曲线（或求出线性回归方程）；

⑤同样条件下测定样品溶液，求出 $c_{样}$。

四、紫外－可见吸收光谱与有机化合物的结构分析

（一）有机化合物的紫外－可见吸收光谱

紫外－可见吸收光谱在研究有机化合物的结构中，可以鉴定共轭生色团和估计共轭体系中取代基的种类、位置和数目，以此推断分子的骨架结构。但必须与红外吸收光谱、质谱和核磁共振波谱等方法配合才能完全确定物质的分子结构。

1. 饱和碳氢化合物

这类化合物只能产生 $\sigma \to \sigma^*$ 跃迁，在 200~800nm 波长范围没有吸收，在紫外－可见吸收光谱分析中常用作溶剂。

2. 含孤立助色团和生色团的饱和有机化合物

含有氧、氮、硫、卤素等杂原子的饱和化合物，分子内除 σ 电子外还有 n 电子，能产生 $n \to \sigma^*$ 跃迁。但这些化合物的 λ_{max} 大于 200nm 的不多，通常处于末端吸收，仅少数化合物（如烷基碘）的 λ_{max} 较大（表 10 - 4）。

表 10 - 4　含杂原子的饱和有机化合物的吸收峰

助色团	化合物	溶剂	跃迁	λ_{max}（nm）	ε_{max}
—	CH_4	气态	$n \to \sigma^*$	<150	——
—Cl	CH_3Cl	正己烷	$n \to \sigma^*$	173	200
—Br	$CH_3CH_2CH_2Br$	正己烷	$n \to \sigma^*$	208	300
—I	CH_3I	正己烷	$n \to \sigma^*$	259	400
—OH	CH_3OH	正己烷	$n \to \sigma^*$	177	200
—SH	CH_3SH	乙醇	$n \to \sigma^*$	195	1400
—NH_2	CH_3NH_2	乙醇	$n \to \sigma^*$	215	600

含孤立生色团的化合物一般会产生 $n \to \pi^*$、$n \to \sigma^*$ 和 $\pi \to \pi^*$ 跃迁。孤立双键的 $\pi \to \pi^*$ 吸收峰约在 150～180nm。酮和醛有 3 个吸收峰：$n \to \sigma^*$ 吸收峰约在 190nm；$\pi \to \pi^*$ 吸收峰约在 150～180nm；$n \to \pi^*$ 吸收峰约在 275～295nm（表 10 - 5）。

表 10 - 5　含有孤立生色团的有机化合物的吸收峰

生色团	化合物	溶剂	λ_{max}（nm）	ε_{max}
C=C	乙烯	气态	171	10000
—C≡C—	乙炔	气态	173	6000
C=O	乙醛	气态	289	12.5
			160	20000
			182	10000
	丙酮	正己烷	194	900
		气态	156	15000
		正己烷	279	15
—COOH	乙酸	水	204	40
—COOR	乙酸乙酯	水	204	60
—$CONH_2$	乙酰胺	甲醇	205	150
—COCl	乙酰氯	庚烷	240	34
C=N—	丙酮肟	水	190	5000
—N=N—	偶氮甲烷	二氧六环	347	4.5
—N=O	亚硝基丁烷	乙醚	300	100
—NO_2	硝基甲烷	乙醇	271	18.6

3. 共轭烯烃

若分子中含有两个非共轭的双键，则其吸收峰波长与一个双键的吸收峰波长无明显差异，只是吸收系数有所增加。若含两个共轭双键，由于形成大 π 键，使 π 与 π^* 轨道的能量差减小，故随着共轭体系的增加，$\pi \to \pi^*$ 跃迁所需能量减小，λ_{max} 长移，ε 增大。化合物可由无色逐渐变成有色。

4. α, β – 不饱和羰基化合物

若分子中的双键和羰基未形成共轭，其紫外 – 可见吸收光谱分别出现 C＝C 和 C＝O 双键的 $\pi \rightarrow \pi^*$ 跃迁，约在 200nm 左右有两个强吸收峰，另外在约 280nm 处有羰基的 $n \rightarrow \pi^*$ 吸收峰。在 α, β – 不饱和醛、酮中，C＝O 和 C＝C 共轭，形成 $\pi \rightarrow \pi^*$ 跃迁的 K 带，并且 $n \rightarrow \pi^*$ 的 R 吸收带长移，吸收系数 ε 也增大。溶剂极性增大，使 $\pi \rightarrow \pi^*$ 谱带长移，而使 $n \rightarrow \pi^*$ 谱带短移。

5. 芳香族化合物

最简单的芳香族化合物是苯，它具有环状共轭体系，在紫外光区有 E_1 带、E_2 带和 B 带等 3 个吸收带，它们都是 $\pi \rightarrow \pi^*$ 跃迁所产生的。B 带是芳香族化合物的特征，是鉴定芳香族化合物的有力证据，但 B 带的精细结构在极性溶剂中消失。

苯环上有取代基时，苯的三个特征谱带都会发生显著的变化，尤其是 E_2 带和 B 带。当苯环上有生色团相连时，形成具有最大吸收的 K 带；当有—NH_2、—OH 等助色团相连时，B 带显著红移，吸收强度也增大。由于这些基团上有 n 电子，故可能有 $n \rightarrow \pi^*$ 跃迁的 R 带。

（二）有机化合物结构的研究

1. 官能团的初步推断

① 若吸收光谱在 220～800nm 范围内无吸收，该化合物可能是脂肪族饱和碳氢化合物、胺、腈、醇、醚、羧酸、氯代烃和氟代烃，不含直链和环状共轭体系，无醛、酮等基团。

② 210～250nm 范围有强吸收带（K 带），可能存在两个共轭的不饱和键（共轭二烯或 α, β – 不饱和醛、酮）

③ 200～250nm 范围有强吸收带，同时 250～290nm 范围有吸收，在非极性溶剂中显示精细结构，说明分子中有苯环存在，前者为 E 带或形成共轭后产生的 K 带，后者为 B 带。

④ 250～350nm 范围有弱吸收带（R 带），分子中可能含有醛、酮的羰基或共轭羰基。

⑤ 300nm 以上有强吸收带，说明化合物具有较大的共轭体系。若吸收强且有明显的精细结构，则可能为稠环芳烃、稠环杂芳烃或其衍生物。

2. 异构体的初步推断

（1）顺反异构体　一般反式异构体比顺式异构体有较大的 λ_{max} 和 ε_{max}，因为顺式异构体的位阻效应影响了分子结构的平面性，使共轭程度降低，因此 λ_{max} 蓝移，ε_{max} 减小。如顺式和反式 1,2 – 二苯乙烯（见第一节）。

（2）互变异构体　某些有机化合物具有两种官能团异构体互相迅速变换而处于动态平衡之中。例如，乙酰乙酸乙酯存在下述两种异构体：

$$CH_3-\underset{\underset{O}{\parallel}}{C}-CH_2-\underset{\underset{O}{\parallel}}{C}-OC_2H_5 \rightleftharpoons CH_3-\underset{\underset{OH}{|}}{C}=CH-\underset{\underset{O}{\parallel}}{C}-OC_2H_5$$

酮式　　　　　　　　　　烯醇式

在极性溶剂中测定时，$\lambda_{max} = 272nm$，是弱吸收，说明该峰由 $n \rightarrow \pi^*$ 跃迁引起，可

确定此时体系主要以酮式异构体存在。原因是酮式异构体易与极性溶剂形成氢键，上述平衡左移。

在非极性溶剂中测定时，由于烯醇式在非极性溶剂中可形成分子内氢键而具有稳定性，此时主要以具有共轭双键的烯醇式存在，因此在 245nm 处有强的 K 吸收带。

3. 有机分子结构的初步确证

例如推断水合氯醛的分子结构：三氯乙醛在己烷中的 λ_{max} 为 290nm，ε 为 33，这是由分子中羰基的 $n \rightarrow \pi^*$ 跃迁引起的。三氯乙醛溶于水后，在 290nm 处已无最大吸收峰，从而可判断三氯乙醛的水化物结构中已无 $-\overset{|}{C}=O$ 基团，其结构应为 $CCl_3-CH(OH)_2$，而不是 CCl_3-CHO。

五、酸碱离解常数和配合物稳定常数的测定

如果有机弱酸或弱碱的酸式体和碱式体在紫外－可见光区有吸收，且吸收曲线不重叠，就有可能利用紫外－可见分光光度法测定其离解常数。这种方法特别适用于溶解度较小的有机弱酸或弱碱。

以一元弱酸 HA 为例，离解反应平衡为：

$$HA \Longleftrightarrow H^+ + A^-$$

为了求得离解常数 K_a，配制一系列不同 pH 的浓度均为 c 的 HA 溶液，用 pH 计测得各溶液的 pH，并在一定波长处测定各溶液的吸光度。吸光度与酸式体和碱式体的平衡浓度之间存在如下关系：

$$A = \varepsilon_{HA}[HA] + \varepsilon_{A^-}[A^-] \tag{10-14}$$

由于 HA 与 A^- 互为共轭酸碱，并且它们的平衡浓度之和等于总浓度 c，故有：

$$A = \varepsilon_{HA}\delta_{HA}c + \varepsilon_{A^-}\delta_{A^-}c$$

$$= \varepsilon_{HA}\frac{[H^+]}{K_a+[H^+]}c + \varepsilon_{A^-}\frac{K_a}{K_a+[H^+]}c \tag{10-15}$$

在强酸性溶液中，可认为该弱酸全部以酸式体 HA 存在，此时测得的吸光度为：

$$A_{HA} = \varepsilon_{HA}c$$

即：

$$\varepsilon_{HA} = \frac{A_{HA}}{c} \tag{10-16}$$

在强碱性溶液中，可认为该弱酸全部以碱式体 A^- 存在，此时测得的吸光度为

$$A_{A^-} = \varepsilon_{A^-}c$$

即：

$$\varepsilon_{A^-} = \frac{A_{A^-}}{c} \tag{10-17}$$

将式（10-16）和式（10-17）代入式（10-15），可得：

$$A = A_{HA}\frac{[H^+]}{K_a+[H^+]} + A_{A^-}\frac{K_a}{K_a+[H^+]}$$

整理得：

$$K_a = \frac{A_{HA}-A}{A-A_{A^-}}[H^+]$$

或

$$pK_a = pH + \lg\frac{A-A_{A^-}}{A_{HA}-A} \tag{10-18}$$

217

吸光度 A_{HA}、A_{A^-}、A 及溶液的 pH 均可由实验测得，故可根据式（10 – 18）求得离解常数 K_a。

例 10 – 4 2 – 硝基 – 4 – 氯酚是一种有机弱酸，准确称取 3 份相同量的该物质，置于相同体积的 3 种不同介质中，配制成 3 份试液，在 25℃时于 427nm 波长处分别测量其吸光度。在 0.01mol/L HCl 溶液中，该酸不解离，吸光度为 0.062；在 0.01mol/L NaOH 溶液中，该酸完全解离，吸光度为 0.855；在 pH 6.22 的缓冲溶液中吸光度为 0.356。试计算该酸在 25℃时的离解常数。

解：

$$K_a = \frac{A_{HA} - A}{A - A_{A^-}}[H^+] = \frac{0.062 - 0.356}{0.356 - 0.855} \times 10^{-6.22} = 3.55 \times 10^{-7}$$

配合物的稳定常数也可用紫外 – 可见分光光度法求得。

例 10 – 5 金属离子 M 与配位体 L 生成 ML_3 配合物。当 M 的浓度为 5.0×10^{-4} mol/L，L 的浓度为 0.20mol/L 时，以 1cm 比色皿测得吸光度为 0.80。当 M 的浓度为 5.0×10^{-4} mol/L，L 的浓度为 0.00250mol/L 时，在同样条件下测得吸光度为 0.64。已知 L 浓度为 0.20mol/L 时，金属离子 M 被完全配位，生成 ML_3，试求 ML_3 的总稳定常数。

解：配位反应方程式为：

$$M + 3L \Longrightarrow ML_3$$

配合物 ML_3 的总稳定常数：

$$K_{ML_3} = \frac{[ML_3]}{[M][L]^3}$$

L 的浓度为 0.20mol/L 时，金属离子 M 被完全配位，故可求得 ML_3 的摩尔吸收系数：

$$\varepsilon_{ML_3} = \frac{A_1}{bc} = \frac{0.80}{1 \times 5.0 \times 10^{-4}}L/(mol \cdot cm) = 1.60 \times 10^3 L/(mol \cdot cm)$$

据此，可求得 L 的浓度为 0.00250mol/L 时，生成的配合物 ML_3 的平衡浓度：

$$[ML_3] = \frac{A_2}{\varepsilon_{ML_3}b} = \frac{0.64}{1.60 \times 10^3 \times 1}mol/L = 4.0 \times 10^{-4}mol/L$$

此时，溶液中金属离子 M 和配位剂 L 的平衡浓度分别为：

$$[M] = (5.0 \times 10^{-4} - 4.0 \times 10^{-4})\ mol/L = 1.0 \times 10^{-4}mol/L$$
$$[L] = (2.50 \times 10^{-3} - 3 \times 4.0 \times 10^{-4})\ mol/L = 1.3 \times 10^{-3}mol/L$$

故，可得：

$$K_{ML_3} = \frac{4.0 \times 10^{-4}}{1.0 \times 10^{-4} \times (1.3 \times 10^{-3})^3} = 1.8 \times 10^9$$

第四节 光电比色法

对于能吸收可见光的有色溶液，采用可见分光光度法测定，该法通常也被称为光电比色法，简称比色法。光电比色法具有灵敏度高、简便易行的特点，在药学领域有广泛的应用。对于在紫外 – 可见光区无吸收的化合物，通过适当的显色反应生成有色化合物，亦可用光电比色法进行测定。有些化合物在紫外－可见光区吸收较弱，也可利用显色反应提高测定的灵敏度。当被测溶液中有多个组分共存时，则可利用显色反应提高分析的选择性。

一、显色反应和显色条件

（一）显色反应

选用适当的试剂与被测物质定量反应，生成有色物质后进行可见分光光度法测定，该反应称为显色反应，所用试剂称为显色剂。

显色反应有各种类型，例如配位反应、氧化还原反应、缩合反应等，应用最广的是配位反应。

金属离子与配位体可形成稳定的有色配合物或配合离子，反应灵敏度较高，吸收系数 ε 可达 10^5 数量级，且往往有较好的选择性，适用于微量分析。配位体大多为有机物，已有大量的有机试剂（如磺基水杨酸、丁二酮肟、邻二氮菲等）用于比色分析。也可利用金属离子作试剂测定具有配位体性质的有机物，例如，可用铝或锆测定黄酮类化合物。

金属离子与两种或两种以上的配位体形成的配合物称为多元配合物，用得较多的是与两种配位体生成的三元配合物。与常规的二元配合物相比，三元配合物更稳定，可提高测定的准确度和重现性，同时，三元配合物的光度分析灵敏度也更高，显色反应具有更好的选择性。

某些表面活性剂参与金属离子和显色剂的反应时能形成胶束状化合物，可使吸收峰的波长红移，ε 增大。表面活性剂多为长碳链的季铵盐类及动物胶、聚乙烯醇等。

形成离子对的反应也被用于比色法，例如，生物碱类与酸性染料或雷氏盐，金属配合阴离子与阳离子表面活性剂等形成的离子对都可用于比色分析。

显色反应的有色产物，若能溶于有机溶剂，则可萃取后进行比色测定，有利于提高选择性和灵敏度，这种方法称为萃取比色法。

显色反应必须符合以下要求：

① 被测物质与所生成的显色产物之间必须有确定的定量关系。

② 显色产物要有足够的稳定性，保证测定的吸光度 A 有一定的重现性。

③ 若显色剂本身有色，则显色产物的颜色与显色剂颜色必须有明显的差异，要求显色产物与显色剂的最大吸收波长之差应大于 60nm。

④ 显色产物在测量波长范围内应有较强的吸收，以保证测定的灵敏度，一般要求 ε 为 $10^3 \sim 10^5$。

⑤ 显色反应必须具有较好的选择性。对于萃取比色法，应有足够大的分配比，以保证萃取完全。

（二）显色条件的选择

影响显色反应的主要因素有显色剂的用量、溶液的酸度（pH）、显色的时间、反应的温度、溶剂等。通常需进行影响因素的试验研究，以便确定显色反应的适宜条件。

（1）溶剂的选择　应选择使显色产物易溶、稳定、不易挥发的溶剂。

（2）溶液的酸度（pH） 溶液酸度影响显色反应的进行及其完全程度，在不同的反应类型中影响机制不同。如在配位显色反应中，酸度往往会影响弱酸配位剂的有效浓度。在含氧酸作为氧化剂的氧化还原反应中，$[H^+]$会影响氧化剂的电位，因而有的反应必须控制反应体系的酸度，必要时用缓冲溶液来保持溶液的pH。

（3）显色剂的用量 显色剂的用量以反应完全、显色稳定为宜，一般需要加入过量的显色剂，但用量过大时也可能造成副反应。显色剂的用量可通过试验并绘制吸光度（A）－显色剂浓度c曲线（图10－19）来确定。通常有3种可能的情况，其中图10－19a、b两种情况较常见。曲线a为初始时吸光度A随显色剂浓度c增加而增大，当显色剂浓度达到c_1时，吸光度趋于稳定，意味着显色剂用量已足够，故选择浓度大于c_1的显色剂用量即可进行测定。曲线b的平坦区域较窄，当显色剂浓度超过c_2时，继续增大显色剂用量，吸光度减小。例如，一定浓度的SCN^-可与$Mo(V)$生成橙红色的$Mo(SCN)_5$配合物，但SCN^-浓度过高时，则生成浅红色的$Mo(SCN)_6^-$，导致吸光度降低。对于这种情况，应控制显色剂用量在曲线平坦部分，通常选择处于c_1和c_2中间的浓度，不仅灵敏度较高，而且稳定性好，可得到较准确的测定结果。曲线c与a、b两种情况不同，曲线上不存在平坦的区域，吸光度随显色剂浓度的增加不断增大。例如，测定溶液中的Fe^{3+}时，若以SCN^-为显色剂，随SCN^-浓度的增大，将生成颜色愈来愈深的高配位数配合物，溶液颜色由橙黄色逐渐变化到血红色，吸光度不断增大。这种情况下，必须严格控制显色剂用量，或者使显色剂过量很多，才能获得准确的测定结果。

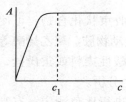 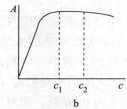 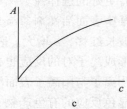

图10－19 吸光度与显色剂浓度的关系

（4）反应的温度 显色反应最好在室温下进行并达到平衡，但有的反应起始速度慢，需加热以加速反应，一般需通过试验确定适宜的温度条件。

（5）显色的时间 各种显色反应的反应速率不同，完成反应所需时间各有差异，生成的显色产物稳定性也不一样。因此，必须在一定条件下进行试验，绘制吸光度－时间关系曲线，选择吸光度稳定的时间范围，作为适宜的测定时间。

（三）干扰及其消除

若干扰物质本身有色，或与显色剂反应后生成有色产物，均会使测得的吸光度偏高，导致测量结果产生正误差；若干扰物质与被测组分或显色剂反应生成比显色产物更稳定而在测量波长下无吸收的物质，则会使测得的吸光度偏低，产生负误差；若干扰物质在显色条件下发生水解，析出沉淀，则会使溶液浑浊而导致无法进行测定。为了得到准确的测定结果，通常可采取以下措施消除干扰。

（1）控制酸度 通过控制酸度条件，使被测物质与显色剂反应的产物能够稳定存在，而干扰物质与显色剂反应的产物则被分解，从而提高反应的选择性，保证显色反应进行完全。

（2）选择适当的掩蔽剂 使用掩蔽剂是消除干扰的常用方法。所选用的掩蔽剂应不与被测物质作用，并且其自身以及与干扰物质反应的产物在测量条件下均应无吸收。

（3）选择适当的测量波长 一般情况下，选择显色产物的最大吸收波长作为测量波长。但若最大吸收波长处有干扰，而显色产物又有多个吸收峰，则可选择没有干扰的其他吸收峰，只要灵敏度能够达到检测要求，这种方法是可行的。

（4）利用适当的空白溶液消除干扰 例如，用二苯氨基脲比色法测定 Cr（Ⅲ）电镀液中的 Cr（Ⅵ）杂质，Cr（Ⅵ）经二苯氨基脲显色后，最大吸收波长位于 530nm。但是，Cr（Ⅲ）电镀液本身在该波长处也有一定程度吸收。为了消除其干扰，可采用不加显色剂二苯氨基脲的电镀液作为空白溶液。

（5）分离 采用沉淀、萃取、蒸馏及色谱法等手段将干扰物质预先分离亦可消除其干扰。但分离手段通常比较繁琐、耗时，且易造成准确度和精密度的降低，故只有在上述方法均不奏效的情况下，才考虑采用。

二、光电比色法的应用实例

由于同一类成分一般具有相似的化学结构，因此，往往具有相同的显色反应和相似的紫外－可见吸收光谱特征。故光电比色法常用于测定某一类成分的总量，如总黄酮、总皂苷、总生物碱、总有机酸等。

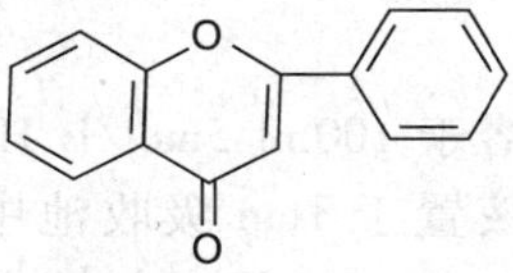

图 10－20 黄酮类化合物的基本母核（2－苯基色原酮）

现以中药中总黄酮的测定为例。黄酮类化合物（图 10－20）是中药中一类主要有效成分，具有多方面生理活性，在中药制剂中常作为药效学指标进行分析研究。黄酮类化合物具有交叉共轭体系，在紫外－可见光区具有两个特征吸收峰：Ⅰ 带在 300～400nm 内，Ⅱ 带在 240～285nm 内。提纯的黄酮类化合物可直接于其吸收峰处测定含量，但在复方制剂中，由于其他组分吸收的干扰，需进行显色测定。例如《中国药典》2010 年版消咳喘糖浆中总黄酮含量采用光电比色法测定。消咳喘糖浆的主要组成是满山红，含有杜鹃素、杜鹃乙素等黄酮类成分，可与铝盐生成有色配合物。以 KAc－$AlCl_3$ 作为显色剂，与黄酮类化合物显色后在 420nm 吸收峰波长处，以芦丁为对照品，用标准曲线法测定消咳喘糖浆中总黄酮以无水芦丁计的含量。

习 题

1. 名词解释 吸光度（A）、透光率（T）、摩尔吸收系数、百分吸收系数、生色团、助色团、红移、蓝移。

2. 电子跃迁有哪几种类型？其能量大小顺序如何？

221

3. 具有什么结构的化合物产生紫外吸收光谱，紫外吸收光谱有何特征？

4. 试推断以下化合物含有哪些跃迁类型和吸收带：

$$CH_2=CHCH_3 \quad 苯酚 \quad 苯乙酮 \quad H_2C=CH-\overset{\displaystyle O}{\underset{\displaystyle CH_3}{C}}$$

5. 异丙叉丙酮有两种异构体：

$$H_3C-\underset{\underset{CH_3}{|}}{C}=CH-\underset{\underset{O}{\|}}{C}-CH_3 \qquad H_2C=\underset{\underset{CH_3}{|}}{C}-CH_2-\underset{\underset{O}{\|}}{C}-CH_3$$

$$（Ⅰ） \qquad\qquad\qquad （Ⅱ）$$

它们的紫外吸收光谱分别为：（Ⅰ）$\lambda_{max}=235nm$，ε 为 12 000；（Ⅱ）在 220nm 以后无强吸收。如何用紫外吸收光谱判别上述异构体（说明理由）？

6. 为什么比尔定律只适用于单色光，简述偏离比尔定律的原因。

7. 为什么最好在吸收峰波长处进行含量测定？

8. 紫外 – 可见分光光度计从光路分类有哪几类？简述其特点。

9. 简述紫外 – 可见分光光度计的主要部件及功能。

10. 简述等吸收双波长消去法和导数光谱法在多组分含量测定中的原理和特点。

11. 简述光电比色法的特点、应用范围和测定条件的选择。

12. 安络血的相对分子质量为 236，将其配成 0.4300mg/100ml 的溶液，盛于 1cm 吸收池中，在 $\lambda_{max}=355nm$ 处测得 $A=0.483$，试求安络血的 $E_{1cm}^{1\%}$ 和 ε。

$$[E_{1cm}^{1\%}=1\ 123；\varepsilon=2.65\times10^4]$$

13. 称取维生素 C 0.0500g 溶于 100ml 5mol/L H_2SO_4 溶液中，准确量取此溶液 2.00ml，稀释至 100ml，取此溶液置于 1cm 吸收池中，在 $\lambda_{max}=245nm$ 处测得 $A=0.498$。求样品中维生素 C 的质量分数。$[E_{1cm}^{1\%}（245nm）=560]$

$$[88.9\%]$$

14. 某试液用 2.0cm 的吸收池测量时 $T=60.0\%$，若改用 1.0cm、3.0cm 和 4.0cm 吸收池测定，百分透光率是多少？

$$[77.5\%、46.5\%、36.0\%]$$

15. 有一化合物的醇溶液，其 $\lambda_{max}=240nm$，$\varepsilon=1.7\times10^4$，相对分子质量为 314.47。若仪器的 $\Delta T=0.5\%$，试问配制什么浓度范围测定较为合适。

$$[3.70\times10^{-4}\sim1.29\times10^{-3}mol/L]$$

16. 精密称取维生素 B_{12} 对照品 20.0mg，加水准确稀释至 1000ml，将此溶液置厚度为 1cm 的吸收池中，在 $\lambda=361nm$ 处测得 $A=0.414$。另取两个试样，一为维生素 B_{12} 的原料药，精密称取 20.0mg，加水准确稀释至 1000ml，同样条件下测得 $A=0.390$，另一为维生素 B_{12} 注射液，精密吸取 1.00ml，稀释至 10.00ml，同样条件下测得 $A=0.510$。试分别计算原料药中维生素 B_{12} 的质量分数和注射液中维生素 B_{12} 的质量浓度。

$$[94.2\%；0.246mg/ml]$$

17. A、B 两组分的混合溶液，已知 A 组分在波长 282nm 和 238nm 处的百分吸收系数分别为 720 和 270；而 B 组分在上述两波长处的吸光度相等。现把混合溶液盛于 1.0cm 吸收池，测得在 282nm 处的 $A=0.442$，在 238nm 处的 $A=0.278$，求混合溶液中

A 组分的浓度。

[0.364mg/100ml]

18. 含有 Fe^{3+} 的某药物溶解后,加入适量显色剂 KSCN 溶液,生成红色配合物($\varepsilon = 1.8 \times 10^4$),用 1cm 吸收池在 420nm 波长处测定,若该药物含 Fe^{3+} 约为 0.5%,现欲配制 50ml 测试液,为使测定误差最小,应称取该药多少克?($M_{Fe} = 55.85$g/mol)

[0.135g]

19. 精密称取试样 0.0500g,用 0.02mol/L HCl 溶液稀释,配制成 250ml。准确吸取 2.00ml,稀释至 100ml,以 0.02mol/L HCl 溶液为空白,在 253nm 处用 1cm 吸收池测得 $T = 41.7\%$。已知被测组分的 $\varepsilon = 12\ 000$,相对分子质量为 100.0,试计算试样中被测组分的百分吸收系数和质量分数。

[1200;79.2%]

20. 甲基红的酸式体(HIn)和碱式体(In^-)的最大吸收波长分别为 528nm 和 400nm,在不同实验条件下以 1cm 比色皿测得吸光度如下表,求甲基红的浓度 c_x。

浓度(mol/L)	酸度	A_{528}	A_{400}
1.22×10^{-5}	0.1mol/L HCl	1.783	0.077
1.09×10^{-5}	0.1mol/L $NaHCO_3$	0.00	0.753
c_x	pH = 4.18	1.401	0.166

[1.11×10^{-5}mol/L]

21. 某药物浓度为 1.0×10^{-3}mol/L,在 270nm 波长下测得吸光度为 0.400,在 345nm 波长下测得吸光度为 0.010。已知此药物在人体内的代谢产物浓度为 1.0×10^{-4}mol/L 时,在 270nm 波长处无吸收,而在 345nm 波长下吸光度为 0.460。现取尿样 10ml,稀释至 100ml,同样条件下,在 270nm 波长下测得吸光度为 0.325,在 345nm 波长下测得吸光度为 0.720。以上吸光度均以 1cm 比色皿测定。试计算 100ml 尿样稀释液中代谢产物的浓度。

[1.5×10^{-4}mol/L]

22. 配合物 ML_2 的最大吸收波长在 480nm 处。当配位剂 5 倍以上过量时,吸光度只与金属离子的总浓度有关,并遵守朗伯 - 比尔定律,金属离子和配位剂在 480nm 波长处无吸收。今有一含 M^{2+} 0.000230mol/L 和 L^- 0.00860mol/L 的溶液,在 480nm 波长处用 1cm 比色皿测得吸光度为 0.690。另有一含 M^{2+} 0.000230mol/L 和 L^- 0.000500mol/L 的溶液,在同样条件下测得吸光度为 0.540。试计算该配合物的稳定常数。

[1.84×10^8]

(邓海山)

第十一章 CHAPTER

红外吸收光谱法

红外吸收光谱法（infrared absorption spectroscopy；IR）是应用连续波长的红外光照射样品，引起分子振动能级跃迁，产生分子光谱，从而进行化合物定性分析、定量分析和分子结构分析的方法。红外光照射样品所产生的分子光谱，称红外吸收光谱（infrared absorption spectrum），简称红外光谱（infrared spectrum）。由于红外光谱的特征性强，一般来说每一个化合物都有其特征的红外光谱，即红外光谱具有指纹性，因此，在实际工作中红外光谱法主要用于化合物的定性鉴别和结构分析。根据红外光谱吸收峰的位置、吸收峰的强度及吸收峰的形状，可以判断化合物的类别、官能团的种类、取代类型、结构异构及氢键等，从而推断出未知物的结构，因此红外光谱是有机化合物结构测定和鉴定的最重要方法之一。

波长在 $0.76 \sim 1000~\mu m$ 的电磁辐射称为红外光（infrared ray），该区域称为红外光谱区或红外区。红外光又可划分为近红外区、中红外区和远红外区。其中中红外区是研究分子振动能级跃迁的主要区域。不同区域红外光对应的波长、波数及引起能级跃迁类型见表 11 – 1。

224

表 11 – 1　红外光的区域划分

区域	波长（λ）	波数（σ）	能级跃迁类型
近红外区	$0.76 \sim 2.5~\mu m$	$13158 \sim 4000 cm^{-1}$	OH、NH、CH 倍频吸收区
中红外区	$2.5 \sim 50~\mu m$	$4000 \sim 200 cm^{-1}$	振动、转动吸收区
远红外区	$50 \sim 1000~\mu m$	$200 \sim 10 cm^{-1}$	转动吸收区

紫外光谱和红外光谱都属于分子吸收光谱，但前者是分子吸收紫外线引起外层价电子跃迁产生的；而后者是分子吸收红外线所致，红外线能量低，只能引起分子振动能级跃迁，同时伴随分子转动能级跃迁，因而红外吸收光谱又称振 – 转光谱（vibrational – rotational spectrum）。此外，紫外光谱和红外光谱的表示方法不同。乙酰水杨酸（阿司匹林）的红外光谱见图 11 – 1。由图 11 – 1 可以看出，图谱的横坐标为波数（σ），纵坐标为透光率（$T\%$），因此在红外光谱中吸收峰是倒峰。事实上，红外光谱横坐标有波数和波长（λ）两种表示方法，目前红外光谱横坐标主要以 σ 表示为主。

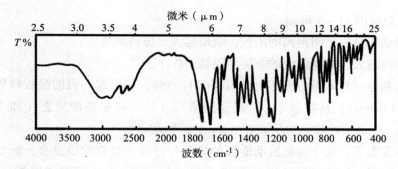

图 11-1　乙酰水杨酸（阿司匹林）的红外光谱图

第一节　红外光谱法基本原理

一、分子的振动能级与振动光谱

原子与原子之间通过化学键连接组成分子。分子是有柔性的，因而可以发生振动。我们把不同原子组成的双原子分子的振动模拟为不同质量小球组成的谐振子振动（harmonicity），即把双原子分子的化学键看成是质量可以忽略不计的弹簧，把两个原子看成是各自在其平衡位置附近作伸缩振动的小球（图 11-2）。振动势能 U 与原子间的距离 r 及平衡距离 r_e 间关系：

$$U = \frac{1}{2}K(r - r_e)^2 \qquad (11-1)$$

式中，K——化学键力常数；r_e——平衡位置原子间距离；r——振动瞬间原子间距离。

当 $r = r_e$ 时，$U = 0$，当 $r > r_e$ 或 $r < r_e$ 时，$U > 0$。振动过程势能的变化，可用势能曲线描述（图 11-3）。在 A、B 两原子距平衡位置最远时，分子的振动能就等于分子的振动势能。

即：
$$E_V = U = \left(V + \frac{1}{2}\right)h\nu \qquad (11-2)$$

式中，E_V——分子的振动能；ν——分子的振动频率；V——振动量子数，V 可取值：$V = 1, 2, 3\cdots$；h——Planck 常数。

225

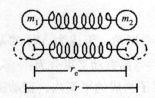

图 11-2　双原子分子伸缩振动示意图

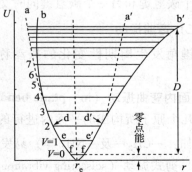

图 11-3　双原子分子振动势能曲线

由势能曲线图 11 - 3 可知：

（1）振动能是原子间距离的函数，振幅越大、振动能越大。

（2）振幅越大，势能曲线的能级间隔越来越小。

（3）从基态（V_0）跃迁到第一激发态（V_1）时，将引起一强的吸收峰称为基频峰（fundamental bands）；从基态（V_0）跃迁到第二（V_2）或更高激发态（如 V_3、V_4 等）时，将引起一弱的吸收峰称为倍频峰（overtone bands）。

（4）在常态下，处于较低振动能级的分子与谐振子势能曲线重合，振动模型极为相似。只有当 $V \geqslant 3$ 时，分子振动势能曲线（$b \to b'$）才显著偏离谐振子势能曲线（$a \to a'$）。实际上，红外光谱主要研究的是基频峰，所以用谐振子势能曲线研究分子振动是可行的。

（5）振幅超过一定值时，化学键断裂，分子离解，此时的能量等于离解能，势能曲线趋近于一条水平直线。

二、分子的振动形式

双原子分子振动形式简单，只有一类振动形式——伸缩振动。多原子分子振动形式复杂，可分为两类：伸缩振动和弯曲振动。振动形式的类型和数目是有机化合物结构分析的基础，振动形式的类型可以提供红外吸收峰的起因，研究红外吸收峰来源于何种分子振动形式的能级跃迁；振动形式的数目可以提供基频峰的数目，研究分子中可能存在的官能团。

假设多原子分子（或基团）的每个化学键可以近似地看成一个谐振子，则其振动形式有以下几种：

（一）伸缩振动

沿键轴方向发生周期性的变化的振动称为伸缩振动（stretching vibration）。伸缩振动可分为：

1. 对称伸缩振动（symmetric stretching vibration，ν_s 或 ν^s）
两个碳氢键对称的同时伸长或缩短，称为对称伸缩振动。

2. 不对称伸缩振动（antisymmetric stretching vibration，ν_{as} 或 ν^{as}）
一个碳氢键和另一个碳氢键同时交替伸长、缩短，称为不对称伸缩振动。

（二）弯曲振动

使键角发生周期性变化的振动称为弯曲振动（bending vibration）。弯曲振动可分为：

1. 面内弯曲振动（in - plane bending vibration，β)
在几个原子所构成的平面内进行的振动称为面内弯曲振动。组成为 AX_2 的基团或分子（如：—CH_2—及—NH_2 等）易发生此类振动。面内弯曲振动又可分为：

（1）剪式振动（scissoring vibration，δ）　在几个原子构成的平面内，振动键角的变化类似于剪刀的张、合，称为剪式振动。

（2）面内摇摆振动（rocking vibration，ρ） 在几个原子构成的平面内，基团作为一个整体进行摇摆，称为面内摇摆振动。

2. 面外弯曲振动（out – of – plane bending vibration，γ）

在垂直于几个原子所构成的平面内进行振动称为面外弯曲振动。面外弯曲振动又可分为：

（1）面外摇摆振动（out – of – plane wagging vibration，ω） 分子或基团的端基原子同时在垂直于几个原子构成的平面内同方向进行的振动，称为面外摇摆振动。

（2）卷曲振动（twisting vibration，τ） 分子或基团的端基原子同时在垂直于几个原子构成的平面内反方向进行的振动，称为卷曲振动。

3. 变形振动（deformation vibration，δ）

组成为 AX_3 的基团或分子中的 3 个 AX 键与轴线组成的夹角间进行振动。如：—CH_3 及 NH_3 等基团或分子可发生此类振动。变形振动又可分为：

（1）对称变形振动（symmetrical deformation vibration，δ^s） 组成为 AX_3 的基团或分子中的 3 个 AX 键与轴线组成的夹角在同一时间变大或变小进行振动，如同花瓣的同时"开"或"闭"的运动，称为对称变形振动。

（2）不对称变形振动（asymmetrical deformation vibration，δ^{as}） 组成为 AX_3 的基团或分子中的 3 个 AX 键与轴线组成的夹角在同一时间交替的变大或变小进行振动，称为不对称变形振动。

以亚甲基（=CH_2）和甲基（—CH_3）为例说明各种振动形式见图 11 – 4。

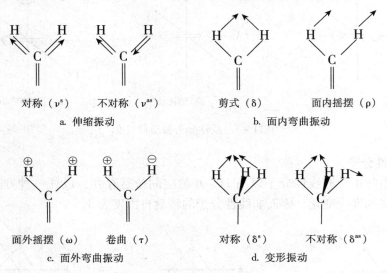

图 11 – 4 分子的振动形式

一般情况下，对称伸缩振动比不对称伸缩振动容易；弯曲振动比伸缩振动容易；面外弯曲振动比面内弯曲振动容易。即各振动形式的能量排列顺序为：$\nu_{as} > \nu_s > \delta > \gamma$。

正辛烷中各基团振动的类型及红外光谱（图 11 – 8）吸收峰归属见表 11 – 2。

227

表 11－2　正辛烷基团振动的类型及红外吸收峰归属

波数（cm^{-1}）	强度	振动类型	归属
~2960	强	$\nu_{CH_3}^{as}$	—CH$_3$，—CH$_2$
~2860	中等强	$\nu_{CH_3}^{s}$	—CH$_3$，—CH$_2$
1450	中强	$\delta_{CH_3}^{as}$，$\delta_{CH_2}^{as}$	—CH$_3$，—CH$_2$
1380	强	δ_{CH_3}	—CH$_3$
720	弱	ρ	—CH$_2$

（三）振动的自由度与峰数

对于含有 N 个原子的分子，每个原子在三维空间的位置可用 x、y、z 三个坐标表示，所以每个原子有 3 个自由度，分子的自由度总数为 $3N$。分子总的自由度可表示为：

$$3N = 平动自由度 + 转动自由度 + 振动自由度$$

分子在空间的位置由三个坐标决定，每一个坐标对应一个平动自由度，所以分子一共有三个平动自由度。分子的转动自由度是在分子转动时原子的空间位置发生变化时才能产生，原子在空间的位置不发生变化时不产生转动自由度，所以分子的转动自由度取决于分子的空间位置和分子的形状。

1. 线性分子

在三维空间中，线性分子以图 11－5 的空间位置存在，当以化学键为轴的方式转动时原子的空间位置不发生变化，转动自由度 = 0，因而线性分子只有两个转动自由度。

即：线性分子的振动自由度 = $3N - 3 - 2 = 3N - 5$。

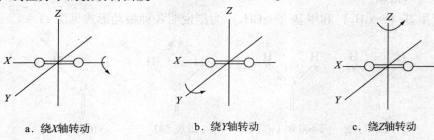

a. 绕 X 轴转动　　　　b. 绕 Y 轴转动　　　　c. 绕 Z 轴转动

图 11－5　线性分子振动自由度

2. 非线性分子

在三维空间中，非线性分子以图 11－6 的空间位置存在，以任一种方式转动，原子的空间位置均发生变化，因而非线性分子的转动自由度为 3。

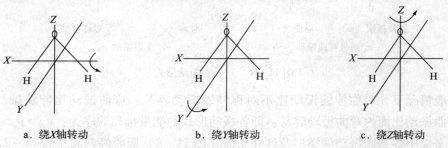

a. 绕 X 轴转动　　　　b. 绕 Y 轴转动　　　　c. 绕 Z 轴转动

图 11－6　非线性分子振动自由度

228

即：非线性分子的振动自由度 $=3N-3-3=3N-6$。

理论上讲，每个振动自由度代表一个独立的振动，在红外光谱区就将产生一个吸收峰。但是实际上，峰数往往少于基本振动的数目，其原因为：

① 当振动过程中分子的瞬间偶极矩不发生变化时，不产生红外光的吸收，这种现象称为红外非活性振动。

② 频率完全相同的振动在红外光谱中重叠，这种现象称为红外光谱的简并。

另外，还有弱的吸收峰被强吸收峰掩盖，弱的吸收峰测不到，吸收峰落在中红外区以外等，都导致红外吸收峰的数目少于相应分子或基团基本振动数目。

例如：H_2O 分子为非线性分子，振动自由度为 3，应有 3 种振动形式，在红外光谱中产生 3 个吸收峰：

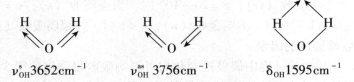

$$\nu_{OH}^{s}3652cm^{-1} \qquad \nu_{OH}^{as}3756cm^{-1} \qquad \delta_{OH}1595cm^{-1}$$

又如：CO_2 为线性分子，振动自由度为 4，应有 4 种振动形式，但红外光谱上只出现了两个吸收峰：$\nu_{C=O}^{as}2349cm^{-1}$、$\beta_{C=O}$（$\gamma_{C=O}$）$667cm^{-1}$，这是由于 CO_2 的对称伸缩振动（$\nu_{C=O}^{s}1388cm^{-1}$）是非红外活性的振动，不产生红外吸收；面内弯曲振动（$\beta_{C=O}$ $667cm^{-1}$）和面外弯曲振动（$\gamma_{C=O}667cm^{-1}$）频率相同，谱带发生简并。

$$O = C = O \qquad O = C = O \qquad O = C = O \qquad O = C = O$$

229

$$\nu_{C=O}^{s}1388cm^{-1} \qquad \nu_{C=O}^{as}2349cm^{-1} \qquad \beta_{C=O}667cm^{-1} \qquad \gamma_{C=O}667cm^{-1}$$

三、红外光谱产生的条件

（一）分子吸收红外光的条件

1. 分子的振动能级跃迁

由式（11-2）可知：
$$E_{振} = \left(V+\frac{1}{2}\right)h\nu$$

分子处于基态（$V=0$）的振动能量：$E_0 = \frac{1}{2}h\nu$；分子处于第一激发态（$V=1$）的振动能量：$E_1 = \frac{3}{2}h\nu$。分子由振动基态跃迁到第一激发态所需能量为 $\Delta E = h\nu$。能提供这一能量的光就是红外光，而红外光具有的能量 $E_L = h\nu_L$。

由此可见：
$$\nu_L = \nu \qquad\qquad (11-3)$$

即分子由振动基态跃迁到第一激发态吸收红外光的频率等于分子的化学键振动频率。

2. 振动光谱选律

（1）红外辐射的能量必须与分子的振动能级差相等，即 $E_L = \Delta V \cdot h\nu$ 或 $\nu_L = \Delta V \cdot \nu$。

即分子（或基团）的振动频率与振动量子数之差的乘积等于红外辐射的照射频率。

（2）分子（或基团）振动过程中其偶极矩必须发生变化，即 $\Delta\mu\neq0$。只有红外活性振动才能产生吸收峰。

在红外吸收光谱中，可观察到基频峰和部分倍频峰，除此之外还有可能看到合频峰 V_1+V_2，$2V_1+V_2$；差频峰 V_1-V_2 等。倍频峰、合频峰及差频峰统称为泛频峰。红外图谱中泛频峰一般都很弱，泛频峰的存在使光谱变得复杂，但也增加了确定分子结构的信息。

（二）吸收峰的强度

1. 吸收峰强度的表示

物质对红外光的吸收符合 Lambert – Beer 定律，峰强可用摩尔吸收系数 ε 表示。通常 $\varepsilon>100$ 时，为很强吸收（vs）；$\varepsilon=20\sim100$ 时，为强吸收（s）；$\varepsilon=10\sim20$ 时，为中强吸收（m）；$\varepsilon=1\sim10$ 时，为弱吸收（w）；$\varepsilon<1$ 时，为很弱吸收（vw）。

2. 影响吸收峰强度的因素

能级跃迁几率与振动过程中偶极矩变化均可影响吸收带强度。很少一部分基态分子吸收某一频率的红外光产生振动能级的跃迁而处于激发态，当这一过程达平衡后，激发态分子占总分子的百分数，称为跃迁几率。跃迁几率越大，谱带强度越强。而跃迁几率与偶极矩变化（$\Delta\mu$）有关，$\Delta\mu$ 越大，跃迁几率越大，谱带强度越强。另外，分子被电负性大的原子取代、分子的对称性差、弗米共振以及氢键的形成等均可增加 $\Delta\mu$ 的变化率，而使吸收峰增强。

四、吸收峰的位置

（一）基本振动频率

根据谐振子 Hooke 定律，谐振子的振动频率：

$$\nu=\frac{1}{2\pi}\sqrt{\frac{K}{\mu}} \tag{11-4}$$

式中，K——力常数，N/m；μ——两个小球的折合质量。若表示双原子分子的振动，则：

$$\sigma=1302\sqrt{\frac{K}{\mu'}}=1302\sqrt{\frac{K}{\dfrac{m_A m_B}{m_A+m_B}}}=1302\sqrt{K\cdot\frac{m_A+m_B}{m_A m_B}} \tag{11-5}$$

式中，K——化学键力常数，mD/Å，单键、双键、叁键的 K 分别为 5、10、15 mD/Å；μ'——两个原子的折合摩尔质量；m_A、m_B——A、B 的摩尔质量，g；σ——波数，cm^{-1}。

由式（11-5）可知：

① 由于 $K_{C\equiv C}>K_{C=C}>K_{C-C}$，红外振动波数：$\sigma_{C\equiv C}>\sigma_{C=C}>\sigma_{C-C}$（表 11-3）。

表 11-3 C-C、C=C、C≡C 的伸缩振动引起的基频峰波数

化学键类型	折合摩尔质量 μ'	键常数 K，mD/Å	基团振动波数，cm^{-1}
C-C	6	5	1190
C=C	6	10	1680
C≡C	6	15	2060

② 以共价键与 C 原子组成基团的其他原子随着原子质量的增加，红外振动波数减小：$\sigma_{C-H} > \sigma_{C-C} > \sigma_{C-O} > \sigma_{C-Cl} > \sigma_{C-Br} > \sigma_{C-I}$。

③以共价键与氢原子组成基团的红外振动波数均出现在高波数区：$\sigma_{C-H}2900cm^{-1}$，$\sigma_{O-H}3600 \sim 3200cm^{-1}$，$\sigma_{N-H}3500 \sim 3300cm^{-1}$。

(二) 影响吸收峰位置的因素

分子中各基团不是孤立的，它要受到邻近基团和整个分子结构的影响，即同一基团在不同化合物中，由于化学环境不同，吸收频率不同。因此，了解基团吸收峰位置的影响因素有利于对分子结构的准确判定。

1. 内部因素

（1）诱导效应 由于吸电子基团的取代，使被取代基团周围电子云密度降低，吸收峰向高频方向移动。如：$\nu_{C=O}$

$$
\underset{\displaystyle \nu_{C=O} \quad 1715cm^{-1}}{R-\overset{\displaystyle O}{\overset{\|}{C}}-R'} \qquad
\underset{\displaystyle 1735cm^{-1}}{R-\overset{\displaystyle O}{\overset{\|}{C}}-O-R'} \qquad
\underset{\displaystyle 1780cm^{-1}}{R-\overset{\displaystyle O}{\overset{\|}{C}}-Cl}
$$

（2）共轭效应 在 α，β-不饱和羰基化合物中，由于共轭效应使电子云密度平均化，C=O 双键性质降低，力常数减少，C=O 双键吸收峰向低波数区移动。

$$
\underset{\displaystyle \nu_{C=O} \quad 1715cm^{-1}}{R-\overset{\displaystyle O}{\overset{\|}{C}}-R'} \qquad
\underset{\displaystyle 1690cm^{-1}}{R-\overset{\displaystyle O}{\overset{\|}{C}}-CH=C\overset{\displaystyle CH_3}{\underset{\displaystyle CH_3}{}}} \qquad
\underset{\displaystyle 1680cm^{-1}}{R-\overset{\displaystyle O}{\overset{\|}{C}}-NH_2}
$$

（3）空间效应 空间效应是指由于空间作用的影响，使基团电子云密度发生变化，从而引起振动频率发生变化的现象。如：1-乙酰环己烯的 $\nu_{C=O}$（$1663cm^{-1}$）低于 1-乙酰-2-甲基-6，6-二甲基环己烯的 $\nu_{C=O}$（$1715cm^{-1}$），这是由于后者环上的取代基多，共平面性减弱，共轭受到限制，致使 $\nu_{C=O}$ 出现在高波数区。

$$
\underset{\displaystyle \nu_{C=O} \quad 1663cm^{-1}}{} \qquad\qquad \underset{\displaystyle 1715cm^{-1}}{}
$$

（4）环张力效应 通常情况下由于环张力的影响，环状化合物吸收频率比同碳链状化合物吸收频率高；而在环状化合物中随着环元素的减少，环张力增加，环外双键振动频率增加，环内双键振动频率降低，环丁烯达到最小，环丙烯振动频率反而增加。

（5）氢键效应 氢键的形成，可使形成氢键基团的吸收带明显的向低频方向移动，且强度增强。分子内氢键与形成氢键化合物的浓度无关，分子间氢键受形成氢键化合物的浓度影响较大，在极稀的溶液醇或酚中呈游离的状态，随着浓度的增加，分子间形成氢键的可能性增大，ν_{OH}逐渐向低频方向移动（图 11 - 7）。在羧酸中，不仅 ν_{OH} 向低频方向移动，且强度增强，同时 $\nu_{C=O}$ 也向低频方向移动。

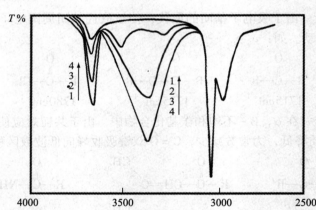

$\nu_{C=O}$ 形成氢键：   1622cm^{-1}

没有形成氢键：   1675cm^{-1} 1776cm^{-1}

ν_{OH} 形成氢键：   2843cm^{-1} 3610cm^{-1}

图 11 - 7 不同浓度乙醇在 CCl$_4$ 溶液的红外光谱图

1. 0.01mol/L；2. 0.10mol/L；3. 0.25mol/L；4. 1.00mol/L

（6）振动偶合效应 当两个或两个以上相同的基团在分子中靠得很近时，这些相同基团之间发生偶合，结果使其相应特征吸收峰发生分裂，这种现象称为振动偶合。如：化合物中存在有—CH(CH$_3$)$_2$ 或—C(CH$_3$)$_3$ 时，由于甲基空间距离相距很近，使 C—H 面内弯曲振动 δ^s_{CH} 1380cm^{-1} 峰发生分裂，出现双峰。酸酐的两个羰基 $\nu_{C=O}$ 互相偶合出现两个强的吸收峰。

（7）费米共振效应 当倍频峰（或泛频峰）出现在某强的基频峰附近时，弱的倍频峰（或泛频峰）的吸收强度会大大增强，有时发生分裂。这种振动偶合现象称为费米共振（Fermi resonance）。

2. 外部因素

（1）样品物理状态的影响 气态下测定红外光谱，可以提供游离分子的吸收峰的情况；液态和固态样品，由于分子间的缔合和氢键的形成，常常吸收峰向低频方向移动。如羧酸中 $\nu_{C=O}$ 气态 1780cm^{-1}，液态 1760cm^{-1}。

（2）溶剂影响 极性基团的伸缩振动频率常常随溶剂极性的增加而降低。如羧酸中 $\nu_{C=O}$ 的伸缩振动在非极性溶剂、乙醚、乙醇和碱中的振动频率分别为 1760cm^{-1}、1735cm^{-1}、1720cm^{-1} 和 1610cm^{-1}。

（三）特征区和指纹区

1. 特征区

红外光谱中 4000～1300cm^{-1} 的区域称为特征区，特征区出现的吸收峰比较稀疏，容易辨认，是化学键和基团的特征振动频率区，一般可用于鉴定官能团的存在。例如 2500～1600cm^{-1} 称为不饱和区，是辨认 C≡N、C≡C、C=O、C=C 等基团的特征区，其中 C≡N 和 C=O 的吸收特征性更强。1600～1450cm^{-1} 是由苯环骨架振动引起的区域，是辨认苯环存在的特征吸收区。

2. 指纹区

红外光谱中 1300～400cm^{-1} 的区域称为指纹区，指纹区出现的吸收峰比较密集，不容易辨认，但特征性强，一般可用于区别不同化合物结构上的微小差异。例如 1000～650cm^{-1} 称为面外弯曲振动区，是确定不饱和化合物取代类型和位置的重要区域。所以指纹区对于化合物来说就犹如人的"指纹"，没有两个不同的人具有相同的指纹，没有两个不同的化合物具有相同的指纹区吸收光谱。

五、特征峰和相关峰

（一）特征峰

用于鉴定官能团存在的峰称为特征吸收峰或特征峰。如：—OH 官能团的特征吸收峰在 3750～3000cm^{-1} 区域内，C=O 官能团的特征吸收峰在 1900～1650cm^{-1} 区域内，C≡C 官能团的特征吸收峰在 2400～2100cm^{-1} 区域内等。各种基团特征振动区域见表 11-4。

233

表 11-4 红外光谱的九个重要区段

波数（cm^{-1}）	波长（μm）	振动类型
3750～3000	2.7～3.3	ν_{OH}、ν_{NH}
3300～3000	3.0～3.4	$\nu_{\equiv CH} > \nu_{=CH} \approx \nu_{ArH}$
3000～2700	3.3～3.7	ν_{CH}（—CH$_3$、饱和 CH$_2$ 及 CH、—CHO）
2400～2100	4.2～4.9	$\nu_{C=C}$、$\nu_{C=N}$
1900～1650	5.3～6.1	$\nu_{C=O}$（酸酐、酰氯、酯、醛、酮、羧酸、酰胺）
1675～1500	5.9～6.2	$\nu_{C=C}$、$\nu_{C=N}$
1475～1300	6.8～7.7	δ_{CH}（各种面内弯曲振动）
1300～1000	7.7～10.0	ν_{C-O}（酚、醇、醚、酯、羧酸）
1000～650	10.0～15.4	$\gamma_{=CH}$（不饱和碳－氢面外弯曲振动）

（二）相关峰

相关峰是指一组相互依存，相互佐证的吸收峰。一个基团有数种振动形式，每种红外活性的振动通常都给出一个吸收峰，因此，要证明一个基团的存在，必须同时找到与该基团可能存在振动的其他吸收峰。如甲基的振动形式至少 3 种：ν_{C-H}^{as}、ν_{C-H}^{s}、δ_{C-H}，证明甲基时必须同时找到这 3 种振动形式对应的 3 个吸收峰，即相关峰。芳环化合物有 5 种振动形式：$\nu_{\varphi-H}$、泛频区、$\nu_{C=C}$、$\delta_{\varphi-H}$ 和 $\gamma_{\varphi-H}$，对应有 5 个相关峰，这 5 个吸收峰同时存在时可作为证明芳环化合物存在的依据。

第二节 有机化合物的典型红外吸收光谱

一、脂肪烃类化合物

（一）烷烃类化合物

烷烃类化合物用于结构鉴定的吸收峰主要有碳－氢伸缩振动（ν_{CH}），面内弯曲振动（δ_{CH}）和面内摇摆（ρ_{CH_2}）吸收峰。

1. ν_{CH}

在 3000 ~ 2845cm^{-1} 范围内出现强的多重峰。

—CH$_3$：ν_{CH}^{as} 2970 ~ 2940cm^{-1}（s），ν_{CH}^{s} 2875 ~ 2865cm^{-1}（m）。甲氧基中的甲基，由于氧原子的影响，ν_{CH} 一般在 2830cm^{-1} 附近出现尖锐而中等强度的吸收峰。

—CH$_2$—：ν_{CH}^{as} 2932 ~ 2920cm^{-1}（s），ν_{CH}^{s} 2855 ~ 2850cm^{-1}（s），环烷烃、与卤素等相连接的—CH$_2$—，ν_{CH} 向高频区移动，如环丙烷的 ν_{CH} 出现在 3100 ~ 2990cm^{-1} 区域内。

—CH—：在 2890cm^{-1} 附近，但通常被—CH$_3$ 和—CH$_2$—的伸缩振动所掩盖。

2. δ_{CH}

面内弯曲振动出现在 1490 ~ 1350cm^{-1}。

—CH$_3$：δ_{CH}^{as} ~ 1450cm^{-1}（m），δ_{CH}^{s} ~ 1380cm^{-1}（s），δ_{CH}^{s} 峰的出现是化合物中存在甲基的证明。当化合物中存在有—CH(CH$_3$)$_2$、—C(CH$_3$)$_3$ 或—C(CH$_3$)$_2$—时，由于振动偶合，1380cm^{-1} 峰发生分裂，出现双峰。在—CH(CH$_3$)$_2$ 基团中出现以 1380cm^{-1} 为中心，裂距为 15 ~ 30cm^{-1} 双峰；在—C(CH$_3$)$_3$ 基团中出现以 1380cm^{-1} 为中心，裂距为 30cm^{-1} 以上的双峰。在—C(CH$_3$)$_2$—基团中出现以 1380cm^{-1} 为中心，裂距为 15cm^{-1} 以上的双峰。

—CH$_2$—：δ_{CH} ~ 1465cm^{-1}（m）。环烷烃、与卤素等相连接的—CH$_2$—的 δ_{CH} 向高频区移动。

3. ρ_{CH_2}

在有—(CH$_2$)$_n$—直链结构的化合物中，—CH$_2$—的面内摇摆（ρ_{CH_2}）在 810 ~ 720cm^{-1} 内变化，n 越大，—CH$_2$—的 ρ_{CH_2} 越小，当 $n > 4$ 时，—CH$_2$—的 ρ_{CH_2} 在 720cm^{-1}。

正辛烷、环己烷的红外光谱见图 11 − 8。

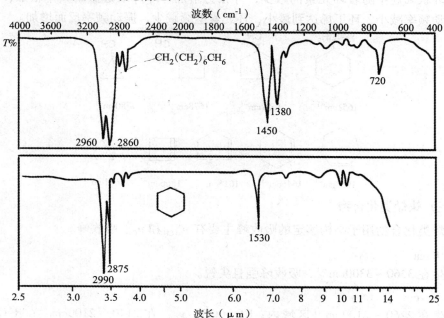

图 11 − 8　正辛烷、环己烷的红外光谱

（二）烯烃类化合物

烯烃类化合物用于结构鉴定的吸收峰主要有碳 − 氢伸缩振动（$\nu_{=CH}$）、碳 − 碳伸缩振动（$\nu_{C=C}$）和碳 − 氢面外弯曲振动（$\gamma_{=CH}$）吸收峰。

1. $\nu_{=CH}$

出现在 3100 ~ 3010 cm^{-1} 范围内，强度都很弱。

2. $\nu_{C=C}$：

非共轭 $\nu_{C=C}$ 发生在 1680 ~ 1620 cm^{-1}，强度较弱；共轭 $\nu_{C=C}$ 向低频方向移动，发生在 1600 cm^{-1} 附近，强度一般较强。

3. $\gamma_{=CH}$

出现在 990 ~ 690 cm^{-1} 范围内，强度较强。C—H 面外弯曲振动反应了双键被取代后，剩余质子振动偶合的情况，它可以用来判断双键上的取代基个数、取代位置、类型及顺反异构，是烯烃类化合物结构确定最有价值的振动形式，见表 11 − 5。

表 11 − 5　烯烃不同取代类型化合物的 $\gamma_{=CH}$

取代类型	振动波数，cm^{-1}	吸收峰强度
$RCH = CH_2$	990cm^{-1} 和 910cm^{-1}	s
$R_2C = CH_2$	890cm^{-1}	m 至 s
$RCH = CR'H$（顺）	690cm^{-1}	m 至 s
$RCH = CR'H$（反）	970cm^{-1}	m 至 s
$R_2C = CRH$	840 ~ 790cm^{-1}	m 至 s

235

在环状烯烃中随着环元素的减少，环张力增加，环外双键振动频率增加；而环内双键振动频率减小，环丁烯达到最小，环元素继续减少，振动频率反而增加。

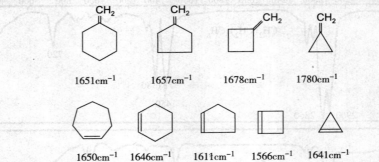

（三）炔烃类化合物

炔烃类化合物用于结构鉴定的吸收峰主要有 $\nu_{\equiv CH}$ 和 $\nu_{C\equiv C}$ 吸收峰。

1. $\nu_{\equiv CH}$

发生在 $3360 \sim 3300 cm^{-1}$，吸收峰强且尖锐。

2. $\nu_{C\equiv C}$

发生在 $2260 \sim 2100 cm^{-1}$ 区域内；$RC\equiv CH$：$\nu_{C\equiv C}$ 在 $2140 \sim 2100 cm^{-1}$；$R'C\equiv CR$：$\nu_{C\equiv C}$ 在 $2260 \sim 2190 cm^{-1}$。

正辛烷、1−辛烯、1−辛炔的红外光谱见图 11−9。

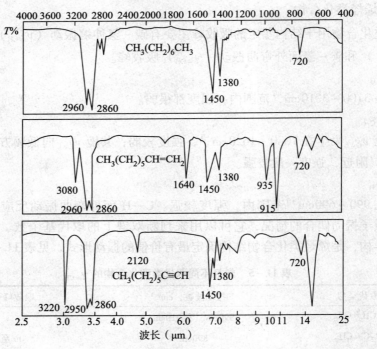

图 11−9　正辛烷、1−辛烯、1−辛炔的红外光谱

二、芳香烃类化合物

芳香族化合物用于结构鉴定的吸收峰主要有 $\nu_{=CH}$、$\nu_{C=C}$、泛频区、δ_{CH} 和 $\gamma_{=CH}$ 吸收峰。

1. $\nu_{=CH}$

苯环的 =CH 伸缩振动通常发生在 3100~3000cm^{-1}，中等强度。

2. 苯环的骨架振动（$\nu_{C=C}$）

在 1650~1450cm^{-1} 范围内出现多个吸收，其中 ~1600cm^{-1} 和 ~1500cm^{-1} 的两吸收最为重要。苯环未与取代基共轭，$\nu_{C=C}$ ~1600cm^{-1} 和 ~1500cm^{-1}；苯环与取代基共轭后 $\nu_{C=C}$ 除 ~1600cm^{-1} 和 ~1500cm^{-1} 外，又出现一个 ~1580cm^{-1} 吸收。当分子对称时，~1600cm^{-1} 谱峰很弱不易识别。

3. 泛频区

芳香族化合物面外弯曲振动的泛频峰出现在 2000~1660cm^{-1} 范围内，强度很弱，随着取代基极性的增加，泛频峰强度变得更弱。泛频峰的峰位、峰型与取代基的位置、数目高度相关，可作为芳香族化合物判断取代类型的重要依据。不同取代苯泛频峰的峰形、峰位及峰强见图 11－10。

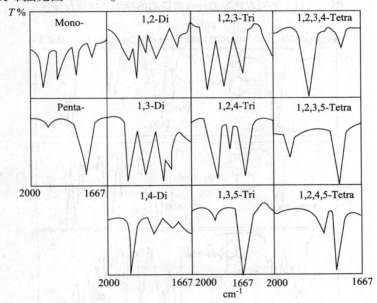

图 11－10　不同取代苯泛频峰的峰形、峰位及峰强

4. δ_{CH}

出现在 1225~955cm^{-1} 范围内，特征性较差，不易识别。

5. $\gamma_{=CH}$

芳香环的碳氢面外弯曲振动在 900~650cm^{-1} 范围内出现强的吸收峰，它反应了双键被取代后，剩余质子振动偶合的情况。该吸收峰的位置、个数和形状可用来鉴定苯环上取代基个数和类型，是芳烃类化合物结构确定最有价值的振动形式（图11－11）。

甲苯、邻－氯甲苯、间－甲苯胺、对－氯甲苯的红外光谱见图 11－12。

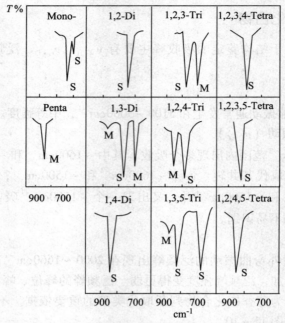

图 11-11　不同取代苯面外弯曲振动的峰形、峰位及峰强

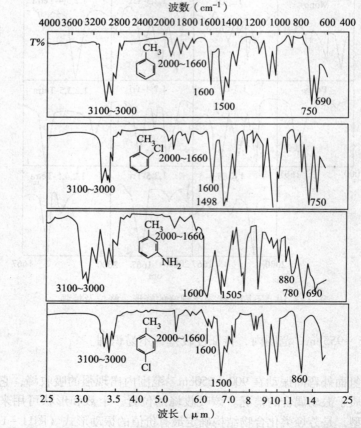

图 11-12　甲苯、邻-氯甲苯、间-甲苯胺、对-氯甲苯的红外光谱

238

例 11 - 1 下列化合物的红外光谱有何不同？

A   B   C

解：A、B、C 主要在 $900 \sim 650 \mathrm{cm}^{-1}$ 区间内的吸收不同，A 为邻双取代，四个相邻的 H 原子相互偶合，在 $750 \mathrm{cm}^{-1}$ 附近出现一强的吸收峰。B 为间双取代，三个相邻的 H 原子相互偶合，在 $810 \sim 750 \mathrm{cm}^{-1}$ 和 $725 \sim 680 \mathrm{cm}^{-1}$ 区间内出现两个较强的吸收峰，孤立的 H 在 $900 \sim 860 \mathrm{cm}^{-1}$ 之间有一中等强度的吸收峰。C 为对双取代，两个相邻的 H 相互偶合，在 $860 \sim 800 \mathrm{cm}^{-1}$ 区间内出现一强的吸收峰。

三、醇、酚、醚类化合物

（一）醇和酚类化合物

醇类和酚类化合物用于结构鉴定的吸收峰主要有 ν_{OH}、ν_{C-O} 和 δ_{CH} 吸收峰。

ν_{OH}：游离的醇或酚 ν_{OH} 位于 $3650 \sim 3600 \mathrm{cm}^{-1}$ 范围内，峰形尖锐。形成氢键后，ν_{OH} 向低频区移动，在 $3500 \sim 3200 \mathrm{cm}^{-1}$ 范围内产生一个强的宽峰。

ν_{C-O}：ν_{C-O} 位于 $1220 \sim 1000 \mathrm{cm}^{-1}$ 范围内，ν_{C-O} 可用于区别伯、仲、叔醇以及区别醇和酚（表 11 - 7）。

δ_{CH}：波数位于 $1400 \sim 1200 \mathrm{cm}^{-1}$ 区间，与其他峰相互干扰，应用受到限制。

醇和酚类化合物 ν_{OH}、δ_{CH}、ν_{C-O} 振动见表 11 - 6。

239

表 11 - 6   醇类和酚类化合物 ν_{OH}、δ_{CH}、ν_{C-O}

化合物	ν_{OH}（cm^{-1}）	δ_{CH}（cm^{-1}）	ν_{C-O}（cm^{-1}）
伯醇	3640	$1350 \sim 1260 \mathrm{cm}^{-1}$	1050
仲醇	3630	$1350 \sim 1260 \mathrm{cm}^{-1}$	1100
叔醇	3620	$1410 \sim 1310 \mathrm{cm}^{-1}$	1150
酚	3610	$1410 \sim 1310 \mathrm{cm}^{-1}$	1220

（二）醚类化合物

醚类化合物用于结构鉴定的吸收峰主要有 ν_{C-O} 和 δ_{CH} 吸收峰。

ν_{C-O}：脂肪族的醚 ν_{C-O} 一般发生在 $1150 \sim 1050 \mathrm{cm}^{-1}$ 区间内，芳香族的醚 ν_{C-O} 出现在 $1275 \sim 1200 \mathrm{cm}^{-1}$（$\nu_{CO}^{s}$）和 $1075 \sim 1020 \mathrm{cm}^{-1}$（$\nu_{C-O}^{as}$）。

δ_{CH}：波数位于 $1400 \sim 1200 \mathrm{cm}^{-1}$ 区间，与其他峰相互干扰，应用受到限制。

正己醇、2 - 丁醇、丁醚的红外光谱见图 11 - 13。

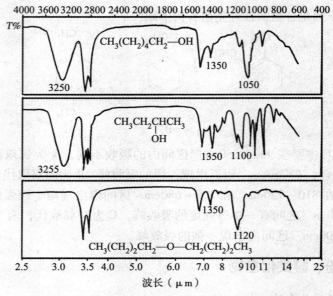

图 11 - 13　正己醇、2 - 丁醇、丁醚的红外光谱

四、羰基类化合物

羰基化合物中 $\nu_{C=O}$ 偶极矩变化大，其吸收峰强，是鉴定羰基化合物的特征吸收。不同羰基化合物 $\nu_{C=O}$ 吸收波数见表 11 - 7。

表 11 - 7　羰基化合物 $\nu_{C=O}$ 吸收波数

酸酐 I	酰氯	酸酐 II	酯	醛	酮	羧酸	酰胺
1810cm^{-1}	1800cm^{-1}	1760cm^{-1}	1735cm^{-1}	1725cm^{-1}	1715cm^{-1}	1710cm^{-1}	1690cm^{-1}

（一）醛类化合物

醛类化合物用于结构鉴定的吸收峰主要有 $\nu_{C=O}$、ν_{C-H} 吸收峰。

非共轭醛的羰基伸缩振动 $\nu_{C=O}$ 发生在 1725cm^{-1} 附近，共轭时吸收峰向低频方向移动。醛类化合物羰基的 C—H 伸缩振动（ν_{C-H}），一般在 ~2820cm^{-1} 和 ~2720cm^{-1} 处出现两个强度大致相等的吸收峰（费米共振），是鉴别醛类化合物的特征吸收。

（二）酮类化合物

酮类化合物用于结构鉴定的吸收峰主要有 $\nu_{C=O}$ 吸收峰。

非共轭酮的羰基伸缩振动 $\nu_{C=O}$ 发生在 1715cm^{-1} 附近，共轭使吸收峰向低频方向移动。环酮随着环张力的增大，吸收向高频方向移动。如：

1715cm^{-1}　　　1745cm^{-1}　　　1780cm^{-1}　　　1815cm^{-1}

（三）羧酸及其羧酸盐

羧酸类化合物用于结构鉴定的吸收峰主要有 ν_{OH}、$\nu_{C=O}$、ν_{C-O} 和 γ_{OH} 吸收峰。

1. ν_{OH}

游离 OH 的 ν_{OH} 一般发生在 ~3550cm^{-1}，峰形尖锐。缔合 OH 的 ν_{OH}，发生在 3000 ~ 2500cm^{-1}，峰形宽、钝且强。

2. $\nu_{C=O}$

游离 C=O 的 $\nu_{C=O}$ 一般发生在 ~1760cm^{-1}。缔合 C=O 的 $\nu_{C=O}$，一般出现在 1725 ~ 1705cm^{-1}，峰宽且强。发生共轭，$\nu_{C=O}$ 向低频方向移动。

3. γ_{OH}

在 950 ~ 900cm^{-1} 区间产生一谱带，强度变化很大。

4. 羧酸盐离子（CO_2^-）

有对称的伸缩振动 ~1400cm^{-1} 和不对称的伸缩振动 1610cm^{-1} ~ 1550cm^{-1}，吸收峰都比较强，很特征。

（四）酯类化合物

酯类化合物用于结构鉴定的吸收峰主要有 $\nu_{C=O}$、ν_{C-O} 吸收峰。

1. $\nu_{C=O}$

非共轭酯 $\nu_{C=O}$ 出现在 1740 ~ 1725cm^{-1}；共轭酯羰基吸收峰向低频方向移动。环内酯由于环张力，$\nu_{C=O}$ 向高波数位移，如：γ-丁内酯 $\nu_{C=O}$ 1760cm^{-1}。

2. ν_{C-O-C}

位于 1300 ~ 1050cm^{-1} 区间，表现出了 ν_{C-O-C}^{as} 和 ν_{C-O-C}^{s}，其中 ν_{C-O-C}^{as} 在 1300 ~ 1150cm^{-1}，强度大且宽，在酯类化合物结构分析中较为重要。

（五）酰胺类化合物

酰胺类化合物用于结构鉴定的吸收峰主要有 ν_{NH}、$\nu_{C=O}$、δ_{NH} 和 ν_{C-N} 吸收峰。

1. ν_{NH}

伸缩振动在 3500 ~ 3100cm^{-1} 区间。伯酰胺在游离状态时 ν_{NH} 在 ~3500cm^{-1} 和 ~3400cm^{-1} 处出现强度大致相等的双峰，缔合状态时此二峰向低频方向移动，位于 ~3300cm^{-1} 和 ~3180cm^{-1} 处。仲酰胺在游离状态时，ν_{NH} 在 3500 ~ 3400cm^{-1} 区域内出现一个峰，缔合状态位于 3330 ~ 3060cm^{-1} 内。N—H 伸缩振动的峰比 O—H 伸缩振动峰弱而尖锐。

2. $\nu_{C=O}$

伯酰胺游离态 $\nu_{C=O}$ 在 ~1690cm^{-1}，缔合态 ~1650cm^{-1}；仲酰胺游离态 ~1680cm^{-1}，缔合态 ~1640cm^{-1}；叔酰胺：~1650cm^{-1}。

3. δ_{NH}

伯酰胺 δ_{NH} 出现在 1640 ~ 1600cm^{-1}；仲酰胺出现在 1570 ~ 1510cm^{-1}。游离态在高波数区，缔合态在低波数区，δ_{NH} 非常特征，可用于区分伯、仲酰胺。

4. ν_{C-N}

伯酰胺出现在 ~1400cm^{-1}，仲酰胺出现在 ~1300cm^{-1}，峰很强。

（六）酰卤类化合物

酰卤类化合物用于结构鉴定的吸收峰主要有 $\nu_{C=O}$、ν_{C-X} 吸收峰。

脂肪酰卤的 $\nu_{C=O}$ 位于 $\sim 1800\text{cm}^{-1}$，酰卤的 $C=O$ 与双键共轭时，$\nu_{C=O}$ 位于 $1850 \sim 1765\text{cm}^{-1}$。$\nu_{C-X}$ 吸收在 $1250 \sim 910\text{cm}^{-1}$ 区间，峰形较宽。

（七）羧酸酐类化合物

羧酸酐类化合物用于结构鉴定的吸收峰主要有 $\nu_{C=O}^{as}$、$\nu_{C=O}^{s}$ 吸收峰。

酸酐的两个羰基由于振动偶合，$\nu_{C=O}$ 在 $1860 \sim 1800\text{cm}^{-1}$ 区间（$\nu_{C=O}^{as}$）和 $1775 \sim 1740\text{cm}^{-1}$ 区间（$\nu_{C=O}^{s}$）出现两个强的吸收峰。

例 11 - 2 下列化合物在 $3650 \sim 1650\text{cm}^{-1}$ 区间内红外光谱有何不同？

$$CH_3CH_2-\overset{\overset{\displaystyle O}{\|}}{C}-OH$$

A

$$CH_3CH_2-\overset{\overset{\displaystyle O}{\|}}{C}-H$$

B

$$CH_3CH_2-\overset{\overset{\displaystyle O}{\|}}{C}-CH_3$$

C

$$CH_3CH_2-\overset{\overset{\displaystyle O}{\|}}{C}-NH_2$$

D

解： A、B、C、D 在 $1735 \sim 1650\text{cm}^{-1}$ 区域内均有强的吸收。A 在 $3000 \sim 2500\text{cm}^{-1}$ 区间内应有一宽而强的 O—H 伸缩振动峰。B 在 $\sim 2820\text{cm}^{-1}$ 和 $\sim 2720\text{cm}^{-1}$ 有两个中等强度的吸收峰。D 在 $\sim 3300\text{cm}^{-1}$ 和 $\sim 3180\text{cm}^{-1}$ 有两个强度几乎相等的双峰。C 除 $\sim 1715\text{cm}^{-1}$ 羰基峰外，无特征峰。

苯甲醛、苯乙酮、苯甲酸、苯甲酸甲酯、苯甲酰胺、乙酸酐的红外光谱见图11－14。

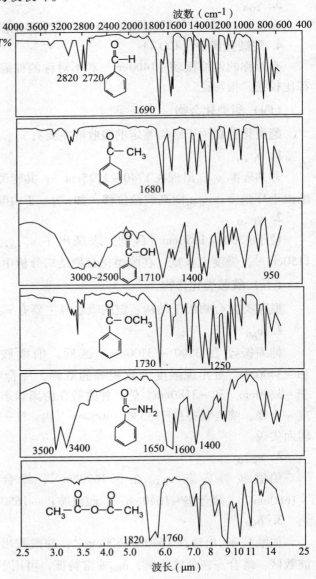

图 11 - 14 苯甲醛、苯乙酮、苯甲酸、苯甲酸甲酯、苯甲酰胺、乙酸酐的红外光谱

242

五、含氮有机化合物

（一）胺类化合物

胺类化合物用于结构鉴定的吸收峰主要有 ν_{NH}、δ_{NH} 和 ν_{C-N} 吸收峰。

1. ν_{NH}

伸缩振动位于 $3500 \sim 3300 cm^{-1}$ 区间。伯胺（游离）$\sim 3490 cm^{-1}$、$\sim 3400 cm^{-1}$ 出现双峰；仲胺（游离）$3500 \sim 3400 cm^{-1}$ 区域出现单峰。缔合后向低频方向移动。脂肪仲胺的强度弱，芳香仲胺的强度很强。

OH、NH 的伸缩振动吸收峰比较见表 11 - 8。

表 11 - 8　OH、NH 的伸缩振动吸收峰比较

基团类型	波数（cm^{-1}）	峰强度及峰型	备注
—OH			
ν_{OH}	$3700 \sim 3200$	强（特征）	
游离 O—H	$3700 \sim 3500$	较强、尖	
缔合 O—H	$3450 \sim 3200$	强、宽	
—COOH			
ν_{OH}	$3550 \sim 2500$	强（特征）	
游离 O—H	~ 3550	强、尖	
缔合 O—H	$3000 \sim 2500$	强、宽	
—NH			
ν_{NH}	$3500 \sim 3100$	强（特征）	伯胺为双峰
游离 N—H	$3500 \sim 3300$	弱、尖	
缔合 N—H	$3500 \sim 3100$	弱、尖	
	$3500 \sim 3300$	强度不定	

2. δ_{NH}

伯胺 δ_{NH} 出现在 $1650 \sim 1570 cm^{-1}$。仲胺出现在 $\sim 1500 cm^{-1}$。

3. ν_{C-N}

脂肪族胺出现在 $1250 \sim 1020 cm^{-1}$。芳香族胺出现在 $1380 \sim 1250 cm^{-1}$。

正丁胺、二丁胺、三丁胺红外光谱见图 11 - 15。

（二）硝基类化合物

硝基类化合物用于结构鉴定的吸收峰主要有 $\nu_{N=O}$ 和 ν_{C-N} 吸收峰。

1. $\nu_{N=O}$

$1600 \sim 1500 cm^{-1}$（$\nu_{N=O}^{as}$）和 $1390 \sim 1300 cm^{-1}$（$\nu_{N=O}^{s}$）出现两个吸收峰。

2. ν_{C-N}

出现在 $920 \sim 800 cm^{-1}$。

（三）氰类化合物

氰类化合物用于结构鉴定的吸收峰主要有 $\nu_{C\equiv N}$ 吸收峰。

$\nu_{C\equiv N}$ 在 $2260 \sim 2215 cm^{-1}$ 出现中等强度的尖峰，容易辨认。

辛炔、丁腈的红外光谱见图 11 - 16。

243

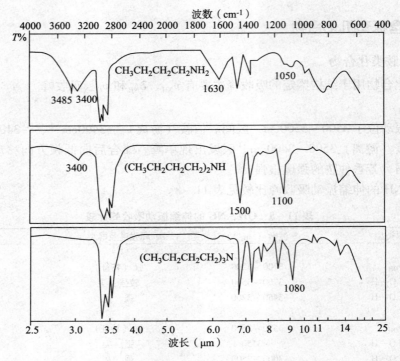

图 11 - 15　正丁胺、二丁胺、三丁胺红外光谱

244

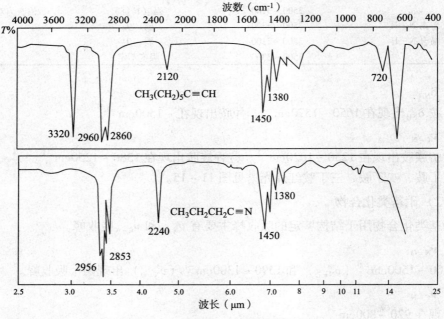

图 11 - 16　辛炔、丁腈的红外光谱

第三节 傅立叶变换红外光谱仪

一、傅立叶变换红外光谱仪

傅立叶变换红外光谱仪主要由两部分组成，即光学检测系统和计算机处理系统。

（一）光学检测系统

1. 单色器

傅立叶变换红外光谱仪（Fourier transform infrared spectrophotometor；FT－IR）常用单色器为 Michelson 干涉仪，干涉仪原理已在第九章介绍。干涉仪记录下中央干涉条纹的光强变化，得到干涉光，当干涉光透过样品（或被样品反射）后，干涉光被样品选择性的吸收，使透过（或反射）的干涉光发生变化，经检测器测得的信号在计算机中作 Fourier 余弦变换后即得红外光谱图。

2. 检测器

由于 FT－IR 的全程扫描速度快，一般小于1s，常用检测器的响应时间不能满足要求。因此，目前多用热电型（如硫酸三甘肽；TGS）或光电导型检测器（如汞镉碲；MCT）等，这些检测器的响应时间快（1μs），可适用于快速测量。

傅立叶变换红外光谱仪的光源、吸收池等部件与光栅红外光谱仪相同，而单色器和检测器与色散型红外光谱仪的不同，从而导致工作原理有很大差别。

（二）计算机处理系统

计算机处理系统的作用是接收检测器输出的干涉图，对其进行傅立叶变换转换处理，使其转变成我们熟悉使用的光谱图。

245

（三）原理图

傅立叶变换红外光谱仪原理图见图 11－17。

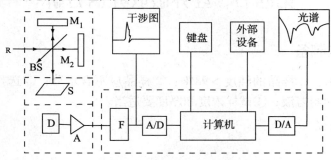

图 11－17 傅立叶变换红外光谱仪原理图

由光源发出的红外辐射，通过 Michelson 干涉仪产生干涉光，干涉光透过样品后，经样品吸收，带有样品信息的透过光进入检测器得到干涉图，干涉图经计算机模/数转换，就得到了样品的红外光谱。

傅立叶变换红外光谱仪具有分辨率高、波数精度高、扫描时间短、灵敏度高、光谱范围宽等优点，可实现色谱 – 光谱联用。

二、红外光谱仪的性能

红外光谱仪的性能指标有：分辨率、波数的准确度与重复性、透过率或吸光度的准确度与重复性、I_0（100%）线的平直度、检测器的满度能量输出、狭缝线性及杂散光等。其中分辨率、波数的准确度与重复性为主要性能指标。

1. 分辨率（分辨本领）

红外光谱仪的分辨率是指在某波数处恰能分开两个吸收峰的相对波数差（$\Delta\sigma/\sigma$）。通常可用以下方法表示：

（1）测某一样品在某一波数区间所能分辨出的峰数。

（2）一定波数处相邻峰的分离深度表示。

《中国药典》2010 年版规定：符合要求的红外光谱仪应在 3110 ~ 2850 cm^{-1} 范围内能清晰地分辨出 7 个峰，其中峰 2851 cm^{-1} 与谷 2870 cm^{-1} 之间的分辨深度不小于 18% 透过率；峰 1583 cm^{-1} 与谷 1 589 cm^{-1} 之间的分辨深度不小于 12% 透过率。仪器的标称分辨率，应不低于 2 cm^{-1}。

2. 波数准确度与重复性

（1）波数准确度　波数准确度是指仪器对某一吸收峰的测得波数与真实波数的误差。

（2）波数重复性　波数重复性是指多次重复测量同一样品的同一吸收峰波数的最大值与最小值之差。

《中国药典》2010 年版要求用聚苯乙烯薄膜（厚约 0.04 mm）绘制的红外吸收光谱校正仪器，用 3027 cm^{-1}、2851 cm^{-1}、1601 cm^{-1}、1028 cm^{-1}、907 cm^{-1} 处的波数进行校正。FT – IR 在 3000 cm^{-1} 附近的波数误差应不大于 ±5 cm^{-1}，在 1000 cm^{-1} 附近的波数误差应不大于 ±1 cm^{-1}。

第四节　红外吸收光谱分析

一、试样的制备

对样品的要求：①样品的纯度 >98%；②样品应不含水分；③选择符合所测光谱波段要求的溶剂配制溶液；④试样浓度和厚度要适当。

（一）固体样品

1. 压片法

压片法是测定固体样品应用最广的一种方法。取供试品与干燥 KBr（KCl）粉末混合（样品与 KBr 比例约为 1∶200），置玛瑙乳钵中研磨均匀，装入压片模具中制备供试品 KBr（KCl）片。以空白 KBr（KCl）片为参比，放入光路，测定供试品的红外吸收光谱。KBr（KCl）应为干燥的光谱纯试剂。

2. 糊法

取供试品约一定量，置玛瑙研钵中，滴入几滴液状石蜡或其他适宜溶剂，研磨成均匀糊剂。取适量的供试品糊剂夹于两块空白 KBr 片中，以空白 KBr 片为参比，放入光路，测定供试品的红外吸收光谱。

3. 膜法

取固体供试品用易挥发的溶剂溶解，然后将溶液涂于空白 KBr 片或其他适宜的窗片上，待溶剂完全挥发后，测定供试品红外吸收光谱。测毕用溶剂冲洗窗片以除去薄膜，吹干，贮存在干燥器内。

（二）液体样品

测定红外光谱选用的溶剂，应在测定波段区间无强吸收。通常在 $4000 \sim 1350 cm^{-1}$ 之间用 CCl_4 为溶剂，在 $1350 \sim 600 cm^{-1}$ 之间用 CS_2，具有对溶质的溶解度大，不腐蚀窗片等特点。将供试品溶解在适当溶剂中，制成浓度为 1% ~ 10% 的溶液，置于装有岩盐窗片的液体池中，并以溶剂作空白，测定红外光谱。另外液体样品也可用夹片法和涂片法测定红外光谱。

二、红外光谱解析

（一）结构分析的一般步骤

1. 了解样品的来源、性质、纯度、分子式及其他相关分析数据

了解样品的这些性质对化合物光谱解析有很大的帮助，特别是化合物的分子式，可确定不饱和度，对分子结构的确定非常重要。不饱和度是指分子结构中距离达到饱和所缺一价元素的"对数"，它反映了分子中含环及不饱和键的总数。其计算公式如下：

$$U = (2n_4 + 2 + n_3 - n_1)/2 \tag{11 - 6}$$

式中，n_4——四价元素（C）的原子个数；n_3——三价元素（N）的原子个数；n_1——一价元素（H、X）的原子个数。当 $U = 0$ 时分子为链状饱和结构，当 $U = 1$ 时分子结构可能含有一个双键或一个脂肪环。分子结构中含有三键时，$U \geqslant 2$。分子结构含有六元芳环时，$U \geqslant 4$。

2. 检查红外光谱图是否有杂质吸收

检查杂质吸收主要是看有无 H_2O 的吸收（$3756 cm^{-1}$，$3652 cm^{-1}$，$1595 cm^{-1}$ 附近）、CO_2 的吸收（$2349 cm^{-1}$，$667 cm^{-1}$ 附近）、重结晶溶剂峰、平头峰。基线的透光率是否满足要求等。

3. 解析图谱

通过对红外光谱中特征吸收的位置、强度及峰形的逐一解析，找出与结构有关的信息，确定化合物所含的基团及化学键的类型。

4. 确定化合物的可能结构

通过已确定化合物所含的基团及化学键的类型，结合其他相关分析数据，确定化合物的可能结构。

5. 与标准图谱比较，最终确定结构

对经图谱解析确定的结构与该化合物标准图谱进行比较，最后确定化合物结构。常用的标准图谱有 Sadtler 红外图谱集，由美国 Sadtler 实验室于 1947 年开始编制出版，

现已收集包括棱镜、光栅和傅里叶变换的光谱图10万余张，是一套收集图谱最全、数量最多的红外图谱集。另外，中国国家药典委员会于1985年开始编制出版《药品红外光谱集》，作为药品鉴别用红外对照图谱。凡在《中国药典》收载红外鉴别或检查的品种，本光谱集均有相应收载。

（二）红外光谱解析程序

根据"先特征，后指纹，先最强峰，后次强峰；先粗查，后细找；先否定，后肯定；一抓一组相关峰"的程序进行图谱解析。在解析过程中，先找出特征区的最强峰，通过粗查（表11-4）和细找（附录八），确定该峰的归属。同时采用"先否定，后肯定"方法，以缩小未知物结构的范围，因为吸收峰的不存在否定官能团的存在要比吸收峰的存在肯定一个官能团的存在要容易得多。"抓住"一组相关峰，互为佐证提高图谱解析的可信度，避免孤立解析造成结论的错误。

对于复杂化合物或新化合物，红外光谱解析困难时要结合紫外光谱、核磁共振波谱、质谱等手段进行综合光谱解析，结论要与标准光谱对照。

（三）光谱解析实例

例11-3 由C、H组成的液体化合物，相对分子质量为84.2，沸点为63.4 ℃。其红外吸收光谱见图11-18，试通过红外光谱解析，判断该化合物的结构。

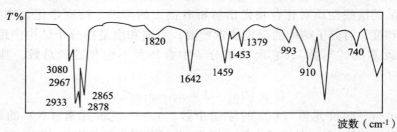

图11-18 C、H化合物的红外吸收光谱

解：1. 由题可知化合物的分子量为84.2，同时只有C、H组成，可推断分子式为C_6H_{12}。不饱和度为：$U = \dfrac{(2 \times 6 + 2 - 12)}{2} = 1$。

2. 特征区的第一强峰1642cm^{-1}，经粗查（表11-4 红外吸收光谱的九个重要区段）为烯烃的$\nu_{C=C}$特征吸收，可确定是烯烃类化合物。用于鉴定烯烃类化合物的吸收峰有$\nu_{=CH}$、$\nu_{C=C}$和$\gamma_{=CH}$。细找（附录八 主要基团的红外特征吸收峰）：（1）$\nu_{=CH}$3080cm^{-1}强度较弱。（2）$\nu_{C=C}$非共轭发生在1642cm^{-1}，强度中等。（3）$\gamma_{=CH}$出现在910cm^{-1}范围内，强度较强，为同碳双取代结构，该化合物为端基烯。特征区的第二强峰1459cm^{-1}，粗查为饱和烃的δ_{CH}^{as}，用于鉴定烷烃类化合物的吸收峰有ν_{-CH}、δ_{CH}^{as}。细找：（1）ν_{-CH}2967cm^{-1}、2933cm^{-1}、2878cm^{-1}、2865cm^{-1}强度较强。（2）δ_{CH}^{as}1459cm^{-1}，δ_{CH}^{s}1379cm^{-1}，有端甲基，此峰未发生分裂，证明端基只有一个甲基。ρ_{CH_2}740cm^{-1}，该化合物中有直链—$(CH_2)_n$—结构。所以化合物结构式为：

$$CH_2=CH(CH_2)_3CH_3$$

峰归属：$\nu_{=CH}$3080cm^{-1}，ν_{-CH}2967cm^{-1}、2933cm^{-1}、2878cm^{-1}、2865cm^{-1}，$\nu_{C=C}$

$1642cm^{-1}$，$\delta_{CH}^{as}1459cm^{-1}$，$\delta_{CH}^{s}1379cm^{-1}$，$\gamma_{=CH}993cm^{-1}$、$910cm^{-1}$，$\rho_{CH_2}740cm^{-1}$。

经标准图谱核对，并对照沸点等数据，证明结论正确。

例 11-4 分子式为 C_8H_8O 的化合物的红外光谱见图 11-19，沸点 202 ℃，试通过解析光谱，判断其结构。

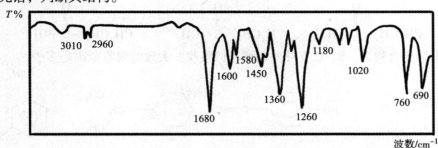

图 11-19 C_8H_8O 化合物的红外吸收光谱

解：$U = \frac{(2 \times 8 + 2 - 8)}{2} = 5$，在 $3500 \sim 3300cm^{-1}$ 区间内无任何吸收（$3400cm^{-1}$ 附近吸收为水干扰峰），证明分子中无—OH。在 $2830cm^{-1}$ 与 $2730cm^{-1}$ 没有明显的吸收峰，可否认醛的存在。$\nu_{C=O}1680cm^{-1}$ 说明是酮，且发生共轭。$3000cm^{-1}$ 以上的 $\nu_{\varphi-H}$ 及 $1600cm^{-1}$、$1580cm^{-1}$、$1450cm^{-1}$ 的 $\nu_{\varphi=C}$ 等峰的出现，泛频区弱的吸收证明为芳香族化合物，而 $\gamma_{\varphi-H}$ 的 $760cm^{-1}$ 及 $690cm^{-1}$ 出现进一步提示为单取代苯。$2960cm^{-1}$ 及 $1360cm^{-1}$ 出现提示有—CH_3 存在。

综上所述，该化合物是苯乙酮，结构式为：

峰归属：$\nu_{\varphi-H} > 3000cm^{-1}$，$\nu_{CH} < 3000cm^{-1}$，$\nu_{C=O}1680cm^{-1}$，$\nu_{\varphi=C}1600cm^{-1}$，$1580cm^{-1}$，$1450cm^{-1}$，$\delta_{CH}^{as}1450cm^{-1}$，$\delta_{CH}^{s}1360cm^{-1}$，$\nu_{C-C-C}1260cm^{-1}$，$\beta_{\varphi-H}1180cm^{-1}$，$1020cm^{-1}$，$\gamma_{\varphi-H}760cm^{-1}$、$690cm^{-1}$。

经标准图谱核对，并对照沸点等数据，证明结论与事实完全相符。

习 题

1. 分子的每一个振动自由度是否能相应产生一个红外吸收？

2. 乙烯（$H_2C=CH_2$）分子中对称伸缩振动在红外区有无吸收？为什么？$\alpha,\beta-$ 不饱和丙醛 $H_2C=CH—CHO$ 分子又如何？

3. 如何用红外光谱区分脂肪族饱和与不饱和碳氢化合物、脂肪族与芳香族碳氢化合物？

4. $\nu_{C=O}$ 和 $\nu_{C=C}$ 在 $1900 \sim 1500cm^{-1}$ 区域内有吸收，请问如何用红外光谱区分是羰基（C＝O）类化合物，还是烯烃（C＝C）类化合物？

5. 为什么醇类化合物中 ν_{OH} 振动频率随着溶液浓度的增高而向低频方向移动？

6. 下列各组化合物能否用红外光谱区别？为什么？

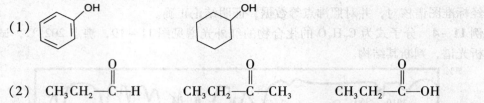

（1）

（2）　$CH_3CH_2-\overset{\displaystyle O}{\overset{\displaystyle \|}{C}}-H$　　$CH_3CH_2-\overset{\displaystyle O}{\overset{\displaystyle \|}{C}}-CH_3$　　$CH_3CH_2-\overset{\displaystyle O}{\overset{\displaystyle \|}{C}}-OH$

7. 下列化合物 A、B、C 在红外区域有何吸收？大致的吸收范围是多少？

$HC\equiv C-CH_2OH$　　$HO-\bigcirc-C\equiv C-\bigcirc-CH<\overset{\displaystyle CH_3}{\underset{\displaystyle CH_3}{}}$　　C（苯环，上 $C\equiv N$，下 $COOH$）

A　　　　　　　　　　　　　　　　B　　　　　　　　　　　　　　　　C

8. 如何用红外光谱法区别下列化合物？它们的红外吸收有何异同？

（1）　$\bigcirc-CH_2NH_2$　　$\bigcirc-CH_2OH$　　$\bigcirc-CH_2COOH$

（2）　$\bigcirc-CH_3$　　$\bigcirc-CH<\overset{\displaystyle CH_3}{\underset{\displaystyle CH_3}{}}$　　$\bigcirc-C<\overset{\displaystyle CH_3}{\underset{\displaystyle CH_3}{\underset{\displaystyle CH_3}{}}}$

9. 一个化合物的结构式如下，试写出各官能团的特征峰、相关峰，并估计峰位。

$CH_2=CH-\bigcirc-\overset{\displaystyle O}{\overset{\displaystyle \|}{C}}-NHCH_3$

250

10. 某一检品，由气相色谱分析证明为一纯物质，熔点为 29℃，分子式为 C_8H_7N，用液膜法制样，光栅红外分光光度计测得其红外光谱见图 11-20，试通过光谱解析确定其分子结构。

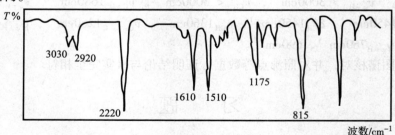

图 11-20　C_8H_7N 化合物的红外吸收光谱

$[CH_3-\bigcirc-C\equiv N]$

11. 已知某化合物的分子式为 C_7H_9N，根据红外吸收光谱图 11-21 推断其结构式。

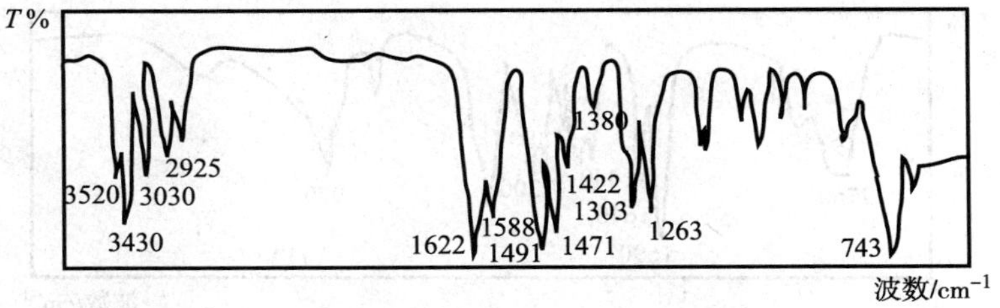

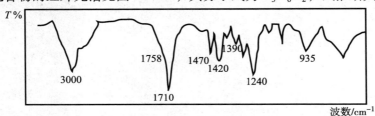

图 11 – 21 C_7H_9N 化合物的红外吸收光谱

$$\left[\begin{array}{c}\text{邻甲基苯胺结构} \end{array}\right]$$

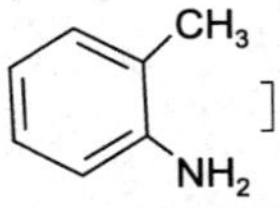

12. 某化合物的红外光谱见图 11 – 22，其分子式为 $C_3H_6O_2$，试推断其结构。

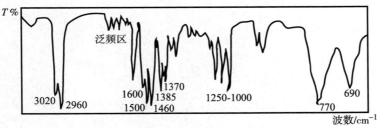

图 11 – 22 $C_3H_6O_2$ 化合物的红外吸收光谱

$$\left[\ CH_3CH_2\overset{\displaystyle O}{\overset{\|}{C}}\!-\!OH\ \right]$$

13. 已知某化合物的分子式为 C_9H_{12}，根据红外吸收光谱（图 11 – 23）推断其结构式。

图 11 – 23 C_9H_{12} 化合物的红外吸收光谱

$$\left[\begin{array}{c}\text{异丙苯结构}\end{array}\right]$$

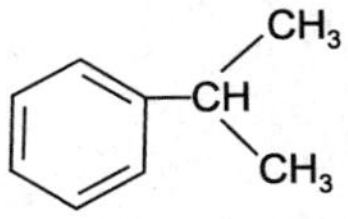

14. 某检品的分子式为 $C_4H_6O_2$，用红外分光光度计扫描其红外光谱如图 11 – 24，试通过光谱解析确定化合物结构。

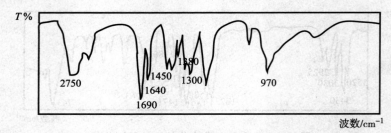

图 11 - 24 $C_4H_6O_2$ 化合物的红外吸收光谱

$$\left[\begin{array}{c} CH_3 \\ \diagdown \\ C=C \\ \diagup \quad \diagdown \\ H \quad CO_2H \end{array}\right]$$

（白小红）

252

原子吸收分光光度法

原子吸收分光光度法（atomic absorption spectrophotometry, AAS）是基于样品在高温下经原子化器将待测元素转化成基态原子蒸气，在电磁辐射作用下基态原子吸收特定共振辐射从基态跃迁到激发态，利用被吸收电磁辐射的强弱进行元素的含量测定。原子吸收分光光度法与紫外吸收分光光度法类似，它们都是利用物质对电磁辐射产生吸收的原理进行分析的，但原子吸收与分子吸收的机制有本质区别。分子吸收除了有外层电子能级跃迁外，还伴随振动能级和转动能级的跃迁，分子光谱半峰宽度为 0.1 ~ 1nm，可以使用连续光源；而原子吸收只有原子外层电子的跃迁，半峰宽度仅为 10^{-3} nm，通常使用锐线光源。原子吸收分光光度法具有：①灵敏度高。大多数元素分析灵敏度可达到 10^{-6} g/ml，甚至可达 10^{-13} g/ml；②选择性好。光谱干扰少，抗干扰能力强；③精密度高。在低含量测定中，RSD 为 1% ~ 3%，如果采用高精密度测量方法 RSD <1%；④应用范围广，可测元素已达 70 多种。原子吸收分光光度法的缺点是：①定性能力差；②线性范围较窄；③一般情况下不能同时测定多种元素。

253

第一节　原子吸收分光光度法基本原理

一、原子的量子能级和能级图

原子由原子核及绕核运动的电子组成，每个核外电子的运动状态可用主量子数 n，角量子数 l，自旋量子数 s 和内量子数 j 等量子数描述。主量子数 n 表示核外电子分布的层次，可取正整数值，即 $n = 1, 2, 3, 4, \cdots$，n 值越小，离核越近。角量子数 l 表示同一壳层的电子有不同的运动组态，l 取整数值，即 $l = 0, 1, 2, 3, \cdots, n-1$，这些组态通常用小写字母 s、p、d、f …… 表示。当 $n = 1$ 时，$l = 0$，即 s 轨道；当 $n = 2$ 时，$l = 0, 1$，即 s 轨道、p 轨道。自旋量子数 s 表示电子的自旋状态，因为同一轨道的电子有正、反两种自旋状态，每个电子自旋只有两个取值，即 $+\frac{1}{2}$ 和 $-\frac{1}{2}$。内量子数 j 表示核外电子在运动过程中，轨道磁矩与自旋磁矩产生偶合作用形成的能级分裂，取值由 l，s 决定，当 $l \geqslant s$ 时，j 取 $2s+1$ 个值；当 $l < s$ 时，取 $2l+1$ 个值；j 等于 l 和 s 的矢量和：$j = l+s, l+s-1, \cdots, l-s$。由于原子中各电子之间存在着相互作用，整个

原子的能级状态不等于各个电子能级状态的简单加和。对整个原子体系而言，它的量子能级可用主量子数 n、总角量子数 L（$L = \sum l_i$）、总自旋量子数 S（$S = \sum s_i$）和总内量子数 J 构成的光谱项 $n^{2S+1}L_J$ 来描述。

　　例如钠原子核外电子构型为 $(1s)^2 (2s)^2 (2p)^6 (3s)^1$。其主量子数 $n = 3$，共有 3 个亚层，即 s、p、d 轨道；外层有一个价电子，其基态价电子构型 $(3s)^1$，能级状态为 $n = 3$，$L = 0$，$S = +\frac{1}{2}$，所以钠原子的基态光谱项为 $3^2S_{1/2}$。当钠原子的价电子由基态 s 轨道跃迁到第一激发态 p 轨道时，钠原子的激发态的主量子数 $n = 3$；$L = 1$，用 P 表示；$S = 1/2$；因为 $S < L$，J 应取 $2S + 1$ 个值，即 $J_1 = L + S = 3/2$，$J_2 = L + S - 1 = 1/2$，所以钠原子激发态的光谱项分别为 $3^2P_{1/2}$ 和 $3^2P_{3/2}$。这说明钠原子的基态价电子受激发到激发态时有两种跃迁：$3^2S_{1/2} \rightarrow 3^2P_{1/2}$：$E_{3^2P_{1/2}} - E_{3^2S_{1/2}} = h\nu_1$，其共振线波长为 589.6nm；$3^2S_{1/2} \rightarrow 3^2P_{3/2}$：$E_{3^2P_{3/2}} - E_{3^2S_{1/2}} = h\nu_2$，其共振线波长为 589.0nm。钠原子部分电子能级见图 12-1。

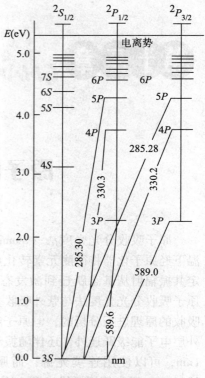

图 12-1　钠原子部分电子能级

二、共振吸收线

　　原子具有多种能量状态，在一般情况下，原子外层电子受外界能量激发从基态跃迁到不同能级的激发态，产生原子吸收谱线。外层电子由基态跃迁到第一激发态而产生的原子吸收线称为共振吸收线（resonance absorption line），简称为共振线（resonance line）。不同元素原子外层电子的排布不同，导致基态和激发态之间的能级差不同，原子外层电子从基态跃迁到第一激发态吸收的能量不同，共振线的特征性不同，所以共振线又称元素的特征谱线（specificity line）。原子从基态跃迁到第一激发态的过程最容易发生，又称元素的灵敏线（sensitive line）。常常选择共振线作为测定元素的谱线，故又称分析线（analysis line）。在进行微量元素分析时，一般选用该元素的灵敏线作为分析线。

三、原子在各能级的分布

　　通常情况下原子是以基态的形式存在，即使在高能量的原子化过程中，分子被离解成基态原子的同时也只有部分原子吸收能量处于激发态。在一定条件下，基态和激发态原子数之比服从玻尔兹曼（Boltzmann）分布。即：

$$\frac{N_j}{N_0} = \frac{g_j}{g_0}\exp\left(-\frac{E_j - E_0}{KT}\right) \tag{12-1}$$

式中，N_j——激发态的原子数目；N_0——基态的原子数目；g_0——基态统计权重；g_j——激发态统计权重；T——绝对温度；K——玻尔兹曼常数，其值为 $1.38 \times 10^{-23} J \cdot K^{-1}$；$E_0$——基态能量；$E_j$——激发态能量。表 12-1 列出了几种元素的第一激发态与基态原子数之比 N_j/N_0。

表 12-1 某些元素共振激发态与基态原子数之比 N_j/N_0

元素 共振线 (nm)	跃迁能级	g_j/g_0	ΔE_j (eV)	N_j/N_0		
				2000K	2500K	3000K
Na 589.0	$3^2S_{1/2} - 3^2P_{3/2}$	2	2.104	0.99×10^{-5}	1.14×10^{-4}	5.83×10^{-4}
Cu 324.7	$4^2S_{1/2} - 4^2P_{3/2}$	2	3.817	4.82×10^{-10}	4.04×10^{-8}	6.65×10^{-7}
Ag 328.1	$5^2S_{1/2} - 5^2P_{3/2}$	2	3.778	6.03×10^{-10}	4.84×10^{-8}	8.99×10^{-7}
Mg 285.2	$3^1S_0 - 3^1P_1$	3	4.346	3.35×10^{-11}	5.20×10^{-9}	1.50×10^{-7}
Ca 422.7	$4^1S_0 - 4^1P_1$	3	2.932	1.22×10^{-7}	3.67×10^{-6}	3.55×10^{-5}
Zn 213.9	$4^1S_0 - 4^1P_1$	3	5.795	7.45×10^{-15}	6.22×10^{-12}	5.50×10^{-10}
Pb 283.2	$6^3P_0 - 7^3P_1$	3	4.375	2.83×10^{-11}	4.55×10^{-9}	1.34×10^{-7}

由式（12-1）可知：①温度 T 愈高，N_j/N_0 愈大，即激发态原子数随温度升高而增加，而且按指数关系增加。②在相同温度下，E_j 越小（电子跃迁能级差越小），吸收波长愈长，N_j/N_0 愈大。由表 12-1 可知当温度高达 3000K 时，激发态 Na 原子数占基态 Na 原子数 0.06%，激发态 Zn 原子数只占其基态原子数（6×10^{-8}）%。由此可见，在通常原子化温度（2000～3000K）下，激发态原子数相对于基态原子数可以忽略不计，基态原子数 N_0 近似地等于待测元素的总原子数，从而反映样品中被测元素组分的浓度。同时，也说明原子吸收都在基态进行，大大减少了原子吸收线数目，提高了原子吸收分光光度法的选择性、灵敏度和抗干扰能力。

255

四、原子吸收线的形状

当一定强度的辐射照射到原子蒸气上时，如果辐射的能量等于原子由基态跃迁到激发态所需的能量，就会引起该原子对辐射的吸收，产生原子吸收线。原子吸收线的性质可由吸收线的频率、半峰宽度和吸收强度来描述。吸收线的频率 ν_0 取决于原子的能级分布特征，吸收线的半宽度 $\Delta\nu$ 是极大吸收系数 K_0 一半处吸收线轮廓上两点之间的频率差，吸收线的强度是由两能级之间的跃迁几率所决定。所以，原子吸收线并非一条严格的几何线，而是具有一定宽度（频率范围）的谱线轮廓。用透射光强度（I_ν）对频率 ν 作图，就会得到谱线强度随频率变化分布的原子吸收谱线轮廓（图 12-2）。

影响谱线轮廓的因素比较复杂，影响的程度

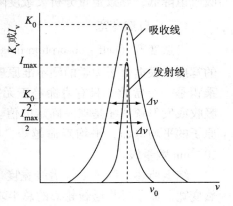

图 12-2 原子吸收线轮廓、发射线轮廓及其比较

也各不相同，所以发射线轮廓和吸收线轮廓（图 12 - 2）往往存在差异。在通常的原子吸收分光光度法测定条件下，影响谱线变宽的因素主要有热变宽，压力变宽和自然变宽等。

（一）热变宽

热变宽（Doppler broadening；$\Delta \nu_D$）又称多普勒变宽，是指热运动产生的频率移位效应。当运动的原子发出的光"背向"检测器运动时，检测器检测到的频率较静止状态原子发出的频率低，称为波长"红移"；当运动的原子发出的光"向着"检测器运动时，检测器检测到的频率较静止状态原子发出的频率高，称为波长"紫移"。通常情况下，温度越高，原子的相对原子质量越小，原子的相对热运动越剧烈，热变宽越宽。热变宽 $\Delta \nu_D$ 在 10^{-3}nm 数量级。

（二）压力变宽

压力变宽（pressure broadening；$\Delta \nu_P$）是指运动的原子相互碰撞引起能量变化而表现出的谱线变宽。压力变宽的程度与气态原子的压力有关，压力越大，原子相互碰撞的几率越多，压力变宽越严重。通常压力变宽 $\Delta \nu_P$ 在 10^{-3}nm 数量级。根据相互碰撞原子的性质，压力变宽又可分为赫鲁兹马克变宽和劳伦茨变宽。

1. 赫鲁兹马克变宽

赫鲁兹马克变宽（Holtsmark broadening；$\Delta \nu_R$）又称共振变宽，是指同种原子碰撞引起的发射或吸收，使光量子频率改变而导致的谱线变宽。被测原子蒸气浓度越大，赫鲁兹马克变宽越严重。因此，分析物浓度高时可能导致标准曲线弯曲，定量分析的灵敏度和准确度降低。在原子吸收分光光度法测定中，当金属原子蒸气浓度较小时，赫鲁兹马克变宽可以忽略不计。

2. 劳伦茨变宽

劳伦茨变宽（Lorentz broadening；$\Delta \nu_L$）是指被测原子与蒸气中其他局外粒子（原子、分子、离子或电子等）相互碰撞而引起的谱线变宽。局外粒子的浓度越大，劳伦茨变宽越严重；局外气体粒子的性质不同，劳伦茨变宽不同。随着劳伦茨变宽，原子吸收值降低，导致定量分析灵敏度降低。

（三）自然变宽

自然变宽（self - absorption broadening；$\Delta \nu_N$）是指没有外界条件影响时吸收线固有的宽度。根据量子力学的测不准原理可知，能量的不确定性 ΔE 与寿命不确定性 $\Delta \tau$ 的乘积是一个常数。只有寿命趋于无穷大的粒子，能级的不确定量 ΔE 或 $\Delta \nu$ 才趋于零，吸收或发射频率才是唯一确定的值。可见，吸收线的自然宽度取决于能级跃迁激发态原子的平均寿命，平均寿命越短，吸收线自然宽度 $\Delta \nu_N$ 越宽。通常自然变宽 $\Delta \nu_N$ 在 10^{-5}nm 数量级。

综上所述，原子吸收谱线宽度取决于热变宽、赫鲁兹马克变宽、劳伦茨变宽和自然变宽。原子吸收谱线轮廓的总半峰宽度 $\Delta \nu_T$ 为：

$$\Delta \nu_T = \left[\Delta \nu_D + (\Delta \nu_L + \Delta \nu_R + \Delta \nu_N)^2 \right]^{1/2} \qquad (12 - 2)$$

在 2000 ~ 3000K 的温度范围内，原子吸收线的宽度约为 10^{-3} ~ 10^{-2}nm。但是，一

般情况下自然变宽较小；局外原子浓度很小时，劳伦茨变宽可以忽略，通常吸收谱线宽度主要决定于热变宽。

五、原子吸收值与原子浓度的关系

（一）积分吸收

从光源辐射出强度为 I_0 的特征谱线，经过长度为 l 的原子蒸气后，光强度减弱为 I_ν。与分子吸收分光光度法相同，I_0 与 I_ν 服从 Lambert 定律，即：

$$I_\nu = I_0 \exp(-K_\nu l)$$

$$A = -\lg \frac{I_\nu}{I_0} = 0.434 K_\nu l \qquad (12-3)$$

式中，K_ν——吸收系数，K_ν 与入射光频率、原子化条件及基态原子浓度等因素有关。

与分子吸收分光光度法不同的是原子吸收轮廓上任意一点的吸收对应于同种原子的同一跃迁频率，所以单位体积原子蒸气中吸收辐射的基态原子数（N_0）与吸收系数轮廓所包围的面积成正比，这一面积在原子吸收分析中称为积分吸收（integrated absorption）。即：

$$\int K_\nu \mathrm{d}\nu = \frac{\pi e^2}{mc} N_0 f \qquad (12-4)$$

式中，e——电子的电荷；m——电子的质量；c——光速；f——振子强度（每个原子中能被入射光激发的平均电子数，它正比于原子对特定波长辐射的吸收几率）。

由此可见，只要测定了积分吸收值，就可以确定蒸气中的原子浓度。但由于原子吸收线很窄，谱线宽度只有约 0.002nm，要在如此小的轮廓区域进行准确积分，需要使用分辨率极高的色散元件，就目前的技术是难以实现的。

（二）峰值吸收

1955 年，澳大利亚物理学家瓦尔什（Walsh）证明在原子浓度和温度较低，并且使用一个比吸收线窄得多的锐线光源的条件下，测得峰值吸收系数 K_0 与待测元素基态原子浓度成正比，提出用峰值吸收（peak absorption）代替积分吸收进行原子吸收分光光度法含量测定。而峰值吸收值的测定，不必使用高分辨率的单色器就能做到。

用 K_0 代替式（12-3）中的 K_ν，整理得：

$$A = K N_0 l \qquad (12-5)$$

式中，A——原子蒸气的吸光度；K——比例常数；N_0——原子蒸气中基态原子数；l——原子蒸气的厚度。在原子吸收分光光度法中，蒸气中基态原子数目可近似地看成原子总数，因此，在一定浓度范围内，当原子化器厚度（l）一定时，吸光度与待测元素的浓度关系可以表示为：

$$A = K' c \qquad (12-6)$$

式中，c——待测元素的浓度；K'——与实验条件有关的常数。

式（12-6）成立的条件是：① 光源必须是锐线光源，其发射谱线宽度小于待测元素吸收谱线的宽度；② 锐线光源的发射线与原子的吸收线中心频率完全重叠。

257

第二节　原子吸收分光光度计

一、原子吸收分光光度计的主要部件

原子吸收分光光度计主要由光源、原子化器、单色器和检测系统四部分组成（图 12-3）。

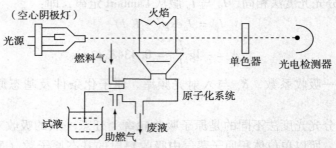

图 12-3　原子吸收分光光度计示意图

（一）光源

光源是指能发射被测元素基态原子所需吸收的特征共振辐射的装置。原子吸收光谱法对光源的要求是：①光强度大；②谱线窄；③稳定性好；④光谱纯度高；⑤使用寿命长。

1. 空心阴极灯

空心阴极灯（hollow cathode lamp；HCL）是将被测元素的空腔阴极和钨制阳极密封于带有光学窗并充有惰性气体的玻璃放电管中的装置（图 12-4）。

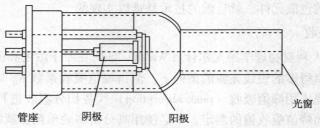

图 12-4　空心阴极灯结构示意图

在高压电场作用下，阴极发射出的电子被加速，在飞向阳极的途中与惰性气体原子碰撞，并使之电离。电离出的正离子获得能量再轰击阴极表面，将被测元素原子从晶格中溅射出来，溅射出的原子与其他粒子碰撞获得能量而被激发，在他们返回基态时，发射出被测元素的特征谱线。在此过程中，由于灯电流很小，阴极温度和气体放电温度较低，热变宽可以控制得很小。同时灯内惰性气体压力很低，压力变宽可以忽略。由此可见，空心阴极灯是一种优良的锐线光源。但是被测元素只能用所测元素的空心阴极灯作为光源，测一种元素就要换一个灯，给实际工作带来了不便。

2. 多元素空心阴极灯

多元素灯是在阴极内含有两个或多个不同元素，点燃时，阴极负辉区能同时辐射出两种或多种元素的共振线，只要更换波长，就能在一个灯上同时进行几种元素的测定。但是多元素空心阴极灯发射强度弱，易产生干扰。目前，人们研究出了半导体激光器作辐射源，其优点是发光强度大，单色性好，价格便宜，借助光导纤维可用几个激光器进行多元素同时测定。

（二）原子化器

原子化器（atomizer）的功能是将样品转化为基态原子蒸气。被测元素由试样转入气相，并转化为基态原子的过程，称为原子化过程。实现原子化的方式有火焰原子化器和石墨炉原子化器。前者价格便宜，使用方便；后者灵敏度高，用样量少，可在不同气体压力下操作。

1. 火焰原子化法

利用化学火焰产生的热能使待测元素原子化。可分为全消耗型和预混合型火焰原子化器。常用的预混合型原子化器由雾化器、雾化室和燃烧器三部分组成（图12－5）。样品溶液经毛细管导入雾化器将试液雾化，并使微细的雾滴与燃气均匀混合，然后喷入燃烧器火焰中将样品原子化。常用的火焰是空气－乙炔火焰。为了满足不同试样原子化的要求，可改变燃气和助燃气的种类及比例控制火焰性质和温度。当入射光通过基态原子时部分能量被吸收，并由传感器转变为电信号，用记录仪进行记录。预混合型火焰原子化器火焰稳定性好，精密度较高，易操作，吸收光程长。但原子化效率低，当试液浓度较高时，易产生"记忆"效应。

259

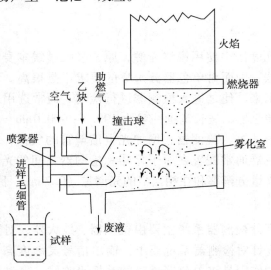

图12－5　预混合型火焰原子化器示意图

2. 非火焰原子化法

非火焰原子化法中常用的原子化器是石墨炉原子化器。石墨炉原子化器是利用电能加热盛有一定体积试样的石墨管，在高温下实现石墨管内试样的蒸发和原子化。图12－6为石墨炉原子化器示意图。一般使用的石墨炉是外径为8mm，长度为30mm左右的石墨管，管两端用铜电极夹住，可通过铜电极向石墨管供电。试样用微量注射器直接由进样孔注入石墨管中，通电后石墨管作为电阻发热体，温度可达 2000 ~ 3000℃，以蒸发试样和使试样原子化。铜电极周围用水箱冷却，盖板盖上后，构成保护气室，室内通以惰性气体氩或氮，以有效地除去在干燥和挥发过程中的溶剂、基体蒸气，保护已原子化了的原子不再被氧化，同时也延长石墨管的使用寿命。

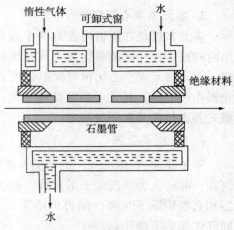

图 12 – 6　石墨炉原子化器示意图

石墨炉原子化法的特点是有利于难熔氧化物的分解，样品用量小，原子化效率高，绝对灵敏度高，化学干扰小。但是由于取样量少，测定的重现性较差，有较强的背景和基体效应，设备较复杂，成本高。

在非火焰原子化法中除石墨炉原子化法外还有低温原子化法。如：①汞低温原子化法。在室温下汞有较大的蒸气压（汞的沸点为 375℃），只要对试样进行适当的化学预处理还原出汞原子，然后由载气（Ar，N_2 或空气）将汞原子蒸气送入气体吸收池内即可进行测定。②氢化低温原子化法。在一定酸度下，KBH_4 或 $NaBH_4$ 可将 Hg、Ge、Sn、Pb、As、Sb、Bi、Se 和 Te 等元素还原成极易挥发与分解的氢化物，载气将这些氢化物送入石英管后，在低温下即可进行原子化。此法检出限低、选择性好、基体干扰少。

（三）单色器

在原子吸收分光光度法中使用锐线光源，原子吸收谱线本身比较简单，吸收值测量采用峰值吸收测定法，因而对单色器分辨率的要求不是很高。单色器的作用是将所需的共振吸收线分离出来，使之进入检测器进行检测。通常选用与紫外分光光度计中相同的衍射光栅作为单色器，波长范围一般为 190.0 ~ 900.0nm。为了避免来自原子化器的其他不需要的发射线进入检测器，增加光电倍增管的负担，缩短使用寿命，原子吸收分光光度计中单色器通常配置在原子化器和检测器之间的光路上。同时，仪器光路应能保证有良好的光谱分辨率和在相当窄的光谱带（0.2nm）下正常工作的能力。

（四）检测系统

原子吸收分光光度计检测器系统主要由检测器、放大器、对数变换器和显示器组成。原子吸收分光光度计对检测器系统要求：输出信号灵敏度高、噪声低、漂移小及稳定性好。检测系统的作用是将单色器透过的共振吸收线，经过对紫外及可见光敏感的光电倍增管转变成电信号，进行放大，再将原子吸收前后光强度的变化进行对数转换，对数转换后的值（A）与试样中待测元素的浓度成线性关系，确定待测元素的含量。常用的检测器为光电倍增管。另外，电荷耦合器件（CCD）、光电二极管阵列（PDA）、电荷注入器件（CID）以及其他类型的检测器能同时获得多个波长下的光谱信息，适用于多元素的同时测定。

目前市售的原子吸收分光光度计一般用微机进行程序控制和数据处理,并设有标度扩展,背景自动校正,自动取样等装置。

二、原子吸收分光光度计的类型

(一)单光束原子吸收分光光度计

单光束原子吸收分光光度计(图12-3)结构简单,价格便宜,便于维护,光能量损失少,灵敏度高。为了获得稳定的光束,空心阴极灯需要充分预热20~30min,在测定过程中要随时校正基线,以减免由于基线漂移而引起测定误差。

(二)双光束原子吸收分光光度计

双光束原子吸收分光光度计(图12-7)结构复杂,价格较贵。由光源发射的共振线被切光器分成两束,一束光(S)作为测定光通过原子化器,另一束光(R)作为参比光不通过原子化器,两束光交替进入单色器,随后被检测器分别检测,给出两光束的信号差值。双光束原子吸收分光光度计可以消除或避免由于基线漂移和实验条件变化引起的测量误差,但仍不能消除原子化系统的不稳定和背景吸收的影响。

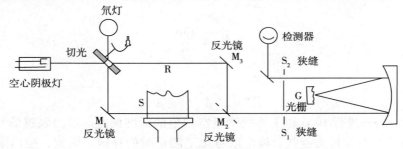

图12-7 双光束原子吸收分光光度计示意图

三、原子吸收分光光度计的性能参数

原子吸收分光光度计的性能参数主要包括波长精度、分辨率、基线稳定性、灵敏度和检出限等。下面只介绍在实际工作中最常用的灵敏度和检出限。

(一)灵敏度

根据国际纯粹化学和应用化学联合会(IUPAC)的规定,灵敏度(sensitivity;S)为校正曲线 $A = f(c)$ 或 $A = f(m)$ 的斜率 S,即:$S = \dfrac{dA}{dc}$ 或 $S = \dfrac{dA}{dm}$,表示当被测元素浓度或含量改变一个单位时,引起吸光度的变化量。S 值越大,灵敏度越高。在实际工作中常用特征浓度或特征质量表示灵敏度。

1. 特征浓度

特征浓度是指能产生1%光吸收或吸光度为0.0044时所对应被测元素的浓度。特征浓度越小,灵敏度越高。在火焰原子吸收法中常采用特征浓度表示灵敏度。即:

$$S_c = \frac{0.0044c}{A} \qquad (12-7)$$

式中，c——待测元素的浓度（g/ml 或 μg/ml）；A——吸光度的平均值；S_c——特征浓度（g/ml 或 μg/ml）。

2. 特征质量

特征质量（characteristic mass）是指能产生 1% 光吸收或吸光度为 0.0044 时所对应被测元素的质量。特征质量越小，灵敏度越高。在石墨炉原子吸收法中常采用特征质量表示灵敏度。即：

$$S_m = \frac{0.0044m}{A} = \frac{0.0044cV}{A} \qquad (12-8)$$

式中，m——待测元素的质量（g 或 μg）；c——待测元素的浓度（g/ml 或 μg/ml）；V——试液进样的体积（ml）；S_m——特征质量（g 或 μg）。

灵敏度与待测元素的性质、仪器的性能及测定条件等多种因素有关。因此，灵敏度不能直接用来衡量元素能否被检出的指标。

（二）检出限

检出限（limit of detection；D）是指在一定置信度下，样品信号为空白溶液信号的 3 倍标准偏差（σ）时所对应的待测元素的浓度 D_c（μg/ml）或质量 D_m（g 或 μg）。即：

$$D_c = \frac{c3\sigma}{A} \qquad (12-9)$$

或

$$D_m = \frac{m3\sigma}{A} = \frac{cV3\sigma}{A} \qquad (12-10)$$

式中，σ——进行 10 次以上连续测量空白值的标准偏差。检出限越低，仪器性能越好，对元素的检出能力越强。检出限考虑了测量时的噪声，因此，检出限比灵敏度更具有明确的意义。

第三节　实验技术

一、样品取样量及处理方法

首先取样要具有代表性和真实性。要防止试样的污染，主要污染来源是水、容器、试剂和大气；用来配制对照品溶液的试剂必须是高纯度的，更不能含有被测元素；处理试样时要避免被测元素的损失；对照品溶液基体组成应尽可能与被测试样接近。

原子吸收分光光度法的取样量应根据待测元素的性质、含量、分析方法及要求的精度来确定。在实际工作中，通过考察吸光度值与进样量的变化规律选择合适的进样量。如：火焰原子化法中应该在保持燃气和助燃气一定比例与一定的总气体流量的条件下，测定吸光度随喷雾试样量的变化，达到最大吸光度的试样喷雾量，就是应当选取的试样喷雾量。进样量太小，信号太弱；进样量太大，对火焰会产生冷却效应。

二、实验条件的选择

原子吸收分光光度法中，实验条件的优化和选择是影响测量灵敏度和准确度的重要因素。

(一) 狭缝宽度的选择

原子吸收分析中狭缝选择的原则是能将吸收线与干扰线分开的条件下，尽量选择较宽的狭缝。选择狭缝宽度的方法是将试液喷入火焰，观察不同狭缝宽度时吸光度的变化，当吸光度达到最大且稳定不变时对应的狭缝宽度就是选择的最佳狭缝。狭缝宽度越宽，光强度越大，信噪比越高，检出限越低，一般元素测定狭缝宽度在 0.4 ~ 4nm 之间。对于谱线较多的元素或背景干扰较大的试样，宜采用较窄的狭缝宽度，如 Fe、Co、Ni 等狭缝宽度应小于 0.1nm，以减小干扰，提高测量的灵敏度。

(二) 空心阴极灯工作电流的选择

空心阴极灯的辐射性能与其工作电流有关。工作电流的选择原则是在保证放电稳定和合适光强输出的条件下，尽量选用低的工作电流。在实际工作中，可通过实验绘制吸光度与灯电流曲线选择最佳灯电流。灯电流太高，谱线变宽，灵敏度下降，灯的寿命缩短；灯电流太低，光谱输出强度低且不稳定，测量精密度降低。市售的空心阴极灯都标有允许使用最大灯电流和建议使用灯电流，通常选用最大电流的 1/2 ~ 2/3 为工作电流。

(三) 原子化条件的选择

在火焰原子化法中，火焰的类型不同，其温度、氧化还原性、燃烧速度等基本特性不同。因此，火焰的优化选择是保证被测元素原子化效率的关键。常用的火焰类型有：空气 - 氢气、空气 - 乙炔和氧化亚氮 - 乙炔火焰。对于易电离的碱金属和碱土金属元素宜采用温度较低的火焰，以防止此类元素电离，而干扰测定。对于分析线小于 200nm 的元素（Se、As 等）宜使用氢火焰，因为乙炔火焰在此波长处有明显的吸收。对于易形成难离解氧化物的 B、Be、Al、Zr、稀土等元素应采用高温富燃火焰。火焰的氧化还原特性明显影响原子化效率和基态原子在火焰中的空间分布。因此，在实际工作中，必须调节燃气和助燃气的比例及燃烧器的高度，使光源发出的光通过火焰中基态原子浓度最大的区域，从而获得最高的测定灵敏度。

在石墨炉原子化法中需经过干燥、灰化、原子化等阶段，各阶段温度和持续时间的优化是保证被测元素原子化的关键。干燥的目的是除去样品中的溶剂，此过程应在稍低于溶剂沸点的温度下进行，以防止试样飞溅。热解、灰化的目的是破坏和蒸发除去试样基体，以减小对测定的干扰，此过程在保证被测元素没有明显损失的前提下，应尽可能选择较高的温度。原子化的目的是使试样的气态分子转变成气态的基态原子，此过程应选择被测元素原子吸收信号最大时所对应的最低温度。各阶段的持续时间应根据样品的性质通过实验进行选择。

(四) 分析线的选择

为了获得最高灵敏度，通常选用共振线作为分析线。但是，当被测元素的共振线在远紫外光区（如 Hg、As、Se 等）受到火焰气体和大气的强烈干扰，或者共振线受到其他谱线干扰，测定时就不能选择共振线只能选择非共振线作为分析线。最佳的分析线应根据具体情况由实验来确定。表 12 - 2 列出了原子吸收分析中一些元素常用的分析线。选择方法是首先扫描空心阴极灯的发射光谱，了解可供选用的谱线情况，然后

263

将该元素的溶液喷入火焰，查看哪些发射谱线被原子吸收，从中选择不受干扰而吸收适度的谱线作为分析线。

表 12 – 2 原子吸收分析中一些元素常用的分析线

元素	λ（nm）		元素	λ（nm）		元素	λ（nm）		元素	λ（nm）	
Ag	328.1	338.3	Eu	459.4	462.7	Na	589.0	330.3	Sm	429.7	520.1
Al	309.3	308.2	Fe	248.3	352.3	Nb	334.4	358.0	Sn	224.6	286.3
As	193.6	197.2	Ga	287.4	294.4	Nd	463.4	471.9	Sr	460.7	407.8
Au	242.8	267.6	Gd	368.4	407.9	Ni	232.0	341.5	Ta	271.5	277.6
B	249.7	249.8	Ge	265.2	275.5	Os	290.9	305.9	Tb	432.7	431.9
Ba	553.6	455.4	Hf	307.3	286.6	Pb	216.7	283.3	Tc	214.3	225.9
Be	234.9		Hg	235.7		Pd	247.6	244.8	Th	371.9	380.3
Bi	223.1	222.8	Ho	410.4	405.4	Pr	495.1	513.3	Ti	364.3	337.2
Ca	422.7	239.9	In	303.9	325.6	Pt	266.0	306.5	Tl	276.8	377.6
Cd	228.8	326.1	Ir	209.1	208.9	Rb	780.0	794.8	Tm	409.4	
Ce	520.0	369.7	K	766.5	769.9	Re	346.1	346.5	U	351.5	358.5
Co	240.7	242.5	La	550.1	418.7	Rh	343.5	339.7	V	318.4	385.6
Cr	357.9	359.4	Li	670.8	323.3	Ru	349.9	372.8	W	255.1	294.7
Cs	852.1	455.5	Lu	336.0	328.2	Sb	217.6	206.8	Y	410.2	412.8
Cu	324.8	327.4	Mg	285.2	279.6	Sc	391.2	402.0	Yb	398.8	346.4
Dy	421.2	404.6	Mn	279.5	403.7	Se	196.1	204.0	Zn	213.9	307.6
Er	400.8	415.1	Mo	313.3	317.0	Si	251.6	250.7	Zr	360.1	301.2

三、干扰及其抑制

原子吸收分析过程中常见的干扰有电离干扰、物理干扰、化学干扰、光学干扰等。

（一）电离干扰

电离干扰是指在原子化过程中，被测元素的部分原子产生电离，使基态原子数降低，测定结果偏低的现象。火焰温度越高，电离干扰越严重。消除和抑制电离干扰的方法是在分析溶液中加入氯化钾、氯化钠、氯化铯等消电离剂。消电离剂的加入，可以增加原子化器中的自由电子的数目，有效的抑制和消除电离干扰效应。例如：在测定钙、镁的试样中加入 KCl 可抑制钙、镁的电离，提高测定结果的准确度。

（二）物理干扰

物理干扰是指样品溶液在转移、蒸发和原子化过程中由于试样物理特性的变化引起吸光度降低的现象。在火焰原子化法中，试液的黏度、表面张力、溶剂蒸气压，进样速度、雾滴的大小、蒸发速度、雾化气体压力、取样管直径和长度等都会影响吸光度大小。在石墨炉原子化法中，进样量、保护气流速等影响基态原子在吸收区的停留时间，从而影响吸光度值。由此可见，物理干扰是非选择性干扰，对试样中各元素的影响基本上是相似的。消除和抑制物理干扰的方法有：①选用与试样基体组成相同的标准溶液作为对照溶液；②采用标准加入法进行样品测定。

（三）化学干扰

化学干扰是指在溶液或气相中由于被测元素与其他共存组分之间发生化学反应，生成难挥发或难离解的化合物，使被测元素基态原子数降低的现象。化学干扰是原子吸收分析的主要干扰来源。消除和抑制化学干扰的常用方法有：①加入释放剂。例如：在测定钙时，磷酸根对钙的测定产生严重干扰。加入锶离子后，锶离子与磷酸根形成更稳定而难挥发的磷酸锶而将 Ca 释放出来，即可消除或降低磷酸根对钙测定的干扰。②加入保护剂。例如：在测定钙的试样中加入 EDTA，EDTA 与钙形成稳定而易原子化的 CaY 配合物，可消除铝、硅等对钙测定的干扰。③提高火焰温度。例如：采用高温氧化亚氮－乙炔火焰，使某些难挥发、难离解的金属盐类、氧化物、氢氧化物原子化效率提高。如果上述方法均不能达到消除干扰目的，则需采取分离干扰组分的方法消除干扰。

（四）光学干扰

1. 光谱线干扰

光谱线干扰是指谱线重叠引起的干扰现象。常见的光谱线干扰有吸收线与相邻谱线不能完全分开；待测元素的分析线与共存元素的吸收线相重叠。消除和抑制光谱干扰的方法有：①减小狭缝宽度；②选择其他的分析线。例如：测定铝的试液中含有钒时，如果选择 308.215nm 吸收线作为测定铝的分析线，钒 308.211nm 吸收线干扰测定，如果选用铝的另一条吸收线 309.27nm 就可避免钒的干扰。

2. 背景干扰

背景干扰是指在原子化过程中，生成的气体、氧化物、盐类等分子状态物质对光源辐射产生吸收或散射而引起干扰的现象。例如：Ca 在空气－乙炔火焰中形成 CaOH，后者在 530～560nm 有吸收，对在这一波长区域内的元素测定产生干扰。在样品中含有 K^+、Na^+、Ca^{2+} 的卤化物时，KCl、NaCl、$CaCl_2$ 等常常在小于 300nm 波长处产生分子吸收，对小于 300nm 区域内的元素测定有干扰。消除背景干扰的方法有：①空白溶液扣除背景。配制与待测溶液相同基体元素和浓度的空白溶液，从样品溶液的吸收中减去空白溶液的吸收扣除背景干扰。②氘灯扣除背景。在原子吸收分光光度计中装有空心阴极灯和氘灯两个光源。空心阴极灯发出的锐线光通过样品时被原子和背景同时吸收，测得原子吸收和背景吸收的总吸光度。氘灯发出的连续光通过样品时几乎完全被背景吸收，测得背景吸光度。从总吸收信号中扣除背景吸收信号即为原子吸收信号。该法适用于氘灯辐射较强的波长范围（190～350nm）内背景的扣除。③塞曼效应扣除背景。利用光谱线在磁场中产生偏振的正交差异优点从信号中消除背景吸收信号。该法可扣除一些窄光谱线对光源辐射吸收产生的背景干扰。塞曼效应扣除背景的校正准确度很高，但仪器价格很贵。

265

第四节 定量分析方法及其应用

一、定量分析法

1. 标准曲线法

配制被测元素不同浓度的标准溶液，用空白溶液作参比由低浓度到高浓度依次测定吸光度值 A，以 A 为纵坐标，被测元素浓度或含量 c 为横坐标，绘制 $A \sim c$ 标准曲线或进行线性回归。按各品种项下的规定制备试样溶液，在相同条件下进行吸光度测定，从标准曲线查得或回归方程计算试样中被测组分的浓度。使用该法时应注意标准溶液与试样溶液的基体或组成应尽可能的相同或相近，否则会引起较大误差。

2. 标准加入法

按各品种规定项下制备试样溶液，取同体积该试样 n 份（至少 4 份），除其中一份不加被测元素标准溶液外，其余各份分别准确加入不同量的被测元素标准溶液，使其被测元素溶液浓度分别为 c_0、c_1、c_2、c_3……，在相同条件下，分别测定它们的吸光度 A_0、A_1、A_2、A_3……，以吸光度 A 对相应的加入被测元素浓度 c 作图（图 12 - 8）。若样品中不含被测元素，在扣除背景后曲线将通过原点。曲线不通过原点，说明试样中含有被测元素。将直线延长至与横坐标相交，此交点至原点间的距离即

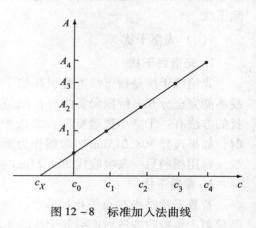

图 12 - 8 标准加入法曲线

相当于试样中被测元素的浓度或含量 c_x。标准加入法适合于试样组成不明确、基体影响较大且没有基体空白或测定纯物质中微量元素试样的分析。因此，本法只能消除基体干扰，不能消除背景吸收干扰。另外，对于测量灵敏度低的元素，由于曲线斜率太小，测定误差较大。

3. 内标法

在标准溶液和样品溶液中分别加入一定量的样品中不存在的已知元素（内标元素），测定分析元素和内标元素吸光度比值，以吸光度比值对分析元素的浓度绘制工作曲线或进行线性回归。从标准曲线查得或回归方程计算试样中被测组分的浓度。内标法消除了在原子化过程中由于实验条件变化而引起的误差，提高了方法的精密度。但使用时应注意内标元素与被测元素在原子化过程中应有相似的物理、化学性质，只能在双通道原子吸收分光光度计上使用。

二、应用实例

原子吸收分光光度法具有灵敏度高、取样量少、干扰少，操作简便、快速、化学预处理较简单等优点。已广泛应用于地质、冶金、化工、环保、药物等领域的金属元素测定。《中国药典》2010 年版采用原子吸收分光光度法对含有金属元素钾、钠、钙、

锌、铅和汞等药物的含量进行测定和药物中金属杂质检查及限量检查。

例　复方乳酸钠葡萄糖注射液中氯化钙含量的测定

《中国药典》2010 年版规定复方乳酸钠葡萄糖注射液中氯化钙含量用原子吸收分光光法测定。

（1）对照品溶液的制备　精密称取 110℃ 干燥 2h 的碳酸钙对照品适量，精密称定，置 500ml 的量瓶中，加 1mol/L 盐酸溶液 25ml 溶解，用水稀释到刻度，制成每 1ml 中含钙 250μg 的溶液，摇匀。

（2）镧溶液的制备　称取氯化镧 6.6g 于 100ml 的量瓶中，加盐酸 10ml 使之溶解并用水稀释至刻度，摇匀，备用。

（3）试样溶液的制备　精密量取样品溶液 10.00ml，置 50ml 量瓶中，加镧溶液 2.00ml，用水稀释至刻度，摇匀。

（4）原子吸收分光光度法测定　精密量取对照溶液 1.00、2.00 与 3.00ml，分别置 50ml 量瓶中，各准确加混合溶液（乳酸钠 0.31g、氯化钠 0.60g、氯化钾 0.03g，置 100ml 量瓶中，加水溶解并稀释至刻度，摇匀）10ml 与镧溶液 2.00ml，用水稀释至刻度，摇匀。同时制备空白对照溶液。在波长 422.7nm 处，依次测定空白对照溶液和各浓度对照品溶液的吸光度，重复测定，取 3 次平均值，制作 $A-c$ 标准曲线。同样条件下测定试样溶液的吸光度，从标准曲线上查找相应的浓度，按下式计算氯化钙的含量（已知换算因素：$\dfrac{Ca}{CaCl_2 \cdot 2H_2O} = 0.2721$）。

$$(CaCl_2 \cdot 2H_2O)\ 含量 = \frac{c\ (\mu g/ml) \times 5 \times 1000\ (ml)}{10^6 \times 0.20\ (g) \times 0.2721} \times 100\%$$

习　题

1. 阐述原子吸收光谱产生的原理。

2. 什么是共振线？为何共振线又称分析线、灵敏线、特征线？

3. 影响原子吸收线的形状的因素有哪些？他们产生的原因是什么？

4. 什么是积分吸收？什么是峰值吸收？在原子吸收分光光度法中为何要用峰值吸收代替积分吸收？

5. 原子吸收分光光度计与紫外 - 可见分光光度计有何区别，为什么？

6. 原子吸收分析中常见的干扰有哪些？如何消除？

7. 原子化过程有哪几种？各有什么特点？

8. 何谓原子吸收分光光度法的灵敏度、检出限？二者在实际工作中有何意义？

9. 在石墨炉原子化器的原子吸收分光光度计上，以 0.050μg/ml 的 Co 标准溶液 5μl 与去离子水交替连续测定 10 次，测得的吸光度分别为 0.165、0.170、0.166、0.165、0.168、0.167、0.168、0.166、0.170、0.167。求该原子吸收分光光度计对 Co 的检出限。

$$[8.2 \times 10^{-12} g]$$

10. 用原子吸收分光光度法测定某试样中的铅含量。准确称取试样 0.1000g 于 50ml

的容量瓶中，溶解并稀释至刻度。分别精密吸取此溶液 5.00ml 于 3 支 25ml 容量瓶中，在其中两份中分别加入 10μg/ml 铅标准溶液 5.00ml 和 10.00ml。分别测定溶液的吸光度为 0.109、0.193 和 0.281。试求试样中 Pb 的含量。

[0.62%]

11. 取 4 份某供试品溶液 20ml 置于 50ml 容量瓶中，分别加入 10μg/ml 的镉对照品溶液 0.00、1.00、2.00、4.00ml，用水稀释至刻度，于原子吸收分光光度计上测定其吸光度见下表。测定试样中镉的浓度。

序号	1	2	3	4
镉对照品溶液加入的体积（ml）	0	1	2	4
吸光度	0.042	0.080	0.116	0.190

[0.575mg/L]

12. 以 Mn 作内标物用原子吸收分析法测定某试样中 Fe 的浓度。已知标准混合液中 Mn 和 Fe 的浓度分别为 2.00μg/ml 和 2.50μg/ml，测得 $A_{Fe}/A_{Mn} = 1.05$。精密吸取 5.00ml Fe 样品溶液，加入 1.00ml 浓度为 13.5μg/ml 的 Mn 标准溶液，在 Mn 吸收波长处，测得样品混合液的吸光度是 0.128，在 Fe 吸收波长处，测得样品混合液的吸光度是 0.185，计算样品溶液中 Fe 的浓度（mol/L）（$M_{Fe}=55.85$g/mol）。

[8.33×10^{-5}mol/L]

（白小红）

268

荧光分析法

物质吸收电磁辐射后，由基态跃迁至激发态，处于激发态的分子或原子很不稳定，很快由激发态返回到基态，在此过程中有多种回到基态的途径：①以热能形式将能量释放；②以发射辐射的形式将能量释放等。以热能形式将能量释放回到基态的过程称为无辐射跃迁过程；以发射辐射的形式回到基态的过程称为光致发光（luminescence）现象。最常见的两种光致发光现象是荧光（fluorescence）和磷光（phosphorescence）。这两种发光过程的机制不同，寿命的长短也不同。对荧光来说，当激发光停止照射后，发光过程几乎立即停止（$10^{-9} \sim 10^{-6}$秒），而磷光则将持续一段时间（$10^{-3} \sim 10$秒）。

根据物质的分子荧光光谱进行定性分析，以荧光强度进行定量分析，这就是通常讲的荧光分析法。荧光的分类可根据分析对象分为原子荧光法（atomic fluorescence）和分子荧光法（molecular fluorescence）；根据激发光的波长范围又可分为紫外 - 可见荧光（UV - vis fluorescence）、红外荧光（IR fluorescence）和 X 射线荧光（X - ray fluo-rescence）。本章主要介绍分子紫外 - 可见荧光法（又称分子荧光法）。

荧光分析法的特点与紫外 - 可见分光光度法相似，但分析方法的灵敏度比后者高 2 ~ 3 个数量级。

第一节　荧光分析法的基本原理

一、分子荧光的发生

物质分子内部有三种运动，分别对应电子能级、振动能级和转动能级。电子能级包括基态以及各个激发态，每个电子能级又含有若干个振动能级，每个振动能级又含有若干个转动能级。室温时，大多数分子处于电子基态的最低振动能级。由于大多数分子中含有偶数电子，在分子轨道上成对自旋且方向相反，见图 13 - 1a，电子净自旋 S 等于零（S = - 1/2 + 1/2 = 0），因此都是抗磁性的，其能级不受外界磁场所影响而分裂。电子能态的多重性可用 M = 2S + 1 表示，可见，基态的多重性 M = 2S + 1 = 1，这样的电子能态称为单线态（singlet state，单重态），即基态没有净自旋，电子能态均为单线态。当基态分子的一个成对电子，吸收光能而被激发时，有两种情况：一是电子的自旋方向不变，见图 13 - 1b，净自旋仍等于 0（即 S = 0），M = 2S + 1 = 1，此时，激发态仍是单线态，用 S^* 表示；二是电子的自旋方向发生反转，见图 13－1c，$S = 1/2 + 1/2 = 1$，$M = 2S + 1 = 3$，此时，激发态为三线态（或称三重态），用 T^* 表示。T^* 的能级比 S^* 的能级低。由于激发光能量不同，可分别跃迁到第一电子激发单重态（S_1^*）和第二电子激发单重态（S_2^*）等，体系从基态到单重态的跃迁（$S_0 \rightarrow S_1^*$，$S_0 \rightarrow S_2^*$），同时伴随着振动能级的跃迁，产生相应的分子紫外－可见吸收光谱。从基态到三重态的跃迁，是一种禁阻跃迁，但单重态可通过系统间交叉跃迁（体系间的跨越），改变电子自旋方向，跃迁到相应的三重态（$S_1^* \rightarrow T_1^*$）。

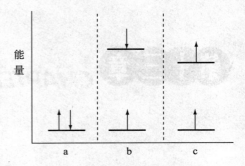

图 13－1　单线态和三线态的电子分布示意图

a. 基态；b. 激发单线态；c. 激发三线态

　　分子吸收光能后，处于激发态的分子是不稳定的，通常会通过辐射跃迁或无辐射跃迁等方式释放多余的能量而返回基态，发射荧光即属于辐射跃迁。其过程见图 13－2。

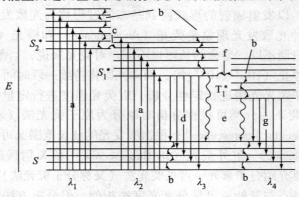

图 13－2　荧光和磷光产生示意图

a. 吸收；b. 振动弛豫；c. 内转换；d. 荧光；e. 外转换；f. 体系跨越；g. 磷光

　　（1）振动弛豫　激发态分子在很短的时间内（$\sim 10^{-15}$s）由于分子与溶剂分子碰撞或晶格间的相互作用以热量（非辐射）的形式损失部分能量，从振动高能级下降到低能级上，这个过程称为振动弛豫。振动弛豫只能在同一电子能级内进行，结果使大多数激发态的电子处于其最低振动能级上。

　　（2）内部能量转换　当 S_1^* 激发态上较高振动能级同 S_2^* 激发态上的低振动能级相重迭时，受激分子常由高电子能级以无辐射跃迁方式转移至低电子能级的过程称为内部能量转换。内部转换容易发生，速度也很快，在 $10^{-11} \sim 10^{-13}$ 秒内即可完成。所以通过重叠的振动能级发生内部转换的几率要比由高激发态发射荧光而失去能量的几率大得多。在三线态的两个激发态上也容易发生能量的内部转换。

　　（3）荧光发射　分子中的电子通常处于基态的最低振动能级，当吸收了一定波长的光能之后，因获得的能量不同，可跃迁至单线态的第一激发或第二激发态的不同振动能级上，处于激发态的分子是不稳定的，经与同类分子或其他分子相互碰撞，发生振动弛豫、内部能量转化等过程，消耗部分能量后，而下降到第一电子激发态中的最低振动能级。由此最低能级下降到基态中的某一不同振动能级，同时发射出比原来所吸收的频率较低、波长较长的光能，称为荧光（图 13 - 2），也称分子荧光。这个发射过程通常较快，只需 $10^{-7} \sim 10^{-9}$ 秒。

（4）体系间跨越　是一个受激分子的电子在激发态发生自旋反转而使分子的多重性发生变化的过程。和内部转换一样，如果电子能态 S_1^* 的较低振动能级同三线态 T_1^* 的较高振动能级发生重叠，因而就容易发生电子自旋反转，由单线激发态过渡到三线激发态，这一过程称为体系间跨越。发生体系间跨越后，荧光光量子减少，强度减弱，甚至荧光熄灭。含有重原子如碘、溴等的分子中，体系间跨越跃迁最为常见。这是因为在高原子序数的原子中电子的自旋与轨道运动之间的相互作用较大，有利于电子自旋反转的发生。在溶液中存在氧分子等顺磁性物质也能增加体系间跨越的发生，因而使荧光减弱。

（5）外部能量转换　如果分子在溶液中被激发，返回到第一激发态的最低振动能级后，激发态分子再与溶剂分子及其他溶质分子之间相互碰撞而失去能量回到基态，这个过程称为外部能量转换，简称外转换。外转换也是一种热平衡过程，常发生在第一激发单线态或第一激发三线态的最低振动能级向基态转换的过程中，所需时间也为 $10^{-9} \sim 10^{-7}$ 秒。外转换可降低荧光强度。

（6）磷光发射　分子受激后，经振动弛豫、内能转换、振动弛豫后受分子结构和所处环境的影响，发生电子自旋反转发生体系跨越后，到达第一激发态三线态，再经振动弛豫到达最低振动能级，以发射辐射的形式回到基态各个振动能级的过程称为磷光的发射，发射的电磁辐射称为磷光。这个跃迁过程也是自旋禁阻的，通常只有通过冷却或固定化以减少外转换时才可以观察到磷光。其发光速率较慢，约为 $1 \times 10^{-4} \sim 100s$。因此，发射的磷光可在光照停止后仍能持续一段时间。磷光的波长比荧光的波长更长。

总之，处于激发态的分子，可以通过上述几种不同途径组合回到基态，哪种途径的速度快，哪种途径就优先发生。如果发射荧光使受激分子去活化过程与其他过程相比要快的话，荧光的发射几率高、强度亦大；如果其他途径比荧光发射过程快，则荧光很弱或者没有。

二、激发光谱与荧光光谱

任何发射荧光的分子都具有两个光谱特征：激发光谱（excitation spectrum）和发射光谱或称荧光光谱（fluorescence spectrum）。它们是荧光分析法进行定量和定性分析的基本参数和依据。

（一）激发光谱

激发光谱表示不同激发波长的辐射所引起物质发射某一波长荧光的相对效率（强度）的变化。即以荧光强度 F 作纵坐标，激发光波长 λ 作横坐标作图，就可得到荧光物质的激发光谱图。如图 13 - 3（a）所示。具体绘制方法是：把荧光样品放入光路中，选择合适的监测发射波长和狭缝宽度，然后以不同波长的入射

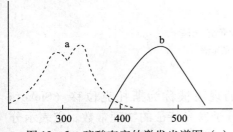

图 13 - 3　硫酸奎宁的激发光谱图（a）及荧光光谱（b）

光激发荧光物质，记录激发波长与荧光强度即可绘制激发光谱。激发光谱的形状与吸收光谱极为相似，且与测量时选择的发射波长无关，但其相对强度与选择的发射波长相关。当发射波长固定在峰位值时，测得的激发光谱的荧光强度最大。

（二）荧光光谱

荧光光谱表示在所发射的荧光中各种波长组分的相对强度，即以发射的荧光波长为横坐标，以荧光强度为纵坐标所绘制的谱图。绘制谱图的方法是：把荧光样品放入光路中，选择合适的激发波长（可由激发光谱确定）和狭缝宽度，测定所发射荧光各波长的荧光强度值，记录发射波长和荧光强度值，即可绘制荧光光谱，如图 13 – 3（b）所示。荧光光谱的形状与选择的激发光波长无关，但其相对强度与选择的激发光波长相关。激发波长固定在峰位值时，测得的荧光光谱的相对强度最大。

测定荧光物质的荧光强度进行定量分析时，通常扫描激发光谱和荧光光谱，根据扫描结果峰位值来确定激发波长（λ_{ex}）和发射波长（λ_{em}）。

荧光物质的激发光谱同荧光光谱的形状相似且互为镜像关系如图 13 – 4。图 13 – 4 是蒽在乙醇溶液中的激发光谱和荧光光谱，根据荧光产生的原理不难理解这一现象。因激发光谱所反映的是电子激发态的振动能级的分布情况，而荧光光谱所反映的是电子基态振动能级的分布情况。图 13 – 5 是蒽的能级跃迁示意图，由示意图可知，基态的振动能级差与第一激发态的振动能级差相近，且激发光谱中跃迁能量最小的波长与荧光光谱中跃迁能量最大的波长相对应。一般情况下，荧光光谱的波长大于激发光谱的波长，因此形成相对应的镜像关系。但在实际测定中这种镜像关系因所用的仪器及其构件等因素的影响，同一物质的激发光谱和荧光光谱均有不同程度的差异不能完全呈镜像。

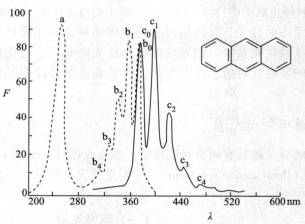

图 13 – 4　蒽的激发光谱及荧光光谱
- - - - - - -激发光谱　– –荧光光谱

（三）斯托克斯位移

荧光光谱较激发光谱发生向长波方向位移的现象被称为斯托克位移（Stoke's shift）。它是激发光与发射光之间的能量差，也是分子发光特征的物理常数。它表示分子回到基态以前，在激发态寿命期间能量的消耗。激发态分子通过内能转化和振动弛

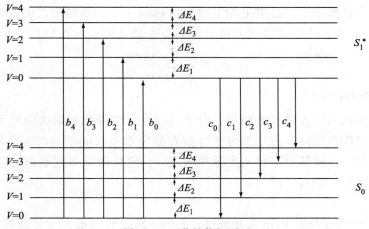

图 13 - 5 蒽的能级跃迁

豫过程而迅速到达第一激发态单重态 S_1^* 的最低振动能级, 是产生斯托克斯位移的主要原因。荧光发射可能使激发态分子返回到基态的各个不同振动能级, 然后进一步损失能量, 这也产生斯托克斯位移。此外, 激发态分子与溶剂分子的相互作用, 也会加大斯托克斯位移。当荧光波长小于激发光的波长时, 所产生的位移称为反斯托克斯位移 (Anti - Stoke's shift)。斯托克斯位移可用下式表示:

$$斯托克斯位移 = 10^7 \left(\frac{1}{\lambda_{ex}} - \frac{1}{\lambda_{em}} \right) \qquad (13 - 1)$$

式中, λ_{ex}——校正后的最大激发波长, nm; λ_{em}——校正后的最大发射波长, nm。

三、分子结构与荧光

273

荧光和分子结构的关系是一个重要的问题, 弄清他们的关系, 可以预示什么样的分子能发射荧光, 在什么条件下发射荧光以及发射的荧光将具有怎样的特性等。

荧光发射中有两个重要的参数, 荧光的量子效率和荧光寿命。

(一) 荧光的量子效率 (φ_f)

如果在受激分子回到基态过程中没有其他过程同发射荧光过程相竞争, 那么在这一段时间内所有激发态分子都将以发射荧光的方式回到基态, 这一体系的荧光过程的量子效率就等于 1。荧光的量子效率就是激发态分子中以发射荧光的量子数目占分子吸收激发光的量子总数的比例, 它的数值在 0 与 1 之间。例如罗丹明 B 在乙醇中 $\varphi_f = 0.97$, 蒽在乙醇中 $\varphi_f = 0.30$, 菲在乙醇中 $\varphi_f = 0.10$, 萘在乙醇中 $\varphi_f = 0.12$ 等。

$$\varphi_f = \frac{发射荧光的光子数目}{吸收激发光的光子数目} \qquad (13 - 2)$$

在同一浓度下, φ_f 越大, 荧光强度也越大, 由于激发分子的去活化过程包括无辐射跃迁, 通常 $\varphi_f < 1$。

量子效率的测量通常采用相对法。以一种已知量子产率的物质作为参比物质, 分别用荧光分光光度计和紫外分光光度计测定参比物质与试样的真实发射光谱的面积 (F) 和在激发波长的吸收度 (A), 就可以用式 (13 - 3) 计算试样的量子产率。常用的参比物质多为硫酸奎宁。已知在20℃时和0.1mol/L硫酸溶液中，用366nm的激发光激发，0.05mol/L硫酸奎宁溶液荧光量子产率为0.55（即$\varphi_S = 0.55$）。

$$\varphi_x = \varphi_S \frac{F_x}{F_S} \frac{A_x}{A_S} \qquad (13-3)$$

（二）荧光寿命

荧光寿命是指当除去激发光源后，分子的荧光强度降低到最大荧光强度的1/e所需要的时间，也即在返回基态之前分子停留在激发单重态的平均时间，用τ_f来表示。当荧光物质受到一个极其短时间的光脉冲激发后，它从激发态到基态的变化可以用指数衰减定律来表示，如式（13-4）：

$$F_t = F_0 e^{-Kt} \qquad (13-4)$$

式中，F_t——在时间t时的荧光强度；F_0——激发时的最大荧光强度；K——衰减比例常数。根据荧光寿命的定义并结合衰减定律，则在τ_f时间时，$F_0 e^{-1} = F_0 e^{-K\tau_f}$，推出$K = 1/\tau_f$，再代入式（13-4）得$F_t = F_0 e^{-t/\tau_f}$

$$\ln F_0 - \ln F_t = \frac{t}{\tau_f} \qquad (13-5)$$

以$\ln F_t$对t作图，所得直线的斜率为$1/\tau_f$。利用荧光寿命的不同，可进行混合荧光物质的分析。在分子生物学的研究中，荧光寿命也是一个重要的参数。因为它在分子之间相互作用的动力学方面能给出许多重要的信息，例如二聚体和激发物的形成、能量转移和分子内基团和基团之间的测距、分子之间基团的测距以及分子间的旋转扩散（布朗运动）等。

（三）荧光与分子结构的关系

能发生荧光辐射的首要条件是要求分子必须具有能吸收紫外和可见辐射的结构，即生色团；其次是必须具有一定的荧光量子产率和适宜的环境。判断化合物能否产生荧光，一般可以从以下几方面分析：

1. 长共轭结构

具有长共轭结构的分子如一些芳香环、稠环或杂环等的物质。因为这类物质分子具有共轭π键结构，易发生$\pi \rightarrow \pi^*$跃迁，分子的共轭程度越大，由于离域作用就越容易被激发，荧光效率就会越大。并且激发波长、荧光波长均长移。例如，苯、萘、蒽和并四苯的数据见表13-1。

表13-1 苯、萘、蒽和并四苯的激发波长与荧光波长

	λ_{ex}（激发）	λ_{em}（激发）	φ_f
苯	205	278	0.11
萘	286	321	0.29
蒽	356	402	0.36
并四苯	390	480	0.60

另外，含有长共轭双键的脂肪烃也可能有荧光，但这类化合物为数不多。例如，

维生素 A 是能发生荧光的脂肪烃之一。

$\lambda_{ex}=327nm$　　　　　　$\lambda_{em}=510nm$

维生素 A

2. 分子的刚性和共平面性

实验表明，荧光分子的共轭程度相同时，分子的刚性和共平面性越大，越有利于荧光发射，即荧光效率越高，且荧光波长产生长移。例如：联苯与芴，因芴分子中比联苯仅多—CH₂基团，由于—CH₂基团的存在使两个苯环的共平面性和刚性均有所增大（即两个苯环不能自由旋转），因此芴的荧光效率较大。缺乏刚性的分子之所以荧光效率低是由于内转换速率增大的结果。具有这种特性的例子很多，如酚酞与荧光素，由于荧光素比酚酞多了一个氧原子，该原子使分子形成由三个环构成的一个大平面，刚性明显增大，如：在 0.1mol/L NaOH 溶液中，其荧光效率为 0.92，而酚酞无荧光。

联苯 $\varphi_f=0.2$　　　　　　芴 $\varphi_f=1.0$

酚酞（非荧光物质）$\varphi_f=0.0$　　　荧光素钠（荧光物质）$\varphi_f=0.97$

分子的共面性和刚性的影响也可以用来说明某些有机络合剂同金属离子络合时荧光增强的现象。例如在三氯甲烷溶液中，8－羟基喹啉的荧光强度要远小于 8－羟基喹啉镁或铝的络合物的荧光强度。

8－羟基喹啉 $\varphi_f=0.04$（三氯甲烷溶液）　　8－羟基喹啉镁 $\varphi_f=0.84$（三氯甲烷溶液）

3. 空间位阻

空间位阻效应也影响荧光的强弱。如 1－二甲氨基萘－7－磺酸盐的荧光量子效率为 0.75；而 1－二甲氨基萘－8－磺酸盐的荧光效率为 0.03，原因是后者的空间位阻较大。

$1-$二甲氨基萘$-7-$磺酸盐 $\varphi_f = 0.75$　　　$1-$二甲氨基萘$-8-$磺酸盐 $\varphi_f = 0.03$

　　另外，对于顺反结构，顺式共面性差，反式共面性好，如$1,2-$二苯乙烯几乎无荧光，反式有荧光。

4. 取代基类型

　　取代基类型的不同对分子发射荧光的光谱和荧光强度都有很大的影响。

　　（1）取代基能增加分子的π电子共轭程度的，常使荧光增强，荧光量子效率也较高。例如，苯环上取代给电子基团—NH_2、—OH、—OCH_3等；能延长共轭体系的基团—C_6H_5、—$CH=CH_2$、—CN、—R等，这些化合物的荧光量子效率较苯高，荧光激发波长亦较长。

　　（2）取代基能减弱分子的π电子共轭作用，常使荧光减弱或破坏。例如，苯环上取代吸电子基团—$COOH$、—CH_3COOH、—$NHCOCH_3$、—NO_2、—$N=N$—及卤素会减弱甚至熄灭荧光。

　　（3）一些对π电子共轭体系作用较小的取代基如—SO_3H和—NH_3^+，对分子发射荧光只有很微小的影响。

5. 影响荧光发射的外部因素

　　（1）温度的影响　大多数分子在升温时，分子与分子之间，分子与溶剂分子之间的碰撞率增加，荧光量子效率随之而减小。

　　（2）溶剂的影响　发生$\pi \rightarrow \pi^*$跃迁的荧光物质，在极性溶剂中由于$\pi \rightarrow \pi^*$跃迁所需能量较小，跃迁几率增加，从而增强了荧光的强度。

　　溶剂黏度减小，分子之间的碰撞率增加，可使荧光效率降低。含有重原子的溶剂如四溴化碳和碘乙烷等，也可使化合物的荧光大大减弱。另外，溶剂如能与分子形成稳定的氢键，将使处在S_1^*（$V=0$）的分子减少，从而减弱其荧光。

　　（3）pH值的影响　当荧光物质是酸性或碱性化合物时，溶液的酸度对荧光强度影响较大。例如苯胺，在$pH\,7 \sim 12$中为分子状态，显蓝色荧光，但在$pH < 2$时形成苯胺阳离子、在$pH > 13$时形成苯胺阴离子状态，均不发生荧光。

$pH < 2$　　　　　　$pH\,7 \sim 12$ 蓝色荧光　　　　　　$pH > 13$

　　（4）荧光熄灭剂　荧光熄灭又称荧光猝灭，是指荧光物质分子与溶剂分子或其他溶质分子碰撞而引起荧光强度降低的现象。引起荧光熄灭的物质称为荧光熄灭剂，如卤素离子、重金属离子、氧分子以及硝基化合物、重氮化合物、羰基、羧基化合物均为常见的荧光熄灭剂。荧光熄灭的原因很多，且机制较为复杂。当一个荧光物质在加入某种荧光熄灭剂后，荧光强度的减弱与荧光熄灭剂的浓度呈线性关系，则可以利用这一性质测定荧光熄灭剂的含量。这种方法称为荧光熄灭法（Fluorescence quenching method）。

（5）散射光 散射光是当一束平行单色光照射在液体样品上时，大部分光线透过溶液，小部分光线由于光子与物质分子相互碰撞，使光子的运动方向发生改变，向不同角度散射的光。散射有两种：一种是瑞利光，光子与分子发生弹性碰撞，不发生能量交换，仅改变光子运动方向，波长不变；另一种是拉曼光，光子与分子发生非弹性碰撞，产生能量交换，光子的运动方向和波长均发生改变。通常，在荧光分析中所说的拉曼光指的是损失能量后波长较长的散射光，它对测定的影响较大。

选择适当的激发波长可消除拉曼光的干扰。以硫酸奎宁为例，从图 13－6a 可以看出，无论选择 320nm 或 350nm 为激发光，荧光峰总是在 448nm，而从图 13－6b 可见，当激发光波长为 320nm 时，溶剂的拉曼光波长是 360nm，对荧光测定无干扰；当激发光波长为 350nm 时，拉曼光波长是 400nm，对荧光测定有干扰，因此应选择 320nm 为激发波长。

表 13－2 为五种常用溶剂在不同波长激发光照射下拉曼光的波长，可供选择激发光波长或溶剂时参考。

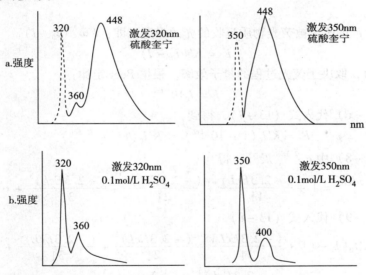

图 13－6 硫酸奎宁在不同激发波长下的荧光（a）与拉曼光谱（b）

表 13－2 常用溶剂在不同波长激发光下的拉曼光波长

溶剂	激发光（nm）				
	248	313	365	405	436
水	271	350	416	469	511
乙醇	267	344	409	459	500
环己烷	267	344	408	458	499
CCl_4	－	320	375	418	450
$CHCl_3$	－	346	410	461	502

（6）激发光源 荧光物质的稀溶液在激发光照射下，很易分解，使荧光强度逐渐

下降，因此测定时速度要快，且光闸不能一直开着。

第二节　荧光定量分析方法

一、荧光强度与溶液浓度的关系

荧光是由物质在吸收光能之后发射的，因此，溶液的荧光强度和该溶液吸收光能的程度以及溶液中荧光物质的荧光量子效率有关。溶液被入射光（I_0）激发后，可以在溶液的各个方向观察荧光强度（F）。但由于激发光的一部分光（I）被透过，因此，在透射光的方向观察荧光是不适宜的，一般是在与激发光源垂直的方向观测。如图 13 - 7 所示，溶液中荧光物质浓度为 c，液层厚度为 L。

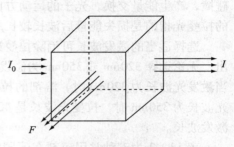

图 13 - 7　溶液的入射光、透过光及荧光

荧光强度 F 正比于被荧光物质吸收的光的强度，即：$F \propto (I_0 - I)$，

$$F = K'(I_0 - I) \tag{13 - 6}$$

K' 为常数，取决于荧光过程的量子效率。根据 Beer 定律，

$$I = I_0 10^{-EcL} \tag{13 - 7}$$

将式（13 - 6）代入式（13 - 7），得到，

$$F = K'I_0(1 - 10^{-EcL}) = K'I_0(1 - e^{-2.3EcL}) \tag{13 - 8}$$

将式（13 - 8）中 $e^{-2.3EcL}$ 展开，得

$$e^{-2.3EcL} = 1 + \frac{(-2.3EcL)}{1!} + \frac{(-2.3EcL)^2}{2!} + \frac{(-2.3EcL)^3}{3!} + \cdots \tag{13 - 9}$$

将式（13 - 9）代入式（13 - 8），

$$F = K'I_0\left[1 - (1 + \frac{(-2.3EcL)}{1!} + \frac{(-2.3EcL)^2}{2!} + \frac{(-2.3EcL)^3}{3!} + \cdots)\right]$$

$$= K'I_0\left[2.3\,EcL - \frac{(-2.3EcL)^2}{2!} - \frac{(-2.3EcL)^3}{3!} - \cdots Z\right] \tag{13 - 10}$$

若浓度 c 很小，EcL 之值也很小，当 $EcL \leqslant 0.05$ 时，式（13 - 10）中第二项以后的各项可以忽略。所以可得出

$$F = 2.3K'I_0EcL = Kc \tag{13 - 11}$$

因此，在浓度低时，溶液的荧光辐射强度与荧光物质的浓度呈线性，当 $EcL \geqslant 0.05$ 时，荧光强度和溶液浓度不呈线性，则式（13 - 10）括号中第二项以后的数值就不能忽略了。此时，荧光强度与溶液浓度之间不呈线性关系。

荧光分析法定量的依据是荧光强度与荧光物质的浓度的线性关系，而荧光测定的灵敏度取决于检测器的灵敏度，只要改进光电倍增管和放大系统，使极微弱的荧光也能被检测到，就可以测定很稀的溶液的浓度，因此，荧光分析法的灵敏度很高。在紫外分光光度法中，定量的依据是浓度与吸光度 A 成线性关系，所测得的是透过光强和入射光强的比值，即 I/I_0，即使增加 I_0，I/I_0 的比例不变，因而并不能影响 A，所以并不能使灵敏度增加。这就是荧光分析的测定灵敏度比紫外分光光度法灵敏度高的原因。

二、定量分析方法

目前，荧光分析法大多用于荧光物质的定量分析，测定方法与紫外－可见分光光度法基本相同。

1. 工作曲线法

荧光分析一般多采用工作曲线法，即先用被测物质的标准品经过和试样相同的处理之后，配成一系列标准溶液，测定这些溶液的荧光强度，以荧光强度为纵坐标，标准溶液浓度为横坐标绘制工作曲线。然后，在同样条件下测定试样溶液的荧光强度，由工作曲线求出试样中荧光物质的含量。

在实际工作中，当仪器调零之后，先测定空白溶液的荧光强度读数（F_0），然后测定标准溶液的荧光强度读数（F），两者的差（$F - F_0$）就是标准溶液本身的荧光强度，再绘制工作曲线。为了使在不同时间所绘制的工作曲线一致，在每次绘制工作曲线时均采用同一标准溶液对仪器进行校正。如果试样溶液在紫外光照射下不很稳定，则须改用另一种稳定而所发生的荧光峰和试样溶液的荧光峰相近似的标准溶液作为基准。例如在测定维生素 B_1 时，采用硫酸奎宁作为基准。

2. 比例法

如果荧光物质的标准曲线通过零点，就可选择在其线性范围内，用比例法进行测定。取已知量的被测物质的标准品配制一标准溶液，使其浓度 c_S 在线性范围之间，测定荧光强度 F_S。然后在同样条件下测定试样溶液的荧光强度 F_X。由标准溶液的浓度和两个溶液的荧光强度比，求得试样中荧光物质的含量（c_X）。在空白溶液的荧光强度调不到零时，必须从 F_S 及 F_X 值中扣除空白溶液的荧光强度 F_0，然后进行计算。

$$F_S - F_0 = 2.3K'I_0Ec_SL = Kc_S$$
$$F_X - F_0 = 2.3K'I_0Ec_XL = Kc_X$$

因为同一荧光物质，I_0、K' 及 E 相同，L 一定，

$$\frac{F_S - F_0}{F_X - F_0} = \frac{c_S}{c_X}$$

$$c_X = \frac{F_X - F_0}{F_S - F_0} \times c_S \qquad (13-12)$$

3. 多组分混合物的荧光分析

在荧光分析中，多组分混合物的分析可采用像紫外－可见分光光度法一样的联立方程式法，在不经过分离的条件下测得被测组分的含量。

如果混合物中各个组分荧光峰相距较远，而且相互之间无显著干扰，则可分别在不同波长测定各个组分的荧光强度，从而直接求出各个组分的浓度。如果不同组分的荧光光谱相互重迭，则利用荧光强度的加和性质，在适宜的荧光波长处，测定混合物的荧光强度。再根据被测物质各自在适宜荧光波长处的最大荧光强度，列出联立方程式，分别求算它们各自的含量。

第三节 荧光分光光度计

荧光分光光度计采用氙灯作光源，通过狭缝，经光栅色散后照射到被测物质上，发射的荧光经荧光单色器分光后用光电倍增管检测，并经放大器放大后记录。荧光分光光度计的构成的框型线路图见图 13 - 8。

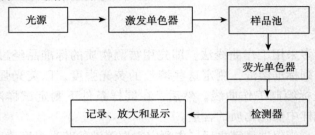

图 13 - 8 荧光分光光度计的框图

1. 激发光源

为了提高荧光检测方法的灵敏度，荧光分光光度计上的光源通常要比紫外分光光度计上的光源强度强，常用的有氙灯和高压汞灯等。高压汞蒸汽灯能发射 365、405、436、546、579、690 及 734nm 谱线，平均寿命约为 1500～3000h。氙弧灯内装有氙气，通电后氙气电离，同时产生较强的连续光谱，分布在 250～700nm 之间，而在 300～400nm 波段内射线的强度几乎相等。目前，荧光分光光度计都用它作光源。

2. 样品池

测定荧光用的样品池须用低荧光的玻璃或石英材料制成。样品池的形状是散射光较少的方形。与分光光度计所不同的是四个面均为透光面，检测荧光应在垂直于入射光的方向，以避免透过光的干扰。测低温荧光或磷光时，在石英样品池之外套上一个装盛液氮的透明石英真空瓶以降低温度。

3. 检测器

荧光分光光度计中的检测器为光电倍增管，其输出可用高灵敏度的微电计测定或再经放大后输入记录器中，自动描绘光谱图。

4. 单色器

荧光分光光度计有两个光栅单色器，一个放在光源和样品池之间称为激发滤光单色器，让所选择的激发光照射在测定的物质上。另一个在样品池和检测器之间称为荧光单色器，让样品溶液所发射的荧光经分光后分别照射于检测器上。当被测试样中有杂质荧光或散射光干扰时，也可以采用适宜的滤光片将它消除。

在测定荧光激发光谱时，将荧光单色器的波长固定于某一个荧光波长位置，旋转样品池前的激发单色器检测的荧光强度随激发光波长的变化而变化；在测定荧光光谱时，先将激发单色器的波长固定于某一个激发波长位置，旋转样品池前的荧光单色器检测的荧光强度随荧光波长的变化而变化。

荧光物质的最大激发波 λ_{ex} 和所发射的最强荧光波长 λ_{em} 是鉴定物质的根据，也是定量测定时最灵敏的条件。

第四节　荧光分析新技术

随着仪器分析的日趋发展，分子荧光分析法的新技术发展也很迅速。荧光仪器使用了单色性极好、强度更大的激光作为光源，使荧光分析法的灵敏度和选择性都有了大幅度地提高。目前，应用较为广泛的荧光新技术有时间分辨荧光分析、同步荧光分析、胶束增敏荧光分析及荧光探针等。

1. 时间分辨荧光分析

由于分析荧光的寿命不同，可在激发和检测之间延缓一段时间，使具有不同荧光寿命的物质达到分别检测的目的。时间分辨荧光分析（time – resolved fluorometry）是建立在荧光强度与时间的变化关系上的方法。时间分辨荧光分析采用脉冲激光作为光源。激光照射样品后所发射的荧光是一种混合光，它包括待测组分的荧光、其他组分或杂质的荧光及仪器的噪声。如果选择合适的延缓时间，可测定被测组分的荧光而不受其他组分、杂质的荧光及噪声的干扰。所以该法在测定混合物中某一组分时的选择性比用化学法处理样品时更好，而且省去前处理的麻烦。目前已将时间分辨荧光分析应用于免疫分析，称为时间分辨荧光免疫分析法（time – resolved fluoroimmunoassay）。

2. 同步荧光分析

同步荧光分析（synchromous fluorometry）是在荧光物质的激发光谱和发射光谱中，选择一适宜的波长差 $\Delta\lambda$（通常选择 $\Delta\lambda = \lambda_{em}^{max} - \lambda_{ex}^{max}$，即斯托克斯位移），同时扫描荧光发射波长和激发波长，得到同步荧光光谱。若 $\Delta\lambda$ 的波数相当或大于斯托克斯位移，能获得尖而窄的同步荧光峰，荧光物质的浓度与同步荧光峰峰高呈线性关系，故可用于定量分析。同步荧光光谱的信号 $F_{sp(\lambda_{em}, \lambda_{ex})}$ 与激发光信号 F_{ex} 及荧光光谱信号 F_{mx} 间的关系为

$$F_{sp(\lambda_{em}, \lambda_{ex})} = KcF_{ex}F_{mx}$$

由上式可知，当物质浓度一定时，同步荧光信号与所用的激发波长信号及发射波长信号的乘积成正比，具有较高的灵敏度，比分子荧光分析法的灵敏度还高 $1 \sim 2$ 个数量级。

3. 胶束增敏荧光分析

20 世纪 40 年代起，人们发现胶束溶液对荧光物质有增溶、增敏和增稳作用。20 世纪 70 年代后发展成胶束增敏荧光分析法。

胶束溶液是一定浓度的表面活性剂溶液。表面活性剂（如十二烷基硫酸钠）的化学结构都具有一个极性的亲水基和一个非极性的疏水基。在极性溶剂（如水）中，几十个表面活性剂分子聚合成团，将非极性的疏水基尾部靠在一起，形成亲水基向外、疏水基向内的胶束物质。

溶液中胶束数量开始明显增加时的浓度称为临界胶束浓度。低于临界胶束溶液浓度时，溶液中的表面活性剂分子基本上以非缔合形式存在。超过临界胶束浓度后，再增加表面活性剂的量，非缔合分子浓度增加很慢，而胶束数量的增加和表面活性剂浓度的增长基本上成正比。

极性较小而难溶于水的荧光物质，在胶束溶液中的溶解度显著增加，如室温时，芘在水中的溶解度为 $5.2 \times 10^{-7} \sim 8.5 \times 10^{-7} \text{mol/L}$，而在十二烷基硫酸钠的胶束水溶液中的溶解度为 0.043mol/L。胶束溶液对荧光物质的增敏作用是因非极性的有机物与胶

281

束的非极性尾部有亲和作用，使荧光分子定位于胶束的亲脂性内核中，这也对荧光分子起了一定的保护作用，减弱了荧光质点之间的碰撞，减少了分子的无辐射跃迁，增加了荧光效率，从而增加了荧光强度。这就是胶束溶液对荧光的增敏作用。

除此之外，胶束溶液提供了一种激发单线态的保护性环境。荧光物质被分散和定域于胶束中，得到了有效的屏蔽，降低了溶剂中可能存在的荧光熄灭剂的作用，也降低了荧光物质因自身浓度太大造成的荧光自熄灭，从而使荧光寿命延长。这是胶束溶液对荧光的增稳作用。由于胶束溶液对荧光物质有增溶、增敏和增稳作用，可大大提高荧光分析法的灵敏度和稳定性。

习　题

1. 名词解释

振动弛豫　　　内部能量转换　　　荧光　　　　　体系间跨越

磷光　　　　　激发光谱　　　　　荧光光谱　　　荧光寿命

2. 任何区别荧光、磷光、瑞利光和拉曼光？如何才能减少散射光对荧光测定的干扰？

3. 何为荧光效率？具有哪些分子结构的物质有较高的荧光效率？

4. 哪些因素会影响荧光波长和强度？

5. 如何区别激发光谱与荧光光谱，如何测定？

6. 如果一个溶液的吸光度为 0.035，计算式（12 - 5）括弧中第一项与第二项的比值？

7. 用荧光法测定复方炔诺酮片中的炔雌醇的含量时，取供试品 20 片（每片含炔诺酮应为 0.54 ~ 0.66mg，含炔雌醇应为 31.5 ~ 38.5μg）研细溶于无水乙醇中，稀释至 250ml，过滤，取滤液 5ml，稀释至 10ml，在激发波长 285nm 和发射波长 307nm 处测定荧光强度。如炔雌醇对照品的乙醇溶液（1.4μg/ml）在同样测定条件下荧光强度为 65，则合格片的荧光读数应在什么范围？

[58.5 ~ 71.5]

8. 1.00g 谷物制品试样，用酸处理后分离出核黄素及少量无关杂质，加入少量 $KMnO_4$，将核黄素氧化，过量的 $KMnO_4$ 用 H_2O_2 除去。将此溶液移入 50ml 量瓶，稀释至刻度。吸取 25ml 放入样品池中以测定荧光强度（核黄素中常含有发生荧光的杂质叫光化黄）。事先将荧光计用硫酸奎宁调整至刻度 100 处。测得氧化液的读数为 6.0 格，加入少量连二亚硫酸钠（$Na_2S_2O_4$），使氧化态核黄素（无荧光）重新转化为核黄素，这时荧光计读数为 55 格。在另一样品池中重新加入 24ml 被氧化的核黄素溶液，以及 1ml 核黄素标准溶液（0.5μg/ml），这一溶液的读数为 92 格，计算试样中核黄素的含量（μg/g）？

[0.5698μg/g]

（高金波）

核磁共振波谱法

在外磁场中，具有磁矩的原子核存在着不同能级，当用特定频率的电磁辐射照射时，原子核即可产生自旋能级之间的跃迁，这就是核磁共振（nuclear magnetic resonance；NMR）。以核磁共振信号强度对照射频率（或磁场强度）作图，即为核磁共振波谱（NMR spectrum）。核磁共振波谱法（NMR spectroscopy；NMR）是利用核磁共振波谱进行结构（包括构型和构象）测定、定性及定量分析的方法。

1945 年，以 Purcell 与 Bloch 为首的两个研究小组几乎同时发现了核磁共振现象，为此，他们于 1952 年获诺贝尔物理奖。自 1953 年出现第一台 30MHz 连续波核磁共振波谱仪以来，氢核磁共振的应用已有 50 多年的历史。

在核磁共振谱中，氢谱（^1H-NMR）和 ^{13}C 核磁共振谱（$^{13}C-NMR$ spectrum；$^{13}C-NMR$，简称碳谱）应用最为广泛。两者互为补充。

核磁共振谱可以提供下列信息：

（1）磁核的类型，由化学位移来判别。如在 ^1H-NMR 谱中可判定甲基氢、芳氢、烯氢、醛氢等。

（2）磁核的化学环境，由偶合常数和自旋－自旋分裂来判别。如在 ^1H-NMR 谱中，可以判定碳甲基是与—CH_2—相连，还是和苯环相连。

（3）各类磁核（如质子）的相对数量，如在 ^1H-NMR 谱中，可通过峰面积求出各组质子的相对数量。

（4）核自旋弛豫时间，如在 $^{13}C-NMR$ 谱中，可通过弛豫时间 T_1 确认碳原子的类型，并用于结构推测。还可用于研究分子的大小、分子运动的各向异性、分子内旋转、空间位阻等。

（5）核间相对距离，通过核的 Overhause 效应，可以测得质子在空间的相对距离。

随着脉冲傅立叶变换技术和超导磁体的发展和普及以及各种一维、二维核磁共振谱（2D－NMR）等不断涌现和日趋完善，NMR 波谱在化学、医药、生物学和物理化学等领域应用愈加广泛。

本章主要介绍 ^1H-NMR 谱的原理和解析方法，简要介绍 $^{13}C-NMR$ 谱的相关知识。

283

第一节　核磁共振波谱法的基本原理

一、原子核的自旋

（一）自旋分类

核磁共振的研究对象为具有磁矩的原子核。原子核有自旋现象，因而有自旋角动量（spin angular mimentum，P）。原子核是带正电荷的粒子，其自旋运动将产生磁矩，角动量和核磁矩都是矢量，其方向平行。核自旋特征用自旋量子数（spin quantum number，I）来描述。原子核可按 I 的数值分为以下三类：

1. 质量数与电荷数（原子序数）皆为偶数的核，$I = 0$。这类核的磁矩为零，不产生核磁共振信号，如 $^{12}_{6}C$、$^{16}_{8}O$ 等。

2. 质量数为奇数，电荷数可为奇数，也可为偶数的核，I 为半整数（$I = 1/2$、$3/2$、$5/2$、……）。如 $^{19}_{9}F$、$^{1}_{1}H$、$^{13}_{6}C$ 等，核磁矩不为零，其中 $I = 1/2$ 的核是目前核磁共振研究与测定的主要对象。

3. 质量数为偶数，电荷数为奇数的核，I 为整数（$I = 1$、2、……），如 $^{2}_{1}H$、$^{14}_{7}N$ 等。这类核有自旋现象，也是核磁共振的研究对象。但由于在外磁场中，它们的核磁矩的空间量子化比 $I = 1/2$ 的核复杂，故目前研究得较少。

各种核的自旋量子数和核磁共振信号情况见表 14 − 1。

表 14 − 1　各种核的自旋量子数和核磁共振信号

质量数	电荷数（原子序数）	自旋量子数（I）	NMR 信号	示例
偶数	偶数	0	无	$^{12}_{6}C$、$^{16}_{8}O$、$^{32}_{16}S$
奇数	奇数	1/2	有	$^{1}_{1}H$、$^{19}_{9}F$、$^{31}_{15}P$、$^{15}_{7}N$
		3/2	有	$^{11}_{5}B$、$^{79}_{35}Br$、$^{35}_{17}Cl$
奇数	偶数	1/2	有	$^{13}_{6}C$
		3/2	有	$^{33}_{16}S$
偶数	奇数	1	有	$^{2}_{1}H$、$^{14}_{7}N$

（二）核磁矩（μ）

自旋运动的原子核具有自旋角动量 P，同时也具有由自旋感应产生的核磁矩 μ（nuclear magnetic moment，μ），如图 14 − 1。自旋角动量 P 是表述原子核自旋运动特性的矢量参数，而核磁矩 μ 是表示自旋核磁性强弱特性的矢量参数。矢量 P 与矢量 μ 方向一致，且具有如下关系：

图 14 − 1　氢原子核的自旋

$$\mu = \gamma P \qquad (14 − 1)$$

式中，γ——为磁旋比（magnetogyric ratio），即核磁矩 μ 与自旋角动量 P 之间的比

例常数。

自旋角动量 P 的数值大小可用核的自旋量子数 I 来描述，如式（14－2）所示：

$$P = \frac{h}{2\pi} \sqrt{I(I+1)} \tag{14 - 2}$$

二、原子核的自旋能级和共振吸收

（一）自旋能级分裂

无外磁场时，原子核的自旋运动通常是随机的，因而自旋产生的核磁矩在空间的取向是任意的，若将原子核置于磁场中，则核磁矩由原来的随机无序排列状态趋向整齐有序的排列。

按照量子理论，磁性核在外加磁场中的自旋共有 $2I+1$ 个取向。每个自旋取向分别代表原子核的某个特定的能级状态，通常以磁量子数 m（magnetic quantum number）来表示。则

$$m = I, I-1, I-2, \cdots, -I+1, -I \tag{14 - 3}$$

例如 ^1H（$I=1/2$），m 的取值数目为 $2 \times 1/2 + 1 = 2$ 个，由式（14－3）可知，$m = 1/2$ 及 $-1/2$。说明 I 为 $1/2$ 的核，在外磁场中核磁矩只有两种取向。$m = 1/2$ 时，核磁矩在外磁场方向 Z 轴的投影（μ_z）顺磁场；$m = -1/2$ 时，μ_z 逆磁场，如图 14－2 所示。当 $I=1$ 时，例如 ^2H，m 可取 $2 \times 1 + 1 = 3$ 个值，$m = 1$、0、-1。核磁矩在外磁场中有 3 种取向。

核磁矩在磁场方向 Z 轴上的分量取决于角动量在 Z 轴上的分量（P_z），$P_z = \frac{h}{2\pi} m$，代入式（14－1）得：

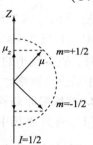

图 14－2 氢核磁矩的取向

285

$$\mu_z = \gamma \cdot m \cdot \frac{h}{2\pi} \tag{14 - 4}$$

核磁矩的能量与 μ_z 和外磁场强度 H_0 有关：

$$E = -\mu_z H_0 = -m \cdot \gamma \cdot \frac{h}{2\pi} H_0 \tag{14 - 5}$$

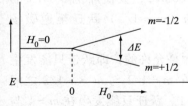

图 14－3 $I=1/2$ 核的能级分裂

不同取向的核具有不同的能级，I 为 $1/2$ 的核，$m = 1/2$，自旋取向与外磁场方向一致，核处于低能级状态；$m = -1/2$，自旋取向与外磁场方向相反，核处于高能级状态。两种取向的能级差随 H_0 的增大而增大，这种现象称为能级分裂（图 14－3）。

$$m = -\frac{1}{2}, \qquad E_2 = -\left(-\frac{1}{2}\right) \times \frac{\gamma \cdot h}{2\pi} H_0$$

$$m = \frac{1}{2}, \qquad E_1 = -\frac{1}{2} \times \frac{\gamma \cdot h}{2\pi} H_0$$

则

$$\Delta E = E_2 - E_1 = \frac{\gamma \cdot h}{2\pi} H_0 \tag{14 - 6}$$

式（14－6）说明 $I=1/2$ 的核，两能级差与外磁场强度（H_0）及磁旋比（γ）或

核磁矩（μ）成正比。显然，随着 H_0 的增大，发生核跃迁时需要的能量相应增大；反之，则相应变小。

（二）原子核的共振吸收

1. 原子核的进动

在磁场中，氢核的核磁矩与外磁场成一定的角度，核一方面绕自旋轴自旋，同时又受到一个外力矩的作用，使氢核还绕顺磁方向的一个假想轴回旋进动，称之为拉莫尔进动（或称拉莫尔回旋）（Larmor precession），这与陀螺在地球重力场的作用下自旋的情况相似，如图 14-4 所示。

进动频率（ν）与外加磁场强度（H_0）的关系可用 Larmor 方程表示：

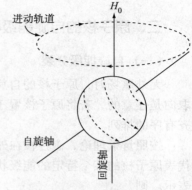

图 14-4 原子核的进动

$$\nu = \frac{\gamma}{2\pi} H_0 \qquad (14-7)$$

质子的 $\gamma = 2.67519 \times 10^8 \text{T}^{-1} \cdot \text{s}^{-1}$；^{13}C 核的 $\gamma = 6.72615 \times 10^7 \text{T}^{-1} \cdot \text{s}^{-1}$。式（14-7）说明对于一定的核，$H_0$ 增大，进动频率增加。在 H_0 一定时，磁旋比小的核，进动频率小。根据式（14-7）可以算出 ^{1}H 及 ^{13}C 在不同外磁场强度中的进动频率。

2. 共振吸收条件

（1）在外磁场中，具有核磁矩的原子核存在着不同能级。当用某一特定频率的电磁辐射照射时，若电磁辐射的能量 $E = h\nu_0$ 恰好等于核能级能量差 $\Delta E = \frac{\gamma}{2\pi} h H_0$，即 $E = \Delta E$，则：

$$\nu_0 = \frac{\gamma}{2\pi} H_0 \qquad (14-8)$$

也就是说，当 $\nu_0 = \nu$ 时，核才能吸收射频的能量，由低能级跃迁到高能级，产生核磁共振。由于在能级跃迁时频率相等（$\nu_0 = \nu$）而称为共振吸收。

例如，氢核在 $H_0 = 1.4092\text{T}$ 的磁场中，进动频率 ν 为 60MHz，吸收 ν_0 为 60MHz 的无线电波，而发生能级跃迁。跃迁后，核磁矩由顺磁场（$m = 1/2$）跃迁至逆磁场（$m = -1/2$）（图 14-5）。

（2）由量子力学的规律可知，只有 $\Delta m = \pm 1$ 的跃迁才是允许的，即跃迁只能发生在两个相邻能级间。对于 $I = 1/2$ 的核有两个能级，发生在 $m = 1/2$ 与 $m = -1/2$ 之间（图 14-5）。对于 $I = 1$ 的核，有三个能级：$m = 1$，0 及 -1。跃迁只能发生在 $m = 1$ 与 $m = 0$ 或 $m = 0$ 与 $m = -1$ 之间，而不能发生在 $m = 1$ 与 $m = -1$ 之间。

三、自旋弛豫

所有的吸收光谱具有的共性是：当电磁辐射的能量 $h\nu_0$ 等于物质分子的某种能级差 ΔE 时，分子可以吸收电磁辐射，从低能级跃迁到高能级。同时，分子能通过电磁辐射或无辐射方式从高能级回到低能级。通过无辐射释放能量途径，核从高能态回到低能

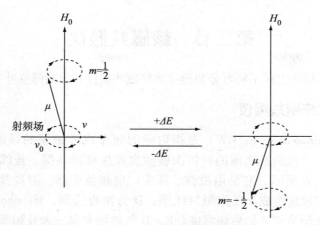

图 14 – 5 $I = 1/2$ 核的共振吸收与弛豫

态的过程称为弛豫（relaxation）。

通常在热力学平衡条件下，自旋核在两个能级间的分布数目遵从 Boltzmann 分配定律。对 ^1H 来说，若外加磁场为 1.4092T（相当于 60MHz 射频仪器所用磁场强度），温度为 300K 时，低能态核的数目（n_+）和高能态核的数目（n_-）的比例为：

$$\frac{n_+}{n_-} = e^{\frac{\Delta E}{kT}} = e^{\frac{rhH_0}{2\pi kT}} = 1.0000099 \tag{14 – 9}$$

式中，k——Boltzmann 常数。由上式可见，低能态的核数仅比高能态核数多百万分之十。而核磁共振信号就是靠所多出的约百万分之十的低能态氢核的净吸收而产生的。随着 NMR 吸收过程进行，如果高能态核不能通过有效途径释放能量回到低能态，那么低能态的核数就越来越少，一定时间后，$n_{(-1/2)} = n_{(+1/2)}$，这时不会再有射频吸收，NMR 信号即消失，这种现象称为饱和。核磁共振中，需要通过有效的弛豫来避免饱和现象的发生。

自旋弛豫有两种形式，即纵向弛豫（longitudinal relaxation）和横向弛豫（transverse relaxation）。

1. 纵向弛豫

又称自旋－晶格弛豫，是核（自旋体系）与环境（又叫晶格）进行能量交换，高能态的核把能量以热运动的形式传递出去，由高能态回到低能态的过程。弛豫过程所需的时间用半衰期 T_1 表示，T_1 越小，弛豫效率越高。固体试样的 T_1 值很大，气体和液体试样的 T_1 值很小，一般只有 1s 左右。

2. 横向弛豫

又称为自旋－自旋弛豫，是高能态的核自旋体系将能量传递给邻近低能态同类磁性核的过程。这种过程只是同类磁性核自旋状态能量交换，不引起核磁总能量的改变。其半衰期用 T_2 表示。固体试样中各核的相对位置比较固定，利于自旋－自旋之间的能量交换，T_2 值很小，一般为 $1 \times 10^{-5} \sim 1 \times 10^{-4}$s；气体和液体试样的 T_2 值约为 1s。

287

第二节 核磁共振仪

核磁共振仪按扫描方式不同可分为连续波核磁共振仪和脉冲傅立叶变换核磁共振仪。

一、连续波核磁共振仪

连续波（continuous wave；CW）是指射频的频率或外磁场的强度是连续变化的，即进行连续扫描，一直到被观测的核依次被激发发生核磁共振。连续波核磁共振仪的基本结构如图 14 – 6 所示，它是由磁铁、探头、射频发生器、射频接收器、扫描发生器、信号放大及记录仪组成。R 为照射线圈，D 为接收线圈，Helmholtz 线圈是扫场线圈，通直流电用来调节磁铁的磁场强度。R、D 与磁场方向三者互相垂直，互不干扰。

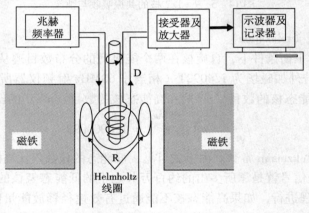

图 14 – 6　连续波核磁共振仪的示意图

试样溶液装在样品管中插入磁场，样品管匀速旋转以保障所受磁场的均匀性。由照射频率发生器产生射频，通过照射线圈 R 作用于试样上。用扫场线圈调节外加磁场强度，使满足某种化学环境的原子核的共振条件，该核发生能级跃迁，核磁矩方向改变，在接收线圈 D 中产生感应电流。感应电流被放大、记录，即得 NMR 信号。若依次改变磁场强度，满足不同化学环境核的共振条件，则获得核磁共振谱。这种固定照射频率，改变磁场强度获得核磁共振谱的方法称为扫场（swept field）法。若固定磁场强度，改变照射频率而获得核磁共振的方法称为扫频（swept frequency）法。这两种方法都是在高磁场中，用高频率对试样进行连续照射，因此，称为连续波核磁共振（continuous wave NMR，CW – NMR）。

二、脉冲傅立叶变换核磁共振仪

使用连续波核磁共振谱仪（无论是扫场方式还是扫频方式）时，是连续变化一个参数使不同化学环境的核依次满足共振条件而记录谱图的。在任一瞬间最多只有一个原子核处于共振状态，其他的原子核都处于"等待"状态，即单位时间内获得的信息很少。在这种情况下，对那些核磁共振信号很弱、化学位移范围宽的核，如 ^{13}C、^{15}N 等，一次扫描所需时间长，又需采用多次累加。为了解决上述难题，必须采用新型仪器——脉冲傅立叶变换核磁共振仪（pulse fourier transfer – NMR，PFT – NMR）。

脉冲傅立叶变换核磁共振仪与 CW – NMR 仪的主要差别在于信号观测系统，即在 CW – NMR 仪上增加脉冲程序器和数据采集及处理系统。PFT – NMR 是用一个强的射频，以脉冲方式（一个脉冲中同时包含了一定范围的各种频率的电磁辐射）将样品中所有化学环境不同的同类核同时激发，发生共振，同时接收信号。为了恢复平衡，各个核通过各种方式弛豫，在接受器中可以得到一个随时间逐步衰减的信号，称自由感应衰减（FID）信号，经过傅立叶变换转换成一般的核磁共振图谱。

傅立叶变换核磁共振仪测定速度快，除可进行核的动态过程、瞬变过程、反应动力学等方面的研究外，还易于实现累加技术。因此不仅可以测定天然丰度大的 ^{1}H、^{19}F、^{31}P 谱，还可以测定天然丰度低的 ^{13}C、^{15}N 谱。

三、溶剂和试样测定

选择溶剂原则是对试样有较好的溶解度，且不产生干扰信号。氢谱常使用氘代溶剂，如 D_2O、$CDCl_3$、CD_3OD（甲醇 – d_4）、CD_3CD_2OD（乙醇 – d_6）、CD_3COCD_3（丙酮 – d_6）、C_6D_6（苯 – d_6）及 CD_3SOCD_3（二甲基亚砜 – d_6；DMSO – d_6）等。

制备试样溶液时，常需加入标准物，以有机溶剂溶解样品时，常用四甲基硅烷（TMS）为标准物；以重水为溶剂时，可用 4,4 – 二甲基 – 4 – 硅代戊磺酸钠（DSS）作为标准物。这两种标准物的甲基屏蔽效应都很强，共振峰出现在高场。一般氢核的共振峰都出现在它们的左侧。因而规定它们的 δ 值为 0。

测定时，应有足够的谱宽。当待测物可能含有酚羟基、烯醇基、羧基及醛基等基团时，图谱需扫描至 δ 为 10 以上。进行重水交换，可证明待测物是否含有活泼氢（OH、NH、NH_2、SH 及 COOH 等）。

289

第三节 化学位移

一、屏蔽效应

根据 Larmor 方程及共振条件 $\nu_0 = \nu$，对于同一种核，磁旋比是相同的，那么，固定射频频率，是否所有的氢核都在同一个磁场强度下发生共振呢？实验发现，质子的共振磁场强度与其化学环境有关。所谓化学环境主要指氢核的核外电子云及其邻近的其他原子对其影响。当氢核处在外加磁场中时，其外部电子在外加磁场相垂直的平面上绕核旋转的同时，将产生一个与外加磁场相对抗的附加磁场。附加磁场使外加磁场对核的作用减弱（图14 –7），这种核外电子及其他因素对抗外加磁场的现象称为屏蔽效应（shielding）。若以 σ 表示屏蔽常数（shielding constant），

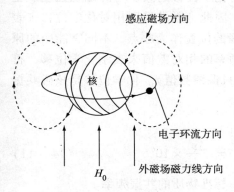

图 14 – 7　核外电子的抗磁屏蔽

外加磁场强度为 H_0，则屏蔽效应的大小为 σH_0，核实受磁场强度 H 为 $H_0 - \sigma H_0$。因此，Larmor 方程应修正为：

$$\nu = \frac{\gamma}{2\pi}(1 - \sigma)H_0 \qquad (14-10)$$

由式（14-10）可见：①在 H_0 一定时（扫频），屏蔽常数 σ 大的氢核，进动频率 ν 小，共振峰出现在核磁共振谱的低频端（右端）；反之，出现在高频端（左端）。②ν_0 一定时（扫场），则 σ 大的氢核，需在较大的 H_0 下共振，共振峰出现在高场（右端）；反之出现在低场（左端）。因而核磁共振谱的右端相当于低频、高场；左端相当于高频、低场。

二、化学位移的表示

质子或其他种类的核由于在分子中所处的化学环境不同，而在不同的共振磁场显示吸收峰的现象称为化学位移（chemical shift）。例如，乙基苯中 CH_3 的 3 个质子，CH_2 的 2 个质子，苯环上的 5 个质子在分子中所处的化学环境是不一样的，因此，他们在不同的磁场强度下产生共振吸收峰。也就是说，他们有着不同的化学位移。如图 14-8 所示。

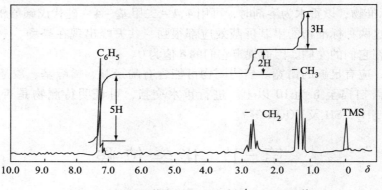

图 14-8 乙基苯在 100MHz 时的 ^1H-NMR 谱

由于不同化学环境的核的共振频率相差很小，就质子而言，差异约为 1.0×10^{-5}。要精确测量其绝对值较困难，并且屏蔽作用引起的化学位移的大小与外磁场强度成正比，在磁场强度不同的仪器中测量的数据也不同，因此，通常采用相对化学位移来表示，即以某一标准物质（如四甲基硅烷）的共振峰的位置作为原点，不同官能团的原子核共振峰的位置相对于原点的距离，用核共振频率的相对差值来表示化学位移，符号为 δ，单位为 ppm（现在已基本不使用此单位，只保留数值）。化学位移是核磁共振谱的定性参数。

若固定磁场强度 H_0，扫频，则：

$$\delta(\text{ppm}) = \frac{\nu_{\text{试样}} - \nu_{\text{标准}}}{\nu_{\text{标准}}} \times 10^6 = \frac{\Delta\nu}{\nu_{\text{标准}}} \times 10^6 \qquad (14-11)$$

式中，$\nu_{\text{试样}}$——被测试样的共振频率；$\nu_{\text{标准}}$——标准物质的共振频率。

若固定照射频率 ν_0，扫场，则式（14-11）可改为：

$$\delta(\text{ppm}) = \frac{H_{标准} - H_{试样}}{H_{标准}} \times 10^6 \qquad (14-12)$$

式中，$H_{标准}$——标准物质共振时的场强；$H_{试样}$——试样共振时的场强。

事实上，不论 H_0 或 ν_0 固定，都用式（14-12）计算 δ 值。标准物一般为四甲基硅烷（TMS）。

例如，测定 CH_3Br 的化学位移。

（1）$H_0 = 1.4092T$，$\nu_{TMS} = 60MHz$，$\nu_{CH_3} = 60MHz + 162Hz$，

$$\delta = \frac{162}{60 \times 10^6} \times 10^6 = 2.70(\text{ppm})$$

（2）$H_0 = 2.3487T$，$\nu_{TMS} = 100MHz$，$\nu_{CH_3} = 100MHz + 270Hz$，

$$\delta = \frac{270}{100 \times 10^6} \times 10^6 = 2.70(\text{ppm})$$

从上述计算可明显看出，用二台不同场强（H_0）的仪器所测得的共振频率不等，但 δ 值一致。

核磁共振谱的横坐标用 δ 表示时，TMS 的 δ 值定为 0。向左，δ 值增大。一般氢谱横坐标 δ 值为 0～10ppm。共振峰若出现在 TMS 之右，则 δ 为负值。

以前也曾用过 τ 值表示化学位移，$\tau = 10 - \delta$，TMS 的 τ 值定为 10。1970 年国际纯粹与应用化学协会（IUPAC）建议化学位移采用 δ 值，因此本书一律使用 δ 值。

三、化学位移的影响因素

影响化学位移的因素有两类：一类是内部因素，即分子结构因素，包括局部屏蔽效应、磁各向异性效应和杂化效应等；另一类是外部因素，包括分子间氢键和溶剂效应等。其主要内容介绍如下。

1. 局部屏蔽效应

局部屏蔽效应（local shielding）是氢核核外成键电子云产生抗磁屏蔽效应。而电子屏蔽效应的强弱则取决于氢核外围的电子云密度，后者与氢核附近的基团或原子的电负性大小有关。在氢核附近有电负性（吸电子作用）较大的原子或基团时，氢核的电子云密度降低，屏蔽效应变小，共振峰的位置移向低场；反之，屏蔽作用将使共振峰的位置移向高场。表 14-2 为与不同电负性基团连接时 CH_3 氢核的化学位移。

表 14-2　CH_3X 型化合物的化学位移

CH_3X	CH_3F	CH_3OH	CH_3Cl	CH_3Br	CH_3I	CH_4	$(CH_3)_4Si$
X	F	O	Cl	Br	I	H	Si
电负性	4.0	3.5	3.1	2.8	2.5	2.1	1.8
δ	4.26	3.40	3.05	2.68	2.16	0.23	0

显然，随着相邻基团电负性的增加，CH_3 氢核外围电子云密度不断降低，化学位移（δ）不断增大。^1H-NMR 中之所以能够根据共振峰的化学位移判断氢核的类型就是这个道理。

2. 磁各向异性

化学键尤其是 π 键因电子的流动将产生一个小的诱导磁场，并通过空间影响到

邻近的氢核。在电子云分布不是球形对称时，这种影响在化学键周围也是不对称的，有的地方诱导磁场与外加磁场方向一致，使外加磁场强度增加，使该处氢核共振峰向低磁场方向移动（负屏蔽效应，deshielding effect），化学位移（δ）增大；有的地方则与外加磁场方向相反，使外加磁场强度减弱，使该处氢核共振峰向高磁场方向移动（正屏蔽效应，shielding effect），化学位移（δ）减小，这种效应称为磁的各向异性效应（magnetic anisotropy），或称远程屏蔽效应（long range shielding effect）。例如，十八碳环壬烯 $C_{18}H_{18}$ 环内 6 个氢的 δ 值为 -2.99，而环外 12 个氢则为 9.28，两者相差 12.27。

下面介绍一些化学键产生的磁各向异性效应。

（1）苯环 苯环的六个 π 电子形成大 π 键，在外磁场诱导下，很容易形成电子环流，产生感应磁场，其屏蔽情况如图 14-9。在苯环的上、下方，感应磁场的磁力线与外磁场的方向相反，使处于苯环中心的质子实受磁场强度降低，屏蔽效应增大，具有这种作用的空间称为正屏蔽区，以"+"表示。但在平行于苯环平面四周的空间次级磁场的磁力线与外磁场方向一致，使得处于此空间的质子实受场强增加，这种作用称为顺磁屏蔽效应，相应的空间称为去屏蔽区或负屏蔽区，以"-"表示。苯环上氢的 δ 值为 7.27，就是因为这些氢处于去屏蔽区之故。

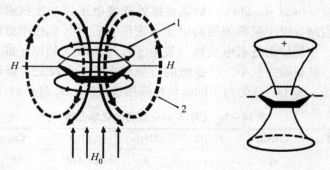

图 14-9 苯环的磁各向异性
1. π 电子环流；2. 次级磁场

（2）双键（C=O 及 C=C） 双键的 π 电子形成结面（nodal plane），结面电子在外加磁场诱导下形成电子环流，从而产生感应磁场。双键上下为两个锥形的屏蔽区，双键平面上下方为正屏蔽区，平面周围则为负屏蔽区（图 14-10），烯烃氢核因正好处于负屏蔽区，故其共振峰移向低场，δ 值为 4.5～5.7。

　　醛基氢核除与烯烃氢核相同位于双键的负屏蔽区外，还受相连氧原子强烈电负性的影响，故共振峰将移向更低场，δ 值为 $9.4 \sim 10$。

　　（3）叁键　碳－碳叁键的 π 电子以键轴为中心呈对称分布，在外磁场诱导下，π 电子可以形成绕键轴的电子环流，从而产生感应磁场。在键轴方向上下为正屏蔽区；与键轴垂直方向为负屏蔽区（图 14 – 11），与双键的磁各向异性的方向相差 $90°$。炔氢质子处在正屏蔽区，所以，化学位移 δ 值明显小于烯烃。例如，乙炔氢的 δ 值为 2.88，而乙烯氢的 δ 值为 5.25。

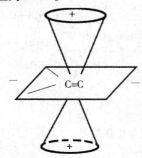
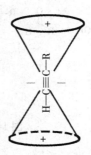

图 14 – 10　双键的磁各向异性　　　　图 14 – 11　叁键的磁各向异性

3. 氢键影响

　　氢键对质子的化学位移影响是非常敏感的，无论是分子内还是分子间氢键的形成都使氢核受到去屏蔽作用，化学位移 δ 值增大。分子间氢键的形成及缔合程度取决于溶液的浓度和试剂性能等。显然，浓度越高，则分子间氢键缔合程度越大，化学位移 δ 值越大。随浓度降低，氢键减弱，共振峰向高场位移，化学位移 δ 值减小。与其他杂原子相连的活泼氢如羟基、胺基等都有类似的性质，这类质子的化学位移在一个很宽的范围内变化。

293

四、几类质子的化学位移

　　质子的化学位移取决于质子的化学环境。可以根据质子的化学位移推断氢核的结构类型。各类质子在核磁共振谱上出现的大体范围如图 14 – 12 所示。文献中报道的化学位移的数据（附录十一）对于结构解析是十分有用的。某些质子的 δ 值可以通过公式做出估算，下面介绍两类质子的经验计算方法。

1. 甲基氢、亚甲基氢与次甲基氢的化学位移

　　在核磁共振氢谱中，甲基氢的 δ 值较小，亚甲基和次甲基氢的 δ 值较大。它们的化学位移可用下式计算：

$$\delta = B + \sum S_i \qquad (14 – 13)$$

　　式中，B——基础值（标准值）。

　　甲基（CH_3）、亚甲基（CH_2）及次甲基（CH）氢的 B 值分别为 0.87、1.20 及 1.55。S_i 为取代基对化学位移的贡献值。S_i 与取代基种类及位置有关，同一取代基在 α 位比 β 位影响大，取代基影响列于表 14 – 3 中。

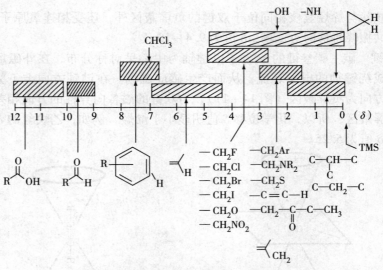

图 14 – 12　各类质子的化学位移简图

表 14 – 3　取代基对甲基、亚甲基和次甲基氢化学位移的影响[①]

取代基	质子类型	α 位移 (S_α)	β 位移 (S_β)	取代基	质子类型	α 位移 (S_α)	β 位移 (S_β)
—R		0	0	—CH = CH—R*	CH_3	1.08	—
—CH = CH—	CH_3	0.78	—	—OH	CH_3	2.50	0.33
	CH_2	0.75	0.10		CH_2	2.30	0.13
	CH	—	—		CH	2.20	—
—Ar	CH_3	1.40	0.35	—OR	CH_3	2.43	0.33
	CH_2	1.45	0.53		CH_2	2.35	0.15
	CH	1.33	—		CH	2.00	—
—Cl	CH_3	2.43	0.63	—OCOR	CH_3	2.88	0.38
	CH_2	2.30	0.53	(R 为 R 或 Ar)	CH_2	2.98	0.43
	CH	2.55	0.03		CH	3.43（酯）	—
—Br	CH_3	1.80	0.83	—COR	CH_3	1.23	0.18
	CH_2	2.18	0.60	(R 为 R 或 Ar,	CH_2	1.05	0.31
	CH	2.68	0.25	OR, OH, H)	CH	1.05	—
—I	CH_3	1.28	1.23	—NRR′	CH_3	1.30	0.13
	CH_2	1.95	0.58		CH_2	1.33	0.13
	CH	2.75	0.00		CH	1.33	—

注：R 为饱和脂肪烃基；Ar 为芳香基；R* 为—C = CH—R 或—COR

①摘自 Silverstein R. M. , et al. Spectrometric Identification of Organic Compounds, 1981, 225

例 14 -1　计算丙酸异丁酯中各类氢核的化学位移

$$
\begin{array}{cccc}
& \overset{\displaystyle O}{\underset{\displaystyle \parallel}{}} & & \overset{\displaystyle CH_3(c)}{\underset{\displaystyle \vert}{}} \\
CH_3\!-\!CH_2\!-\!C\!-\!O\!-\!CH\!-\!CH_2\!-\!CH_3 \\
(b)\quad (e) \qquad\quad (f)\quad (d)\quad (a)
\end{array}
$$

解：(1) CH_3　$\delta_a = 0.87 + 0 \ (R) = 0.87$　　　　　　　（实测 0.90）

$\qquad\qquad \delta_b = 0.87 + 0.18 \ (\beta - COOR) = 1.05$　　（实测 1.16）

$\qquad\qquad \delta_c = 0.87 + 0.38 \ (\beta - OCOR) = 1.25$　　（实测 1.21）

(2) CH_2　$\delta_d = 1.20 + 0.43 \ (\beta - OCOR) = 1.63$　（实测 1.55）

$\qquad\qquad \delta_e = 1.20 + 1.05 \ (\alpha - OCOR) = 2.25$　（实测 2.30）

(3) CH　$\delta_f = 1.55 + 3.43 \ (\alpha - OCOR) = 4.98$　（实测 4.85）

2. 烯氢的化学位移

烯氢的化学位移随着取代基的不同而发生很大变化。可用下列公式计算：

$$\delta_{C=C-H} = 5.28 + Z_{同} + Z_{顺} + Z_{反} \tag{14-14}$$

式中，Z——取代常数，下标依次为同碳、顺式及反式取代基。

取代基对烯氢化学位移的影响，如表 14 -4 所示。

表 14 -4　取代基对烯氢化学位移的影响[①]

取代基	$Z_{同}$	$Z_{顺}$	$Z_{反}$	取代基	$Z_{同}$	$Z_{顺}$	$Z_{反}$
—H	0	0	0	—OR(R 饱和)	1.18	-1.06	-1.28
—R	0.44	-0.26	-0.29	—CH₂S—	0.53	-0.15	-0.15
—R（环）	0.71	-0.33	-0.30	—CH₂Cl、—CH₂Br	0.72	0.12	0.07
—CH₂O—、—CH₂I	0.67	-0.02	-0.07	—CH₂N	0.66	-0.05	-0.23
—C≡N	0.23	0.78	0.58	—C≡C—	0.50	0.35	0.10
—C=C	0.98	-0.04	-0.21	—OR（R 共轭）*	1.14	-0.65	-1.05
—C=C（共轭）*	1.26	0.08	-0.01	—OCOR	2.09	-0.40	-0.67
—C=O	1.10	1.13	0.81	—Ar	1.35	0.37	-0.10
—C=O（共轭）*	1.06	1.01	0.95	—Br	1.04	0.40	0.55
—COOH	1.00	1.35	0.74	—Cl	1.00	0.19	0.03
—COOH（共轭）*	0.69	0.97	0.39	—F	1.03	-0.89	-1.19
—COOR	0.84	1.15	0.56	—NR₂	0.69	-1.19	-1.31
—COOR（共轭）*	0.68	1.02	0.33	—NR₂（共轭）*	2.30	-0.73	-0.81
—CHO	1.03	0.97	1.21	—SR	1.00	-0.24	-0.04
—CON<	1.37	0.93	0.35	—SO₂—	1.58	1.15	0.95
—COCl	1.10	1.41	0.99				

①摘自赵天增. 核磁共振氢谱. 北京：北京大学出版社，1983. 35 -36。

②*：取代基与其他基团共轭

295

例 14 – 2 计算乙酸乙烯酯三个烯氢的化学位移。

$$\begin{array}{ccc} H_c & & H_a \\ & C{=}C & \\ CH_3COO & & H_b \end{array}$$

解：$\delta_a = 5.28 + 0 + 0 - 0.67 = 4.61$　（实测 4.43）

$\delta_b = 5.28 + 0 - 0.40 + 0 = 4.88$　（实测 4.74）

$\delta_c = 5.28 + 2.09 + 0 + 0 = 7.37$　（实测 7.18）

此外，还有类似的经验公式可用于苯环芳氢的化学位移计算，因本章篇幅有限不再介绍。

第四节　偶 合 常 数

一、自旋偶合和自旋分裂

分子中各核的核磁矩间的相互作用虽对化学位移没有影响，但对图谱的峰形有着重要的影响。如碘乙烷的甲基峰为三重峰，亚甲基为四重峰，是甲基与亚甲基的氢核相互干扰的结果（图 14 – 13）。

（一）自旋分裂的产生

自旋偶合是核自旋产生的核磁矩间的相互干扰，又称为自旋 – 自旋偶合（spin – spin coupling），简称自旋偶合。自旋分裂是由自旋偶合引起共振峰分裂的现象，又称为自旋 – 自旋分裂（spin – spin splitting），简称自旋分裂。

在氢 – 氢偶合中，峰分裂是由于邻近碳原子上的氢核的核磁矩的存在，轻微地改变了被偶合氢核的屏蔽效应而发生。核与核间的偶合作用是通过成键电子传递的，一般只考虑相隔两个或三个键的核间的偶合。

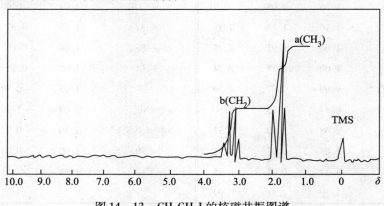

图 14 – 13　CH_3CH_2I 的核磁共振图谱

下面以碘乙烷和 HF 为例，说明自旋分裂的机制。

1. 碘乙烷中 CH₃ 和 CH₂ 氢核的自旋分裂

（1）甲基受亚甲基二个氢的干扰分裂为三重峰。每个质子有两种自旋取向（$m =$ 1/2，－1/2）。若以 b_1 和 b_2 表示 CH₂ 两个质子，这两个质子有以下四种自旋取向组合：①b_1 和 b_2 均为顺磁场；②b_1 是顺磁场，b_2 是逆磁场；③b_1 是逆磁场，b_2 是顺磁场；④b_1 和 b_2 均为逆磁场。质子 b_1 和 b_2 等价（所处的磁性环境相同），因此②和③没有差别，结果，只能产生三种局部磁场。甲基质子受到这三种局部磁场的干扰分裂为三重峰（图 14－14）。

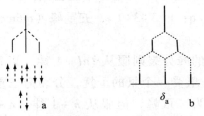

图 14－14　CH₃CH₂I 中 CH₃ 的自旋分裂

a. 自旋分裂图；b. 简图

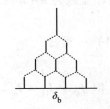

图 14－15　CH₃CH₂I 中的
CH₂ 自旋分裂简图

简单偶合时，峰裂距称为偶合常数（J）。J_{ab} 表示 a 与 b 核偶合常数。由于 $J_{ab_1} = J_{ab_2}$，分裂二次形成三重峰，峰高（强度）比为 1:2:1（图 14－14b）。

（2）亚甲基受甲基三个氢的干扰。这三个质子产生四种不同效应：使亚甲基形成峰高比为 1:3:3:1 的四重峰。分裂简图如图 14－15 所示。

2. HF 中 ¹H 与 ¹⁹F 的自旋分裂

氟（¹⁹F）自旋量子数 I 也等于 1/2，与 ¹H 相同，在外加磁场中也应有 2 个方向相反的自旋取向。这两种不同的自旋取向将通过电子的传递作用，对 ¹H 核实受磁场强度产生一定的影响。当 ¹⁹F 核的自旋取向与外加磁场方向一致（$m = +1/2$）时，传递到 ¹H 核时将增加外加磁场，使 ¹H 核实受磁场强度增大，所以 ¹H 核共振峰将移向低场区；反之，当 ¹⁹F 核的自旋取向与外加磁场相反（$m = -1/2$）时，传递到 ¹H 核时将使外加磁场强度降低，使 ¹H 核实受磁场强度减弱，所以 ¹H 核共振峰将移向高场区。由于 ¹⁹F 核这两种自旋取向的几率相等，所以 HF 中 ¹H 核共振峰均裂为强度或面积相等（1:1）的两个小峰（二重峰）。同理，HF 中 ¹⁹F 核也会因相邻 ¹H 核的自旋干扰，偶合裂分为强度或面积相等（1:1）的两个小峰。但是 ¹⁹F 核的磁矩与 ¹H 核不同，故在同样的电磁辐射频率照射下，在 HF 的 ¹H－NMR 中虽可看到 ¹⁹F 核对 ¹H 核的偶合影响，却看不到 ¹⁹F 核的共振信号。

并非所有的原子核对相邻氢核都有自旋偶合干扰作用。如 ³⁵Cl、⁷⁹Br、¹²⁷I 等原子核，虽然 $I \neq 0$，预期对相邻氢核有自旋偶合干扰作用，但因他们的电四极矩（electric quadropole moments）很大，会引起相邻氢核的自旋去偶作用（spin decoupling），因此依然看不到偶合干扰现象。

（二）自旋分裂的规律

通过上述分析可知，自旋分裂是有一定规律的。碘乙烷的亚甲基受相邻甲基三个氢干扰，分裂为四重峰。同时甲基受相邻亚甲基两个氢的干扰，分裂为三重峰。HF 中的 ^1H 核受 ^{19}F 核的偶合干扰，分裂为二重峰，因此可得出如下规律：

某基团的氢与 n 个相邻氢偶合时将被分裂为 $n+1$ 重峰，而与该基团本身的氢数无关。此规律称为 $n+1$ 律。服从 $n+1$ 律的图谱多重峰峰高比为二项式展开式的系数比，各种峰表示如下：单峰（single，s），二重峰（doublet，d；1：1），三重峰（triplet，t；1：2：1），四重峰（quartet，q；1：3：3：1），五重峰（quintet；1：4：6：4：1），六重峰（sextet；1：5：10：10：5：1）。

$I \neq 1/2$ 的核干扰产生的峰分裂则服从 $2nI+1$ 律。以氘核为例，其 $I=1$，如在一氘碘甲烷中（H_2DCI），氢受一个氘的干扰，分裂为三重峰，服从 $2nI+1$ 律。氘受二个氢的干扰，也分裂为三重峰，但服从 $n+1$ 律。$n+1$ 律是 $2nI+1$ 规律的特殊形式。

若某基团与 n、$n'\cdots$ 个氢核相邻，发生简单偶合，有下述两种情况：

（1）峰裂距相等（偶合常数相等）时仍服从 $n+1$ 律，但因相邻氢数为 $n+n'+\cdots$，故分裂峰数为 $(n+n'+\cdots)+1$。

（2）峰裂距不等（偶合常数不等）：则分裂成 $(n+1)(n'+1)\cdots$ 重峰。

例如，丙烯腈 C=C（H_b、H_a、H_c、CN）的 H_a、H_b 及 H_c 3 个氢偶合，但 $J_{ab} \neq J_{bc} \neq J_{ac}$。在 220MHz 的仪器上测试，每个氢都被分裂成双二重峰，峰高比为 1：1：1：1（图14-16）。双二重峰不是一般的四重峰（1：3：3：1），不要误认。这种情况可以认为是 $n+1$ 律的广义形式。

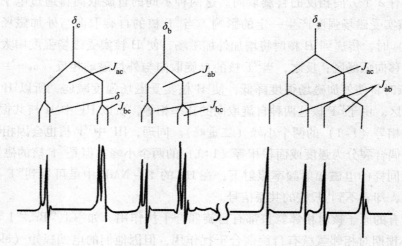

图 14-16　丙烯腈三个氢的自旋分裂图

二、偶合常数

当自旋体系存在自旋－自旋偶合时，核磁共振谱线发生分裂。由分裂所产生的裂距反映了相互偶合作用的强弱，称为偶合常数，单位为 Hz。对简单偶合而言，峰裂距即偶合常数。高级偶合（$\Delta\nu/J < 10$），$n+1$ 律不再适用，其偶合常数需通过计算才能求出。偶合常数的符号为 $^nJ_c^s$，n 表示偶合核间键数，S 表示结构关系，C 表示互相偶合核。

按偶合核间隔键数可分为偕偶、邻偶及远程偶合。按核的种类可分为 H－H 偶合及 $^{13}C－H$ 偶合等，相应的偶合常数用 J_{H-H} 及 $J_{^{13}C-H}$ 等表示。偶合常数的影响因素主要有偶合核核间距离、角度及电子云密度等。峰裂距只决定于偶合核的局部磁场强度，因此，偶合常数与外磁场强度 H_0 无关。

（1）间隔的键数　相互偶合核间隔键数增多，偶合常数的绝对值减小，又可分为以下几类：

①偕偶（geminal coupling）　同碳二氢的偶合，也称同碳偶合。偶合常数用 ^2J 或 J_{gem} 表示。自旋偶合是始终存在的，但由它引起的峰分裂则只有当相互偶合的核化学位移不等时才能表现出来。端烯的两个氢，由于双键对周围显示磁各向异性，一般情况下，两个氢的 δ 值不等，能显示出 ^2J 引起的峰分裂。而 CH_3I 中甲基上的三个氢因甲基的自由旋转，化学位移相同，因此看不到 ^2J 引起的峰分裂，CH_3 峰为单峰。对于饱和碳的 CH_2，则应区分它是在环上还是在链上。环上的 CH_2 不能自由旋转，两侧的化学键又是磁各向异性的，所以屏蔽和去屏蔽作用不能互相抵消；当环不能快速翻转时，环上 CH_2 的两个氢化学位移不等，因此能看到 ^2J 引起的峰分裂。

②邻偶（vicinal coupling）　是相邻碳原子上的氢核间的偶合，即相隔三个键的氢核间的偶合，用 ^3J 或 J_{vic} 表示。在 NMR 中遇到最多是邻偶，一般 $^3J = 6 \sim 8$Hz。其大小有如下规律：$J_{烯}^{trans} > J_{烯}^{cis} \approx J_{炔} > J_{链烷}$（自由旋转）。

③远程偶合（long range coupling）　是相隔 4 个或 4 个以上键的氢核偶合。例如，苯环的间位氢的偶合，$J^m = 1 \sim 4$Hz；对位氢的偶合，$J^p = 0 \sim 2$Hz。除了具有 π 键的系统外，远程偶合常数一般都很小。

（2）角度　键角对偶合常数的影响很敏感。以饱和烃的邻偶为例，偶合常数与双面夹角 α 有关。当 $\alpha = 90°$时，J 最小；当 $\alpha < 90°$时，随 α 的减小，J 增大；当 $\alpha > 90°$时，随 α 的增大，J 增大。这是因为偶合核的核磁矩在相互垂直时，干扰最小。例如，$J_{aa} > J_{ae}$（a 竖键、e 横键）。

（3）相邻取代基的电负性　因为偶合作用是靠价电子传递的，因而取代基 X 的电负性越大，X－CH－CH－的 $^3J_{H-H}$ 越小。

偶合常数是核磁共振谱的重要参数之一，可用它研究核间关系、构型、构象及取代位置等。一些有代表性的偶合常数列于表 14－5 中。

表 14-5　代表性的偶合常数（Hz）

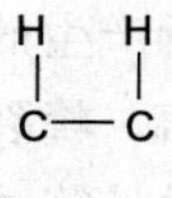	6~8	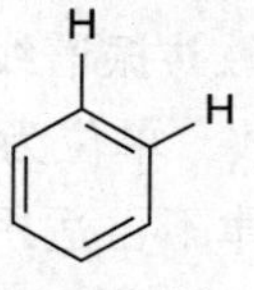	邻位 6~10	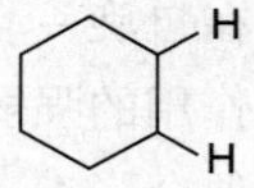	a，a 8~14 a，e 0~7 e，e 0~5
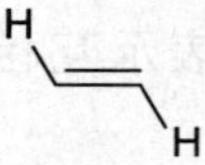	11~18				
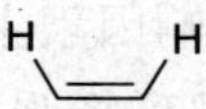	6~15	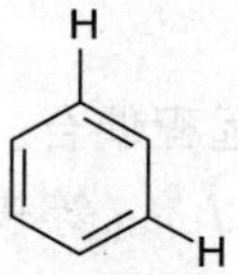	间位 1~4	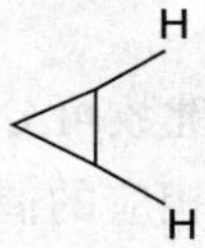	cis 6~12 trans 4~8
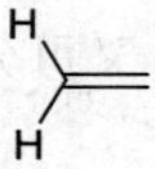	0~5	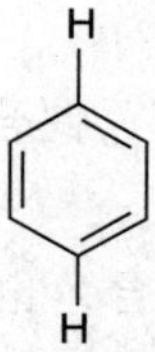	对位 0~2	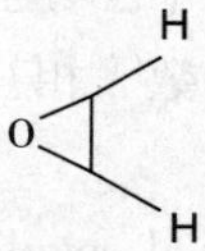	cis 2~5 trans 1~3
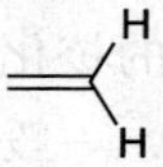	4~10	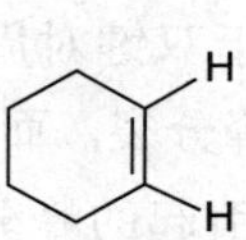	8~11	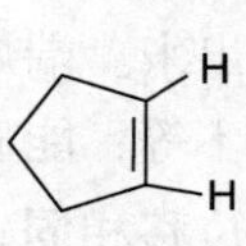	5~7
H—C═C—CH	0~3				

注：a 为竖键；e 为横键

三、自旋系统

分子中几个核相互发生自旋偶合作用的独立体系称为自旋系统（spin system）。了解光谱（或部分光谱）属于哪种自旋系统，研究核间偶合关系的规律，才能正确解析光谱。而在对自旋系统命名之前，必须了解质子的等价性质。

（一）核的等价性

1. 化学等价

在核磁共振谱中，有相同化学环境的核具有相同的化学位移。这种化学位移相同的核称为化学等价（chemical equivalence）核。例如，甲烷分子中的 4 个 ^1H 核是化学等价核。

2. 磁等价

分子中一组化学等价核与分子中的其他任何一个核（自旋量子数 $I=1/2$ 的所有的核）都有相同强弱的偶合，则这组核为磁等价（magnetic equivalence）或称磁全同。

例如，在室温下碘乙烷（CH_3CH_2I）甲基 3 个 ^1H 有相同化学位移（$\delta 1.84$），它们对亚甲基两个 ^1H 的偶合常数相等（7.45Hz），故甲基 3 个 ^1H 是磁等价的。同样，亚甲基的 2 个 ^1H 也具有相同的化学位移（$\delta 3.13$），且与甲基 3 个 ^1H 的偶合常数相等，故亚甲基的 2 个 ^1H 也是磁等价的。

磁等价核有下列特点：①组内核化学位移相等。②与组外核偶合时，偶合常数相等。③在无组外核干扰时，组内核虽有偶合，但不产生分裂。

必须注意，磁等价核必定化学等价，但化学等价核并不一定磁等价，而化学不等价必定磁不等价。例如：1，1－二氟乙烯 $\overset{H_1}{\underset{H_2}{}}C{=}C\overset{F_1}{\underset{F_2}{}}$ 分子中 2 个 ^1H 和 2 个 ^{19}F 分别都是化学等价的，但组内的任一核与另一组核的偶合常数不同，即 $J_{H_1F_1} \neq J_{H_2F_1}$，$J_{H_1F_2} \neq J_{H_2F_2}$，所以 2 个 ^1H 是磁不等价，同理，2 个 ^{19}F 也是磁不等价的核。

由此可见，在同一碳上的质子，不一定都是磁等价。又如碘乙烷在低温下取某种固定构象时，甲基中的 3 个氢核为磁不等价。可是在室温下，分子绕 C－C 键高速旋转，使各 ^1H 都处于一个平均的环境中，因此，甲基中 3 个 ^1H 和亚甲基中 2 个 ^1H 分别都是磁等价的。

另外，与手性碳原子相连的 $-CH_2-$ 上的二个氢核也是磁不等价的。例如，在化合物 2－氯丁烷中，H_a 和 H_b 质子是磁不等价的。

$$CH_3-\overset{\overset{H_a}{|}}{\underset{\underset{H_b}{|}}{C}}-\overset{\overset{H}{|}}{\underset{\underset{Cl}{|}}{C}}-CH_3$$

芳环上取代基的邻位质子也可能是磁不等价的。例如，对氯苯胺中，H_A 与 H'_A 的化学位移虽然相同，但 H_A 与 H_B 是邻位偶合，而 H'_A 与 H_B 则为对位偶合，$J_{H_AH_B} \neq J_{H_{A'}H_B}$，故 H_A 与 H'_A 是磁不等价。同理，H_B 与 H'_B 也是磁不等价核。

单键具有双键性质时，如 $R-\overset{\overset{}{\underset{\underset{O}{\|}}{C}}}{}-NH_2$ 的 C—N 键带有双键性，即 $R-\overset{\overset{O}{\|}}{C}{=}N\overset{H}{\underset{H}{}}$，

因此 NH_2 的两个质子是磁不等价。

除此之外，固定在苯环上的—CH_2—中的氢以及单键不能自由旋转时，都会产生磁不等价氢核。

（二）自旋系统的命名

通常，规定 $\Delta\nu/J > 10$ 为一级偶合（弱偶合）；$\Delta\nu/J < 10$ 为二级偶合或称高级偶合。根据偶合的强弱，可以把核磁共振谱分为若干系统。按偶合核的数目可分为二旋、三旋及四旋系统等。

1. 自旋系统的命名原则

（1）化学位移相同的核构成一个核组，以一个大写英文字母表示。核组内的核若磁不等价，则在字母右上角加撇以示区别，如 AA′A″。

（2）几个核组间分别用不同的字母表示，若它们的化学位移差值较大时（$\Delta\nu/J >$

10)，用不连续的大写英文字母 A、M、X 表示；若它们的化学位移差值较小时（$\Delta\nu/J < 10$），用连续的大写英文字母如 A、B、C 表示。

（3）字母右下角标示该组磁等价核的数目。

例如，$CH_3OCH_2CH_3$ 中—CH_2CH_3 是 A_3X_2 系统，CH_3O—是 A_3 系统。$CH_3CH_2OCH(CH_3)_2$ 则包含 A_3X_2 系统和 A_6X 系统。$CH_3CH_2CH_2Cl$ 则为 $A_3M_2X_2$ 系统。对氯苯胺中的四个质子构成 AA'BB' 系统（图 14 – 17，$\delta_A 6.60$，$\delta_B 7.02$，$J \approx 6Hz$）。

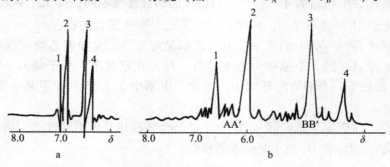

图 14 – 17 对氯苯胺苯环部分的 ^1H – NMR 图谱
a. 正常图谱；b. 横坐标扩展图

2. 核磁谱图的分类

核磁谱图分为一级谱图和高级谱图。

（1）一级图谱 是由一级偶合产生的图谱或称一级光谱（first order spectrum）。具有如下特征：①峰的裂分数目可用 $n+1$ 律描述。②多重峰的相对强度可用二项式的各项系数近似表示。③核间干扰弱，$\Delta\nu/J > 10$。④多重峰的中间位置是该组质子的化学位移。⑤相邻两峰之间距离为偶合常数。

一级图谱中常见的偶合系统有二旋系统如 AX，三旋系统如 AX_2、AMX，四旋系统如 AX_3、A_2X_2，五旋系统如 A_2X_3 等。

例如 1,1,2 – 三氯乙烷为 AX_2 系统，碘乙烷为 A_2X_3 系统，乙酸乙烯酯的烯氢为 AMX 系统。

（2）高级图谱 是由高级偶合产生的图谱。其特征为：①峰的裂分数目不符合 $n+1$ 律。②多重峰的相对强度不服从二项式各项系数比。③核间干扰强，$\Delta\nu/J < 10$，光谱复杂。④化学位移和偶合常数不能由谱图直接读出，需由计算求得。

高级偶合系统涉及许多内容，需要时可参考有关资料。下面是高级偶合的几个例子。

单取代苯：取代基为饱和烷基，则构成 A_5 系统，呈现单峰；取代基不是饱和烷基时，可能构成 ABB'CC' 系统，如苯酚等。

双取代苯：若对位双取代苯的两个取代基 X≠Y，苯环上 4 个氢可能形成 AA'BB' 系统，如对氯苯胺（图 14 – 17）。对位取代苯谱图具有鲜明的特点，粗看是左右对称的四重峰，中间一对峰强，外侧一对峰弱，每个峰可能还有各自小的卫星峰。若 X = Y，则可能形成 A_4 系统，如对苯二甲酸（芳氢 $\delta = 8.11$，单峰）等。而邻位双取代苯，若 X = Y，但不是烷基时，可能形成 AA'BB' 系统。如邻苯二甲酸（$\delta_A = 7.71$，$\delta_B = 7.51$）

302

等。不同基团取代时，形成 ABCD 系统，其谱图很复杂。间位双取代苯，相同基团取代时，苯环上四个氢形成 AB_2C 系统，若二个基团不同时，则形成 ABCD 系统。间位取代苯的谱图相当复杂。

需要指出的是，随着超导磁体的应用，高磁场的仪器可使一些复杂的偶合简化成一级偶合，这是因为化学位移的频率差值（$\Delta\nu$）是随着外磁场强度增加而增加，而偶合常数（J）基本保持不变，因此 $\Delta\nu/J$ 也随之变大。例如，丙烯腈的三个烯氢核，在 60MHz 仪器中测得的谱图属 ABC 系统，在 220MHz 时，就变成 AMX 系统。

第五节　核磁共振氢谱的解析

核磁共振氢谱由化学位移、偶合常数及峰面积（积分曲线）分别提供了含氢官能团、核间关系及氢分布等三方面的信息。图谱解析是利用这些信息进行定性分析及结构分析。前面已详细讨论了化学位移和偶合常数，下面先简要说明峰面积和氢分布的关系。

一、峰面积和氢核数目的关系

在 ^1H-NMR 谱上，各吸收峰覆盖的面积与引起该吸收的氢核数目成正比。峰面积常以积分曲线高度表示。积分曲线总高度（用 cm 或小方格表示）和吸收峰的总面积相当，即相当于氢核的总个数。而每一相邻水平台阶高度则取决于引起该吸收的氢核数目。当化合物的分子式已知时，可根据积分曲线确定谱图中各峰所对应的氢原子数目，即氢分布；如果分子式未知，但谱图中有能判断氢原子数目的基团（如甲基、羟基、单取代芳环等），以此为基准也可以判断化合物中各种含氢官能团的氢原子数目。

例 14 – 3　计算图 14 – 18 中 a、b、c、d 各峰的氢核数目。

解：测量各峰的积分高度，a 为 1.6cm，b 为 1.0cm，c 为 0.5cm，d 为 0.6cm。可采用下面两种方法求出氢分布。

（1）由每个（或每组）峰面积的积分值在总积分值中所占比例求出。

$$a\text{ 峰相当的氢数} = \frac{1.6}{1.6 + 1.0 + 0.5 + 0.6} \times 7 = 3H$$

$$b\text{ 峰相当的氢数} = \frac{1.0}{1.6 + 1.0 + 0.5 + 0.6} \times 7 = 2H$$

同理计算 c 峰和 d 峰各相当于 ^1H。

（2）依已知含氢数目峰的积分值为准，求出一个氢相当的积分值，而后求出氢分布。

本题中 δ_d 10.70 很易认定为羧基氢的共振峰，因而 0.60cm 相当 1 个氢，因此

$$a\text{ 峰为}\frac{1.6}{0.6} \approx 3H \qquad b\text{ 峰为}\frac{1.0}{0.6} \approx 2H \qquad c\text{ 峰为}\frac{0.5}{0.6} \approx 1H$$

303

二、核磁共振氢谱的解析方法

（一）解析顺序

1. 首先检查内标物的峰位是否准确，底线是否平坦，溶剂中残存的 ^1H 信号是否出现在预定的位置。

2. 根据分子式，算出不饱和度 U。

3. 根据积分曲线计算出各个信号对应的氢数即氢分布。

4. 解析孤立甲基峰，例如，CH_3—O— 、CH_3—N— 及 CH_3—Ar 等均为单峰。

5. 解析低场共振峰，醛基氢 $\delta \sim 10$、酚羟基氢 $\delta 9.5 \sim 15$、羧基氢 $\delta 11 \sim 12$，烯醇氢 $\delta 14 \sim 16$。

6. 计算 $\Delta\nu/J$，确定图谱中的一级与高级偶合部分。先解析图谱中的一级偶合部分，由共振峰的化学位移值及峰裂分，确定归属及偶合系统。

7. 解析高级偶合图谱：①先查看 $\delta 7$ 左右是否有芳氢的共振峰，据分裂图形确定自旋系统及取代位置。②难解析的高级偶合系统可先进行纵坐标扩展、用高场强仪器或双照射等技术测定、用位移试剂等使图谱简化。

8. 含活泼氢的未知物，可对比重水交换前后图谱，以确定活泼氢的峰位及类型。

9. 根据各组峰的化学位移和偶合关系的分析，推出若干结构单元，最后组合为几种可能的结构式。

10. 查表或计算初定结构中各基团的化学位移，核对偶合关系与偶合常数是否合理；或利用 UV、IR、MS 和 ^{13}C – NMR 等信息，也可与标准图谱对照确定化合物结构。

（二）解析示例

304

例 14 – 4　某化合物分子式为 $C_4H_7BrO_2$，核磁共振氢谱如图 14 – 18。试推出化合物的结构。已知 $\delta_a 1.78$（d）、$\delta_b 2.95$（d）、$\delta_c 4.43$（sex）、$\delta_d 10.70$（s）、；$J_{ac} = 6.8Hz$，$J_{bc} = 6.7Hz$。

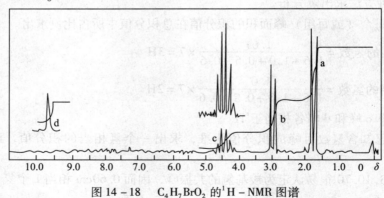

图 14 – 18　$C_4H_7BrO_2$ 的 ^1H – NMR 图谱

解：1. $U = \dfrac{2 + 2 \times 4 - 8}{2} = 1$。只含一个双键或一个环，为脂肪族化合物。

2. 氢分布　见例 14 – 3。

3. 由氢分布及化学位移，可以得知 a 为 CH_3，b 为 CH_2，c 为 CH，d 为 COOH。

4. 由偶合关系确定各基团连接方式　a 为二重峰，说明与一个氢相邻，即与 CH 相邻；b 为二重峰，也说明与 CH 相邻；c 为六重峰，峰高比符合 $1:5:10:10:5:1$，符合 $n+1$ 律，说明与 5 个氢相邻。因为各峰的裂距相等，所以，$J_{ac} \approx J_{bc}$，则 5 个氢是三个甲基氢与二个亚甲基氢之和，故该未知物具有 $-CH_2-CH-CH_3$ 基团，为偶合常数相等的 A_2MX_3 自旋系统。根据这些信息，未知物有两种可能结构：

$$CH_3-CH-CH_2-Br \qquad CH_3-CH-CH_2-COOH$$
$$\qquad | \qquad\qquad\qquad\qquad\qquad | $$
$$\quad COOH \qquad\qquad\qquad\qquad\quad Br$$
$$\quad（Ⅰ）\qquad\qquad\qquad\qquad\qquad（Ⅱ）$$

5. 计算次甲基的化学位移可以判断其是与羧基还是与溴相连。可按式（14 – 13）及表 14 – 3 计算：

Ⅰ：$\delta_{CH} = 1.55 + 1.05 + 0.25 = 2.85$

Ⅱ：$\delta_{CH} = 1.55 + 2.68 + 0 = 4.23$

4.23 与 c 峰的 δ 值 4.43 接近，因此，未知物的结构是Ⅱ。

6. 核对　未知物光谱与 Sadtler 6714M 3 – 溴丁酸的标准光谱一致。证明未知物结构式是Ⅱ。

例 14 – 5　某化合物分子式为 $C_{10}H_{14}O$，^1H – NMR 谱如图 14 – 19 所示，试推测其结构式。

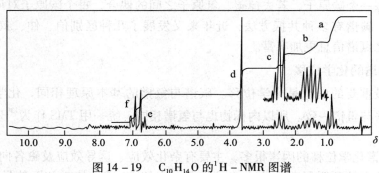

图 14 – 19　$C_{10}H_{14}O$ 的 ^1H – NMR 图谱

解：1. $U = \dfrac{2 + 2 \times 10 - 14}{2} = 4$，可能有苯环。

2. 氢分布 a：3H（$\delta = 1.0$），b：2H（$\delta = 1.5$），c：2H（$\delta = 2.3$），d：3H（$\delta = 3.8$），e：2H（$\delta = 6.9$），f：2H（$\delta = 7.2$）。

3. 根据化学位移、氢分布及峰形确定连接方式　a 为 CH_3，三重峰，说明与 CH_2 相邻；b 为 CH_2，六重峰，峰高比为 $1:5:10:10:5:1$，符合 $n+1$ 律，说明与 5 个氢相邻。因为各峰的裂距相等，所以，$J_{ac} \approx J_{bc}$，则 5 个氢是 3 个甲基氢与 2 个亚甲基氢之和，故该未知物具有 $-CH_2-CH_2-CH_3$ 基团；c 为 CH_2，三重峰，说明与 CH_2 相邻；d 为 CH_3，单峰，根据其化学位移推测可能与吸电子基团相邻；e 和 f 各为 2 个氢，峰形粗看为左右对称的四重峰（边上还有小的卫星峰），是对位双取代苯的特征峰形，说明未知物具有 $-C_6H_4-$ 结构。

4. 未知物可能结构式为：

$$H_3CO-\langle\!\!\bigcirc\!\!\rangle-CH_2CH_2CH_3$$

第六节 核磁共振碳谱和相关谱简介

一、核磁共振碳谱

核磁共振碳谱全称 ^{13}C 核磁共振波谱法（Carbon – 13 nuclear magnetic resonance spectroscopy；^{13}C – NMR），简称碳谱。

^{13}C – NMR 信号于 1957 年被发现，但是，由于同位素 ^{13}C 的天然丰度太低，仅为 ^{12}C 的 1.108%，而且 ^{13}C 的磁旋比 γ 是 ^1H 的 1/4。所以 ^{13}C – NMR 信号很弱，致使 ^{13}C – NMR 的应用受到了极大的限制。20 世纪 70 年代，脉冲 Fourier NMR 仪器（PFT – NMR）的出现，才使 ^{13}C – NMR 信号的测定成为可能。近年来 ^{13}C – NMR 技术及其应用有了飞速的发展。

由于 ^{13}C – NMR 谱的化学位移变化范围比氢谱大十几倍，所以化合物结构上的细微变化能否在碳谱上得到反映。相对分子质量在 500 以下的有机化合物，^{13}C – NMR 谱几乎可以分辨每一个碳原子，若去掉碳、氢原子之间的偶合，每个碳原子对应一条尖锐、独立的谱线。碳谱有多种共振方法，近年来又发展了几种区别伯、仲、叔、季碳原子的方法。较之氢谱信息更加丰富。

（一）碳谱的化学位移

碳谱中最重要的信息是化学位移。碳谱与氢谱的基本原理相同，化学位移（δ_c）定义及表示法与氢谱一致。所以内标物也与氢谱相同，统一用 TMS 作为 ^{13}C 化学位移的零点。

影响 ^{13}C 谱化学位移的因素很多，主要有杂化效应、诱导效应及磁各向异性等。而且磁各向异性中的顺磁屏蔽效应占主导作用，它使 ^{13}C 谱的核磁共振信号大幅度移向低场。

碳原子的杂化轨道状态（sp^3、sp^2、sp）很大程度上决定 ^{13}C 化学位移。sp^3 杂化碳的共振信号在高场，sp^2 杂化碳的共振信号在低场，sp 杂化碳的共振信号介于两者之间。

当电负性大的元素或基团与碳相连时，诱导效应使碳的核外电子云密度降低，故具有去屏蔽效应。随取代基电负性的增大，去屏蔽效应增大，化学位移向低场位移。

图 14 – 20 为常见基团碳核的化学位移简图，可供了解各种影响因素对 δ_c 的影响，并可作为碳谱解析的参考。各类碳的化学位移可参考有关专著。

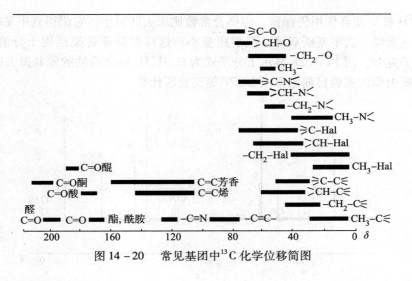

图 14 - 20 常见基团中 ^{13}C 化学位移简图

（二）去偶方法

在 ^{13}C - NMR 中，因为 ^{13}C 的天然丰度很低（仅为 1.1%），所以 ^{13}C - ^{13}C 之间的偶合可以忽略。但 ^{13}C - ^{1}H 的偶合常数很大，$^{1}J_{CH}$ 大约为 100 ~ 200Hz，^{13}C 的谱线总会被 ^{1}H 分裂，使 ^{13}C - NMR 谱线相互重叠，难以辨认，因此，记录谱图时必须对 ^{1}H 去偶以简化谱图。目前所见到的 ^{13}C 谱一般都是质子去偶谱。一般选用三种去偶法：质子宽带去偶法（broad band decoupling, BBD）、偏共振去偶法（off - resonance decoupling, OFR）和选择性质子去偶法（selective proton decoupling, SEL）。

1. 质子宽带去偶

质子宽带去偶法也称噪声去偶（proton noise decoupling）法或全氢去偶（proton complete decoupling, COM）法。这是测定碳谱时最常用的去偶方式。测定碳谱时，用覆盖所有 ^{1}H 核共振频率的宽电磁辐射照射 ^{1}H 核，以消除所有 ^{1}H 核对 ^{13}C 核的偶合影响，每个碳原子在图谱上均表现为一条共振谱线。同时，去偶时伴随有 NOE（nuclear overhauser effect）效应，使 ^{13}C 核的信号强度增强。以分子式为 $C_{14}H_{18}O_4$ 的化合物（结构式如图 14 - 21）为例，其质子宽带去偶的 ^{13}C - NMR 谱如图 14 - 22a 所示。质子去偶谱的缺点是不能获得与 ^{13}C 核直接相连的 ^{1}H 的偶合信息，因而也就不能区别伯、仲、叔碳。

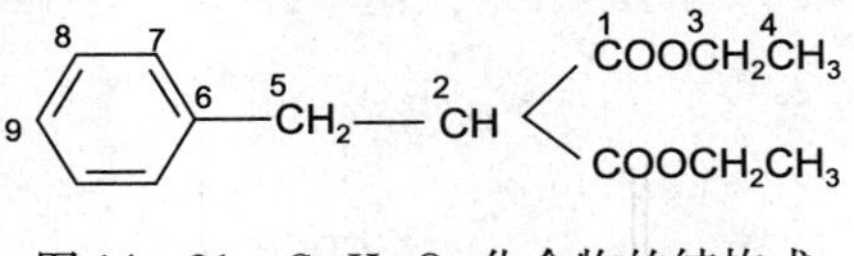

图 14 - 21 $C_{14}H_{18}O_4$ 化合物的结构式

2. 偏共振去偶法

质子宽带去偶的谱图简单、清晰，但这种去偶方式使得与 ^{13}C 直接相连的 ^{1}H 的偶合分裂信息消失，因此，也就失去了对结构解析有用的有关碳原子类型的信息。为了弥补质子宽带去偶的不足，发展了偏共振去偶技术。偏共振去偶技术是在测定 ^{13}C 谱时，另外加一个照射射频，其中心频率不在 ^{1}H 的共振区中间，而是比 TMS 的 ^{1}H 共振频率高 100 ~ 500Hz，与各种质子的共振频率偏离。结果使 ^{13}C 核在一定程度上去偶，直

307

接相连的 ^1H 核的偶合作用仍保留，但偶合常数比未去偶时小。它仍得到甲基碳四重峰、亚甲基碳三重峰、次甲基碳双峰，但裂距变小。这样即使碳骨架结构十分清晰，又不使谱图过于复杂。图 14 –22b 显示了分子式为 $C_{14}H_{18}O_4$ 的化合物的偏共振去偶碳谱。

偏共振去偶的实验目前已常由 DEPT 等实验所代替。

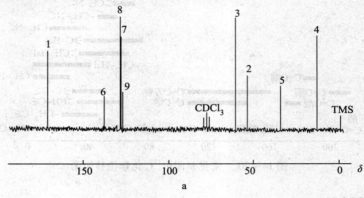

a

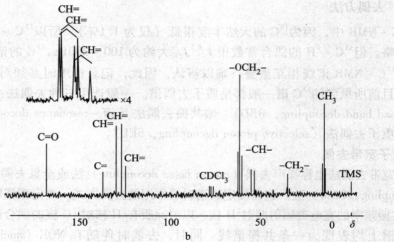

b

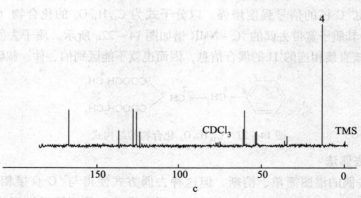

c

图 14 – 22　$C_{14}H_{18}O_4$ 化合物的^{13}C – NMR 谱

a. 全氢去偶碳谱；b. 偏共振去偶碳谱；c. 选择质子去偶碳谱

3. 选择性质子去偶

选择性质子去偶法是偏共振去偶法的特例。它是在质子信号归属已经明确的前提下，用某一特定质子共振频率的射频照射该质子，以消除被照射质子对^{13}C的偶合，产生一单峰，从而确定相应^{13}C信号的归属。图14-22c是$C_{14}H_{18}O_4$化合物的选择性去偶谱。测定时，去偶频率对准甲基碳原子上氢的共振频率，因此，该碳原子成为单峰。

4. DEPT谱

又称无畸变极化转移技术（distortionless enhancement by polarization transfer, DEPT），通过改变^{1}H核的第三脉冲宽度（θ），θ可设置为45°、90°、135°，不同的设置将使CH、CH_2和CH_3基团显示不同的信号强度和符号。季碳原子在DEPT谱中不出峰。θ为45°时，CH、CH_2和CH_3均出正峰，90°时，只有CH显示正峰；135°时，CH_3、CH显示正峰，CH_2出负峰。以肉桂酸乙酯为例，其DEPT谱如图14-23所示，其结构和化学位移为：

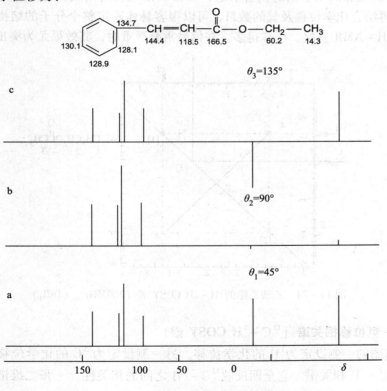

图14-23　肉桂酸乙酯DEPT谱

二、相关谱

在前述^{1}H-NMR及^{13}C-NMR谱中，横坐标为化学位移，代表频率（ν_H或ν_C），纵坐标为信号强度，这些称为一维谱（one dimentional NMR；1D-NMR）。二维核磁共振谱（2D-NMR）是将化学位移-化学位移或化学位移-偶合常数对核磁信号作二维展开而成的图谱。它包括J分解谱（J resolved spectroscopy）、化学位移相关谱（chemical shift correlation sepctroscopy；简称 COSY 谱）和多量子谱（multiple quantum spectros-copy）等多种新技术。下面只介绍 ^{1}H – ^{1}H 相关谱和 ^{13}C – ^{1}H 相关谱。

1. 氢 – 氢位移相关谱（^{1}H – ^{1}H COSY 谱）

是 ^{1}H 和 ^{1}H 核之间的位移相关谱，横轴和纵轴均为 ^{1}H 核的化学位移。一般的 COSY 谱是 90°谱。从对角线两侧成对称分布的任一相关峰出发，向两轴作 90°垂线，在轴上相交的两个信号即为相互偶合的两个 ^{1}H 核。

乙酸乙酯的 ^{1}H – ^{1}H COSY 谱如图 14 – 24 所示。首先观察横轴上信号 3（即 CH$_3$），从 3 向下引一条垂线和对角线相交，可见峰［3］。从［3］再向左边划一水平线，则与纵轴上的信号 3 相遇，也就是说对角线上的峰［3］出现在纵轴和横轴的同一信号 3 的交点处，这样的峰叫做对角峰。同理，［1］、［2］也分别为信号 1 及 2 的对角峰。在图谱中除上述三个对角峰以外还存在其他两个峰，即 a、a′，它们称为相关峰。在相关谱中，相关峰因相邻两质子间的偶合引起，故必然出现在对角线两侧对称的位置上，如（a，a′）。再结合化学位移及氢的数目，可以很容易地确定整个分子的结构。所得结果要比 1D – ^{1}H – NMR 直接、可靠得多。在信号重叠严重时，其效果尤为突出。

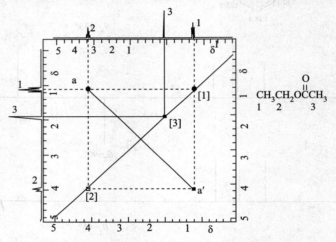

图 14 – 24　乙酸乙酯的 ^{1}H – ^{1}H COSY 谱（360MHz，CDCl$_3$）

2. 碳 – 氢位移相关谱（^{13}C – ^{1}H COSY 谱）

若在谱图的一侧设定为 ^{1}H 的化学位移，另一侧设定为 ^{13}C 的化学位移，则所得二维谱称为 ^{13}C – ^{1}H 相关谱。它全面反映 ^{13}C – ^{1}H 之间的相关性，一张二维谱等于一整套选择性去偶谱图，是异核相关谱中最主要的一类。

在通常的 ^{13}C – ^{1}H COSY 谱中，预先作特殊设定，以观察 $^1J_{CH}$ 范围内的偶合影响，相关峰只出现在 ^{13}C 信号化学位移及与之直接连接的 ^{1}H 信号化学位移的交叉处。图谱的解析方法以图 14 – 25 所示乙醇的 ^{13}C – ^{1}H COSY 谱为例，从纵轴（^{1}H 轴）的 H – 1 信号（δ1.2）向左作水平延伸，可与相关峰 a 相交。再由该相关峰向上垂直延伸至 ^{13}C 轴上 δ18 处，表示两者偶合相关，故 δ18 处的 ^{13}C 信号应为 C – 1。同理，从纵轴的 H – 2 信号（δ3.7）向左作水平延伸，可与相关峰 a′相交。再由该相关峰向上垂直延伸至 ^{13}C 轴上 δ57 处，表示两者偶合相关，故 δ57 处的 ^{13}C 信号应为 C – 2。如此类推，在知道 ^{1}H

（或^{13}C）的信号归属时，通过相关峰追踪，应能确定其对应^{13}C（或^{1}H）核的信号归属。对一般有机化合物来说，多在采用$^{1}H-^{1}H$ COSY谱确定^{1}H的信号归属基础上，再通过测定$^{13}C-^{1}H$ COSY谱以解决^{13}C的信号归属。当然，对复杂化合物来说，宜在测定之前，先用DEPT法确定各个^{13}C信号的峰数目。

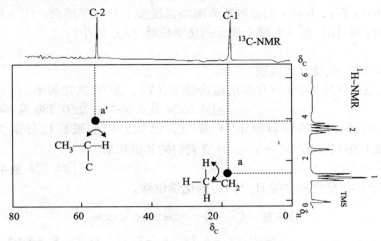

图14-25 乙醇的$^{13}C-^{1}H$ COSY谱

并非所有的^{13}C或^{1}H信号在$^{13}C-^{1}H$ COSY谱上都会出现相关峰。例如季碳和羰基碳信号因不直接连氢，故不出现相关峰。同理，羟基上的氢信号也不会出现相关峰。

在化学位移相关谱中，还有侧重表现远程偶合相关的远程氢–氢相关谱（long range $^{1}H-^{1}H$ COSY谱）及远程碳–氢相关谱（long range $^{13}C-^{1}H$ COSY谱）。可用于判断同核（$^{1}H-^{1}H$）及异核（$^{13}C-^{1}H$）之间的远程偶合相关。

311

$$H_3CO-\langle\ \rangle-CH_2CH_2CH_3$$

习 题

1. 下列哪一组原子核不产生核磁共振信号，为什么？
① $^{2}_{1}H$、$^{14}_{7}N$ ② $^{19}_{9}F$、$^{12}_{6}C$ ③ $^{12}_{6}C$、$^{1}_{1}H$ ④ $^{12}_{6}C$、$^{16}_{8}O$

[④]

2. 为什么核的共振频率与仪器的磁场强度有关，而偶合常数与磁场强度无关？

3. 某化合物三种质子相互偶合构成 AM_2X_2 系统，$J_{AM}=10Hz$，$J_{XM}=4Hz$。A、M_2、X_2各为几重峰？为什么？

[三，六，三]

4. 磁等价与化学等价有什么区别？说明下述化合物中哪些氢是磁等价或化学等价及其峰形（单峰、二重峰…），并计算化学位移。

① Cl—CH＝CH—Cl

② $\underset{H_b}{\overset{H_a}{}}C＝C\underset{Cl}{\overset{H_c}{}}$

③ $\underset{H_b}{\overset{H_a}{}}C＝C\underset{Cl}{\overset{Cl}{}}$

④ $CH_3CH＝CCl_2$

[①$\delta_a = \delta_b = 6.36$（s），磁等价；②$\delta_a 5.31$、$\delta_b 5.47$、$\delta_c 6.28$；③$\delta_a = \delta_b = 5.50$（s）

磁等价；④$\delta_{CH_3} 1.73$（d）、$\delta_{CH} 5.86$（qua）]

5. 乙烯、乙炔质子的化学位移 δ 值分别为 2.8 和 5.84，试解释乙烯质子出现在低磁场区的原因。

6. 3 个不同质子 a、b 和 c 共振时所需磁场强度按下列次序排列：$H_a > H_b > H_c$。哪个质子的化学位移（δ）最大？哪个质子的化学位移（δ）最小？

[c，b]

7. ABC 与 AMX 系统有何区别？

8. 计算：①200 及 400MHz 仪器的磁场强度（T），②^{13}C 共振频率。

[①4.6974 及 9.3947；②50.286 及 100.570MHz]

9. 用 $H_0 = 2.3487T$ 的仪器测定 ^{19}F 及 ^{31}P，已知它们的磁旋比分别为 $2.5181 \times 10^8 T^{-1} \cdot s^{-1}$ 及 $1.0841 \times 10^8 T^{-1} \cdot s^{-1}$。计算它们的共振频率。

[94.128 及 40.524MHz]

10. 计算顺式与反式桂皮酸 H_a 与 H_b 的化学位移。

桂皮酸

[顺式：$\delta_a = 6.18$，$\delta_b = 7.37$，反式：$\delta_a = 6.65$，$\delta_b = 7.98$]

11. 用 60MHz 仪器测得 $\delta_a = 6.72$，$\delta_b = 7.26$，$J_{ab} = 8.5Hz$。二个质子是什么自旋系统？当仪器的频率增加至多少时变为一级偶合 AX 系统？

[AB 系统，$\nu_0 \geq 157.4MHz$]

12. 分子式为 $C_{12}H_{16}O_2$ 的化合物，核磁共振氢谱如下图所示，推测其结构式。

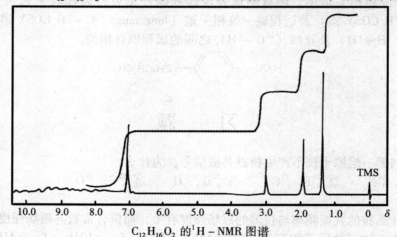

$C_{12}H_{16}O_2$ 的 ^1H-NMR 图谱

13. 化合物的分子式为 C_9H_{12}，核磁共振谱如下图所示，给出分子结构及自旋系统。

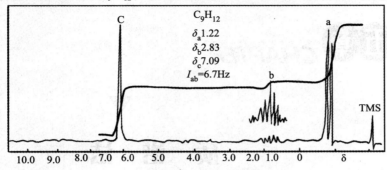

C_9H_{12}
$\delta_a 1.22$
$\delta_b 2.83$
$\delta_c 7.09$
$I_{ab}=6.7Hz$

C_9H_{12} 的 ^1H-NMR 图谱

[异丙苯，A_6X 及 A_5 二个自旋系统]

14. 某一含有 C、H、N 和 O 的化合物，其相对分子质量为 147，C 为 73.5%，H 为 6%，N 为 9.5%，O 为 11%，核磁共振谱如下图。试推测该化合物的结构。

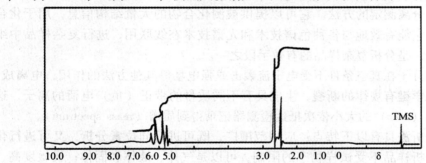

相对分子质量为 147 的化合物的 ^1H-NMR 图谱

313

$[CH_3-O-\langle\text{苯环}\rangle-CH_2-C\equiv N]$

15. 某化合物的 NMR 谱上有三个单峰，δ 值分别是 7.27（5H）、3.07（2H）和 1.57（6H），它的分子式是 $C_{10}H_{13}Cl$，试推出结构。

$[\langle\text{苯环}\rangle-CH_2-\overset{\displaystyle CH_3}{\underset{\displaystyle CH_3}{C}}-Cl]$

16. 某未知物分子式为 $C_6H_{10}O_2$，有如下核磁共振碳谱数据，试推测其结构。

δ（ppm）	14.3	17.4	60.0	123.2	144.2	166.4
谱线多重性	q	q	t	d	d	s

$$[CH_3-CH_2-O-\overset{\displaystyle O}{\overset{\displaystyle \|}{C}}-CH=CH-CH_3]$$

（安 叡）

质 谱 法

质谱分析法（mass spectrometry；MS）是将化合物离解成离子，按其质荷比（m/z）的不同进行分离测定的方法。它可以提供被测化合物的大量结构信息，用于化合物的结构测定。它能有效地与各种色谱技术和光谱技术在线联用，进行复杂样品中组分的鉴别和定量，是分析复杂样品的有效手段之一。

化合物分子在真空条件下受电子流轰击或强电场等其他方法的作用，电离成离子，同时发生化学键有规律的断裂，生成具有不同质量的带正（负）电荷的离子，这些离子按质荷比（m/z）的大小依次抵达检测器记录得到质谱（mass spectrum）。

质谱分析法具有以下特点：应用范围广，既可进行同位素分析，又可进行化合物分析，且分析样品不受试样物态的限制，可以是气体、液体和固体；灵敏度高，用样量少，用微克量样品即可得到分析结果；分析速度快，易于实现色谱/质谱的在线（on－line）分析。

质谱分析法在有机、石油、地球、药物、生物、食品、农业和环保等化学领域已得到了广泛的应用。其主要用于分子量的测定、化合物的鉴定、未知物结构的推测及分子中同位素 Cl、Br 等原子数目的推测等方面。当质谱与色谱联机后，可用于多组分的定性与定量。采用选择离子检测（selected ion monitoring，SIM）技术可获得非常高的灵敏度和选择性，是目前痕量有机分析最有效的手段之一。

第一节 质谱仪及其工作原理

质谱仪主要由高真空系统、样品导入系统、离子源、质量分析器、离子检测器和记录装置组成。

一、高真空系统和样品导入系统

质谱仪必须在高真空系统下进行实验，离子源和质量分析器的压力一般为 $1 \times 10^{-6} \sim 1 \times 10^{-4} \mathrm{Pa}$。在整个实验过程中需维持这样的真空度，以减少离子与残余气体分子的碰撞。否则将难以实现样品的质谱测定。

有机质谱仪的样品导入系统大致可以分为两类：直接进样和色谱联用导入样品。

（一）直接进样

直接进样适合于单组分、挥发性较低的固体或液体样品。用直接进样杆的尖端装上少许样品（几个纳克），减压后直接送入离子源，快速加热使之挥发，被离子源离子化。

（二）色谱联用导入样品

适用于多组分分析。在色谱仪进样，通过"接口"导入离子源进行质谱分析。如气相色谱－质谱联用（GC－MS）、高效液相色谱－质谱联用（HPLC－MS）等。

二、离子源

离子源的作用是使被分析物质电离为离子，并使其具有一定的能量。离子源可分为气相离子源和解析离子源。电子轰击源、化学电离源、场致离离子源为气相离子源。场解析源、快速原子轰击源、激光解析源、电喷雾电离源和大气压化学电离源为解析离子源。气相离子源需要先将样品气化，然后分子受激离子化。通常适于相对分子质量低于1000，对热稳定的化合物。解析离子源能使固态或液态样品不经气化而直接电离，可用于相对分子质量高达100000的非挥发性或热不稳定的样品的电离。下面介绍几种常见离子源。

（一）电子轰击源

电子轰击源（electron impact source；EI）是在外电场作用下，用灯丝产生的热电子流轰击气化的样品分子。如果轰击电子的能量大于分子的电离能，分子将失去电子而产生电离，通常失去一个电子而形成分子离子（M^{+}）。

$$M + e（高速）\longrightarrow M^{+} + 2e（低速）$$

分子离子可进一步裂解成各种碎片，如阳离子、阴离子和中性碎片等。在推斥极作用下阳离子进入加速区，被加速和聚集成离子束，并进入质量分析器，而阴离子和中性碎片被真空抽走。

EI源的轰击电子能量常为70eV，得到的离子流较稳定，碎片离子丰富，因而应用广泛。EI源的缺点是：对于相对分子质量较大或稳定性差的化合物，常常得不到分子离子峰，因而不能测定其相对分子质量。

（二）化学电离源

化学电离源（chemical ionization source；CI）工作过程中要引进一种反应气体（如CH_4、N_2、NH_3、He），在高能电子流（约500eV）的轰击下反应气体先电离成离子，反应气离子再和样品分子碰撞发生离子－分子反应，产生样品离子。

在CI源中，样品分子不是与电子碰撞，而是与试剂离子碰撞而离子化的。CI源是一种"软电离"方式，即使是分析不稳定的有机化合物，也能得到明显的准分子离子峰，并可以使质谱大大简化。CI源虽然提供了相对分子质量的信息，但质谱峰数少，缺少样品的结构信息，因此，它与EI源是相互补充的。

（三）场致离和场解析离子源

场致离离子源（field ionization source；FI）是使样品分子在$1 \times 10^{7} \sim 1 \times 10^{8}$ V/cm

315

的强电场作用下发生电离，但液态或固态样品仍需气化。而场解析离子源（field desorption source；FD）的样品不需气化，将其吸附在预先处理好的作为场离子发射体的金属尖端或细丝上，送入离子源，通以微弱电流，使样品分子从发射体上解吸下来并扩散到高场强的场发射区进行离子化。通常，对于热不稳定的化合物和不易气化的样品，可使用 FD。由 FI、FD 得到的质谱，分子离子峰较强，碎片离子峰较少。

（四）快速原子轰击源

快速原子轰击源（fast atom bombardmenti ionization source；FAB）的工作原理是用高能量的快速氩原子束轰击样品分子使之离子化。FAB 灵敏度高，主要用于极性强、高分子量的样品分析（如糖类、多肽和核苷酸等），也可用于热不稳定的样品的分析。FAB 源易产生分子离子、准分子离子（M±1）$^+$ 峰，且常为基峰。也常给出（M + X）$^+$ 或（M − X）$^+$ 峰，X 可能为 Na、K 等。FAB 负离子质谱与正离子质谱有时会非常一致。

用 EI、CI、FAB 三种离子源测得的甲糖宁的质谱图见图 15 − 1。为了获得分子离子峰的信息，还可降低 EI 的轰击电子能量或用化学衍生化提高样品分子挥发性和稳定性。

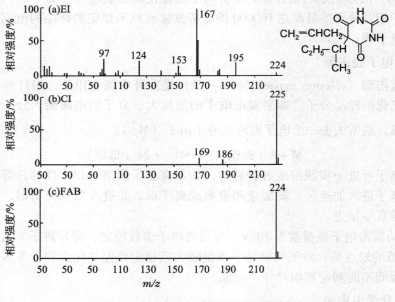

图 15 − 1　三种离子源质谱图的比较

a. EI；b. CI；c. FAB

三、质量分析器

质量分析器（mass analyzer）是将离子源产生的离子按质荷比不同进行分离的装置。目前用于有机质谱仪的质量分析器有磁分析器、四极杆分析器、离子阱分析器、飞行时间分析器等。这里仅介绍磁分析器和四极杆分析器。

（一）磁分析器

这种分析器是一个处于磁场中的真空容器（图 15 − 2）。在离子室生成的离子经加速电压加速后，具有一定的动能，进入质量分析器。在分析器中，离子受到磁场力

（Lorentz 力）的作用，运动轨迹偏转，作匀速圆周运动，其运动的向心力等于磁场力。质荷比（m/z）与运动半径 R、磁场强度 H、加速电压 V 之间的关系式可用质谱方程式表达：

$$m/z = \frac{H^2 R^2}{2V} \qquad\qquad (15-1)$$

$$或 \quad R = \sqrt{\frac{2V}{H^2} \cdot \frac{m}{z}} \qquad\qquad (15-2)$$

如果仪器所用的加速电压和磁场强度是固定的，离子的轨道半径就仅与离子的质荷比有关，即不同的质荷比的离子通过磁场后，由于偏转半径不同而彼此分离，即磁场具有质量色散作用。在质谱仪中离子检测器是固定的，即 R 固定。当加速电压 V 或磁场强度 H 为某一固定值时，就只有一定质荷比的离子可以满足式（15-2）而到达检测器。如果使 H 保持不变，连续地改变 V，可以使不同 m/z 的离子依次通过狭缝到达检测器，得到其质谱；同样，若保持 V 不变，连续地改变 H，也可以使不同 m/z 的离子依次被检测。

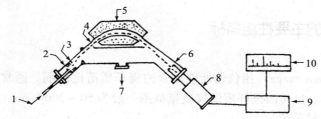

图 15-2　质谱仪示意图

1. 样品导入；2. 电离区；3. 离子加速区；4. 质量分析管；5. 磁铁；
6. 检测器；7. 接真空系统；8. 前置放大器；9. 放大器；10. 记录器

317

磁分析器可分为单聚焦分析器和双聚焦分析器。前者具有能量色散作用，使质量相同、速度或能量不同的离子不能聚集到一起，从而限制了质谱仪的分辨率（$R \leqslant 5000$）。后者在磁场和加速电场之间增加了一个静电分析器，依赖静电场和磁场的组合，达到方向和能量的双聚焦。双聚焦分析器可使仪器分辨率大大提高，是目前高分辨质谱仪中最常用的分析器。

（二）四极杆质量分析器

分析器由四根平行的金属杆组成。把这四根金属杆分成两组，分别加上直流电压（U）和具有一定振幅、频率的交流电压（$V\cos\omega t$）（图 15-3）。当具有一定能量的正离子沿金属杆之间的轴线飞行时，将受到金属杆交、直流叠加电场的作用而波动前进。只有质荷比与四极杆的电压和频率满足固定关系的少数离子可以通过电场区到达离子收集极。其他离子与金属杆相撞、放电后被真空泵抽出。如果有规律地改变（扫描）加在四极杆上的电压或频率，就可以在离子收集器上依次得到不同质荷比的离子信号，得到质谱。

四极杆质量分析器具有结构简单、价格便宜、扫描速度快、自动化程度高等优点。但其质量范围较窄（一般 10~1200amu），分辨率不如双聚焦质谱仪，且不能提供亚稳离子信息。

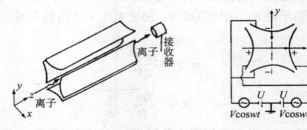

图 15 - 3　四极杆质量分析器

四、离子检测器

质谱仪扫描过程中，经质量分析器出来的离子流只有 $1 \times 10^{-9} \sim 1 \times 10^{-10}$ A。离子检测器（ion detector）的作用是将这么小的离子流接收并放大，然后记录并经计算机数据处理后，得到所需的质谱图和数据。目前质谱仪常用的离子检测器有电子倍增器和微通道板检测器。

五、质谱仪的主要性能指标

1. 质量范围

质量范围（mass range）指仪器所能测量的离子质荷比范围。通常采用原子质量单位（amu）来度量。目前四极杆质谱仪质量范围一般为 $50 \sim 2000$ amu，磁质谱仪一般为几十到几千原子质量单位。

2. 分辨率

分辨率（resolution）是指仪器分离相邻质谱峰的能力。人们习惯用 10% 分辨率（R）来表示。若两峰的质量分别为 M 和 $M + \Delta M$，以相邻两峰间谷高小于峰高的 10% 作为基本分开的标志（图 15 - 4），则：

$$R = \frac{M}{\Delta M} \qquad (15 - 3)$$

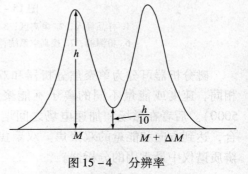

图 15 - 4　分辨率

例如 CO 和 N_2 所形成的离子质荷比分别为 27.9949（M）和 28.0061（$M + \Delta M$），若某仪器恰能基本分开这两种离子，则该仪器的分辨率为：

$$R = \frac{M}{\Delta M} = \frac{27.9949}{28.0061 - 27.9949} = 2500$$

分辨率小于 1000 的为低分辨率质谱仪，低分辨率质谱仪一般只能给出整数位的离子质量数；分辨率大于 10000 的为高分辨率质谱仪，能给出达 10^{-5} amu 精确的质量数。由精确质量数容易判断化合物分子组成。

3. 灵敏度

灵敏度（sensitivity）可用一定质量的某样品在一定条件下，产生该样品分子离子峰的信噪比（S/N）表示。目前常用硬脂酸甲酯或六氯苯来测定质谱仪的灵敏度。

除以上三个主要性能指标外，质谱仪的硬件、软件等也是考察质谱仪性能的指标。

第二节　质谱和主要离子类型

一、质谱

质谱的表示方法很多，常见的是经过计算机处理后的棒图和质谱表。其他尚有八峰值及元素表等。

（一）棒图

图 15 – 5 是甲苯的质谱图（棒图）。图中横坐标为离子的质荷比（m/z），纵坐标表示相对离子强度。

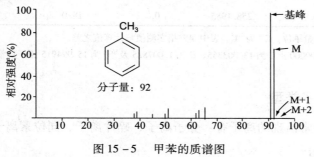

图 15 – 5　甲苯的质谱图

将质谱图中最强峰的相对强度定为 100%（基峰），以相对于基峰的百分比表示其他离子峰的强度，通常写在质荷比数值后边的括号内。如甲苯质谱峰表示为 m/z 91（100），m/z 65（11），m/z 51（9.1）等。这是最常用的表示方法。

319

（二）质谱表

把原始质谱图数据加以归纳，以质荷比为序列成表格形式。表 15 – 1 显示了甲苯的部分质谱表。

表 15 – 1　甲苯的质谱表（相对强度 >3% 的质谱峰）

m/z	相对强度（％）	m/z	相对强度（％）	m/z	相对强度（％）
38	4.4	51	9.1	91	100（基峰）
39	5.3	62	4.1	92	6.8（M）
45	3.9	63	8.6	93	4.9（M + 1）
50	6.3	65	11	94	0.21（M + 2）

（三）八峰值

由化合物质谱图中选出 8 个相对强峰，以相对强峰为序编成八峰值，作为化合物的质谱特征，用于定性鉴别。对于未知物，可利用八峰值查找八峰值索引定性。

（四）元素表

高分辨质谱仪可测得分子离子及其他各离子的精密质量，经计算机运算、对比，可给出分子式和其他各离子的可能化学组成。表 15 - 2 是二环己烷基环己酮的元素表。

表 15 - 2　二环己烷基环己酮元素表（相对强度 > 10% 的质谱峰）

峰号	相对强度（%）	m/z	误差（mu）	C/C*	H	O
37	22.52	53.0385	-0.6	4/0	5	0
			3.9	3/1	4	0
40	31.61	55.0583	-0.9	4/0	7	0
			3.5	3/1	6	0
52	26.97	65.0381	-1.0	5/0	5	0
			3.4	4/1	4	0
70	100.00	79.540	-0.7	6/0	7	0
			3.7	5/1	6	0
326	38.97	258.1985	0.5	18/0	26	1

注：mu 为毫原子质量单位。C* 为 ^{13}C。表中误差指实测值与计算值之差。

计算值：^{12}C 为 12.000000、^{13}C 为 13.003355、^{1}H 为 1.007825 及 ^{16}O 为 15.994915 原子质量单位。

二、主要离子类型

在有机质谱中常出现的离子有：分子离子、碎片离子、同位素离子和亚稳离子等。

（一）分子离子

分子在离子源中失去一个电子形成的离子为分子离子（molecular ion）。

$$M \xrightarrow{-e} M^{\cdot +}$$

分子离子含奇数个电子，用符号 $M^{\cdot +}$ 表示。分子离子峰一般出现在质谱图的最右侧，分子离子峰的质荷比是确定相对分子质量和分子式的重要依据。

（二）碎片离子

分子离子的某些化学键进一步断裂而形成的离子为碎片离子（fragment ion）。图 15 - 6 是正辛酮 - 4 的质谱图。质谱图中 m/z 29、43、57、71 及 85 等质谱峰为碎片离子峰，m/z 128 为分子离子峰。

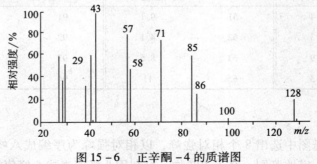

图 15 - 6　正辛酮 - 4 的质谱图

（三）同位素离子

大多数元素都是由具有一定丰度的同位素组成。在质谱图中，会出现含有这些同位素的离子峰。这些含有同位素的离子称为同位素离子（isotopic ion）。有机化合物一般由 C、H、O、N、S、Cl、Br 等元素组成，它们的同位素丰度比见表 15 – 3。其中丰度比是以丰度最大的轻质同位素为 100% 计算而得。

表 15 – 3　同位素丰度比

同位素	$^{13}C/^{12}C$	$^{2}H/^{1}H$	$^{17}O/^{16}O$	$^{18}O/^{16}O$	$^{15}N/^{14}N$	$^{33}S/^{32}S$	$^{34}S/^{32}S$	$^{37}Cl/^{35}Cl$	$^{81}Br/^{79}Br$
丰度比（%）	1.12	0.015	0.040	0.20	0.36	0.80	4.44	31.98	97.28

重质同位素峰与丰度最大的轻质同位素峰的峰强比用 $\dfrac{M+1}{M}$、$\dfrac{M+2}{M}$ … 表示。其数值由同位素丰度比及原子数目决定。^{13}C 的丰度比为 1.12%，但有机化合物一般含碳原子数较多，质谱中碳的同位素也常见到，其质量数比分子离子峰（M）大一个质量单位，用 $M+1$ 表示（如正辛酮中的 m/z 129 峰）。

通常，^{2}H 和 ^{17}O 的丰度比太小，可忽略不计。^{34}S、^{37}Cl 和 ^{81}Br 的丰度比很大，其同位素峰特征性强，可利用同位素峰强比推断分子中含有 S、Cl、Br 等原子的数目。

例如：分子中含有 1 个 Cl 原子，$M : M+2 = 100 : 32.0 \approx 3 : 1$；含有 1 个 Br 原子，$M : M+2 = 100 : 97.9 \approx 1 : 1$；含有 3 个 Cl，如 $CHCl_3$，会出现 $M+2$、$M+4$ 及 $M+6$ 峰。

同位素峰强比可用二项式 $(a+b)^n$ 求出。a 与 b 为轻质和重质同位素的丰度比，n 为原子数目。例如三氯甲烷（$M = 118$）含有三个 Cl：$n = 3$，$a = 3$，$b = 1$，代入二项式：

$$
\begin{aligned}
(a+b)^3 &= a^3 \quad + \quad 3a^2b \quad + \quad 3ab^2 \quad + \quad b^3 \\
&= 27 \quad + \quad 27 \quad + \quad 9 \quad + \quad 1 \\
&\quad\; M \qquad\quad M+2 \qquad M+4 \quad M+6
\end{aligned}
$$

M、$M+2$、$M+4$ 和 $M+6$ 峰分别来源于：

m/z:	118	120	122	124
峰强比:	27	27	9	1

（四）亚稳离子

母离子 m_1^+ 在离子源中化学键断裂生成子离子 m_2^+。若 m_1^+ 在到达检测器前的飞行途中裂解生成 m_2^+ 离子，这样产生的离子比在离子源中产生的离子能量低，在检测器上记录到的离子质荷比小于正常的 m_2^+ 离子，称为亚稳离子（metastable ion），用 m^* 表示。亚稳离子具有峰宽、相对强度低、质荷比不为整数等特点。m^* 与 m_1、m_2 有如下关系：

$$m^* = \frac{m_2^2}{m_1} \qquad\qquad (15 – 4)$$

通过亚稳离子可以确定碎片离子的"母"与"子"关系，有助于图谱的解析。例如：对氨基茴香醚在 m/z 94.8 及 59.2 处，出现 2 个亚稳峰（图 15 – 7），可证明某些离子间的裂解关系。

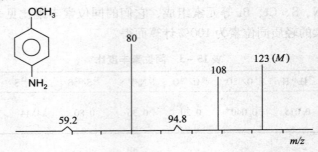

图 15 - 7　对氨基茴香醚的质谱图（部分）

根据式（15 - 4）计算：

$$\frac{108^2}{123} = 94.8 , \quad \frac{80^2}{108} = 59.2$$

证明裂解过程为：

$$m/z\ 123 \xrightarrow{m^*\ 94.8} 108 \xrightarrow{m^*\ 59.2} 80$$

三、阳离子的裂解类型

分子在离子化室中，除生成分子离子外，还可能使化学键断裂，形成各种碎片离子。化合物的裂解方式与其结构有关，了解其裂解规律，有助于化合物的结构分析。

在裂解过程中，用鱼钩"⌒"表示单个电子转移，用箭头"⌒"表示两个电子转移，含奇数个电子的离子（odd electron，OE）用"＋·"表示，含偶数个电子的离子（even electron，EE）用"＋"表示，正电荷符号一般标在杂原子或 π 键上，电荷位置不清楚时，可用"⌐·⁺"或"⌐⁺"表示。

（一）单纯裂解

仅一个化学键发生断裂为单纯裂解。常见的单纯裂解有均裂、异裂和半异裂。

1. 均裂

均裂（homolytic cleavage）是指化学键断裂后，两个成键电子分别保留在各自的碎片上的裂解。

$$X \frown Y \longrightarrow X \cdot + Y \cdot$$

例如，脂肪酮发生均裂：

若 $R_1 > R_2$

$$\begin{matrix} R_1 \\ R_2 \end{matrix} C{=}O^+ \longrightarrow R_2{-}C{\equiv}O^+ + \cdot R_1$$

(OE)   (EE)

2. 异裂

异裂（heterolytic cleavage）是指化学键断裂后，两个成键电子全部转移到一个碎片上的裂解过程。

$$X{-}Y \longrightarrow X^+ + Y{:}$$

例如，脂肪酮发生异裂：

若 $R_1 > R_2$

$$\begin{matrix} R_1 \\ R_2 \end{matrix} C{=}O^+ \longrightarrow R_1^+ + R_2{-}C{\equiv}\overset{\cdot}{O}$$

3. 半异裂

半异裂（hemi－heterolytic cleavage）为离子化键的断裂，亦称半均裂。

$$X + {:} \cdot Y \longrightarrow X^+ + \cdot Y$$

例如，饱和烷烃失去一个电子后形成离子化键，然后发生半异裂，生成烷基正离子：

$$CH_3CH_2CH_2CH_3 \longrightarrow CH_3CH_2 + \cdot CH_2CH_3 \longrightarrow CH_3CH_2^+ + \cdot CH_2CH_3$$

（二）重排裂解

重排裂解（rearrangement）是断裂两个或两个以上的化学键，结构重新排列的裂解。重排裂解得到的离子为重排离子。重排裂解方式很多，下面仅介绍最常见的 McLafferty 重排（麦氏重排）和反 Diels－Alder 重排。

1. McLafferty 重排

若化合物含有不饱和基团 C = X（X 为 O、N、S、C），而且与这个基团相连的键上有 γ－氢原子，在裂解过程中，γ－氢原子可通过六元环过渡态，迁移到电离的双键或杂原子上，同时 β－键断裂，脱掉一个中性分子。这种裂解过程为 McLafferty 重排。

中性分子　重排离子

由于重排时脱掉了一个中性分子，因此重排前后离子所带的电子的奇、偶性不变，质量的奇、偶性也保持不变（除非脱掉的中性分子中含有奇数个氮原子）。凡是具有 γ－氢的烯、酮、醛、酸、酯及烷基苯，都可发生 McLafferty 重排。例如：

m/z 58

2. 反 Diels – Alder 重排

反 Diels – Alder 重排是以双键为起点的重排，一般产生共轭二烯离子。在脂环化合物、生物碱、萜类、甾体和黄酮等的质谱上，常可以看到这种重排的碎片离子峰。

例如，萜二烯 – [1，8]（柠檬烯）的反 Diels – Alder 重排：

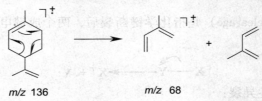

第三节　质谱分析法

一、分子离子峰的确认

确认分子离子峰可以确定化合物的相对分子质量，推测化合物的分子式。通常，质谱图上最右侧出现的质谱峰为分子离子峰。同位素峰虽然比分子离子峰的质荷比大，但由于同位素峰与分子离子的峰强比有一定的关系，因而不难辨认。有些化合物的分子离子不稳定，可能得不到分子离子峰。因此，在识别分子离子峰时，应注意以下几点：

1. 分子离子稳定性的一般规律　分子离子的稳定性与结构紧密相关，其稳定性的顺序如下：芳香族化合物 > 共轭链烯 > 脂环化合物 > 直链烷烃 > 硫醇 > 酮 > 胺 > 酯 > 醚 > 酸 > 分支烷烃 > 醇。

2. 分子离子含奇数电子，含偶数电子的离子不是分子离子。

3. 分子离子峰的质量数服从氮律　只含 C、H、O 的化合物，分子离子的质量数是偶数；由 C、H、O、N 组成的化合物，若含奇数个氮，分子离子的质量数为奇数，若含偶数个氮，分子离子的质量数为偶数。这一规律称为氮律。

例如，2 – 甲基丙醇的质谱（图 15 – 8）中最右侧的质谱峰 m/z 为 59，不服从氮律，可以肯定此峰不是分子离子峰，其分子离子的 m/z 为 74，故质荷比为 59 的峰为 $M-15$ 峰。

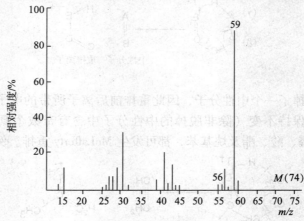

图 15 – 8　2 – 甲基丙醇的质谱图

4. 假定的分子离子与相邻离子间的质量数之差应有意义 如果在比该峰小 3 ~ 14 个质量单位间出现峰，则该峰不是分子离子峰。因为一个分子离子一般不可能直接失去一个亚甲基（CH_2，m/z 14），另外，同时失去 3 ~ 5 个氢，需很高的能量，也不可能。

5. 有些化合物的质谱图上质荷比最大的峰是 $M-1$ 峰，而无分子离子峰，$M-1$ 峰也不符合氮律。

二、相对分子质量的测定

通常，分子离子峰的质荷比等于相对分子质量（M_W），但严格地说是有差别的。这是由于质荷比是由丰度最大同位素的质量计算；而相对分子质量是由相对原子质量计算而得，而后者是同位素质量的加权平均值。在相对分子质量很大时，二者可差一个质量单位。在绝大多数情况下，分子离子峰的质荷比与相对分子质量的整数部分相等。

三、分子式的确定

质谱的应用之一是确定化合物的分子式。过去常用同位素峰（$M+1$）和（$M+2$）相对丰度比法，但由于同位素峰一般很弱，较难准确测其丰度值。目前主要用高分辨率质谱法。

高分辨率质谱法可测得小数点后 4 ~ 6 位数字。将其输入计算机数据处理系统即可得到可能分子式。相对原子质量单位是以 $^{12}C = 12.000000$ 为基准的，各元素相对原子质量严格说不是整数。当用高分辨率质谱仪测得精确质量数后，符合这一精确质量值的可能分子式数目大大减少，若再配合其他信息，便可确定化合物的分子式。

例如，由高分辨率质谱法得到的某化合物的精确质量为 281.2714，仪器的质量测定准确度为 1mmu（毫质量单位），则该化合物的真实相对分子质量应在 281.2704 ~ 281.2724 之间。由同位素峰推测该化合物不含 S、Cl、Br 等元素。将此信息输入计算机，得到表 15 - 4 中提供的 5 种可能元素组成。其中 1、3、5 号元素组成的不饱和度为半整数，应去掉；4 号偏差为 11.7mmu，超出了允许范围。因而未知化合物的分子式应为 $C_{18}H_{35}NO$，不饱和度为 2。经其他图谱验证，证明分子式推断正确，该化合物为氮酮。

表 15 - 4 质量数为 281 的可能元素组成

质量数	编号	元素				偏差	不饱和度	实测值
		C	H	N	O	mmu		
	1	19	37	0	1	3.0	1.5	
	2	18	35	1	1		2.0	
281	3	17	33	2	1		0.5	281.2714
	4	17	35	3	0	11.7	2.0	
	5	16	33	4	0		2.5	

四、有机化合物的结构鉴定

（一）几类有机化合物的质谱

1. 烃类

（1）饱和烷烃

①分子离子峰较弱，且随碳链增长，强度降低甚至消失。②直链烃具有一系列 m/z 相差 14 的 C_nH_{2n+1} 碎片离子峰（$m/z = 29$、43、57、71、…）。基峰为 $C_3H_7^+$（$m/z\ 43$）或 $C_4H_9^+$（$m/z\ 57$）离子。③在 C_nH_{2n+1} 峰的两侧，伴随着质量数大 1 个质量单位的同位素峰及质量数小一或两个单位的 C_nH_{2n} 或 C_nH_{2n-1} 等小峰，组成各峰群（图 15 – 9）。$M - 15$ 峰一般不出现。④支链烷烃在分支处优先裂解，形成稳定的仲碳或叔碳阳离子，分子离子峰比相同碳数的直链烷烃小，其他特征与直链烷烃类似。

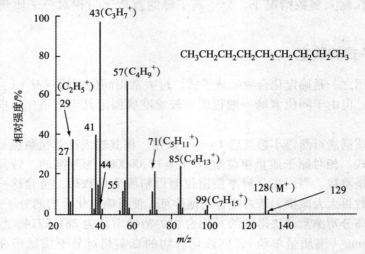

图 15 – 9　正壬烷的质谱图

（2）链烯

①分子离子较稳定，强度较大。②有一系列 C_nH_{2n-1} 碎片离子，通常为 $41 + 14n$，$n = 0$、1、2…。$m/z\ 41$ 峰一般都较强，是链烯的特征峰之一。

$$CH_2{=}CH{-}CH_2{-}R \xrightarrow{\ -e\ } CH_2^+{-}\overset{\cdot}{C}H{-}CH_2{-}R \longrightarrow \overset{+}{C}H_2{-}CH{=}CH_2 + R^{\cdot}$$

$$CH_2{=}CH{-}\overset{+}{C}H_2\ (m/z\ 41)$$

③具有 γ – 氢的链烯有重排离子峰。

$$\xrightarrow{\text{麦氏重排}}$$

$m/z\ 42$

（3）芳烃

①分子离子稳定，峰较强。②烷基取代苯易发生 β 裂解，产生 m/z 91 的䓬鎓离子。䓬鎓离子非常稳定，成为许多取代苯如甲苯、二甲苯、乙苯、正丙苯（图 15－10）等的基峰。其裂解过程如下：

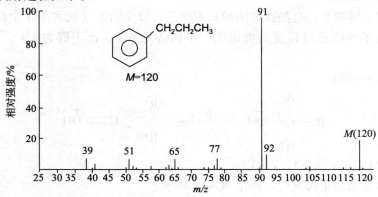

图 15－10　正丙苯的质谱图

③䓬鎓离子可进一步裂解生成环戊二烯及环丙烯离子。

$C_3H_3^+$, m/z 39　　$\xleftarrow{-2CH\equiv CH}$　　$C_7H_7^+$, m/z 91　　$\xrightarrow{-CH\equiv CH}$　　$C_5H_5^+$, m/z 65

④取代苯也能发生 α 裂解而产生苯离子，并裂解生成环丙烯离子及环丁二烯离子。

$-CH\equiv CH$

$C_4H_3^+$, m/z 51

$C_6H_5^+$, m/z 77　　$C_3H_3^+$, m/z 39

⑤具有 γ－氢的烷基取代苯，能发生麦氏重排裂解，产生 m/z 92 的重排离子。

麦氏重排

$+CH_2=CH-R$

C_7H_8, m/z　92

327

综上所述，烷基取代苯的特征离子有䓬锑离子 $C_7H_7^+$（m/z 91）、$C_6H_5^+$（77）、$C_5H_5^+$（65）、$C_4H_3^+$（51）及 $C_3H_3^+$（39）等。

2. 醇类

只介绍饱和脂肪醇。

①分子离子峰很小，且随碳链的增长而减弱，以至消失（约大于 5 个碳时）。以正构醇的分子离子峰的相对强度为例说明，正丙醇为 6%，正丁醇为 1%，而正戊醇为 0% 或 0.08%。

②易发生 α 裂解：

$$R'—\overset{\displaystyle R}{\underset{\displaystyle R''}{C}}—\overset{+}{O}H \xrightarrow{\ R·\ } \overset{\displaystyle R'}{\underset{\displaystyle R''}{>}}C=\overset{+}{O}H$$

$m/z = 31 + 14n$，$n = 1$、2、3···

③易发生脱水的重排反应，产生 $M-18$ 离子。

④直链伯醇会出现含羟基的碎片离子（31、45、59···）、烷基离子（29、43、57···）及链烯离子（27、41、55···）3 种系统的碎片离子，因此质谱峰较多（图 15–11）。

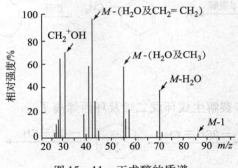

图 15–11 正戊醇的质谱

3. 醛与酮类

（1）醛

①分子离子峰明显，芳醛比脂肪醛强度大。

②α 裂解产生 R^+（Ar^+）、m/z29 及 $M-1$ 峰。$M-1$ 峰明显，在芳醛中更强，是醛的特征峰。如甲醛的 $M-1$ 峰的相对强度为基峰的 90%。

$$R—\overset{\overset{\displaystyle +·}{\displaystyle \|}{\underset{\displaystyle O}{C}}}{}—H$$
（Ar）

$\xrightarrow[\text{均裂}]{\alpha}$ $R—C≡\overset{+}{O} + H·$ （Ar） $M-1$

$\xrightarrow[\text{均裂}]{\alpha}$ $H—C≡\overset{+}{O} + R·$ m/z 29 （Ar·）

$\xrightarrow[\text{异裂}]{\alpha}$ $R^+(Ar^+)+HC≡\overset{·}{O}$（或 $H\dot{C}=\ddot{O}$） $M-29$

③具有 γ-氢的醛，能发生麦氏重排，产生 m/z 44 的 $CH_2=CH—\overset{+·}{O}H$ 离子。如果 α 位有取代基，就会出现 m/z（$44+14n$）离子。

例如：丁醛

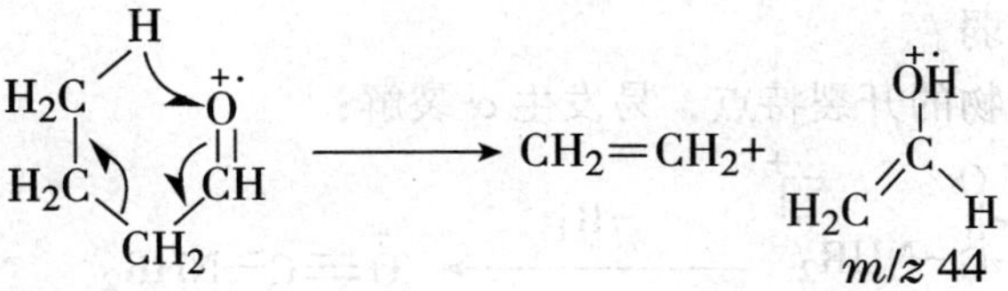

④醛也可发生 β 裂解。

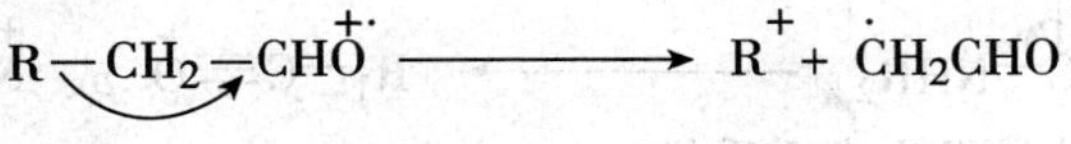

（2）酮

①分子离子峰明显。

②易发生 α 裂解：

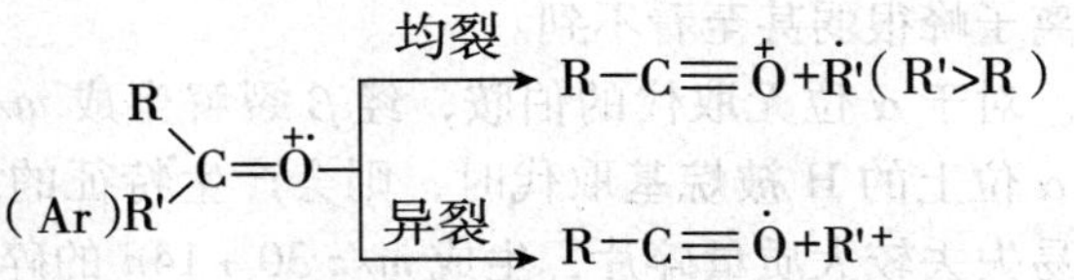

③含 γ - 氢的酮，可发生麦氏重排，重排过程与醛类似。

4. 酸与酯

①一元饱和羧酸及其酯的分子离子峰一般都较弱，芳酸与其酯的分子离子峰较强。

②易发生 α 裂解。

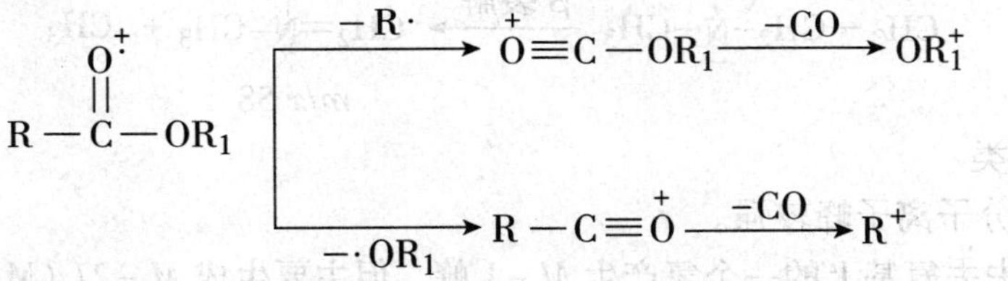

$\overset{+}{O} \equiv C{-}OR_1$、$OR_1^+$、$R{-}C \equiv \overset{+}{O}$ 及 R^+ 在质谱上都存在（酸的 R_1 为 H）。

③含 γ - 氢的羧酸与酯易发生麦氏重排。

酯：由于高级脂肪酸都制成甲酯衍生物再进行质谱分析，故以甲酯为例。

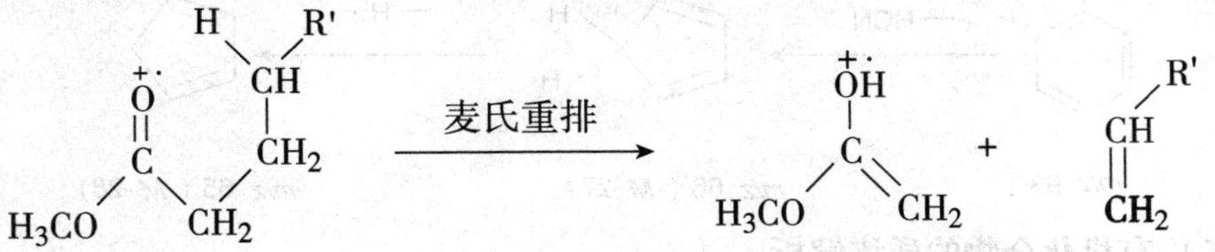

m/z 74 离子是直链一元饱和脂肪酸甲酯的特征离子，峰强很大，在碳链为 $C_6 \sim C_{26}$ 的羧酸甲酯中为基峰。

酸：麦氏重排裂解过程与酯相同，产生 m/z 60 的 $HO{-}\overset{\overset{+\cdot}{OH}}{C}{=}CH_2$ 离子。

此外，烷氧基较大的酯，有时会发生复杂的双重重排，这里不再讨论。

5. 酰胺

①分子离子峰较弱。

②具有羰基化合物的开裂特点，易发生 α 裂解：

$$R_1-\overset{O}{\overset{\|}{C}}-NHR_2 \xrightarrow{\;-R_1\cdot\;} \overset{+}{O}\equiv C-NHR_2$$

$$R_1-\overset{O}{\overset{\|}{C}}-NHR_2 \longrightarrow R_1-C\equiv\overset{+}{O} \;\text{或}\; \overset{+}{N}HR_2$$

③具有 γ 氢的酰胺易发生麦氏重排。

6. 胺类化合物

（1）脂肪胺类

①脂肪胺的分子离子峰很弱甚至看不到。

②易发生 β 裂解。对于 α 位无取代的伯胺，经 β 裂解生成 m/z 30（$CH_2=NH_2^+$）碎片离子峰。若伯胺 α 位上的 H 被烷基取代时，则会产生特征的 $m/z\ 30+14n$ 的碎片离子峰。仲胺或叔胺易失去较大质量碎片，生成 $m/z\ 30+14n$ 的碎片离子峰。

$$R-CH_2-\overset{+\cdot}{NH_2} \xrightarrow{\;\beta\ \text{裂解}\;} H_2C=\overset{+}{N}H_2 + R\cdot$$

$$m/z\ 30$$

$$CH_3-CH_2-\underset{\cdot+}{\overset{\overset{CH_3}{|}}{N}}-CH_3 \xrightarrow{\;\beta\ \text{裂解}\;} CH_2=\overset{\overset{CH_3}{|}}{\underset{+}{N}}-CH_3 + \cdot CH_3$$

$$m/z\ 58$$

（2）芳胺类

①芳胺的分子离子峰较强。

②芳胺能失去氨基上的一个氢产生 $M-1$ 峰，但主要生成 $M-27$（$M-HCN$）和 $M-28$ 峰。

$m/z\ 93$ $m/z\ 66\ (M-27)$ $m/z\ 65\ (M-28)$

（二）有机化合物的质谱解析

质谱主要用于定性及测定分子结构，其图谱解析的一般顺序为：

1. 确认分子离子峰，确定相对分子质量；

2. 用精密质量法确定分子式；

3. 计算不饱和度；

4. 解析主要质谱峰的归属及峰间关系；

5. 推断出化合物结构；

6. 查对标准图谱验证或参考其他图谱及物理常数综合解析。

例15-1　正庚酮有三种异构体，某正庚酮的质谱如图15-12所示。试确定羰基的位置。

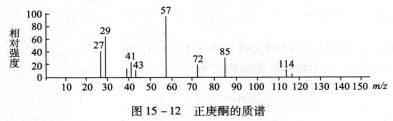

图15-12　正庚酮的质谱

解： 酮易发生 α 裂解，生成强度很大的含有羰基的碎片离子 $RC≡O^+$ 峰，是鉴别羰基位置的有力证据。三种庚酮异构体的 α 裂解比较如下：

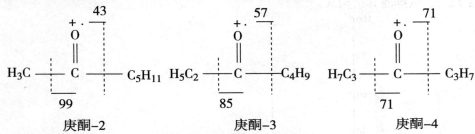

正庚酮的质谱上 m/z 57 为基峰，且有 m/z 85 峰，无 m/z 99 和 m/z 71 峰。虽有 m/z 43峰，但峰很弱，不是 $CH_3C≡O^+$ 离子峰。因此证明该化合物为庚酮-3。

例15-2　1个不含氮的化合物，它的质谱如图15-13所示，亚稳离子峰为 m/z 125.5 和 88.6。试推测化合物的结构。

解：（1）m/z 156 为 M+2 峰，且 M:M+2 近似于 3:1，表示分子中含有 1 个氯原子。同时氯原子还存在于碎片离子 m/z 139、111 中。

（2）m/z 77、76、51 峰都是芳烃的特征离子峰。

（3）m/z 43 的碎片离子峰可能是 $C_3H_7^+$ 或 CH_3CO^+。

331

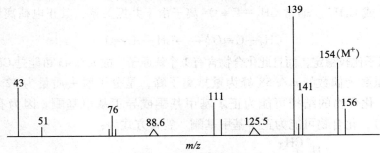

图15-13　某不含氮未知物质谱图

根据亚稳离子 m^* 与母离子 m_1^+ 和子离子 m_2^+ 的关系式，计算：

$$\frac{139^2}{154} = 125.5 \qquad \frac{111^2}{139} = 88.6$$

说明分子中有如下裂解过程：

$$ClC_6H_4COCH_3 \xrightarrow[]{-\cdot CH_3} ClC_6H_4CO^+ \xrightarrow[]{-CO} ClC_6H_4^+ \xrightarrow[]{-\dot{Cl}} C_6H_4$$

$$m/z\ 154 \qquad\qquad m/z\ 139 \qquad\qquad m/z\ 111 \qquad m/z\ 76$$

即亚稳离子峰证明 m/z 43 峰为碎片离子 CH_3CO^+ 峰。

（4）综上所述，未知物的可能结构式为：

取代基的位置根据质谱不能确定。

例 15 – 3 图 15 – 14 是化合物 $C_6H_{12}O$ 的质谱图，分子离子为 m/z 100，亚稳离子峰 m/z 72.2，试推测其结构式。

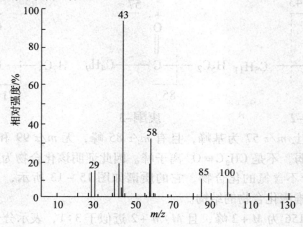

图 15 – 14 $C_6H_{12}O$ 的质谱图

解：（1）化合物的不饱和度为 1，说明此化合物含有一个环或 1 个双键。

（2）m/z 43 的峰是基峰，说明形成此峰的离子比较稳定，而质量数为 43 的离子可能为 CH_3CO^+ 或 $C_3H_7^+$。通常 $CH_3—C\equiv O^+$ 离子由于共振关系，其正电荷离域：

$$CH_3—C\equiv O^+ \longleftrightarrow CH_3—\overset{+}{\ddot{C}}\ddot{O}$$

这样的离子比较稳定，而且此化合物含有 1 个氧原子，故 m/z 43 可能是 $CH_3—C\equiv O^+$。

（3）质量数为偶数的 m/z 58 峰为重排离子峰，是分子脱去质量为 42 的中性分子得到，因此，化合物的结构可能为正丁基甲基酮或异丁基甲基酮。因为有 m/z 29 峰（乙基正离子），化合物可能为正丁基甲基酮。裂解方式为：

$$\xrightarrow{\text{麦氏重排}} \quad +CH_3CH=CH_2$$

$$m/z\ 58$$

（4）*m/z* 85 是由分子离子裂解脱去甲基游离基形成的：

$$CH_3-CH_2-CH_2-CH_2-\overset{\overset{+}{\overset{\displaystyle O}{\|}}}{C}-CH_3 \xrightarrow{-\dot{C}H_3} CH_3-CH_2-CH_2-CH_2-C\equiv\overset{+}{O}$$

第四节　综合解析

前边各章节已分别介绍了解析 UV、IR、NMR 和 MS 谱图的方法。但在实际工作中仅用一种波谱技术确定有机化合物的结构是困难的，往往需要几种波谱技术综合应用才能得到正确结果。

利用四谱信息来确定化合物的结构，没有一个统一的、规一化的步骤和格式，需要对各谱图仔细分析、对比和验证，以便得出正确的结构。对于不同的实例往往可以采用不同的方法，有时即便是同一个例子也可以从不同的方面或程序加以解析。关键在于多实践和练习。

分子式是研究化合物结构的基础。通常，要先利用质谱中分子离子峰（M）和分子离子同位素峰（$M+1$）和（$M+2$）求出相对分子质量和可能分子式，然后，由分子式求出未知化合物的不饱度，推测一下化合物的大致类别。

紫外　可见光谱提供化合物是否存在苯环或共轭体系的信息，并可由最大吸收波长判断共轭体系和芳环取代的情况。

核磁共振谱和红外光谱提供确定分子结构最有用的重要信息。红外光谱提供化合物主要官能团的信息，而核磁共振氢谱则提供分子的氢数目、类别、相邻氢间的关系和整体结构的信息，从而了解各结构单元的连接方式，推出未知物的结构式。

在推导分子结构的过程中，应把各光谱信息相互核对，彼此补充，起到相互佐证的效果。最后，对所推测的结构式用质谱的碎片峰及其裂解过程加以验证。由于未知物的裂解情况与分子结构有关，碎片离子峰的 *m/z* 值和分子的结构单元及连接方式密切相关，通过反复验证，使解析得到的结构式更加合理。

例 15-4　请推导化合物 $C_8H_{10}O$ 的结构，其图谱信息见图 15-15。

UV：$\lambda_{max}^{己烷}$ 257nm （ε122）

IR：液膜。

NMR：在 CCl_4 中 60MHz，扫描宽度 500Hz。

解：（1）$U = \dfrac{2+2\times8-10}{2} = 4$ （可能有苯环）

（2）紫外光谱在 257nm 的最大吸收峰是芳香族化合物的 B 吸收带，说明化合物含有苯环。

（3）红外 3350cm^{-1} 的宽吸收是醇的 ν_{OH} 峰，由于形成分子间氢键使峰变宽，1050cm^{-1} 处的吸收峰是 ν_{C-O} 峰，证明分子中含有醇羟基。3030，3070cm^{-1} 是 $\nu_{=C-H}$ 峰，1610，1500cm^{-1} 是 $\nu_{C=C}$ 峰，750，700 是 $\gamma_{=CH}$ 峰，表明为单取代苯。

（4）由核磁共振氢谱可知，δ 7.2 处的峰是苯环上氢引起，由积分高度可知含有 5 个氢，说明是单取代苯。因为是单峰，进一步说明是烷基取代苯。δ3.2 有一单峰，为

333

—OH 上氢产生。$\delta 2.7$ 和 $\delta 3.7$ 处有两个三重峰，说明有两个相邻的—CH_2—。两个—CH_2—分别与羟基和苯环相连。因此可推出化合物结构为 2－苯基乙醇。

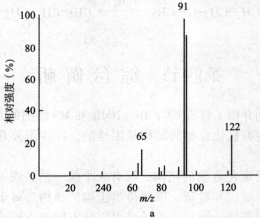

a

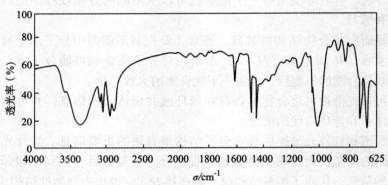

b

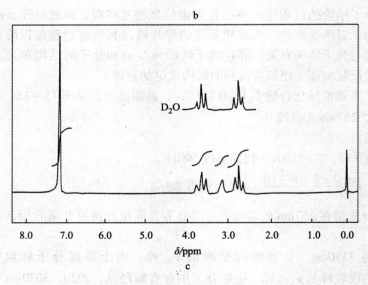

c

图 15－15 $C_8H_{10}O$ 的图氢谱

a. 质谱；b. 红外光谱；c. 核磁共振氢谱

（5）MS 验证

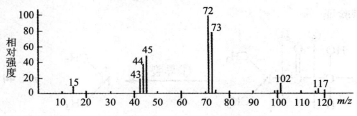

验证结果表明所推出的结构式合理。

例 15 – 5 已知化合物的分子式为 $C_5H_{11}NO_2$，试根据化合物的质谱、红外光谱及核磁共振氢谱（图 15 – 16）推导化合物结构。

335

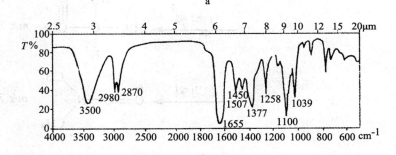

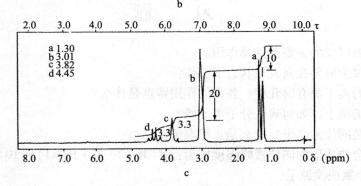

图 15 – 16 $C_5H_{11}NO_2$ 的图谱

a. 质谱；b. 红外光谱；c. 核磁共振氢谱

解：（1）计算不饱和度：由分子式 $C_5H_{11}NO_2$ 计算出 $U=1$，说明化合物含有一个双键或一个酯环。

（2）确定结构单元

①由红外光谱可见，1655cm^{-1}为 $\nu_{C=O}$ 峰，频率较低，可能为羰基（共轭）或酰胺。3500cm^{-1}为 ν_{O-H} 峰，1100cm^{-1}为 ν_{C-O} 峰，说明分子中有羟基。2980，2870cm^{-1}为 $\nu_{CH_3}^{as}$ 和 $\nu_{CH_3}^{s}$，1450，1377cm^{-1} 为 $\delta_{CH_3}^{as}$ 和 $\delta_{CH_3}^{s}$，说明分子中含有甲基。1507cm^{-1} 为 β_{NH}，1258cm^{-1}为 ν_{C-N}，说明分子中含有 $-\overset{O}{\overset{\|}{C}}-N\diagdown$。

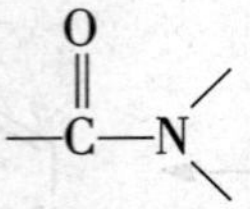

②由 ^1H-NMR 积分高度可知，氢分布为：a：3H，b：6H，c：1H，d：1H。a、d 为 $\diagup CHCH_3$，因为 a 被一个氢分裂为两重峰，d 被三个氢分裂为四重峰。b 为两个 $-CH_3$，c 为一个氢单峰，结合 IR，可知为—OH。因为分子中已含有五个碳，所以两个—CH$_3$ 与 N 连接。推断未知物的结构式是：$CH_3-CH(OH)CO-N(CH_3)_2$。

（3）质谱验证

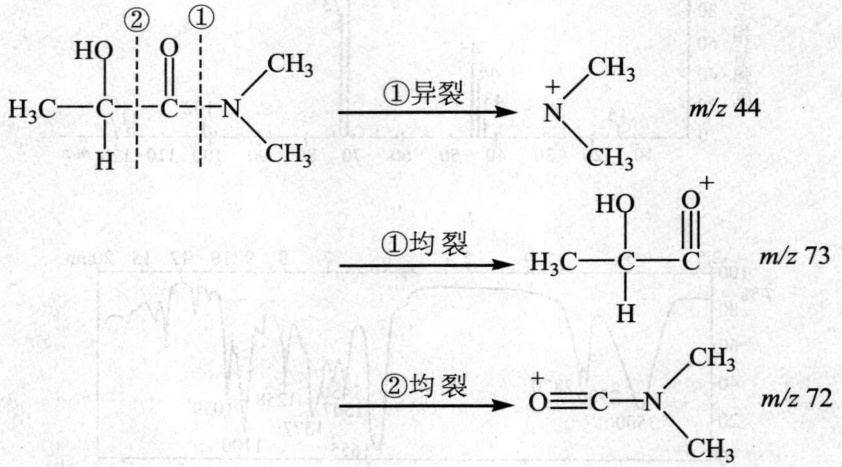

习 题

1. 简述质谱仪的主要部件及作用。
2. 质谱仪为何要在高真空状态下工作？
3. 常用的离子源有哪几种？各自的作用特点是什么？
4. 在质谱图上，如何确认分子离子峰？
5. 什么是同位素离子？什么是亚稳离子？
6. 某化合物质谱的同位素峰强度比为：$M:M+2\cdots M+10=1:5:10:10:5:1$，该化合物含有几个氯或溴原子？
7. 下列化合物不能发生 McLafferty 重排的是（　　）。

A.   B.   C.   D.

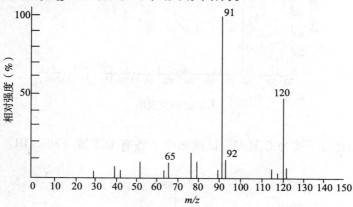

8. 某一化合物 C_9H_{12} 的质谱图如下，推测其结构。

C_9H_{12} 的质谱图

$$[C_6H_5CH_2CH_2CH_3]$$

9. 鉴别下列质谱是苯甲酸甲酯（$C_6H_5COOCH_3$）还是乙酸苯酯（$CH_3COOC_6H_5$）说明理由和峰归属。

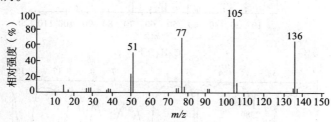

未知物的质谱图

$$[C_6H_5COOCH_3]$$

10. 某未知物的质谱如下图所示。试给出其分子结构及峰归属。

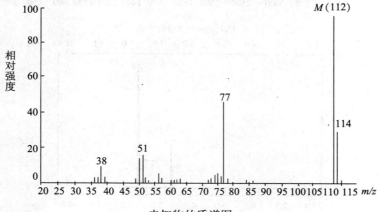

未知物的质谱图

[氯苯]

11. 某未知物的分子式为 $C_8H_{16}O$，质谱如下图所示。试给出其分子结构与峰归属。

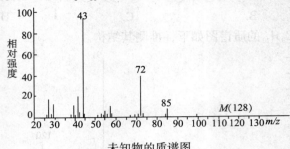

未知物的质谱图

[3-甲基-庚酮-2]

12. 某未知物分子式为 C_4H_4O，试根据以下各有关图谱（MS、IR、NMR）推测该化合物的结构。

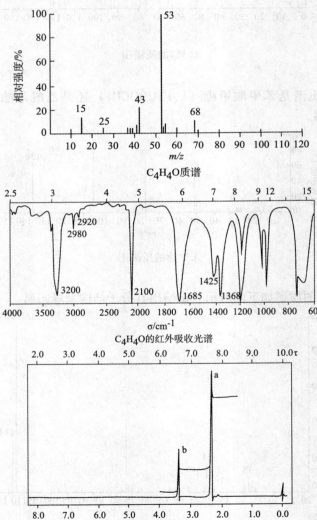

C_4H_4O质谱

C_4H_4O的红外吸收光谱

C_4H_4O的核磁共振氢谱

338

$$\left[\begin{array}{c} \overset{O}{\parallel} \\ CH_3C-C\equiv CH \end{array}\right]$$

13. 某化合物不含卤素、氮，也不含硫，其相对分子质量为 108，其各谱图如下，试推测其结构。

UV：$\lambda_{max} = 252cm$，$\varepsilon 135$。

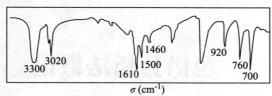

未知物的红外吸收光谱

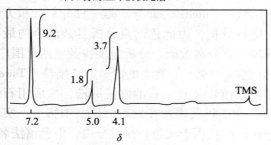

未知物核磁共振谱图

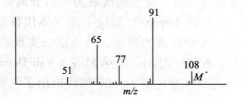

$$[C_6H_5CH_2OH]$$

（郭兴杰）

色谱分析法概论

色谱分析法简称色谱法（chromatography）是一种分离分析方法，它先将混合物中各组分分离，而后逐个进行分析，因此色谱是分析复杂混合物最有力的手段。色谱法具有高灵敏度、高选择性、高分离效能、分析速度快及应用范围广等优点。

色谱法起始于20世纪初，1901年俄国植物学家茨维特（Tsweet）将碳酸钙放在竖立的玻璃管中，从顶端注入植物色素的石油醚浸取液，然后用石油醚冲洗。结果在管内形成各种颜色的色带，1903年茨维特在发表的论文中将这一实验命名为色谱。随着检测技术的发展，色谱法已广泛用于无色物质的分离，但色谱法名称仍在沿用。

从茨维特的实验开始，色谱法至今已有一个多世纪的历史，在20世纪30与40年代相继发展了薄层色谱法与纸色谱法后，使色谱法成为一门分离分析技术。20世纪50年代，英国的马丁（Martin）和辛格（Synge）发现了用气体代替液体作流动相的可能性，还提出了著名的塔板理论。气相色谱的兴起，使色谱法实现了分离与"在线"分析，奠定了现代色谱法的基础。在那一时期，范第姆特（Van Deemter）等人发表了描述色谱过程的速率理论，并应用到气相色谱中。60年代推出了气相色谱－质谱联用技术（GC－MS），有效地弥补了色谱法定性特征差的弱点。十来年后，高效液相色谱法（HPLC）迅速发展，为难挥发、热不稳定及高分子试样的分析提供了有力手段。20世纪80年代是色谱技术蓬勃发展的时期，在这期间，液相色谱的各种联用技术相继出现。同时还发展了超临界流体色谱，它兼有GC与HPLC的某些优点。在80年代初，由Jorgenson等人的工作而建立的毛细管电泳法在90年代得到迅速的发展。兼有毛细管电泳和高效液相色谱优点的毛细管电色谱近十几年来也受到广泛的重视。经过一个世纪的发展，色谱法已形成为一门科学——色谱学。

第一节 色谱过程和基本概念

一、色谱过程

实现色谱操作必须具备相对运动的两相，其中固定不动的一相为固定相（stationary phase），携带试样向前移动的一相为流动相（mobile phase）。试样随流动相经过固定相时，与固定相发生相互作用。由于各组分的结构和性质的不同，与固定相作用的类型、强度也不同，在固定相上的滞留（保留）程度也就不同，结果被流动相携带向前移动的速度不等，即产生差速迁移，因而被分离。

色谱过程是组分在流动相和固定相间多次"分配"的过程。以吸附柱色谱为例来说明色谱过程（图 16-1），把含有 A、B 两组分的试样加到色谱柱的顶端，A、B 均被吸附到吸附剂（固定相）上。然后用适当的洗脱剂（流动相）洗脱（elution），当流动相流经固定相，并接触已被吸附在固定相上的组分时，组分又溶解于流动相中而被解吸，并随着流动相向前移行，已解吸的组分遇到新的吸附剂，又再次被吸附。这样，在色谱柱上发生反复多次的吸附-解吸附（或称广义"分配"）的过程。若两种组分的结构和理化性质存在着某种差异，则它们在吸附剂表面的吸附能力和在流动相中的溶解力也存在差异。经过多次的重复将微小的差异累积起来，结果吸附能力较弱的组分 A 在固定相上的保留较弱，从色谱柱中先流出，吸附能力较强的组分 B 保留较强，从色谱柱中后流出，A、B 两组分得到分离。

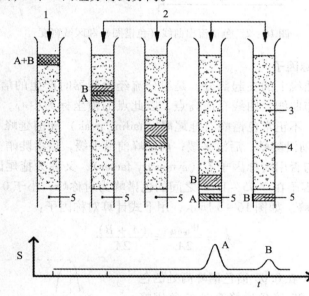

图 16-1 色谱过程示意图

1. 试样；2. 流动相；3. 固定相；4. 色谱柱；5. 检测器

二、色谱流出曲线和有关概念

（一）色谱流出曲线和色谱峰

1. 色谱流出曲线

色谱流出曲线是在色谱过程中由检测器输出的信号强度对时间作图所绘制的曲线（图 16-2），常称为色谱图（chromatogram）。它反映被分离的各组分从色谱柱洗脱出的浓度随时间或流动相体积的变化。

2. 基线

基线（baseline）是在操作条件下没有组分流出时的流出曲线。稳定的基线应是一条平行于时间轴的直线，如图 16-2 中 OO' 所示。基线反映仪器（主要是检测器）的稳定性。

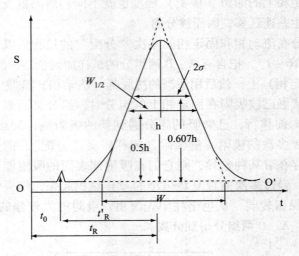

图 16 - 2　色谱流出曲线（色谱图）和区域宽度

3. 色谱峰和对称因子

色谱峰是流出曲线上的突起部分，是组分流经检测器时产生的信号响应所致。正常色谱峰为正态分布曲线，曲线有最高点，以此点的横坐标为中心，曲线对称地向两侧快速、单调下降。不正常色谱峰有拖尾峰（tailing peak）和前延峰（leading 或 fronting peak）。拖尾峰前沿陡峭，后沿平缓；前延峰前沿平缓，后沿陡峭。

色谱峰的对称与否用对称因子 f_s（symmetry factor），又称为拖尾因子（tailing factor）来衡量。对称因子在 0.95 ~ 1.05 之间的色谱峰为对称峰；小于 0.95 者为前延峰；大于 1.05 者为拖尾峰。如图 16 - 3 所示，用下式计算对称因子：

$$f_s = \frac{W_{0.05h}}{2A} = \frac{(A + B)}{2A} \tag{16 - 1}$$

式中，$W_{0.05h}$——在 0.05 倍色谱峰高处的色谱峰宽；A——在 0.05 倍色谱峰高处的色谱峰前沿和顶点至基线的垂线之间的距离；B——在 0.05 倍色谱峰高处的色谱峰后沿和顶点至基线的垂线之间的距离。

一个色谱峰可用三项参数来描述（图 16 - 2），即峰位（用保留值表示，用于定性）、峰高或峰面积（用于定量）、区域宽度（反映柱效）。下面分别介绍这些概念。

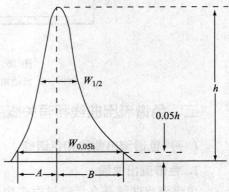

图 16 - 3　对称因子计算示意图

（二）色谱定性常用参数——保留值

1. 保留时间

保留时间（retention time；t_R）是从进样开始到某个组分在柱后出现浓度极大值时所经过的时间，即从进样到色谱峰顶点的时间间隔。保留时间是定距洗脱（定距展开）

色谱法的基本定性参数。定距洗脱是指将所有组分都被洗脱经过同一确定的距离的洗脱方式,记录组分通过一定长度的色谱柱或色谱板的时间。

2. 死时间

死时间(dead time;t_0)是不被固定相吸附或溶解的组分的保留时间。

3. 调整保留时间

调整保留时间(adjusted retention time;t_R')是某组分由于溶解(或被吸附)于固定相,比不溶解(或不被吸附)的组分在柱中多停留的时间。其与保留时间和死时间有如下关系:

$$t_R' = t_R - t_0 \tag{16-2}$$

式中,t_R'——调整保留时间,min 或 s;t_R——保留时间,min 或 s;t_0——死时间,min 或 s。

由上式可见,组分在色谱柱中的保留时间 t_R 包括了组分在流动相中并随之通过色谱柱所需的时间 t_0 和在固定相中滞留的时间 t_R'。

在实验条件(温度、固定相等)一定时,调整保留时间仅决定于组分的性质,因此调整保留时间是色谱定性的基本参数。同一组分的保留时间受流动相流速(实际为体积流量,volumetric flow rate)的影响,因此也常用保留体积来表示保留值。

4. 保留体积

保留体积(retention volume;V_R)是从进样开始到某个组分在柱后出现浓度极大值时,所需通过色谱柱的流动相体积。在确定的实验条件下,某组分的保留体积是一定值,与流速无关。但流动相流速越快,保留时间越短。保留时间与保留体积和流动相流速(F_c)有如下关系:

$$V_R = t_R \cdot F_c \tag{16-3}$$

式中,V_R——保留体积,ml;F_c——流动相流速,ml/min。

5. 死体积

死体积(dead volume;V_0)是由进样器至检测器的流路中未被固定相占有的空间的容积。它包括色谱柱中固定相颗粒间间隙、进样器至色谱柱间导管的容积、柱出口至检测器导管及检测器内腔容积的总和。如果忽略各种柱外死体积,则死体积为色谱柱中固定相颗粒间间隙的容积,即色谱柱中流动相的体积。而死时间相当于流动相充满死体积所需的时间。死时间与死体积和流动相流速有如下关系:

$$V_0 = t_0 \cdot F_c \tag{16-4}$$

式中,V_0——死体积,ml。

6. 调整保留体积

调整保留体积(adjusted retention volume;V_R')是由保留体积扣除死体积后的体积。与流动相流速无关,是常用的色谱定性参数之一。调整保留时间与调整保留体积和流动相流速有如下关系:

$$V_R' = V_R - V_0 = t_R' \cdot F_c \tag{16-5}$$

式中,V_R'——调整保留体积,ml。

7. 相对保留值

相对保留值(relative retention;r)是两组分的调整保留值之比,是色谱系统的选择性指标，也用 α 表示，称为选择性因子。组分 2 与组分 1 的相对保留值用下式表示：

$$r_{2,1} = \frac{t'_{R_2}}{t'_{R_1}} = \frac{V'_{R_2}}{V'_{R_1}} \qquad (16-6)$$

8. 保留指数

保留指数是一种气相色谱恒温操作下的定性指标。常以色谱图上位于组分两侧的相邻正构烷烃的保留值为基准，用对数内插法将组分的保留行为换算成相当于假想正构烷烃的保留行为，所得的相对值称为保留指数（retention index；I），该指数由科瓦茨（Kovats）提出，故此也称 Kovats 指数。同时规定每个正构烷烃的保留指数为其碳原子数乘以 100（例如规定正己烷、正庚烷及正辛烷的保留指数分别为 600、700 及 800）。

$$I = 100 \left[z + n \frac{\lg t'_{R(x)} - \lg t'_{R(z)}}{\lg t'_{R(z+n)} - \lg t'_{R(z)}} \right] \qquad (16-7)$$

式中，I——待测组分的保留指数；$t'_{R(x)}$——待测组分的调整保留时间；z，$z+n$——正构烷烃对的碳原子数（$n=1$、$2\cdots$，通常为 1）；$t'_{R(z)}$——z 个碳原子的正构烷烃的调整保留时间；$t'_{R(z+n)}$——（$z+n$）个碳原子的正构烷烃的调整保留时间。

（三）色谱定量常用参数——色谱峰高和色谱峰面积

1. 色谱峰高

色谱峰高（peak height；h）是组分在柱后出现浓度极大时的检测信号强度，在色谱图上即是色谱峰顶至基线的距离。

2. 峰面积

色谱流出曲线与基线间包围的面积称为色谱峰面积（peak area；A）。峰高和峰面积均为色谱定量参数。

（四）色谱的柱效参数——色谱峰区域宽度

区域宽度是衡量色谱峰展宽程度的重要色谱参数，它反映色谱柱的柱效，也反映实际色谱条件选择是否合适，区域宽度越小柱效越高。区域宽度有 3 种表示方法。

1. 标准差

标准差（standard deviation；σ）是正态色谱流出曲线上两拐点间距离之半。σ 的大小表示组分被带出色谱柱的分散程度。σ 越大，组分流出色谱柱越分散；反之，越集中。在 $t_R + \sigma$ 与 $t_R - \sigma$ 间的面积为峰面积的 68.3%，即表示在该时间范围内流出组分量为进入色谱柱的该组分总量的 68.3%。对于正态峰，σ 为 0.607 倍峰高处的峰宽度之半。区域宽度还常用半峰宽和峰宽描述（图 16-2）。

2. 半峰宽

半峰宽（peak width at half height；$W_{1/2}$）是峰高一半处的峰宽度。正态峰的半峰宽与标准差的关系为：

$$W_{1/2} = 2.355\sigma \qquad (16-8)$$

式中，$W_{1/2}$——半峰宽；σ——标准差。

3. 峰宽

通过色谱峰两侧拐点作切线在基线上所截得的距离称为峰宽（peak width；W）。峰宽和标准差或半峰宽的关系为：

$$W = 4\sigma \quad \text{或} \quad W = 1.699W_{1/2} \tag{16-9}$$

式中，W——峰宽。

（五）色谱分离的参数——分离度

分离度（resolution；R）是相邻两组分色谱峰保留时间之差与两色谱峰峰宽平均值之比（图 16-4），又称为分辨率。

$$R = \frac{t_{R_2} - t_{R_1}}{(W_1 + W_2)/2} = \frac{2(t_{R_2} - t_{R_1})}{W_1 + W_2} \tag{16-10}$$

式中，t_{R_1}、t_{R_2}——组分 1、2 的保留时间；W_1、W_2——组分 1、2 色谱峰的峰宽。

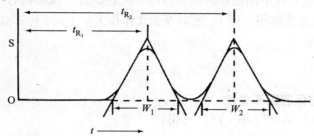

图 16-4 分离度计算示意图

分离度同时考虑到色谱选择性（Δt_R）和柱效（W），表示色谱系统对相邻两组分的分离能力。设色谱峰为正态峰，且 $W_1 \approx W_2 = 4\sigma$。若 $R = 1$，则未重叠的峰面积为 95.4%（$t_R \pm 2\sigma$），两峰峰基略有重叠。若 $R = 1.5$，则未重叠面积达 99.7%（$t_R \pm 3\sigma$），两峰完全分开。在定量分析时，为了能获得较好的精密度与准确度，《中国药典》2010 年版规定 $R \geqslant 1.5$。

345

三、色谱分离术语与定义

一定温度和压力下，组分随流动相移动时，不断在两相之间进行"分配"，不同的组分由于与固定相作用力不同，分配情况不同，产生运动速度差异，经过多次的"分配"后，混合组分得以分离。组分在两相间的分配情况常用分配系数或保留因子描述。

（一）分配系数和保留因子

1. 分配系数

分配系数（partition coefficient；K）是在一定温度和压力下，达到分配平衡时，组分在固定相与流动相中的浓度比。条件一定时（固定相、流动相、温度及压力），分配系数是组分的特征常数，具有热力学意义。其表达式为：

$$K = \frac{c_s}{c_m} \tag{16-11}$$

式中，K——分配系数；c_s——组分在固定相中的浓度；c_m——组分在流动相中的浓度。

2. 保留因子

保留因子（retention factor；k）是在一定温度和压力下，达到分配平衡时，组分在固定相和流动相中的质量（m）之比，故又称为质量分配系数或分配比。其表达式为：

$$k = \frac{m_s}{m_m} \qquad (16-12)$$

式中，k——保留因子；m_s——组分在固定相中的质量；m_m——组分在流动相中的质量。

保留因子不仅与分配系数有关，还与固定相和流动相的体积有关：

$$k = \frac{m_s}{m_m} = \frac{c_s V_s}{c_m V_m} \qquad (16-13)$$

式中，V_s——色谱柱中固定相的体积；V_m——色谱柱中流动相的体积。

如果不考虑柱外死体积，则 V_m 近似等于死体积 V_0。V_m 与 V_s 之比称为相比（phase ratio）。其表达式为：

$$\beta = \frac{V_m}{V_s} \qquad (16-14)$$

3. 分配系数与保留因子关系

由式（16-11）和式（16-13）可得：

$$k = K\frac{V_s}{V_m} \qquad (16-15)$$

（二）色谱过程方程

设流动相的线速度为 u，组分移行的平均线速度为 v，二者之比为保留比。其表达式为：

$$R' = v / u$$

式中，R'——保留比；v——组分的平均线速度，cm/min；u——流动相的线速度，cm/min。

定距展开中，$v = L/t_R$，$u = L/t_0$，L 为色谱柱长，因此

$$R' = \frac{t_0}{t_R} \qquad (16-16)$$

死时间 t_0 近似于组分在流动相中的时间 t_m，t_R 为组分在流动相中的时间（t_m）和在固定相中的时间（t_s）之和，而组分分子只有出现在流动相中时才能随流动相前移，故保留比与组分分子在流动相中的分数有关：

$$R' = \frac{t_m}{t_m + t_s} = \frac{n_m}{n_m + n_s} = \frac{c_m V_m}{c_m V_m + c_s V_s}$$

所以 $\qquad R' = \dfrac{1}{1+k}$ 或 $\quad \dfrac{1}{R'} = 1 + k \qquad (16-17)$

由式（16-16）和式（16-17）得：

$$t_R = t_0(1 + k) \qquad (16-18)$$

$$t_R = t_0\left(1 + K\frac{V_s}{V_m}\right) \qquad (16-19)$$

式（16-19）称为色谱过程方程，是色谱法的基本方程。色谱体系和操作条件一定时，则 t_0 一定，此时某组分的保留时间 t_R 仅取决于其分配系数 K。即与固定相作用力大的组分分配系数大、保留因子大、保留时间长。

由式（16-18）得：

$$k = \frac{t_R - t_0}{t_0} = \frac{t'_R}{t_0} \qquad (16-20)$$

由式（16-20）可见，保留因子表示由于组分与固定相的作用，组分在固定相中滞留时间与死时间的比值，可直接由色谱图数据求得。

（三）色谱分离的前提

设组分 A 与 B 的混合物通过色谱柱，若二者能被分离，则它们与固定相的作用力（或者在固定相上溶解程度）必须不同，因而表现出的迁移速度不同，即保留时间不等：

$$\Delta t_R = t_{R_A} - t_{R_B} = t_0(K_A - K_B)\frac{V_s}{V_m} \neq 0$$

若需 $\Delta t_R \neq 0$，则必须使 $K_A \neq K_B$，即分配系数不等的两组分才可以分离。同一色谱体系，操作条件相同时保留因子之比等于分配系数之比，因此保留因子不等的两组分也可进行色谱分离，即 $k_A \neq k_B$，有：

$$\Delta t_R = t_0(k_A - k_B) \neq 0$$

第二节　色谱法的分类及基本类型

347

一、色谱法的分类

色谱法可以按照不同的角度进行分类，下面介绍几种主要的分类方法。

1. 按流动相与固定相的物理状态分类

表 16-1　典型色谱法分类

流动相	色谱法分类	固定相	色谱法名称
气体	气相色谱法（gas chromatography；GC）	固体	气固色谱法（gas-solid chromatography；GSC）
		液体	气液色谱法（gas-liquid chromatography；GLC）
液体	液相色谱法（liquid chromatography；LC）	固体	液固色谱法（liquid-solid chromatography；LSC）
		液体	液液色谱法（liquid-liquid chromatography；LLC）
超临界流体	超临界流体色谱法（supercritical fluid chromatography；SFC）		

此外，目前广泛应用在气相色谱和液相色谱中，以化学键合相为固定相进行的色谱法称为键合相色谱法（bonded phase chromatography；BPC）。

2. 按操作形式分类

固定相以色谱柱承载的为柱色谱法（column chromatography）。按色谱柱的直径或固定相的存在形式，又分为填充柱（packed column）色谱法、毛细管柱（capillary column）色谱法、微填充柱（microbore packed column）及开管柱（open tubular column）色谱法等。气相色谱法、高效液相色谱法（high performance liquid chromatography；HPLC）及超临界流体色谱法等属于柱色谱法。

固定相以平面承载的为平面色谱法（planar 或 plane chromatography）。又分为纸色谱法（paper chromatography）、薄层色谱法（thin layer chromatography；TLC）等，平面色谱法均属于液相色谱法。

3. 按分离机制分类

根据分离机制的不同，色谱法又可分为分配色谱法（partition chromatography）、吸附色谱法（adsorption chromatography）、离子交换色谱法（ion exchange chromatography；IEC）和分子排阻色谱法（molecular exclusion chromatography；MEC）等，后两种只存在于液相色谱中。这 4 种方法是色谱法的基本类型，本节将重点讨论它们的分离机制。此外，还有其他分离机制的色谱方法，如毛细管电泳法（capillary electrophoresis；CE）、毛细管电色谱法（capillary electro – chromatography；CEC）、手性色谱法和分子印迹色谱法等。

二、分配色谱法

分配色谱法包括气液分配色谱法和液液分配色谱法。本法常使用的固定相为液体（固定液）。固定液可被吸附于惰性载体上，被分离的组分在固定液和流动相中溶解度不同，分别在两相中分配，分配系数大的组分滞留于固定液的时间较长，移动速度慢；分配系数小的组分滞留于固定液的时间较短，移动速度快，经过一段距离后两者分离。

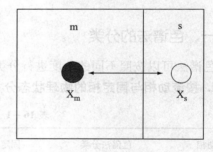

典型的分配色谱作用机制如图 16 – 5 所示。图中 X 代表试样中组分分子，下标 m 与 s 分别为流动相与固定相。溶质分子

图 16 – 5　分配色谱作用机制示意图

X_m. 流动相中的组分分子；X_s. 进入固定相的组分分子

在固定相和流动相中达到分配平衡时，两相中的平衡时浓度之比（严格应为活度比）为狭义分配系数（partition coefficient），其表达式为：

$$K = \frac{c_s}{c_m} = \frac{X_s/V_s}{X_m/V_m} \tag{16 – 21}$$

式中，X_s——同一组分在固定相中的量；X_m——同一组分在流动相中的量。

气液分配色谱法的流动相是气体，常为氢气、氮气或氦气，此时 K 与固定相极性和柱温有关。液液分配色谱法的流动相是与固定液不相溶的液体，K 主要与固定相和流动相的性质（种类与极性）有关。此外在液液分配色谱中，流动相的极性比

固定相的极性弱的，称为正相（normal phase）分配色谱；流动相极性比固定相极性强的，称为反相（reversed phase）分配色谱。例如，以水饱和的硅胶为固定相（硅胶为载体，水为固定液），与水不混溶的有机溶剂为流动相的色谱法为正相分配色谱法。

分配色谱中被分离组分的洗脱顺序是由组分在固定相或流动相中溶解度的相对大小而决定的。气液分配色谱法中，采用非极性固定液，非极性组分按照沸点顺序流出；采用极性固定液，极性组分按照极性由弱至强流出；采用氢键型固定液，各组分按与固定液分子形成氢键的能力大小先后流出，形成氢键能力弱的化合物先流出色谱柱。液液分配色谱法中，正相分配色谱极性强的组分在固定相中溶解度更大，因此后流出；反相分配色谱极性强的组分在固定相中溶解度更小，因此先流出。

三、吸附色谱法

吸附色谱法包括气固吸附色谱法和液固吸附色谱法。本法常使用的固定相为固体（吸附剂）。被分离的组分在吸附剂表面的吸附能力不同，极性较强的组分吸附能力强、吸附系数大、滞留于固定相的时间较长、移动速度慢；反之，极性较弱的组分吸附能力弱、分配系数小、滞留于固定相的时间较短，移动速度快，经过一段距离后两者分离。

如图 16-6 所示，吸附过程是试样中组分的分子（X）与流动相分子（Y）争夺吸附剂表面活性中心的过程。当组分分子随流动相经过固定相时，它们在吸附剂表面竞争活性中心，可能发生如下反应：组分的分子 X_m 将把吸附在吸附剂表面的流动相分子 Y_a 置换下来，组分的分子被活性中心吸附，以 X_a 表示，流动相分子回至流动相内，以 Y_m 表示；当然也会发生流动相分子将吸附在吸附剂表面的组分分子置换下来的反应，即有如下竞争吸附平衡：

349

$$X_m + nY_a \Longrightarrow X_a + nY_m$$

吸附平衡常数即称为吸附系数（K_a），用下式表示：

$$K_a = \frac{[X_a][Y_m]^n}{[X_m][Y_a]^n}$$

式中，$[X_a]$——组分 X 在吸附剂中的浓度；$[X_m]$——组分 X 在流动相中的浓度。

考虑到流动相分子的数量极大，故 Y_m^n / Y_a^n 近似于常数。而且吸附只发生于吸附剂表面，所以常用单位表面积所吸附溶质的量表示浓度，于是，吸附系数变为：

$$K_a = \frac{[X_a]}{[X_m]} = \frac{X_a / S_a}{X_m / V_m} \qquad (16-22)$$

式中，K_a——吸附系数；S_a——吸附剂的表面积；X_a——吸附剂所吸附的溶质的量。

显然吸附系数除了与温度有关还与组分的性质（被吸附能力）、吸附剂的活性（吸附能力）及流动相的性质（与组分竞争的吸附能力）有关。

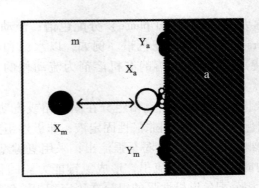

图 16 - 6　吸附色谱作用机制示意图

m. 流动相；a. 吸附剂；X_m. 流动相中的组分分子；

Y_m. 流动相分子；X_a. 被吸附的组分分子

在吸附柱色谱中，保留时间与吸附系数和色谱柱中吸附剂的表面积有如下关系：

$$t_R = t_0 \left(1 + K_a \frac{S_a}{V_m}\right) \qquad (16 - 23)$$

常用吸附剂有硅胶、氧化铝、聚酰胺等，吸附剂是多孔性微粒状物质，具有较大的比表面积，表面有许多极性吸附中心。例如，常用吸附剂硅胶表面的硅醇基为吸附中心。吸附中心的多少、存在状态及其吸附能力的强弱直接影响吸附剂的性能。

气固吸附色谱流动相为氢气、氦气、氮气等，其种类的变化对吸附剂与组分之间的吸附作用影响不大。液固吸附色谱流动相为液体，其组成与极性的变化极大地影响洗脱能力，当吸附剂和组分一定时，采用极性较弱的流动相，其与组分分子竞争吸附于活性吸附中心的能力较弱，表现出组分分子更易于被吸附中心所吸附，流动相洗脱能力弱，组分的 K_a 值大；反之，由于极性强的流动相更易于被吸附中心所吸附，表现出组分分子相对不易被吸附于吸附中心，流动相洗脱能力强，组分的 K_a 值小。溶剂强度 ε^o 可定量描述溶剂的洗脱能力，ε^o 为溶剂分子在单位吸附剂表面上的吸附自由能，ε^o 值越大的溶剂在硅胶上的吸附能力越强，其洗脱能力也越强。表 16 - 2 列出了以硅胶为吸附剂时一些纯溶剂的 ε^o 值。

350

表 16 - 2　一些溶剂在硅胶上的 ε^o 值

溶剂	溶剂强度（ε^o）	溶剂	溶剂强度（ε^o）
正戊烷	0.00	乙醚	0.38
异辛烷	0.01	乙酸乙酯	0.38
四氯化碳	0.11	乙腈	0.50
三氯甲烷	0.26	异丙醇	0.63
二氯甲烷	0.32	甲醇	0.73

*摘自《分析化学手册》第六分册

在液固吸附色谱中，组分的保留和分离选择性决定于：①组分分子与流动相分子对吸附剂表面活性中心的竞争；②组分分子官能团与吸附剂表面活性中心的氢键、偶极和诱导等作用；③组分在流动相中的溶解性。

在同一液固吸附色谱上，K_a 大的组分在吸附剂上保留强，后被洗脱；K_a 小的组分在吸附剂上保留弱，先被洗脱。K_a 与组分本身的性质有关。例如，以硅胶为固定相时，极性强的组分吸附力强，后被洗脱。吸附剂的类型、颗粒度、表面积、形状及含水量等对 K_a 和分离选择性都有很大影响。此外，流动相的溶剂性质和组成也对液固吸附色谱的洗脱和分离起着重要作用。例如对同一组分，采用极性较弱的流动相其 K_a 大；采用极性较强的流动相其 K_a 小。

四、离子交换色谱法

离子交换色谱法均为液相色谱法。方法包括阴离子交换色谱法和阳离子交换色谱法，分别用于亲水阴、阳离子的分离。常使用的固定相为离子交换剂或者键合离子交换固定相。被分离的离子对固定相的亲和能力不同，亲和力较强的组分分配系数大、滞留于固定相的时间较长、移动速度慢；反之，亲和力较弱的组分分配系数小、滞留于固定相的时间较短，移动速度快，经过一段距离后两者分离。

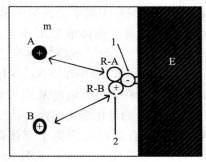

图 16 – 7 阳离子交换色谱作用机制示意图

m. 流动相；E. 离子交换剂

1. 固定离子；2. 可交换离子

以阳离子交换色谱为例说明离子交换色谱法的保留机制。图 16 – 7 中离子交换树脂表面的阴离子（如—SO_3^-）是不可交换离子；阳离子是可交换离子（如 H^+）。当流动相中的阳离子如 K^+、Na^+ 出现时，与 H^+ 发生交换反应。由于 K^+ 在磺酸基上的亲和力较 Na^+ 离子大，因此 K^+ 离子被离子交换剂滞留时间长。交换平衡表示如下：

$$RSO_3^- H^+ + K^+ \rightleftharpoons RSO_3^- H^+ + H^+$$

同样，阴离子交换反应表示为：

$$RNR_3^+ OH^- + Cl^- \rightleftharpoons RNR_3^+ Cl^- + OH^-$$

单价离子交换平衡可用通式表示：

$$R - B + A \rightleftharpoons R - A + B$$

以浓度表示的平衡常数为：

$$K_{A/B} = \frac{[R - A][B]}{[R - B][A]} = \frac{K_A}{K_B} \qquad (16 - 24)$$

式中，$K_{A/B}$——离子交换平衡常数，也称为选择性系数；［R—A］、［R—B］——A、B 在固定相中的浓度；［A］、［B］——A、B 在流动相中的浓度。

选择性系数 $K_{A/B}$ 表示离子对固定相亲和能力的相对大小，$K_{A/B}$ 越大，说明 A、B 两种离子的交换能力差别越大。常选择某种离子（如 H^+ 或 Cl^-）作参考，测定一系列离子的选择性系数，这样，选择性系数越大的离子在离子交换色谱中的保留越强。此外，离子交换色谱过程中还存在某些离子与固定相的非离子相互作用（例如吸附）。

离子交换色谱法的固定相是离子交换剂（ion exchanger），有离子交换树脂（resin）和硅胶化学键合离子交换剂。离子交换树脂是具有网状立体结构的高分子多元酸或多

351

元碱的聚合物，有许多可离解基团如磺酸基（—SO_3H）、羧基（—COOH）及季铵基（—$NR_3^+OH^-$）等。离子交换树脂易膨胀，传质慢，柱效低，不耐压。键合在薄壳型和全多孔微粒硅胶上的离子交换剂机械强度高，不溶胀，耐高压，平衡速度快，可用作HPLC固定相，但适用pH范围较窄。

离子交换色谱法的流动相是一定pH和离子强度的缓冲溶液，有时也加入少量有机溶剂，如乙醇、四氢呋喃、乙腈等，以改进样品溶解性能并提高分离的选择性。

离子交换色谱的保留行为和选择性受被分离离子、离子交换剂和流动相的性质等的影响，简要讨论如下：

（1）溶质离子的电荷和水合半径 一般情况下，价态高的离子的选择性系数大。同价阳离子在强酸型阳离子交换剂上选择性系数随其水合离子半径的增大而变小。常温时稀溶液中阳离子在强酸型阳离子交换树脂上的选择性系数有如下顺序：Fe^{3+} > Al^{3+} > Ba^{2+} $\geqslant$ Pb^{2+} > Sr^{2+} > Ca^{2+} > Ni^{2+} > Cd^{2+} $\geqslant$ Cu^{2+} $\geqslant$ Co^{2+} $\geqslant$ Mg^{2+} $\geqslant$ Zn^{2+} $\geqslant$ Mn^{2+} > Ag^+ > Cs^+ > Rb^+ > K^+ $\geqslant$ NH_4^+ > Na^+ > H^+ > Li^+

弱酸型阳离子交换树脂的基团（如—COOH）的离解受溶液中H^+的抑制，所以H^+在这类树脂上的保留能力很强，甚至大于二价、三价阳离子。

常见阴离子在强碱型阴离子交换树脂上的保留顺序通常为：柠檬酸根 > PO_4^{3-} > SO_4^{2-} > I^- > NO_3^- > SCN^- > NO_2^- > Cl^- > HCO_3^- > CH_3COO^- > OH^- > F^-。

（2）流动相的组成和pH 选择性系数大的离子组成的流动相有强的洗脱能力，此外流动相离子强度大洗脱能力强。例如在阴离子交换色谱中，对同一阴离子，流动相中使用硫酸根离子比用氯离子洗脱快。使用强酸/碱型离子交换树脂时，流动相pH在很宽的范围内变化对交换中心的影响均不大，但组分为弱电解质时则其离解受流动相pH的影响就很大，若组分的离解受抑制则其与交换中心的亲和力会下降，保留时间变短。弱酸/碱型离子交换树脂的交换容量受流动相pH的影响较大，一般在某一pH有极大值。

五、分子排阻色谱法

分子排阻色谱法又称空间排阻色谱法、凝胶色谱法（gel chromatography），属于液相色谱法。该方法包括凝胶渗透色谱法（gel permeation chromatography；GPC）和凝胶过滤色谱法（gel filtration chromatography；GFC），分别以有机溶剂和水为流动相。常使用的固定相为多孔聚合物（多孔凝胶）。被分离的大分子由于体积所限，进入凝胶孔洞的能力不同，分子尺寸较小的组分进入固定相孔洞较多且较深入，分配系数大、滞留于固定相的时间较长、移动速度慢；反之，分子尺寸较大的组分几乎不能进入固定相的所有孔洞，分配系数小、滞留于固定相的时间较短，移动速度快，经过一段距离后两者分离。

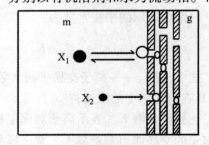

图16-8 分子排阻色谱作用机制示意图
m. 流动相；g. 凝胶；
X_1、X_2. 大小不同的分子

分子排阻色谱法的分离机制与前三种色谱法完全不同，它只取决于固定相的孔径大小与

被分离组分线团尺寸之间的关系（图 16 – 8），与流动相的性质无关。根据空间排阻（steric exclusion）理论，同等大小的溶质分子在凝胶孔内外处于扩散平衡状态：

$$X_m \rightleftharpoons X_s$$

X_m 与 X_s 分别代表在孔外流动相中与固定相孔穴中同等大小的组分分子。达到扩散平衡时，两者浓度之比称为渗透系数（permeation coefficient；K_p）：

$$K_p = [X_s]/[X_m] \tag{16 – 25}$$

式中，K_p——渗透系数；$[X_s]$——组分在固定相中的浓度；$[X_m]$——组分在流动相中的浓度。

分子排阻色谱中，当固定相孔径一定时，如果分子线团尺寸很大，以致不能扩散进入任何孔穴，则 $[X_s] = 0$，$K_p = 0$；如果分子小到能进入所有孔穴时，则 $[X_s] = [X_m]$，$K_p = 1$；线团尺寸在上述两种分子之间的分子，能进入部分孔穴，$0 < K_p < 1$，分子线团尺寸越小，K_p 越大。在一定分子线团尺寸范围内，K_p 与相对分子质量相关，即组分按相对分子由大到小依次流出。

常用凝胶一般分为有机和无机两类，又可分为软质、半软质和硬质凝胶。凝胶的主要性能参数包括平均孔径、排斥极限和分子量范围。某高分子化合物相对分子质量达到某一定值后就不能渗透进入凝胶的任何孔穴（$K_p = 0$），这一分子量称为该凝胶的排斥极限。排斥极限与全渗透点（$K_p = 1$）之间的相对分子质量范围称为凝胶的相对分子质量范围。

分子排阻色谱的流动相要求能够溶解样品且能润湿凝胶，及黏度应低。水溶性样品选择水或缓冲溶液为流动相，有机溶剂常选择四氢呋喃、甲苯、三氯甲烷等。分子排阻色谱流动相的组成变化不会直接影响分离度。

分子排阻色谱的保留值常用保留体积（淋洗体积）表示。保留体积与渗透系数有如下关系：

$$V_R = V_m \left(1 + K_p \frac{V_s}{V_m}\right) \tag{16 – 26}$$

式中，V_m——色谱柱内固定相（凝胶）的粒间体积；V_s——固定相的孔内总容积。因 V_m 近似于死体积 V_0，故有：

$$V_R = V_0 + K_p V_s \tag{16 – 27}$$

分子线团尺寸（相对分子质量）大的组分，其渗透系数小，则保留体积也小，因而先被洗脱出柱。

以上 4 种基本类型色谱法及以下各章中的其他类型色谱法的保留时间 t_R 与分配系数 K 的关系皆可用色谱过程方程式（16 – 19）表示，即：

$$t_R = t_0 \left(1 + K \frac{V_s}{V_m}\right)$$

或用保留体积表示为：

$$V_R = V_0 + K V_s \tag{16 – 28}$$

分配系数大的组分保留时间长（保留体积大）。在分配色谱、吸附色谱、离子交换色谱和分子排阻色谱中，K 分别为狭义分配系数 K、吸附系数 K_a、选择性系数 $K_{A/B}$ 和渗透系数 K_p，V_s 分别为色谱柱内固定液体积、吸附剂表面积、离子交换剂总交换容量和凝胶孔内总容积。

353

第三节 色谱法的基本理论

两组分能否在色谱系统上分离的影响因素可由分离度的定义式（16－10）看出。首先色谱的选择性要好，即两组分保留时间差 Δt_R 相差足够大；其次色谱柱柱效足够高，即两组分色谱峰宽 W 要足够小。保留时间差与组分分配系数有关，即与色谱热力学过程有关；色谱峰的展宽与色谱的动力学过程有关。而以塔板理论（plate theory）为代表的热力学理论是从相平衡观点来研究色谱分配过程；以速率理论（rate theory）为代表的动力学理论是从动力学观点来研究各种动力学因素对峰展宽的影响。

一、塔板理论

1941 年马丁和辛格建立的"塔板理论"模型将色谱柱看作一个分馏塔，设想其中均匀分布许多塔板，并认为在每个塔板的间隔空间内，组分在两相中立即达到分配平衡，经过多次的分配平衡后，分配系数小的组分先流出色谱柱，并得到描述色谱流出曲线的表达式。同时塔板理论还引入理论塔板数（plate number of theoretical plates）和理论塔板高度（plate height）作为衡量色谱柱效的指标。

塔板理论假设：

（1）色谱柱均匀的由若干段塔板组成，在一个塔板空间内，组分在两相间瞬间达到分配平衡。

（2）在各塔板内的分配系数是常数。

（3）忽略试样在色谱柱内的纵向扩散。

（4）流动相脉冲式进入色谱柱，每次进入一个塔板体积。

（5）试样和新鲜流动相都加在第 0 号塔板上。

（一）质量分配和转移

考虑单一组分 A（$k_A = 0.5$）的色谱过程。设色谱柱的塔板数为 5（$n = 5$），以 r 表示塔板编号，即 $r = 0、1、2、3\cdots\cdots，n-1$。将单位质量的 A 引入第 0 号塔板，由于 $k_A = 0.5$，分配平衡后 A 在 0 号塔板内的固定相和流动相中的质量之比为 $m_s/m_m = 0.333/0.667$。紧接着一个塔板体积的新鲜流动相进入第 0 号塔板，将原 0 号塔板的流动相及其中的 m_m（0.667）的 A 带入第 1 号塔板，而 0 号塔板固定相中的 m_s（0.333）仍留在第 0 号塔板内，组分 A 在第 0 号塔板和第 1 号塔板两相间分别重新分配并达到平衡。

进入 N 次流动相后第 r 号塔板中溶质的质量分数 ^Nm_r 可由下述二项式求得：

$$^Nm_r = \frac{N!}{r!(N-r)!} \cdot m_s^{N-r}m_m^r \qquad (16-29)$$

式中，^Nm_r——转移 N 次后第 r 号塔板中溶质的质量分数；N——分配平衡转移的次数；r——塔板编号；m_s——转移前组分在 0 号塔板固定相中的质量；m_m——转移前组分在 0 号塔板流动相中的质量。

例如进入 10 次流动相后，组分在各塔板内的质量分布见表 16－3 中 A 栏。由表中数据可见，对于五个塔板组成的色谱柱，进入五个塔板体积的流动相后，组分就开始流出色谱柱。本例中 $N=6$ 和 7 时，柱出口处 A 的浓度最大，即组分 A 的保留体积为 6~7 个塔板体积。

设同时有组分 B（$k_B=2$），按上述方法处理，所得 B 的质量分布如表 16－3 中 B 栏所示。可见，组分 B 保留体积在 10 个塔板体积之后，即经过 5 个塔板的色谱柱后，由于保留因子的差异两组分开始分离，k 小的组分 A 先出现浓度极大值（先洗脱出柱）。

表 16－3　两组分 A（$k_A=0.5$）、B（$k_B=2$）在 $n=5$ 的色谱柱内和柱出口的质量分布

N		0		1		2		3		4		出口	
		A	B	A	B	A	B	A	B	A	B	A	B
0	流动相	0.667	0.333	0	0	0	0	0	0	0	0	0	0
	固定相	0.333	0.667	0	0	0	0	0	0	0	0		
1	流动相	0.222	0.222	0.444	0.111	0	0	0	0	0	0	0	0
	固定相	0.111	0.444	0.222	0.222	0	0	0	0	0	0		
2	流动相	0.074	0.148	0.296	0.148	0.296	0.037	0	0	0	0	0	0
	固定相	0.037	0.296	0.148	0.296	0.148	0.074	0	0	0	0		
3	流动相	0.025	0.099	0.148	0.148	0.296	0.074	0.198	0.012	0	0	0	0
	固定相	0.012	0.198	0.074	0.296	0.148	0.148	0.099	0.025	0	0		
4	流动相	0.008	0.066	0.066	0.132	0.198	0.099	0.263	0.033	0.132	0.004	0	0
	固定相	0.004	0.132	0.033	0.263	0.099	0.198	0.132	0.066	0.066	0.008		
5	流动相	0.003	0.044	0.027	0.110	0.110	0.110	0.219	0.055	0.219	0.014	0.132	0.004
	固定相	0.001	0.088	0.014	0.219	0.055	0.219	0.110	0.110	0.110	0.027		
6	流动相	0.001	0.029	0.011	0.088	0.055	0.110	0.146	0.073	0.219	0.027	0.219	0.014
	固定相	0.000	0.059	0.005	0.176	0.027	0.219	0.073	0.146	0.110	0.055		
7	流动相	0.000	0.020	0.004	0.068	0.026	0.102	0.085	0.085	0.171	0.043	0.219	0.027
	固定相	0.000	0.039	0.002	0.137	0.013	0.205	0.043	0.171	0.085	0.085		
8	流动相	0.000	0.013	0.002	0.052	0.011	0.091	0.046	0.091	0.114	0.057	0.171	0.043
	固定相	0.000	0.026	0.001	0.104	0.006	0.182	0.023	0.182	0.057	0.114		
9	流动相	0.000	0.009	0.001	0.039	0.005	0.078	0.023	0.091	0.068	0.068	0.114	0.057
	固定相	0.000	0.017	0.001	0.078	0.002	0.156	0.011	0.182	0.034	0.137		
10	流动相	0.000	0.006	0.000	0.029	0.002	0.065	0.011	0.087	0.038	0.076	0.068	0.068
	固定相	0.000	0.012	0.000	0.058	0.001	0.130	0.005	0.173	0.019	0.152		

实际色谱柱的塔板数至少为数百，因此组分的分配系数或保留因子有微小差别，就能获得良好的分离。

（二）色谱流出曲线方程

在塔板数不同的色谱柱上，以组分 A（$k_A=0.5$）在柱出口处的质量分数对 N 作图，得如图 16－9 所示的流出曲线，该曲线呈不对称的峰形，但符合二项式分布曲线。

355

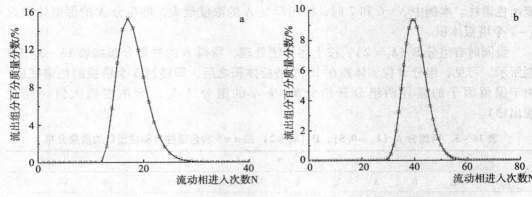

图 16 - 9　$k = 0.5$ 的组分在 $n = 10a$ 与 $n = 25b$ 色谱柱上的流出曲线

由上图可见，塔板数越多流出曲线越趋于正态分布曲线，因此用正态分布方程式来描述组分流出色谱柱的浓度变化：

$$c = \frac{c_0}{\sigma \sqrt{2\pi}} e^{-\frac{(t - t_R)^2}{2\sigma^2}}$$
(16 - 30)

式中，c——任意时间 t 时组分在柱出口处的浓度；c_0——某组分的进样量，在色谱图上相当于色谱峰面积 A。

式（16 - 30）称为色谱流出曲线方程，可见 $t = t_R$ 时，e 的指数为零，c 有极大值，用 c_{max} 表示：

$$c_{max} = \frac{c_0}{\sigma \sqrt{2\pi}}$$
(16 - 31)

c_{max} 即流出曲线的峰高，也可用 h 表示。将 h 及 $W_{1/2} = 2.355\sigma$ 代入式（16 - 29），得峰面积 c_0 或 A：

$$A = 1.065 \times W_{1/2} \times h$$
(16 - 32)

式（16 - 32）实际以修正的三角形面积代替正态流出曲线下面积，不够准确。现在几乎所有色谱仪都配有工作站，软件可以直接积分色谱峰面积。

将式（16 - 31）代入式（16 - 30）得：

$$c = c_{max} e^{-\frac{(t - t_R)^2}{2\sigma^2}}$$
(16 - 33)

式（16 - 33）为色谱流出曲线方程的常用形式。较好的解释色谱峰极大值与保留时间的关系。

（三）理论塔板高度和理论塔板数

塔板理论成功的提出了理论塔板数和理论塔板高度的概念。根据流出曲线方程，可以导出理论塔板数与标准差（峰宽或半峰宽）和保留时间的关系：

$$n = (t_R / \sigma)^2$$
(16 - 34)

$$及 \quad n = 16(t_R / W)^2 \quad 或 \quad n = 5.54(t_R / W_{1/2})^2$$
(16 - 35)

式中，n——理论塔板数。

理论塔板高度由柱长和理论塔板数求得：

$$H = L / n$$
(16 - 36)

356

式中，H——理论塔板高度，mm；L——色谱柱长，mm。

理论塔板数和理论塔板高度是定量描述色谱柱效的参数，可通过实验由色谱峰信息算得柱效。

由于死体积的存在，消耗在死体积的死时间与分配平衡无关，组分得以分离是在固定相上停留时间不同所致，因此常用 t'_R 代替 t_R 计算求得有效理论塔板数和有效理论塔板高度。二者的表达式如下：

$$n_{eff} = (t'_R/\sigma)^2 = 5.54(t'_R/W_{1/2})^2 = 16(t'_R/W)^2 \qquad (16-37)$$

$$H_{eff} = L/n_{eff} \qquad (16-38)$$

式中，n_{eff}——有效理论塔板数；H_{eff}——有效理论塔板高度，cm 或 mm。

用上述各式计算时需要注意使标准差（峰宽或半峰宽）和保留时间单位一致。

根据上述公式还可以推出如下理论塔板数与有效塔板数及保留因子的关系：

$$n_{eff} = n \times (\frac{k}{1+k})^2$$

色谱系统和操作条件一定时，减小死体积对增加组分保留因子、提高色谱柱有效塔板数有利。

例 16 − 1 在 15cm 长的色谱柱上测定脱水穿心莲内酯，测得保留时间为 27.22min，半峰宽为 38.15s。计算该色谱柱理论塔板高度和理论塔板数。

解： $$n = 5.54 \times (\frac{27.22 \times 60}{38.15})^2 = 1.015 \times 10^4$$

$$H = \frac{150}{1.015 \times 10^4} = 0.0148(mm)$$

塔板理论导出了色谱流出曲线方程，成功地描述色谱流出曲线的位置和形状，解释组分的分离，提出定量评价柱效的参数，因此具有重要的理论和实际意义——例如，理论塔板数和理论塔板高度的概念和计算方法一直沿用。但塔板理论所依据的分配平衡在色谱过程中只是一种理想状态，它的某些假设与实际色谱过程并不相符，如要求组分立即达到分配平衡、流动相脉冲式进入色谱柱、忽略组分在色谱柱内的纵向扩散等。事实上，组分在两相间分配需要一定时间、流动相连续进入色谱柱、组分在色谱柱中的纵向扩散也是不能忽略的。塔板理论没有考虑各种动力学因素对色谱柱内传质过程的影响，流出曲线方程不能说明载气流速、固定相性质等因素对色谱峰展宽的影响。

二、速率理论

1956 年，荷兰学者范第姆特提出了色谱过程动力学理论——速率理论，从动力学角度研究了使色谱峰展宽而影响塔板高度的因素，其后该理论经过完善并且应用于毛细管气相色谱中。

（一）塔板高度的色谱意义和速率理论方程

色谱峰展宽是由于组分分子在色谱柱内运动过程中扩散、碰撞、运动路径等是无规则的，因而可用随机模型描述它们的行为，这种随机过程导致组分分子在色谱柱内呈正态分布，将 H 定义为单位柱长的离散度：

$$H = \sigma^2/L \qquad (16-39)$$

357

这里 H 仍称为塔板高度，是分子离散度的统计概念。与塔板理论中的塔板高度有所不同，速率理论的塔板高度是色谱峰展宽的指标，但两者均是柱效的度量。

范第姆特充分考虑了涡流扩散的影响、纵向扩散造成的色谱峰展宽以及传质阻抗造成的谱带展宽。由此导出了速率理论方程，又称范第姆特（Van Deemter）方程或范式方程，其简化方程式为：

$$H = A + B/u + Cu \qquad (16-40)$$

式中，H——塔板高度，cm；A——涡流扩散系数，cm；B——纵向扩散系数，cm^2/s；u——流动相的线速度，cm/s；C——传质阻抗系数，s。

A、B 及 C 为三个常数，u 可由柱长 L（cm）和死时间 t_0（s）求得。

（二）影响塔板高度的动力学因素

1. 涡流扩散

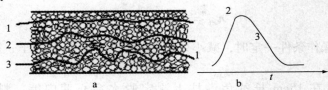

图 16-10　涡流扩散产生的峰展宽示意图
a. 分子经过的路径；b. 峰展宽

式（16-40）中 A 项为涡流扩散（eddy diffusion）项。如图 16-10 所示，在填充色谱柱中，由于填料粒径大小不等，填充不均匀，使同一个组分的分子经过不同长度的途径流出色谱柱，一些分子沿较短的路径运行，较快通过色谱柱，另一些分子沿较长的路径运行，结果使色谱峰展宽。用下式表示：

$$A = 2\lambda d_p \qquad (16-41)$$

式中，d_p——填料（固定相）颗粒的平均直径；λ——填充不规则因子，其大小与填料颗粒的粒径大小和分布范围及填充方法有关。

为减小 A 项，应使用粒度较细且颗粒均匀的填料并保持填充均匀。空心毛细管柱涡流扩散项 $A = 0$。

2. 纵向扩散

范式方程中的第二项为纵向扩散（longitudinal diffusion）项，也称为分子扩散项。组分进入色谱柱时，其浓度分布呈"塞子"状，由于浓度梯度的存在，组分分子自发向浓度低的地方扩散，产生区带展宽（图 16-11）。

常数 B 称为纵向扩散系数或分子扩散系数，用下式表示：

$$B = 2\gamma D_m \qquad (16-42)$$

式中，γ——扩散障碍因子（又称弯曲因子）；D_m——组分在流动相中的扩散系数。

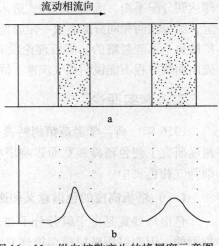

图 16-11　纵向扩散产生的峰展宽示意图
a. 柱内谱带构型；b. 相应的色谱峰

γ 与填充物有关，反映由于固定相颗粒的存在使柱内扩散路径弯曲，对分子扩散的阻碍，填充硅藻土的气相色谱柱 $\gamma = 0.5 \sim 0.7$，开管毛细管气相色谱柱 $\gamma = 1$。D_m 在气相色谱中也用 D_g 表示，它与温度成正比，与载气相对分子质量的平方根、总压力成反比。

3. 传质阻抗

范氏方程中第三项为传质阻抗（mass transfer resistance）项。组分被流动相带入色谱柱后，扩散至两相界面，由两相界面进入固定相，并扩散至固定相深部，进而达到动态分配"平衡"。当新鲜流动相到来时，固定相中该组分的分子又从两相界面逸出，而被流动相带走（转移）。这种扩散、平衡、逸出、转移的过程称为传质过程。影响此过程进行的阻力称为传质阻抗，用传质阻抗系数描述。通常分为流动相中传质阻抗（$C_s u$）和固定相中传质阻抗（$C_m u$）。

由于传质阻抗的存在，组分在两相间分配需要一定时间，结果使有些分子未能进入固定相就随流动相向前移动，比平衡状态下的分子超前，而另一些分子在固定相中未能及时回到流动相中则滞后，从而引起峰展宽（图 16-12）。

增加组分在流动相中扩散系数 D_m、减少固定液膜厚度、降低固定液黏度、提高柱温均有助于减小传质阻抗项。

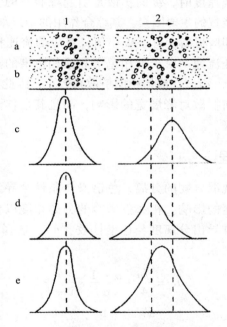

图 16-12 传质阻抗产生的峰展宽示意图

1. 无传质阻抗；2. 有传质阻抗

a. 流动相；b. 固定相；c. 流动相中组分的分布；d. 固定相中组分的分布；e. 色谱峰形状

（三）流动相线速度对塔板高度的影响

根据速率理论方程式可知，流动相线速度对涡流扩散无影响（图 16-13 曲线 1）。纵向扩散项在较低的线速度时随流速的升高迅速减小，但随着线速度的继续增加，这一变化趋于平缓（曲线 2）。流动相传质阻抗（主要在液相色谱中）随流动相线速度升高而增大，但在线速度较高时，几乎是一恒定值（曲线3）。固定相传质阻抗随着流速的升高而增大（曲线4）。

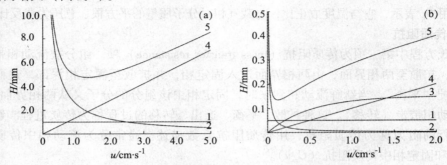

图16-13　流速与涡流扩散、纵向扩散和传质阻抗的关系

a. 填充柱气相色谱；b. 高效液相色谱

1. 涡流扩散项（A）；2. 纵向扩散项（B/u）；3. 流动相传质阻抗项（$C_m u$）；

4. 固定相传质阻抗项（$C_s u$）；5. $H-u$ 关系曲线

由图可见，在较低线速度时，纵向扩散是引起峰展宽的主要因素；在较高线速度时，传质阻抗是引起峰展宽的主要因素。其综合作用的结果如图16-13中的曲线5所示，曲线有一最低点，即塔板高度有一极小值，对应的流速称为最佳流速。实际操作时，流速一般稍大于最佳流速。由于气相色谱和液相色谱的流动相性质的差异，使二者的 $H-u$ 曲线有所不同。组分在液体中的扩散系数小，因此在液相色谱中，只有在流速很低时才能观察到纵向扩散对峰展宽的影响，而且其最佳流速很低，比气相色谱的最佳线速度小一个数量级。

360

三、色谱分离方程

色谱的作用就是实现混合物的分离，色谱操作条件会导致分离情况的变化，因此需要了解有关参数对分离的影响。相邻色谱峰的分离程度以分离度表示。根据分离度的定义式和塔板理论可推导出分离度与色谱柱效（n）、选择性因子（α）及保留因子（k）有如下关系：

$$R = \underbrace{\frac{\sqrt{n}}{4}}_{a} \cdot \underbrace{\frac{\alpha - 1}{\alpha}}_{b} \cdot \underbrace{\frac{k_2}{1 + k_2}}_{c} \tag{16-43}$$

式中，α——选择性因子，$\alpha = K_2/K_1 = k_2/k_1 = t'_{R_2}/t'_{R_1}$；$k_2$——相邻两色谱峰中第2个色谱峰的保留因子。

式（16-43）称为色谱分离方程，表示分离度与各种色谱参数之间的关系，其中a项称为柱效项，b项称为柱选择性项，c项称为柱容量项。

由色谱分离方程可知，分离度是两组分的色谱柱效 n、选择性因子 α 和保留因子 k 的函数。

柱效 n 首先与柱长有关，柱长增加，n 成比例增加，其次柱效也与具体的操作有关，例如使得流动相流速接近最佳流速时，会增加柱效。

保留因子 k 的变化有助于改变分离度，固定相用量、相比、流动相组成及柱温对 k 都有影响。一般当 k 在 $2 \sim 10$ 的范围内增加，分离度会有提高，但是 k 过大会延长分析时间。降低柱温、减小死体积都有助于提高 k。

选择性因子 α 与固定相、流动相的性质和温度有关。若改变柱效和保留因子仍不能实现良好的分离，则需要考虑改变选择性因子。因为若 $\alpha = 1$，则 R 为零，即两组分不能分离，这与"两组分分配系数不等是分离的前提"一致。通常改变柱温（保留因子也有改变）、改变固定相（常见于气相色谱）、改变流动相（常见于液相色谱）都会改变选择性因子。

n、α、k 三者对分离度的影响如图 16-14 所示。可以看出提高 α 是实现色谱分离的有效手段，α 增大，柱选择性提高，虽然峰宽不变，但分离度变大；在 $\alpha > 1$ 的前提下，提高柱效，n 越大则峰变窄，R 越大；增大保留因子 k 也能改善分离度，但从式 $(16-43)$ 可以看出，随着 k 的增大，其对分离度的影响变小，这是由于随着 k 的增大虽然两峰保留时间之差变大，但同时峰也变宽的缘故。因此，为了获得满意的分离度，需要有高的选择性和高的柱效及适当保留因子。如何用分离方程指导色谱实验条件的选择，将在气相色谱法和高效液相色谱法的相应章节中进行具体讨论。

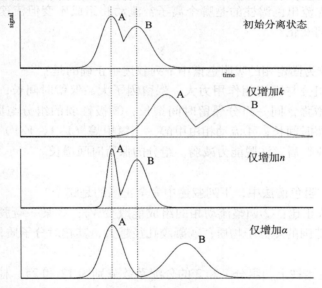

图 16-14 保留因子（k）、柱效（n）及分配系数比（α）对分离度（R）的影响

习 题

1. 简述可用于描述色谱峰的三类参数及其含义。

2. 什么叫"分配系数"和"保留因子"？并给出二者之间的关系。

3. 两组分可以达到色谱分离的前提是什么？

4. 分别简述分配、吸附、离子交换、分子排阻色谱的分离机制。流动相组成改变时，对以上哪种色谱分离无影响，为何？

5. 说明色谱过程方程中 K 与 V_s 在各类色谱法中的含义。

6. 简述塔板理论主要贡献和不足。给出用于衡量柱效的参数及其表达式。

7. 根据速率理论说明色谱峰展宽的原因及减小各项的方法。

8. 根据分离方程和分离度的定义式简述提高分离度的措施。

9. 下列可影响色谱塔板高度的有?

①固定相颗粒;②组分在固定相中的扩散系数 D_s;③柱温;④流动相线速度。

[①、②、③、④]

10. 组分在色谱柱内固定相和流动相中的质量为 m_s、m_m(g),浓度为 c_s、c_m(g/ml),物质的量为 n_s、n_m(mol),固定相和流动相的体积为 V_s、V_m(ml),以下各式分别表示什么?

① m_s/m_m;② $(c_sV_s)/(c_mV_m)$;③ n_s/n_m;④c_s/c_m;⑤V_m/V_s。

[①保留因子;②保留因子;③保留因子;④分配系数;⑤相比]

11. 用分配系数为零的物质可以测定色谱柱哪些参数?

①总体积;②填料的体积;③填料间隙和孔穴的体积;④流动相的体积。

[③、④]

12. 在离子交换色谱法中,A、B、C、D 四种离子的交换系数分别为 100、200、300、400,则最先流出色谱柱的是哪个离子?流动相组成不变但流速增加,这四种离子的保留体积如何变化?

[A、不变]

13. 在以硅胶为固定相的吸附色谱中下列叙述中正确的是?

①极性强的组分与固定相作用力大,保留因子大,保留时间长;②流动相的极性增强,洗脱能力增强,同一组分保留时间增长;③极性弱的组分与固定相作用力小,分配系数小,保留时间长;④流动相由甲醇 – 三氯甲烷(1:1,V/V)变为甲醇 – 三氯甲烷(9:10,V/V)后,洗脱能力减弱,组分的保留时间增长。

[①、④]

14. 在分子排阻色谱法中,下列叙述中完全正确的是哪个?

①V_R 与 K_p 成正比;②调整流动相的组成能改变 V_R;③某一凝胶只适合于分离一定相对分子质量范围的高分子物质;④凝胶孔径越大,其相对分子质量排斥极限越大。

[③、④]

15. 在液液色谱柱上,组分 1 和 2 的分配系数分别为 12 和 25,柱内固定相体积为 0.5ml,流动相体积为 1.5ml,流速为 0.5ml/min。求两组分的保留时间和保留体积。若固定相为水,哪个组分极性较强?

[$t_{R_1}=15$min $V_{R_1}=7.5$ml $t_{R_2}=28$min $V_{R_2}=14$ml 组分 2 极性较组分 1 强]

16. 某试样的分离结果如下:死时间为 3min,组分 1 和组分 2 的保留时间分别为 14.0min 和 17.0min,半峰宽分别为 35.3s 和 39.2s。已知柱长为 2m,计算:①用组分 2 表达的理论塔板数、理论塔板高度、有效塔板数及有效塔板高度;②两组分的调整保留时间;③两组分的保留因子及分配系数比;④分离度并判断是否完全分离。

[①$n_2=3751$,$H_2=0.533$mm,$n_{eff(2)}=2544$,$H_{eff(2)}=0.786$mm;②$t'_{R_1}=11.0$min,

$t'_{R_2}=14.0$min;③$k_1=3.67$,$k_2=4.67$,$\alpha=1.27$;④$R=2.84 \geq 1.5$,完全分离]

17. 某色谱柱长 25cm,流动相线速度为 0.1cm/s,已知组分 A 的洗脱时间为

10min，求其在固定相中的滞留时间以及保留因子。

$[350s，1.4]$

18. 反相液相色谱测定苯和萘，色谱柱尺寸为 4.6mm × 15cm，流动相为甲醇 – 水（80：20），测得苯和萘的 t_R 分别为为 5.66min 和 6.26min，$W_{1/2}$ 分别 17.6s 和 18.9s。其他条件不变，若需要二者达到完全分离，色谱柱长度至少应为？

$[25cm]$

（唐　睿）

经典液相色谱法

　　液相色谱法是以液体为流动相的色谱法。经典液相色谱法包括薄层色谱法（thin layer chromatography；TLC）、纸色谱法（paper chromatography）和柱色谱法（column chromatography）等。按操作形式分，前两者属于平面色谱法。平面色谱法的色谱过程在固定相构成的平面层内进行，其中薄层色谱法的固定相涂布在玻璃等载体的光滑表面上；纸色谱法是以滤纸作为固定相的载体。柱色谱法是将固定相装于管内，色谱过程在色谱柱内进行。

　　经典液相色谱法是现代液相色谱法的基础，其中薄层色谱法由于设备简单、分析速度较快、可同时分离多个样品且分析对象较广，广泛应用于化学化工、医药临床、农业食品等领域的混合物分离、定性。但由于经典液相色谱法灵敏度、定量准确度等方面表现较为一般，因此在需要准确定量测定微量、痕量物质时仍较多采用诸如高效液相色谱法等现代色谱法。

第一节　薄层色谱法

一、薄层色谱法的基本概念

　　由于固定相可以通用，因此薄层色谱法与柱色谱法的基本原理相同，但两者的操作方式不同，部分概念（或参数）不相同。以下介绍薄层色谱法的主要概念。

（一）比移值与相对比移值

1. 比移值

　　展开后组分（斑点）在薄层板上的位置用比移值（retardation factor；R_f）表示。比移值是平面色谱法的基本定性参数。R_f是溶质移动距离与展开剂移动距离之比（图17－1a）：

$$R_f = L/L_0 \qquad\qquad (17-1)$$

式中，L——原点（origin）至斑点中心的距离；L_0——原点至展开剂前沿的距离。

　　R_f范围为$0\sim1$。$R_f=0$时，组分留在原点不动，表明组分和固定相之间有较强的作用力，不进入流动相；当$R_f=1$时，组分不被固定相保留，随展开剂移动到前沿，表明组分不进入固定相。在实际操作中，待测组分 R_f 在 0.2 ~ 0.8 为宜，最佳范围为0.3 ~ 0.5。

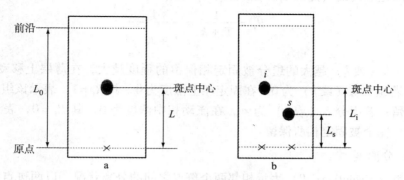

图 17 - 1　薄层色谱示意图

2. 相对比移值

相对比移值（relative retardation；R_r）是在一定条件下，待测组分比移值（$R_{f(i)}$）与参考物质比移值（$R_{f(s)}$）之比（图 17 - 1b）。

$$R_r = \frac{R_{f(i)}}{R_{f(s)}} = \frac{L_i}{L_s} \qquad (17 - 2)$$

式中，L_i，L_s——原点至待测组分 i 和参考物质 s 斑点中心距离。

由于待测组分与参考物质在相同条件下展开，在一定程度度上消除了测量中的系统误差，因此相对比移值与比移值相比具有更高重现性和可比性。可以选择纯物质加到试样中作为参考物质，也可以是试样中的某一已知组分。R_r 可以大于1，也可以小于1。R_r 与待测组分、参考物质及色谱条件等因素有关。

365

（二）分配系数、保留因子及其与 R_f 的关系

在薄层色谱中，分配系数（K）表示分配达平衡时组分在固定相（s）和流动相（m）中的浓度（c）之比。保留因子（k）是二者的物质的质量之比，即 $k = \frac{m_s}{m_m}$。两组分分配系数（或保留因子）的差异体现为两组分在相同时间移动距离的不同，也就是 R_f 不同。以下推导 K 或 k 与 R_f 之间的关系。

设在单位时间内，一个分子在流动相中出现的几率（即在流动相中停留的时间分数）以 R' 表示，若 $R' = 1/3$，则表示这个分子 1/3 时间在流动相，2/3 时间在固定相。对于组分的大量分子而言，则表示有 1/3（即 R'）的分子在流动相，2/3（即 $1 - R'$）的分子在固定相。组分在固定相与流动相中的量可分别用 $c_s V_s$ 和 $c_m V_m$ 表示，V_s 为薄层色谱中固定相的体积，V_m 为薄层色谱中流动相的体积。因此：

$$(1 - R')/R' = c_s V_s/c_m V_m = KV_s/V_m$$

整理上式，得：

$$R' = \frac{1}{1 + k}$$

R' 也表示组分分子在平面上移动的相对速度，若 $R' = 1/3$ 则表示组分分子的移动速度（v）是展开剂分子速度（u）的 1/3（v/u），即该组分分子移行至前沿的时间将是展开剂的 3 倍。由此可得，$R_f = L/L_0 = vt/ut_0$。在薄层色谱中，组分分子与流动相分子的展开时间是相同的（定时展开），所以 $R_f = R'$，即

$$R_f = \frac{1}{1+k} = \frac{1}{1 + K\frac{V_s}{V_m}} \qquad (17-3)$$

可见，K（或 k）越大的组分被固定相保留的程度越大，在薄层上移动速度越慢，R_f 越小。若组分 K（或 k）为 0，在固定相上浓度为 0，其 $R_f = 1$，表示该组分完全不被固定相保留；若组分 K（或 k）为 ∞，在流动相中浓度为 0，其 $R_f = 0$，表示该组分停留在原点，完全被固定相所保留。

（三）分离度

分离度（resolution；R）表示相邻两个斑点之间的分离状况，以两斑点中心间距比两斑点宽度和的平均值，计算式如下（图 17-2）：

$$R = \frac{L_2 - L_1}{(W_1 + W_2)/2} = \frac{2d}{W_1 + W_2} \qquad (17-4)$$

式中，d——两斑点中心的距离；W_1、W_2——两斑点在展开方向的宽度。

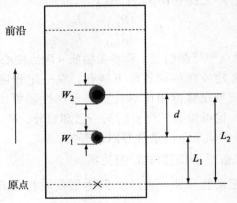

图 17-2　薄层色谱分离度示意图

二、薄层色谱法的主要类型

按照分离机制，可将薄层色谱法分为吸附薄层色谱法、分配薄层色谱法、离子交换薄层色谱法、分子排阻薄层色谱法等。随着液相色谱技术的发展，反相薄层色谱法、高效薄层色谱法也相继出现。常见的薄层色谱则是以吸附薄层色谱法广泛用于分离，分配色谱法次之。

（一）吸附薄层色谱法

吸附薄层色谱法是以固体吸附剂为固定相的一种液相色谱法。在吸附薄层色谱法中，首先在光洁的表面上（如金属、玻璃等）将吸附剂均匀的铺成薄层，活化后将样品溶液点在薄层板的一端（原点），在密闭的容器内以流动相（展开剂）展开。组分不断地被吸附剂所吸附，又被展开剂溶解而解吸附，并随着展开剂向前移动。由于吸附平衡常数的差异，不同组分在薄层板上产生差速迁移而得到分离。例如极性较强的

组分与吸附剂作用力较大，因此运动速度较慢，比移值较小。这种分离是基于吸附力大小的差别，吸附力大即吸附平衡常数 K_a 大的组分，在薄层板上移动的速度慢，R_f 小；反之，吸附力小即吸附平衡常数 K_a 小的组分，在薄层板上移动的速度快，R_f 大。

（二）分配薄层色谱法

分配薄层色谱法是以液体为固定相的一种液相色谱法。在分配薄层色谱法中，作为固定相的液体（固定液）被涂渍于载体上，样品溶液点在薄层板的一端（原点），以与固定液不相溶的展开剂（且用固定液饱和过）展开。组分由于在两种液体（固定相和展开剂）中的溶解不同（分配系数 K 不同）而达到分离。这种分离是基于组分在固定液和展开剂中溶解度大小的差别，在固定液中溶解度大而在展开剂中溶解度小即狭义分配平衡常数 K 大的组分，在薄层板上移动的速度慢，R_f 小；反之，在固定液中溶解度小而在展开剂中溶解度大即狭义分配平衡常数 K 小的组分，在薄层板上移动的速度快，R_f 大。与色谱概论中述及的相同：若固定液的极性大于展开剂的极性，则称为正相薄层色谱法；反之，若固定液极性小于展开剂极性则称为反相薄层色谱法。

如将硅藻土薄层板在沸水上层的水蒸气中通过后，硅藻土上吸附一定量的水，此时水为固定相（固定液），使用苯–三氯甲烷（1∶1）为展开剂，由于展开剂极性小于固定液极性，因此为正相分配薄层色谱法，在这样的薄层色谱上，极性强的组分在固定液（水）中溶解度大，移动速度慢，R_f 小。又如在硅藻土上涂渍液状石蜡作为固定相（固定液），使用甲醇–水（90∶10）为展开剂，由于展开剂极性大于固定液极性，因此为反相分配薄层色谱法，这样的薄层色谱上，极性强的组分在固定液（液状石蜡）中溶解度小，移动速度快，R_f 大。

三、吸附薄层色谱法的吸附剂和展开剂

（一）薄层色谱法用吸附剂

吸附薄层色谱法的固定相为固体吸附剂，常用的吸附剂有硅胶、氧化铝和聚酰胺。

1. 硅胶

硅胶是最常用的吸附剂，由硅酸钠水溶液中加入盐酸，然后将生成的沉淀部分脱水而得，通式为 $SiO_2 \cdot xH_2O$。由于表面有硅醇基而呈弱酸性，硅醇基的羟基与极性化合物或不饱和化合物形成氢键而表现其吸附性能。不同组分的极性基团与羟基形成氢键的能力不同，而被分离。硅胶易于吸附水导致其表面硅醇基变为水合硅醇基从而失去活性吸附中心，吸附能力降低。当硅胶中含水超过17%时，其吸附能力极低，此时硅胶只能作为分配色谱的载体。通过将硅胶加热至100℃左右后，吸附的水分能被可逆地除去，硅胶又恢复了吸附能力，这一过程称为"活化"。硅胶活性与含水量的关系见表 17 – 1，含水量高，活性级高，吸附能力弱。

表 17 -1　硅胶、氧化铝的活性与含水量的关系

硅胶含水量/%	氧化铝含水量/%	活性级	吸附能力
0	0	I	强
5	3	II	
15	6	III	↓
25	10	IV	
38	15	V	弱

　　硅胶表面呈弱酸性，适于分离酸性和中性物质，如有机酸、酚类、氨基酸、甾体等。硅胶不宜用于碱性物质的分离，因碱性物质能与硅胶作用，展开时被吸附、拖尾，甚至停留在原点不动。

　　硅胶的吸附性能和分离效率与其平均粒度、粒度分布范围、孔径、孔容、表面积、纯度等因素有关。按照范式方程，固定相平均粒度小、粒度分布范围窄、涂铺均匀将减小塔板高度，提高柱效。通常薄层色谱用硅胶的粒度为 10 ~ 40μm，高效薄层色谱用硅胶的粒度在 5 ~ 10μm。商品硅胶产品名中常有字母和数字，例如 G 代表含煅石膏（黏合剂）、H 代表无外加黏合剂、F_{254}代表含激发波长为 254nm 的荧光剂、$F_{254+365}$代表含两种激发波长的荧光剂等。

2. 氧化铝

　　在薄层色谱法用氧化铝由氢氧化铝高温脱水而得。按照处理方式的不同又分为酸性氧化铝（pH 约 4.5）、中性氧化铝（pH 约 7）、碱性氧化铝（pH 约 9.5）。酸性氧化铝适用于分离酸性化合物；中性氧化铝应用最多，凡是酸性、碱性氧化铝能分离的化合物，中性氧化铝也都能分离；碱性氧化铝适用于分离中性或弱碱性化合物，如生物碱、胺类等，但需要注意碱性氧化铝能使一些物质发生碱催化反应。

　　氧化铝的活性也和含水量有关（表 17 -1），含水量高，活性级高，吸附能力弱。氧化铝和硅胶类似，有氧化铝 G、氧化铝 H、氧化铝 HF_{254} 等。

3. 聚酰胺

　　聚酰胺是由酰胺聚合而成的高分子物质，薄层色谱最常用的是聚己内酰胺，其结构如下：

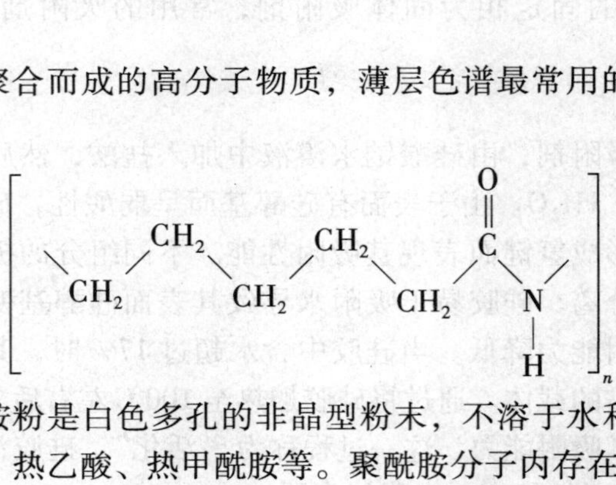

　　薄层色谱用聚酰胺粉是白色多孔的非晶型粉末，不溶于水和一般有机溶剂，易溶于浓矿酸、酚、甲酸、热乙酸、热甲酰胺等。聚酰胺分子内存在很多酰胺基，可与酚、酸、硝基化合物、醌类等形成氢键，因而产生吸附作用。由于聚酰胺与这些化合物形成氢键能力不同，吸附能力也就不同，使各种化合物得到分离。一般来说，能形成氢键基团越多的物质，吸附能力就越强，例如间 - 苯二酚在聚酰胺上的吸附强于苯酚；邻位基团间能形成分子内氢键者吸附力减弱，例如邻 - 苯二酚在聚酰胺上的吸附弱于

对苯二酚；芳香核具有较多共轭键时，吸附能力增强，例如 α – 萘酚在聚酰胺上的吸附强于苯酚。

（二）薄层色谱用展开剂

吸附薄层色谱固定相的选择比较有限，而流动相（展开剂）的选择是决定分离成功与否的关键因素。色谱概论中述及：吸附色谱分离过程实际上是组分分子与流动相分子在吸附剂表面吸附活性中心竞争吸附的过程，流动相极性较强，占据活性中心的能力也较强，因而表现出较强的洗脱作用，即同一组分的保留体积会减小。反之流动相极性较弱，竞争占据吸附活性中心的能力弱，洗脱作用就弱。为了正确选择流动相，应同时考虑组分极性、吸附剂活度以及流动相极性。

1. 被测物质的结构、极性与吸附力

物质的结构不同，其极性也不同，在吸附剂表面的吸附力也不同。一般规律是：极性越强的化合物在吸附剂表面吸附力越强、滞留时间越长、移动越慢、比移值越小。①饱和碳氢化合物为非极性化合物，一般不被吸附剂吸附。②基本母核相同的化合物，分子中引入的取代基的极性越强，吸附能力越强；极性基团越多，分子极性越强（但要考虑其他因素的影响）。③不饱和化合物比饱和化合物的吸附能力强，分子中双键数越多，则吸附能力越强。④分子中取代基的空间排列对吸附性也有影响，例如羟基处于能形成分子内氢键的位置时，其吸附能力降低。常见化合物的极性（吸附能力）由大至小的顺序是：羧酸＞酚＞醇＞酰胺＞胺＞醛＞酮＞酯＞二甲胺＞硝基化合物＞醚＞烯烃＞烷烃。

2. 展开剂的极性

展开剂（流动相）的洗脱能力主要由其极性决定，展开剂极性增加则占据吸附中心的能力也增强，表现出洗脱能力增强，使组分的 K 值减小，R_f 增大。薄层色谱法中常用的溶剂按极性由强到弱的顺序是：水＞酸＞吡啶＞甲醇＞乙醇＞正丙醇＞丙酮＞乙酸乙酯＞乙醚＞三氯甲烷＞二氯甲烷＞甲苯＞苯＞三氯乙烷＞四氯化碳＞环己烷＞石油醚。

3. 吸附剂和展开剂的选择原则

以硅胶或氧化铝为吸附剂的薄层色谱分离极性较强的物质时，一般选用活性较低的吸附剂和极性较强的展开剂，使组分获得合适的保留和分离。如果被分离的物质的极性较弱，则宜选用活性较高的吸附剂和极性较弱的展开剂，从而达到更好的分离。上述三个因素间的关系见图 17 – 3。

选择展开剂时，首先查阅文献，若有相同物质的薄层色谱分离，则可参考其展开体系；若没有此类物质的分离报道，可先用单一溶剂展开，根据被分离物质在薄层上的分离情况，进一步考虑改变展开剂的极性和选择性。例如，某物质在硅胶板上用二氯甲烷展开时，R_f 太小，甚至停留在原点，则可加入一定量极性大的溶剂，如乙醇、丙酮等，根据分离效果适当改变加入的比例，或者考虑采用溶剂强度类似但选择性不同的异丙醚；如果 R_f 较大，斑点在前沿附近，则应加入适量极性小的溶剂（如环己烷、石油醚等），以降低展开剂的极性。分离酸性组分，可在展开剂中加入一定比例的酸如甲酸、醋酸、磷酸和草酸等；分离碱性组分时，可在展开剂中加入一定量碱如二乙胺、乙二胺、氨水等，这样可以减少斑点拖尾。

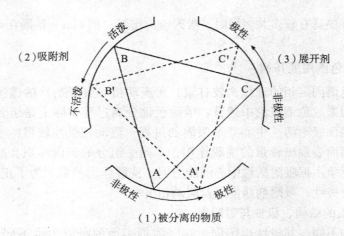

（2）吸附剂　　　　　　　　　　　　　　　　（3）展开剂

（1）被分离的物质

图 17 – 3　化合物的极性、吸附剂活度和展开剂极性间的关系

以聚酰胺为吸附剂时，展开剂洗脱能力顺序是：二甲基甲酰胺 > 甲酰胺 > 稀 NaOH 溶液 > 丙酮 > 甲醇 > 乙醇 > 水，通常用水溶液作流动相，如不同配比的醇 – 水、丙酮 – 水及二甲基甲酰胺 – 氨水等溶液。

四、薄层色谱实验方法

薄层色谱法的实验过程主要包括薄层板的制备、点样、展开和斑点定位四个步骤。

（一）薄层板的制备

分离的好坏和定量的准确程度取决于薄层板的制备质量。将吸附剂均匀涂铺于薄层板，保证其厚度一致、表面平整、牢固是薄层板制备的关键所在。薄层板一般分为不含黏合剂的软板和含有黏合剂的硬板两种。前者板面疏松，易被吹散，已很少使用。这里主要介绍硬板的制备方法。

手工制板：①选择大小合适、板面平整、光滑洁净的载板（一般玻璃板）作为薄层板。②将吸附剂、黏合剂和水按一定比例混合、研磨，即得到糊状吸附剂。薄层色谱常用的黏合剂有煅石膏（$CaSO_4 \cdot 1/2H_2O$）、羧甲基纤维素钠（CMC – Na）等。③取调制好的糊状吸附剂，倒在薄层板上并振动使整板薄层均匀，薄层厚度一般以 2mm 为宜。④晾干后再于 105 ~ 110℃活化 0.5 ~ 1 小时，冷却保存于干燥器中待用；也有些薄层板铺好后阴干即可使用，而不必加热活化。用聚酰胺为吸附剂铺成的薄层板则需要保存在有一定湿度的空气中，才能获得较好的分离效果。

手工制板可以保证同一块板薄层厚度一致，使用铺板器铺板可以一次铺成多块板，薄层厚度均匀，重现性好，可作定量分析用薄层板。此外，还有已铺好的薄层板商品可供选用。

（二）点样

样品溶剂：避免采用水为溶剂，因为水与硅胶亲和力大，在薄层上不容易挥干，影响后继展开。一般采用甲醇、乙醇、丙酮、三氯甲烷等挥发性有机溶剂溶解样品，以便点样后溶剂能迅速挥干。

点样量：点样量过大斑点易于拖尾且分离效果变差，若需要扫描定量也可能会超过标准曲线的线性范围。一般定性、定量分析时样品可配制成每1ml含0.5~2mg溶质的溶液，点样体积0.5~5μl。

点样工具：常用毛细管、定量毛细管、微量注射器（平头）人工点样。为了改进分离效果以及准确扫描定量，自动点样仪也较为常用，其由微机控制进行点样，点样效果及重现性良好。

点样方式：点状点样，毛细管吸取一定量样品溶液，轻轻接触于薄层的点样位置上形成一圆点。其面积越小越好，直径以2~4mm为宜。若样品溶液较稀，可分次点样，每次点样后，使其自然干燥，或用电吹风吹干，再点下一次，避免斑点扩散过大。条状点样，样品点成条带状比点成圆点时由溶剂引起溶质扩散效应小，因此条状点样分离效果、定量结果重现性均优于点状点样，但此种点样方式常需借助自动点样仪。

（三）展开

展开容器：展开应在密闭的环境中进行，一般为玻璃所制成的展开槽。常见展开槽有近水平上行展开槽、立式双底展开槽，此外还有夹心展开槽、水平展开槽等。

展开方式：不含黏合剂的软板常采用近水平方式展开，薄层板与水平面呈5~30°的角；含黏合剂的硬板常采用上行展开，展开剂置于立式展开槽，由薄层下端借助毛细作用上升，是薄层色谱法最常见的展开方式（图17-4）；双向展开，在两个互相垂直的方向上各展开一次，一般用于分离较为复杂的样品，适于定性分析但不适于定量分析。自动多次展开仪可进行程序化多次展开（programmed multiple development；PMD或AMD）。展开时点有样品的原点不应浸入展开剂中。

预饱和：在展开之前，薄层板置于盛有展开剂的层析缸，先不接触展开剂，仅使得展开剂蒸气充满整个展开槽并饱和薄层板，15~30分钟后方开始展开，此过程称为"预饱和"，可防止出现"边缘效应"。

边缘效应是指同一物质在同一薄层板上出现中间部分的R_f比边缘的R_f小的现象。其原因是由于展开剂的蒸发速度从薄层中央到两边缘逐渐增加，展开剂中极性较弱或沸点较低的溶剂，在薄层板边缘容易挥发，致使边缘部分的展开剂中极性溶剂的比例增大，使R_f相对变大。

371

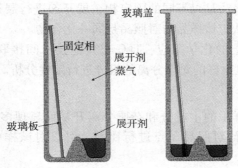

图17-4　立式双底展开槽及上行展开示意（左.预饱和；右.展开）

（四）斑点定位

薄层板展开后，从展开槽取出，挥干展开剂后对待测组分进行定性或定量前都必须确定组分在薄层板上的位置，即斑点定位。

常见定位方法有：①在日光下观察并划出有色物质的色斑、或者在紫外灯下（254nm 或 365nm）观察有无暗斑或荧光斑点来定位。②利用在荧光薄层板上待测物质产生荧光淬灭的暗斑进行定位。在 254nm 紫外灯下，整个薄层板呈黄绿色荧光，被测物质由于吸收了部分紫外线而呈现暗斑。③根据待测组分的性质，喷洒显色剂进行显色反应，使组分产生颜色而定位。

薄层色谱的通用型显色剂有碘、硫酸溶液、荧光黄溶液等。碘使许多化合物显色，如生物碱、氨基酸衍生物、肽类、脂类及皂苷等。它的最大特点是与物质的反应是可逆的，在空气中放置时，碘可升华挥去，组分又回到原来状态。10% 硫酸乙醇溶液使大多数有机化合物呈有色斑点，如红色、棕色、紫色等。0.05% 荧光黄甲醇溶液是芳香族与杂环化合物的通用显色剂。

专用显色剂是指对某个或某一类化合物显色的试剂，例如茚三酮是氨基酸的专用显色剂，对脂肪族伯胺也呈正反应。羧酸可用酸碱指示剂作显色剂，含酚羟基物质可喷三氯化铁 – 铁氰化钾试液进行显色。

显色方法有直接喷雾法和浸渍法。可由喷雾器直接将显色剂喷洒在硬板上，立即显色或加热至一定温度显色。也可将薄层板的一端轻轻浸入显色剂中，待显色剂扩散到全部薄层；或者将薄层全部浸入显色剂中，取出晾干即可显出清晰的色斑。

五、薄层色谱分析方法

（一）定性分析方法

R_f 是薄层色谱定性的重要指标，因此其重现性非常重要。但 R_f 影响因素较多，例如吸附剂的种类和活度、展开剂的极性、薄层板的厚度、温度、湿度等，通常在同一色谱条件下，以对照品比对，样品中同一组分斑点的 R_f 应与对照品斑点 R_f 相同，需要注意的是，仅凭一个色谱条件下 R_f 相同不能确定两个斑点是同一组分。实际操作中可将样品与对照品在同一块薄层板上展开，斑点定位后，根据组分斑点的 R_f 及显色过程中的现象，与对照品对照进行鉴别。但两个不同的物质也可能有相同的 R_f，为了确定未知组分，经常采用的办法是以不同的固定相、展开剂进行展开，若得到的 R_f 与对照品完全一致，才可基本认定该样品与对照品是同一化合物。

此外还可以通过板上的化学反应、TLC 与其他技术间接联用定性。例如，TLC – MS 或 TLC – FTIR 就可以很好的对已分离的组分进行定性分析。

（二）杂质检查方法

薄层色谱可以将试样中的主成分和杂质分离开从而显现多个斑点，对杂质斑点的大小和颜色的深浅与随行对照品斑点进行比较，可以对试样中的杂质进行含量限度检查。

1. 杂质对照品比较法

配制一定浓度的试样溶液和规定限定浓度的杂质对照品溶液，在同一薄层板上展开，试样中杂质斑点颜色不得比杂质对照品斑点颜色深。

2. 主成分自身对照法

配制一定浓度的试样溶液，然后将其稀释一定倍数得到另一低浓度溶液，作为对照溶液。将试样溶液和对照溶液在同一薄层板上展开，试样溶液中杂质斑点颜色不得比对照溶液主斑点颜色深。

进行上述检查时，所选薄层色谱和展开剂应将主成分和杂质完全分开，试样和对照品的点样量应适当，同时试样的点样量应足够大，否则不能满足杂质限量检查的需要。但应注意点样量过大，斑点过大且易拖尾，或导致斑点间的分离度不能达到要求，而影响对结果的判断。

例 17 –1 对乙酰氨基酚生产过程中由于反应不完全、副反应以及产物分解等原因，会残留有对氨基酚、对氯乙酰苯胺、偶氮苯、氧化偶氮苯、苯醌等杂质。《中国药典》2010 年版对乙酰氨基酚中有关物质的 TLC 检测方法如下：取本品的细粉 1.0g，置具塞离心管或试管中，加乙醚 5ml，立即密塞，振摇 30 分钟，离心或放置至澄清，取上清液作为供试品溶液；另取每 1ml 中含对氯苯乙酰胺 1.0mg 的乙醇溶液适量，用乙醚稀释成每 1ml 中含 50μg 的溶液作为对照溶液。吸取供试品溶液 200μl 与对照溶液 40μl，分别点于同一硅胶 GF_{254} 薄层板上，以三氯甲烷 – 丙酮 – 甲苯（13：5：2）为展开剂，展开，晾干，置紫外灯（254nm）下检视，供试品溶液如显杂质斑点，与对照溶液的主斑点比较，不得更深。

（三）定量分析方法

薄层色谱定量分析方法包括洗脱法和直接定量法。

1. 洗脱法

将组分斑点从固定相上洗脱下来，再以比色、电化学、分光光度等方法进行定量测定。洗脱时，应选择对被测物溶解性能好的溶剂多次浸泡，以达到定量洗脱。本法操作成本低廉，准确度较高，但操作步骤繁杂，测定时间长。

2. 直接定量法

展开后，对薄层上的组分斑点直接进行定量测定。直接定量法有目视比较法、面积测量法、薄层扫描法。目视比较法，是将一系列已知浓度的对照品溶液与样品溶液点在同一薄层板上，展开、显色，直接观察样品斑点与对照品斑点的颜色深浅或面积大小，判断被测组分的近似含量。薄层色谱展开后，斑点面积与组分含量之间存在一定关系，故此可以手工或仪器测定斑点面积从而定量组分，但需要注意的是不同组分斑点面积和含量的直线关系不同。以上两种为近似定量方法，精密度约 ±10%，且相对误差较大。

扫描法是薄层色谱直接定量方法中应用最广的一种方法。薄层扫描法使用薄层扫描仪定量，准确度和精密度（±5%）明显优于目视比较法和面积测量法。

六、薄层扫描法简介

（一）基本原理

薄层扫描法是以一定波长的光照射薄层板上的组分斑点，测定光透射或反射后的被吸收程度（吸光度）或斑点所发出的荧光，进行定量分析的方法，因此定量方法有吸收测定法（透射法、反射法、透射 – 反射法）和荧光测定法。薄层扫描仪种类很多，常用的是双波长薄层扫描仪。它的特点是双波长测定，以及对斑点进行曲折扫描。可进行反射法、透射法测定。

图 17-5 为双波长型薄层扫描仪光学线路示意图。从光源发出的光（D 为氘灯，W 为钨灯），通过两个单色器 MR 和 MS 分光后，成为两束不同波长的光 λ_R（参比波长）和 λ_S（测定波长），斩光器使得两束光交替通过狭缝，再通过透镜和反光镜照在薄层板上。如为反射法测定，则斑点表面的反射光由光电倍增管 PMR 接收；如为透射法测定，则透过薄层和玻璃板的光由光电倍增管 PMT 接收；如为透射 - 反射法则两个光电倍增管同时接收光信号，这种测定方式可以补偿薄层厚度不均匀造成的误差。用 λ_R 和 λ_S 两种不同波长光交替照射斑点，测定两波长的吸光度的差值。通常选择斑点中化合物的最大吸收波长作为测定波长、选择化合物吸收光谱的基线部分，即化合物无吸收的波长作为参比波长。

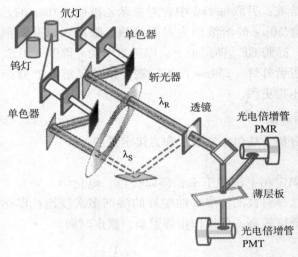

图 17-5　双波长型薄层扫描仪示意图

1. 薄层吸收扫描法

凡在紫外及可见光区有吸收的化合物，用钨灯或氘灯为光源，在 $200 \sim 800\text{nm}$ 范围内选择合适的波长，通过测定薄层斑点的峰高或峰面积定量，称为薄层吸收扫描法。根据测光方式的不同，吸收扫描法又可分为反射法、透射法、透射 - 反射法。

（1）反射法　光源与光电检测器安装在薄层板的同侧。光源发出的复合光经过单色器分光后成为单色光，光束照射到薄层斑点上，测定反射光的强度，见图 17-6a。空白薄层的反射率 $R_0 = j_0/I_0$，斑点的反射率 $R = j/I_0$，斑点的吸光度 A 通过下式计算：

$$A = -\lg \frac{R}{R_0} = \lg \frac{R_0}{R} = \lg \frac{j_0}{j} \qquad (17-5)$$

式中，I_0——照射光强度；j_0——空白薄层板的反射光强度；j——斑点的反射光强度。

反射法对薄层厚度要求不高，基线比较稳定，因此信噪比大，重现性好，且使用玻璃板不影响紫外 - 可见光范围内的测定，实际应用多采用此法。

（2）透射法　光源与光电检测器安装在薄层板的上下两侧，光源发出的光经过单色器分光后成为单色光，光束照射在薄层斑点上，测定透射光的强度，见图 17 – 6b。空白薄层的透光率 $T_0 = i_0/I_0$，斑点的透光率 $T = i/I_0$，斑点的吸光度 A 通过下式计算：

$$A = -\lg \frac{T}{T_0} = \lg \frac{T_0}{T} = \lg \frac{i_0}{i} \qquad (17 - 6)$$

式中，i_0——空白薄层板的透射光强度；i——斑点的透射光强度。

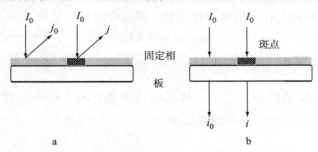

图 17 – 6　薄层扫描法示意图

a. 反射法扫描；b. 透射法扫描

由于薄层是由许多细小的颗粒涂布而成的半透明的物体，当光照射到薄层表面时，除了透射光、反射光之外，还有相当多的不规则的散射光存在，因此与用光照射全透明的溶液不同，吸光度与浓度的关系一般不是直线。1931 年 Kubelka – Munk 的理论解释了浑浊溶液和粗糙表面的半透明固体的光学现象，可用于薄层扫描法。在薄层厚度为 X，单位薄层吸光系数为 K 的薄层板上，KX 称为吸收参数，相当于斑点单位面积中物质的含量（（g/cm^2））。吸光度 A 与 KX 非直线关系，需基于固定相的散射参数（SX）对斑点中物质浓度（c）与吸光度（A）关系的影响进行校正。根据散射参数 SX 的值（与薄层板上固定相的性质、粒度和分布有关，不同的薄层板应选择不同的 SX 值）将 $A – KX$ 曲线校直后，才可用于定量分析。在实际工作中，SX 往往要预先测定，如 Merk 厂生产的硅胶板 $SX = 3$，氧化铝板 $SX = 7$。许多薄层扫描仪均有线性补偿器（lineaier），可根据 Kubelka – Munk 方程用电路系统将弯曲的标准曲线校正为直线。

2. 薄层荧光扫描法

利用薄层色谱斑点（组分）本身发出的荧光强度或利用荧光薄层板上暗斑（荧光淬灭）进行定量。在荧光物质浓度较低时候，其荧光强度（F）与浓度 c 之间的关系可表示为：

$$F = K'c$$

即点样量很小时，斑点中组分的浓度与其荧光强度成直线关系。与吸收法相似，薄层荧光扫描法进行定量分析时，用斑点荧光强度的积分值（峰面积）与斑点中组分的含量代替上式中的 F 和 c 进行计算。薄层荧光扫描法的检测灵敏度比薄层吸收扫描法高 2~3 个数量级，专属性强，线性范围宽。

根据扫描时光束的轨迹不同，可分为直线扫描和锯齿扫描两种扫描方式，直线扫描一般适合于外型规则的斑点；而锯齿扫描适合于形状不规则及浓度分布不均匀的斑点。

（二）定量分析方法

薄层扫描定量分析可采用外标法和内标法，而外标法更为常用。当工作曲线通过坐标原点时，可选用外标一点法定量。即用一个浓度的对照品，同时在板上分别点样品 3 ~ 4 个和对照品 3 ~ 4 个，测得各自峰面积，并求出平均值，再用式（17 - 7）计算。

$$m_{样} / m_{标} = A_{样} / A_{标} \qquad (17-7)$$

式中，$m_{样}$、$m_{标}$——样品和对照品的量；$A_{样}$、$A_{标}$——样品和对照品的峰面积。

当工作曲线不通过原点时，用外标两点法定量，即用高低两种浓度的对照品溶液或一种浓度两种点样量与样品溶液对比定量。样品中组分的量为：

$$m_{样} = a + bA_{样} \qquad (17-8)$$

其中：$b = \dfrac{m_1 - m_2}{A_1 - A_2}$，$a = m_1 - bA_1$

式中，$m_{样}$——样品的量；$A_{样}$——样品的峰面积；m_1、m_2——对照品的两个点样量（或浓度）；A_1、A_2——对照品的峰面积。

第二节　纸色谱法

一、纸色谱法的基本原理

纸色谱法是固定相承载于滤纸纤维上的液液分配色谱法。其固定相一般为纸纤维上吸附的水，流动相为不与水相混溶的有机溶剂（且以水饱和过）。不同的组分在两液相中的溶解度不同，导致分配系数不同，迁移速度不同，R_f 也不同。极性强或亲水性强的化合物，分配系数大、迁移速度慢、R_f 小。反之，极性弱或亲脂性强的化合物，分配系数小、迁移速度快、R_f 大。R_f 与分配系数的关系同薄层色谱法。

影响纸色谱法 R_f 的因素较多，如展开剂的组成、极性、展开剂蒸气的饱和程度和展开时的温度等。而一定色谱条件时组分 R_f 主要由其本身的极性所决定。同类化合物中，含极性基团多的化合物通常极性较强。例如，葡萄糖、鼠李糖及毛地黄毒糖同属于糖类，但由于分子中所含羟基数目不同，极性不同，R_f 也不相同，见表 17 -2。

表 17 -2　三种六碳糖的比移值

糖	羟基数目	溶剂系统		
		正丁醇 - 水	正丁醇 - 乙酸 - 水 (4:1:5)	乙酸乙酯 - 吡啶 - 水 (25:10:35)
葡萄糖	5	0.03	0.17	0.10
鼠李糖	4	0.27	0.42	0.44
毛地黄毒糖	3	0.58	0.66	0.88

二、纸色谱实验方法

纸色谱法与薄层色谱法基本操作相同，包括滤纸选择、点样、展开、斑点定位等步骤。纸色谱法的实验设备简单，操作费用低。但纸色谱法难以分离不溶于水的物质，而且纸色谱法的展开时间明显长。因此其应用范围不如薄层色谱法广泛。

1. 色谱纸的选择

因为纸色谱法分离在滤纸上进行，因此选择合适的滤纸是获得良好分离的前提。对滤纸的基本要求主要有：①质地均匀、平整无痕，有一定的机械强度。②纸纤维的松紧适宜，过于疏松会使斑点扩散，过于紧密则展开速度太慢。③纸质要纯，不含填充剂等。此外，滤纸的选择要结合分析对象加以考虑，分离极性差别小的化合物，宜采用慢速滤纸；分离极性相差较大的化合物，则可用快速或中速滤纸。有时为了适应某些特殊要求，可对滤纸进行一些处理。如分离酸碱性物质时，为使纸维持相对恒定的 pH 值，可将滤纸在缓冲溶液中浸渍处理后再使用。

滤纸纤维素作为载体，可吸附 20% ~25% 的水分，其中 6% 左右的水分通过氢键与纤维素上的羟基结合成复合物，所以纸色谱法实际上是用吸附在滤纸上的水作固定相。除水以外，纸也可以吸留其他亲水物质，如甲酰胺、丙二醇或缓冲液等作为固定相。

2. 点样

点样方法与薄层色谱相似，采用平头毛细管或平头微量注射器垂直点样。点样量一般为几微克至几十微克。

3. 展开剂的选择

纸色谱选择展开剂的原则与薄层色谱相同。从待分离物质在两相中的溶解度和展开剂的极性来考虑，在流动相中溶解度较大的物质将会移动得快，因而具有较大的 R_f。对极性物质，增加展开剂中极性溶剂的比例，可以增大 R_f；增加展开剂中非极性溶剂的比例，可以减少 R_f。

纸色谱法最常用的展开剂是水饱和的正丁醇、正戊醇、酚等，即含水的有机溶剂。此外，为了防止弱酸、弱碱的离解，展开剂中常含有少量的酸或碱，如甲酸、醋酸、吡啶等。如采用正丁醇 - 醋酸 - 水（4:1:5）为展开剂，先在分液漏斗中振摇，分层后，取有机层（上层）为展开剂。需注意摇振和展开时展开剂的温度尽量保持一致。

4. 展开

展开方式有上行、下行和双向展开。上行展开是让展开剂借毛细管效应向上扩展。也可以用下行法，借助重力使溶剂由毛细管向下移动。对于成分复杂的混合物也可采用双向展开等。展开方式的选择应视具体试样而定。在展开之前，先用展开剂蒸气使层析缸饱和，再使色谱纸表面饱和。

5. 显色

显色方法同薄层色谱法。但是不使用能腐蚀色谱纸的显色剂如硫酸。

6. 定性分析

R_f 是物质的定性基础，但是影响 R_f 的因素较多而不易重现，因此常常将供试品与对照品溶液在同一滤纸上展开，比较两者的 R_f 是否一致。有时也采用相对比移值进行定性。

第三节　经典液相柱色谱法

经典液相柱色谱法，通常采用内径为 1~5cm，长度为 0.1~1.0m 的玻璃常压柱和低压柱。本法仪器简单，操作方便，柱容量大，适于微量成分的分离和制备，应用十分广泛。经典液相柱色谱法按分离机制不同又可分为吸附柱色谱法、分配柱色谱法、离子交换柱色谱法及分子排阻柱色谱法等。本节所用固定相，主要介绍其中常用的硅胶柱色谱法、聚酰胺柱色谱法和凝胶柱色谱法。

一、硅胶柱色谱法

硅胶柱色谱法一般是液－固吸附柱色谱法，是依靠硅胶表面的硅醇基对样品中各组分吸附能力的差异，使各组分在色谱柱上迁移速度不同而达到分离的方法。极性强的物质在硅胶上吸附力强、分配系数大、移动速度慢；流动相极性增强洗脱能力增强。硅胶柱色谱法的一般操作方法如下：

1. 装柱

将硅胶混悬于初始洗脱溶剂中，不断搅拌去除气泡后，连同溶剂一起倾入色谱柱中，平衡至硅胶表面不再下降为止。

2. 上样

上样方式有两种：湿法和干法上样。如试样易溶于流动相（初始洗脱溶剂），可采用湿法上样，即将试样溶解后直接置于硅胶柱的顶端；如试样难溶于流动相，则可用低沸点溶剂溶解试样后，均匀拌于干燥的拌样硅胶上，待溶剂自然挥干后，将其置于硅胶柱顶端。

3. 加入保护硅胶或棉花

上样后，先用初始溶剂洗脱，待柱上端溶剂颜色变为无色时，在试样上面加入硅胶或棉花，以防洗脱时上层试样漂浮，洗脱色带不齐整。

4. 洗脱

一般采用梯度洗脱方式，即选用低极性溶剂作为起始流动相，在洗脱过程中逐步递增流动相的极性（递增强极性溶剂的比例）。可以借助于硅胶薄层色谱的结果来选择分离条件，但通常柱色谱所用溶剂比薄层色谱的展开剂极性略低。

二、聚酰胺柱色谱法

聚酰胺柱色谱法既可用来分离水溶性物质，又可用来分离低极性的脂溶性物质。用于洗脱的溶剂系统一般分为两类，即含水溶剂系统和非极性溶剂系统。以含水溶剂洗脱时，其色谱行为属于反相色谱；以非极性溶剂洗脱时，其色谱行为属于正相色谱。

1. 装柱

以含水溶剂系统为洗脱剂时，常将聚酰胺混悬于水装柱；若以有机溶剂系统为洗脱剂，则混悬于极性较弱的起始溶剂装柱。

2. 加样

每 100ml 的聚酰胺可上样 1.5~2.5g。试样可用洗脱剂溶解；不溶试样可选择易挥发性溶剂溶解，拌匀于聚酰胺干粉中，减压蒸干溶剂，再以洗脱剂浸泡，装入柱中。

3. 洗脱

反相色谱一般用水－乙醇作流动相（逐渐增加乙醇的比例）；正相色谱一般用三氯甲烷－甲醇的混合溶剂作流动相（逐渐增加甲醇的比例）。在各种流动相系统中加入少量酸或碱，可克服洗脱中"拖尾"现象。与硅胶色谱相似，可根据聚酰胺薄层色谱结果选择聚酰胺柱色谱的条件。

4. 再生

使用过的聚酰胺一般先用 5% NaOH 冲洗，然后用水洗至 pH8 ~ 9，再以 10% 醋酸冲洗，最后用蒸馏水洗至中性，可供重复使用。

三、凝胶柱色谱法

凝胶柱色谱法也称分子排阻柱色谱法或空间排阻柱色谱法，是20世纪60年代发展起来的一种简便有效的分离分析大分子化合物的方法。其分离原理已在色谱概论一章介绍，现主要介绍常用凝胶及凝胶色谱法的实验技术。

（一）常用凝胶

1. 亲水性凝胶

目前最常用的亲水性凝胶是葡聚糖凝胶，是以蔗糖为原料经半合成的方法制备而成。商品有 Sephadex G－25、Sephadex G－200 等。Sephadex 代表葡聚糖，不同规格型号的葡聚糖用英文字母 G 表示，G－25 为每克凝胶膨胀时吸水 2.5g，G－200 为每克凝胶膨胀时吸水 20g。此种凝胶主要用于高分子物质如蛋白质、核酸、酶以及多糖类物质的分离。

此外还有聚丙烯酰胺凝胶和琼脂糖凝胶。聚丙烯酰胺凝胶是由丙烯酰胺与交联制 N,N'－亚甲基二丙烯酰胺共聚而得到，商品名称"Bio－gel"。琼脂糖凝胶是由 D－半乳糖和 3,6－脱水 L－半乳糖相结合的链状多糖，商品名称"Sepharose"。这些均适合于较大分子化合物的分离。

2. 疏水性凝胶

在交联葡聚糖分子上引入疏水性基团增大其亲脂性，则成为疏水性凝胶。例如 Sephadex G－25 上引入羟丙基成醚链的结合状态：$R－OH\rightarrow R－O－CH_2CH_2CH_2OH$，即葡聚糖凝胶 LH－20。从而使它不仅具有亲水性能吸水，而且膨胀，这就扩大了它的应用范围，适用于难溶于水的亲脂性成分及水溶性成分的分离。

（二）凝胶柱色谱法的实验技术

1. 色谱柱的选择

一般用玻璃管或有机玻璃管填装凝胶组成凝胶色谱柱。柱管的直径大小不影响分离度，但直径加大，洗脱液体体积增大，样品稀释度大。分离度取决于柱长，柱长增加分离度增加，但由于软质凝胶柱过长将挤压凝胶变形，造成柱阻塞，故一般柱长不超过 1m。

2. 凝胶的用量

根据所需凝胶体积，估计所需干胶的量。一般葡聚糖凝胶吸水后的体积约为其吸水量的 2 倍，例如 Sephadex G－200 的吸水量为 20，1 克 Sephadex G－200 吸水后形成的凝胶体积约 40ml。凝胶的粒度也可影响分离效果。粒度细分离效果好，但阻力大，流速慢。

3. 凝胶的准备

商品凝胶是干燥的颗粒，使用前需直接在欲使用的洗脱液中膨胀。自然膨胀需24小时至数天，所以一般使用加热法膨胀，即在沸水浴中将湿凝胶逐渐升温至近沸，这

379

样可大大加速膨胀，通常在 1~2h 内即可完成。

4. 样品溶液的处理

样品溶液如有沉淀应过滤或离心除去。样品的黏度不可大，否则会影响分离效果。上柱样品液的体积应根据凝胶柱床容积和分离要求确定。

习　题

1. 已知某混合样品中 A、B、C 三组分的分配系数分别为 440、480、520，问三组分在薄层上 R_f 的大小顺序如何？

[按 A、B、C 顺序依次减小]

2. 以硅胶为固定相的吸附薄层板，在使用前为何要活化？活化后的薄层板为何需置于干燥器中？

3. 吸附薄层色谱法，如何根据被分离组分的性质选择固定相（吸附剂）和展开剂？

4. 如何利用薄层色谱法定性鉴别未知化合物？两种物质在同一块薄层板上的 R_f 相同，是否一定是同一化合物？如何才能确定两者是同一化合物？

5. 混合物样品利用吸附柱色谱分离时，出柱顺序能否预测？哪种组分最先出柱？

[可以；极性小的组分先流出]

6. 硅胶薄层板可用下列六种染料来测定板的活度，根据它们的结构，请推测一下，当以六种染料混合物点在薄板上，以石油醚－苯（4:1）为流动相，六种染料的 R_f 次序，并说明理由。

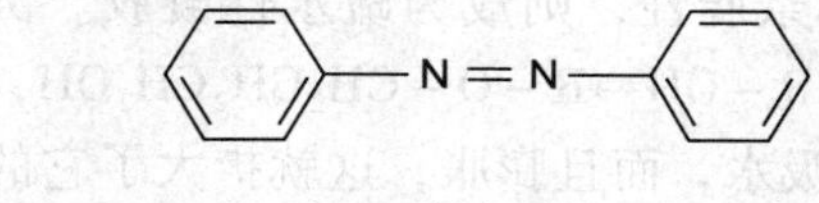

偶氮苯

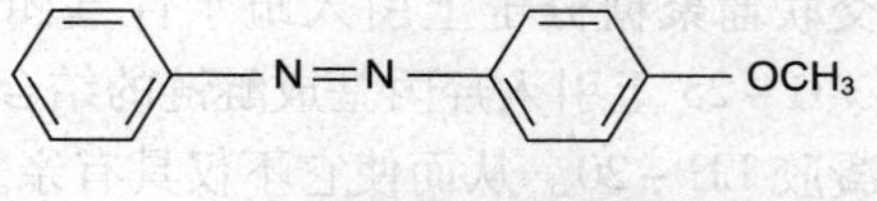

对甲氧基偶氮苯

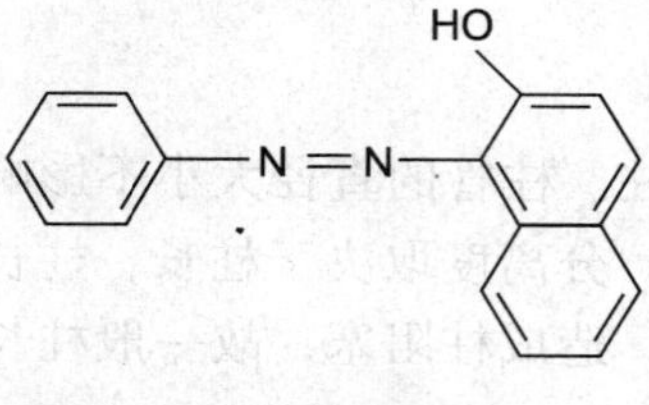

苏丹黄

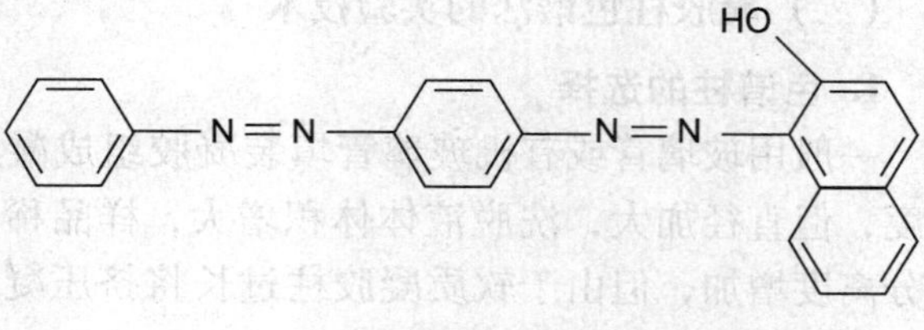

苏丹红

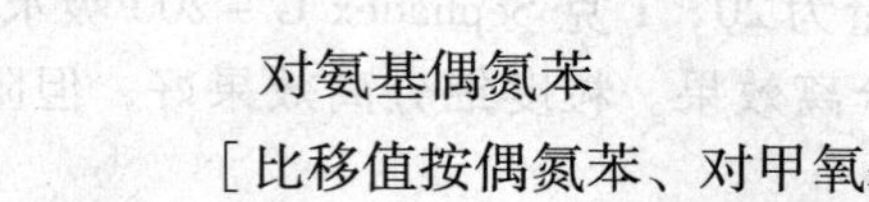

对氨基偶氮苯

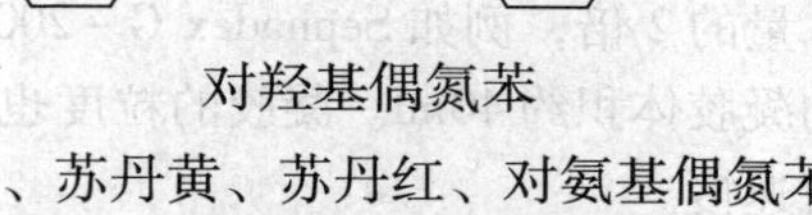

对羟基偶氮苯

[比移值按偶氮苯、对甲氧基偶氮苯、苏丹黄、苏丹红、对氨基偶氮苯、对羟基偶氮苯的顺序依次减小；因为硅胶薄层色谱为正相色谱，极性强的物质比移值小，六种染料极性按顺序依次增加]

7. 化合物 A 在薄层板上从样品原点迁移 7.5cm，溶剂前沿迁移至样品原点以上

17.0cm。计算化合物 A 的 R_f；并估算在相同的薄层板上，色谱条件相同时，当溶剂前沿移至样品原点以上 14.3cm，化合物 A 的斑点应在此薄层板的何处？

$$[0.44, 6.3cm]$$

8. 已知 A 与 B 二物质的相对比移值为 1.5。当 B 物质在某薄层板上展开后，色斑距原点 9cm，溶剂前沿到原点的距离为 18cm，问若 A 在此板上同时展开，则 A 物质的展距为多少？A 物质的 R_f 为多少？

$$[13.5cm, 0.75]$$

9. 在薄层板上分离 A、B 两组分的混合物，当原点至溶剂前沿距离为 16.0cm 时，A、B 两斑点中心至原点的距离分别为 6.9cm 和 5.6cm，斑点直径分别为 0.83cm 和 0.57cm，求两组分的分离度及 R_f。

$$[R = 1.8, R_{f,A} = 0.43, R_{f,B} = 0.35]$$

10. 采用纸色谱分离山奈酚和山奈素，流动相甲苯 – 乙酸乙酯 – 正丙醇 – 水（20∶66∶14∶2），得到两个斑点，R_f 大的斑点对应哪种物质？说明理由。

山奈酚　　　　　　　　　山奈素

$$[比移值大的对应山奈素。纸色谱为正相色谱，$$
$$山奈素极性较山奈酚低，因此山奈素比移值大]$$

11. 分离以下混合物选择何种色谱法合适？
①相对分子质量大于 2000 的水溶性高分子化合物；②离子型或可离解化合物；③顺反异构体；④水溶性六碳糖。

$$[①分子排阻色谱法（凝胶过滤色谱）;$$
$$②离子交换色谱法;③吸附色谱法;④分配色谱法]$$

（唐　睿）

第十八章 CHAPTER

气相色谱法

气相色谱法（gas chromatography；GC）是以气体为流动相的色谱方法。气相色谱法的流动相也称为载气。由于气相色谱法使用气体作流动相，故要求被分离的样品必须要有一定的蒸气压，气化后才能在色谱柱上分离。

气相色谱法具有如下特点：

（1）高柱效。一般填充柱的理论板数可达几千，毛细管柱可达一百多万。这样就使一些分配系数很接近的物质以及极为复杂、难以分离的物质，可以获得满意的分离。

（2）高选择性。气相色谱法能够分离分析性质非常相近的物质，如化合物的同分异构体和同位素等。

（3）高灵敏度。由于使用了高灵敏度的检测器，气相色谱可以检测到 $10^{-11} \sim 10^{-13}$ g 物质，适合于痕量分析。

（4）分析速度快。气相色谱分析速度快，通常一个试样的分析可在几分钟至几十分钟内完成。

（5）应用范围广。一般只要沸点在 500℃ 以下，热稳定性好，分子量在 400 以下的物质，原则上都可采用气相色谱法分析。

大约有机化合物的 20% 可以使用气相色谱法来分析。沸点太高、相对分子质量太大或热不稳定的物质难以用气相色谱法测定，有些物质可以采用制备衍生物或裂解等方法来测定。

第一节 气相色谱法的分类和一般流程

一、气相色谱法的分类

气相色谱法按固定相的聚集状态分类，分为气固色谱法（GSC）和气液色谱法（GLC）。如果固定相是固体吸附剂，称为气固色谱法；如果固定相是液体，即在载体表面涂上固定液作固定相，则称为气液色谱法。按分离原理分类，前者属于吸附色谱，后者属于分配色谱。

按色谱操作形式来分，气相色谱属于柱色谱。按柱的粗细分类，可分为填充柱色谱法及毛细管柱色谱法两种。填充柱是将固定相填充在内径 4 ~ 6mm 金属管或玻璃管中。毛细管柱（内径$0.1 \sim 0.5$mm）可分为开口（管）毛细管柱、填充毛细管柱等。

二、气相色谱法的一般流程

气相色谱法的一般流程如图18-1所示。载气由高压钢瓶提供，经减压阀减压后，进入净化干燥管净化及脱水。载气的压力和流量由针型阀（稳压阀）控制，流量计和压力表用以指示载气的柱前流量和压力。再经过进样器（包括气化室）。试样在进样器注入（如为液体试样，经气化室瞬间气化为气体）。载气携带样品进入色谱柱，样品中各组分按分配系数大小顺序在色谱柱中被分离，依次被载气带入检测器。检测器将物质的浓度或质量的变化转变为电信号，经放大反馈给记录器，在记录仪上得到流出曲线，即色谱图。

色谱柱及检测器是气相色谱仪的两个主要组成部分。现代气相色谱仪都应用计算机和相应的色谱软件，具有处理数据及控制实验条件等功能。

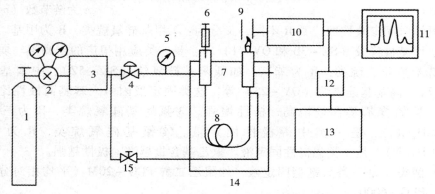

图18-1 气相色谱法的一般流程

1. 气瓶；2. 减压阀；3. 净化器；4. 稳压阀；5. 压力表；6. 注射器；7. 进样器；8. 色谱柱；
9. 检测器；10. 放大器；11. 记录仪；12. 模数转换器；13. 数据系统；14. 柱温箱；15. 针形阀

383

第二节　气相色谱的固定相

一、气液色谱的固定相

气液色谱的固定相是由固定液和载体组成。固定液是一种高沸点的有机化合物。将固定液均匀地涂渍在固体支持物——载体上面，填充在色谱柱中。

（一）对固定液的要求

对固定液有如下要求：①在操作温度下黏度要低，以保证能分布在载体上形成均匀的液膜。②在操作温度下蒸气压要低。蒸气压低的固定液流失慢，柱寿命长，检测器本底低。③对被分离组分有足够的溶解和分离能力。④稳定性好，在较高柱温下也不易分解，不与被分离组分或载体发生化学反应。

（二）固定液的分类

目前，能用作固定液的高沸点有机化合物已有近千种，其主要分类方法有两种：

一是化学分类法，即把具有相同官能团的固定液分为一类。二是极性分类法，按极性大小分类。

1. 化学分类法

（1）烃类 包括烷烃与芳烃，如鲨鱼烷（角鲨烷、异卅烷、$C_{30}H_{62}$）、阿皮松（$C_{36}H_{74}$）。鲨鱼烷是标准非极性固定液。

（2）硅氧烷类 是目前应用最广的通用型固定液。其优点是温度黏度系数小、蒸气压低，流失少，且对大多数有机物有很好的溶解能力。包括从弱极性到极性多种固定液。其基本化学结构为：

$$(CH_3)_3Si-\begin{bmatrix} & CH_3 \\ O-Si- \\ & R \end{bmatrix}_x \begin{bmatrix} & CH_3 \\ O-Si- \\ & CH_3 \end{bmatrix}_y -O-Si(CH_3)_3$$

n 为链节数（$n = x + y$）

硅氧烷类固定液按取代基 R 不同，又分为：①甲基硅氧烷类，R 为甲基。如甲基硅油 I、甲基硅橡胶（SE-30 和 OV-1）等，是一类应用很广的耐高温、弱极性固定液；②苯基硅氧烷类，R 为苯基。如低苯基硅氧烷（SE-52）、中苯基硅氧烷（OV-17）、高苯基硅氧烷（OV-25）等，这类固定液因引入苯基而极性比甲基硅氧烷强，且随着苯基含量增高，极性增强。③氟烷基硅氧烷类，R 为三氟丙基（$-CH_2CH_2CF_3$），是一类中等极性固定液。④氰基硅氧烷类，R 为氰乙基（$-CH_2CH_2CN$），是一类强极性固定液。氰乙基含量越高，极性越强。

（3）醇类 是一类氢键型固定液，如聚乙二醇 PEG-20M（平均相对分子质量20000）、PEG-6000。

（4）酯类 分为非聚合酯与聚酯两类，是中强极性固定液。非聚合酯类如邻苯二甲酸二壬酯（DNP）。聚酯类多是二元酸及二元醇所生成的线型聚合物，如丁二酸二乙二醇聚酯（DEGS）或聚二乙二醇己二酸酯（DEGA）。

2. 极性分类法

固定液的极性以相对极性（P）来表示。规定极性最强的 β,β'-氧二丙腈的相对极性为100，非极性的鲨鱼烷为0，其他固定液的相对极性在 0~100 之间。测定方法为：用苯与环己烷（或丁二烯与正己烷）为试样，分别在 β,β'-氧二丙腈固定液柱、角鲨烷固定液柱和待测固定液柱上测定它们的相对保留值的对数 q_1，q_2，q_x，用下式计算待测固定液的相对极性（P_x）。

$$P_x = 100(1 - \frac{q_1 - q_X}{q_1 - q_2}) \qquad (18-1)$$

$$q = \lg \frac{t'_{R苯}}{t'_{R环己烷}} \qquad (18-2)$$

按相对极性将固定液分成5级。P 为 0~20 的为 +1 级，为非极性固定液；P 为 21~40 的为 +2 级；P 为 41~60 的为 +3 级，+2 和 +3 级为中等极性固定液；P 为 61~80的为 +4 级；P 为 81~100 的为 +5 级，+4 和 +5 级为极性固定液。常用固定液及极性见表 18-1。

表 18 – 1　常用固定液

名称	P	级别	分子式或结构式
角鲨烷	0	+1	异卅烷 $C_{30}H_{62}$
甲基硅橡胶（SE – 30）	13	+1	$(CH_3)_3-Si-O-(Si-O-)_n-Si-(CH_3)_3$　（CH_3 上下）　$n > 400$
邻苯二甲酸二壬酯（DNP）	25	+2	$COOC_9H_{19}$　$COOC_9H_{19}$（苯环）
苯基甲基硅氧烷（OV – 17）		+2	在 SE – 30 中引入苯基（50%）
三氟丙基甲基聚硅氧烷（QF – 1）	28	+2	在 SE – 30 中引入三氟丙基（50%）
氰基硅橡胶（XE – 60）	52	+3	在 SE – 30 中引入氰基（25%）
聚乙二醇（PEG – 20M）	68	+3	聚环氧乙烷 $+CH_2CH_2-O-+_n$
丁二酸二乙二醇聚酯（DEGS）		+4	丁二酸与乙二醇生成的线型聚合物
β,β' – 氧二丙腈	100	+5	O（连 $(CH_2)_2CN$ 和 $(CH_2)_2CN$）

　　相对极性分类法主要反映了试样与固定液之间的诱导作用力，而不能反映分子间的全部作用力。麦氏（McReynolds）特征常数分类法选择苯（电子给予体）、丁醇（质子给予体）、戊酮 – 2（偶极定向力）、硝基丙烷（电子接受体）、吡啶（质子接受体）五种代表不同作用力的化合物，在被测固定液与非极性固定液角鲨烷柱上测定，分别计算每种物质在两种柱上的保留指数（I）的差值，用 x'、y'、z'、u' 或 s' 表示，例如，用苯测定：

$$\Delta I = I_{被测} - I_{角鲨烷} = x' \tag{18 – 3}$$

　　对待分离组分来讲，保留指数（I）是定性指标。反过来，也可用 I 或 ΔI 描述固定液的极性。这五种物质代表不同类型的相互作用力。麦氏常数 x'、y'、z'、u' 或 s' 的值越大，表示固定液的分极性越强；麦氏常数的和越大，表示固定液的总极性越强。

（三）固定液的选择

　　固定液可按"相似相溶"的原则选择，即选择与被分离组分极性或结构相似的固定液。组分在固定液中的溶解度大，分配系数大，保留时间长，分离的可能性就大。

1. 按极性相似选择

　　（1）分离非极性化合物　选择非极性固定液，组分与固定液分子间的作用力是色散力。组分按沸点顺序出柱，低沸点的先出柱。若试样中含极性组分，相同沸点的极性组分先出柱。

　　（2）分离中等极性化合物　选择中等极性固定液，组分与固定液分子间作用力为色散力和诱导力。基本上仍按沸点顺序出柱，即低沸点的化合物先出柱。但对沸点相同的极性与非极性组分，诱导力起主导作用，极性组分后出柱。

（3）分离极性化合物　选择极性固定液，组分与固定液分子间主要作用力为定向力。组分按极性顺序出柱，极性强的组分后出柱。

2. 按化学官能团相似选择

当固定液与组分的化学官能团即结构相似时，相互作用力最强，选择性最高。例如，分离酯可选聚酯等酯类固定液。分离醇可选聚乙二醇等醇类固定液。

利用"相似相溶"的原则选择固定液时，还要注意混合物中组分性质差别情况。若分离非极性和极性混合物，一般选用极性固定液。分离沸点差别较大的混合物，一般选用非极性固定液。如苯和环己烷的沸点接近，选择非极性固定液二者难于分开，但因为苯比环己烷的极性大，选择极性固定液可以使二者达到分离。

3. 按麦氏常数选择

由于麦氏常数比较全面地描述了固定液的分离特征，因此根据麦氏常数可较快地选择适合于分离对象的固定液。例如，分离正丁基乙基醚和其中含有的杂质正丙醇。因微量组分先出峰有利分离和提高定量准确度，故应让正丙醇先出峰。因此所选择的固定液应与正丁基乙基醚的作用力强，与正丙醇的作用力弱。z'值越大的固定液对质子接受体的作用力越强；y'值越小的固定液对质子给予体的作用力越小。醚是质子接受体，醇是质子给予体，因此只有选择具有高 z'/y' 值的固定液，才能使正丙醇先出峰。从附表中查得 $QF-1$ 的 $z'/y'=355/233$，所以选用 $QF-1$ 作为固定液。反之，如果让醚先出峰，就应选择具有高 y'/z' 值的 Amin220 作固定液。

（四）载体

载体又称为担体，一般是化学惰性的多孔性微粒，起支持固定液的作用。

1. 对载体的要求

载体应具有较大的比表面积和良好的热稳定性，而且无吸附性，无催化性，具有一定的机械强度。

2. 硅藻土型载体

常用载体为硅藻土型载体，是将天然硅藻土压成砖形，在 900℃ 煅烧后粉碎、过筛而成。其可分为红色载体和白色载体。

（1）红色载体　因煅烧后天然硅藻土中所含的铁形成氧化铁，而使载体呈淡红色，故称为红色载体。红色载体结构紧密、机械强度高，但表面存在活性吸附中心。常与非极性固定液配伍。

（2）白色载体　煅烧前在原料中加入少量助熔剂 Na_2CO_3，煅烧后铁生成了无色的铁硅酸钠配合物，而使硅藻土呈白色。其颗粒疏松，吸附性弱，但强度较差。常与极性固定液配伍。

3. 载体的钝化

硅藻土型载体表面存在着硅醇基及少量的金属氧化物，常具有吸附性能。当被分析组分是能形成氢键的化合物或酸碱时，则与载体的吸附中心作用，破坏了组分在气－液二相中的分配关系，而使峰拖尾。常使用酸洗、碱洗或硅烷化等方法处理载体，钝化其表面结构，去除活性中心，从而降低其吸附性，减小色谱峰的拖尾现象。

386

二、气固色谱的固定相

气固色谱固定相有吸附剂、分子筛、高分子多孔微球及化学键合相等。吸附剂常用硅胶、氧化铝、石墨化炭黑等。分子筛常用4A、5A及13X。4、5及13表示平均孔径（1×10^{-10}m），A及X表示类型。分子筛是一种特殊吸附剂，具有吸附及分子筛两种作用。若不考虑吸附作用，分子筛是一种"反筛子"，分离机制与凝胶色谱类似。吸附剂与分子筛多用于分析永久性气体（H_2，O_2，CO，CH_4等）和低沸点化合物，在药物分析上远不如高分子多孔微球用途广。

高分子多孔微球（GDX）是一种人工合成的新型固定相，它由苯乙烯或乙基乙烯苯与二乙烯苯交联共聚而成。除了用作固定相，还可以作载体。其分离机制一般认为具有吸附、分配及分子筛三种作用。该固定相具有以下特点：耐高温，最高使用温度200~300℃；无有害的吸附活性中心，峰形好；无流失现象，柱寿命长；组分一般按相对分子质量顺序出峰。在药物分析中应用较广，如可用于酊剂中含醇量或有机物中微量水分测定等。

第三节　气相色谱仪

气相色谱仪主要包括气路系统、进样系统、色谱柱系统、检测系统和数据记录处理系统。

一、气路系统和进样系统

1. 气路系统

包括气源、气体净化、气体流速控制和测量装置。气体从载气瓶经过净化器净化，流经稳压阀、流量控制器和压力调节阀，然后通过色谱柱，由检测器排出，形成气路系统。气相色谱仪的气路系统是一个载气连续运行、管路密闭的系统。气路系统的气密性、载气流速的稳定性和流量测量的准确性都会影响实验结果。

2. 进样系统

进样系统就是把试样快速、准确地加到色谱柱头。进样系统包括气化室和进样器。对气化室的要求是：①热容量大，保证试样瞬间气化。②内径和体积小，减少试样在气化过程中扩散。③无催化效应，即不使试样分解。

若试样为纯液体或溶液，可直接将试样引入气化室或色谱柱的柱头；固体试样要先制成溶液再进样；也有的试样在裂解器中裂解成气体直接送入柱头；由于毛细管柱的试样容量比填充柱低得多（仅有填充柱的1/100~1/10），按常规方法进样，色谱柱必然超载。一般采用分流进样：试样在气化室内气化后，将大部分蒸气经分流管道放空，只有小部分被载气带入色谱柱。

进样器多采用微量注射器。有些仪器安装有六通阀进样器，进样重复性好。

二、色谱柱

色谱柱由固定相与柱管组成。气液和气固色谱固定相已在上一节中讨论。色谱柱柱管的材料为金属、玻璃、石英或塑料。按柱粗细可分为一般填充柱及毛细管柱两类。

填充色谱柱 内径 4~6mm，长度 2~4m，柱管多为不锈钢管，其形状有 U 型和螺旋形，使用 U 型柱时柱效较高。柱管内填充液体固定相（气液色谱）或固体固定相（气固色谱）。

毛细管色谱柱 内径 0.1~0.5mm，长度一般 25~100m，柱管多为玻璃或弹性石英毛细管，按填充方式可分为开管型毛细管柱及填充型毛细管柱等。

三、检测器

检测器（detector）是将流出色谱柱的载气中组分的浓度（或质量）的变化转换为电信号（电压或电流）变化的装置。常用的检测器有氢焰离子化检测器（hydrogen flame ionization detector；FID）、热导检测器（thermal conductivity detector；TCD）、电子捕获检测器（electron capture detector；ECD）、火焰光度检测器（flame photometric detector；FPD）和热离子化检测器（thermionic ionization detector；TID）等。根据检测原理的不同，检测器又可分为浓度型和质量型两种。

①浓度型检测器 包括热导、电子捕获检测器等。浓度型检测器的响应值（R，峰高）与组分在载气中的浓度成正比，与单位时间内组分进入检测器的质量无关。进样量一定时，峰高与载气流速无关，而峰面积与载气流速成反比。

②质量型检测器 包括氢火焰离子化、火焰光度检测器等。质量型检测器的响应值（R，峰高）与单位时间内进入检测器的组分的质量成正比。进样量一定时，峰高与载气流速成正比，而峰面积与载气流速无关。

下面介绍三种最常用的检测器，热导检测器、氢火焰离子化检测器和电子捕获检测器。

（一）热导检测器

热导检测器是利用被检测组分与载气的热导率*的差别来检测组分的浓度变化。具有结构简单、测定范围广、稳定性好、线性范围宽、试样不被破坏等优点。TCD 是一种通用型检测器。灵敏度低，噪音大是其缺点。

1. 测定原理

热导检测器由热导池体及热敏元件组成。池体可由金属材料不锈钢（或黄铜）制成，在池体上钻上孔道，孔道内装入热敏元件（钨丝），就构成了热导池。图 18-2 是双臂热导池的结构图：参考臂接在色谱柱之前，只通载气；测量臂接在色谱柱之后，进样时，有载气携带组分通过。两臂的电阻分别为 R_1 与 R_2。将 R_1、R_2 与两个阻值相等的固定电阻 R_3、R_4 组成桥式电路（图 18-3）。

给钨丝通电，因温度升高，所产生的热量被载气带走，并以热导方式通过载气传给池体。当热量的产生与散热建立动态平衡时，钨丝的温度恒定。不进样时，测量臂也只有载气通过，两个热导池钨丝温度相等，即 $R_1 = R_2$，则 $R_1/R_2 = R_3/R_4$，电桥处于平衡状态，检流计无电流通过。

---

* 热导率（导热系数）是衡量物质导热性能的指标，用"λ"表示。当物质的横截面积为 $1m^2$，厚 $1m$，两侧温差为 1 开尔文（K）时，每秒传导过此物质的热量称为热导率。按国际单位制规定：热导率的单位为瓦/（米·开）。

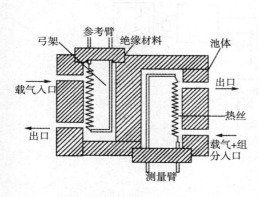

图18-2　双臂热导池结构

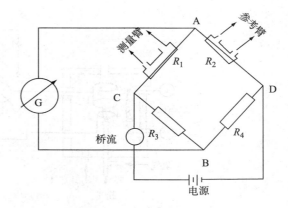

图18-3　双臂热导池检测原理示意图

当组分被载气带入测量臂时，若组分与载气的热导率不等，钨丝温度将变化。若组分的热导率小于载气的热导率，则 R_1 变大，因 R_2 未改变，$R_1 \neq R_2$，则 $R_1/R_2 \neq R_3/R_4$，检流器指针偏转，记录仪上有信号产生。

双臂热导池灵敏度较低。将电桥上两个固定电阻（R_3、R_4）也换成热敏元件则构成四臂热导池，其灵敏度在相同条件下是双臂热导池的二倍。

2. 操作条件的选择

（1）载气　载气与组分的热导率之差越大，电桥输出讯号越大，检测器越灵敏。一般选择氢气或氦气作载气，而不用氮气作载气。因后者与一般有机化合物的热导率之差较小，灵敏度低。

（2）桥流　不通载气不能加桥电流，否则热导池中的热敏元件易烧坏。增加桥流可提高灵敏度，但桥流增加，噪音也会变大，且使钨丝寿命缩短，所以在灵敏度够用的情况下，应尽量采取低桥流，以保护热敏元件。

（3）载气流速　热导检测器为浓度型检测器，在进样量一定时，峰面积与载气流速成反比。因此用峰面积定量时，需保持流速恒定。

（二）氢火焰离子化检测器

氢火焰离子化检测器利用有机物在氢焰的作用下，化学电离而形成离子流，通过测定离子流强度进行检测。具有灵敏度高，响应快，线性范围宽等优点。FID 一般只能测定含碳化合物，另外检测时试样被破坏。

1. 测定原理

有机化合物被载气携带，与氢气混合进入离子室。氢气在空气的助燃下，经引燃后进行燃烧，以产生的高温（约2100℃）火焰为能源，使有机化合物组分电离成正负离子。在氢火焰附近的收集极（阳极）和极化极（阴极）间具有电位差，形成一直流电场。产生的离子在收集极和极化极的外电场作用下定向运动而形成离子流。离子流强度与被测组分的量及性质有关。产生的电流经放大器放大后，在记录仪上得到色谱峰（图18-4）。

389

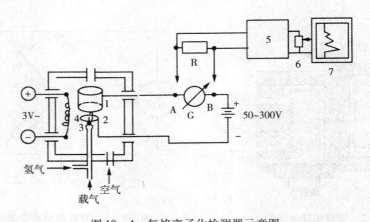

图 18-4 氢焰离子化检测器示意图

1. 收集极；2. 极化环；3. 氢火焰；4. 点火线圈；5. 微电流放大器；6. 衰减器；7. 记录器

氢火焰离子化检测器仅对含碳有机化合物有信号，主要用于有机物的分析，信号大小与进入检测器的组分含量有关；对在氢火焰中不电离的无机化合物，例如 H_2O、NH_3、CO_2、SO_2 等不能检测；对含硫、卤素、氧、氮、磷的有机物响应很小或没有响应。

2. 操作条件的选择

（1）气体及流量　氢焰检测器要使用 3 种气体。氮气为载气，氢气为燃气，空气为助燃气。三者流量关系一般为 $N_2 : H_2 : Air$ 为 $1 : 1 \sim 1.5 : 10$。

（2）载气流速　氢焰检测器为质量型检测器，峰高取决于单位时间引入检测器中组分的质量，在进样量一定时，峰高与载气流速成正比，因此用峰高定量时，需保持载气流速恒定。

390

（三）电子捕获检测器

电子捕获检测器是一种高选择性检测器，只对含有电负性强的原子的物质具有较高的灵敏度，如卤素化合物、含氧、硫、磷、氮、羰基、氰基等的有机化合物、金属有机化合物、金属配合物、多环芳烃等。元素的电负性越强，检测的灵敏度越高。

1. 测定原理

电子捕获检测器由电离室、放射源、收集电极组成，如图 18-5 所示。在检测器池体内，装有一个圆筒状 β 射线放射源（^3H 或 ^{63}Ni）作为负极，以一个不锈钢棒作为正极，在两极施加直流或脉冲电压，用聚四氟乙烯或陶瓷作绝缘器。β 放射源不断放射出 β 粒子，即初级电子。当载气（Ar 或 N_2）分子进入检测室时，不断受到 β 粒子轰击而离子化，形成了次级电子和正离子。在电场的作用下，初级和次级电子向阳极运动，并为阳极所收集，产生基始电流（基流），在记录器上产生一条平直的基线。当含电负性强的元素的物质进入检测器时，捕获这些自由电子，使基流下降，产生负信号，形成倒峰。组分浓度越大，倒峰越大。因此，电子捕获检测器为浓度型检测器。

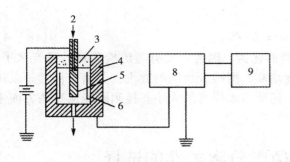

图 18 – 5 电子捕获检测器示意图

1 脉冲电源；2. 载气入口；3. 绝缘体；4. 阴极；5. 阳极；

6. 放射源；7. 载气出口；8. 放大器；9. 记录器

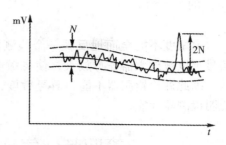

图 18 – 6 检测器的噪音和检测限

2. 操作条件的选择

（1）载气 电子捕获检测器可用氮气或氩气作为载气，最常用的是高纯度的氮气（纯度≥99.999%）。氮气中若含有微量 O_2 和 H_2O 等杂质，对检测器的基流和响应值会有很大的影响。可采用脱氧管等净化装置除去杂质。载气流速对基流和响应信号也有影响。

（2）流速 电子捕获检测器为浓度型检测器，当进样量一定时，峰高在常用载气流速范围内，即 40~100ml/min，与流速无关。但当流速大于 100ml/min 时，峰高会随着流速的增加而缓慢下降。

（四）检测器的性能指标

在气相色谱分析中，对检测器的要求主要有 4 个方面：灵敏度高；稳定性好，噪音低；线性范围宽；死体积小，响应快。

391

1. 灵敏度

灵敏度（sensitivity）又称响应值或应答值。是用来评价检测器质量或比较不同类型检测器时的重要指标。灵敏度常用两种方法表示，浓度型检测器常用 S_c、质量型检测器常用 S_m 表示。

S_c 为 1ml 载气携带 1mg 的某组分通过检测器时产生的电压，单位为 mV·ml/mg。

S_m 为每秒中有 1g 的某组分被载气携带通过检测器所产生的电压或电流值，单位为 mV·s/g 或 A·s/g。

2. 噪音和漂移

无样品通过检测器时，检测器输出的信号变化，即基线波动称为噪音（noise；N）。噪音可能来自仪器的电子线路方面、温度的波动、电源电压不稳定、检测器内流量变化以及检测器污染等因素。噪音的大小用测量基线波动的峰对峰的最大宽度来衡量，见图 18 – 6，单位一般用 mV 或 A 数表示。漂移（drift；d）通常指基线在单位时间内单方向缓慢变化的幅值，单位为 mV/h。

3. 检测限

检测限（detectability；D）或称敏感度（M），定义为某组分的峰高恰为噪音的 2 倍时，单位体积载气中所含该组分的量（mg/ml）或单位时间内载气带入检测器中该组分的质量（g/s）。检测限越小，检测器的性能越好。检测限与噪音（N）和灵敏度

(S) 的关系为：

$$D = 2N/S \qquad (18-4)$$

灵敏度不能全面地反映一个检测器的优劣，因为它没有考虑检测器的噪音水平。信号可以被放大器任意放大，使灵敏度增高，但噪音也同时放大，弱信号仍然难以辨认。因此评价检测器不能只看灵敏度，还要考虑噪音的大小。检测限能从这两方面来说明检测器性能。

第四节　气相色谱分离条件的选择

气相色谱法发展极为迅速，其主要原因之一就是气相色谱理论，特别是塔板理论和速率理论的发展，促进了高效能、高选择性色谱柱的发展，并指导了色谱操作条件的选择。

一、气相色谱速率理论

色谱速率理论方程式（16-40）将影响塔板高度的因素归纳成 3 项，即涡流扩散项 A、分子扩散项 B/u 和传质阻抗项 Cu。各项在气相色谱中的物理意义和影响因素如下：

1. 涡流扩散项

在填充柱色谱中，涡流扩散项 A 与填充物的平均直径 d_p 和填充物的填充不规则因子 λ 有关。

$$A = 2\lambda d_p \qquad (18-5)$$

d_p 与填充物颗粒大小有关，而 λ 与填充物颗粒大小、分布范围及填充均匀的程度有关。理论上讲，采用粒度较细，颗粒均匀的载体，填充均匀可以降低涡流扩散项，提高柱效。但颗粒太小柱很难填充均匀，且柱内径大小应与颗粒大小相配合。在气相色谱中，一般用的填充柱较长，不适宜用 d_p 太小的填料，而且颗粒细柱阻也大。因此填充柱多采用粒度 60~80 目或 80~100 目的填料。

空心毛细管柱只有一个流路，无多径扩散项，$A=0$。

2. 纵向扩散项

纵向扩散项也称分子扩散项。纵向扩散系数 B 与组分在载气中的扩散系数 D_g（单位 cm^2/s）和弯曲因子 γ 成正比：

$$B = 2\gamma D_g \qquad (18-6)$$

对于填充柱，由于填料的存在，使扩散遇到障碍，$\gamma < 1$，如硅藻土载体的 γ 为 0.5~0.7。空心毛细管柱因扩散无障碍，$\gamma = 1$。纵向扩散的程度与分子在载气中停留的时间及扩散系数 D_g 成正比。D_g 与载气的相对分子质量（M）的平方根成反比，与柱温（T）成正比，此外，与组分和载气性质、柱压有关，随柱压（P）增大而减小。

因此，为了缩短组分分子在载气中的停留时间，可采用较高的载气流速；为了降低 D_g，可选择 M 大的重载气（如 N_2）。但 M 大时，黏度大，柱压降大。因此，载气线速度较低时用氮气，较高时宜用氦气或氢气；降低柱温也有利于减小纵向扩散。

由于组分在气相中的分子扩散系数比其在液相中大 10^4~10^5 倍，因而在气液色谱中，组分在液相中的分子扩散可以忽略不计。

3. 传质阻抗项

它包括气相传质阻抗和液相传质阻抗，即：

$$Cu = (C_g + C_1)u \tag{18-7}$$

式中，C_g——组分在气相和气液界面之间进行质量交换时的气相传质阻抗系数；C_1——组分在气液界面和液相之间进行质量交换时的液相传质阻抗系数。

因在填充柱气相色谱中，C_g 很小，可以忽略不计，故 $C \approx C_1$。

$$C_1 = \frac{2k}{3(1+k)^2}\frac{d_f^2}{D_1} \tag{18-8}$$

式中，d_f——固定液的液膜厚度；D_1——组分在固定液中的扩散系数。

降低固定液液膜厚度（d_f）是减小传质阻抗系数的主要方法。在使载体表面能完全覆盖的前提下，适当减少固定液的用量，有利于减小 C_1。但固定液也不能太少，否则由于固定液易流失，柱寿命会缩短。C_1 反比于 D_1，而 D_1 又正比于柱温，因此提高柱温有利于降低传质阻抗。

由以上的讨论可以看出，载气的流速和种类、色谱柱的填充情况、固定相的粒度、固定液的液膜厚度、柱温等因素都会对柱效产生直接的影响。其中许多因素是互相矛盾、互相制约的，如增加载气流速，纵向扩散项的影响减小，但是传质阻抗项的影响却增加了。柱温升高有利于减少传质阻抗项，但是又加剧了分子扩散。因此应全面考虑这些因素的影响，选择适宜的色谱操作条件，才能达到预期的分离效果。

二、气相色谱实验条件的选择

根据色谱分离方程式（16-43），n、k、α 与分离度密切相关（图 16-14）。α 为两组分的分配系数或保留因子之比，与固定相、流动相的性质及柱温有关。在气相色谱法中，流动相对分离选择性的作用并不大，因此 α 主要受固定液性质的影响，只有选择适当的固定液，使两个组分的分配系数存在差别，才能实现分离。k 除了与固定相、流动相的性质及柱温有关外，还与固定液的用量有关。但对 k 影响最大的因素是柱温。影响 n 的因素已在气相色谱速率理论中讨论。在气相色谱中，固定相、柱温及载气的选择是分离条件选择的三个主要方面。

1. 色谱柱

固定相的选择已在前面叙述，这里主要讨论柱长和柱内径的选择。柱长加长能增加分离时间和理论塔板数 n，使分离度提高。但柱长过长，峰又反而变宽，柱阻也增加，并不利于分离。在不改变塔板高度（H）的条件下，分离度与柱长有如下关系：

$$\left(\frac{R_1}{R_2}\right)^2 = \frac{L_1}{L_2} \tag{18-9}$$

色谱柱内径增加会使柱效下降。填充柱内径常用 4~6mm。

2. 载气种类和流速

载气的选择首先要适应所用检测器的特点，如热导检测器用氢气或氦气作载气。其次要考虑载气对柱效和分析速度的影响。由速率理论方程可知，载气采用低线速时，宜用氮气为载气（D_g 小）；高线速时宜用氢气（黏度小）。色谱柱较长时，在柱内产生较大的压力降，此时采用粘度低的氢气较合适。为了缩短分析时间，往往使载气的线速度稍高于最佳流速。填充柱氮气的最佳使用线速度为 10 ~ 12cm/s；氢气为 15 ~ 20cm/s。

3. 柱温

柱温不能超过固定液最高使用温度，以免固定液流失。柱温对组分分离影响较大，提高柱温使组分的挥发加快，即分配系数减小，不利于分离。降低柱温，使组分在两相中的传质速度下降，峰形扩张，严重时引起拖尾，并延长分析时间。柱温的选择原则是：在使最难分离的组分得到分离的前提下，尽可能采用较低柱温，但以保留时间适宜及不拖尾为度。具体柱温按组分沸点不同而选择。

（1）高沸点混合物（300 ~ 400℃）　希望在较低的柱温下分析，可采用低固定液配比（1% ~ 3%）的色谱柱，用高灵敏度检测器，柱温可比沸点低 150 ~ 200℃，在 200 ~ 250℃柱温下分析。

（2）沸点 < 300℃ 的混合物　采用固定液配比为 5% ~ 25%，柱温在比平均沸点低 50℃ 至平均沸点的温度范围内选择。

（3）低沸点混合物（100 ~ 200℃）　采用固定液配比为 10% ~ 15%，柱温可以选择在平均沸点 2/3 左右。

（4）宽沸程混合物　一般采用程序升温（temperature programming）方法进行分析。程序升温是在一个分析周期内，按照一定程序改变柱温，使不同沸点的组分都能在各自合适的柱温下得到分离。程序升温可以是线性的，也可以是非线性的。

举例说明程序升温与恒定柱温分离沸程为 225℃ 的烷烃与卤代烃 9 个组分的混合物的差别。图 18 − 7a 为恒定柱温 $T_c = 45℃$，记录 30min 只有 5 个组分流出色谱柱，但低沸点组分分离较好。图 18 − 7b 为 $T_c = 120℃$，因柱温升高，保留时间缩短，低沸点成分峰密集，分离度降低。图 18 − 7c 为程序升温。由 30℃ 起始，升温速率为 5℃/min。使低沸点及高沸点组分都能在各自适宜的温度下分离。

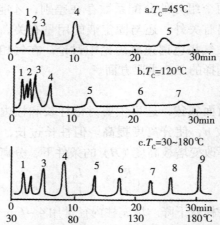

图 18 − 7　宽沸程混合物的恒温色谱与程序升温色谱分离效果的比较

1. 丙烷（−42℃）；2. 丁烷（−0.5℃）；3. 戊烷（−36℃）；4. 己烷（68℃）；5. 庚烷（98℃）；
6. 辛烷（126℃）；7. 三溴甲烷（150℃）；8. 间氯甲苯（162℃）；9. 间溴甲苯（183℃）

恒温色谱图与程序升温色谱图的主要差别是前者色谱峰的半峰宽随 t_R 的增大而增大，后者的半峰宽与 t_R 无关，即色谱峰具有等峰宽。

4. 其他条件的选择

（1）气化室温度　选择气化室温度取决于试样的挥发性、沸点范围、稳定性、进样量等因素。一般可等于试样的沸点或稍高于沸点，以保证试样迅速完全气化。但一般不要超过沸点 50℃以上，以防分解。气化室温度应高于柱温 30~50℃。

（2）检测室温度　为了使色谱柱的流出物不在检测器中冷凝污染检测器，检测室温度需高于柱温或等于气化室温度。

（3）进样时间和进样量　进样应在 1s 内完成。若进样时间过长，试样起始宽度变大，半峰宽变宽，甚至使峰变形。液体试样进样量应小于 10μl。进样量太多色谱柱会超载，引起峰变宽，峰形不正常。

三、衍生化法

衍生化的目的是：①将高沸点、强极性、热不稳定的化合物转变成易挥发、热稳定的化合物，适于气相色谱分析。②通过衍生物制备提高分离选择性，改善色谱峰形。③制备成适合一定检测器的衍生化产物，提高检测灵敏度。

常用的衍生化方法：①硅烷化，含有活泼氢的化合物如醇、硫醇、羧酸、胺类等，与烷基硅烷试剂发生反应，生成易挥发、热稳定的硅烷衍生物。②酰化，含有活泼氢的化合物（除羧酸外），与卤代酰氯、酸酐反应，生成易挥发、热稳定的酰化物。③酯化，羧酸与醇反应生成酯。④烷基化，含有活泼氢的化合物如醇、羧酸、磺酸、胺类等与烷基化试剂反应，生成相应的烷基化衍生物。衍生化法已广泛用于糖类、氨基酸、维生素、抗生素以及甾体药物的分析。

395

第五节　毛细管气相色谱法

色谱速率理论认为，气液填充柱相当于一束涂了固定液的毛细管，由于这束毛细管是弯曲与多路径的，致使涡流扩散严重，传质阻抗大，柱效低。1957 年 Golay 根据以上理论推断，把固定液直接涂在毛细管管壁上，而发明了开管毛细管柱（open tubular column）。现代气相色谱仪都既可做填充柱气相色谱又可以进行毛细管气相色谱，在设计上考虑了毛细管气相色谱的特殊要求。

一、毛细管气相色谱的特点

毛细管柱与填充柱相比，有以下一些特点：

（1）分离效能高　毛细管柱的理论塔板数比填充柱高得多。可以用毛细管柱的速率理论来解释。Golay 提出了毛细管柱的速率理论方程式，它是在 Van Deemter 方程式基础上改进而来的，称为 Golay 方程式：

$$H = B/u + C_g u + C_l u \qquad (18-10)$$

式中各项的物理意义及影响因素与填充柱的速率方程式相同。但由于毛细管柱是空心的，故其速率理论方程中的涡流扩散项为零；纵向扩散项中的弯曲因子 γ 为 1，

$B = 2D$；由于毛细管柱固定液体积小，相比高，液相传质阻抗系数 C_1 一般比填充柱小，气相传质阻抗常常是色谱峰扩张的重要因素。Golay 方程式表示如下：

$$H = \frac{2D_g}{u} + \frac{r^2(1 + 6k + 11k^2)}{24D_g(1 + k)^2}u + \frac{2kd_f^2}{3(1 + k)^2D_1}u \qquad (18 - 11)$$

式中，r——毛细管柱的内径。

由式 18 - 10 和式 18 - 11 可看出，①纵向扩散项随载气线速度增加而下降。②当 k 值一定时，柱内径越大，柱效越低。与填充柱比，毛细管柱的内径小，因此柱效高。③随载气线速度增加传质阻抗项增加，但与填充柱比较，毛细管柱的柱效降低不多，比填充柱适合于快速分析。④降低固定液液膜厚度 d_f 是提高柱效的重要方法，毛细管柱的液膜厚度一般是 $0.1 \sim 2\mu m$，填充柱一般 $10\mu m$。

另外，毛细管色谱可用比填充柱长得多的柱子，长至几十米到上百米，柱长与柱效成正比。是毛细管柱柱效高的重要原因。

（2）柱渗透率大，柱阻抗小　当柱长、线速度相等时，填充柱的柱压降比开管柱高 $10 \sim 400$ 倍。在相同柱前压下，开管柱平均线速度高，能进行快速分析。

（3）柱容量小　因其固定液液膜薄，涂渍的固定液只有几十毫克，是填充柱的几十至几百分之一，因此毛细管柱的柱容量小，最大允许的进样量很少，所以进样时要采取特殊的进样技术，一般采用分流进样。

（4）易实现气相色谱 - 质谱联用　这是由于毛细管柱的载气流速小，较易于维持质谱仪离子源的高真空度。

（5）应用范围广　毛细管色谱具有高效、快速、灵敏等特点，其应用遍及诸多学科和领域。在医药卫生领域中的应用有：药物中有机溶剂残留和农药残留量测定、中药中挥发性成分的分析、体液分析、药代动力学研究。

二、毛细管气相色谱柱

毛细管气相色谱柱的内径一般小于 1mm，可分为填充型和开管型两大类。填充毛细管柱是先在较粗的厚壁玻璃管中装入载体或吸附剂，然后再拉制成毛细管，这种毛细管柱现在已经很少应用；开管（口）型毛细管柱，又称为空心毛细管柱（capillary column），柱管的材料多为弹性石英，也有玻璃。按柱内壁的处理方法可分为：

（1）涂壁毛细管柱（wall coated open tubular column；WCOT）　这种毛细管柱把固定液直接涂渍在毛细管内壁上。现在多数毛细管柱是这种类型。

（2）多孔层毛细管柱（porous - layer open tubular column；PLOT）　在毛细管内壁上附着一层多孔固体，如熔融二氧化硅或分子筛等制成的。

（3）涂载体开管柱（support coated open tubular column；SCOT）　先在毛细管内壁上黏附一层载体，如硅藻土载体，在此载体上再涂以固定液。

无论是自制的还是商品毛细管柱，在使用之前都要对其性能进行评价。包括柱效、分离度、渗透性、分析速度、柱容量、涂渍效率、柱稳定性和柱寿命、柱的吸附效应和极性等。

（1）柱效　用每米理论塔板数或理论塔板高度表示柱效。由理论塔板数（n）和有效理论塔板数（n_{eff}）的定义及 $t_R = t_R' + t_0$，$k = t_R'/t_0$，导出：

$$n_{eff} = n(\frac{k}{k+1})^2 \qquad (18-12)$$

填充柱 k 较大，n_{eff} 与 n 差别较小。开管毛细管柱由于高相比，k 值小，n_{eff} 与 n 的差别大，所以，毛细管柱应该使用 n_{eff} 或 H_{eff} 表示柱效。

（2）柱容量　柱容量定义为柱超负荷引起柱效降低 10% 时的进样量。由于毛细管柱内径很细，液膜厚度只有 $0.2 \sim 1 \mu m$，相应的固定液只有几十毫克，因此进样量必须极小，一般液体进样 $1 \times 10^{-3} \sim 1 \times 10^{-2} \mu l$，气体进样 $10^{-7} \mu l$。

（3）涂渍效率　涂渍效率（$C_e\%$）是最小理论塔板高度占实际测定板高的百分比：

$$C_e\% = H_{min}/H \times 100\% \qquad (18-13)$$

涂渍效率表示色谱柱涂渍效率达到"理想性"的程度，与柱长无关。性能好的色谱柱涂渍效率在 80% ~ 100% 之间。

（4）热稳定性　固定液应该耐高温。可以用程序升温基线漂移大小评价柱的热稳定性。

（5）极性和吸附性　用分离不同极性和沸点的组分组成的"极性混合物"，能评价色谱柱的极性和吸附性能。极性混合物中的组分极性与沸点顺序相反，如乙醇（78.5℃）、甲乙酮（79.6℃）、苯（80.1℃）、环己烷（81.5℃）。在非极性柱上，组分按沸点顺序流出，沸点低的先出柱；在弱极性柱上，环己烷在苯前面出峰；在极性柱上，环己烷最先出峰，依次为丁酮、苯、乙醇。色谱柱表面的吸附性，常表现为色谱峰拖尾，主要看乙醇、丁酮等极性组分是否拖尾。

第六节　定性和定量分析方法

一、定性分析方法

定性分析，就是要确定待测试样的组成，判断各色谱峰代表什么组分。用气相色谱法通常只能鉴定范围已知的未知物，对范围未知的混合物单纯用气相色谱法定性则很困难。常需与化学分析或其他仪器分析方法配合。

1. 已知物对照法

在相同的操作条件下，已知物和未知试样分别进样，若保留值相同，则二者有可能为同一化合物。

将适量的已知物对照品加入到试样中，混匀，进样。对比加入前后的色谱图，若加入后某色谱峰相对增高，则该色谱组分与对照品可能为同一物质。由于所用的色谱柱不一定适合于对照品与待定性组分的分离，即使为两种物质，也可能产生色谱峰叠加现象。为此，需再另选一根与上述色谱柱极性差别较大的色谱柱，再进行实验。若在两根柱上该色谱峰都产生叠加现象，一般可认为二者是同一物质。

2. 利用相对保留值定性

相对保留值 r_{is} 是待定性组分（i）与参考物质（s）的调整保留值之比。对于一些组分比较简单的已知范围的混合物，在无已知物的情况下，可用此法定性。分别测定各组分的 r_{is}，与色谱手册相同实验条件下的数据对比进行定性。

3. 利用保留指数定性

许多手册上都刊载各种化合物的保留指数，只要固定液及柱温相同，就可以利用手册数据对物质进行定性。保留指数的有效数字为三位，其准确性和重复性都很好（相对误差 <1%），是气相色谱定性的重要方法。

4. 利用化学反应定性

把色谱柱的流出物（待鉴定的组分），加入到官能团分类试剂溶液中，观察溶液是否反应（颜色变化或产生沉淀），判断该组分含什么官能团或属于哪类化合物。再参考保留值，便可粗略定性。

若用热导检测器，可将尾气直接通入装有官能团分类试剂溶液的试管中。若用氢火焰检测器必须在色谱柱和检测器之间装上柱后分流阀，接收组分。

5. 利用两谱联用定性

气相色谱法分离混合物效能高，但仅用色谱数据定性有一定的困难。红外吸收光谱、质谱及核磁共振波谱法等是鉴别未知物结构的有效工具，但对所分析的样品的纯度有一定的要求。因此，色谱与质谱、光谱的联用，是解决复杂未知物定性问题的最有效的方法。如：气相色谱 – 质谱联用（GC – MS）在获得色谱图的同时，可得到对应于每个色谱峰的质谱图，根据质谱对每个色谱组分进行定性；气相色谱 – 红外光谱联用获得的红外吸收峰的特征性强，也是一种很好的定性方法。

二、定量分析方法

气相色谱法对于多组分混合物既能分离，又能提供定量数据，迅速方便，定量精密度为 1% ~ 2%。在实验条件恒定时，峰面积与组分的含量成正比，因此可利用峰面积定量，正常峰也可用峰高定量。

（一）定量校正因子

同一物质在不同类型的检测器上有不同的响应值，而不同的物质在同一种检测器上的响应值也不相同，为了使检测器产生的响应讯号能真实地反映出物质的含量，就要对响应值进行校正，因此引入定量校正因子。校正后的峰面积或峰高可以定量地代表物质的量。

定量校正因子分为绝对定量校正因子和相对定量校正因子。绝对定量校正因子定义为：

$$f_i = \frac{m_i}{A_i} \qquad (18-14)$$

绝对定量校正因子 f_i' 是单位峰面积所代表的物质 i 的量，其值随操作条件变化。所以在定量分析中都使用相对校正因子 f_i，即待测物质 i 和标准物质 s 的绝对校正因子之比：

$$f_i = \frac{f_i'}{f_s'} \qquad (18-15)$$

使用热导检测器用苯作标准物质，使用氢火焰离子化检测器时用正庚烷作标准物质。通常所指的校正因子都是相对校正因子。f_g（或 f_w）代表相对重量校正因子。

$$f_{\mathrm{g}} = \frac{f_{\mathrm{i}}'}{f_{\mathrm{s}}'} = \frac{A_{\mathrm{s}} m_{\mathrm{i}}}{A_{\mathrm{i}} m_{\mathrm{s}}}$$
$(18-16)$

式中，A_{i}、A_{s}——物质 i 和标准物质 s 的峰面积；m_{i}、m_{s}——物质 i 和标准物质 s 的质量。

（二）定量方法

气相色谱定量方法分为归一化法、外标法、内标法和内标对比法等。

1. 归一化法

由于组分的量与其峰面积成正比，如果试样中所有组分都能在检测器上产生信号，可用归一化法按下式计算各组分的含量 W（%）：

$$W(\%) = \frac{A_{\mathrm{i}} f_{\mathrm{i}}}{A_1 f_1 + A_2 f_2 + A_3 f_3 + \cdots\cdots + A_n f_n} \times 100\% = \frac{A_{\mathrm{i}} f_{\mathrm{i}}}{\sum A_{\mathrm{i}} f_{\mathrm{i}}} \times 100\%$$
$(18-17)$

若各组分的校正因子相近，可忽略校正因子的影响，由峰面积归一化法求出各组分的含量。

归一化法具有操作简便、进样量和操作条件（如流速等）变化对定量结果影响较小的优点。缺点是要求所有组分在一个分析周期内都流出色谱柱，而且检测器对它们要产生信号。该法不适于微量杂质的含量测定。

2. 外标法

用对照品配成一系列浓度的溶液，在相同的色谱条件下，分析对照品溶液和试样溶液。用峰面积或峰高对对照品的量（或浓度）作工作曲线，求出斜率、截距，然后计算试样的含量，称为工作曲线法。工作曲线的截距通常近似为零。若截距较大，说明存在一定的系统误差。若工作曲线线性关系好，截距近似为零，可用外标一点法（比较法）定量。

外标一点法是用一种浓度的对照品溶液对比测定试样溶液中 i 组分的含量。将对照品溶液与试样溶液在相同色谱条件下多次进样，测得峰面积的平均值，用下式计算试样中 i 组分的量：

$$m_{\mathrm{i}} = \frac{A_{\mathrm{i}}}{(A_{\mathrm{i}})_{\mathrm{s}}} (m_{\mathrm{i}})_{\mathrm{s}}$$
$(18-18)$

式中，m_{i}——试样溶液进样体积中所含 i 组分的质量；$(m_{\mathrm{i}})_{\mathrm{s}}$——对照品溶液在进样体积中所含 i 组分的质量；A_{i}——试样溶液进样体积中所含 i 组分的峰面积；$(A_{\mathrm{i}})_{\mathrm{s}}$——对照品溶液在进样体积中所含 i 组分的峰面积。

外标法的优点是操作、计算简便，不需要校正因子，不必加内标物，不论试样中其他组分是否出峰，均可对待测组分定量。分析结果的准确度主要取决于进样的准确性和操作条件的稳定性。此外，为了降低外标一点法的实验误差，应尽量使配制的对照品溶液的浓度与试样中组分的浓度相近。

3. 内标法

内标法是在试样中加入一种纯物质作为内标物，根据试样和内标物的质量及其在色谱图上相应的峰面积比，求出试样中待测组分的含量。例如要测定试样中组分 i 的质量分数 $c_{\mathrm{i}}\%$，内标物的质量为 m_{s}，试样重 m，则 $m_{\mathrm{i}} = f_{\mathrm{i}} A_{\mathrm{i}}$，$m_{\mathrm{s}} = f_{\mathrm{s}} A_{\mathrm{s}}$，有：

$$m_i = \frac{A_i f_i}{A_s f_s} m_s$$

$$W(\%) = \frac{A_i f_i}{A_s f_s} \frac{m_s}{m} \times 100\% \qquad (18-19)$$

由上式可看到，本法是通过测量内标物及待测组分的峰面积的相对值来进行计算的，因而由于进样量不准确或操作条件变化而引起的误差，都将同时反映在内标物及待测组分的峰面积上而得到抵消，所以可得到较准确的结果。这是内标法的主要优点。缺点是操作复杂，要寻找内标物和测定相对校正因子。

内标物的选择很重要，其选择的基本要求是：①内标物应是原试样中不存在的纯物质；②内标物的保留时间应与待测组分相近，分离度 $R \geqslant 1.5$；③加入内标物的量应该接近于被测组分的量。

例 18-1 无水乙醇中微量水分的测定

色谱条件 色谱柱：固定相为 401 有机载体，柱长：2m；柱温：120℃；气化室温度：160℃；检测器：TCD；载气：H_2，流速 40~50ml/min。

试样溶液的配制 准确量取无水乙醇 100ml，重 79.37g，用减重法加入无水甲醇 0.2572g，混匀。测得数据：水，$h=4.60cm$，$W_{1/2}=0.130cm$；甲醇，$h=4.30cm$，$W_{1/2}=0.187cm$。计算乙醇中水的百分含量（W/W）。

解：①用以峰面积表示的相对重量校正因子 $f_{H_2O}=0.55$，$f_{甲醇}=0.58$ 计算：

$$W_{H_2O}(\%) = \frac{1.065 \times 4.60 \times 0.130 \times 0.55}{1.065 \times 4.30 \times 0.187 \times 0.58} \times \frac{0.2572}{79.37} \times 100\% = 0.228\%$$

②用以峰高表示的相对重量校正因子 $f_{H_2O}=0.224$，$f_{甲醇}=0.340$ 计算：

$$W_{H_2O}(\%) = \frac{4.60 \times 0.224 \times 0.2572}{4.30 \times 0.340 \times 79.37} \times 100\% = 0.228\%$$

4. 内标对比法

先配制待测组分 i 的已知浓度的对照品溶液，加入一定量的内标物 s（相当于测定校正因子）；再将内标物按相同量加入至同体积试样溶液中，分别进样，由下式计算试样溶液中待测组分的浓度：

$$\frac{(A_i/A_s)_{样品}}{(A_i/A_s)_{对照}} = \frac{(c_i\%)_{样品}}{(c_i\%)_{对照}}$$

所以： $(c_i\%)_{样品} = \frac{(A_i/A_s)_{样品}}{(A_i/A_s)_{对照}} \times (c_i\%)_{对照} \qquad (18-20)$

对于正常峰，可用峰高 h 代替峰面积 A 计算。

该法具有内标法的优点，即进样量不准确或操作条件不稳定对测定结果影响较小。

例 18-2 曼陀罗酊剂含醇量的测定。

（1）对照品溶液的配制 准确吸取无水乙醇 5ml 及丙醇（内标物）5ml，置 100ml 量瓶中，加水稀释至刻度。

（2）试样溶液的配制 准确吸取试样 10ml 及丙醇 5ml，置 100ml 容量瓶中，用水稀释至刻度。

（3）测定方法 将对照品溶液与试样溶液分别进样三次，每次 2μl，测其峰高比平均值。

测得数据：对照品溶液、试样溶液中待测物与内标的峰高比平均值分别为 13.3/6.1 及 11.4/6.3。

解：$W_{乙醇}$（%）$= \dfrac{(11.4/6.3) \times 10}{(13.3/6.1)} \times 5.00\% = 42\%$

第七节　气相色谱-质谱联用技术

气相色谱具有分离效率高，定量分析简便的特点，但定性能力不足；质谱法具有灵敏度高，结构鉴定能力强等特点，但对试样的纯度要求较高，缺乏必要的分离能力。因此将气相色谱与质谱联用可以相互取长补短，以气相色谱仪充当质谱仪的连续进样器，试样经色谱分离后以纯物质形式进入质谱仪；而质谱仪又可充当气相色谱仪的特殊检测器。质谱能检出几乎全部化合物，且检测灵敏度高。所以，气相色谱-质谱联用（gas chromatography - mass spectrometer，GC - MS）技术既发挥了色谱法的高分离能力，又发挥了质谱法的高鉴别能力。

（一）GC - MS 系统的组成

GC - MS 系统主要由色谱单元、接口、质谱单元和仪器控制和数据处理系统四部分组成。

1. 色谱单元

在色谱单元，混合物试样在合适的色谱条件下被分离成单个组分，然后通过一个适当的接口进入质谱仪进行鉴定。GC - MS 中的色谱仪除应能实现复杂试样的高效分离外，还应在以下一些方面满足质谱仪的一些特殊要求：

（1）柱型　由于填充柱柱径大，载气流量大，不适于与质谱直接连接，需配备专门的接口才能使用。毛细管柱柱径小，载气流量小，可以通过接口直接导入质谱仪，或经分流后通过接口导入质谱仪或导入喷气式接口后进入质谱仪。

（2）固定液　除满足样品分离的要求外，必须采用充分老化或限制使用温度的方法，避免固定液的流失以降低质谱检测的噪音。

（3）载气　要求化学惰性，对质谱检测无干扰。通常使用氦气作载气，纯度在 99.995% 以上。

（4）进样量　正常的试样量应该不致使分离度降低为限。

2. 接口

接口也称分子分离器，是 GC - MS 联用系统的重要组成部分。气相色谱和质谱就是通过接口连接起来的。通常色谱柱出口的压力为 10^5Pa，而质谱仪则必须保证在高真空条件下工作。接口技术主要就是要解决色谱单元和质谱单元的压力不相容性。

GC - MS 对接口的一般要求是：①接口应能使色谱分离后的各组分尽可能多地进入质谱仪，使载气尽可能少地进入质谱仪。②维持离子源的高真空，但不能影响色谱仪的分离柱效和色谱分离结果。③组分在通过接口时应不发生化学变化。④接口对组分的传递应具有良好的重现性。⑤接口的控制操作应简单、方便、可靠。⑥接口应尽可能短，以使组分能快速通过。

常见的接口技术主要有：直接导入型接口、喷射式浓缩型接口和开口分流型接口，其中直接导入型接口应用较为广泛。

3. 质谱单元

可以是磁式质谱仪、四极质谱仪，也可以是飞行时间仪（TOF）、离子阱质谱仪和傅里叶变换质谱仪（FT-MS）等。目前使用最多的是四极质谱仪。离子源主要是电子轰击源（EI）和化学电离源（CI）。

对质谱仪的要求：①质谱仪的灵敏度应与色谱系统匹配；②质谱仪真空系统的抽气速度能适应进入质谱仪的载气流量，即不应使仪器的真空度严重下降；③质谱仪的分辨率应满足要求；④扫描速度应与色谱峰流出速度相适应。

4. 仪器控制和数据处理系统

计算机系统是 GC-MS 的另外一个组成部分，它交互式控制着气相色谱、接口和质谱仪。仪器的主要操作都由计算机控制进行，包括利用标准试样校准质谱仪、设置色谱和质谱的工作条件、数据的采集和处理以及库检索等，而且所得信息都由计算机储存，根据需要可获得各种信息。

（二）气质联用所提供的信息

1. 色谱保留值

只要在色谱柱后加一个适当的检测器，便能够得到保留值数据。色谱保留值常可作为质谱鉴定的辅助信息。

2. 总离子流色谱图（TIC）

即混合物的色谱图。是由质谱中所有质荷比（m/z）丰度加和所获得的色谱图。一般以二维平面图形式表示，其横坐标可为时间，也可为扫描次数；纵坐标为丰度，即离子流强度。在总离子流色谱图中，对应于某时间点的峰高是该时间点流进的组分的所有质荷比的离子强度的加和。

3. 质量色谱图（MC）

是在一次扫描中，具有某质荷比的离子强度随时间变化的记录。由于 MC 对离子质量进行了选择，可以使 TIC 图中重叠的两组分达到分离的目的。

4. 选择离子监测（SIM）

GC-MS 检测时，对预先选定的某个或某几个特征质量峰进行单离子监测或多离子监测，而获得的某种或几种质荷比的离子流强度随时间的变化曲线。选择离子监测图能够对某些未分开的色谱峰进行分辨。

5. 质谱图

是表示母离子和碎片离子的相对强度与质荷比之间关系的棒图。它能给出物质相对分子质量和结构特征的信息。

习　题

1. 气相色谱仪主要包括哪几部分？简述各部分的作用。
2. 对气相色谱固定液有哪些基本要求？固定液如何分类？试举出几种常用固定液。
3. 在气相色谱分析中，应如何选择载气流速与柱温？
4. 说明氢焰、热导和电子捕获检测器各属于哪种类型的检测器，它们的优缺点以及应用范围。

5. 什么是检测限？用检测限评价检测器的性能，为什么比用灵敏度好？

6. 简述速率理论在气相色谱中的表达式以及在分离条件选择中的应用。

7. 什么是分离度？气相色谱法中影响分离度的因素有哪些？柱温与固定相如何影响分离度？

8. 什么是程序升温？什么试样需进行程序升温？程序升温有什么优点？程序升温色谱图与恒温色谱图有什么差别？

9. 毛细管柱气相色谱有什么特点？毛细管柱为什么比填充柱有更高的柱效？

10. 气相色谱根据什么进行定性、定量分析？

11. 什么是相对重量校正因子？它与检测器的灵敏度有何关系？若不知被测组分的校正因子，可用什么方法定量？

12. 什么是内标法？内标法有何优缺点？如何选择内标物？

13. 什么是气相色谱 – 质谱联用？有什么优点？

14. 用一根 2m 长色谱柱将两种药物 A 和 B 分离，实验结果如下：空气保留时间 30秒，A 与 B 的保留时间分别为 230 秒和 250 秒，B 峰峰宽为 25 秒。求该色谱柱的理论板数，两峰的分离度。若将两峰完全分离，柱长至少为多少？

$$[1600，0.80，7m]$$

15. 有一含有四种组分的试样，用气相色谱法 FID 检测器测定含量，实验步骤如下：① 测定校正因子：准确配制苯（内标物）与组分 A、B、C 及 D 的纯品混合溶液，它们的质量分别为 0.435、0.653、0.864、0.864 及 1.760g。吸取混合溶液 $0.2\mu l$，进样三次。测得平均峰面积分别为 4.00、6.50、7.60、8.10 及 15.0 面积单位。② 测定试样：在相同的实验条件下，取试样 $0.5\mu l$，进样三次。测得 A、B、C 及 D 的峰面积分别为 3.50、4.50、4.00 及 2.00 面积单位。求：各种组分的相对重量校正因子、各组分的质量分数。

$$[相对重量校正因子：f_A = 0.924、f_B = 1.04、f_C = 0.981、f_D = 1.08。质量分数：$$
$$A\% = 23.1\%、B\% = 33.6\%、C\% = 28.0\%、D\% = 15.4\%。]$$

16. 化学纯二甲苯为邻、间及对位二甲苯三种异构体的混合物，用气相色谱法分析如下：

色谱条件　色谱柱：有机皂土 – 34 + DNP/101 载体（4 + 4/100，W/W），柱长 2m；柱温：70℃；检测器：TCD，100℃；载气：H_2，流速：36ml/min。

测得数据　对二甲苯：$h = 4.95cm$，$W_{1/2} = 0.92cm$；间二甲苯：$h = 14.40cm$，$W_{1/2} = 0.98cm$；邻二甲苯：$h = 3.22cm$，$W_{1/2} = 1.10cm$。用归一化法计算它们的百分含量。

$$[20.5\%，63.5\%，16.0\%]$$

17. 测定冰醋酸的含水量。取冰醋酸 52.16g，加入甲醇（内标物）0.4896g。测得水峰高为 16.30cm，半峰宽为 0.159cm，甲醇峰高 14.40cm，半峰宽为 0.239cm。用内标法计算冰醋酸的含水量（以峰面积表示的相对重量校正因子 $f_{H_2O} = 0.55$，$f_{甲醇} = 0.58$）。

$$[0.670\%]$$

18. 用外标法测定试样中化合物 A 的含量。精密称取 A 对照品 0.0121g 于 50ml 量

403

瓶中，加水溶解并稀释至刻度，制成对照品溶液。精密称取试样 0.5012g 于 25ml 量瓶中，加水溶解并稀释至刻度，制成供试品溶液。测得对照品溶液中 A 的色谱峰面积为 2.42cm²，供试品试样溶液中 A 的峰面积为 4.60cm²。计算试样中 A 的质量分数。

[2.29%]

19. 用气相色谱法测定酊剂中冰片的含量。对照品溶液的配制：精密量取冰片对照品溶液 0.4ml（含冰片 20mg/ml，以甲苯为溶剂），精密加入内标液 1.0ml（12mg/ml 萘），用甲苯稀释至 10ml；供试品溶液的配制：精密量取酊剂 2.0ml，精密加入萘内标液 1.0ml，用甲苯 4ml 萃取两次，合并萃取液并定容至 10ml。测得对照品溶液中冰片和萘的色谱峰面积分别为 1.42cm² 和 1.56cm²，供试品溶液中冰片和萘的色谱峰面积分别为 1.72cm² 和 1.50cm²，用内标对比法计算酊剂中冰片的浓度。

[5.04mg/ml]

（郭兴杰）

第十九章 CHAPTER

高效液相色谱法

高效液相色谱法（high performance liquid chromatography；HPLC）起源于经典液相色谱法，是现代分析化学中最重要的分离分析方法之一。20世纪60年代末，吉丁斯（Giddings）等人将气相色谱法的理论和实验技术应用于液相色谱法，并采用高压泵输送流动相，使用高效固定相及高灵敏度检测器等新技术，使高效液相色谱法迅速发展起来。它具有：①分离效率高；②检测灵敏度高；③选择性好；④分析速度快；⑤适用范围广；⑥仪器操作自动化等特点。典型高效液相色谱法的流程如图19-1所示。

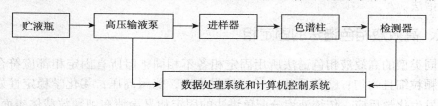

图19-1 高效液相色谱法流程示意图

与经典液相色谱法相比，高效液相色谱法具有下列主要优点：①高效。由于应用了细粒度的高效固定相（一般为$10\mu m$以下）和均匀填充技术，高效液相色谱法的分离效率极高，柱效板数一般可达$10^4/m$；②高速。由于采用高压输液泵输送流动相、梯度洗脱装置及在线检测等手段，一般试样的分析仅需数分钟，复杂试样分析在数十分钟内即可完成；③高灵敏度。紫外检测器、荧光检测器、电化学检测器等高灵敏度检测器的广泛使用，大大提高了高效液相色谱法的检测灵敏度。紫外检测器最低检测限可达$10^{-9}g$，而荧光检测器最低检测限可达$10^{-12}g$。④高度自动化。现代先进的高效液相色谱仪配有色谱工作站，能够实现对仪器的程序软件控制，可以自动处理数据、绘图及打印分析结果，使之成为高度自动化的仪器。

与气相色谱法相比，高效液相色谱法具有下列主要优点：①不受试样的挥发性和热稳定性的限制，应用范围广；②可选用不同性质的各种溶剂作为流动相，因此分离的选择性大大提高；③一般在室温条件下进行分离，不需要高柱温；④高效液相色谱法易于收集流出的组分，可利用制备柱进行较大量的制备。

高效液相色谱法已广泛应用于各种药物及其制剂的分析测定，尤其在生物样品、中药等复杂体系的成分分离分析中发挥着极其重要的作用。随着多维色谱技术及色谱与质谱（MS）、核磁共振波谱（NMR）等联用技术的发展，高效液相色谱法的应用将更加广泛。

第一节　高效液相色谱法的主要类型及其固定相和流动相

一、高效液相色谱法的主要类型

近年来高效液相色谱法的发展非常迅猛，在经典液相色谱各类方法的基础上，高效液相色谱又有许多新方法不断涌现和完善。但高效液相色谱法的主要类型与经典液相色谱法相似。按固定相的聚集状态包括液－液色谱法（LLC）和液－固色谱法（LSC）两大类；按分离机制可分为分配色谱法、吸附色谱法、离子交换色谱法、分子排阻色谱法四类基本类型色谱法；按流动相和固定相的特征可分为正相色谱法和反相色谱法；按分离目的可分为分析型液相色谱法和制备型液相色谱法。除此之外，高效液相色谱法还包括许多与分离机制有关的色谱类型，如亲和色谱法、手性色谱法、胶束色谱法、电色谱法和生物色谱法等。目前高效液相色谱法中最常用的固定相是化学键合相，故又将这些方法称为化学键合相色谱法。本章主要讨论常见的化学键合相色谱法及由其衍变和发展而成的离子抑制色谱法和离子对色谱法，并简单介绍其他几种液相色谱法。

二、高效液相色谱法的固定相

不同类型的高效液相色谱法所用固定相各不相同，但所有固定相都应符合下列要求：①颗粒细且均匀；②传质快；③机械强度高，能耐高压；④化学稳定性好，不与流动相发生化学反应。传统液液分配色谱法的固定相是涂渍在细颗粒载体表面的液体，但这些在现代 HPLC 中几乎被淘汰。HPLC 中液固吸附色谱法的固定相主要是全多孔型硅胶和高分子多孔微球。目前 HPLC 中应用最多的是化学键合相固定相，下面对其进行重点讨论。

化学键合相是通过化学反应将有机基团键合在载体表面构成的固定相，简称键合相。以化学键合相为固定相的色谱法称为化学键合相色谱法，简称键合相色谱法。键合相色谱法在现代 HPLC 中占有极其重要的地位，适用于分离几乎所有类型的化合物，是应用最广的色谱法。

（一）常用化学键合相的种类和性质

1. 常用化学键合相的种类

化学键合相的种类很多，如键合型离子交换剂、手性固定相及亲和色谱固定相等。但是最常用的是反相和正相键合相色谱法中的化学键合相。按照所键合基团的极性不同可将其分为非极性、弱极性和极性键合相三类。

（1）非极性键合相　这类键合相表面基团为非极性烃基，如十八烷基（C_{18}）、辛烷基（C_8）、甲基（C_1）与苯基等。十八烷基硅烷（ODS 或 C_{18}）键合相是最常用的非极性键合相。它是由十八烷基硅烷试剂与硅胶表面的硅醇基经多步反应生成的键合相。非极性键合相通常用于反相色谱。

非极性键合相的烷基长链对溶质的保留、选择性和载样量都有影响。长链烷基可使溶质的 k 增大，分离选择性改善，使载样量提高，并且长链烷基键合相的化学稳定性也更好，因此十八烷基键合相（ODS）是现代 HPLC 中应用最广泛的固定相。非极性的短链烷基键合相的分离速度较快，对于极性化合物可得到对称性较好的色谱峰，苯基键合相的性质和短链烷基键合相性质相似。

（2）弱极性键合固定相　常见的有醚基和二羟基键合相，这种键合相可作为正相或反相色谱的固定相，视流动相的极性而定。目前这类固定相应用较少。

（3）极性键合相　常用氨基、氰基键合相，是分别将氨丙硅烷基（$\equiv Si(CH_2)_3NH_2$）及氰乙硅烷基 $[\equiv Si(CH_2)_2CN]$ 键合在硅胶载体上制成。它们一般都用作正相色谱的固定相，但有时也用于反相色谱。

氰基键合相是质子接受体，分离选择性与硅胶相似，与双键化合物可能发生选择性作用，因而对双键异构体或含双键数不同的环状化合物有较好的分离能力。一些在硅胶上不能分离的极性较强的化合物也可在氰基键合相上分离。

氨基键合相与酸性硅胶具有不同的性能，兼有氢键接受和给予两种性能。氨基键合相上的氨基可与糖分子中的羟基发生选择性作用，因此在糖的分离分析中被广泛使用。在酸性介质中它还是一种弱阴离子交换剂，能分离核苷酸。值得注意的是，氨基键合相不宜分离带羰基的物质，如甾酮、还原糖等；流动相中也不得含有羰基化合物，这是因为氨基可与醛或酮发生化学反应。

2. 化学键合相的性质和特点

（1）键合反应　目前使用的化学键合相主要为硅氧烷（Si—O—Si—C）型键合相，是以氯硅烷与硅胶载体进行硅烷化反应而制得。以 ODS 为例，是以十八烷基氯硅烷与硅胶表面的硅醇基反应键合而成，反应式如下：

$$\begin{array}{c} | \\ -Si-OH \\ | \end{array} + \begin{array}{c} R_1 \\ | \\ Cl-Si-C_{18}H_{37} \\ | \\ R_2 \end{array} \longrightarrow \begin{array}{c} R_1 \\ | \\ \equiv Si-O-Si-C_{18}H_{37} \\ | \\ R_2 \end{array} + HCl$$

如果试剂中一个 R 或两个 R 均为 Cl，则还可与另外的硅醇基反应生成硅氧烷键。

一般键合相代号的前部代表载体，后部为键合基团，如国产 YWG – $C_{18}H_{37}$ 为无定形硅胶 YWG 上键合了十八硅烷基；又如 Waters 公司的 Spherisorb ODS 为球形硅胶 Spherisorb 上键合了 ODS。

近年来，除了键合基团的改变外，对硅胶载体也进行了许多改进，如出现了在硅胶基质内键合了桥式乙烷的硅－碳杂化硅胶，以此为载体的键合相机械强度有显著提高，能耐更高的 pH，柱效更高。

（2）含碳量和覆盖度　键合相表面基团的键合量，可通过对键合硅胶进行元素分析，用含碳的百分数表示。例如十八烷基键合相的含碳量可以在 5% ～40% 的范围。基团的键合量也可用表面覆盖度表示，即参加反应的硅醇基数目占硅胶表面硅醇基总数的比例。由于键合基团的空间位阻效应，使硅醇基不能全部参加键合反应，因此残余硅醇基是不可避免的。残余硅醇基对键合相特别是非极性固定相的性能影响很大，它可以减弱键合相表面的疏水性，对极性溶质产生次级化学吸附，使保留机制复杂化。

407

而且覆盖度的变化又是影响键合相产品性能重复性的重要因素。为减少残余硅醇基，一般在键合反应后，要用三甲基氯硅烷等进行钝化处理，即封尾。封尾后的 ODS 吸附性能降低，稳定性增加。

（3）键合相的特点　键合相有如下优点：①化学稳定性好，使用过程中不流失，柱寿命长；②均一性和重现性好；③柱效高，分离选择性好；④适于梯度洗脱；⑤载样量大。

应该注意的是：①使用硅胶基质的化学键合相时流动相中水相的 pH 应维持在 2 ~ 8，否则会引起硅胶溶解，但硅 - 碳杂化硅胶等为基质的键合相可用于很宽的 pH 范围（如 pH2 ~ 12）；②不同厂家、不同批号的同一类型键合相也可能表现不同的色谱特性。

（二）其他种类的固定相

1. 键合型离子交换剂

以硅胶为载体的键合型离子交换剂是在全多孔（或薄壳型）硅胶的表面，用化学方法键合上各种离子交换基团。这类离子交换剂具有耐压、化学和热稳定性好、分离效率高等优点，但其交换容量比离子交换树脂小，而且不宜在 pH >9 的流动相中使用。常用的阳离子型键合相是强酸性磺酸型（—SO₃H），如国产 YWG – SO₃H 和进口 Hypersil SAX 等，常用阴离子型键合相是季铵盐型（—R₃NCl），如 YWG – R₃NCl 和 Hypersil SCX 等。此外还有弱酸（碱）型离子交换剂，它们的离子交换基团的离解在 pH4 ~ 8 之间受 pH 影响很大。而强酸（碱）型离子交换剂的交换基团在很宽的 pH 范围内均能完全离解。

2. 手性固定相（CSP）

用于 HPLC 的手性固定相很多，根据键合的手性选择物的结构特征和手性分离机制，可以分类为蛋白类 CSP、多糖 CSP、环糊精 CSP、π - 氢键型 CSP、大环抗生素类 CSP、配体交换 CSP 以及其他类型 CSP。

蛋白类 CSP 有键合的 α_1 - 酸性糖蛋白（AGP）、清蛋白和卵类蛋白。蛋白质的一级结构中有数百个手性中心，加上其二级螺旋和三级结构，使其具有很强的手性识别能力，可拆分酸、碱或非离子型化合物的对映体；也可通过改变流动相的 pH、有机调节

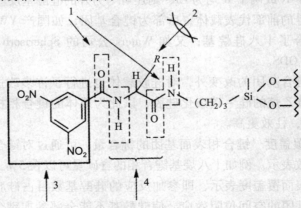

图 19 - 2　Pirkle CSP 立体选择性作用示意图
1. 偶极 - 偶极作用；2. 立体位阻；3. π - π 作用；4. 氢键作用

剂的类型和含量，以及离子强度等来改善分离。但其载样量小、稳定性差且价格昂贵。
π-氢键型手性固定相又称刷型 CSP，是一种合成手性固定相。其中最常见的 Pirkle 型
是以苯甘氨酸或亮氨酸的 3,5-二硝基苯甲酰衍生物等有光学活性的有机小分子键合在
氨丙基硅胶上而制得，它与对映异构体之间的作用力一般认为有 π-π 相互作用、氢键
作用和偶极-偶极作用等。图 19-2 是这种 CSP 立体选择性作用的示意图，它是目前
适用范围广、柱容量较高的 CSP。

3. 亲和色谱固定相

由载体和键合在其上的配基组成，为了避免载体的立体障碍，使溶质能更好地接
近配基，在配基和载体之间还有一适宜长度的间隔臂。高效亲和色谱固定相的载体是
小粒径的刚性或半刚性的惰性物质，多孔硅胶是使用最广的刚性载体，还有苯乙烯-
二乙烯基苯的聚合物全多孔微球等。配基可分为生物特效性配基和基团配基两大类。
有生物专一性作用的体系，如抗体-抗原、酶-底物、激素-受体等的任何一方都可
键合在载体上，作为分离另一方的配基。图 19-3 是胞嘧啶核苷酸（CMP）配基，通
过丁二酸间隔臂，键合到氨丙基硅胶载体上构成亲和色谱固定相。它可用于细胞色素
C、核糖核酸酶、溶菌酶等多种蛋白质的纯度分析。

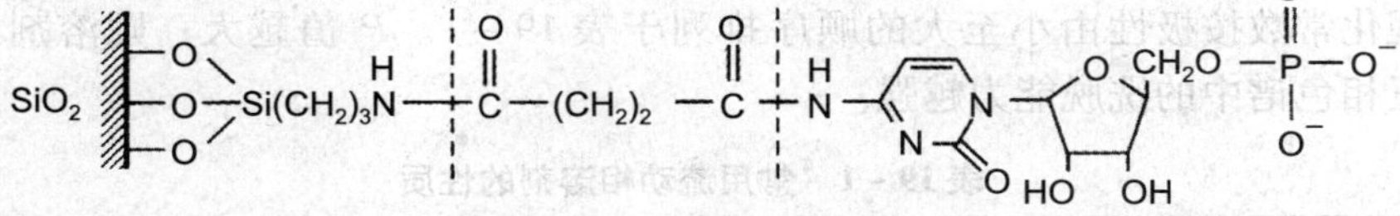

氨丙基硅胶载体　　　　　　间隔臂　　　　　　　CMP配基

图 19-3　胸嘧啶核苷酸（CMP）亲和色谱固定相

三、高效液相色谱法的流动相

HPLC 对流动相的基本要求：①化学稳定性好，不与固定相发生化学反应；②对试
样有适宜的溶解度。要求 k 在 1~10 范围内，最好在 2~5 的范围内；③必须与检测器
相适应。例如用紫外检测器时，只能选用截止波长小于检测波长的溶剂；④纯度要高，
黏度要低。低黏度流动相如甲醇、乙腈等可以降低柱压，提高柱效。

流动相使用之前，需用微孔滤膜滤过，除去固体颗粒；还要进行脱气。

（一）流动相对分离的影响

第十八章曾用分离方程式讨论各种因素对 GC 分离的影响。现在，同样可用该方程
式讨论 HPLC 中流动相对分离的影响。分离方程式为：

$$R = \frac{\sqrt{n}}{4} \cdot \frac{\alpha - 1}{\alpha} \cdot \frac{k_2}{1 + k_2}$$

在 HPLC 中，n 由固定相及色谱柱填充质量决定，α 主要受溶剂种类的影响，k 受
溶剂配比的影响。因为不同种类的溶剂，分子间的作用力不同，有可能使被分离的两
个组分的分配系数不等，即 $\alpha \neq 1$ 而产生分离。改变流动相中各种溶剂的配比，能改变
其洗脱能力，组分的 k 也改变。增加流动相中强溶剂的比例，其洗脱能力增强，使 k 变
小。下面讨论键合相色谱中溶剂的强度和选择性。

（二）溶剂的强度和选择性

1. 溶剂的极性和强度

在化学键合相色谱法中，溶剂的洗脱能力即溶剂强度直接与它的极性相关。在正相色谱中，由于固定相是极性的，所以溶剂极性越强，洗脱能力也越强，即极性强的溶剂是强溶剂。在反相键合相色谱中，由于固定相是非极性的，所以溶剂的强度随流动相极性的降低而增加，即极性弱的溶剂洗脱能力强。例如，已知甲醇的极性比水的极性弱，所以在以 ODS 为固定相的反相色谱中，甲醇的洗脱能力比水强。

描述溶剂极性的方法有数种，最实用的是斯奈德（Snyder）提出的溶剂极性参数，它是根据罗胥那德（Rohrschneider）的溶解度数据推来的，因此可度量分配色谱的溶剂强度。它表示溶剂与三种极性物质乙醇（质子给予体）、二氧六环（质子受体）和硝基甲烷（强偶极体）相互作用的度量。将罗氏提供的极性分配系数（K_g''）以对数的形式表示，纯溶剂的极性参数（P'）定义为：

$$P' = \lg(K_g'')_e + \lg(K_g'')_d + \lg(K_g'')_n \tag{19-1}$$

式中，$(K_g'')_e$、$(K_g'')_d$ 和 $(K_g'')_n$ ——分别表示溶剂与乙醇、二氧六环和硝基甲烷相互作用时的极性分配系数。为方便溶剂选择，现将高效液相色谱常用溶剂的极性参数及主要理化常数按极性由小至大的顺序排列于表 19-1。P' 值越大，则溶剂的极性越强，在正相色谱中的洗脱能力越强。

表 19-1　常用流动相溶剂的性质

溶剂	折光率（25℃）	黏度（cp）	沸点（℃）	极性参数 P'
环己烷	1.423	0.90	81	0.04
正己烷	1.372	0.30	69	0.1
异丙醚	1.365	0.38	68	2.4
甲苯	1.494	0.55	110	2.4
四氢呋喃	1.405	0.46	66	4.0
三氯甲烷	1.443	0.53	61	4.1
乙醇	1.359	1.08	78	4.3
乙酸乙酯	1.370	0.43	77	4.4
甲醇	1.326	0.54	65	5.1
乙腈	1.341	0.34	82	5.8
水	1.333	0.89	100	10.2

反相键合相色谱法的溶剂强度常用另一个强度因子 S 表示。常用溶剂的 S 值列于表 19-2，比较表 19-2 与表 19-1 的数据和顺序可见，在正、反相色谱法中，溶剂的洗脱能力大体相反。例如，在正相洗脱时，水的洗脱能力最强（P' 最大，为 10.2），而在反相洗脱时，水的洗脱能力最弱（S 最小，为 0）。

表 19 - 2　反相色谱常用溶剂的强度因子 (S)

表 19 - 2　反相色谱常用溶剂的强度因子 (S)

水	甲醇	乙腈	丙酮	二噁烷	乙醇	异丙醇	四氢呋喃
0	3.0	3.2	3.4	3.5	3.6	4.2	4.5

2. 混合溶剂的强度

用于正相键合相色谱法的多元混合溶剂的强度，用极性参数 $P'_混$ 来表示，其值为各组成溶剂极性参数的加权和：

$$P'_混 = \sum_{i=1}^{n} P'_i \varphi_i \tag{19 - 2}$$

式中，P'_i，φ_i——为纯溶剂 i 的极性参数及该溶剂在混合溶剂中的体积分数。

反相色谱法的混合溶剂的强度因子用类似方法计算：

$$S_混 = \sum_{i=1}^{n} S_i \varphi_i \tag{19 - 3}$$

3. 溶剂的选择性

斯奈德（Snyder）以溶剂和溶质间的作用力作为溶剂选择性分类的依据，将选择性参数定义为：

$$X_e = \frac{\lg(K''_g)_e}{P'}, X_d = \frac{\lg(K''_g)_d}{P'}, X_n = \frac{\lg(K''_g)_n}{P'}$$

X_e、X_d、X_n 分别反映溶剂的质子接受能力、质子给予能力和偶极作用力。根据溶剂的选择性参数 X_e、X_d、X_n 的相似性，将常用溶剂分为 8 组（表 19 -3），并得到溶剂选择性分类三角形（图 19 -4）。

表 19 - 3　部分溶剂的选择性分组

组别	溶剂
I	脂肪醚、三烷基胺、四甲基胍、六甲基磷酰胺
II	脂肪醇
III	吡啶衍生物，四氢呋喃，酰胺（甲酰胺除外），乙二醇醚，亚砜
IV	乙二醇，苄醇，醋酸，甲酰胺
V	二氯甲烷，二氯乙烷
VI（a）	三甲苯基磷酸酯，脂肪族酮和酯，聚醚，二氧六环
（b）	砜，腈，碳酸亚丙酯
VII	芳烃，卤代芳烃，硝基化合物，芳醚
VIII	氯代醇，间苯甲酚，水，三氯甲烷

由图 19 -4 可见，I 组溶剂 X_e 值较大，属于质子接受体溶剂；V 组溶剂 X_n 最大，属偶极中性化合物；VIII 组溶剂的 X_d 值较大，属于质子给予体溶剂。处于同一组中的各溶剂的作用力类型相同，在色谱分离中具有相似的选择性，而处于不同组别的溶剂，其选择性差别较大。采用不同组别的溶剂为流动相，能够改变色谱分离的选择性。

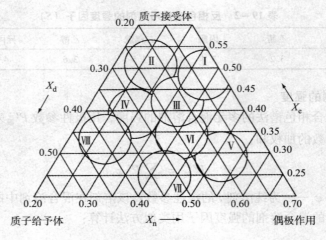

图 19 - 4 溶剂选择性分类三角形

四、正相化学键合相色谱法

与液液分配色谱法相类似，根据化学键合相与流动相极性的相对强弱，键合相色谱法可分为正相（normal phase；NP）和反相（reversed phase；RP）键合相色谱法。至今对键合相色谱的选择性相互作用本质的认识尚不统一，对保留机制的解释也存在争议。以下介绍这方面的主要观点，重点在于阐述溶质的保留规律。

正相键合相色谱法采用极性键合相为固定相，如氰基（—CN）、氨基（—NH$_2$）或二羟基等键合在硅胶表面。以非极性或弱极性溶剂，如烷烃加适量极性调节剂如醇类作流动相，如正己烷 - 二氯甲烷、正己烷 - 异丙醇等。氰基键合相的分离选择性与硅胶相似，但其极性比硅胶弱，即流动相及其他条件相同时，同一组分在氰基柱上的保留比在硅胶柱上的保留弱。许多需用硅胶的分离，可用氰基键合相完成。

正相键合相色谱主要用于分离溶于有机溶剂的极性至中等极性的分子型化合物，大多数顺、反和邻位、对位异构体仍然要用正相色谱法来进行分离。正相键合相色谱的分离机制有各种不同的解释，通常认为属于分配过程，把有机键合层作为一个液膜看待，组分在两相间进行分配，极性强的组分的分配系数 K 大，t_R 也大。也有人认为是吸附过程，即溶质的保留主要是它与键合极性基团间的诱导、氢键和定向作用的结果。例如，用氨基键合相分离可形成氢键的极性化合物时，主要靠被分离组分与键合相的氢键作用强弱的差别而实现分离；若分离含有芳环等可诱导极化的弱极性化合物时，则键合相与组分间的作用，主要是诱导作用。

正相键合相色谱法的分离选择性决定于键合相的种类、流动相的强度和试样的性质。总的说来，在正相键合相色谱中，组分的保留和分离的一般规律是：极性强的组分的保留因子 k 大，后洗脱出柱。流动相的极性增强，洗脱能力增加，使组分 k 减小，t_R 减小；反之，k 增大，t_R 增大。

五、反相化学键合相色谱法

反相键合相色谱法采用非极性键合相为固定相，如十八烷基硅烷（C$_{18}$）、辛烷基

412

（C_8）等化学键合相，有时也用弱极性或中等极性的键合相为固定相。流动相以水作为基础溶剂再加入一定量与水混溶的极性调节剂，常用甲醇－水、乙腈－水等。总之，固定相的极性比流动相的极性弱。

长期以来，对反相键合相色谱法的分离机制一直没有一致的看法，存在吸附与分配的争论，而后又有疏溶剂理论、双保留机制、顶替吸附－液相相互作用模型等。下面介绍反相键合相色谱中影响溶质保留行为的主要因素。

（1）溶质的分子结构　溶质的极性越弱，其与非极性固定相的相互作用越强，k 越大，t_R 也越大。在同系物中，含碳数越多，则极性越弱，k 越大。

引入极性基团，则增强溶质分子的极性，k 值变小。如 2,4 - 二硝基苯酚在反相键合相色谱中比苯酚先洗脱出柱。反之，引入非极性基团，使溶质分子与非极性固定相的相互作用也增强，则使 k 值增大。

（2）流动相的性质　在反相键合相色谱中，流动相的极性对溶质的保留有很大影响。水的极性最强，因此当溶质和固定相不变时，若增加流动相中水的含量，则溶剂强度降低，使溶质的 k 值变大。实验表明，k 的对数值与流动相中有机溶剂的含量通常呈负相关，即有机溶剂含量增加，k 值变小。

流动相的 pH 变化会改变溶质的离解程度，在其他条件不变时，溶质的离解程度越高，k 值越小。因此，常加入少量弱酸、弱碱或缓冲溶液，调节流动相的 pH，抑制有机弱酸、弱碱的离解，增加它与固定相的作用，以达到分离的目的。这种色谱方法又称为离子抑制色谱法。

离子抑制色谱法适用于分析 $3 \leqslant pK_a \leqslant 7$ 的弱酸及 $7 \leqslant pK_a \leqslant 8$ 的弱碱。一般来说对于弱酸，降低流动相的 pH，使 k 增大，t_R 增大；对于弱碱，则需提高流动相的 pH，才能使 k 变大，t_R 增大。若 pH 控制不合适，溶质以离子态和分子态共存，则可能使峰变宽和拖尾。此外，还要注意流动相的 pH 不能超过键合相的允许范围。

（3）固定相的性质　键合烷基的极性随键合基团碳链的延长而减弱，因此与非极性溶质的相互作用增强，溶质的 k 也增大。当链长一定时，硅胶表面键合烷基的浓度越大，则溶质的 k 越大。此外，键合基团的链长和浓度还影响分离的选择性。

反相键合相色谱法是应用最广的色谱法，适合分离非极性至中等极性的组分，由它派生的离子抑制色谱法和反相离子对色谱法，还可以分离有机酸、碱及盐等离子型化合物，可见，反相键合相色谱法的应用特别广泛。据统计，反相键合相色谱法几乎可以解决 80% 以上的液相色谱分离问题。

六、反相离子对色谱法

离子对色谱法可分正相与反相离子对色谱法，因为前者已少用，故本章只介绍反相离子对色谱法。

反相离子对色谱法是把离子对试剂加入到含水流动相中，被分析的组分离子在流动相中与离子对试剂解离出的反离子（或称对离子）生成不荷电的中性离子对，从而增加溶质与非极性固定相的作用，使分配系数增加，改善分离效果。用于分离可离子化或离子型的化合物。

413

1. 离子对模型

对于反相离子对色谱法的保留机制，已提出的理论模型有离子对模型、动态离子交换模型和离子相互作用模型等。下面以离子对模型说明其保留机制。

离子对模型认为，试样离子在流动相中与离子对试剂解离出的反离子生成不荷电的中性离子对，然后在非极性固定相上产生保留。以有机碱（B）为例。调节流动相的 pH，使碱转变成正离子 BH^+ 形式，BH^+ 与流动相中离子对试剂（烷基磺酸盐）的反离子 RSO_3^- 生成不荷电的离子对，此中性离子对在固定相和流动相间达成分配平衡。以下式表示此过程为：

$$\text{流动相（m）} \qquad\qquad \text{固定相（s）}$$

$$B + H^+ \rightleftharpoons BH^+$$
$$+$$
$$RSO_3Na \rightleftharpoons RSO_3^- + Na^+$$
$$(BH^+ \cdot RSO_3^-)_m \rightleftharpoons (BH^+ \cdot RSO_3^-)_s$$
$$\text{离子对}$$

以通式表示为：

$$B_m^+ + A_m^- \rightleftharpoons (B^+ \cdot A^-)_m \rightleftharpoons (B^+ \cdot A^-)_s$$

式中，B^+——表示溶质离子；A^-——表示离子对试剂解离出的反离子；下标 m——代表流动相；下标 s——代表固定相。

所形成的中性离子对与非极性固定相的作用较强，使分配系数增大，保留作用增强，从而改善分离效果。

按照上述模型，溶质离子 B^+ 在固定相和流动相间的分配系数为：

$$K_B = \frac{[B^+ \cdot A^-]_s}{[B^+]_m} = \frac{[B^+ \cdot A^-]_s}{[B^+]_m[A^-]_m} \cdot [A^-]_m = E_{BA}[A^-]_m \qquad (19-4)$$

式中，E_{BA}——为萃取常数。E_{BA} 的大小与溶质离子 B^+ 和离子对试剂的反离子的性质、固定相的性质及温度有关。

2. 影响保留因子的因素

在反相离子对色谱中，溶质的分配系数决定于固定相、离子对试剂及其浓度、流动相的 pH、溶质的性质和温度。

（1）离子对试剂的种类和浓度　分析酸类或带负电荷的物质时，一般用季铵盐作离子对试剂，常用的有四丁基季铵盐，如四丁基铵磷酸盐（TBA）和溴化十六烷基三甲基铵（CTAB）等。分析碱类或带正电荷的物质时，一般用烷基磺酸盐或硫酸盐作离子对试剂，如正戊烷基磺酸钠（$PICB_5$）、正己烷基磺酸钠（$PICB_6$）、正庚烷基磺酸钠（$PICB_7$）等。在反相离子对色谱中，离子对试剂碳链长度增加，溶质的 k 相应增大。

从式（19-4）可以看出，溶质的分配系数随离子对试剂的浓度升高而增大。但实验发现，只有在离子对试剂浓度较低时溶质的 k 随离子对试剂浓度升高而增大，然后趋于恒定（图 19-5）。如果采用长链离子对试剂如正癸烷磺酸盐，当离子对试剂浓度超过一定值时，k 反而减小，这种溶质的 k 出现极大值的现象是由于离子对试剂形成胶束的结果。

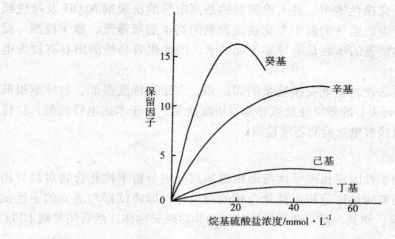

图 19 - 5　离子对试剂浓度对溶质保留因子的影响

（2）流动相的 pH　由于离子对的形成依赖于试样组分的离解程度，而当试样组分与离子对试剂全部离子化时，最有利于离子对的形成，组分的 k 值最大。因此，流动相的 pH 对弱酸、弱碱的保留有很大影响，而对强酸、强碱的影响很小。

由此可见，只要改变流动相的 pH、离子对试剂的种类和浓度，就可改变组分的 k 值和分离的选择性。

离子对色谱法适用于有机酸、碱、盐的分离，以及用离子交换色谱法无法分离的离子型和非离子型化合物的混合物的分离。在药物分析中，离子对色谱法的应用非常广泛，如生物碱类、儿茶酚胺类、有机酸类、维生素类和抗生素类药物均可用此法进行分析。

七、其他高效液相色谱法

（一）离子色谱法

离子交换色谱法对许多正、负离子可实现满意的分离。但是，一些常见的无机离子在可见或近紫外光区没有吸收，因此难于用紫外 - 可见检测器进行检测。1975 年斯莫尔（Small）提出了将离子交换色谱与电导检测器相结合分析各种离子的方法，并称之为离子色谱法。从此，离子色谱作为分离分析各种离子化合物的有效工具，发展十分迅速。它可以分离无机和有机阴、阳离子，以及氨基酸、糖类和 DNA、RNA 水解产物等。

离子色谱法可分为两大类，即抑制型（双柱型）和非抑制型（单柱型）离子色谱法。以分析阴离子 X^- 为例，简要说明抑制型离子色谱法的原理。该方法使用两根离子交换柱，一根为分离柱，填有低交换容量的阴离子交换剂，另一根为抑制柱，填有高交换容量的阳离子交换剂（称为阴离子抑制柱），二者串联在一起。分离柱的洗脱液进入抑制柱。在两根柱上有如下反应：

分离柱，交换反应：$R^+ \!-\! OH^- + NaX \rightarrow R^+ \!\!-\!\!\! X^- + NaOH$

洗脱反应：$R^+ \!-\! X^- + NaOH \rightarrow R^+ \!-\! OH^- + NaX$

抑制柱，与组分反应：$R^- \!\!-\!\!\! H^+ + NaX \rightarrow R^- \!\!-\!\!\! Na^+ + HX$

与洗脱剂反应：$R^{-}\!\!-\!H^+ + NaOH \rightarrow R^{-}\!\!-\!Na^+ + H_2O$

在无抑制柱的离子交换色谱中，进入检测器的是高电导的洗脱剂 NaOH 及被洗脱的组分 NaX，后者所产生的电导的微小变化被洗脱剂的高本底所淹没，难于检测。而加了抑制柱后，进入检测器的本底是电导率很低的水，因此很容易检测出具有较大电导率的 HX。

非抑制型离子色谱法使用更低交换容量的固定相，常使用浓度很低、电导率很低的流动相，如 $0.1 \sim 1 mmol/L$ 的苯甲酸盐或邻苯二甲酸盐等。由于本底电导较低，这样试样离子被洗脱后可直接被电导检测器所检测。

（二）手性色谱法

手性色谱法是利用手性固定相或手性流动相添加剂分离分析手性化合物对映异构体的色谱法。此外，还有间接法分析手性化合物的对映体，即将试样与适当的手性试剂（单一对映体）反应，使其一对对映异构体转变为非对映异构体，然后用常规 HPLC 方法分离分析。

实现手性拆分的基本原理是对映异构体与手性选择剂（固定相或流动相添加剂）形成瞬间非对映立体异构"配合物"，由于两对映异构体形成的"配合物"的稳定性不同，因而得到分离。手性固定相的种类繁多，它们与对映体的作用力也各有不同。如 π-氢键型固定相与手性化合物之间一般认为有三种作用力，即 π-π 相互作用、氢键作用和偶极间相互作用，化合物与固定相之间的作用部位至少有一个受对映体立体构型的影响。环糊精（CD）也是一种手性选择剂，CD 手性固定相的手性分离机制有多种解释，但均认为主要是由于其分子内疏水空腔的大小和多手性中心的作用，如果对映体能被空腔紧密包络，而且与 CD 分子外沿的仲醇基作用，则被固定相保留。如果两对映体与 CD 的作用程度不等，则产生对映体选择性分离。

（三）亲和色谱法

亲和色谱法是利用或模拟生物分子之间的专一性作用，从复杂试样中分离和分析能产生专一性亲和作用的物质的一种色谱方法。许多生物分子之间都具有专一的亲和特性，如抗体与抗原、酶与底物、激素或药物与受体、RNA 与和它互补的 DNA 等。将其中之一（如酶、抗原）固定在载体上，构成固定相，则可用于分离纯化与其有专一性亲和作用的物质（如该酶的底物、抗体）。

亲和色谱是基于试样中组分与固定在载体上的配基之间的专一性亲和作用而实现分离的。如图 19-6 所示，当含有亲和物的试样流经固定相时，亲和物就与配基结合形成亲和复合物，被保留在固定相上，而其他组分则直接流出色谱柱。然后改变流动相的 pH 或组成，以减弱亲和物与配基的结合力，将亲和物以很高的纯度洗脱下来。亲和色谱法是各种分离模式的色谱法中选择性最高的方法，其回收率和纯化效率都很高，是生物大分子分离和分析的重要手段。

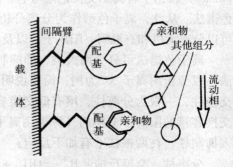

图 19-6　亲和色谱法示意图

416

第二节　高效液相色谱法分离条件的选择

一、高效液相色谱中的速率理论

1. 涡流扩散

高效液相色谱中的涡流扩散项同气相色谱，即：$A = 2\lambda d_p$。为了降低涡流扩散的影响，HPLC 中一般使用 $3 \sim 10 \mu m$ 的小颗粒固定相，目前有 $2 \mu m$ 以下的固定相。为了填充均匀，减小填充不规则因子，常采用球形固定相，而且要求粒度均匀（RSD < 5%）。此外，HPLC 色谱柱以匀浆高压填充。

2. 纵向扩散

纵向扩散系数 $B = 2\gamma D_m$，而 D_m 与流动相的黏度（η）成反比，与温度成正比。在 HPLC 中，流动相是液体，其黏度比气体黏度大得多（约 10^2 倍），而且常在室温下进行操作，因此组分在流动相中的扩散系数 D_m 比气相色谱的要小得多（为 10^{-5} 倍左右）。而且 HPLC 的流速一般都在最佳流速以上，这时纵向扩散项很小，可以忽略。

3. 传质阻抗

（1）固定相传质阻抗（C_s）　在化学键合相色谱法中，键合相多为单分子层，即厚度 d_f 可忽略，因此固定相传质阻抗 C_s 可以忽略。

（2）流动相传质阻抗（C_m）　由于在流动相流路中心的组分分子还未来得及扩散进入流动相和固定相的两相界面，就被流动相带走，因此流动相中的这些组分分子总是比靠近填料颗粒与固定相达到分配平衡的组分分子移行得快些，结果使色谱峰展宽。这种传质阻力与固定相颗粒粒度 d_p 的平方成正比，与组分分子在流动相中的扩散系数成反比：

$$C_m = \frac{\omega_m d_P^2}{D_m} \qquad (19-5)$$

417

式中，ω_m 是由色谱柱及其填充情况决定的因子。

（3）静态流动相传质阻抗（C_{sm}）　由于组分的部分分子进入滞留在固定相微孔内的静态流动相中，再与固定相进行分配，因而相对晚回到流路中，引起色谱峰展宽。如果固定相的微孔多，且又深又小，传质阻抗就大，峰展宽就严重。HPLC 中静态流动相传质阻抗系数 C_{sm} 也与固定相粒度 d_p 的平方成正比，与分子在流动相中的扩散系数成反比。

由此可知，为了降低流动相传质阻抗，也需要使用细颗粒的固定相。又由于组分在流动相中的扩散系数 D_m 与流动相的黏度（η）成反比，与温度（T）成正比，为了提高柱效，需要选用低黏度的流动相，在实践中常使用低黏度的甲醇（$\eta = 0.54 \text{mPa} \cdot \text{s}$）或乙腈（$\eta = 0.34 \text{mPa} \cdot \text{s}$）而很少用乙醇（$\eta = 1.08 \text{mPa} \cdot \text{s}$）。

值得注意的是，两种黏度不同的溶剂混合时，其黏度变化不呈线性。例如，水与甲醇混合时，40% 甲醇黏度最大，达 $1.84 \text{ mPa} \cdot \text{s}$，进行梯度洗脱时，这种变化不仅会影响柱压，还会影响柱效。

综上所述，HPLC 中的范第姆特方程为：

$$H = A + C_m u + C_{sm} u \qquad (19-6)$$

由上式可见，流动相流速提高，色谱柱柱效降低（但变化不如在 GC 中快），因此高效液相色谱流动相的流速也不宜过快，分析型 HPLC 一般流量为 1ml/min 左右。

4. 固定相颗粒粒度对塔板高度的影响

由于 A、C_m 和 C_{sm} 均随固定相颗粒粒度 d_p 的变小而变小，而且实验还表明固定相颗粒粒度越小，柱效受流动相线速度的影响也越小（图 19 – 7）。可见小的 d_p 是保证 HPLC 高柱效的主要措施，近年来许多商品固定相的颗粒粒度已小于 $2\mu m$。

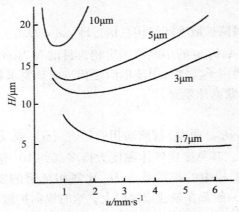

图 19 – 7　HPLC 固定相颗粒粒度和流动相线速度对柱效的影响

根据速率理论，HPLC 的实验条件应该是：①小粒度、均匀的球形化学键合相；②低黏度流动相，流速不宜快；③柱温适当。

二、分离条件的选择

（一）正相键合相色谱法的分离条件

正相键合相色谱法一般以极性键合相为固定相，如氰基、氨基键合相等。分离含双键的化合物常用氰基键合相，分离多官能团化合物如甾体、强心苷以及糖类等常用氨基键合相。

正相键合相色谱的流动相通常采用烷烃加适量极性调节剂，极性调节剂常从Ⅰ、Ⅱ、Ⅴ、Ⅷ组（表 19 – 3）中选。例如，以正己烷作为基础溶剂，与异丙醚（Ⅰ）组成的二元流动相，通过调节极性调节剂异丙醚的浓度来改变溶剂强度 P'，使试样组分的 k 值在 1～10 范围内。若溶剂的选择性不好，可以改用其他组别的强溶剂如三氯甲烷（Ⅷ）或二氯甲烷（Ⅴ），与正己烷组成具有相似 P' 值的二元流动相，以改善分离的选择性。若仍难以达到所需要的分离选择性，还可以使用三元或四元溶剂系统。

（二）反相键合相色谱法的分离条件

在反相键合相色谱法中，常选用非极性键合相，非极性键合相可用于分离分子型化合物，也可用于分离离子型或可离子化的化合物。ODS 是应用最广泛的非极性固定相。对于各种类型的化合物都有很强的适应能力。短链烷基键合相能用于极性化合物的分离，苯基键合相适用于分离芳香化合物以及多羟基化合物如黄酮苷类等。

反相键合相色谱法中，流动相一般以极性最强的水为基础溶剂，加入甲醇、乙腈等极性调节剂。极性调节剂的性质以及其与水的混合比例对溶质的保留值和分离选择性有显著影响。一般情况下，甲醇－水已能满足多数试样的分离要求，且黏度小、价格低，是反相键合相色谱法最常用的流动相。乙腈的溶剂强度较高，且黏度较小，其截止波长（190nm）比甲醇（205nm）的短，更适合于利用末端吸收进行检测。

可选择弱酸（常用醋酸）、弱碱（常用氨水）或缓冲盐（常用磷酸盐及醋酸盐）作为抑制剂，调节流动相的pH，抑制组分的离解，增强保留。但流动相的pH需在固定相所允许的范围内，以免损坏键合相。

调节流动相的离子强度也能改善分离效果，在流动相中加入0.1%～1%的醋酸盐、磷酸盐等，可减弱固定相表面残余硅醇基的干扰作用，减少色谱峰的拖尾，改善分离效果。

（三）反相离子对色谱法的分离条件

反相离子对色谱法要求尽可能选择表面覆盖度高且疏水性强的键合相，如C_8或C_{18}键合相。短链烷基键合相的稳定性较差而不宜采用。

在反相离子对色谱法中，影响试样组分的保留值和分离选择性的主要因素有离子对试剂的性质和浓度、流动相的pH以及流动相中所含有机溶剂的种类和比例等。

1. 离子对试剂的选择

离子对试剂所带的电荷应与试样离子的电荷相反。分析酸类或带负电荷的物质时，常用季铵盐作离子对试剂；分析碱类或带正电荷的物质时，常用烷基磺酸盐（或硫酸盐）作离子对试剂。离子对试剂的选择见表19－4。离子对试剂的浓度一般在3～10mmol/L。

2. 流动相pH的选择

调节pH使试样组分与离子对试剂全部离子化，将有利于离子对的形成，改善弱酸或弱碱试样的保留值和分离选择性。各种离子对色谱法适宜的pH范围也列于表19－4。

419

3. 有机溶剂及其浓度的选择

与一般反相HPLC相同，流动相中所含有机溶剂的比例越高，组分的k值越小。被测组分或离子对试剂的极性越弱，需要有机溶剂的比例越高。

表19－4　反相离子对色谱中离子对试剂和pH的选择

试样类型	离子对试剂	pH范围	说明
1. 强酸（$pK_a<2$）如磺酸染料	季铵盐、叔胺盐（如四丁基铵、十六烷基三甲基铵）	2～7.5	在整个pH范围内均可离解，根据试样中共存的其他组分性质选择合适pH
2. 弱酸（$pK_a>2$）如氨基酸、羧酸、水溶性维生素、磺胺类	季铵盐（如四丁基铵、十六烷基三甲基铵）	①5～7.5 ②2～4	①可离解，根据弱酸的pK_a值选择合适的pH ②弱酸离解被抑制，不易形成离子对
3. 强碱（$pK_a>8$）如季铵类化合物、生物碱类化合物	烷基磺酸盐或硫酸盐（如戊烷、己烷、十二烷磺酸钠）	2～8	在整个pH范围内均可离解，根据试样中共存的其他组分性质选择合适pH
4. 弱碱（$pK_a<8$）如儿茶酚胺、烟酰胺、有机胺	烷基磺酸盐或硫酸盐	①6～7.5 ②2～5	①离解被抑制，不易形成离子对。 ②可离解，根据弱碱pK_a值选择合适pH

第三节　高效液相色谱仪

高效液相色谱仪（chromatograph）主要包括输液系统、进样系统、色谱柱系统、检测系统和数据记录处理系统。其中输液系统主要为高压输液泵，有的仪器还有在线脱气和梯度洗脱装置。进样系统多为进样阀，较先进的仪器还带有自动进样装置；色谱柱系统除色谱柱外，还包括柱温控制器；数据记录系统可以是简单的记录仪，而很多仪器有数据处理装置。现代高效液相色谱仪都有微处理机控制系统，进行自动化仪器控制和数据处理。制备型高效液相色谱仪还备有自动馏分收集装置。下面简要介绍高效液相色谱仪的主要部件。

一、输液系统

（一）高压输液泵

高效液相色谱的流动相是通过高压输液泵来输送的。泵的性能好坏直接影响整个高效液相色谱仪的质量和分析结果的可靠性。输液泵应具备如下性能：①流量精度高且稳定，其 RSD 应小于 0.5%，这对定性定量准确性至关重要；②流量范围宽，分析型应在 0.1~10ml/min 范围内连续可调，制备型应能达到 100ml/min；③能在高压下连续工作；④液缸容积小；⑤密封性能好，耐腐蚀。

输液泵的种类很多，按输液性质可分为恒压泵和恒流泵。目前多用恒流泵中的柱塞往复泵，其结构如图 19-8 所示。通常由电动机带动凸轮转动，驱动柱塞在液缸内往复运动。当柱塞被推入液缸时，出口单向阀打开，入口单向阀关闭，流动相从液缸输出，流向色谱柱；当柱塞自液缸内抽出时，入口单向阀打开，出口单向阀关闭，流动相自入口单向阀吸入液缸。如此往复运动，将流动相源源不断地输送到色谱柱。

柱塞往复泵的液缸容积小，可至 0.1ml，因此易于清洗和更换流动相，特别适合于再循环和梯度洗脱；改变电机的转速能方便地调节流量；其流量不受柱阻的影响；泵压可达 40MPa（400kg/cm²，5800psi），有的可达 100MPa 以上。但其输液的脉动性较大。目前多采用双泵系统来克服脉动性，按双泵的连接方式可分为并联式和串联式。

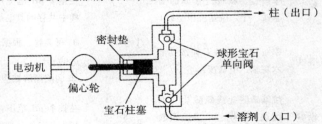

图 19-8　柱塞往复泵示意图

串联式双柱塞往复泵的两柱塞运动方向相反，泵 1 吸液时，泵 2 输液；泵 1 输液时，泵 2 将泵 1 输出的流动相的一半吸入，另一半被直接输入色谱柱。这样弥补了在泵1吸液时压力下降，消除脉动，使流量恒定。串联泵只有泵1具有一对单向阀。

　　为了延长泵的使用寿命和维持其输液的稳定性，操作时须注意下列事项：①防止任何固体微粒进入泵体；②流动相不应含有任何腐蚀性物质；③泵工作时要防止溶剂瓶内的流动相被用完；④不要超过规定的最高压力，否则会使高压密封环变形，产生漏液；⑤流动相在使用前应先脱气。

（二）梯度洗脱装置

　　高效液相色谱洗脱技术有等强度洗脱简称等度洗脱和梯度洗脱两种。等度洗脱（isocratic elution）是在同一分析周期内流动相组成保持恒定，适合于组分数目较少、性质差别不大的试样。梯度洗脱（gradient elution）是在一个分析周期内程序控制改变流动相的组成，如溶剂的极性、离子强度和pH值等。分析组分数目多、性质相差较大的复杂试样时须采用梯度洗脱技术，使所有组分都在适宜条件下获得分离，如图19-9所示。梯度洗脱的优点是：①缩短分析周期；②提高分离效果；③改善峰形；④增加检测灵敏度。但梯度洗脱有时会引起基线漂移，影响重复性。高效液相色谱法中流动相的梯度洗脱和气相色谱法中的程序升温的作用相当。

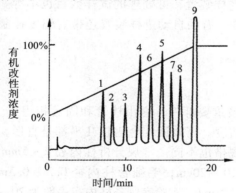

图19-9　梯度洗脱分离混合样品色谱图

1. 苯甲醇；2. α-苯乙醇间甲酚；3. 硝基苯；4. 间苯二甲酸二乙酯；
5. 邻苯二甲酸二乙酯；6. 二苯甲酮；7. 萘；8. 联苯；9. 蒽

　　有两种实现梯度洗脱的装置，即高压梯度和低压梯度。高压二元梯度装置是由两台高压输液泵分别将两种溶剂送入混合室，混合后送入色谱柱，程序控制每台泵的输出量就能获得各种形式的梯度曲线。低压梯度装置是在常压下通过一比例阀先将各种溶剂按程序混合，然后再用一台高压输液泵送入色谱柱。

二、分离和进样系统

（一）进样器

　　进样器是将试样送入色谱柱的装置。一般要求进样装置的密封性好，死体积小，重复性好，保证中心进样，进样时对色谱系统的压力、流量影响小。有进样阀和自动进样装置两种，一般高效液相色谱分析常用六通进样阀，大量试样的常规分析往往需要自动进样装置。

　　用六通阀进样时，先使阀处于载样（load）位置，用微量注射器将试样注入定量管。进样时，转动阀芯（由手柄操作）至进样（injection）位置，定量管内的试样由流动相带入色谱柱（图19-10）。进样体积是由定量管的容积严格控制的，因此进样量准确，重复性好。为了确保进样的准确度，装样时微量注射器取的试样必须大于定量管的容积。

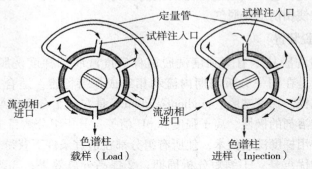

图 19-10　六通阀进样器示意图

有各种形式的自动进样装置，可处理的试样数目也不等。程序控制依次进样，同时还能用溶剂清洗进样器。有的自动进样装置还带有温度控制系统，适用于需低温保存的试样。

（二）色谱柱

1. 色谱柱的构造

色谱柱是色谱仪的最重要部件，它由柱管和固定相组成。柱管多用不锈钢制成，管内壁要求有很高的光洁度。高效液相色谱柱几乎都是直形，按主要用途分为分析型和制备型，它们的尺寸规格也不同。常规分析柱内径 2～5mm，柱长 10～30cm；窄径柱内径 1～2mm，柱长 10～20cm；毛细管柱内径 0.2～0.5mm；细粒径的填料（如 1.7μm）常用短柱（5～10cm）。实验室制备柱内径一般为 20～40mm，柱长 10～30cm，生产用的制备型色谱柱内径可达几十厘米。柱内径是根据柱长、填料粒径和折合流速来确定，目的是为了避免管壁效应。色谱柱两端的柱接头内装有烧结不锈钢滤片，其孔隙小于填料粒度，以防止填料漏出。

2. 色谱柱的性能评价　无论自己填装的色谱柱还是购买的商品柱，使用前都要对其性能进行考察，使用期间或放置一段时间后也要重新检查。柱性能指标包括在一定实验条件（试样、流动相、流速、温度）下的柱压、塔板高度 H 和板数 n、对称因子 f_s、保留因子 k 和分离因子 α 的重复性或分离度 R。

色谱柱性能考察常用的试样和流动相介绍如下：

（1）硅胶柱　甲苯、萘和联苯为试样；无水己烷或庚烷为流动相。

（2）烷基键合相柱　尿嘧啶（$k=0$）、硝基苯、萘和芴为试样；甲醇-水（85:15）或乙腈-水（60:40）为流动相；或者用甲苯、萘和苯磺酸钠（$k=0$）为试样，以甲醇-水（80:20）为流动相。

三、检测系统

（一）检测器的主要性能

检测器（detector）是高效液相色谱仪的三大关键部件之一。它的作用是把色谱洗脱液中组分的质量（或浓度）信号转变成电信号。按其适用范围检测器可分为通用型和专属型两大类，专属型检测器只能检测某些组分的某一性质，紫外检测器、荧光检测器属于这一类，它们只对有紫外吸收或荧光发射的组分有响应；通用型检测器检测的是一般物质均具有的性质，示差折光检测器和蒸发光散射检测器属于这一类。高效液相色谱的检测器要求灵敏度高、噪音低（即对温度、流量等外界环境变化不敏感）、线性范围宽、重复性好和适用范围广。几种常见检测器的主要性能列于表 19 – 5，以下介绍常用的几种检测器。

表 19 – 5   几种常用检测器的主要性能

检测器	紫外	荧光	安培	质谱	蒸发光散射	示差折光
信号	吸光度	荧光强度	电流	离子流强度	散射光强度	折射率
噪音	10^{-5}	10^{-3}	10^{-9}			10^{-7}
线性范围	10^5	10^3	10^5	宽		10^4
选择性	有	有	有		无	无
流速影响	无	无	有	无		有
温度影响	小	小	大		小	大
检测限（g/ml）	10^{-10}	10^{-13}	10^{-13}	$<10^{-9}$ g/s	10^{-9}	10^{-7}
池体积（μl）	2 ~ 10	~7	<1			3 ~ 10
梯度洗脱	适宜	适宜	不宜	适宜	适宜	不宜
窄径柱	难	难	适宜	适宜	适宜	
对试样破坏	无	无	无	有	无	无

（二）紫外检测器

紫外检测器（UVD）是高效液相色谱中应用最广泛的检测器。它灵敏度较高，噪音低，线性范围宽，对流速和温度的波动不灵敏，还适用于制备色谱。但它只能检测有紫外吸收的物质，而且流动相有一定限制，即流动相的截止波长应小于待测组分的检测波长。

紫外检测器的工作原理是朗伯 – 比尔定律。紫外检测器包括固定波长、可变波长和光电二极管阵列检测器，固定波长检测器已很少用。

1. 可变波长检测器

可变波长紫外检测器是目前配置最多的检测器，一般采用氘灯为光源，能够按需要选择组分的最大吸收波长为检测波长，从而提高灵敏度。但是，光源发出的光是通过单色器分光后照射到流通池上，因此单色光强度相对较弱。这类检测器的光路系统和紫外分光光度计相似。

2. 光电二极管阵列检测器（DAD 或 PAD）

光电二极管阵列检测器是 20 世纪 80 年代出现的一种光学多通道检测器。在晶体硅上紧密排列一系列光电二极管，每一个二极管相当于一个单色器的出口狭缝。二极管越多分辨率越高。一般是一个二极管对应接受光谱上约 1nm 谱带宽的单色光。DAD 的工作原理是，复光通过流通池被组分选择性吸收后，再进入单色器，经分光后照射在二极管阵列装置上，同时获得各波长的电信号强度，即获得组分的吸收光谱。例如 Agilent 1200 系列 DAD 提供多波长和全光谱检测，检测波长范围是 190～950nm，有 1024 个光电二极管，平均 0.7nm 对应一个光电二极管。这种方式不需扫描，能在几毫秒的瞬间记录流通池中组分的吸收光谱，获得样品的色谱图（$A - t$ 曲线）及每个色谱峰的吸收光谱（$A - \lambda$ 曲线），得到三维光谱 - 色谱图，三维分别表示时间 t、波长 λ 以及响应值 A（图 19 - 11）。吸收光谱用于组分的定性，色谱峰面积用于定量。

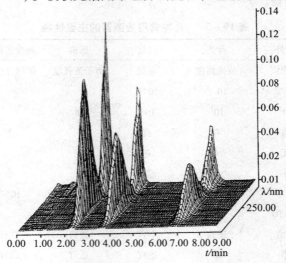

图 19 - 11　三维光谱 - 色谱图

（三）荧光检测器

荧光检测器（FD）是利用化合物具有光致发光的性质，受紫外光激发后，能发射出比激发光波长更长的荧光，根据组分发射荧光的强度和组分浓度间的线性关系对组分进行测定。对缺少强荧光的物质，可通过与荧光试剂反应，生成可发生荧光的衍生物进行测定。如丹磺酰氯及邻苯二甲醛常被用作荧光衍生化试剂，与氨基酸、有机胺、苯酚等有机化合物作用生成强荧光物质后进行定量分析。

荧光检测器也是在高效液相色谱中常用的检测器。目前使用的荧光检测器多是配有流通池的荧光分光光度计。其检测灵敏度比紫外检测器高，选择性好，最低检测限可达 $10^{-10} \sim 10^{-12}$ g，比紫外检测器灵敏 2～3 个数量级。荧光检测器主要用于氨基酸、多环芳烃、维生素、甾体化合物及酶类等的检测。由于其灵敏度高，是体内药物分析常用的检测器之一。

（四）安培检测器

电化学检测器（ECD）包括极谱、库仑、安培和电导检测器等。电导检测器主要用于离子检测。安培检测器应用最广泛，它是利用组分氧化还原反应产生电流的变化进行检测，相当于一个微型电解池，当被分析组分通过电极表面，在两电极间施加超过该组分氧化还原电位的恒定电压时，组分将被电解而产生电解电流。本方法灵敏度很高，尤其适合于痕量组分的分析；凡具氧化还原活性的物质都能进行检测，如活体透析液中生物胺，还有酚、羰基化合物、巯基化合物等。本身没有氧化还原活性的化合物经过衍生化后，也能进行检测。

（五）蒸发光散射检测器

蒸发光散射检测器（ELSD）是 20 世纪 90 年代出现的通用型检测器。它适用于挥发性低于流动相的组分，主要用于检测糖类、高级脂肪酸、磷脂、维生素、氨基酸、甘油三酯及甾体等；它对各种物质有几乎相同的响应。但是，其灵敏度比较低，尤其是有紫外吸收的组分（其灵敏度比 UV 检测约低一个数量级）；此外，流动相必须是挥发性的，不能含有缓冲盐等。其工作原理（图 19 – 12）是：将色谱柱流出液引入雾化器与通入的气体（常为高纯氮，有时是空气）混合后喷雾形成均匀的微小雾滴，经过加热的漂移管，蒸发除去流动相，而试样组分形成气溶胶，然后进入检测室。用强光或激光照射气溶胶，产生光散射，用光电二极管检测散射光。散射光的强度（I）与气溶胶中组分的质量（m）有下述关系：

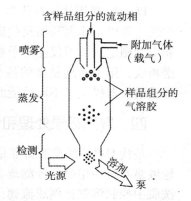

图 19 – 12　检测器原理示意图

$$I = km^b \text{ 或 } \lg I = b\lg m + \lg k \tag{19 – 7}$$

式中，k 和 b 为与蒸发室（漂移管）温度、雾化气体压力及流动相性质等实验条件有关的常数。上式说明散射光的对数响应值与组分的质量的对数成线性关系。

425

（六）质谱检测器

质谱检测器（MS）近年来在色谱技术中应用得越来越普遍，这不仅是由于其对被分离组分具有极强的定性鉴别功能，能够给出组分的相对分子质量以及结构信息，而且也可作为一个通用的检测器，提供精确的定量分析结果。

高效液相色谱和质谱的联用（LC/MS）技术其工作原理是以高效液相色谱为分离手段，以质谱为鉴定和测定手段，通过适当接口将二者连接成完整仪器。试样通过液相色谱系统进样，由色谱柱进行分离，而后进入接口。在接口中，试样由液相中的离子或分子转变成气相离子，然后被聚焦于质量分析器中，根据质荷比而分离。最后离子信号被转变为电信号，由电子倍增器检测，检测信号被放大后传输至计算机数据处理系统。对于 LC/MS 联用技术，最困难的是质谱要求气体样品，而色谱柱的出口是组分溶解在流动相中的溶液。因此首先要蒸发溶剂，由此产生的气体是气相色谱载气的 10～1000 倍，如何除去溶剂成为 LC/MS 联用技术要解决的难点之一。目前使用较多的是低流速的电喷雾离子化技术（ESI），还有大气压化学离子化（APCI）和基质辅助激光解吸离子化（MALDI）技术等。

LC/MS 联用技术具有下列突出特点：①适用的范围宽。可测定的化合物的相对分子质量（m/z）可达 4000 甚至 6000，不受试样挥发性的限制，适合于多种结构的化合物分析。可用于强极性化合物，如药物的结合型代谢物的分析。②提供各种信息。采用 ESI 和 APCI 等软电离技术，可产生准分子离子，易于确定相对分子质量。同时，采用碰撞诱导解离技术获得的多级质谱（MS"）可提供丰富的结构信息。③有很高的灵敏度和样品通量。质谱检测的灵敏度高，在选择离子监测（SIM）和选择反应监测（SRM）模式下还具有很高的专属性，大大提高了检测的信噪比，而且可在色谱分离不完全的情况下对复杂基质中的痕量组分进行快速定性和定量分析。

LC/MS 联用技术在药学、临床医学、生物学、食品化工等许多领域的应用越来越广泛，可以对体内药物及代谢产物、药物合成中间体、基因工程产品等进行定性鉴定和定量测定。它不仅能给予被分析样品组分高分辨、高选择性的结果，而且能提供色谱指纹，给予样品整体的信息。质谱技术发展迅猛，四极杆、飞行时间、离子阱等多种质谱仪器提供了不同性能的应用。

四、数据记录处理和计算机控制系统

现代 HPLC 的重要特征是仪器的自动化，即用微机控制仪器的斜率设定及运行。如输液泵系统中用微机控制流速，在多元溶剂系统中控制溶剂间的比例及混合，在梯度洗脱中控制溶剂比例或流速的变化；微机能使检测器的信噪比达到最大，控制程序改变紫外检测器的波长、响应速度、量程、自动调零和光谱扫描。微机还可控制自动进样装置，准确、定时地进样。这样提高了仪器的准确度和精密度。利用色谱管理软件可以实现全系统的自动化控制。

计算机技术的另一应用是采集和分析色谱数据。它能对来自检测器的原始数据进行分析处理，给出所需要的信息。如二极管阵列检测器的微机软件可进行三维谱图、光谱图、波长色谱图、比例谱图、峰纯度检查和谱图搜寻等工作。许多数据处理系统都能进行峰宽、峰高、峰面积、对称因子、保留因子、选择性因子和分离度等色谱参数的计算，这对色谱方法的建立都十分重要。色谱工作站是数据采集、处理和分析的独立的计算机软件，能适用于各种类型的色谱仪器。

HPLC 仪器的中心计算机控制系统，既能做数据采集和分析工作，又能程序控制仪器的各个部件，还能在分析一个试样之后自动改变条件而进行下一个试样的分析。为了满足 GMP、GLP 法规的要求，许多色谱仪的软件系统具有方法认证功能，使分析工作更加规范化，这对医药分析尤其重要。

第四节　高效液相色谱分析方法

一、定性和定量分析方法

高效液相色谱法的定性分析方法与气相色谱法相似，可以分为色谱鉴定法和非色谱鉴定法，后者又可分为化学鉴定法和两谱联用鉴定法。但是 HPLC 中没有类似于 GC 的保留指数可利用，采用保留值定性时，只能用保留时间（或保留体积）和相对保留值或用已知物对照法对组分进行鉴别分析。

为了保证定量分析的准确性和重现性，色谱系统应达到一定的要求。《中国药典》2010年版规定的色谱系统适用性内容包括：板数、分离度、拖尾因子和重复性。

高效液相色谱法的定量分析方法也与气相色谱法的相似，常用外标法和内标法进行定量分析，但较少用归一化法。另外，对药物中杂质含量的测定常用主成分自身对照法。

主成分自身对照法可分为不加校正因子和加校正因子两种。当没有杂质对照品时，采用不加校正因子的主成分自身对照法。方法是将供试品溶液稀释成与杂质限度（如1%）相当的溶液作为对照溶液，调整仪器的灵敏度使对照溶液主成分的峰高适当，取同样体积的供试品溶液进样，以供试品溶液色谱图上各杂质的峰面积与对照溶液主成分的峰面积比较，计算杂质的含量。加校正因子的主成分自身对照法需要有各杂质和主成分的对照品，先测定杂质的校正因子，再以对照溶液调整仪器的灵敏度，然后测量供试品溶液色谱图上各杂质的峰面积，分别乘以相应的校正因子后与对照溶液主成分的峰面积比较，计算杂质的含量。有关详细规定可参考《中国药典》2010年版附录。

二、高效液相色谱分离方法的选择

选择HPLC分离模式的主要依据是试样的性质和各种模式的分离机制。试样的性质包括相对分子质量、化学结构、极性和溶解度等。现将其归纳于图19-13，可供选择方法时作为参考。

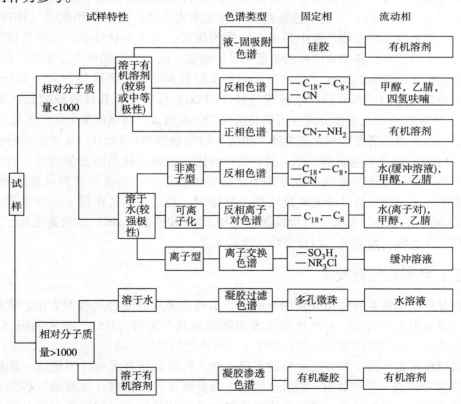

图 19-13　HPLC分离方法的选择

第五节　高效液相色谱新技术

　　高效液相色谱法作为现代色谱学的一个重要分支，具有分离与在线分析的两种功能，能解决大多数复杂样品的分离、定性和定量分析的问题，而且还能够分离制备纯组分。经过一个多世纪的发展，色谱法的许多理论、技术和方法趋于成熟，高效液相色谱同气相色谱一样，已经成为常规的分析检测技术，这些方法目前的发展主要集中在增强仪器自动化，建立和完善各种联用技术，以及开发新型的固定相和新型检测器等，以适应日益扩大的应用领域的需要。另一方面，新近出现的多种色谱新方法和新技术，如超临界流体色谱、毛细管电泳和芯片技术等，这些新技术各具特色，但是它们仍然是一些发展中的技术和方法，还需进一步改进与完善。

一、新型固定相和新型检测器

　　随着各种新型色谱分离材料和柱技术的发展，高效液相色谱法的发展极为迅速，色谱柱的柱效和分离选择性不断提高。目前已有很多种类的色谱固定相，但新型固定相仍不断出现，从而使色谱分析方法的应用越来越广泛。如适用于各种手性药物的立体选择性研究的手性固定相的研制仍在继续发展；内表面反相固定相等浸透限制性固定相允许体液如血浆等直接进样；耐碱性的硅聚合物薄膜硅胶键合相扩展了固定相的适用范围（pH2～12），分离的选择性和重现性大大提高；亲水作用色谱（HILIC）固定相可以用来改善在反相色谱中强极性物质的保留；基于生物反应的生物色谱固定相的研究也十分活跃；各种整体柱的报道也日益增多。除了固定相种类增多外，HPLC 固定相的粒径也朝着小粒径的方向发展，近年来新研制的采用高度均匀甚至单分散 1～2μm 硅胶基质球型填料的超高效液相色谱（UPLC）固定相，其柱效板数已达 15～30 万/米，使高效液相色谱法分离分析的高选择性、高通量、高速度又上了一个新台阶。

　　新型检测器的研制也在不断发展。蒸发光散射检测器（ELSD）和激光诱导荧光检测器（LIFD）的技术越来越成熟，前者信号响应不依赖于样品的光学性质，特别适用于不易进行紫外检测的糖类、氨基酸等化合物的检测；而后者具有高灵敏度的特点，其检测限可优于普通紫外分光光度法两个数量级。最近几年又出现了一种电雾式检测器（CAD），它整合了蒸发光散射检测器（ELSD）和质谱（MS）的相关元素，其响应信号只与化合物的量有关，与化合物的性质无关。

二、色谱联用新技术

　　在复杂生物体系的分离分析中，由于色谱峰重叠或没有合适检测方法，常规色谱法经常会显得无能为力。多种色谱技术的结合及其与质谱（MS）、核磁共振（NMR）等检测技术的联用已经成为分离科学中十分有前景的发展方向。

　　联用技术是色谱分析方法发展的重要趋势，色谱联用技术可分为色谱－光谱（质谱）联用和色谱－色谱联用。前者把色谱作为分离手段，光谱（或质谱）作为鉴定工具，各用其长，互为补充，能在复杂混合组分分离的基础上，进一步对组分的结构做出合理的判断，获得更多组分的定性定量信息。目前市场上已有 LC－MS 及 LC－NMR

等多种商品化联用仪器，这些联用仪器具有特异性强、灵敏度高的特点，并且它们一般都结合计算机技术，自动化程度高，数据存储和处理功能强大，能够提供海量数据信息，可以同时获得组分的光谱和色谱的定性定量信息。

色谱-色谱联用技术是将由多种不同类型的色谱组合而成的联用系统，又称为多维色谱法，其主要作用是提高色谱分辨能力和增加峰容量。它是根据样品特征和分离要求，选用不同色谱分离模式，通过在线或离线的方式进行偶合，实现对复杂样品的多次、多模式的选择性分离，适于分离单一色谱难以分离的复杂试样中的众多组分。常见的有：HPLC-GC、HPLC-SFC 及 HPLC-HPLC（如 LLC-IEC、LLC-SEC）等，还有非手性固定相与手性固定相联用的 HPLC。其中接口及切换技术往往是实现联用的关键，而不同柱外效应会对分离过程有较大的影响。目前多维色谱技术已有较大发展，对蛋白组学、代谢组学等前沿科学的基础研究以及包括医药学面临的复杂体系的分离分析已有大量成功应用的实例，显示了高峰容量、高分辨率、高灵敏度、分析速度快等优点，符合生命科学领域研究中对生物大分子（蛋白质、多肽、DNA 等）等复杂体系的分析要求，是当代色谱领域普遍关注的前沿热点之一。

习　题

1. 简述高效液相色谱法和气相色谱法的主要异同点。

2. 试说明离子色谱法、反相离子对色谱法和离子抑制色谱法的基本原理及主要应用范围有何区别？

3. 速率理论方程式在 HPLC 中与在 GC 中有何异同？如何指导 HPLC 实验条件的选择？

4. 试讨论影响 HPLC 分离度的各种因素，如何提高分离度？

5. 指出甲苯、萘、蒽在反相色谱中的洗脱顺序并说明原因。

6. 分离测定下述化合物，应选用哪种高效液相色谱法？

（1）多环芳烃；（2）氨基酸；（3）右旋糖酐的相对分子质量；（4）极性较强的生物碱

7. 试说明常用检测器的原理和应用范围。

8. 简述高效液相色谱中引起谱峰扩张的主要因素。如何减小色谱峰的扩张，提高柱效？

9. 用 HPLC 外标法测定黄芩颗粒剂中黄芩苷的质量分数。精密称取黄芩颗粒 0.1255g，置于 50ml 量瓶中，用 70% 甲醇溶解并定容至刻度，摇匀，精密量取 1ml 于 10ml 量瓶中，70% 甲醇定容至刻度，摇匀即得供试品溶液。平行测定供试品溶液和对照品溶液（61.8μg/ml），进样 20μl，记录色谱图，得色谱峰峰面积分别为 4.251×10^7 和 5.998×10^7。计算黄芩颗粒剂中黄芩苷质量分数。

[17.4%]

10. 校正因子法测定复方炔诺酮片中炔诺酮和炔雌醇的质量分数：ODS 色谱柱；甲醇-水（60：40）流动相；检测器 UV280nm；对硝基甲苯为内标物。

（1）校正因子的测定：取对硝基甲苯（内标物）、炔诺酮和炔雌醇对照品适量，用甲醇制成 10ml 溶液，进样 10μl，记录色谱图。重复 3 次。测得含 0.0733mg/ml 内标

429

物、0.600mg/ml 炔诺酮和 0.035mg/ml 炔雌醇的对照品溶液平均峰面积列于下表中。

（2）试样测定：取本品20片，精密称定，求出平均片重（每片60.3mg）。研细后称取732.8mg（约相当于炔诺酮7.2mg），用甲醇配制成10ml供试品溶液（含内标物0.0733mg/ml）。测得峰面积列于下表中。计算该片剂中炔诺酮和炔雌醇的质量分数。

复方炔诺酮片中各成分及内标物平均峰面积（μV·s）

	炔诺酮	炔雌醇	内标物
对照品溶液	1.981×10^6	1.043×10^5	6.587×10^5
供试品溶液	2.442×10^6	1.387×10^5	6.841×10^5

$\left[\text{炔诺酮} f_i = 2.72\text{，每片} 0.586mg\text{，炔雌醇} f_i = 3.02\text{，每片} 0.0369mg\right]$

11. 测定生物碱试样中黄连碱和小檗碱的质量分数，称取内标物、黄连碱和小檗碱对照品各0.2000g配成混合溶液。测得峰面积分别为 3.60×10^5，3.43×10^5 和 4.04×10^5。称取0.2400g内标物和试样0.8560g同法配制成溶液后，在相同色谱条件下测得峰面积为 4.16×10^5，3.71×10^5 和 4.54×10^5。计算试样中黄连碱和小檗碱的质量分数。

$\left[\text{黄连碱} 26.3\%\text{，小檗碱} 27.3\%\right]$

12. 用15cm长的ODS柱分离两个组分。柱效 $n = 2.84 \times 10^4 m^{-1}$；用苯磺酸钠溶液测得死时间 $t_0 = 1.31min$；组分的 $t_{R_1} = 4.10min$；$t_{R_2} = 4.45min$。

（1）求 k_1、k_2、α、R 值。

（2）若增加柱长至30cm，分离度 R 可否达1.5？

$\left[k_1 = 2.13\text{、}k_2 = 2.40\text{、}\alpha = 1.13\text{、}R = 1.33\text{；}R = 1.88\text{，能}\right]$

430

（熊志立 李 宁）

毛细管电泳法

在外加电场作用下，带电粒子在电解质溶液中做定向迁移的电现象称为电泳。利用这种现象对物质进行分离分析的方法称为电泳法。电泳法已有近百年的历史，但传统的电泳技术存在分离效率较低、操作烦琐、重现性差等不足。为了提高分离效率要加大电场强度，但电流作用产生的焦耳热也随之增大，导致谱带加宽，柱效降低。毛细管电泳法解决了焦耳热的散热问题，全面改善了分离质量。

毛细管电泳法（capillary electrophoresis，CE），亦称高效毛细管电泳法，是20世纪80年代发展起来的一种分离分析技术，是经典电泳技术和现代微柱分离技术相结合的产物。毛细管电泳法是以弹性石英毛细管为分离通道，以高压直流电场为驱动力对样品进行分离分析的方法。与传统的电泳法相比，毛细管电泳法的主要特点是高效、快速、微量和自动化。由于采用了散热效能高的毛细管，可以采用几十千伏的高电压，使分析时间大大缩短并且可以获得很高的分辨率。在毛细管区带电泳中，柱效可达每米几十万甚至几百万以上。由于采用了细内径的毛细管，样品用量仅为纳升级，并配置了紫外、荧光等高灵敏度检测器，CE 的最低检测限可达 10^{-19} mol，仪器操作过程实现了自动化。

与高效液相色谱法相比，两者均为液相分离技术，分离的过程都是利用了差速迁移，所以高效毛细管电泳法直接借用了色谱法的理论和概念来评价分离的效率。两者都有多种分离模式可供选择，所以应用领域都较广泛。但两者的分离原理和分离条件不同，应用对象也有差异。但是无论从效率、速度、样品用量和成本来说，毛细管电泳法都显示了一定的优势，在很大程度上两者可以互为补充。

毛细管电泳法在生命科学、生物技术、医药卫生和环境保护等领域中显示了极其重要的应用前景，也被认为是人类进入纳米技术时代的一种富有重要潜在价值的分析手段。

第一节 毛细管电泳法的基本原理

毛细管电泳法是以毛细管为分离通道，以高压电场作为驱动力的电泳分离分析方法，可以看作是电泳的一种仪器化方式。毛细管电泳法的分离原理仍是基于不同带电粒子在电场作用下迁移速度的不同而实现分离。

一、电泳和电泳淌度

电泳即在电场作用下，电解质中的带电粒子向带相反电荷的电极迁移的现象。一种离子在电场中发生电泳，其电泳速度可用式（20－1）表示：

$$u_{ep} = \mu_{ep}E \qquad (20-1)$$

式中，u_{ep}——离子的电泳速度；下标 ep——表示电泳（electrophoresis）；E——电场强度，是单位长度上的电位降，以 V/cm 表示。电场强度对粒子泳动的速度起决定性的作用。μ_{ep} 为单位电场强度下带电粒子的电泳速度，即电泳淌度。对于给定的粒子和介质，淌度是该带电粒子的特征常数。淌度由带电粒子所受的电场力与其通过介质时所受的摩擦力的平衡所决定。电场力 F_E 可写成：$F_E = qE$，而摩擦力 F_F（对于球形离子）为：$F_F = -6\pi\eta r\, u_{ep}$。在电泳过程中，可以达到由以上两力的平衡所决定的稳态。此时，两种力大小相等但方向相反，即 $qE = 6\pi\eta r\, u_{ep}$。

对速度求解并代入式（20－1），可以得到一个以物理参数表示淌度的公式：

$$\mu_{ep} = \frac{q}{6\pi\eta r} \qquad (20-2)$$

式中，q——离子所带的电量；η——介质黏度；r——离子半径。

式（20－2）表明，电泳淌度由离子的特性决定。与离子所带电荷成正比，与离子的大小成反比。即离子所带电荷越多、离子越小其淌度越大。另外，电泳淌度还与介质的性质有关，一般与介质的黏度成反比。

二、电渗和电渗淌度

（一）电渗和电渗流

毛细管电泳操作中一个基本的组成部分是电渗（electroosmosis，EOF）。电渗是由毛细管内壁表面电荷所引起的管内液体的整体流动，来源于外加电场对管壁溶液双电层的作用（图 20－1a）。以毛细管电泳法常用的石英毛细管为例。在熔融石英毛细管内壁覆盖着一层硅氧基（Si—O—）阴离子，由于吸引了溶液中的阳离子，在毛细管内壁形成了一个双电层。双电层到离壁很近的地方之间产生的电位差称为 Zeta 电位。给毛细

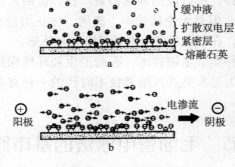

图 20－1　电渗的产生机制

a. 毛细管内壁的硅氧基和被吸附的阳离子构成的双电层结构

b. 扩散层阳离子形成的电渗流

管两端施加电压，组成扩散层的阳离子将被吸引而向负极移动。由于这些离子是溶剂化的，它们将携着毛细管中的体相溶液一起向负极运动而形成电渗流（图 20-1b）。

在水溶液中，多数固体表面带有过剩的负电荷，它们的来源可以是表面的离子化（即酸碱平衡）和表面对离子的吸附。对于石英毛细管，尽管电渗流强烈地受可能以阴离子方式存在的硅羟基（Si-OH）的控制，但上述两种过程都有可能存在。虽然石英的确切 pI 难以测定，但电渗流在 pH 值为 4 以上时就非常显著。非离子材料如聚四氟乙烯也可以产生电渗流，可能是由于它们对阴离子的吸附。

（二）电渗淌度

电渗流的大小可以表示为：

$$u_{eo} = \mu_{eo} E \qquad (20-3)$$

式中，u_{eo}——电渗速度；μ_{eo}——电渗淌度，即单位电场强度下的电渗速度。电渗淌度可由下列公式表示；

$$\mu_{eo} = \varepsilon\zeta/\eta \qquad (20-4)$$

式中，ε——介质溶液的介电常数；η——介质黏度；ζ——Zeta 电位。

Zeta 电位的大小主要由毛细管表面所带电荷决定。对于石英毛细管，表面所带电荷量受 pH 控制。在高 pH 下，硅羟基大量解离，电渗流较大。Zeta 电位还取决于缓冲溶液的离子强度。双电层理论表明，增加离子强度可使双电层压缩，Zeta 电位降低，从而减小电渗流。

在带电毛细管内形成双电层并产生均匀的电渗流是毛细管电泳具有高分辨率的重要原因。图 20-2 比较了毛细管电泳中电渗流和高效液相色谱中动力学流的作用，前者形成呈均匀塞子状的扁平流型，组分不易扩散，而后者呈抛物面动力学流型，必然使组分产生较多的扩散，从而降低了柱效。故电渗流的产生，实际上减少了组分在柱内的径向扩散，有利于提高柱效。

433

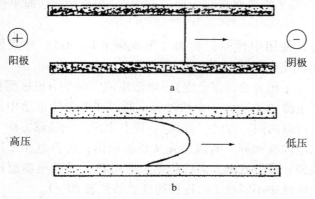

图 20-2　CE 和 HPLC 柱中溶液流型的比较

a. CE 中的扁平型电渗流流型；b. HPLC 中的抛物面动力学流型

（三）影响电渗流的因素

电渗流是毛细管电泳法分离的驱动力，在实际的操作中，电渗流不是越大越好。例如，在高 pH 下，电渗流可能太快，使溶质在未得到分离之前就被推出毛细管。相反，在低 pH 或中等 pH，负电表面可能会通过静电作用吸附阳离子溶质，后一现象在碱性蛋白质的分离中成为特别严重的问题。除此之外，在等电聚焦、等速电泳以及毛细管凝胶电泳中常常要求减小电渗流。所以有必要研究电渗流的影响因素以便对电渗流进行控制，满足不同分离模式的需要。

式（20-3）表明，可以简单地通过降低电场强度来减小电渗流速度。但是这一方法存在分析时间、分离效率和分离度方面的缺陷。从实用的观点来看，通过调节缓冲液的 pH 可以引起 EOF 的急剧变化（图20-1）。然而，改变 pH 可能会影响到溶质的电荷和淌度。低 pH 缓冲液会使毛细管表面和溶质质子化，而高 pH 则促使它们解离。对于溶质 pI 的了解将有助于选择合适的操作缓冲溶液的 pH 范围。

调节缓冲液的浓度和离子强度也可以改变电渗流。高离子强度缓冲溶液可以通过减少管壁上的有效电荷来限制溶质和管壁的静电相互作用。但高离子强度缓冲溶液的使用将受到毛细管内焦耳热效应的约束。此时，因高电流作用产生的焦耳热能使柱中心的温度高于边缘的温度，形成抛物线型的温度梯度，管壁附近温度低，中心温度高，结果使电渗速度不均匀而造成区带变宽，柱效降低。尽管可以使用 100～500mmol/L 甚至更高的浓度，但一般缓冲溶液的浓度为 10～50mmol/L。

另外，通过对毛细管管壁以动态的涂渍（缓冲溶液添加剂）或共价键合的方式进行改性处理也可以控制电渗流。这些涂层可以增加、减小或反转表面电荷，从而改变电渗流。

三、表观淌度

在毛细管电泳中，由于电泳和电渗同时存在，所以粒子在毛细管中实际的迁移速度是由电泳速度和电渗速度共同决定的，是两种速度的矢量和，即：

$$u_{app} = u_{ep} + u_{eo} = (\mu_{ep} + \mu_{eo})E \qquad (20-5)$$
$$\mu_{app} = \mu_{ep} + \mu_{eo} \qquad (20-6)$$

式中，u_{app}——粒子的表观迁移速度；μ_{app}——表观淌度，即单位电场强度下粒子的表观迁移速度。

在实验中，可以使用中性标记物如二甲亚砜（DMSO）、异亚丙基丙酮（mesityl oxide）和丙酮等来测定电渗流的大小。

在一般情况下（毛细管表面带负电），电渗流的方向是由正极到负极。由于电渗流的速度比带电粒子电泳的速度大一个数量级，所以在毛细管电泳中，无论正离子、中电性物质和负离子可以向同一方向"迁移"，即和电渗流的迁移方向一致。其中，荷正粒子的迁移方向与电渗流相同，所以最先从负极流出，荷负电粒子迁移方向与电渗流方向相反而速度最慢，最后流出，中性物质没有电泳，只随电渗流迁移，其速度与电渗流相同。在一次电泳中不同粒子的迁移速度总结见表20-1。

表20-1 毛细管电泳中组分粒子的迁移速度

组分粒子	表观淌度	表观迁移速度	备注（出峰顺序）
荷正电粒子	$\mu_{app} = \mu_{ep} + \mu_{eo}$	$u_{app} = u_{ep} + u_{eo}$	荷正电粒子 > 中性物质 > 荷负电粒子
中性物质	μ_{eo}	u_{eo}	
荷负电粒子	$\mu_{app} = \mu_{eo} - \mu_{ep}$	$u_{app} = u_{eo} - u_{ep}$	

四、柱效及其影响因素

（一）理论塔板数

毛细管电泳法和高效液相色谱法同为液相分离分析方法，虽然分离的原理和方法不相同，但分离的过程均为差速迁移过程。所以毛细管电泳法直接沿用了色谱法的一些基本理论，如塔板理论和速率理论，仍然用塔板高度和塔板数作为评价分离效率的指标。

毛细管电泳使用的是空心毛细管柱，内壁不涂渍固定液，消除了流动相平衡所需要的时间，不仅无涡流扩散项，而且进一步使传质阻抗趋于零。在理想条件下（进样塞较小，没有溶质－管壁相互作用等），可将纵向（沿毛细管）扩散视为 CE 中对样品区带展宽唯一有贡献的因素。由于流型呈塞状，径向扩散（横穿毛细管）不太重要。同样，由于毛细管的抗对流性质，对流引起的区带展宽也不明显。所以，分离柱效可以同色谱中的纵向扩散项联系起来，则 Van Deemter 方程式可简化为：

$$H = 2D/u \qquad (20-7)$$

根据塔板理论，理论塔板数与塔板高度 H 之间的关系如下：

$$n = \frac{l}{H} = \frac{lu}{2D} \qquad (20-8)$$

式中，l——毛细管有效长度（进样口到检测器的距离），D——溶质的扩散系数。

将式（20-5）和式（20-6）代入式（20-8），得到了毛细管电泳理论塔板数的基本表达式：

$$n = \frac{\mu_{app}El}{2D} = \frac{\mu_{app}Vl}{2DL} \qquad (20-9)$$

式中，L——毛细管的总长度。式（20-9）直观地反映了毛细管电泳中使用高电场对分离柱效的影响。在高电压下，溶质在毛细管中停留的时间较短，用于扩散的时间也就较少，分离效率高。另外，具有低扩散系数的大分子如蛋白质和 DNA，更容易获得高的分离柱效。因此，毛细管电泳法在分离生物大分子方面比 HPLC 法更具有优势。

在实际操作中，理论塔板数也可以直接通过式（20-10）用实验数据计算得到。

$$n = 5.54\left(\frac{t_m}{W_{1/2}}\right) \qquad (20-10)$$

式中，t_m——迁移时间，是指毛细管中的样品由进样口迁移至检测点所用的时间，t_m 是毛细管电泳法的定性参数。$W_{1/2}$——半峰高的宽度。

需要指出的是，采用式（20-10）计算的理论塔板数通常比用式（20-9）计算的理论塔板数略低，这是由于理论计算只考虑了纵向扩散对区带展宽的贡献，而在实际操作中，常常还存在其他影响因素。

（二）柱效影响因素

如前所述，毛细管电泳法的驱动力为电渗流。在内径很细的毛细管中，电渗流向一个塞子一样以均匀的速度向前移动，使整个流型呈扁平型。扁平型的塞子流是毛细

435

管电泳的理想状态，也是导致毛细管电泳柱效高的重要原因。

在毛细管电泳中，影响柱效的主要原因是谱带展宽。谱带展宽的原因有扩散、焦耳热引起的温度梯度、样品塞长度、溶质与毛细管壁之间的相互作用（如吸附）等，这些因素都将影响谱带展宽从而影响分离效能和分离度。以下分别对主要影响因素进行讨论。

1. 焦耳热

电流通过缓冲溶液时产生的热称为焦耳热。焦耳热在通过管壁向周围环境散发时，会导致毛细管内形成径向的温度梯度，使管壁的温度低于中心温度。径向的温度梯度又导致缓冲溶液的径向黏度梯度，使径向上荷电粒子迁移速度的分布不均匀，最终破坏了毛细管内区带的扁平流型，使区带变宽，分离效率降低。

焦耳热的大小与外加电场强度成正比，所以焦耳热是限制传统电泳使用高电压提高分离效率的主要障碍。毛细管电泳与传统电泳相比，最大的优点是使用了散热效率高的毛细管，所以可以使用几十千伏的高电压。毛细管的内径是决定操作电压的主要因素，因为毛细管的内径影响焦耳热的大小。内径越小的毛细管，其表面积与体积比越大，散热效率越高，焦耳热效应就越小，柱效越高。但毛细管过细，会给进样和检测带来一系列困难，而且容易造成柱的堵塞。所以，目前普遍采用的是 $25 \sim 75 \mu m$ 内径的毛细管。另外，毛细管内的径向温度差还与毛细管管壁厚度和外涂层厚度有关。外径越厚越好，内径为 $50 \mu m$ 的毛细管，外径可达 $375 \mu m$。外涂层一般采用导热性差的聚酰亚胺作为涂层材料，可明显限制热的转移。高浓度的缓冲溶液可使焦耳热效应增大，所以降低缓冲溶液浓度或使用电荷少、淌度低的缓冲溶液（如 Tris、硼酸盐等），可使焦耳热明显减小。对仪器来说，还可以采取适当的控温方法减少焦耳热。

2. 扩散和吸附

如前所述，在理想条件下，纵向扩散是 CE 中对样品区带展宽有贡献的唯一因素，扩散的大小与溶质的扩散系数和迁移时间有关。如式（20-8）所示，峰展宽的大小与溶质的扩散系数呈正比。扩散系数是溶质自身的一种物理特性，随分子量的增大而减小，所以大分子物质比小分子物质更容易获得高柱效。

另外，扩散的大小还与溶质在毛细管中停留的时间（或迁移时间）呈正比。迁移时间受许多分离参数的影响，如外加电压、毛细管长度、缓冲溶液、pH 值等。一般采用升高电压来缩短迁移时间，减小区带展宽。

吸附是指毛细管管壁与被分离物质间的一种相互作用。通常毛细管管壁带有较多的负电荷，与带正电的被分离溶质通过离子间的静电引力相互作用。吸附作用会造成峰的拖尾，在分离一些生物大分子如碱性蛋白或多肽时，有时能将溶质全部吸附而导致检测不到信号。毛细管内表面积与体积比越大，吸附越严重，所以细内径的毛细管对降低吸附不利。为了减小吸附，常需要对毛细管内壁进行涂层处理。

表 20-2 对引起区带展宽而导致柱效降低的因素做了较详细的总结。

表 20 - 2　区带扩散的来源

来源	说明
纵向扩散	决定分离的理论极限效率
	低扩散系数的溶质形成窄区带
焦耳热	导致温度梯度和层流
进样长度	进样长度必须小于扩散控制的区带宽度
	检测困难往往需要进样长度大于理想长度
样品吸附	溶质－管壁的相互作用常常造成拖尾峰
样品与缓冲溶液电导不匹配（电分散）	溶质电导高于缓冲液，产生前延峰
	溶质电导低于缓冲液，产生拖尾峰
缓冲液池不等高	产生层流
检测池长度	必须小于峰宽

五、分离度

毛细管电泳法中分离度（R）的定义与色谱法相同。CE 主要以其高柱效而不是高选择性实现分离，这同主要靠选择性实现分离的色谱形成对比。由于样品区带非常尖锐，溶质微小的淌度差异（有时 <0.05%）往往足以实现完全分离。

两种组分的分离度还可以用柱效来表达：

$$R = \frac{\sqrt{n}}{4}\left(\frac{\Delta\mu}{\bar{\mu}}\right) \qquad (20-11)$$

式中，$\Delta\mu = \mu_{app}^{(2)} - \mu_{app}^{(1)}$，$\bar{\mu} = \dfrac{\mu_{app}^{(2)} + \mu_{app}^{(1)}}{2}$。将式（20-9）代入式（20-11），得到如下一个常见的分离度的理论表达式：

$$R = \left(\frac{1}{4\sqrt{2}}\right)(\Delta\mu)\left(\frac{Vl}{DL(\bar{\mu})}\right)^{\frac{1}{2}} \qquad (20-12)$$

由于 $\Delta\mu$ 和 $\bar{\mu}$ 受多种因素的制约，所以 R 也能通过条件优化来进行调节。同可随外加电压线性增加的理论塔板数相比，分离度因与电压为平方根关系而不能得到同样的效果。为了使分离度加倍，电压必须增加为原来的 4 倍，这种做法所获得的收益一般会受到焦耳热的限制。

第二节　毛细管电泳法的主要分离模式

毛细管电泳法是现代电泳分离技术和色谱分析技术的结合，因此毛细管电泳法按分离机制可分为电泳型、色谱型和电泳/色谱型三大类。不同类型的毛细管电泳法的分离机制各不相同，应用对象也不同，在实际操作中，可以针对不同性质的样品选择不同的分离操作方式。毛细管电泳法有六种基本的操作方式，见表 20-3。在很多情况下，可以通过改变缓冲溶液的组成来实现不同的操作方式。本章将重点讨论最经典也是最常用的毛细管区带电泳（CZE）和胶束电动毛细管色谱（MECC），同时对毛细管凝胶电泳、毛细管电色谱、毛细管等电聚焦和等速电泳做简要介绍。

表20-3　毛细管电泳的主要分离模式

分离方式名称	缩写	分离机制	应用范围
毛细管区带电泳	CZE	溶质在自由溶液中的淌度差异	带电溶质
胶束电动毛细管色谱	MECC	溶质在胶束与水相间分配系数差异	中性和离子化合物
毛细管凝胶电泳	CGE	溶质分子尺寸与电荷/质量比差异	蛋白质、多肽等生物大分子
毛细管等电聚焦电泳	CIEF	溶质等电点差异	不同等电点物质
毛细管等速电泳	CITP	溶质在电场梯度下分布的差异	离子化合物
毛细管电色谱	CEC	固定相存在下溶质分配系数的差异	中性化合物

一、毛细管区带电泳

毛细管区带电泳（capillary zone electrophoresis，CZE）是毛细管电泳中最基本的一种操作模式。CZE 的分离是基于自由溶液中组分淌度的区别，溶质以不同的速率在毛细管内迁移而分离。CZE 也是毛细管电泳法中最简单的一种操作方式，仅在毛细管内充入缓冲溶液就可实现正、负带电粒子的同时分离。由于操作简单和多样化，毛细管区带电泳是目前应用最广的一种方式，其基本理论是讨论其他分离模式的基础。CZE 的应用范围很宽，包括氨基酸分析、多肽分析、离子分析、对映体分析和很多其他离子态物质的分析。

有关 CZE 的理论已经在本章第一节中做了详细讨论，下面将重点介绍如何选择缓冲溶液来实现良好的分离，以及如何使用添加剂来改善分离和改变毛细管内壁的电荷和疏水性。

（一）缓冲溶液的选择

CZE 是在只填充缓冲溶液的毛细管中来实现样品组分的分离，所以缓冲溶液的选择对于成功分离是非常重要的。缓冲溶液的选择包括缓冲溶液的种类、浓度和 pH 使用范围，下面分别进行讨论。

1. 缓冲溶液的种类

缓冲溶液的种类很多，作为毛细管电泳用的缓冲溶液，应注意以下几点：①所选缓冲溶液应在所选的 pH 值范围内有较强的缓冲能力；②选用低淌度（即大体积、低电荷）的缓冲溶液以降低电流的产生，减小焦耳热；③尽可能采用酸性缓冲溶液。在低 pH 下电渗流和吸附都较小，可以延长毛细管的使用寿命；④在检测波长处有较小的紫外吸收。

常用的毛细管电泳缓冲溶液有硼砂、磷酸盐、柠檬酸盐、琥珀酸盐、醋酸盐等，其中磷酸盐和柠檬酸盐具有多个 pK_a，所以具有多个可使用的 pH 缓冲范围。某些生物"优良缓冲液"如 Tris、硼酸盐等离子一般较大，能够在较高浓度下使用而不会产生较大电流。但这类缓冲盐的一个潜在的缺点是有较强的紫外吸收。

2. 缓冲溶液的 pH 值

在毛细管区带电泳中,缓冲溶液的 pH 值是影响分离选择性的主要因素。首先,pH 值会影响被分离物质的荷电情况。对弱酸或弱碱溶质组分,改变 pH 值会引起溶质的电荷和电泳淌度的变化。由于不同溶质的 pK_a 值不同,因此改变 pH 对不同溶质的影响不同,从而影响分离的选择性。对于蛋白质和多肽的分离,当溶质的 pI 相接近时,调节 pH 对分离特别有用。在 pH 值高于或低于溶质的 pI 值下操作会使其所带电荷改变,从而使得溶质在电渗流之前或之后进行迁移。当 pH 低于 pI 时,溶质带净的正电荷而向阴极移动,在电渗流之前流出;在 pH 高于 pI 时则相反。

其次,pH 值会影响管壁带电荷的多少从而影响电渗流的大小。缓冲溶液 pH 值的改变将引起电渗流的变化而影响分离,因此需要重新对分离进行优化。例如,在某一较低 pH 值下,溶质间有足够的分离度,但 pH 值提高后改变了溶质所带电荷,电渗流也可能增大以致于溶质还未被分离就随之流出毛细管。在这种情况下,可以增加毛细管的有效长度或者减小电渗流。电渗流对于 pH 的改变很敏感,所以要求使用缓冲溶液以维持恒定的 pH。

3. 缓冲溶液的浓度

缓冲溶液浓度的选择对组分的分离也很关键,但缓冲溶液的浓度对柱效的影响比较复杂。在一定浓度范围内,增加缓冲溶液的浓度可增加柱效和分离度,抑制管壁的吸附作用,但当缓冲溶液的浓度过高时会使焦耳热效应增大,柱效及分离度反而会下降。常用缓冲溶液浓度为 10 ~ 15mmol/L,有时为了抑制蛋白质的吸附也可以用 100 ~ 150mmol/L 甚至更高些。

(二)添加剂

在 CZE 中,常常在缓冲溶液中加入一些不同类型的添加剂来改善管壁或样品溶质之间的相互作用,改善管壁与溶质的理化性质,进一步优化分离,提高选择性和分离度。常用的添加剂有表面活性剂、有机溶剂、两性离子、金属盐、手性试剂等。

1. 表面活性剂

表面活性剂是 CE 中使用最多的一种缓冲溶液添加剂,各种类型的表面活性剂如阴离子型、阳离子型、两性离子型和非离子型表面活性剂,在毛细管区带电泳中都可以使用。在低于临界胶束浓度(CMC)时,单个表面活性剂分子可作为疏水溶质的增溶剂、离子对试剂和管壁改性剂。单分子表面活性剂与溶质的相互作用有两种方式:一是通过端基离子与溶质离子相互作用;二是烷基链与溶质的疏水部分相互作用。

除了与溶质的相互作用,表面活性剂还与毛细管管壁相互作用,是很好的电渗流改性剂和管壁修饰剂。根据表面活性剂所带电荷不同,电渗流可能增大、减小或者反向。例如,在缓冲溶液中加入阳离子型表面活性剂(如溴化十二烷基三甲基铵,CTAB)使电渗流反向。CTAB 单体分子通过离子间相互作用结合到毛细管内壁,它们与自由 CTAB 分子间由于存在疏水性相互作用而使后者的带正电端远离管壁。

2. 有机溶剂添加剂

在缓冲溶液中加入有机溶剂,可以改变毛细管内壁和缓冲液的性能。在缓冲溶液中加入有机溶剂后,溶液的离子强度降低,电导减小,导致电渗流降低,迁移时间延

439

长。一般情况下，加入有机溶剂后可使分离得到改善。常用的有机溶剂有醇类、乙腈、丙酮等，其中最常用的是甲醇和乙腈。

3. 手性选择剂

近年来，在新药研发和药品质量控制中，手性药物对映体的拆分具有越来越重要的意义。色谱法是目前最常用的拆分方法，但是色谱法需要采用昂贵的手性分离柱。而 CE 法分离拆分手性化合物，一般只需在缓冲溶液中添加手性选择剂，就能获得高效的分离。CE 中常用的手性选择剂有环糊精类、冠醚类、胆汁酸盐等。

（三）毛细管内壁改性

毛细管区带电泳既可用于大分子溶质的分离，也可用于小分子溶质的分离。从其基本原理可知，大分子如蛋白质由于分子扩散系数小，可以得到很高的柱效（$n > 10^6$）。但是，在分离生物大分子尤其是蛋白质时，吸附作用尤其严重，它可能引起峰拖尾甚至全部保留在毛细管中，使柱效明显降低，分离度、回收率、重现性均受到很大影响。虽然在蛋白质分析中采用极端 pH 对减少离子相互作用非常有效，但在非生物 pH 范围内，蛋白结构可能发生变化。高离子强度的缓冲溶液能限制离子相互作用，但最终要受到焦耳热的限制。小内径毛细管对热扩散是有利的，但表面积与体积比增加，使蛋白与管壁的吸附增加。

毛细管内壁改性是限制溶质吸附的一种有效手段。主要有两种方法：一种是通过共价键或物理吸附永久改性；另一种是使用缓冲溶液添加剂动力学修饰。

共价键合法是在毛细管内壁制成永久改性的毛细管涂层，可用双官能团的偶联剂如三甲基氯硅烷等有机硅烷试剂进行键合。共价键合涂层改性的毛细管可反复使用，但毛细管的反复清洗对涂层有一定影响。

动力学改性是在缓冲溶液中加入适当添加剂（如表面活性剂、有机溶剂、络合剂）的方法来减少吸附。动力学改性方法的缺点是同时影响溶质和毛细管表面，极端的 pH 条件或表面活性剂的使用可能破坏生物活性条件。另外，要获得重现的表面和恒定的电渗流需要一定的平衡时间。

毛细管区带电泳是 CE 中应用最广泛的一种分离模式，能用于各种具有不同电泳淌度的组分的分离，分子量范围可从几十的小分子到几十万的生物大分子。但是因为中性物质的淌度差为零，所以不能分离中性物质。

二、胶束电动毛细管色谱

如上所述，CZE 主要用于分离带电荷的粒子，对中性溶质的分离则不适用。此时，可采用胶束电动毛细管色谱（micellar electrokinetic capillary chromatography，MECC）法。MECC 是电泳技术和色谱技术的交叉，它由 Terabe 于 1984 年提出，既能分离中性溶质，又能分离带电组分。

胶束电动毛细管色谱法的基本原理是在 CZE 的缓冲溶液中加入一定浓度的表面活性剂，当浓度达到临界胶束浓度以上时，表面活性剂分子会聚集形成胶束。胶束具有特殊的团状结构，表面活性剂分子疏水性的一端聚在一起向里形成一个疏水的空间，而带电荷的一端则朝向缓冲溶液形成亲水表面（图 20 - 3）。此时，在缓冲溶液中可以认为存着两相：一相为带电的胶束相，可以与中性溶质相互作用。但胶束相是不固定的，与色谱柱中的固定相不同，可以称为假固定相。另一相是缓冲溶液相。

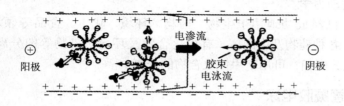

图 20 – 3　胶束电动毛细管色谱的分离机制

　　胶束通常是带电的，依照其带电的不同会向阳极或阴极迁移。常用的阴离子表面活性剂为 SDS（十八烷基磺酸钠）胶束，因带负电而会向阳极迁移，其方向与电渗流方向相反。由于在中性和碱性 pH 下，电渗流的迁移速度通常比胶束的迁移速度快，所以胶束实际的移动方向仍然与电渗流方向一致，应从负极流出。胶束在移动过程中，能够与溶质发生疏水性和静电的相互作用。

　　对于中性分子来说，分离仅受溶质进入和离开胶束这一行为的影响。由于胶束迁移方向与电渗流相反，溶质与胶束间作用力越强，迁移时间就越长，当溶质不与胶束作用时，仅随电渗流一起移动。MECC 的分离过程见图 20 – 3。

　　中性溶质在 MECC 中的分离机制与色谱分离类似，可以用修改后的色谱方程来描述。溶质在胶束（假固定相）中的摩尔数与在水相中的摩尔数之比，即保留因子 k 为：

$$k = \frac{(t_R - t_0)}{t_0 \left(1 - \dfrac{t_R}{t_m}\right)} = K\left(\frac{V_s}{V_m}\right) \tag{20 – 13}$$

441

　　式中，t_m——胶束的迁移时间；V_s——胶束相体积；V_m——水相体积。

　　MECC 中由于假固定相在移动，这个等式对色谱中 k 的一般表示式进行了修正。当 t_m 达到无限大时（即胶束真的静止不动），上式就简化为常见的 k 形式了。

　　MECC 中两组分的分离度由式（20 – 14）描述：

$$R = \left(\frac{n^{1/2}}{4}\right)\left(\frac{\alpha - 1}{\alpha}\right)\left(\frac{k_2}{k_2 + 1}\right)\left[\frac{1 - (t_0/t_m)}{1 - (t_0/t_m)k_1}\right] \tag{20 – 14}$$

　　由上式可看出，可以通过优化柱效、选择性和保留因子来提高分离度。保留因子最容易通过改变表面活性剂浓度而加以调整，一般而言，保留因子随浓度增加而线性增加。

　　扩大洗脱范围或时间窗口（$t_0 \sim t_m$）可以提高分离度。在分离中性组分时，所有溶质都在 t_0 和 t_m 之间流出。亲水性溶质不与胶束作用，随电渗流一起流出；被胶束完全保留的溶质随胶束一起流出。当时间窗口较小时，MECC 的高效仍可保持峰的高容量，但最好是控制条件以扩大时间窗口，即采用中等程度的电渗流和高迁移率的胶束。

　　在 MECC 中很容易控制选择性，使用不同的表面活性剂以形成具有不同物理性质（如大小、电荷、几何形状）的胶束就能使选择性发生显著变化，就像在 LC 中改变固定相一样。而且任何情况下都可以通过改变缓冲液浓度、pH、温度及使用添加剂，如尿素、金属离子或手性选择剂等方法来改变其选择性。

　　与色谱分离一样，在 MECC 中也可以加入有机修饰剂来控制溶质 – 胶束之间的相互作用。已经成功应用的有甲醇、乙腈、异丙醇等。有机溶剂的加入将削弱溶质与胶束间的疏水性相互作用，同时也将削弱维持胶束结构的表面活性剂分子间的疏水相互作用，加快色谱动力学。

目前 MECC 已经成功地用于生物、药物、环境、化工、食品等领域，如氨基酸、小肽、维生素、各种药物及中间体、有机化合物及环境污染物等的分离分析。特别是 MECC 采用手性分配相，可用于手性化合物的分离。

三、毛细管凝胶电泳

毛细管凝胶电泳（capillary gel electrophoresis，CGE）是基于经典凝胶色谱的筛分分离机制，即按照分子大小的不同实现分离。在通过填充有网状结构的凝胶介质的毛细管时，大分子受到的阻力大，迁移速度慢，小分子受到的阻力小，迁移速度快，从而使它们得到分离。但由于经典凝胶色谱使用的共价交联的化学凝胶不易在毛细管中使用，CGE 一般多采用线性缠结聚合物结构的物理凝胶，能够比较方便地制备毛细管凝胶色谱柱。

毛细管凝胶电泳在蛋白质、多肽、DNA 序列分析中得到了成功的应用，成为近年来在生命科学基础和应用研究中极为得力的分析工具。

四、毛细管电色谱

毛细管电色谱（capillary electrochromatography，CEC）是在毛细管电泳技术的不断发展和液相色谱理论日益完善的基础上逐步兴起的。它包含了电泳和色谱的两种机制，溶质根据它们在流动相和固定相中的分配系数不同和自身电泳淌度差异得以分离。CEC 结合了 CE 的高效和 HPLC 的高选择性，开辟了微分离技术的新途径。

CEC 可以视为是 CZE 中的空管被色谱固定相涂布或填充的结果，也可以看成是微色谱中的机械泵被"电渗泵"所取代的结果。毛细管电色谱的介质选择首先是固定相的选择，其次才是流动相或缓冲液的选择。根据固定相的特征（正相、反相等），缓冲液可以是水溶液或有机溶液。固定相的选择主要依据 HPLC 的理论和经验，目前反相毛细管电色谱研究最多，填料为 C_{18} 或 C_8，$3\mu m$ 粒径，毛细管的填充长度一般为 20cm，用乙腈 – 水或甲醇 – 水等为流动相。还可改变流动相的组成比例、导电大小、pH 值、散热能力、背景吸收等来改善分离。

在填充柱电色谱中，柱的填充是一项关键性技术，迄今报道的填充方法有 3 种：拉制法、压力法和电填充法。电填充法利用电泳力进行填充，效果较好。目前已有多种商品柱供选择。气泡产生是导致 CEC 分离失败的最常见原因。气泡一般出现在塞子与填料交界处，由于两侧电渗淌度不同，易形成气泡。气泡的存在增大电阻，使分离电流减小，最终中断分离。如果发生这种情况，就必须用高压缓冲液重新冲洗柱子。

五、毛细管等电聚焦和等速电泳

毛细管等电聚焦电泳（capillary isoelectric focusing，CIEF）是将常规的等电聚焦凝胶电泳的高分辨率与现代毛细管电泳的特点相结合的一种毛细管电泳分离模式。CIEF 与常规的等电聚焦凝胶电泳分离原理相同，是基于等电点（pI）的差别来分离生物大分子的电泳技术。蛋白质、多肽等生物大分子是典型的两性电解质，所带电荷与溶液的 pH 有关。当溶液的 pH 大于其 pI 时带正电荷，当溶液的 pH 小于其 pI 时带负电荷，当溶液的 pH 等于其 pI 时其表观电荷数为零。因为不同生物大分子的等电点不同，当向毛细管内的两性电解质载体两端施加直流电压时，将建立一个由阳极到阴极逐步升高的 pH 梯度，不同等电点的生物大分子在电场作用下迁移至毛细管内 pH 等于其等电点的位置，形成一个窄的聚焦区带而得到分离。CIEF 可用于分离不同等电点的两性大分子离子，尤其是在分离结构相近的蛋白质方面显示了较大的优越性，可分离等电点（pI）相差 0.01 pH 单位的不同蛋白质异构体。

毛细管等速电泳（capillary isotachophoresis，CITP）是一种移动界面电泳技术，是在不连续介质中的一种电泳方式。CITP 是在缓冲溶液中分别加入两种淌度差别较大的缓冲溶液，构成前导电解质和尾随电解质，使分离溶质夹在两者之间，溶质按其淌度不同进行分离。在毛细管柱中先充入电泳迁移速度高于样品中任何离子的前导电解质缓冲溶液，然后注入样品溶液，再充入电泳迁移速度小于样品中任何离子的尾随电解质缓冲溶液。在电场作用下，样品中各离子依据各自的迁移速度在样品溶液和前导电解质、尾随电解质缓冲溶液的界面发生分离。随着样品各组分的分离，各样品组分所分得的电场发生变化。迁移速度较快的离子电导较大，分得的电场较小，从而使电泳速度逐渐降低，即在分离过程中，电场强度会自行调整维持恒速移动（迁移速度 = 淌度 × 电场强度）。由阴极进样，阳极检测。当加电压后，所有负离子都向阳极迁移。因前导离子淌度最大，迁移最快，走在最前面，其次是淌度次之的负离子。至平衡时，样品中各组分均以与前导电解质相同的速度移动，各区带保持明显的界面而得到分离。单一 CITP 主要用于离子化合物的分离，它还可以与 CZE、MECC 等连接用于毛细管电泳中的样品浓缩。

第三节　毛细管电泳仪和实验方法

一、毛细管电泳仪

毛细管电泳仪主要由高压电源、毛细管、检测器、电解质贮液槽、冷却系统、计算机管理与数据处理等部分组成，其基本结构如图 20 - 4 所示。

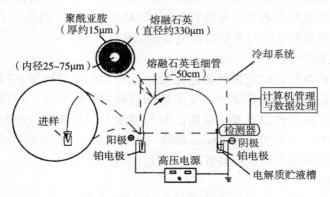

图 20 - 4　CE 仪器示意图

毛细管电泳实验中的分离部件包括以下几个部分：毛细管柱、毛细管恒温系统和高压电源。

1. 毛细管柱

毛细管柱是分离的关键部件。毛细管电泳柱使用的材料应具有化学和电学惰性、紫外可见光透光性、柔韧性、强度高和价廉等特性。石英因能满足以上这些要求而成为当今首选的材料。石英毛细管外壁涂有一层聚酰亚胺保护层以增加它的强度，使操作更方便。为了方便柱上检测，在检测端要除去一小段聚酰亚胺保护层以形成一个小检测窗口。

聚四氟乙烯也是 CE 常应用的一种毛细管材料。聚四氟乙烯能透过紫外光，所以不需要开专门的透光窗口。尽管不带电荷，它仍能有显著的电渗流。可惜的是，它不容易有均匀的内径，和石英一样也有样品的吸附问题，并且散热性能较差。这些缺点限制了它的使用。

根据第二节的讨论可知，综合考虑柱效和操作等因素，毛细管内径一般采用 10～200μm。最常用的毛细管尺寸为内径 20～75μm，外径 350～400μm。毛细管的有效长度在凝胶填充的毛细管上可以短到 10cm，而在复杂试样的毛细管区带电泳分离时可以长到 80cm。而最常用的有效长度为 50～75cm。从分析时间考虑，毛细管应尽可能的短，理想的有效长度应该在总长度中占尽可能大的百分比，这样可以采用很高的场强并能减少毛细管的老化和馏分收集等工作的时间。总长度一般根据仪器的尺寸比有效长度多 5～15cm（即检测器到出口端的长度）。

获得良好重现性的一个重要因素是毛细管的老化处理。最常用的老化方法是用碱液洗去表面的吸附物，使表面的硅羟基去质子后变得新鲜。一个典型的冲洗方法包括用 1mol/L 的 NaOH 溶液冲洗新的毛细管，接着再依次用 0.1mol/L 的 NaOH 溶液和缓冲液冲洗。在每一次分析之前则只需要后两步即可。另外，也可以选用强酸、有机溶剂如甲醇或二甲亚砜（DMSO）或者清洗剂。

影响表面电荷的另一个因素是缓冲溶液的组成。例如使用磷酸缓冲溶液，磷酸根负离子易吸附于表面并需要比较长的平衡时间。另外，表面活性剂可以永久性地涂在毛细管的表面。有人提出，如果毛细管曾经接触了某种清洗剂，那它只有用含有这种清洗剂的缓冲液才能获得较高的重现性。

毛细管批与批之间的重现性很大程度上依赖于熔融石英自身的性质。不同批号的毛细管之间，表面电荷和电渗流可以有 5% 的相对标准偏差。因此，不同批号毛细管柱上分离得到的数据进行比较时常常要做电渗流的校正。

2. 毛细管柱的恒温

维持毛细管柱温度的恒定是保证电泳操作重现性的重要因素。因为温度能影响毛细管中缓冲溶液的黏度，而黏度的改变能影响进样和迁移时间。目前的商品化的毛细管电泳仪都配备了柱的恒温系统。常用的两种控温方法是高速气流和液体恒温法。用液体恒温比较有效，但用流速为 10m/s 的强气流恒温对于 CE 系统产生的热来说已经足够了。用空气恒温的优点是仪器装置简单和使用方便。

3. 高压电源

毛细管电泳仪所用的电源为直流高压电源，能提供 0～30kV 的直流电压和 200～

300μA 的电流。电压的输出精度要求在 ±0.1% ，这样才能保证迁移时间有良好的重现性。高压电加在两个电极上。CE 使用的两个电极通常为内径 0.5～1mm 的铂电极，有时也可用注射针头代替铂丝。

电源应该能够切换极性。正常条件下，电渗流方向是从正极到负极。此时，从正极端进样。但是，当电渗流被减弱、反转或者用了凝胶柱时，需要把电极的极性转换。也就是说，要从负极端进样。由于毛细管的进口端和出口端受到检测器结构的限定，所以极性切换就要由电源来实现。

二、实验方法

采用商品化的毛细管电泳仪完成一次常规的 CE 实验一般包括以下几个主要步骤：①移开进样端的电解质贮液槽，换上样品管；②使用低压或电迁移方式进样；③再换上电解质贮液槽；④加上分离电压；⑤样品区带到达检测器被检测并记录。

（一）进样技术

毛细管柱内径非常细，只有几十微米，柱内体积很小，需要的样品量仅为纳升级，所以色谱常用的进样方式都不适用。为了满足毛细管电泳的高效和快速的需要，从进样角度考虑应该满足两个要求：一是进样量小于 100nl，否则易造成过载；二是进样时不能引入显著的区带扩张，造成柱效降低。鉴于此，毛细管电泳常采用直接的柱头进样方法。最常用的是流体力学方式和电动方式（图 20-5）。无论哪种方式，进样的体积不能直接给出。所以一般定量进样的参数不是体积，对于流体力学进样方式，用压力和时间，对于电动进样方式，用电压和时间。

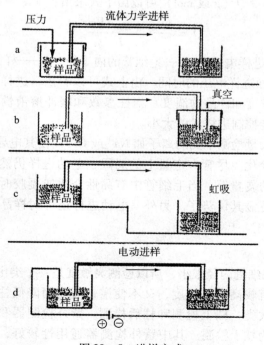

图 20-5　进样方式

1. 流体力学进样

流体力学方式进样是应用最广泛的进样方式，它通过以下几种方法实现：①在进样端加气压；②在毛细管的出口端抽真空；③利用虹吸现象，将进样端小瓶的水平位置抬高超过出口端（图 20 – 5 a、b、c）。进样体积是毛细管尺寸、缓冲溶液黏度、所加气压及时间的函数。进样体积 V 可以通过 Hagen – Poiseuille 方程求出：

$$V = \frac{\Delta P d^4 \pi t}{128 \eta L} \qquad (20-15)$$

式中，ΔP——毛细管两端的压力差；d——毛细管的内径；t——进样时间；η——缓冲溶液的黏度；L——毛细管的总长度。从上式可以看出，当毛细管的内径和长度以及缓冲溶液的黏度一定时，进样体积与毛细管两端的压力差和进样时间成正比。控制进样时间和压力差就可以控制进样的体积。

采用流体力学的进样方式，进样量基本不受样品基质的影响。毛细管温度的精确控制（$\pm 0.1\,^{\circ}\mathrm{C}$）对于恒定进样体积是必要的。毛细管中缓冲溶液的黏度以及由此引起的进样量每摄氏度变化 2% ~ 3%。这里要注意的是，试样本身的黏度对于进样量没有什么显著的影响，因为样品的长度相对于毛细管的长度来说只是很小的一段。

2. 电动进样

电动进样又称电迁移进样。将毛细管进样端先不与分离缓冲溶液接触，而是置于样品管中，并施加短时的进样电压（图 20 – 5d），使样品通过电迁移进入毛细管。通常进样时的场强只有分离场强的 1/5 到 1/3。在电动进样时，组分同时受到电迁移和电渗流推动的作用。电动进样的一个突出特点是进样量决定于组分的电泳淌度。对于离子型的组分会有进样歧视，即淌度大的组分比淌度小的组分进样量要大一些。

一定时间 t 的进样量 Q（g 或 mol）可以由下式求出：

$$Q = \frac{(\mu_{\mathrm{ep}} + \mu_{\mathrm{eo}}) V \pi r^2 c t}{L} \qquad (20-16)$$

式中，V——外加进样电压；r——毛细管的内半径；c——样品的浓度；L——毛细管的总长度；t——施加进样电压的时间。由上式可以看出，进样量决定于进样电场强度、电渗流、样品的浓度和样品的淌度。当柱参数和缓冲溶液性质一定时，通过改变进样电压和时间，就能控制进样量的大小。

由于样品中含有大量检测不到的离子如 Na^+ 或 Cl^- 而使其电导发生变化，这会使得电压降和进样量发生变化。尽管有定量上的局限，电动进样仍然有很多优点，例如操作简便，不需要附加的装置等。当毛细管中有黏性介质或凝胶时，则无法采用流体力学进样，电动进样就更显其优势了。另外，电动进样还可对样品的痕量组分起到一定的富集作用。

（二）检测方法

在 CE 中，因为毛细管内径很小，所以检测灵敏度是一个突出的问题。适用于毛细管电泳的检测器既要有较高的灵敏度，又不使谱带展宽而降低柱效。目前毛细管常用的检测器可以分成两大类，柱上检测和柱后检测。紫外检测器和荧光检测器是目前使用较广泛的两种，均为柱上检测。其中紫外检测器通用性较好，应用最为广泛。激光诱导荧光检测器具有较高的灵敏度，可达 10^{-12} ~ 10^{-16} mol/L，可实现单分子检测。但是其通用性较差并且仪器价格比较昂贵。电化学检测器和质谱检测器均采用柱后检测方法，其中电化学检测器为经典的检测方法一直沿用至今，而质谱与毛细管的联用是近年来随着液相联用技术的发展而诞生的新技术。

1. 紫外检测器

在毛细管的出口端的适当位置上将毛细管的保护层除去一小段，为了获得高柱效，就必须使检测区宽度小于样品组分的区带宽度（2~5mm），所以透明光窗的长度应控制在上述宽度的1/3以内。让露出的透明光窗对准光路即可实现柱上检测。

紫外检测器由光源、光路系统、信号接受和处理系统组成。与高效液相色谱的紫外检测器相同，也有固定或可变波长检测器和二极管阵列检测器（DAD）两类。固定或可变波长检测器的结构简单，灵敏度较高，而DAD检测器可提供时间-波长-吸收值三维图谱，提供的在线紫外图谱可方便用于定性和未知化合物的鉴别。其缺点是灵敏度不高。

用熔融石英毛细管可以在200nm以上到可见光谱这一范围内进行检测。CE高效的部分原因就是柱上检测。因为透光窗口直接开在毛细管上，所以就不存在因死体积和组分混合而产生的谱带展宽。分离在检测窗口处还一直进行着。

与HPLC中的相似，CE中也有二极管阵列检测（DAD），使用DAD可以大大简化电泳数据的分析。在建立一个新的电泳方法时，常常缺少检测条件尤其是最佳检测波长的信息。使用二极管阵列检测器，整个波长范围都可以同时选到。比如波长可以从190nm到600nm，有400nm的宽度。在一次分析中，所有溶液在这个范围内的吸收都可以检测到。可以给出每个组分的最大吸收波长。相应的软件可以自动计算出吸收最大值，可以给出分析时间-波长-吸光值的三维图，也可以给出在某个等吸光值处的分析时间-波长-吸收光强图。这个等吸光值点对于确定复杂混合物的最佳波长是很有用的。

447

因为毛细管内径极细，光程短，为了获得高的灵敏度，光束应直射到毛细管上以获得最大的光通量和最小的光散射。多数商品的UV检测器采用球镜聚焦，球镜材料多为蓝宝石，可将光束聚焦到0.2nl的小体积，检测灵敏度可提高10倍。另外，还可采用将检测端的毛细管部分做成泡型（图20-6），使光程增大，从而提高灵敏度。

因为光程短，所以光束应直射到毛细管上以获得最大的光通量和最小的光散射。这些方面对于灵敏度和线性检测范围来说都是非常重要的。CE的高效往往使溶质的区带很窄、峰很尖锐，5秒甚至更小的峰宽很常见，尤其在作等速电泳时。

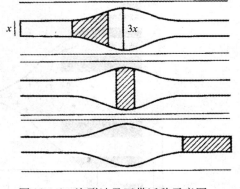

图20-6　泡形池及区带迁移示意图

2. 荧光检测器

激光诱导荧光检测器是目前毛细管检测器中灵敏度最高的一种检测方法，高的灵敏度来自激光光源。激光光源的单色性和相干性好，光强高，同时聚光性能好，特别适用于窄孔径柱，能有效地提高信噪比。高的灵敏度意味着可以采用更小孔径的毛细管外加更高的电场强度，获得更高的分离效率，同时也可用更少量的样品使毛细管分离技术成为极微量样品分离检测的方法，在生命科学的研究中将起着重要的作用。激光诱导荧光检测器主要由激光器、光路系统、检测池和光电转换器等部件组成。进行柱上检测时，在窗口导入激光，入射激光的倾角应小于 45° 以降低背景杂散光的强度。常用的连续激光器是氩离子激光器。

3. 电化学检测器

电化学检测器是经典的 CE 检测器。与光学类检测器相比，没有检测光程短的问题，对电活性组分的检测具有灵敏度高、线性范围宽、选择性好及价格低廉等优点。电化学检测器有三种基本模式：安培法、电导法和电位法，其中安培法最容易实现，因此应用较广泛。安培法为微体积环境中电活性物质的测定提供了高灵敏度的检测方法。电化学检测时要求试样溶质具有电活性。

4. 质谱检测器

质谱法可提供分子的结构信息，具有较强的定性功能，是一种通用性良好的检测器。将 CE 的高效分离和质谱的高效定性能力结合，可以实现微量复杂样品的快速定性分析。MS 作为 CE 的检测器有两种方式，离线检测和在线检测。离线检测是指将 CE 分离的组分收集后送入 MS 进行检测，而在线检测是将毛细管直接与 MS 相连接，即 CE 和 MS 的联用。CE - MS 的联用，关键是接口系统。要求接口既要保持 CE 的高效性，又要满足 MS 分析的进样要求。随着液相 - 质谱联用技术的不断发展和完善，已经建立了较成熟的液 - 质联用接口，如大气压离子化接口，包括电喷雾离子化（ESI）和大气压化学离子化（APCI）接口。其中 ESI 和 CE 的工作环境较匹配，目前已成功地应用于 CE - MS。接口设计使用最广泛的为鞘液体接口，金属接口为三层套管结构，如图 20 - 7 所示。

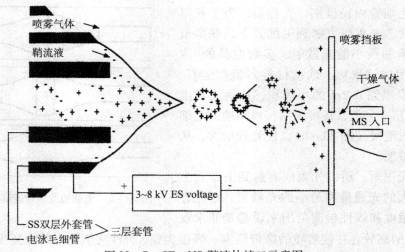

图 20 - 7 CE - MS 鞘液体接口示意图

（三）定性定量方法

毛细管电泳法与高效液相色谱法都是利用差速迁移来实现组分分离的液相分离技

术，虽然其分离原理和分离模式不完全相同。两者都可以获得分离图谱，可以对图谱上的峰进行定性和定量分析。

1. 定性分析

从毛细管电泳的图谱上可以获得组分的迁移时间（或淌度）参数。除用质谱检测器和二极管阵列检测器可直接对样品峰进行定性外，采用其他检测器时均用迁移时间或淌度作为定性的参数。定性方法与色谱法相同，一般采用标准对照法。RSD 一般为 2%~3%。

迁移时间的重现性将影响定性的准确性。迁移时间受多种因素的影响，如毛细管壁、缓冲液、样品性质及仪器性能等，所以必须严格控制各种影响因素才能获得重现的迁移时间。为了提高迁移时间的重现性，可采用内标法，以内标迁移时间和样品迁移时间的比值即相对迁移时间作为定性参数，可以减少由于电渗流变化及其他因素的影响，使 RSD 明显减小。

2. 定量分析

色谱法的定量参数既可以用峰高，也可以用峰面积，可以根据检测器的类型进行选择。而毛细管电泳法中，常用峰面积而不用峰高进行定量分析，主要原因是峰高的线性范围比峰面积差，另外溶质和样品导电性的差别也能引起峰形畸变而影响峰高，但对峰面积几乎没有影响。

峰面积的重现性直接影响定量分析结果。在毛细管电泳中，由于进样体积小而影响进样精确度。此外，温度、样品吸附等因素也对峰面积的重现性有影响。在严格控制各种添加的情况下，峰面积的重现性 RSD 可小于 2%。

为减小进样误差，毛细管电泳法一般采用内标法进行定量分析。做药物含量测定时，冲洗液、缓冲液、供试液和内标液等均使用高纯试剂和高纯水配制。

（四）应用实例

近年来，随着毛细管电泳技术分离模式的不断创新和发展，特别是各类毛细管电泳仪的商品化，使得毛细管电泳法在药物分析领域的应用得到了迅速的发展。在中药材、中成药制剂、手性药物、西药复方制剂及生物技术产品等复杂药物和制剂的分离、鉴定和分析中显示了高效和快速的特点。

1. 手性药物分析

用毛细管电泳分离手性药物，因其分离效率高、分析时间短，有多种分离模式而成为目前手性药物分离的最佳方法。其中两个常用的模式为 CZE 和 MECC。分离原理是通过在缓冲溶液中加入手性选择试剂来实现。常用的手性选择剂有环糊精类、冠醚类、手性选择性金属络合物等。目前使用最多的是以 β－环糊精（β－CD）为手性选择剂的 CZE。

例 20－1 4 种肾上腺素类药物的手性分离。采用 CZE 模式，经优化的分离条件为：石英毛细管柱 64.5cm × 50μm（有效长度 56cm），操作电压为 30kV，检测波长为 200nm，柱温 25℃，电泳缓冲液为 H_3PO_4－Tris 50mmol/L（pH = 2.4），20mmol/L 二甲基－β－CD，压力进样。在此条件下，在 15min 内使肾上腺素、异丙肾上腺素、酚乙醇胺和多西拉敏 4 种胺类化合物的手性对映体得到良好的分离（图 20－8）。

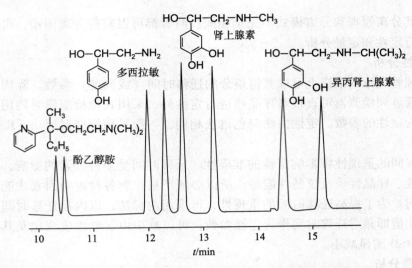

图 20 – 8　CD – CZE 分离 4 种肾上腺素药物的手性对映体

2. 中药制剂分析

例 20 – 2　用毛细管电泳法分离马特灵注射液中 4 种苦参类生物碱的含量。采用 CZE 模式，分离条件为：未涂层石英毛细管 52cm×65μm（有效长度 32cm），操作电压为 12kV，检测波长为 205nm，电动进样。经实验选择最佳的电泳缓冲液组成为：200mmol/L Tris – 40mmol/L 磷酸二氢钠 – 20% 异丙醇（pH = 5.5）。分离图谱见图20 – 9。

450

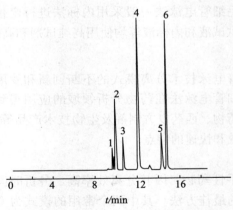

图 20 – 9　马特灵注射液的电泳分离图谱
1. SC；2. MT；3. 重酒石酸间羟胺；4. 西咪替丁；5. OSC；6. OMT

3. 复方制剂分析

例 20 – 3　用 MECC 同时分析常用于复方感冒制剂中的 13 种药物，在 15 分钟内得到完全分离。电泳分离条件为：石英毛细管 60cm×75μm（有效长度 52.5cm），操作电压为 18kV，检测波长为 214nm，虹吸进样（高度 10cm）。电泳缓冲液组成为：20mmol/L 硼酸钠 – 磷酸二氢钠 – 0.1mol/L 胆酸钠（pH = 9.0）。分离图谱见图 20 – 10。

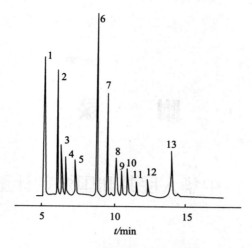

图 20 - 10　13 种常用感冒药物成分的 MECC 分离图谱

1. 苯丙醇胺（5.17min）；2. 咖啡因（6.07min）；3. 扑热息痛（6.44min）；

4. 异丙安替比林（6.84min）；5. 非那西丁（7.56min）；6. 茶碱（8.83min）；

7. 苯巴比妥（9.59min）；8. 扑尔敏（10.21min）；9. 阿司匹林（10.58min）；

10. 那可丁（11.04min）；11. 布洛芬（11.72min）；12. 双氯酚酸（12.51min）；

13. 水杨酸（14.21min）

习　　题

1. 什么是电泳？什么是电渗？试简述表观淌度的物理意义。
2. 影响电渗流大小的因素有哪些？如何控制电渗。
3. 简述毛细管电泳法的分离机制、特点及其与一般色谱法的异同。
4. 试分析影响毛细管电泳法区带展宽的主要因素。
5. 毛细管电泳法基本的分离模式有哪些？应用的对象是什么？
6. 简述毛细管区带电泳法和胶束电动色谱法的原理和应用上的不同。
7. 在毛细管区带电泳中如何选择分离条件？
8. 在胶束电动色谱中如何提高分离度？
9. 在区带毛细管电泳中，为何所有带电物质都向一个方向迁移？

451

（郎爱东）

附　　录

附录一　中华人民共和国法定计量单位

我国的法定计量单位（简称法定单位）包括：

（1）国际单位制的基本单位（附表1-1）；

（2）国际单位制的辅助单位（附表1-2）；

（3）国际单位制中具有专门名称的导出单位（附表1-3）；

（4）国家选定的非国际单位制单位（附表1-4）；

（5）由以上单位构成的组合形式单位；

（6）由词头和以上单位所构成的十进倍数和分数单位（附表1-5）。

附表1-1　国际单位制（SI）的基本单位

量的名称	单位名称	单位符号	量的名称	单位名称	单位符号
长度	米	m	热力学温度	开［尔文］	K
质量	千克（公斤）	kg	物质的量	摩［尔］	mol
时间	秒	s	发光强度	坎［德拉］	cd
电流	安［培］	A			

附表1-2　国际单位制的辅助单位

量的名称	单位名称	单位符号
平面角	弧度	rad
立体角	球面度	sr

附表1-3 国际单位制中具有专门名称的导出单位

量的名称	单位名称	单位符号	用SI基本单位的表示式	其他表示式
频率	赫[兹]	Hz	s^{-1}	
力,重力	牛[顿]	N	$m \cdot kg \cdot s^{-2}$	
压力,压强,应力	帕[斯卡]	Pa	$m^{-1} \cdot kg \cdot s^{-2}$	N/m^2
能[量],功,热量	焦[耳]	J	$m^2 \cdot kg \cdot s^{-2}$	$N \cdot m$
功率,辐[射能]通量	瓦[特]	W	$m^2 \cdot kg \cdot s^{-3}$	J/s
电荷[量]	库[仑]	C	$s \cdot A$	
电位,电压,电动势,(电势)	伏[特]	V	$m^2 \cdot kg \cdot s^{-3} \cdot A^{-1}$	W/A
电容	法[拉]	F	$m^{-2} \cdot kg^{-1} \cdot s^4 \cdot A^2$	C/V
电阻	欧[姆]	Ω	$m^2 \cdot kg \cdot s^{-3} \cdot A^{-2}$	V/A
电导	西[门子]	S	$m^{-2} \cdot kg^{-1} \cdot s^3 \cdot A^2$	A/V
磁[通量]	韦[伯]	Wb	$m^2 \cdot kg \cdot s^{-2} \cdot A^{-1}$	$V \cdot s$
磁[通量]密度,磁感应强度	特[斯拉]	T	$kg \cdot s^{-2} \cdot A^{-1}$	Wb/m^2
电感	亨[利]	H	$m^2 \cdot kg \cdot s^{-2} \cdot A^{-2}$	Wb/A
摄氏温度	摄氏度	℃	K	
光通量	流[明]	lm	$cd \cdot sr$	
[光]强度	勒[克斯]	lx	$m^{-2} \cdot cd \cdot sr$	lm/m^2
[放射性]活度	贝克[勒尔]	Bq	s^{-1}	
吸收剂量	戈[瑞]	Gy	$m^2 \cdot s^{-2}$	J/kg
剂量当量	希[沃特]	Sv	$m^2 \cdot s^{-2}$	J/kg

附表1-4 国家选定的非国际单位制单位

量的名称	单位名称	单位符号	换算关系和说明
时间	分	min	$1min = 60s$
	[小]时	h	$1h = 60min = 3600s$
	天,(日)	d	$1d = 24h = 86400s$
[平面]角	[角]秒	(″)	$1'' = (\pi/64800) \ rad$（π 为圆周率）
	[角]分	(′)	$1' = 60'' = (\pi/10800) \ rad$
	度	(°)	$1° = 60' = (\pi/180) \ rad$
旋转速度	转每分	r/min	$1r/min = (1/60) \ s^{-1}$
长度	海里	n mile	$1n \ mile = 1852m$（只用于航程）
速度	节	kn	$1kn = 1n \ mile/h = (1852/3600) \ m/s$（只用于航行）
质量	吨	t	$1t = 10^3 kg$
	原子质量单位	u	$1u \approx 1.6605655 \times 10^{-27} kg$
体积,容积	升	L,(l)	$1L = 1dm^3 = 10^{-3} m^3$
能	电子伏	eV	$1eV \approx 1.602189 \times 10^{-19} J$
级差	分贝	dB	
线密度	特[克斯]	tex	$1tex = 10^{-6} kg/m$

附表1－5　用于构成十进倍数和分数单位的词头

所表示的因数	词头名称	词头符号	所表示的因数	词头名称	词头符号
10^{24}	尧［它］	Y	10^{-1}	分	d
10^{21}	泽［它］	Z	10^{-2}	厘	c
10^{18}	艾［可萨］	E	10^{-3}	毫	m
10^{15}	拍［它］	P	10^{-6}	微	μ
10^{12}	太［拉］	T	10^{-9}	纳［诺］	n
10^{9}	吉［咖］	G	10^{-12}	皮［可］	p
10^{6}	兆	M	10^{-15}	飞［母托］	f
10^{3}	千	k	10^{-18}	阿［托］	a
10^{2}	百	h	10^{-21}	仄［普托］	z
10^{1}	十	da	10^{-24}	幺［科托］	y

注：1. 周、月、年（年的符号为a），为一般常用时间单位。

2. ［　］内的字，是在不致混淆的情况下，可以省略的字。

3. （　）内的字为前者的同义语。

4. 平面角单位度、分、秒的符号，在组合单位中应采用（°），（′），（″）的形式。例如，不用°/s而用（°）/s。

5. 升的两个符号属同等地位，可任意选用。

6. r为"转"的符号。

7. 人民生活和贸易中，质量习惯称为重量。

8. 公里为千米的俗称，符号为km。

9. 10^4 称为万，10^8 称为亿，10^{12} 称为万亿，这类数词的使用不受词头名称的影响，但不应与词头混淆。

附录二　国际相对原子质量表（2005 年 IUPAC）

（按照原子序数排列，以 $^{12}C = 12$ 为基准）

符号	名称	英文名	原子序	相对原子质量	符号	名称	英文名	原子序	相对原子质量
H	氢	Hydrogen	1	1.00794（7）	Ga	镓	Gallium	31	69.723（1）
He	氦	Helium	2	4.002602（2）	Ge	锗	Germanium	32	72.64（1）
Li	锂	Lithium	3	6.941（2）	As	砷	Arsenic	33	74.92160（2）
Be	铍	Beryllium	4	9.012182（3）	Se	硒	Selenium	34	78.96（3）
B	硼	Boron	5	10.811（7）	Br	溴	Bromine	35	79.904（1）
C	碳	Carbon	6	12.0107（8）	Kr	氪	Krypton	36	83.798（2）
N	氮	Nitrogen	7	14.0067（2）	Rb	铷	Rubidium	37	85.4678（3）
O	氧	Oxygen	8	15.9994（3）	Sr	锶	Strontium	38	87.62（1）
F	氟	Fluorine	9	18.9984032（5）	Y	钇	Yttrium	39	88.90585（2）
Ne	氖	Neon	10	20.1797（6）	Zr	锆	Zirconium	40	91.224（2）
Na	钠	Sodium	11	22.98976928（2）	Nb	铌	Niobium	41	92.90638（2）
Mg	镁	Magnesium	12	24.3050（6）	Mo	钼	Molybdenium	42	95.94（2）
Al	铝	Aluminum	13	26.9815386（8）	Tc	锝	Technetium	43	[98]
Si	硅	Silicon	14	28.0855（3）	Ru	钌	Ruthenium	44	101.07（2）
P	磷	Phosphorus	15	30.973762（2）	Rh	铑	Rhodium	45	102.90550（2）
S	硫	Sulphur	16	32.065（5）	Pd	钯	Palladium	46	106.42（1）
Cl	氯	Chlorine	17	35.453（2）	Ag	银	Silver	47	107.8682（2）
Ar	氩	Argon	18	39.948（1）	Cd	镉	Cadmium	48	112.411（8）
K	钾	Potassium	19	39.0983（1）	In	铟	Indium	49	114.818（3）
Ca	钙	Calcium	20	40.078（4）	Sn	锡	Tin	50	118.710（7）
Sc	钪	Scandium	21	44.955912（6）	Sb	锑	Antimony	51	121.760（1）
Ti	钛	Titanium	22	47.867（1）	Te	碲	Tellurium	52	127.60（3）
V	钒	Vanadium	23	50.9415（1）	I	碘	Iodine	53	126.90447（3）
Cr	铬	Chromium	24	51.9961（6）	Xe	氙	Xenon	54	131.293（6）
Mn	锰	Manganese	25	54.938045（5）	Cs	铯	Caesium	55	132.9054519（2）
Fe	铁	Iron	26	55.845（2）	Ba	钡	Barium	56	137.327（7）
Co	钴	Cobalt	27	58.933195（5）	La	镧	Lanthanum	57	138.90547（7）
Ni	镍	Nickel	28	58.6934（2）	Ce	铈	Cerium	58	140.116（1）
Cu	铜	Copper	29	63.546（3）	Pr	镨	Praseodymium	59	140.90765（2）
Zn	锌	Zinc	30	65.409（4）	Nd	钕	Neodymium	60	144.242（3）

455

符号	名称	英文名	原子序	相对原子质量	符号	名称	英文名	原子序	相对原子质量
	元素					元素			
Pm	钷	Promethium	61	[145]	Th	钍	Thorium	90	232.03806 (2)
Sm	钐	Samarium	62	150.36 (2)	Pa	镤	Protactinium	91	231.03588 (2)
Eu	铕	Europium	63	151.964 (1)	U	铀	Uranium	92	238.02891 (3)
Gd	钆	Gadolinium	64	157.25 (3)	Np	镎	Neptunium	93	[237]
Tb	铽	Terbium	65	158.92535 (2)	Pu	钚	Plutonium	94	[244]
Dy	镝	Dysprosium	66	162.500 (1)	Am	镅	Americium	95	[243]
Ho	钬	Holmium	67	164.93032 (2)	Cm	锔	Curium	96	[247]
Er	铒	Erbium	68	167.259 (3)	Bk	锫	Berkelium	97	[247]
Tm	铥	Thulium	69	168.93421 (2)	Cf	锎	Californium	98	[251]
Yb	镱	Ytterbium	70	173.04 (3)	ES	锿	Einsteinium	99	[252]
Lu	镥	Lutetium	71	174.967 (1)	Fm	镄	Fermium	100	[257]
Hf	铪	Hafnium	72	178.49 (2)	Md	钔	Mendelevium	101	[258]
Ta	钽	Tantalum	73	180.94788 (2)	No	锘	Nobelium	102	[259]
W	钨	Tungsten	74	183.84 (1)	Lr	铹	Lawrencium	103	[262]
Re	铼	Rhenium	75	186.207 (1)	Rf		Rutherfordium	104	[267]
Os	锇	Osmium	76	190.23 (3)	Db		Dubnium	105	[268]
Ir	铱	Iridium	77	192.217 (3)	Sg		Seaborgium	106	[271]
Pt	铂	Platinum	78	195.084 (9)	Bh		Bohrium	107	[272]
Au	金	Gold	79	196.966569 (4)	Hs		Hassium	108	[270]
Hg	汞	Mercury	80	200.59 (2)	Mt		Meitnerium	109	[276]
Tl	铊	Thallium	81	204.3833 (2)	Ds		Darmstadtium	110	[281]
Pb	铅	Lead	82	207.2 (1)	Rg		Roentgenium	111	[280]
Bi	铋	Bismuth	83	208.98040 (1)	Uub		Ununbium	112	[285]
Po	钋	Polonium	84	[209]	Uut		Ununtrium	113	[284]
At	砹	Astatine	85	[210]	Uuq		Ununquadium	114	[289]
Rn	氡	Radon	86	[222]	Uup		Ununpentium	115	[288]
Fr	钫	Fracium	87	[223]	Uuh		Ununhexium	116	[293]
Ra	镭	Radium	88	[226]	Uuo		Ununoctium	118	[294]
Ac	锕	Actinium	89	[227]					

注：本表数据源自 2005 年国际相对原子质量表（IUPAC Commission of Atomic Weights and Isotopic Abundances. Atomic Weights of the Elements 2005. *Pure Appl. Chem.*, 2006, 78：2051 – 2066）。

（　）表示最后一位的数值有不确定性，［　］内的数值是半衰期最长的放射性同位素的质量数。

附录三　常用相对分子质量表

（根据 2005 年 IUPAC 的相对原子质量计算）

分子式	分子量	分子式	相对分子质量
$AgBr$	187.77	KOH	56.106
$AgCl$	143.32	K_2PtCl_6	486.00
AgI	234.77	$KSCN$	97.182
$Ag\ NO_3$	169.87	$MgCO_3$	84.314
Al_2O_3	101.96	$MgCl_2$	95.211
AS_2O_3	197.84	$MgSO_4 \cdot 7H_2O$	246.48
$BaCl_2 \cdot 2H_2O$	244.26	$MgNH_4PO_4 \cdot 6H_2O$	245.41
BaO	153.33	MgO	40.304
$Ba(OH)_2 \cdot 8H_2O$	315.47	$Mg(OH)_2$	58.320
$BaSO_4$	233.39	$Mg_2P_2O_7$	222.55
$CaCO_3$	100.09	$Na_2B_4O_7 \cdot 10H_2O$	381.37
CaO	56.077	$NaBr$	102.89
$Ca(OH)_2$	74.093	$NaCl$	58.443
CO_2	44.010	Na_2CO_3	105.99
CuO	79.545	$NaHCO_3$	84.007
Cu_2O	143.09	$Na_2HPO_4 \cdot 12H_2O$	358.14
$CuSO_4 \cdot 5H_2O$	249.69	$NaNO_2$	69.000
FeO	71.844	Na_2O	61.979
Fe_2O_3	159.69	$NaOH$	39.997
$FeSO_4 \cdot 7H_2O$	278.02	$Na_2S_2O_3$	158.11
$FeSO_4 \cdot (NH_4)_2SO_4 \cdot 6H_2O$	392.14	$Na_2S_2O_3 \cdot 5H_2O$	248.19
H_3BO_3	61.833	NH_3	17.031
HCl	36.461	NH_4Cl	53.491
$HClO_4$	100.46	NH_4OH	35.046
HNO_3	63.013	$(NH_4)_3PO_4 \cdot 12MoO_3$	1876.4
H_2O	18.015	$(NH_4)_2SO_4$	132.14
H_2O_2	34.015	$PbCrO_4$	323.19
H_3PO_4	97.995	PbO_2	239.20
H_2SO_4	98.080	$PbSO_4$	303.26
I_2	253.81	P_2O_5	141.94
$KAl(SO_4)_2 \cdot 12H_2O$	474.39	SiO_2	60.085

457

分子式	分子量	分子式	分子量
KBr	119.00	SO_2	64.065
$KBrO_3$	167.00	SO_3	80.064
KCl	74.551	ZnO	81.408
$KClO_4$	138.55	$HC_2H_3O_2$ （醋酸）	60.052
K_2CO_3	138.21	$H_2C_2O_4 \cdot 2H_2O$	126.07
K_2CrO_4	194.19	$KHC_4H_4O_6$ （酒石酸氢钾）	188.18
$K_2Cr_2O_7$	294.19	$KHC_8H_4O_4$ （邻苯二甲酸氢钾）	204.22
KH_2PO_4	136.09	$K(SbO)C_4H_4O_6 \cdot 1/2H_2O$	333.93
$KHSO_4$	136.17	（酒石酸锑钾）	
KI	166.00	$Na_2C_2O_4$ （草酸钠）	134.00
KIO_3	214.00	$NaC_7H_5O_2$ （苯甲酸钠）	144.11
$KIO_3 \cdot HIO_3$	389.91	$Na_3C_6H_5O_7 \cdot 2H_2O$ （枸橼酸钠）	294.12
$KMnO_4$	158.03	$Na_2H_2C_{10}H_{12}O_8N_2 \cdot 2H_2O$	372.24
KNO_2	85.100	（EDTA 二钠二水合物）	

附录四　常用酸、碱在水中的离解常数（25℃）

化合物	分子式	分步	K_a	pK_a
无机酸				
砷酸	H_3AsO_4	1	5.5×10^{-3}	2.26
		2	1.7×10^{-7}	6.77
		3	5.1×10^{-12}	11.29
亚砷酸	H_3AsO_3		5.1×10^{-10}	9.29
硼酸	H_3BO_3	1	5.4×10^{-10}	9.27 (20℃)
		2		>14 (20℃)
碳酸	H_2CO_3	1	4.5×10^{-7}	6.35
		2	4.7×10^{-11}	10.33
氢氟酸	HF		6.3×10^{-4}	3.20
氢氰酸	HCN		6.2×10^{-10}	9.21
氢硫酸	H_2S	1	8.9×10^{-8}	7.05
		2	1.0×10^{-19}	19
过氧化氢	H_2O_2		2.4×10^{-12}	11.62
次溴酸	HBrO		2.8×10^{-9}	8.55
次氯酸	HClO		4.0×10^{-8}	7.40
次碘酸	HIO		3.2×10^{-11}	10.50
碘酸	HIO_3		0.17	0.78
亚硝酸	HNO_2		5.6×10^{-4}	3.25
高碘酸	HIO_4		2.3×10^{-2}	1.64
磷酸	H_3PO_4	1	6.9×10^{-3}	2.16
		2	6.2×10^{-8}	7.21
		3	4.8×10^{-13}	12.32
亚磷酸	H_3PO_3	1	5.0×10^{-2}	1.3 (20℃)
		2	2.0×10^{-7}	6.70 (20℃)
焦磷酸	$H_4P_2O_7$	1	0.12	0.91
		2	7.9×10^{-3}	2.10
		3	2.0×10^{-7}	6.70
		4	4.8×10^{-10}	9.32
硅酸	H_4SiO_4	1	1.6×10^{-10}	9.9 (30℃)
		2	1.6×10^{-12}	11.8 (30℃)
		3	1.0×10^{-12}	12.0 (30℃)
		4	1.0×10^{-12}	12.0 (30℃)

459

化合物	分子式	分步	K_a	pK_a
硫酸	H_2SO_4	2	1.0×10^{-2}	1.99
亚硫酸	H_2SO_3	1	1.4×10^{-2}	1.85
		2	6.3×10^{-8}	7.20
水	H_2O		1.01×10^{-14}	13.995
无机碱				
氨水	$NH_3 \cdot H_2O$		5.6×10^{-9}	9.25
羟胺	NH_2OH		1.1×10^{-6}	5.94
钙	Ca^{2+}		2.5×10^{-13}	12.6
铝	Al^{3+}		1.0×10^{-5}	5.0
钡	Ba^{2+}		4.0×10^{-14}	13.4
钠	Na^{+}		1.6×10^{-15}	14.8
镁	Mg^{2+}		4.0×10^{-12}	11.4
有机酸				
甲酸	$HCOOH$		1.8×10^{-4}	3.75
醋酸	CH_3COOH		1.7×10^{-5}	4.76
丙烯酸	$H_2CCHCOOH$		5.6×10^{-5}	4.25
苯甲酸	C_6H_5COOH		6.5×10^{-5}	4.20
一氯醋酸	$CH_2ClCOOH$		1.3×10^{-3}	2.87
二氯醋酸	$CHCl_2COOH$		4.5×10^{-2}	1.35
三氯醋酸	CCl_3COOH		0.22	0.66
草酸（乙二酸）	$H_2C_2O_4$	1	5.6×10^{-2}	1.25
		2	6.5×10^{-5}	4.19
己二酸	$(CH_2CH_2COOH)_2$	1	3.9×10^{-5}	4.41 (20℃)
		2	3.9×10^{-6}	5.41 (18℃)
丙二酸	$CH_2(COOH)_2$	1	1.4×10^{-3}	2.85
		2	2.0×10^{-6}	5.70
丁二酸（琥珀酸）	$(CH_2COOH)_2$	1	6.2×10^{-5}	4.21
		2	2.3×10^{-6}	5.64
马来酸（顺式丁烯二酸）	$C_2H_2(COOH)_2$	1	1.2×10^{-2}	1.92
		2	5.9×10^{-7}	6.23
富马酸（反式丁烯二酸）	$C_2H_2(COOH)_2$	1	9.5×10^{-4}	3.02
		2	4.2×10^{-5}	4.38
邻苯二甲酸	$C_6H_4(COOH)_2$	1	1.1×10^{-3}	2.94
		2	3.7×10^{-6}	5.43
酒石酸	$(CHOHCOOH)_2$	1	6.8×10^{-4}	3.17
		2	1.2×10^{-5}	4.92

化合物	分子式	分步	K_a	pK_a
水杨酸（邻羟基苯甲酸）	$C_6H_4OHCOOH$	1	1.0×10^{-3}	2.98（20℃）
		2	2.5×10^{-14}	13.6（20℃）
苹果酸（羟基丁二酸）	$HOCHCH_2(COOH)_2$	1	4.0×10^{-4}	3.40
		2	7.8×10^{-6}	5.11
枸橼酸	$C_3H_4OH(COOH)_3$	1	7.4×10^{-4}	3.13
		2	1.7×10^{-5}	4.77
		3	4.0×10^{-7}	6.40
抗坏血酸	$C_6H_8O_6$	1	9.1×10^{-5}	4.04
		2	2.0×10^{-12}	11.7（16℃）
苯酚	C_6H_5OH		1.0×10^{-9}	9.99
羟基乙酸	$HOCH_2COOH$		1.5×10^{-4}	3.83
对羟基苯甲酸	HOC_6H_5COOH	1	3.3×10^{-5}	4.48（19℃）
		2	4.8×10^{-9}	9.32（19℃）
甘氨酸（乙氨酸）	H_2NCH_2COOH	1	4.5×10^{-3}	2.35
		2	1.7×10^{-9}	9.78
丙氨酸	H_3CCHNH_2COOH	1	4.6×10^{-3}	2.34
		2	1.3×10^{-10}	9.87
丝氨酸	$HOCH_2CHNH_2COOH$	1	6.5×10^{-3}	2.19
		2	6.2×10^{-9}	9.21
苏氨酸	$H_3CCHOHCHNH_2COOH$	1	8.1×10^{-3}	2.09
		2	7.9×10^{-9}	9.10
蛋氨酸	$H_3CSC_3H_5NH_2COOH$	1	7.4×10^{-3}	2.13
		2	5.4×10^{-9}	9.27
谷氨酸	$C_3H_5NH_2(COOH)_2$	1	7.4×10^{-3}	2.13
		2	4.9×10^{-5}	4.31
		3	2.1×10^{-9}	9.67
苦味酸	$C_6H_2OH(NO_2)_3$		0.38	0.42
乙二胺四乙酸	$(HOOCCH_2)_2^+NHCH_2CH_2^+NH$ $(CH_2COOH)_2$	1	0.1	0.9
		2	2.5×10^{-2}	1.6
		3	1.0×10^{-2}	2.0
		4	2.1×10^{-3}	2.67
		5	6.9×10^{-7}	6.16
		6	5.5×10^{-11}	10.3

化合物	分子式	分步	K_a	pK_a
有机碱				
甲胺	CH_3NH_2		2.0×10^{-11}	10.7
正丁胺	$CH_3(CH_2)_3NH_2$		2.5×10^{-11}	10.6
二乙胺	$(C_2H_5)_2NH$		1.6×10^{-11}	10.8
二甲胺	$(CH_3)_2NH$		2.0×10^{-11}	10.7
乙胺	$C_2H_5NH_2$		2.5×10^{-11}	10.6
乙二胺	$H_2NCH_2CH_2NH_2$	1	1.4×10^{-7}	6.86
		2	1.2×10^{-9}	9.92
三乙胺	$(C_2H_5)_3N$		1.6×10^{-11}	10.8
六次甲基四胺	$(CH_2)_6N_4$		7.1×10^{-6}	5.15
乙醇胺	$HOCH_2CH_2NH_2$		3.2×10^{-9}	9.50
苯胺	$C_6H_5NH_2$		1.3×10^{-5}	4.87
吡啶	C_5H_5N		5.9×10^{-6}	5.23
可待因	$C_{18}H_{21}NO_3$		6.2×10^{-9}	8.21
吗啡	$C_{17}H_{19}NO_3$	1	6.2×10^{-9}	8.21
		2	1.4×10^{-9}	9.85（20℃）
烟碱	$C_{10}H_{14}N_2$	1	7.6×10^{-4}	3.12
		2	9.5×10^{-9}	8.02
毛果芸香碱	$C_{11}H_{16}N_2O_2$	1	2.5×10^{-2}	1.60
		2	1.3×10^{-7}	6.90
8-羟基喹啉	$C_9H_6N(OH)$	1	1.2×10^{-5}	4.91
		2	1.6×10^{-9}	9.81
奎宁	$C_{20}H_{24}N_2O_2$	1	7.4×10^{-5}	4.13
		2	3.0×10^{-9}	8.52
番木鳖碱（士的宁）	$C_{21}H_{22}N_2O_2$		5.5×10^{-9}	8.26

附录五　配位滴定有关常数

附表 5 – 1　金属配合物的稳定常数

金属离子	离子强度 I	n	$\lg \beta_n$
氨配合物			
Ag^+	0.1	1, 2	3.40, 7.40
Cd^{2+}	0.1	1, …, 6	2.60, 4.65, 6.04, 6.92, 6.6, 4.9
Co^{2+}	0.1	1, …, 6	2.05, 3.62, 4.61, 5.31, 5.43, 4.75
Cu^{2+}	2	1, …, 4	4.13, 7.61, 10.48, 12.59
Ni^{2+}	0.1	1, …, 6	2.75, 4.95, 6.64, 7.79, 8.50, 8.49
Zn^{2+}	0.1	1, …, 4	2.27, 4.61, 7.01, 9.06
氟配合物			
Al^{3+}	0.53	1, …, 6	6.1, 11.15, 15.0, 17.7, 19.4, 19.7
Fe^{3+}	0.5	1, 2, 3	5.2, 9.2, 11.9
Th^{4+}	0.5	1, 2, 3	7.7, 13.5, 18.0
TiO^{2+}	3	1, …, 4	5.4, 9.8, 13.7, 17.4
Sn^{4+}	*	6	25
Zr^{4+}	2	1, 2, 3	8.8, 16.1, 21.9
氯配合物			
Ag^+	0.2	1, …, 4	2.0, 4.7
Hg^{2+}	0.5	1, …, 4	6.7, 13.2, 14.1, 15.1
碘配合物			
Cd^{2+}	*	1, …, 4	2.4, 3.4, 5.0, 6.15
Hg^{2+}	0.5	1, …, 4	12.9, 23.8, 27.6, 29.8
氰配合物			
Ag^+	0 ~0.3	1, …, 4	– , 21.1, 21.8, 20.7
Hg^{2+}	3	1, …, 4	5.5, 10.6, 15.3, 18.9
Cu^{2+}	0	1, …, 4	– , 24.0, 28.6, 30.3
Fe^{2+}	0	6	35.4
Fe^{3+}	0	6	43.6
Hg^{2+}	0.1	1, …, 4	18.0, 34.7, 38.5, 1.5
Ni^{2+}	0.1	4	31.3
Zn^{2+}	0.1	4	16.7
硫氰酸配合物			
Fe^{2+}	*	1, …, 5	2.3, 4.2, 5.6, 6.4, 6.4

金属离子	离子强度 I	n	$\lg \beta_n$
Hg^{2+}	0.1	1，…，4	－，16.1，19.0，20.9
硫代硫酸配合物			
Ag^+	0	1，2	8.82，13.5
Hg^{2+}	0	1，2	29.86，32.26
枸橼酸配合物			
Ag^+	0.5	1	20.0
Cu^{2+}	0.5	1	18
Fe^{3+}	0.5	1	25
Ni^{2+}	0.5	1	14.3
Pb^{2+}	0.5	1	12.3
Zn^{2+}	0.5	1	11.4
磺基水杨酸配合物			
Al^{3+}	0.1	1，2，3	12.9，22.9，29.0
Fe^{3+}	3	1，2，3	14.4，25.2，32.2
乙酰丙酮配合物			
Al^{3+}	0.1	1，2，3	8.1，15.7，21.2
Cu^{2+}	0.1	1，2，	7.8，14.3
Fe^{3+}	0.1	1，2，3	9.3，17.9，25.1
邻二氮菲配合物			
Ag^+	0.1	1，2，	5.02，12.07
Cd^{2+}	0.1	1，2，3	6.4，11.6，15.8
Co^{2+}	0.1	1，2，3	7.0，13.7，20.1
Cu^{2+}	0.1	1，2，3	9.1，15.8，21.0
Fe^{3+}	0.1	1，2，3	5.9，11.1，21.3
Hg^{2+}	0.1	1，2，3	－，19.65，23.35
Ni^{2+}	0.1	1，2，3	8.8，17.1，24.8
Zn^{2+}	0.1	1，2，3	6.4，12.15，17.0
乙二胺配合物			
Ag^+	0.1	1，2	4.7，7.7
Cd^{2+}	0.1	1，2	5.47，10.02
Cu^{2+}	0.1	1，2	10.55，19.60
Co^{2+}	0.1	1，2，3	5.89，10.72，13.82
Hg^{2+}	0.1	2	23.42
Ni^{2+}	0.1	1，2，3	7.66，14.06，18.59
Zn^{2+}	0.1	1，2，3	5.71，10.37，12.08

附表5-2 一些金属离子的 $\lg\alpha_{M(OH)}$

金属离子	离子强度	pH 1	2	3	4	5	6	7	8	9	10	11	12	13	14
Al^{3+}	2					0.4	1.3	5.3	9.3	13.3	17.3	21.3	25.3	29.3	33.3
Bi^{3+}	3	0.1	0.5	1.4	2.4	3.4	4.4	5.4							
Ca^{2+}	0.1													0.3	1.0
Cd^{2+}	3									0.1	0.5	2.0	4.5	8.1	12.0
Co^{2+}	0.1								0.1	0.4	1.1	2.2	4.2	7.2	10.2
Cu^{2+}	0.1								0.2	0.8	1.2	2.7	3.7	4.7	5.7
Fe^{2+}	1									0.1	0.6	1.5	2.5	3.5	4.5
Fe^{3+}	3			0.4	1.8	3.7	5.7	7.7	9.7	11.7	13.7	15.7	17.7	19.7	21.7
Hg^{2+}	0.1			0.5	1.9	3.9	5.9	7.9	9.9	11.9	13.9	15.9	17.9	19.9	21.9
La^{3+}	3										0.3	1.0	1.9	2.9	3.9
Mg^{2+}	0.1											0.1	0.5	1.3	2.3
Mn^{2+}	0.1										0.1	0.5	1.4	2.4	3.4
Ni^{2+}	0.1									0.1	0.7	1.6			
Pb^{2+}	0.1							0.1	0.5	1.4	2.7	4.7	7.4	10.4	13.4
Th^{4+}	1				0.2	0.8	1.7	2.7	3.7	4.7	5.7	6.7	7.7	8.7	9.7
Zn^{2+}	0.1									0.2	2.4	5.4	8.5	11.8	15.5

附表5-3 金属指示剂的 $\lg\alpha_{In(H)}$ 及变色点的 pM（即 pM_t）

1. 铬黑T

pH	6.0	7.0	8.0	9.0	10.0	11.0	12.0	13.0	稳定常数
$\lg\alpha_{In(H)}$	6.0	4.6	3.6	2.6	1.6	0.7	0.1		$\lg K^H_{HIn}11.6$；$\lg K^H_{H_2In}6.3$
pCa_t（至红）			1.8	2.8	3.8	4.7	5.3	5.4	$\lg K_{CaIn}5.4$
pMg_t（至红）	1.0	2.4	3.4	4.4	5.4	6.3			$\lg K_{MgIn}5.4$
pZn_t（至红）	6.9	8.3	9.3	10.5	12.2	13.9			$\lg K_{ZnIn}12.9$；$\lg\beta_2 20.0$

2. 紫脲酸胺

pH	6.0	7.0	8.0	9.0	10.0	11.0	12.0	稳定常数
$\lg\alpha_{In(H)}$	7.7	5.7	3.7	1.9	0.7	0.1		$\lg K^H_{HIn}10.5$
$\lg\alpha H_{In(H)}$	3.2	2.2	1.2	0.4	0.2	0.6	1.5	$\lg K^H_{H_2In}9.2$
pCa_t（至红）		2.6	2.8	3.4	4.0	4.6	5.0	$\lg K_{CaIn}5.0$
pCu_t（至红）	6.4	8.2	10.2	12.2	13.6	15.8	17.9	
pNi_t（至红）	4.6	5.2	6.2	7.8	9.3	10.3	11.3	

465

3. 二甲酚橙

pH	1.0	2.0	3.0	4.0	4.5	5.0	5.5	6.0	6.5	7.0
pBi$_t$（至红）	4.0	5.4	6.8							
pCd$_t$（至红）					4.0	4.5	5.0	5.5	6.3	6.8
pHg$_t$（至红）						7.4	8.2	9.0		
pLa$_t$（至红）					4.0	4.5	5.0	5.6	6.7	
pPb$_t$（至红）			4.2	4.8	6.2	7.0	7.6	8.2		
pTh$_t$（至红）		3.6	4.9	6.3						
pZn$_t$（至红）					4.1	4.8	5.7	6.5	7.3	8.0
pZr$_t$（至红）	7.5									

注：以上二甲酚橙与各金属配合物的 pM$_t$ 均系实验测得。

4. PAN

pH	4.0	5.0	6.0	7.0	8.0	9.0	10.0	11.0	稳定常数
lg$\alpha_{In(H)}$	8.2	7.2	6.2	5.2	4.2	3.2	2.2	1.2	lgK^H_{HIn} 12.2；lg$K^H_{H_2In}$ 1.9
pCu$_t$（至红）	7.8	8.8	9.8	10.8	11.8	12.8	13.8	14.8	lgK_{CuIn} 16.0

附录六　常用电极电位表

附表 6-1　标准电极电位 $\varphi^{\ominus}$（18~25℃）

电极反应	$\varphi^{\ominus}$（V）
F_2（气）$+2H^+ +2e = 2HF$	3.06
$O_3 +2H^+ +2e = O_2 +H_2O$	2.07
$S_2O_8^{2-} +2e = 2SO_4^{2-}$	2.01
$H_2O_2 +2H^+ +2e = 2H_2O$	1.77
$MnO_4^- +4H^+ +3e = MnO_2$（固）$+2H_2O$	1.695
PbO_2（固）$+SO_4^{2-} +4H^+ +2e = PbSO_4$（固）$+2H_2O$	1.685
$HClO_2 +2H^+ +2e = HClO +H_2O$	1.64
$HClO +H^+ +e = \frac{1}{2}Cl_2 +H_2O$	1.63
$Ce^{4+} +e = Ce^{3+}$	1.61
$H_5IO_6 +H^+ +2e = IO_3^- +3H_2O$	1.60
$HBrO +H^+ +e = \frac{1}{2}Br_2 +H_2O$	1.59
$BrO_3^- +6H^+ +5e = \frac{1}{2}Br_2 +3H_2O$	1.52
$MnO_4^- +8H^+ +5e = Mn^{2+} +4H_2O$	1.51
Au（Ⅲ）$+3e = Au$	1.50
$HClO +H^+ +2e = Cl^- +H_2O$	1.49
$ClO_3^- +6H^+ +5e = \frac{1}{2}Cl_2 +3H_2O$	1.47
PbO_2（固）$+4H^+ +2e = Pb^{2+} +2H_2O$	1.455
$HIO +H^+ +e = \frac{1}{2}I_2 +H_2O$	1.45
$ClO_3^- +6H^+ +6e = Cl^- +3H_2O$	1.45
$BrO_3^- +6H^+ +6e = Br^- +3H_2O$	1.44
Au（Ⅲ）$+2e = Au$（Ⅰ）	1.41
Cl_2（气）$+2e = 2Cl^-$	1.3595
$ClO_4^- +8H^+ +7e = \frac{1}{2}Cl_2 +4H_2O$	1.34
$Cr_2O_7^{2-} +14H^+ +6e = 2Cr^{3+} +7H_2O$	1.33
MnO_2（固）$+4H^+ +2e = Mn^{2+} +2H_2O$	1.23
O_2（气）$+4H^+ +4e = 2H_2O$	1.229
$IO_3^- +6H^+ +5e = \frac{1}{2}I_2 +3H_2O$	1.20

电极反应	$\varphi^{\ominus}$（V）
$ClO_4^- + 2H^+ + 2e = ClO_3^- + H_2O$	1.19
Br_2（水）$+ 2e = 2Br^-$	1.087
$NO_2 + H^+ + e = HNO_2$	1.07
Br_2（液）$+ 2e = 2Br^-$	1.065
$HNO_2 + H^+ + e = NO$（气）$+ H_2O$	1.00
$VO_2^+ + 2H^+ + e = VO^{2+} + H_2O$	1.00
$HIO + H^+ + 2e = I^- + H_2O$	0.99
$NO_3^- + 3H^+ + 2e = HNO_2 + H_2O$	0.94
$ClO^- + H_2O + 2e = Cl^- + 2OH^-$	0.89
$H_2O_2 + 2e = 2OH^-$	0.88
$Cu^{2+} + I^- + e = CuI$（固）	0.86
$Hg^{2+} + 2e = Hg$	0.845
$NO_3^- + 2H^+ + e = NO_2 + H_2O$	0.80
$Ag^+ + e = Ag$	0.7995
$Hg_2^{2+} + 2e = 2Hg$	0.793
$Fe^{3+} + e = Fe^{2+}$	0.771
$BrO^- + H_2O + 2e = Br^- + 2OH^-$	0.76
O_2（气）$+ 2H^+ + 2e = H_2O_2$	0.682
$AsO_2^- + 2H_2O + 3e = As + 4OH^-$	0.68
$2HgCl_2 + 2e = Hg_2Cl_2$（固）$+ 2Cl^-$	0.63
Hg_2SO_4（固）$+ 2e = 2Hg + SO_4^{2-}$	0.6151
$MnO_4^- + 2H_2O + 3e = MnO_2$（固）$+ 4OH^-$	0.588
$MnO_4^- + e = MnO_4^{2-}$	0.564
H_3AsO_4（固）$+ 2H^+ + 2e = HAsO_2 + 2H_2O$	0.559
$I_3^- + 2e = 3I^-$	0.545
I_2（固）$+ 2e = 2I^-$	0.5345
Mo（Ⅵ）$+ e = Mo$（Ⅴ）	0.53
$Cu^+ + e = Cu$	0.52
$4SO_2$（水）$+ 4H^+ + 6e = S_4O_6^{2-} + 2H_2O$	0.51
$HgCl_4^{2-} + 2e = Hg + 4Cl^-$	0.48
$2SO_2$（水）$+ 2H^+ + 4e = S_2O_3^{2-} + H_2O$	0.40
$Fe(CN)_6^{3-} + e = Fe(CN)_6^{4-}$	0.36
$Cu^{2+} + 2e = Cu$	0.337
$VO^{2+} + 2H^+ + e = V^{3+} + H_2O$	0.337
$BiO^+ + 2H^+ + 3e = Bi + H_2O$	0.32
Hg_2Cl_2（固）$+ 2e = 2Hg + 2Cl^-$	0.2676

468

电极反应	$\varphi^{\ominus}$（V）
$HAsO_2 + 3H^+ + 3e = As + 2H_2O$	0.248
$AgCl$（固）$+ e = Ag + Cl^-$	0.2223
$SbO^+ + 2H^+ + 3e = Sb + H_2O$	0.212
$SO_4^{2-} + 4H^+ + 2e = SO_2$（水）$+ 2H_2O$	0.17
$Cu^{2+} + e = Cu^+$	0.159
$Sn^{4+} + 2e = Sn^{2+}$	0.154
$S + 2H^+ + 2e = H_2S$（气）	0.141
$Hg_2Br_2 + 2e = 2Hg + 2Br^-$	0.1395
$TiO^{2+} + 2H^+ + e = Ti^{3+} + H_2O$	0.1
$S_4O_6^{2-} + 2e = 2S_2O_3^{2-}$	0.08
$AgBr$（固）$+ e = Ag + Br^-$	0.071
$2H^+ + 2e = H_2$	0.000
$O_2 + H_2O + 2e = HO_2^- + OH^-$	-0.067
$TiOCl^+ + 2H^+ + 3Cl^- + e = TiCl_4^- + H_2O$	-0.09
$Pb^{2+} + 2e = Pb$	-0.126
$Sn^{2+} + 2e = Sn$	-0.136
AgI（固）$+ e = Ag + I^-$	-0.152
$Ni^{2+} + 2e = Ni$	-0.246
$H_3PO_4 + 2H^+ + 2e = H_3PO_3 + H_2O$	-0.276
$Co^{2+} + 2e = Co$	-0.277
$Tl^+ + e = Tl$	-0.3360
$In^{3+} + 3e = In$	-0.345
$PbSO_4$（固）$+ 2e = Pb + SO_4^{2-}$	-0.3553
$SeO_3^{2-} + 3H_2O + 4e = Se + 6OH^-$	-0.366
$As + 3H^+ + 3e = AsH_3$	-0.38
$Se + 2H^+ + 2e = H_2Se$	-0.40
$Cd^{2+} + 2e = Cd$	-0.403
$Cr^{3+} + e = Cr^{2+}$	-0.41
$Fe^{2+} + 2e = Fe$	-0.440
$S + 2e = S^{2-}$	-0.48
$2CO_2 + 2H^+ + 2e = H_2C_2O_4$	-0.49
$H_3PO_3 + 2H^+ + 2e = H_3PO_2 + H_2O$	-0.50
$Sb + 3H^+ + 3e = SbH_3$	-0.51
$HPbO_2^- + H_2O + 2e = Pb + 3OH^-$	-0.54
$Ga^{3+} + 3e = Ga$	-0.56
$TeO_3^{2-} + 3H_2O + 4e = Te + 6OH^-$	-0.57

续表

电极反应	$\varphi^{\ominus}$ (V)
$2SO_3^{2-} + 3H_2O + 4e = S_2O_3^{2-} + 6OH^-$	-0.58
$SO_3^{2-} + 3H_2O + 4e = S + 6OH^-$	-0.66
$Ag_2S(固) + 2e = 2Ag + S^{2-}$	-0.69
$AsO_4^{3-} + 2H_2O + 2e = AsO_2^- + 4OH^-$	-0.71
$Zn^{2+} + 2e = Zn$	-0.763
$2H_2O + 2e = H_2 + 2OH^-$	-0.828
$Cr^{2+} + 2e = Cr$	-0.91
$HSnO_2^- + H_2O + 2e = Sn + 3OH^-$	-0.91
$Se + 2e = Se^{2-}$	-0.92
$Sn(OH)_6^{2-} + 2e = HSnO_2^- + H_2O + 3OH^-$	-0.93
$CNO^- + H_2O + 2e = CN^- + 2OH^-$	-0.97
$Mn^{2+} + 2e = Mn$	-1.182
$ZnO_2^{2-} + 2H_2O + 2e = Zn + 4OH^-$	-1.216
$Al^{3+} + 3e = Al$	-1.66
$H_2AlO_3^- + H_2O + 3e = Al + 4OH^-$	-2.35
$Mg^{2+} + 2e = Mg$	-2.37
$Na^+ + e = Na$	-2.714
$Ca^{2+} + 2e = Ca$	-2.87
$Sr^{2+} + 2e = Sr$	-2.89
$Ba^{2+} + 2e = Ba$	-2.90
$K^+ + e = K$	-2.925
$Li^+ + e = Li$	-3.042

附表 6-2　部分氧化还原电对的条件电位 $\varphi^{\ominus'}$

电极反应	$\varphi^{\ominus'}$ (V)	介质
$Ag(II) + e = Ag(I)$	1.927	4mol/L HNO_3
$Ce(IV) + e = Ce(III)$	1.74	1mol/L $HClO_4$
	1.44	0.5mo/L H_2SO_4
	1.28	1mol/L HCl
$CO^{3+} + e = Co^{2+}$	1.84	3mol/L HNO_3
$Co(乙二胺)_3^{3+} + e = Co(乙二胺)_3^{2+}$	-0.2	0.1mol/L KNO_3 + 0.1mol/L 乙二胺
$Cr(III) + e = Cr(II)$	-0.40	5mol/L HCl
$Cr_2O_7^{2-} + 14H^+ + 6e = 2Cr^{3+} + 7H_2O$	1.08	3mol/L HCl
	1.15	4mol/L H_2SO_4
	1.025	1mol/L $HClO_4$
$CrO_4^{2-} + 2H_2O + 3e = CrO_2^- + 4OH^-$	-0.12	1mol/L NaOH

电极反应	$\varphi^{\ominus\prime}$ (V)	介质
$Fe(III) + e = Fe(II)$	0.767	1mol/L $HClO_4$
	0.71	0.5mol/L HCl
	0.70	1mol/L HCl
	0.68	1mol/L H_2SO_4
	0.46	2mol/L H_3PO_4
	0.51	1mol/L HCl $-$ 0.25mol/L H_3PO_4
$Fe(EDTA)^{3+} + e = Fe(EDTA)^{2+}$	0.12	0.1mol/L EDTA（pH = 4~6）
$Fe(CN)_6^{3-} + e = Fe(CN)_6^{4-}$	0.56	0.1mol/L HCl
$FeO_4^{2-} + 2H_2O + 3e = FeO_2^- + 4OH^-$	0.55	10mol/L NaOH
$I_3^- + 2e = 3I^-$	0.5446	0.5mol/L H_2SO_4
I_2（水）$+ 2e = 2I^-$	0.6276	0.5mol/L H_2SO_4
$MnO_4^- + 8H^+ + 5e = Mn^{2+} + 4H_2O$	1.45	1mol/L $HClO_4$
$SnCl_6^{2-} + 2e = SnCl_4^{2-} + 2Cl^-$	0.14	1mol/L HCl
Sb（V）$+ 2e = $ Sb（III）	0.75	3.5mol/L HCl
$Sb(OH)_6^- + 2e = SbO_2^- + 2OH^- + 2H_2O$	-0.428	3mol/L NaOH
$SbO_2^- + 2H_2O + 3e = Sb + 4OH^-$	-0.675	10mol/L KOH
Ti（IV）$+ e = $ Ti（III）	-0.01	0.2mol/L H_2SO_4
	0.12	2mol/L H_2SO_4
	-0.04	1mol/L HCl
	-0.05	1mol/L H_3PO_4
Pb（II）$+ 2e = $ Pb	-0.32	1mol/L NaAc

471

附录七　难溶化合物的溶度积常数（K_{sp}）（18～25℃）

分子式	K_{sp}	pK_{sp}	分子式	K_{sp}	pK_{sp}
Ag_3AsO_4	1.0×10^{-22}	22.0	$BiPO_4$	1.3×10^{-23}	22.89
$AgBr$	5.0×10^{-13}	12.30	Bi_2S_3	1×10^{-100}	100
Ag_2CO_3	8.1×10^{-12}	11.09	$CaCO_3$	2.9×10^{-9}	8.54
$AgCl$	1.8×10^{-10}	9.75	CaF_2	2.7×10^{-11}	10.57
Ag_2CrO_4	2.0×10^{-12}	11.71	$CaC_2O_4 \cdot H_2O$	2.0×10^{-9}	8.70
$AgCN$	1.2×10^{-16}	15.92	$Ca_3(PO_4)_2$	2.0×10^{-29}	28.70
$AgOH$	2.0×10^{-8}	7.71	$CaSO_4$	9.1×10^{-6}	5.04
AgI	9.3×10^{-17}	16.03	$CaWO_4$	8.7×10^{-9}	8.06
$Ag_2C_2O_4$	3.5×10^{-11}	10.46	$CdCO_3$	5.2×10^{-12}	11.23
Ag_3PO_4	1.4×10^{-16}	15.84	$Cd_2[Fe(CN)_6]$	3.2×10^{-17}	16.49
Ag_2SO_4	1.4×10^{-5}	4.48	$Cd(OH)_2$ 新析出	2.5×10^{-14}	13.60
Ag_2S	2×10^{-49}	48.7	$CdC_2O_4 \cdot 3H_2O$	9.1×10^{-8}	7.04
$AgSCN$	1.0×10^{-12}	12.00	CdS	8×10^{-27}	26.1
$Al(OH)_3$ 无定形	1.3×10^{-33}	32.9	$CoCO_3$	1.4×10^{-13}	12.84
As_2S_3[①]	2.1×10^{-22}	21.68	$Co_2[Fe(CN)_6]$	1.8×10^{-15}	14.74
$BaCO_3$	5.1×10^{-9}	8.29	$Co(OH)_2$ 新析出	2×10^{-15}	14.7
$BaCrO_4$	1.2×10^{-10}	9.93	$Co(OH)_3$	2×10^{-44}	43.7
BaF_2	1×10^{-6}	6.0	$Co[Hg(SCN)_4]$	1.5×10^{-6}	5.82
$BaC_2O_4 \cdot H_2O$	2.3×10^{-8}	7.64	$\alpha - CoS$	4×10^{-21}	20.4
$BaSO_4$	1.1×10^{-10}	9.96	$\beta - CoS$	2.5×10^{-26}	25.6
$Bi(OH)_2$	4×10^{-31}	30.4	$Co_3(PO_4)_2$	2×10^{-35}	34.7
$BiOOH$[②]	4×10^{-10}	9.4	$Cr(OH)_3$	6×10^{-31}	30.2
BiI_3	8.1×10^{-19}	18.09	$CuBr$	5.2×10^{-9}	8.28
$BiOCl$	1.6×10^{-35}	34.16	$CuCl$	1.2×10^{-6}	5.92
$CuCN$	3.2×10^{-20}	19.49	$MnCO_3$	1.8×10^{-11}	10.74
CuI	1.1×10^{-12}	11.96	$Mn(OH)_2$	1.9×10^{-13}	12.72
$CuOH$	1×10^{-14}	14.0	MnS 无定形	2×10^{-10}	9.7
Cu_2S	2×10^{-48}	47.7	MnS 晶型	2×10^{-13}	12.7
$CuSCN$	4.8×10^{-15}	14.32	$NiCO_3$	6.6×10^{-9}	8.18
$CuCO_3$	1.4×10^{-10}	9.86	$Ni(OH)_2$ 新析出	2×10^{-15}	14.7
$Cu(OH)_2$	2.2×10^{-20}	19.66	$Ni_3(PO_4)_2$	5×10^{-31}	30.3
CuS	6×10^{-36}	35.2	$\alpha - NiS$	3×10^{-19}	18.5

续表

分子式	K_{sp}	pK_{sp}	分子式	K_{sp}	pK_{sp}
$FeCO_3$	3.2×10^{-11}	10.50	$\beta - NiS$	1×10^{-24}	24.0
$Fe(OH)_2$	8×10^{-16}	15.1	$\gamma - NiS$	2×10^{-26}	25.7
FeS	6×10^{-15}	17.2	$PbCO_3$	7.4×10^{-14}	13.13
$Fe(OH)_3$	4×10^{-38}	37.4	$PbCl_2$	1.6×10^{-5}	4.79
$FePO_4$	1.3×10^{-22}	21.89	$PbClF$	2.4×10^{-9}	8.65
$Hg_2Br_2$③	5.8×10^{-23}	22.24	$PbCrO_4$	2.8×10^{-13}	12.55
Hg_2CO_3	8.9×10^{-17}	16.05	PbF_2	2.7×10^{-8}	7.57
Hg_2Cl_2	1.3×10^{-18}	17.88	$Pb(OH)_2$	1.2×10^{-15}	14.93
$Hg_2(OH)_2$	2×10^{-24}	23.7	PbI_2	7.1×10^{-9}	8.15
Hg_2I_2	4.5×10^{-29}	28.35	$PbMoO_4$	1×10^{-13}	13.0
Hg_2SO_4	7.4×10^{-7}	6.13	$Pb_3(PO_4)_2$	8.0×10^{-43}	42.10
Hg_2S	1×10^{-47}	47.0	$PbSO_4$	1.6×10^{-8}	7.79
$Hg(OH)_2$	3.0×10^{-26}	25.52	PbS	1.0×10^{-28}	28.0
HgS(红色)	4×10^{-53}	52.4	$Pb(OH)_4$	3×10^{-66}	66.5
HgS(黑色)	2×10^{-52}	51.7	$Sb(OH)_2$	4×10^{-42}	41.4
$MgNH_4PO_4$	2×10^{-13}	12.7	Sb_2S_3	2×10^{-93}	92.8
$MgCO_3$	3.5×10^{-8}	7.46	$Sn(OH)_2$	1.4×10^{-28}	27.85
MgF_2	6.4×10^{-9}	8.19	SnS	1×10^{-25}	25.0
$Mg(OH)_2$	1.8×10^{-11}	10.74	$Sn(OH)_4$	1×10^{-56}	56.0
SnS_2	2×10^{-27}	26.7	$Ti(OH)_3$	1×10^{-40}	40.0
$SrCO_3$	1.1×10^{-10}	9.96	$TiO(OH)_2$④	1×10^{-29}	29.0
$SrCrO_4$	2.2×10^{-5}	4.65	$ZnCO_3$	1.4×10^{-11}	10.84
SrF_2	2.4×10^{-9}	8.61	$Zn_2[Fe(CN)_6]$	4.1×10^{-16}	15.39
$SrC_2O_4 \cdot H_2O$	1.6×10^{-7}	6.80	$Zn(OH)_2$	1.2×10^{-17}	16.92
$Sr_3(PO_4)_2$	4.1×10^{-28}	27.38	$Zn_3(PO_4)_2$	9.1×10^{-33}	32.04
Sr_3SO_4	3.2×10^{-7}	6.49	$\alpha - ZnS$	2×10^{-22}	21.7

473

①为下列平衡的平衡常数：

$$As_2S_3 + 4H_2O \rightarrow 2HAsO_2 + 3H_2S$$

②$BiOOH$　$K_{sp} = [BiO^+][OH^-]$

③$(Hg_2)_mX_n$　$K_{sp} = [Hg_2^{2+}]^m[X^{2-m/n}]^n$

④$X(OH)_2$　$K_{sp} = [TiO^{2+}][OH^-]^2$

附录八 主要基团的红外特征吸收峰

基团	振动类型	波数 (cm⁻¹)	波长 (μm)	强度	备注
一、烷烃类	CH 伸				
	CH 伸 (反称)	3000~2843	3.33~3.52	中、强	
	CH 伸 (对称)	2972~2880	3.37~3.47	中、强	
		2882~2843	3.49~3.52	中、强	
	CH 弯 (面内)	1490~1350	6.71~7.41		
	C-C 伸	1250~1140	8.00~8.77		
二、烯烃类	CH 伸	3100~3000	3.23~3.33	中、弱	
	C=C 伸	1695~1630	5.90~6.13	中	C=C=C 为 2000~1925 cm⁻¹
	CH 弯 (面内)	1430~1290	7.00~7.75	中	
	CH 弯 (面外)	1010~650	9.90~15.4	强	
	单取代	995~985	10.05~10.15	强	
		910~905	10.99~11.05	强	
	双取代				
	顺式	730~650	13.70~15.38	强	
	反式	980~965	10.20~10.36	强	
三、炔烃类	CH 伸	~3300	~3.03	中	
	C≡C 伸	2270~2100	4.41~4.76	中	
	CH 弯 (面内)	1260~1245	7.94~8.03		
	CH 弯 (面外)	645~615	15.50~16.25	强	

续表

基团	振动类型	波数（cm^{-1}）	波长（μm）	强度	备注
四、取代苯类	CH 伸	3100~3000	3.23~3.33	变	三、四个峰，特征
	泛频峰	2000~1667	5.00~6.00		
	骨架振动（$\nu_{C=C}$）				
		1600±20	6.25±0.08		
		1500±25	6.67±0.10		
		1580±10	6.33±0.04		
		1450±20	6.90±0.10		
	CH 弯（面内）	1250~1000	8.00~10.00	弱	
	CH 弯（面外）	910~665	10.99~15.03	强	确定取代位置
单取代	CH 弯（面外）	770~730	12.99~13.70	极强	五个相邻氢
邻双取代	CH 弯（面外）	770~730	12.99~13.70	极强	四个相邻氢
间双取代	CH 弯（面外）	810~750	12.35~13.33	极强	三个相邻氢
	CH 弯（面外）	900~860	11.12~11.63	中	一个氢（次要）
对双取代	CH 弯（面外）	860~800	11.63~12.50	极强	二个相邻氢
1，2，3，三取代	CH 弯（面外）	810~750	12.35~13.33	强	三个相邻氢与一个 双氢易混
1，3，5，三取代	CH 弯（面外）	874~835	11.44~11.98	强	一个氢
1，2，4，三取代	CH 弯（面外）	885~860	11.30~11.63	中	一个氢
	CH 弯（面外）	860~800	11.63~12.50	强	二个相邻氢
*1，2，3，4 四取代	CH 弯（面外）	860~800	11.63~12.50	强	二个相邻氢
*1，2，4，5 四取代	CH 弯（面外）	860~800	11.63~12.50	强	一个氢
*1，2，3，5 四取代	CH 弯（面外）	865~810	11.56~12.35	强	一个氢
*五取代	CH 弯（面外）	~860	~11.63	强	一个氢

续表

基团	振动类型	波数（cm⁻¹）	波长（μm）	强度	备注
五、醇类、酚类	OH 伸	3700~3200	2.70~3.13	变	
	OH 弯（面内）	1410~1260	7.09~7.93	弱	
	C-O伸	1260~1000	7.94~10.00	强	
	O-H弯（面外）	750~650	13.33~15.38	强	液态有此峰
OH 伸缩频率					
游离 OH	OH 伸	3650~3590	2.74~2.79	强	锐峰
分子间氢键	OH 伸	3500~3300	2.86~3.03	强	钝峰（稀释向低频移动*）
分子内氢键（单桥）	OH 伸	3570~3450	2.80~2.90	强	钝峰（稀释无影响）
OH 弯或C-O伸	OH 弯（面内）	~1400	~7.14	强	
伯醇（饱和）	C-O伸	1250~1000	8.00~10.00	强	
仲醇（饱和）	OH 弯（面内）	~1400	~7.14	强	
	C-O伸	1125~1000	8.89~10.00	强	
叔醇（饱和）	OH 弯（面内）	~1400	~7.14	强	
	C-O伸	1210~1100	8.26~9.09	强	
酚类（ΦOH）	OH 弯（面内）	1390~1330	7.20~7.52	中	
	Φ-O伸	1260~1180	7.94~8.47	强	
六、醚类					
脂链醚	C-O-C伸	1270~1010	7.87~9.90	强	或标 C-O 伸
脂环醚	C-O-C伸（反称）	1225~1060	8.16~9.43	强	
	C-O-C伸（对称）	1100~1030	9.09~9.71	强	
		980~900	10.20~11.11	强	
芳醚（氧与芳环相连）	=C-O-C伸（反称）	1270~1230	7.87~8.13	强	氧与侧链碳相连的芳醚同脂醚
	=C-O-C伸（对称）	1050~1000	9.52~10.00	中	
	CH伸	~2825	~3.53	弱	O-CH₃ 的特征峰

续表

基团	振动类型	波数 (cm⁻¹)	波长 (μm)	强度	备注
七、醛类（-CHO）	CH 伸	2850~2710	3.51~3.69	弱	一般~2820 及 ~2720cm⁻¹ 两个带
	C=O 伸	1755~1665	5.70~6.00	很强	
	CH 弯（面外）	975~780	10.2~12.80	中	
饱和脂肪醛	C=O 伸	~1725	~5.80	强	
α，β-不饱和醛	C=O 伸	~1685	~5.93	强	
芳醛	C=O 伸	~1695	~5.90	强	
八、酮类 $\diagdown$C=O	C=O 伸	1700~1630	5.78~6.13	极强	
	C-C 伸	1250~1030	8.00~9.70	弱	
	泛频	3510~3390	2.85~2.95	很弱	
脂酮 饱和链状酮	C=O 伸	1725~1705	5.80~5.86	强	
α，β-不饱和酮	C=O 伸	1690~1675	5.92~5.97	强	C=O 与 C=C 共轭向低频移动
β-二酮	C=O 伸	1640~1540	6.10~6.49	强	谱带较宽
芳酮类 Ar-CO	C=O 伸	1700~1630	5.88~6.14	强	
二芳基酮	C=O 伸	1690~1680	5.92~5.95	强	
1-酮基-2-羟基 （或氨基）芳酮	C=O 伸	1670~1660	5.99~6.02	强	
	C=O 伸	1665~1635	6.01~6.12	强	
脂环酮 四元环酮	C=O 伸	~1775	~5.63	强	
五元环酮	C=O 伸	1750~1740	5.71~5.75	强	
六元、七元环酮	C=O 伸	1745~1725	5.73~5.80	强	

478

续表

基团	振动类型	波数（cm⁻¹）	波长（μm）	强度	备注
九、羧酸类 （—COOH）	OH伸	3400~2500	2.94~4.00	中	在稀溶液中，单体酸为锐峰在
	C=O伸	1740~1650	5.75~6.06	强	~3350cm⁻¹；二聚体为宽峰，
	OH弯（面内）	~1430	~6.99	弱	以~3000cm⁻¹为中心
	C—O伸	~1300	~7.69	中	
	OH弯（面外）	950~900	10.53~11.11	弱	
脂肪酸					
R—COOH	C=O伸	1725~1700	5.80~5.88	强	
α，β-不饱和酸	C=O伸	1705~1690	5.87~5.91	强	
芳酸	C=O伸	1700~1650	5.88~6.06	强	氢键
十、酸酐					
链酸酐	C=O伸（反称）	1850~1800	5.41~5.56	强	共轭时每个谱带降20cm⁻¹
	C=O伸（对称）	1780~1740	5.62~5.75	强	
	C—O伸	1170~1050	8.55~9.52	强	
环酸酐	C=O伸（反称）	1870~1820	5.35~5.49	强	共轭时每个谱带降20cm⁻¹
（五元环）	C=O伸（对称）	1800~1750	5.56~5.71	强	
	C—O伸	1300~1200	7.69~8.33	强	
十一、酯类 $\overset{\text{O}}{\underset{\parallel}{}}$ —C—O—R	C=O伸（泛频）	~3450	~2.90	弱	
	C=O伸	1770~1720	5.65~5.81	强	多数酯
	C—O—C伸	1280~1100	7.81~9.09	强	
C=O伸缩振动					
正常饱和酯	C=O伸	1744~1739	5.73~5.75	强	
α，β-不饱和酯	C=O伸	~1720	~5.81	强	
δ-内酯	C=O伸	1750~1735	5.71~5.76	强	
γ-内酯（饱和）	C=O伸	1780~1760	5.62~5.68	强	
β-内酯	C=O伸	~1820	~5.50	强	

续表

基团	振动类型	波数（cm⁻¹）	波长（μm）	强度	备注
十二、胺	NH 伸	3500~3300	2.86~3.03	中	伯胺强，中；仲胺极弱
	NH 弯（面内）	1650~1550	6.06~6.45	中	
	C－N 伸	1340~1020	7.46~9.80	强	
	NH 弯（面外）	900~650	11.1~15.4		
伯胺类	NH 伸（反称，对称）	3500~3400	2.86~2.94	中，中	双峰
	NH 弯（面内）	1650~1590	6.06~6.29	强，中	
	C－N 伸	1340~1020	7.46~9.80	中，弱	
仲胺类	NH 伸	3500~3300	2.86~3.03	极弱	一个峰
	NH 弯（面内）	1650~1550	6.06~6.45	中，弱	
	C－N 伸	1350~1020	7.41~9.80	中，弱	
叔胺类	C－N 伸（芳香）	1360~1020	7.35~9.80	中，弱	
十三、酰胺 （脂肪与芳香酰胺数据类似）	NH 伸	3500~3100	2.86~3.22	强	伯酰胺双峰 仲酰胺单峰
	C＝O 伸	1680~1630	5.95~6.13	强	谱带 I
	NH 弯（面内）	1640~1550	6.10~6.45	强	谱带 II
	C－N 伸	1420~1400	7.04~7.14	中	谱带 III

479

续表

480

基团	振动类型	波数（cm⁻¹）	波长（μm）	强度	备注
伯酰胺	NH 伸（反称）	~3350	~2.98	强	
	（对称）	~3180	~3.14	强	
	C=O 伸	1680~1650	5.95~6.06	强	
	NH 弯（剪式）	1650~1620	6.06~6.15	强	
	C-N 伸	1420~1400	7.04~7.14	中	
	NH₂ 面内摇	~1150	~8.70	弱	
	NH₂ 面外摇	750~600	1.33~1.67	中	
仲酰胺	NH 伸	~3270	~3.09	强	
	C=O 伸	1680~1630	5.95~6.13	强	
	NH 弯+C-N 伸	1570~1515	6.37~6.60	中	两峰重合
	C-N 伸+NH 弯	1310~1200	7.63~8.33	中	两峰重合
叔酰胺	C=O 伸	1670~1630	5.99~6.13	强	
十四、腈类化合物					
脂肪族腈	C≡N 伸	2260~2240	4.43~4.46	强	
α、β 芳香氰	C≡N 伸	2240~2220	4.46~4.51	强	
α、β 不饱和氰	C≡N 伸	2235~2215	4.47~4.52	强	
十五、硝基化合物					
R-NO₂	NO₂ 伸（反称）	1590~1530	6.29~6.54	强	
	NO₂ 伸（对称）	1390~1350	7.19~7.41	强	
Ar-NO₂	NO₂ 伸（反称）	1530~1510	6.54~6.62	强	
	NO₂ 伸（对称）	1350~1330	7.41~7.52	强	

注：数据主要参考 Simons W W: The Sadtler Handbook of Imfrared Spectra, Philadelphia Sadtler Research Labora - tories, 1978。

"…" 线以上主要相关峰出现区间，线以下为具体基团主要振动形式出现的具体区间。

附录九 质谱中常见的中性碎片与碎片离子

附表9-1 常见的由分子离子脱掉的碎片

离子	碎片	离子	碎片
M-1	H	M-33	HS, CH_3+H_2O
M-15	CH_3	M-34	H_2S
M-16	O, NH_2	M-41	C_3H_5
M-17	OH, NH_3	M-42	CH_2CO, C_3H_6
M-18	H_2O	M-43	C_3H_7, CH_3CO
M-19	F	M-44	CO_2, C_3H_8
M-20	HF	M-45	COOH, OC_2H_5, CH_3CHOH
M-26	C_2H_2, $C\equiv N$	M-46	C_2H_5OH, NO_2
M-27	HCN, $CH_2=CH$	M-48	SO
M-28	CO, C_2H_4	M-55	C_4H_7
M-29	CHO, C_2H_5	M-56	C_4H_8, 2CO
M-30	C_2H_6, CH_2O, NO	M-57	C_4H_9, C_2H_5CO
M-31	OCH_3, CH_2OH	M-58	C_4H_{10}
M-32	CH_3OH, S	M-60	CH_3COOH

附表9-2 常见的碎片离子

m/z	组成或结构	m/z	组成或结构
15	CH_3^+	39	$C_3H_3^+$
18	H_2O^+	40	$C_3H_4^+$
26	$C_2H_2^+$	41	$C_3H_5^+$
27	$C_2H_3^+$	42	$C_2H_2O^+$, $C_3H_6^+$
28	CO^+, $C_2H_4^+$, N_2^+	43	CH_3CO^+, $C_3H_7^+$
29	CHO^+, $C_2H_5^+$	44	$C_2H_6N^+$, $O=C=\overset{+}{C}NH_2$ CO_2^+, $C_3H_8^+$, $CH_2=CH(OH)^+$
30	$CH_2=\overset{+}{N}H$	45	$CH_2=OCH_3$, $CH_3CH=OH$
31	$CH_2=\overset{+}{O}$, CH_3O^+	47	$CH_2=\overset{+}{S}H$
36/38 (3:1)	HCl^+	49/51 (3:1)	CH_2Cl^+

m/z	组成或结构	m/z	组成或结构
50	$C_4H_2^+$	75	$C_2H_5\overset{+}{C}(OH)_2$
51	$C_4H_3^+$	77	$C_6H_5^+$
55	$C_4H_7^+$	78	$C_6H_6^{+\cdot}$
56	$C_4H_8^{+\cdot}$	79	$C_6H_7^+$
57	$C_4H_9^+$, $C_2H_5CO^+$	79/81 (1:1)	Br^+
58	$C_3H_8N^+$, $CH_2=C(OH)CH_3^{+\cdot}$	80/82 (1:1)	$HBr^{+\cdot}$
59	$COOCH_3^+$, $CH_2=C(OH)NH_2^+$ $C_2H_5CH=\overset{+}{O}H$, $CH_2=\overset{+}{O}-C_2H_5$	80	$C_5H_6N^+$
60	$CH_2=C(OH)OH^{+\cdot}$	81	$C_5H_5^+$
61	$CH_3C(OH)=OH^+$, $CH_2CH_2SH^+$	83/85/87 (9:6:1)	$HCCl_2^+$
65	$C_2H_5^+$	85	$C_6H_{13}^+$, $C_4H_9CO^+$, (二氢吡喃氧鎓及二氢吡喃酮氧鎓结构)
66	$H_2S_2^{+\cdot}$	86	$CH_2=(OH)C_5H_7^+$ $C_4H_9CH=\overset{+}{N}H_2$
68	$CH_2CH_2CH_2CN^+$	87	$CH_2=CH-\overset{+OH}{\underset{\parallel}{C}}-OCH_3$
69	CF_3^+, $C_5H_9^+$	91	$C_7H_7^+$
70	$C_5H_{10}^{+\cdot}$	92	$C_7H_8^{+\cdot}$, $C_6H_6N^+$
71	$C_5H_{11}^+$, $C_3H_7CO^+$	91/93 (3:1)	(环戊基-Cl⁺结构)
72	$CH_2=C(OH)C_2H_5^{+\cdot}$ $C_3H_7CH=\overset{+}{N}H_2$ 及异构体	93/93 (1:1)	CH_2Br^+ $C_6H_6O^+$
73	$C_5H_9O^+$, $COOC_2H_5^+$, $(CH_3)_3Si^+$	94	(吡咯基)-$C\equiv\overset{+}{O}$
74	$CH_2=C(OH)OCH_3^{+\cdot}$	95	(呋喃基)-$C\equiv\overset{+}{O}$

续表

m/z	组成或结构	m/z	组成或结构
97	$C_5H_5S^+$ $C_7H_{13}^+$	127	I^+
99		128	$HI^{\overset{+}{\cdot}}$
105	$C_6H_5CO^+$, $C_8H_9^+$	130	$C_9H_8^+N^+$
106	$C_7H_8N^+$	135/137 （1:1）	
107	$C_7H_7O^+$	141	CH_2I^+
107/109 （1:1）	$C_2H_4Br^+$	147	$(CH_3)_2Si = \overset{+}{O} - Si\ (CH_3)_3$
111		149	
121	$C_6H_9O^+$	160	$C_{10}H_{10}NO^+$
122	C_6H_5COOH	190	$C_{11}H_{12}NO_2^+$
123	$C_6H_5COOH_2^+$		

附录十　气相色谱法常用固定液

固定液	说明	使用温度（℃）	McReynolds 常数					CP 值[1]
			x'	y'	z'	u'	s'	
Squalane	角鲨烷	0/150	0	0	0	0	0	0
Nujol	液状石蜡	0/100	9	5	2	6	11	1
Apiezon M	饱和烃润滑脂	50/300	31	22	15	30	40	3
SF - 96	100% 甲基硅氧烷	0/250	12	53	42	6	37	5
SE - 30	100% 甲基硅氧烷	50/350	15	53	44	64	41	5
OV - 1	100% 甲基硅氧烷	100/350	16	55	44	65	42	5
OV - 101	100% 甲基硅氧烷	0/350	17	57	45	67	43	5
SP - 2100	100% 甲基硅氧烷	0/350	17	57	45	67	43	5
CP tm Sil 5	100% 甲基硅氧烷	50/350	15	53	44	64	41	5
DC - 410	100% 甲基硅氧烷	0/200	18	57	47	68	44	6
DC - 11	100% 甲基硅氧烷	0/300	17	86	48	69	56	7
SE - 52	5% 苯基，95% 甲基硅氧烷	50/300	32	72	65	98	67	8
SE - 54	1% 乙烯基，5% 苯基，94% 甲基硅氧烷	50/300	33	72	66	99	67	8
DC - 560	11% 氯苯基，89% 甲基硅氧烷	0/200	32	72	70	100	68	8
OV - 73	5.5% 苯基，94.5% 甲基硅氧烷	50/350	40	86	76	114	85	10
OV - 3	10% 苯基，90% 甲基硅氧烷	0/350	44	86	81	124	88	10
OV - 105	5% 氰乙基，95% 甲基硅氧烷	20/275	36	108	93	139	86	11
Dexsil 300	25% 聚甲基碳硼，75% 甲基硅氧烷	50/400	47	80	103	148	96	11
OV - 7	20% 苯基，80% 甲基硅氧烷	0/350	69	113	111	171	128	14
DC - 550	25% 苯基，75% 甲基硅氧烷	0/200	74	116	117	178	135	15
Dioctyl sebacate	癸二酸二辛酯	0/125	72	168	108	180	123	15
Diisodecyl phthalate	苯二甲酸二壬酯	0/150	83	183	147	231	159	19
DC - 710	50% 苯基，50% 甲基硅氧烷	5/250	107	149	153	228	190	19
OV - 17	50% 苯基，50% 甲基硅氧烷	0/350	119	158	162	243	202	21
SP - 2250	50% 苯基，50% 甲基硅氧烷	0/350	119	158	162	243	202	21
Versamid 930	聚酰胺树脂	115/150	109	313	144	211	209	23
Span 80	山梨糖醇单油酸酯	25/150	97	226	170	216	268	24
OV - 22	65% 苯基，35% 甲基硅氧烷	0/350	160	188	191	283	253	25
PEG - 1500	聚丙二醇	0/170	128	294	173	264	226	26
Amin 220	1 - 乙醇 - 2（十七烷基）- 2 - 异咪唑	0/180	117	380	181	293	133	26
Ucon LB 1715	聚乙二醇 - 聚丙二醇	0/200	132	297	180	275	235	27

484

续表

固定液	说明	使用温度 (℃)	McReynolds 常数					CP 值[1]
			x'	y'	z'	u'	s'	
Citroflex A – 4	乙酰基柠檬酸三正丁酯	0/180	135	268	202	314	233	27
Didecyl phthalate	苯二甲酸二癸酯	50/150	136	255	213	320	235	27
OV – 25	75%苯基，25%甲基硅氧烷	0/350	178	204	208	305	280	28
OS – 124	五环聚对苯基醚	0/200	176	227	224	306	283	29
OS – 138	六环聚对苯基醚	0/200	182	233	228	313	293	30
NPGS	新戊二醇丁二酸酯	50/225	172	327	225	344	326	33
QF – 1	50%三氟丙基，50%甲基硅氧烷	0/250	144	233	355	463	305	36
OV – 210	50%三氟丙基，50%甲基硅氧烷	0/275	146	238	358	468	310	36
SP – 2410	50%三氟丙基，50%甲基硅氧烷	0/275	146	238	358	468	310	36
OV – 202	50%三氟丙基，50%甲基硅氧烷	0/275	146	238	358	468	310	36
Ucon 50 HB2000	40%聚乙二醇–60%聚丙二醇	0/200	202	394	253	392	341	37
OV – 215	50%三氟丙基，50%甲基硅氧烷	0/275	149	240	363	478	315	37
Ucon 50 HB5100	50%聚乙二醇–50%聚丙二醇	0/200	214	418	278	421	375	40
OV – 330	苯基硅氧烷–聚乙二醇共聚物	0/250	222	391	273	417	368	40
XE – 60	25%氰乙基，75%甲基硅氧烷	0/250	204	381	340	493	367	42
OV – 225	25%苯基，25%氰乙基，50%甲基硅氧烷	0/275	228	369	338	492	386	43
NPGA	新戊二醇己二酸酯	50/225	232	421	311	461	424	44
NPGS	新戊二醇丁二酸酯	50/225	272	467	365	539	472	50
Carbowax 20MTPA	聚乙二醇20000 对苯二酸酯	60/250	321	537	367	573	520	54
Carbowax 20M	聚乙二醇，M = 2 万	60/250	322	536	368	572	510	55
Carbowax 6000	聚乙二醇，M = 6 万~7.5 万	60/200	322	540	369	577	512	55
Carbowax 4000	聚乙二醇，M = 3 万~3.7 万	60/200	325	551	375	582	520	56
OV – 351	聚乙二醇20000–硝基对苯二酸反应物	60/275	335	552	382	583	540	57
FFAP	聚乙二醇20000–硝基对苯二酸反应物	60/275	340	580	397	602	627	60
EGA	乙二醇己二酸酯	100/200	372	576	453	655	617	63
DEGA	二乙二醇己二酸酯	20/190	378	603	460	655	658	66
SP – 2310	45%苯基，55%氰丙基硅氧烷	25/275	440	637	605	840	670	76
SP – 2330	32%苯基，68%氰丙基硅氧烷	25/275	490	725	630	913	778	84
THEED	N，N，N′，N′–四（2–羟乙基）乙二胺	0/150	463	924	626	801	893	88
OV – 275	100%二氰丙烯基硅氧烷	100/275	629	872	763	1106	849	100

485

$$[1]. \mathrm{CP} \text{ 值} = \frac{\sum\limits_{i}^{5} \Delta I^{\text{固定液}}}{\sum\limits_{i}^{5} \Delta I^{\text{ov} - 275}} \times 100 = \frac{\sum\limits_{i}^{5} \Delta I^{\text{固定液}}}{629 + 872 + 763 + 1106 + 849} \times 100$$

参 考 文 献

1. 李发美. 分析化学. 北京：中国医药科技出版社，2006
2. 叶宪曾. 仪器分析教程. 2版. 北京：北京大学出版社，2007
3. 李发美. 分析化学. 7版. 北京：人民卫生出版社，2011
4. 杨根元. 实用仪器分析. 3版. 北京：北京大学出版社，2001
5. 潘祖亭. 分析化学. 北京：科学出版社，2010
6. 武汉大学化学系. 仪器分析. 北京：高等教育出版社，2001
7. 张寒琦. 仪器分析. 北京：高等教育出版社，2009
8. 刘志广. 分析化学. 北京：高等教育出版社，2008
9. 潘祖亭. 分析化学. 武汉：华中科技大学出版社，2011
10. 蔡明招. 分析化学. 北京：化学工业出版社，2009
11. 陈恒武. 分析化学简明教程. 北京：高等教育出版社，2010
12. 孙延一. 仪器分析. 武汉：华中科技大学出版社，2011
13. 胡育筑. 计算药物分析. 北京：科学出版社，2006
14. 于世林. 高效液相色谱方法及应用. 北京：化学工业出版社，2000
15. 傅若农. 色谱分析概论. 2版. 北京：化学工业出版社，2005
16. 刘虎威. 气相色谱方法及应用. 北京：化学工业出版社，2000
17. 分析化学手册编委会. 分析化学手册第六分册. 2版. 北京：化学工业出版社，2000
18. 章育中. 薄层层析法和薄层扫描法. 北京：中国医药科技出版社，1990
19. 周同惠. 纸色谱和薄层色谱. 北京：科学出版社，1989
20. 陈国珍. 荧光分析法. 2版. 北京：科学出版社，1990
21. 冉顺善等译. 仪器分析. 北京：化学工业出版社，1983
22. 吉林大学化学系分析化学教研室译. 仪器分析原理（上册）. 上海科学技术出版社，1980
23. 朱世盛. 仪器分析. 上海：上海复旦大学出版社，1983
24. 胡琴等. 分析化学. 北京：科学出版社，2009
25. 李克安. 分析化学教程. 北京：北京大学出版社，2005
26. 彭崇慧. 分析化学. 北京：北京大学出版社，2009
27. 孙毓庆. 分析化学. 2版. 北京：科学出版社，2006
28. 黄世德. 分析化学（上册）. 北京：中国中医药出版社，2005
29. 赵藻潘. 仪器分析. 北京：高等教育出版社，1998
30. Braithwaite A, et al. Chromatographic Methods. 5th edition. London：Kluwer Academic Publishers, 1995
31. Hahn – Deinstrop E. Applied Thin – Layer Chromatography. 2nd edition. New York：Wiley, 2006